PowerPoint 2013高效办公实战从入门到精通（视频教学版）

刘玉红　李　园　编著

清华大学出版社
北京

内容提要

本书从零基础开始，采取“新手入门→设计幻灯片的内涵→设计幻灯片的创意→实战综合案例→高手秘籍”的讲解模式，深入浅出地讲解 PowerPoint 办公操作及实战技能。

本书第 1 篇“新手入门”主要讲解什么是优秀的 PPT、熟悉 PowerPoint 2013、演示文稿的基本操作、PPT 幻灯片动画应用的原则、输出与发布 PPT 幻灯片；第 2 篇“设计幻灯片的内涵”主要讲解 PPT 高手的设计理念、PPT 文本的输入与编辑、PPT 的精美包装、图表与图形、模板与母版；第 3 篇“设计幻灯片的创意”主要讲解运用动画、添加多媒体、创建超链接和动作、幻灯片切换效果、PPT 演示；第 4 篇“实战综合案例”主要讲解 PPT 智能化演示、简单实用型 PPT 实战、与众不同型 PPT 实战；第 5 篇“高手秘籍”主要讲解成为 PPT 设计“达人”、PowerPoint 与 Office 其他组件间的协同办公。

本书适合任何想学习 PowerPoint 2013 办公技能的人员，无论您是否从事计算机相关行业，无论您是否接触过 PowerPoint 2013，通过学习本书均可快速掌握使用 PowerPoint 的方法和技巧。

图书在版编目(CIP)数据

PowerPoint 2013高效办公实战从入门到精通：视频教学版/ 刘玉红，李园编著. —北京：清华大学出版社，2017
（实战从入门到精通：视频教学版）

ISBN 978-7-302-44302-5

Ⅰ.①P… Ⅱ.①刘… ②李… Ⅲ.①图形软件 Ⅳ.①TP391.41

中国版本图书馆CIP数据核字（2016）第164304号

责任编辑：张彦青
封面设计：张丽莎
责任校对：张彦彬
责任印制：何　芊
出版发行：清华大学出版社
网　　址：http://www.tup.com.cn，http://www.wqbook.com
地　　址：北京清华大学学研大厦A座　　邮　　编：100084
社 总 机：010-62770175　　邮　　购：010-62786544
投稿与读者服务：010-62776969，c-service@tup.tsinghua.edu.cn
质量反馈：010-62772015，zhiliang@tup.tsinghua.edu.cn
印 刷 者：北京鑫丰华彩印有限公司
装 订 者：北京市密云县京文制本装订厂
经　　销：全国新华书店
开　　本：190mm×260mm　　印　　张：25.75　　字　　数：623千字
（附DVD 1张）
版　　次：2017年1月第1版　　印　　次：2017年1月第1次印刷
印　　数：1～3000
定　　价：58.00 元

产品编号：069547-01

前　言

PREFACE

“实战从入门到精通”系列图书是专门为职场办公初学者量身定制的一套学习用书，整套书涵盖办公、网页设计等方面。本系列图书具有以下特点。

前沿科技

无论是 Office 办公，还是 Dreamweaver CC、Photoshop CC，我们都精选较为前沿或者用户群较大的领域进行介绍，帮助大家认识和了解最新动态。

权威的作者团队

该套图书由国家重点实验室和资深应用专家联手编著，融合了丰富的教学经验与优秀的管理理念。

学习型案例设计

以技术的实际应用过程为主线，全程采用图解和同步多媒体结合的教学方式，生动、直观、全面地剖析使用过程中的各种应用技能，降低学习难度，提升学习效率。

本书写作缘由

PowerPoint 2013 在各行各业都有很多的应用，对于上班族来说特别需要能通过快速的实训掌握幻灯片的制作，特别是精美的、符合企业宣传需要的幻灯片的制作。为满足广大读者的学习需要，我们针对不同学习对象的接受能力，总结了多位 PowerPoint 2013 高手、实战型办公讲师的丰富经验，精心编写了本书，主要目的是提高办公的效率，让读者不再加班，轻松完成任务。

本书学习目标

◇ 了解什么是优秀的 PPT

◇ 熟悉办公软件 PowerPoint 2013

◇ 精通演示文稿的基本操作

◇ 熟悉 PPT 幻灯片动画应用的基本原则

◇ 精通输出与发布 PPT 幻灯片的应用技能

◇ 熟悉 PPT 高手的设计理念

◇ 精通 PPT 文本的输入与编辑的应用技能

◇ 精通 PPT 的精美包装的应用技能

◇ 精通 PPT 图表和图形的应用技能

◇ 精通使用模板与母版的应用技能

◇ 精通使用动画的应用技能

◇ 精通添加多媒体的应用技能

◇ 精通创建超链接和动作的应用技能

◇ 精通设置幻灯片切换效果的应用技能

◇ 熟悉演示 PPT 的应用技能

◇ 精通制作简单实用型 PPT 的应用技能

◇ 精通制作与众不同型 PPT 的应用技能

◇ 精通玩转 PPT 设计应用技能

◇ 精通 PowerPoint 与 Office 其他组件间的协同办公的应用技能

本书特色

▶ 零基础、入门级的讲解

无论您是否从事计算机相关行业，无论您是否接触过 PowerPoint 2013，都能从本书中找到最佳的学习起点。

▶ 超多、实用、专业的范例和项目

本书在编排上紧密结合深入学习 PowerPoint 2013 办公技术的先后过程，从 PowerPoint 2013 软件的基本操作开始，带领大家逐步深入地学习各种应用技巧，侧重实战技能，通过简单易懂的实际案例进行分析和操作指导，让读者读起来简明轻松，操作起来有章可循。

▶ 职场范例为主，一步一图，图文并茂

本书在讲解过程中，每一个技能点均配有与办公领域紧密结合的案例辅助讲解，每一步操作均配有相应的操作截图，使学习更轻松。读者在学习过程中能直观、清晰地看到每一步的操作过程和效果，更利于加深理解和快速掌握。

▶ 职场技能训练，更切合办公实际

本书在多个章节均设置有“职场技能训练”环节，此环节是为读者提高电脑办公实战技能特意安排的，案例的选择和实训策略均符合行业应用技能的需求，以便读者通过学习本书

能更好地融入电脑办公行业。

▶ 随时检测自己的学习成果

每章首页均提供了学习目标，以指导读者重点学习及学后检查。

每章最后的“疑难问题解答”板块均根据本章内容提炼而成，读者可以解决实战中遇到的问题，做到融会贯通。

▶ 细致入微、贴心提示

本书在各章中使用了“注意”“提示”“技巧”等小栏目，使读者在学习过程中能更清楚地了解相关操作、理解相关概念，并轻松掌握各种操作技巧。

▶ 专业创作团队和技术支持

您在学习过程中遇到任何问题，都可以加入智慧学习乐园 QQ 群 221376441 进行提问，随时有资深实战型讲师在旁指点并精选难点、重点在腾讯课堂直播讲授。

超值光盘

▶ 全程同步教学录像

涵盖本书所有知识点，详细讲解每个实例与项目的操作过程及技术关键点，能更轻松地掌握书中所有 PowerPoint 2013 的相关技能，而且扩展的讲解部分能使您得到更多的收获。

▶ 超多容量王牌资源大放送

赠送大量王牌资源，包括本书实例完整素材和结果文件、教学幻灯片、本书精品教学视频、精美 PPT 速成技巧宝典、PPT 经典配色方案、Office 2013 快捷键速查手册、600 套涵盖各个办公领域的实用模板、如何让您的演讲更出众、办公好助手——英语课堂、做个办公室的文字达人、打印机 / 扫描仪等常用办公设备的使用与维护、快速掌握必需的办公礼仪。

读者对象

- **没有任何 PowerPoint 2013 办公基础的初学者。**
- **有一定的 PowerPoint 2013 办公基础，想实现用 PowerPoint 2013 高效办公的人员。**
- **大专院校及培训学校的老师和学生。**

创作团队

本书由刘玉红和李园编著，参加编写的人员还有刘玉萍、周佳、付红、王攀登、郭广新、侯永岗、蒲娟、刘海松、孙若淞、王月娇、包慧利、陈伟光、胡同夫、梁云梁和周浩浩。

在编写过程中，我们尽所能地将最好的讲解呈现给读者，但也难免有疏漏和不妥之处，敬请不吝指正。若您在学习中遇到困难、疑问或有任何建议，可发电子邮件至 357975357@qq.com。

编　者

目录

第1篇 新手入门

第1章 认识PPT—— 什么是优秀的PPT

第2章 熟悉PPT制作软件—— PowerPoint 2013

第3章 PPT入门技能—— 演示文稿的基本操作

第4章 PPT的点睛之笔—— 幻灯片动画应用的原则

第5章 分享优秀的作品—— 输出与发布PPT幻灯片

第2篇 设计幻灯片的内涵

第6章 成为PPT高手的前提—— 设计理念很重要

第7章 PPT内容之美—— 文本的输入与编辑

第8章 PPT的精美包装—— 图文并茂

第9章 PPT有图才有真相—— 图表与图形

第10章 PPT的批量定制—— 模板与母版

第3篇 设计幻灯片的创意

第11章 让PPT炫起来—— 运用动画

第12章 让PPT有声有色—— 添加多媒体

第13章 让PPT动起来—— 创建超链接和动作

第14章 让PPT变幻莫测—— 幻灯片切换效果

第15章 张扬自我—— PPT演示

第4篇 实战综合案例

第16章 PPT智能化演示—— 排练计时和录制幻灯片

第17章 将内容表现在PPT上—— 简单实用型PPT实战

第18章 吸引别人的眼球—— 与众不同型PPT实战

第5篇 高手秘籍

第19章 玩转PPT设计—— 成为PPT设计“达人”

第20章 今晚不加班——PowerPoint与Office其他组件间的协同办公

第1篇 新手入门

PowerPoint 2013 是微软（Microsoft）公司推出的 Microsoft Office 2013 办公系列软件的一个重要组成部分，主要用于制作幻灯片，可以用来创建和编辑用于会议和授课的演示文稿，从而使会议或授课变得更加直观、丰富。本篇学习 PowerPoint 2013 入门的基本操作。

认识 PPT——什么是优秀的 PPT

● **本章导读**

PPT 是微软（Microsoft）公司推出的当今世界上最优秀、最流行，也是最简便直接的制作和演示幻灯片的软件之一，能够把所要表达的信息组织在一组图文并茂的画面中。一个优秀的演示文稿往往会给人带来深刻的印象，并达到最佳的效果。本章将为读者介绍什么是优秀的 PPT。

● **学习目标**

◎ 了解演示文稿、PPT、幻灯片的概念

◎ 了解优秀 PPT 带来的好处

◎ 掌握优秀 PPT 的关键要素

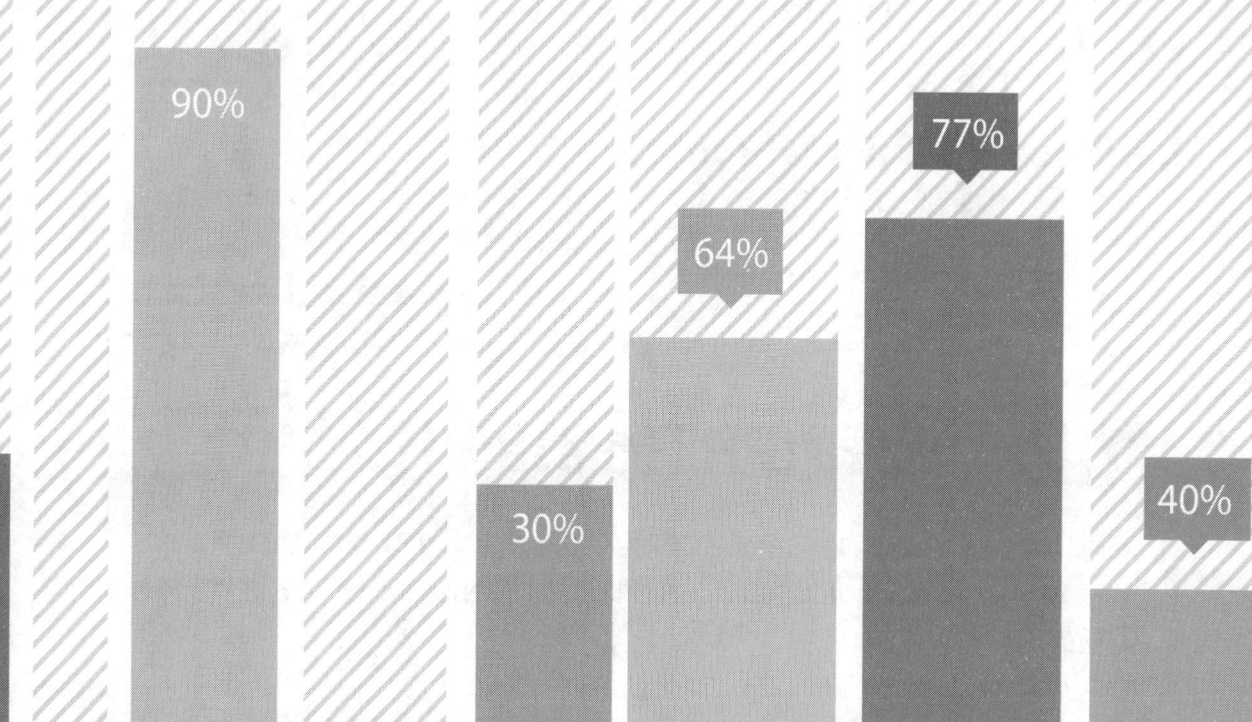

1.1 演示文稿、PPT、幻灯片的概念

PowerPoint 和 Word、Excel 等应用软件一样，都是微软（Microsoft）公司推出的办公软件 Office 系列的重要组件之一。PowerPoint 主要用于演示文稿的创建，即幻灯片的制作，可以有效地帮助演讲、教学及产品演示等。下面分别介绍演示文稿、PPT 和幻灯片的概念。

1. 演示文稿

演示文稿是用 PowerPoint 软件创建的文档，扩展名为 .pptx。当启动 PowerPoint 软件时，系统会自动创建一个新的演示文稿文件，名称为“演示文稿 1”，如图 1-1 所示。当以后再创建演示文稿时，名称默认为“演示文稿 2”“演示文稿 3”等。

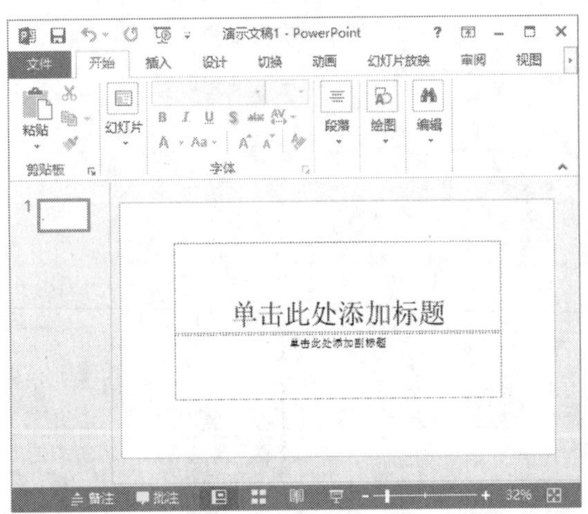

图 1-1 演示文稿

2. PPT

PPT 是 PowerPoint 的简称，人们一般将 PPT 作为 PowerPoint 文档的代名词。因此可以说，一个 PPT 就是一个演示文稿。

3. 幻灯片

演示文稿中的每一页叫作幻灯片，一个演示文稿可以包含多页幻灯片，每页幻灯片都是演示文稿中既相互独立又相互联系的内容，如图 1-2 所示。利用幻灯片可以更生动直观地表达内容，图表和文字都可以清晰、快速地呈现出来，还可以插入图画、动画、备注和讲义等丰富的内容。

图 1-2 一个演示文稿包含多页幻灯片

1.2 优秀的PPT能带给你什么

随着人们在工作和学习中使用 PPT 的频率越来越高，PPT 越发显得重要。比起几十页的 Word 文件，几页就能凸显要点，并能提供更丰富的视觉化表达方式的 PPT 成为众多人士的首选。

一份优秀的 PPT 可以打造一鸣惊人的效果，有效地提升生活质量和提高工作效率。

一份精彩的 PPT 可以使工作目标明确、有效沟通，使听众容易接受，这些都可以帮助你取得好的工作成绩，从而使你得到老板的青睐，在职场上一步一步走向成功！

优秀的 PPT 不仅可以展现你的精彩创意，还能展现你的职场态度。

1.3 优秀PPT的关键要素

制作一个优秀的 PPT 必须具备以下 4 个要素。

1. 目标明确

制作 PPT 通常是为了追求简洁、明朗的表达效果，以便有效地协助沟通。因此，制作一个优秀的 PPT 必须先确定一个合理明确的目标。

一旦确定了目标，在制作 PPT 的过程中就不会出现偏离主题，制作出多页无用内容的幻灯片，也不会在一个文件里面讨论多个复杂问题。

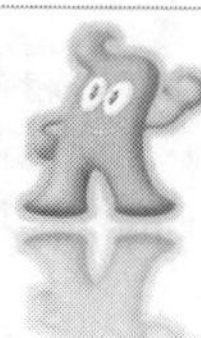

2. 形式合理

PPT 主要有两种用法：一是辅助现场演讲的演示，二是直接发送给观众阅读。要保证达到理想的效果，就必须针对不同的用法选用合理的形式。

如果制作的 PPT 用于演讲现场，则 PPT 要尽量使用图表和图示，少用文字，以使演讲和演示相得益彰；还可以适当地运用特效及动画等功能，使演示效果更加丰富多彩。

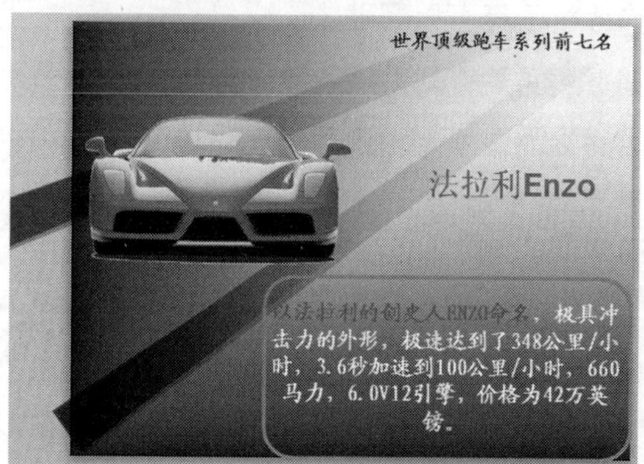

如果是发送给多个人员阅读的演示文稿，则应尽量使用简洁、清晰的文字，引领读者理解制作者的思路。

3. 逻辑清晰

制作 PPT 的时候既要使内容齐全、简洁、清晰，又必须建立清晰、严谨的逻辑。要做到逻辑清晰，既可以遵循幻灯片的结构逻辑，也可以运用常见的分析图表法。

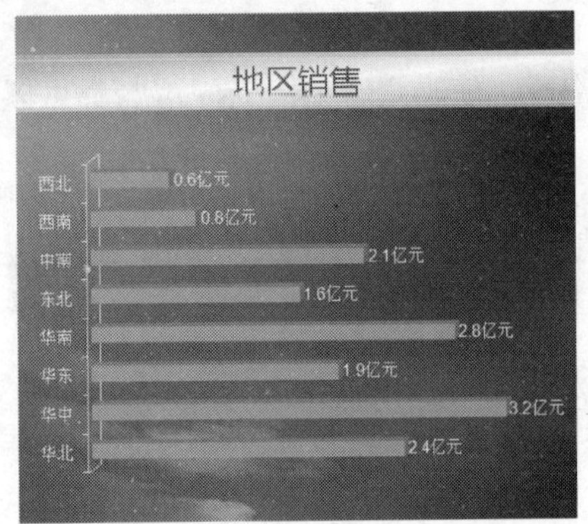

在遵循幻灯片的结构逻辑制作幻灯片时，通常一个 PPT 文件包含 10~30 张幻灯片，包含封面页、结束页、内容页等。制作的过程中必须严格遵循大标题、小标题、正文、注释等内容层级结构。

运用常见的分析图表法可以便于带领观众共同分析复杂的问题。常用的流程图、矩阵分析图等可以帮助排除情绪干扰，进一步理清思路和寻找解决方案。运用分析图表法可以使演讲者表述更清晰，也使观众更容易理解。

4. 美观大方

要使制作的 PPT 美观大方，具体可以从色彩和布局两个方面进行设置。

色彩是一门大学问，也是一个很感观的东西。PPT 制作者在设置色彩时，要运用和谐但不张扬的颜色搭配，可以使用一些标准色，因为这些颜色都是大众所接受的颜色。同时，为了方便辨认，制作 PPT 时应尽量避免使用相近的颜色。

幻灯片的布局要简单、大方，将重点内容放在显著的位置，以便观众一眼就能看到。

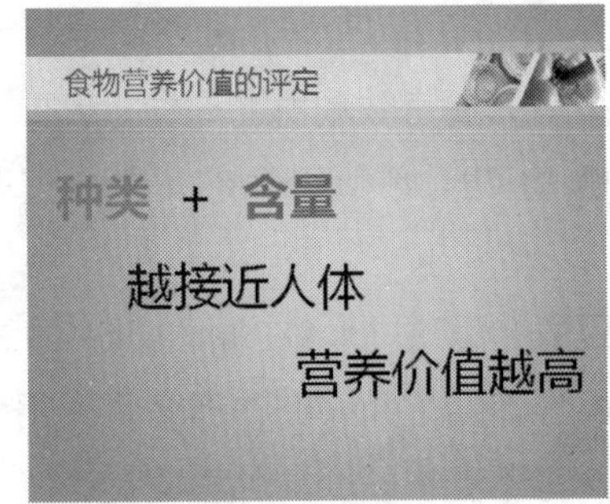

1.4 疑难问题解答

问题 1：Word 与 PPT 有什么不同？

解答：Word 是文字编辑软件，主要用于处理或排版文档，例如写毕业论文、书籍和长篇报告等，适合作为阅读资料使用。而 PPT 主要用于幻灯片演示，可以集声音、图像、视频于一体，能够提供更加丰富的视觉化表达方式。

问题 2：怎样能够让 PPT 一目了然？

解答：堆积较多的文字往往不能使PPT一目了然，让PPT一目了然的方法主要包括以下几点。

⑴ 无论标题还是内容，一定要简洁。

⑵ 突出关键，提炼要点。

⑶ 化繁杂内容为多张幻灯片，或重复利用图表、备注或特效等。

⑷ 统一使用标题、字体、字号、配色方案及模板风格等。

⑸ 尽量少用特效。

熟悉 PPT 制作软件——PowerPoint 2013

● **本章导读**

PowerPoint 2013 是 Office 2013 办公系列软件的一个重要组成部分，主要用于幻灯片制作，可以用来创建和编辑演示文稿，从而使会议或授课变得更加直观、丰富。本章将带领大家初步熟悉 PowerPoint 2013。

● **学习目标**

◎ 掌握 PowerPoint 2013 的安装与卸载
◎ 掌握 PowerPoint 2013 的启动与退出
◎ 熟悉 PowerPoint 2013 的操作界面
◎ 了解如何自定义工作界面

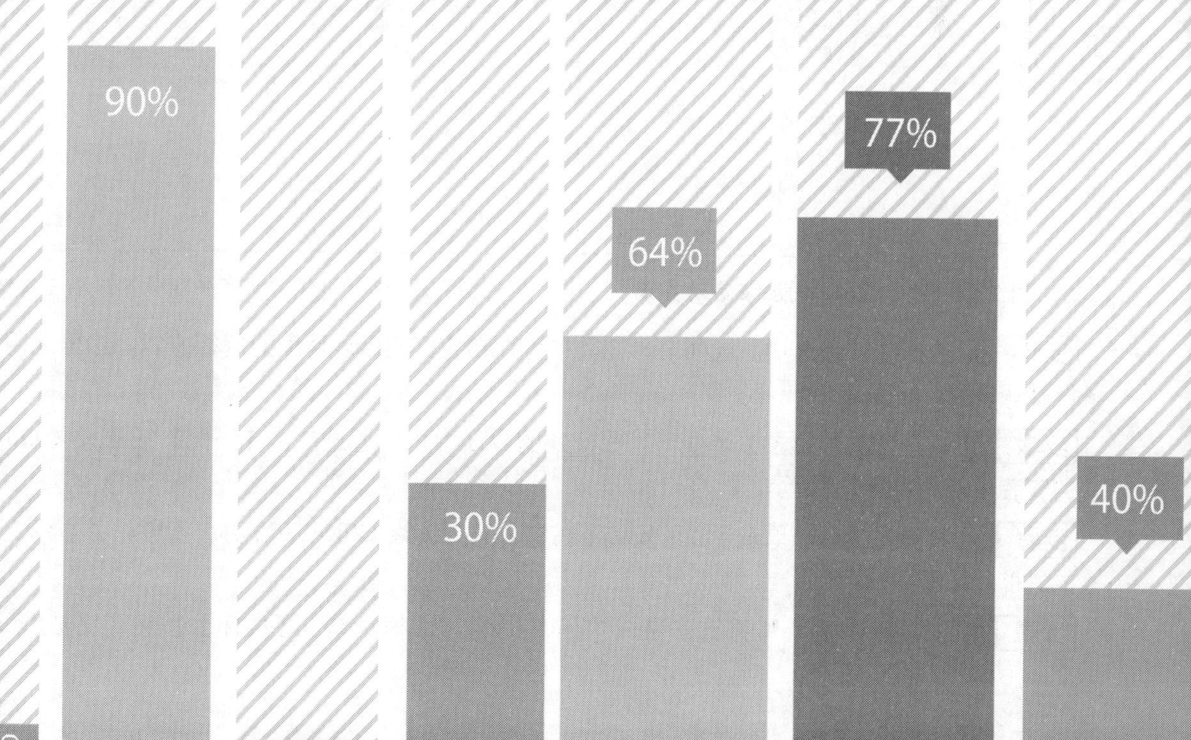

2.1 PowerPoint 2013的安装与卸载

在使用 PowerPoint 2013 之前，首先需要在计算机上安装该软件。同样地，如果不想再使用，可以从计算机上卸载该软件。本节介绍 PowerPoint 2013 的安装与卸载。

2.1.1 安装 PowerPoint 2013

PowerPoint 是 Office 2013 的组件之一，若要安装 PowerPoint 2013，首先要启动 Office 2013 的安装程序，然后按照安装向导的提示一步步操作，来完成 PowerPoint 2013 的安装。具体的操作步骤如下。

步骤 1 将 Office 2013 的安装光盘插入计算机的 DVD 光驱中，系统将自动弹出 Microsoft Office Professional Plus 2013 对话框，该对话框为 Office 2013 的安装启动界面，如图 2-1 所示。

> **提示** *若不自动弹出安装启动界面，双击安装目录中的 setup.exe 程序文件即可。*

步骤 2 Office 2013 提供了两种安装方式，这里选择自定义安装方式，单击【自定义】按钮，打开如图 2-2 所示的【升级】选项卡，在其中选择【保留所有早期版本】单选按钮。

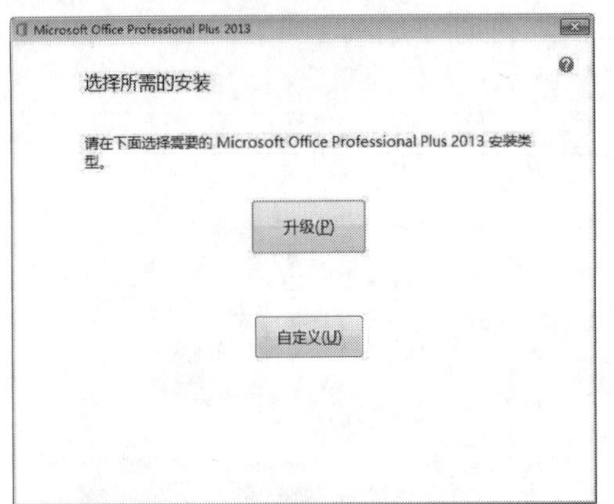

图 2-1 Office 2013 的安装启动界面

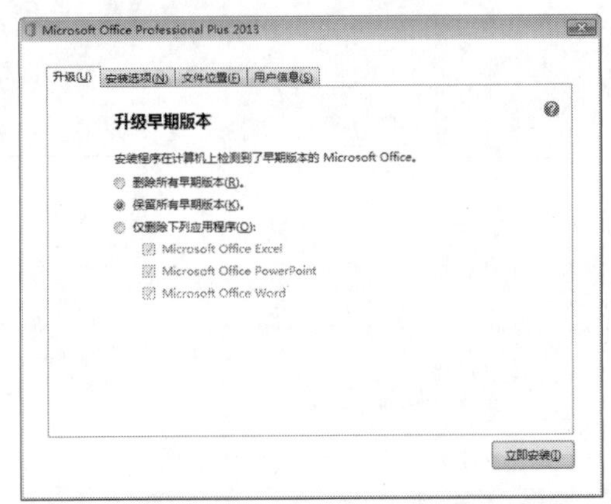

图 2-2 选择【保留所有早期版本】单选按钮

步骤 3 选择【安装选项】选项卡，在其中可以自定义 Office 程序的运行方式，这里采用系统默认设置，如图 2-3 所示。

步骤 4 选择【文件位置】选项卡，在打开的界面中可以通过单击【浏览】按钮设置 Office 的安装路径，如图 2-4 所示。

步骤 5 设置完成后，单击【立即安装】按钮，开始安装 Office 2013 办公组件，并显示安装的进度，如图 2-5 所示。

步骤 6 安装完毕后，将弹出安装成功信息提示对话框，单击【关闭】按钮，完成 Office

2013 的安装，PowerPoint 2013 也安装成功，如图 2-6 所示。

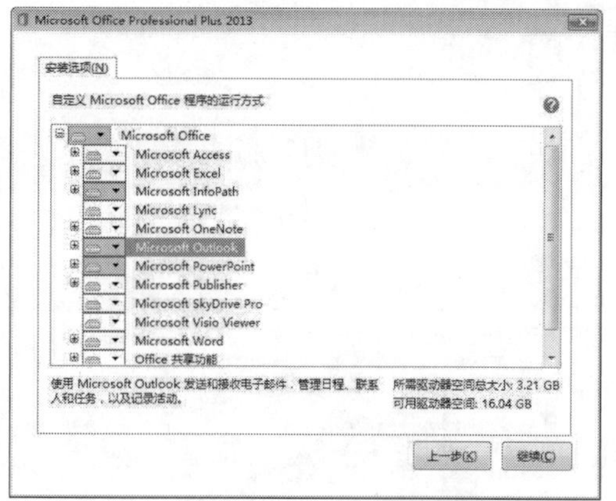

图 2-3 自定义 Office 程序的运行方式

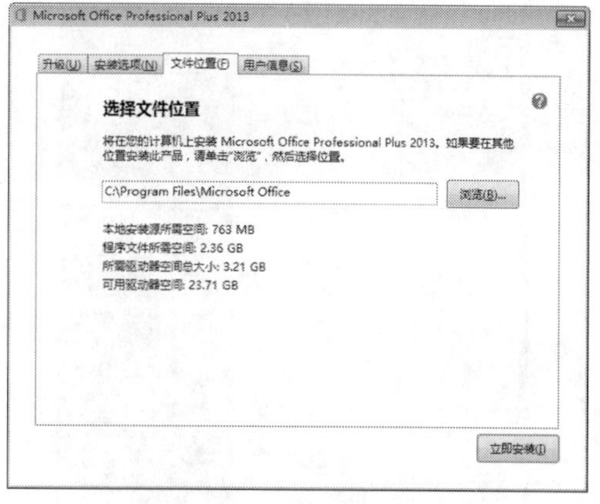

图 2-4 设置 Office 的安装路径

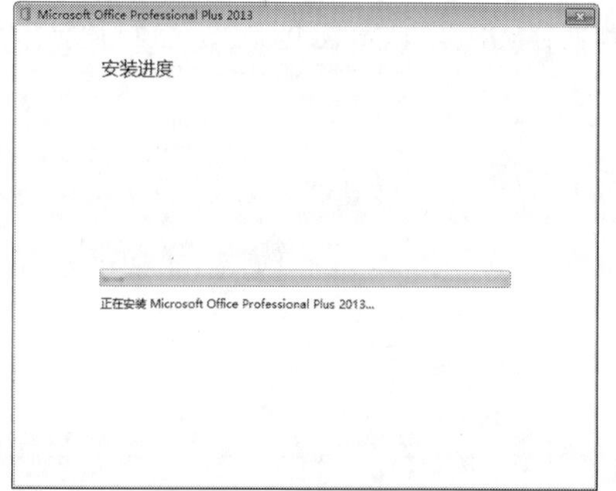

图 2-5 显示安装进度

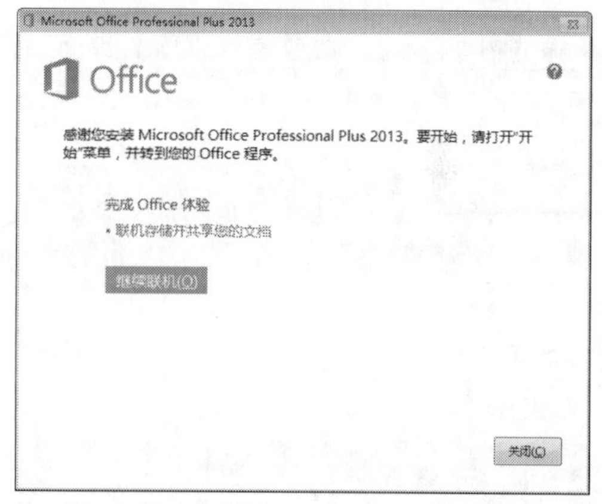

图 2-6 安装成功信息提示对话框

2.1.2 卸载 PowerPoint 2013

由于 PowerPoint 2013 是 Office 2013 的组件之一，当不需要使用 PowerPoint 2013 时，主要有两种方法可清除该组件：第一种是直接删除 PowerPoint 2013 组件，第二种是卸载 Office 2013 应用程序。两者之间不同的是，使用前者可保留 Office 2013 的其他组件，具体的操作步骤分别如下。

1. 删除 PowerPoint 2013 组件

步骤 1 单击任务栏中的【开始】按钮，在弹出的菜单中选择【控件面板】菜单命令，如图 2-7 所示。

步骤 2 打开【控制面板】窗口，然后单击【程序】区域中的【卸载程序】按钮，如图 2-8 所示。

图 2-7　选择【控制面板】菜单命令

图 2-8　单击【卸载程序】按钮

步骤 3　打开【卸载或更改程序】界面，在列表中选择Microsoft Office Professional Plus 2013选项，单击上方的【更改】按钮，如图2-9所示。

> **提示**　选中该选项后，单击鼠标右键，在弹出的快捷菜单中选择【更改】菜单命令，可实现同样的功能。

步骤 4　弹出 Microsoft Office Professional Plus 2013 对话框，选择【添加或删除功能】单选按钮，然后单击【继续】按钮，如图 2-10 所示。

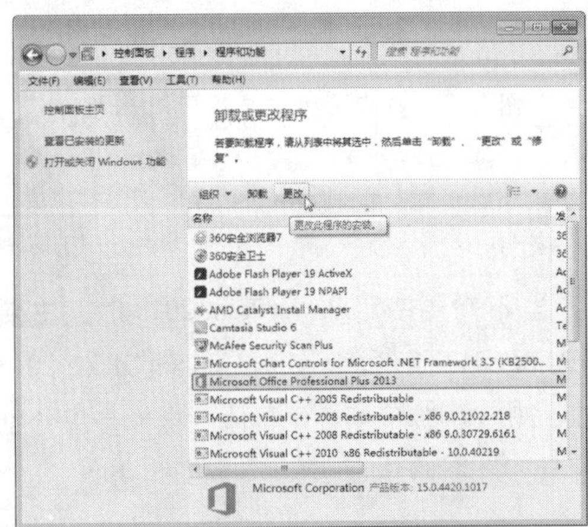

图 2-9　单击【更改】按钮

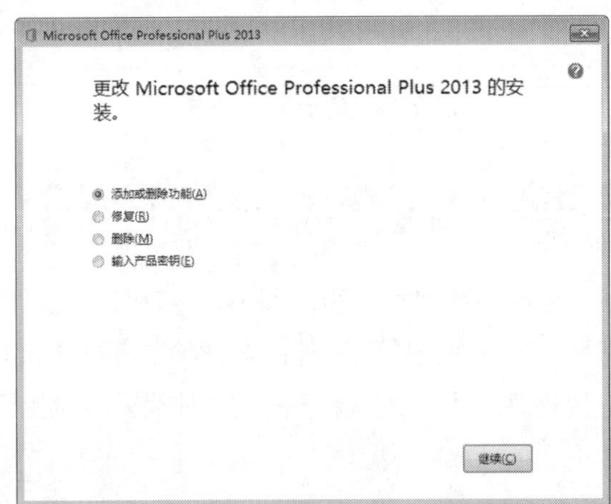

图 2-10　选择【添加或删除功能】单选按钮

步骤 5　弹出【安装选项】界面，单击 Microsoft PowerPoint 前面的下拉按钮，在弹出的下拉列表中选择【不可用】选项，然后单击【继续】按钮，如图 2-11 所示。

步骤 6　弹出【配置进度】界面，显示配置进度。稍候几分钟，配置完成，单击【关闭】按钮，即可删除 PowerPoint 2013 组件，如图 2-12 所示。

图 2-11　选择【不可用】选项

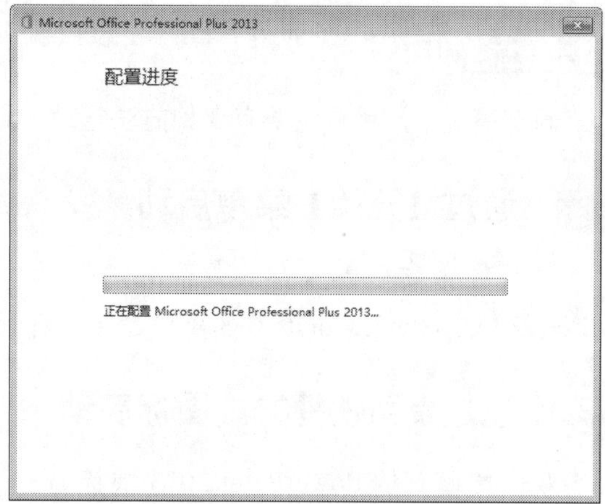

图 2-12　显示配置进度

卸载 Office 2013 程序

步骤 1　在上面的步骤 3 中单击【卸载】按钮，或者在步骤 4 中选择【删除】单选按钮，然后单击【继续】按钮，将弹出【安装】对话框，询问是否从计算机上删除 Office 2013 应用程序及所有组件，单击【是】按钮，如图 2-13 所示。

步骤 2　弹出【卸载进度】界面，显示卸载进度。稍候几分钟，卸载完成，单击【关闭】按钮，即可卸载 Office 2013 程序，如图 2-14 所示。

图 2-13　【安装】对话框

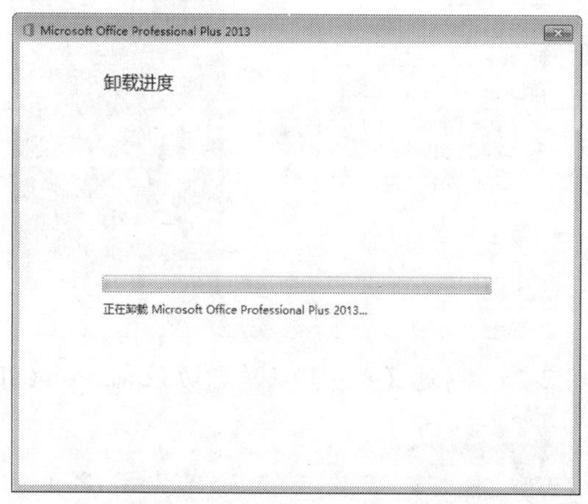

图 2-14　显示卸载进度

2.2 PowerPoint 2013的启动与退出

在使用 PowerPoint 2013 制作演示文稿之前，首先应了解如何启动和退出 PowerPoint 2013。本节介绍启动与退出 PowerPoint 2013 的方法。

2.2.1 启动 PowerPoint 2013

通常情况下，用户主要有 3 种方法启动 PowerPoint 2013，分别如下。

1. 通过【开始】菜单启动

单击任务栏中的【开始】按钮，在弹出的菜单中依次选择【所有程序】→ Microsoft Office 2013 → PowerPoint 2013 菜单命令，即可启动 PowerPoint 2013，如图 2-15 所示。

2. 通过桌面快捷方式图标启动

双击桌面上的 PowerPoint 2013 快捷方式图标，即可启动 PowerPoint 2013，如图 2-16 所示。

图 2-15 通过【开始】菜单启动 PowerPoint 2013

图 2-16 通过桌面快捷方式图标启动

> **提示** 若桌面上没有 PowerPoint 2013 快捷方式图标，在【开始】菜单中选择 PowerPoint 2013 菜单命令，单击鼠标右键，在弹出的快捷菜单中依次选择【发送到】→【桌面快捷方式】菜单命令，即可在桌面上添加 PowerPoint 2013 快捷方式图标，如图 2-17 所示。

3. 通过打开已存在的 PowerPoint 文档启动

在计算机中找到一个 PowerPoint 文档（扩展名为 .pptx），双击该文档图标，即可启动 PowerPoint 2013，如图 2-18 所示。

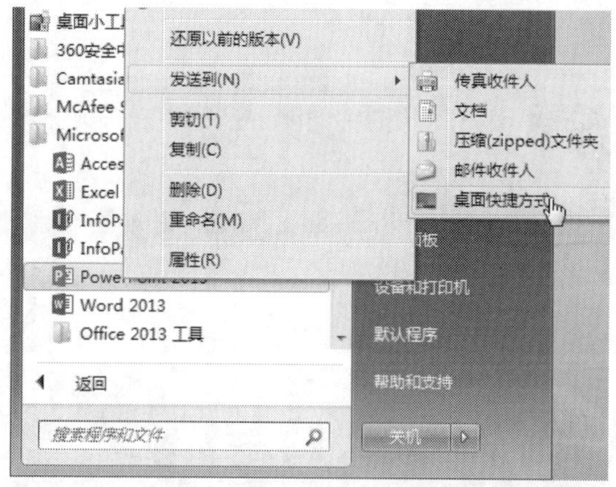

图 2-17　选择【桌面快捷方式】菜单命令

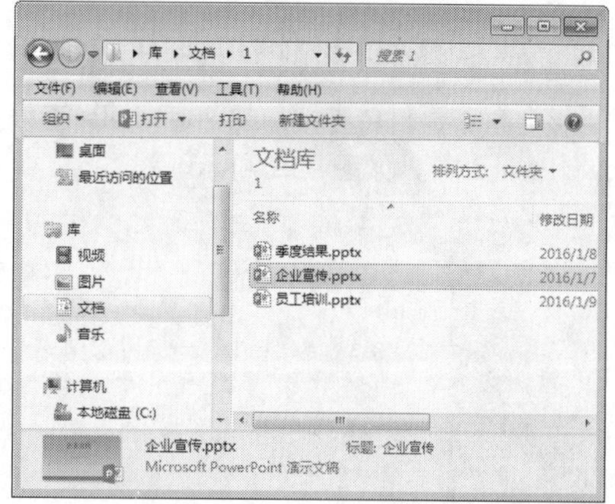

图 2-18　双击 PowerPoint 文档启动 PowerPoint 2013

提示

通过前两种方法启动 PowerPoint 2013 时，会自动进入 PowerPoint 工作首界面，如图 2-19 所示，若选择【空白演示文稿】选项，即可创建一个空白文档，若选择系统提供的各模板选项，即可创建一个相应的模板文档。而通过第 3 种方法启动 PowerPoint 2013 时，会直接打开已经创建好的演示文稿，如图 2-20 所示。

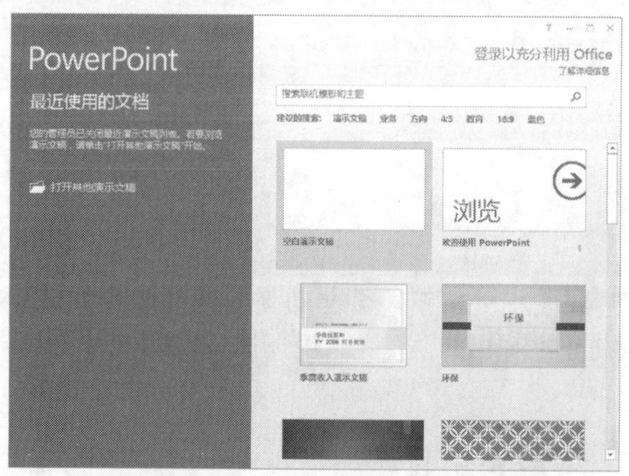

图 2-19　PowerPoint 工作首界面

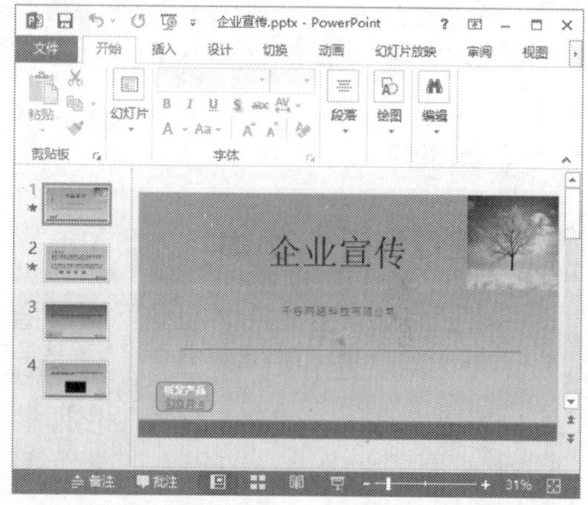

图 2-20　打开创建好的演示文稿

2.2.2 退出 PowerPoint 2013

通常情况下，用户主要有 5 种方法退出 PowerPoint 2013，分别如下。

1. 通过文件操作界面退出

在 PowerPoint 工作界面，选择【文件】选项卡，进入文件操作界面，选择左侧列表中的【关闭】命令，即可退出 PowerPoint 2013，如图 2-21 所示。

2. 通过【关闭】按钮退出

该方法最为简单直接，在 PowerPoint 工作界面中单击右上角的【关闭】按钮 ✕，即可退出 PowerPoint 2013，如图 2-22 所示。

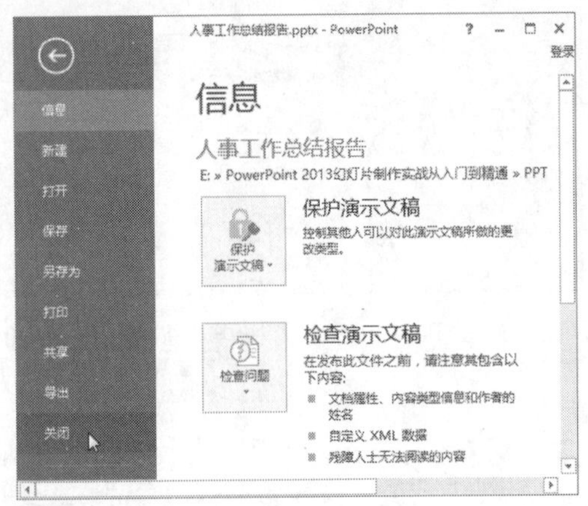

图 2-21 通过文件操作界面退出 PowerPoint 2013

图 2-22 通过【关闭】按钮退出 PowerPoint 2013

3. 通过控制菜单图标退出

在 PowerPoint 工作界面中单击左上角的 P 图标，在弹出的菜单中选择【关闭】菜单命令，即可退出 PowerPoint 2013，如图 2-23 所示。或者直接双击 P 图标，也可退出 PowerPoint 2013。

4. 通过任务栏退出

在桌面底部任务栏中，将鼠标指针定位在 P 图标处，系统会自动列出当前所有打开的 PowerPoint 文件，选中要关闭的文件，单击鼠标右键，在弹出的快捷菜单中选择【关闭】菜单命令，即可关闭选中的 PowerPoint 文件，如图 2-24 所示。

图 2-23 通过控制菜单图标退出 PowerPoint 2013

图 2-24 通过任务栏退出 PowerPoint 2013

5. 通过组合键退出

单击选中 PowerPoint 窗口，按 Alt+F4 组合键，即可退出 PowerPoint 2013。

2.3 熟悉PowerPoint 2013的工作界面

PowerPoint 2013 的工作界面主要由快速访问工具栏、标题栏、【文件】选项卡、功能区、工作区、幻灯片窗格和状态栏等组成，如图 2-25 所示。

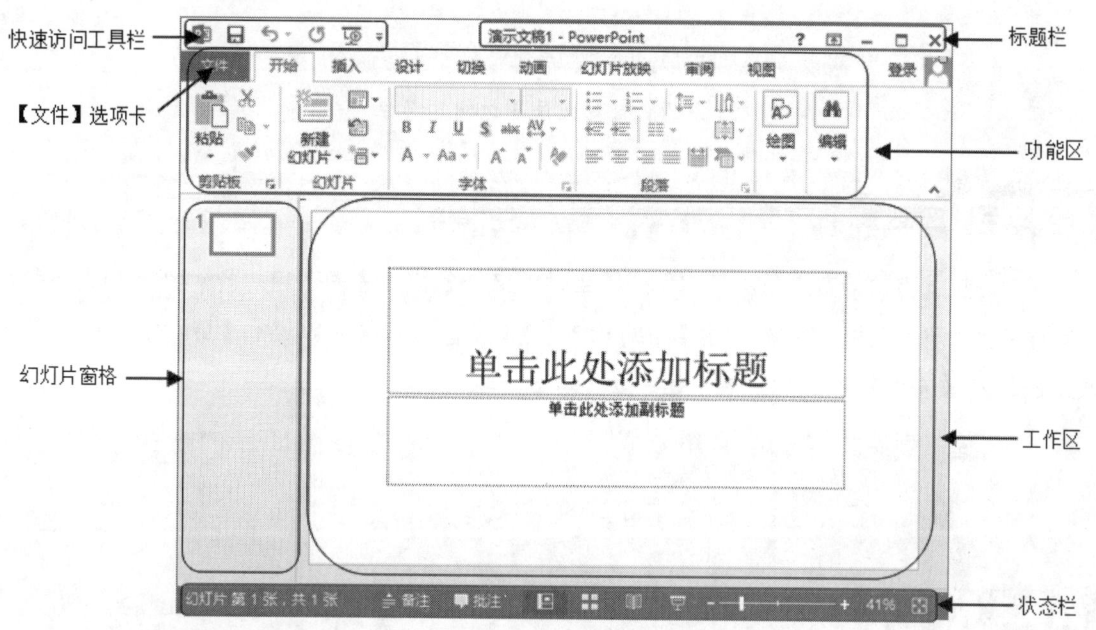

图 2-25　PowerPoint 2013 的工作界面

2.3.1 快速访问工具栏

快速访问工具栏位于界面的左上角，它包含一组最常用的快捷命令，默认的快速访问工具栏包含【保存】、【撤销】、【恢复】和【从头开始】等命令按钮，如图 2-26 所示。

图 2-26　快速访问工具栏

单击快速访问工具栏右侧的下拉按钮，在弹出的下拉列表中可以自定义快速访问工具栏，如图 2-27 所示。

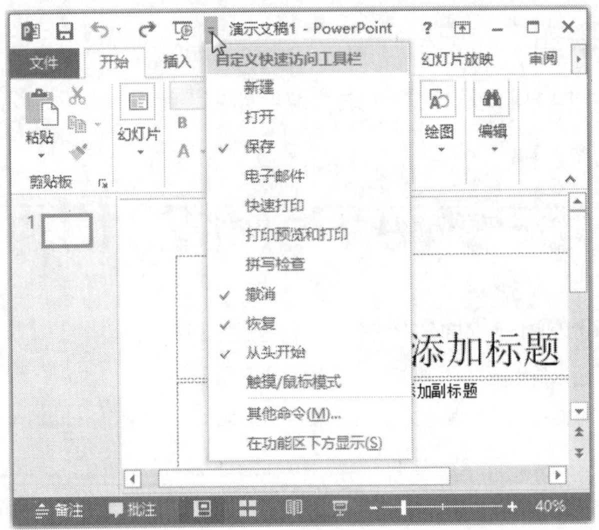

图 2-27　自定义快速访问工具栏

2.3.2 标题栏

标题栏位于界面的右上角，其左侧显示当前的文件名称，注意在启动 PowerPoint 时，默认的文件名为“演示文稿 1”；右侧由【帮助】？、【功能区显示选项】、【最小化】－、【最大化】□和【关闭】× 窗口控制按钮组成，如图 2-28 所示。

演示文稿1 - PowerPoint　　? 　–　□　×

图 2-28　标题栏

2.3.3 【文件】选项卡

选择【文件】文件卡，进入文件工作界面，在左侧列表中会显示一些基本命令，包括【新建】、【打开】、【保存】、【打印】、【选项】等，如图 2-29 所示。单击左侧的命令，在右侧即可进行相关的操作。通过这些命令的名称，用户即可知道它们各自的作用，这里不再赘述。

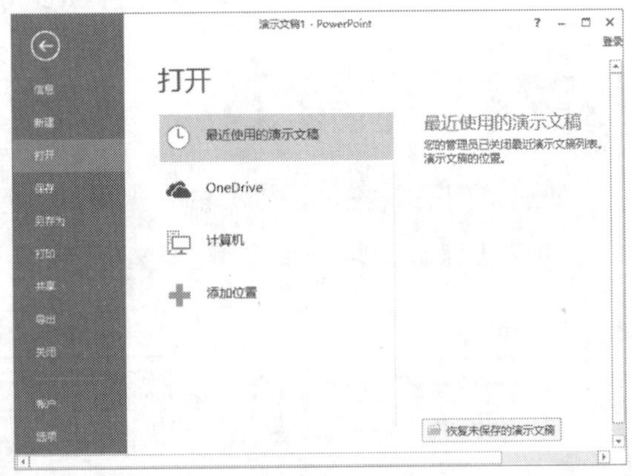

图 2-29　文件操作界面

2.3.4 功能区

功能区位于快速访问工具栏的下方，由各类选项卡和包含在选项卡中的各种命令按钮组成，通过功能区可以快速找到完成某项任务所需要的命令，如图 2-30 所示。

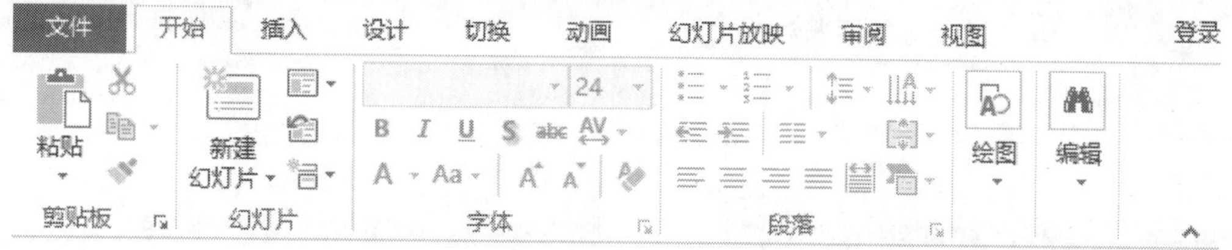

图 2-30 功能区

每个选项卡包括多个选项组，例如，【插入】选项卡包括【幻灯片】、【表格】、【图像】、【插图】等选项组，每个选项组又包含若干个相关的命令按钮，如图 2-31 所示。

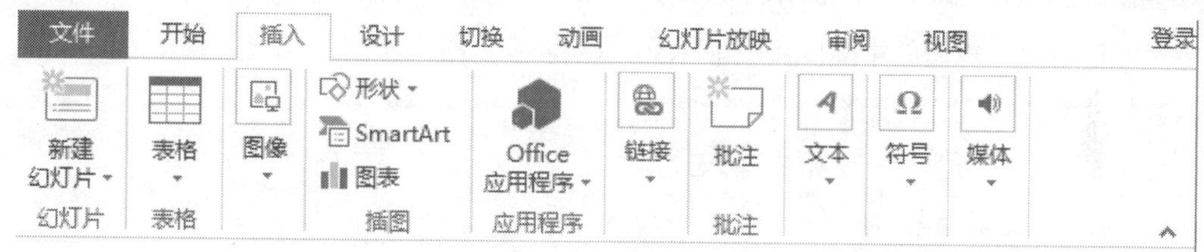

图 2-31 【插入】选项卡

某些选项组的右下角有个 图标，单击此图标，可以打开相关的对话框，例如单击【字体】选项组右下角的 按钮，即可弹出【字体】对话框，如图 2-32 所示。

某些选项卡只有在需要使用时才显示出来，例如选择文本框时，功能区添加了【格式】选项卡，该选项卡为设置文本框的格式提供了更多合适的命令，当没有选定这些对象时，与之相关的这些选项卡则会隐藏起来，如图 2-33 所示。

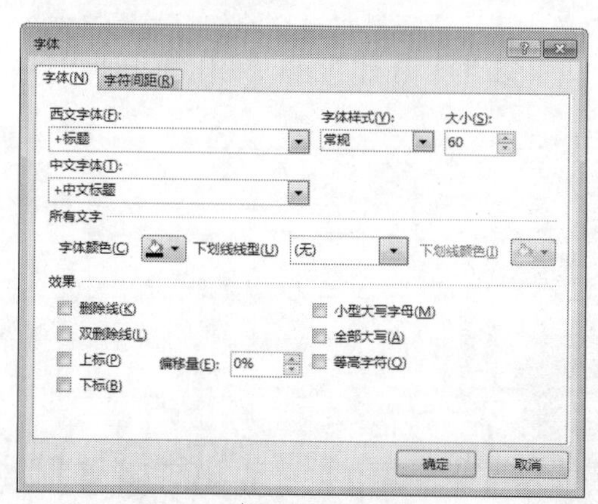

图 2-32 【字体】对话框

图 2-33 功能区添加了【格式】选项卡

单击选项卡右侧的【折叠功能区】按钮 ，可将功能区最小化，只显示选项卡名称，如图 2-34 所示。最小化功能区以后，单击选项卡，即可显示出完整的功能区，然后单击功能区右下角的【固定功能区】按钮 ，即可重新固定功能区，如图 2-35 所示。

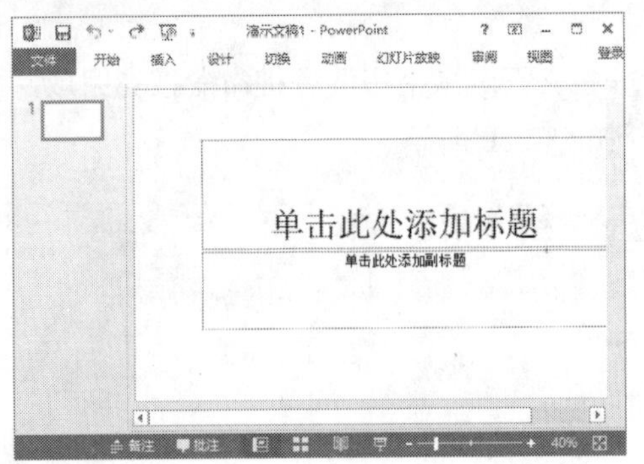

图 2-34　折叠功能区

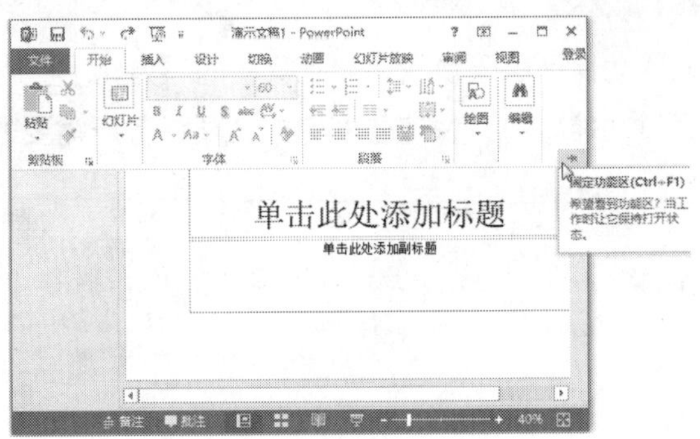

图 2-35　固定功能区

2.3.5 工作区

工作区位于工作界面的中间，用于显示和编辑当前的幻灯片，在空白幻灯片中，通常有两个虚线边框，用户可直接在边框中输入文本或插入图片、图表以及其他对象，如图 2-36 所示。

图 2-36　工作区

2.3.6 幻灯片窗格

幻灯片窗格位于工作区的左侧，在其中显示了每个幻灯片的缩略图，使用缩略图能方便地通览演示文稿，单击各缩略图，即可在工作区查看和编辑相应的幻灯片，如图 2-37 所示。

在幻灯片缩略图中单击鼠标右键，在弹出的快捷菜单中还可进行添加或删除幻灯片等操作，如图 2-38 所示。

图 2-37　在幻灯片窗格中显示幻灯片缩略图

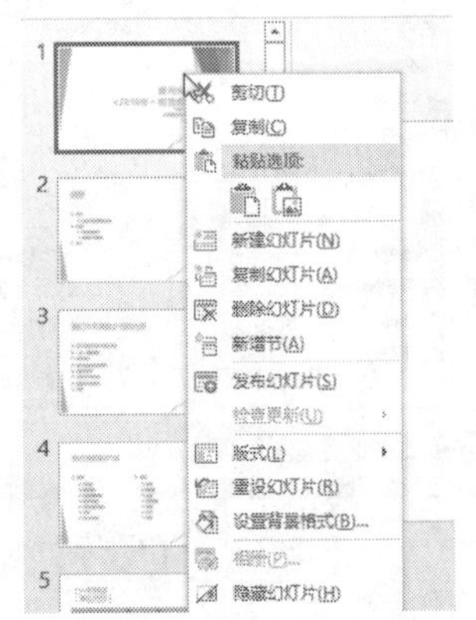

图 2-38　弹出的快捷菜单

2.3.7 状态栏

状态栏位于工作界面的底部，用于显示当前文档页、总页数、该幻灯片使用的主题、视图按钮组、显示比例以及调节页面显示比例的控制杆等，如图 2-39 所示。其中，单击【视图】按钮可以在视图中进行相应的切换。

图 2-39　状态栏

在状态栏上单击鼠标右键，弹出【自定义状态栏】快捷菜单。通过该快捷菜单，可以设置状态栏中要显示的内容，如图 2-40 所示。

图 2-40　【自定义状态栏】快捷菜单

2.4 自定义工作界面

在 PowerPoint 2013 工作界面，用户可以自定义快速访问工具栏、功能区和状态栏等，本节分别介绍具体的操作方法。

2.4.1 自定义快速访问工具栏

用户可通过多种方法自定义快速访问工具栏，分别如下。

1. 直接在【自定义快速访问工具栏】列表中操作

单击快速访问工具栏右侧的下拉按钮 ，即弹出【自定义快速访问工具栏】列表，其中提供了一系列常用的命令选项，选择要添加的命令，例如这里选择【新建】命令，其左侧出现 ✓ 图标，即可将该命令添加到快速访问工具栏中，如图 2-41 所示。

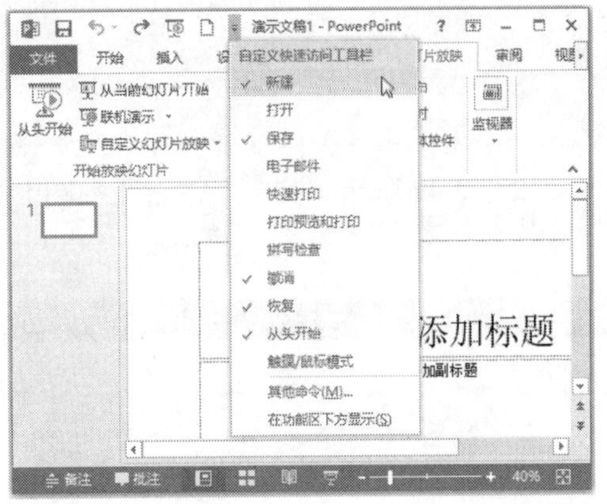

图 2-41 【自定义快速访问工具栏】列表

若要删除某个命令，在【自定义快速访问工具栏】列表中再次选中该命令，即可完成删除操作。

2. 直接在功能区操作

直接在功能区选择某个要添加的命令按钮，单击鼠标右键，在弹出的快捷菜单中选择【添加到快速访问工具栏】菜单命令，即可将该命令添加到快速访问工具栏中，如图 2-42 所示。

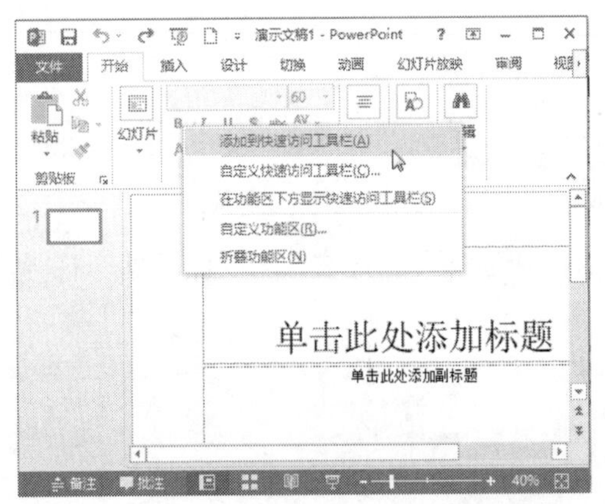

图 2-42 选择【添加到快速访问工具栏】菜单命令

若要从功能区删除添加的命令，在快速访问工具栏选中该命令，单击鼠标右键，在弹出的快捷菜单中选择【从快速访问工具栏删除】菜单命令，即可删除该命令，如图 2-43 所示。

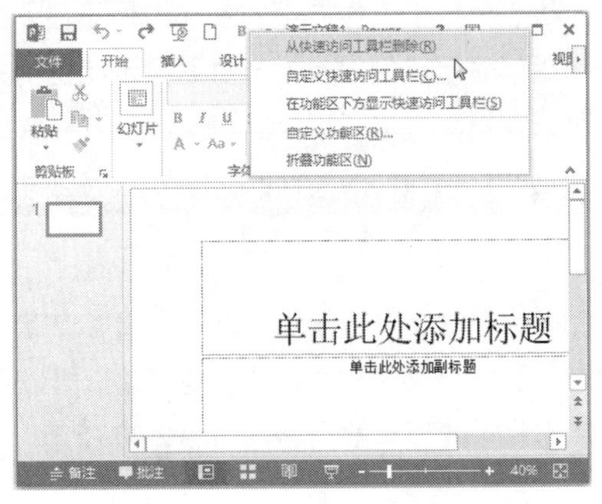

图 2-43 选择【从快速访问工具栏删除】菜单命令

3. 通过【PowerPoint 选项】对话框操作

除了上述方法外，用户还可通过【PowerPoint 选项】对话框自定义快速访问工具栏。要想打开该对话框，主要有以下几种方法。

(1) 选择【文件】选项卡，进入文件操作界面，单击左侧列表中的【选项】命令，即可弹出【PowerPoint 选项】对话框。

(2) 单击快速访问工具栏右侧的下拉按钮，在弹出的下拉列表中选择【其他命令】选项，即可弹出【PowerPoint 选项】对话框。

(3) 将光标定位在功能区，单击鼠标右键，在弹出的快捷菜单中选择【自定义快速访问工具栏】选项或【自定义功能区】选项，即可弹出【PowerPoint 选项】对话框。

弹出【PowerPoint 选项】对话框后，在左侧列表中选择【快速访问工具栏】选项，即可在右侧自定义快速访问工具栏。例如，选择【常用命令】列表中的【打开】选项，单击【添加】按钮，即可添加该命令，如图 2-44 所示。

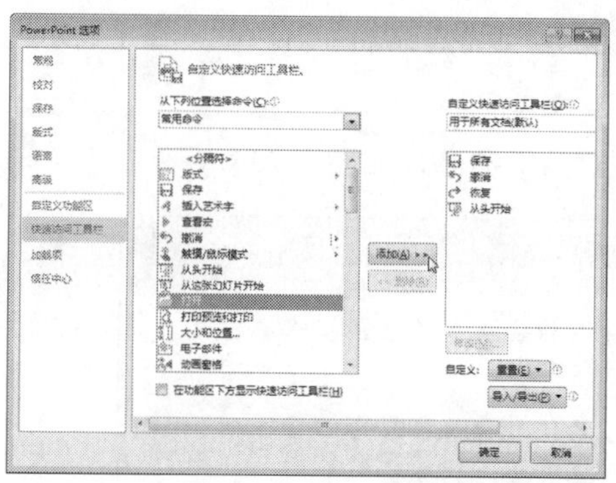

图 2-44　单击【添加】按钮添加命令

若要删除某个命令，在右侧列表中选中该命令，单击【删除】按钮，即可删除该命令，如图 2-45 所示。

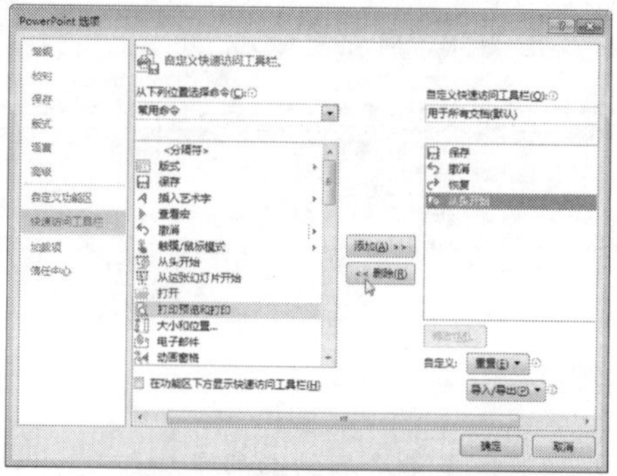

图 2-45　单击【删除】按钮删除命令

提示　在对话框中单击【重置】按钮，可将快速访问工具栏恢复到默认状态。单击【导入/导出】按钮，可导入自定义的文件或者导出当前自定义的设置。

2.4.2　自定义功能区

在【PowerPoint 选项】对话框的左侧列表中选择【自定义功能区】选项，即可在右侧自定义功能区，如图 2-46 所示。

若要新建一个选项卡，单击【新建选项卡】按钮，即可在【主选项卡】列表中增加【新建选项卡】选项，并自动在该选项卡中添加一个【新建组】选项，如图 2-47 所示。

图 2-46　【自定义功能区】选项界面

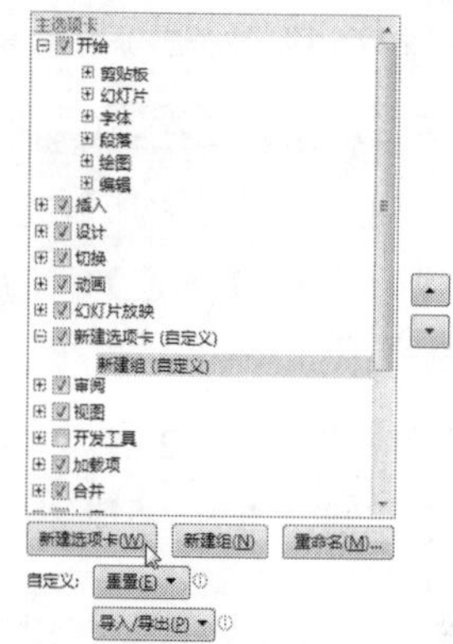

图 2-47　新建一个选项卡

若要在选项卡下新建一个选项组，例如在【新建选项卡】下再新建一个组，选中该选项卡，单击【新建组】按钮，即可添加一个【新建组】选项，如图 2-48 所示。

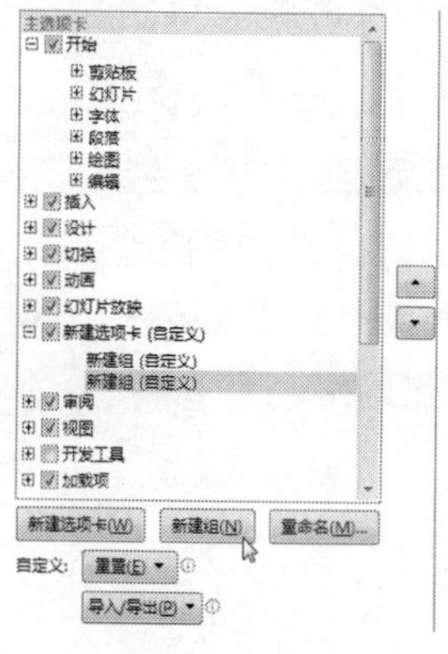

图 2-48　新建一个组

选中新建的【新建选项卡】，单击【重命名】按钮，弹出【重命名】对话框，在【显示名称】文本框中输入名称，即可对选项卡重命名，如图 2-49 所示。

同理，选中要重命名的组，重复上述操作，即可对组重命名，如图 2-50 所示。

图 2-49　对选项卡重命名

图 2-50　对组重命名

删除选项卡和组以及在组中添加和删除命令的操作与自定义快速访问工具栏中的操作类似，选中相应的选项，单击【添加】或【删除】按钮即可，这里不再赘述。

设置完成后，单击【确定】按钮，返回到 PowerPoint 工作界面，在功能区即可显示添加的选项卡和组，如图 2-51 所示。

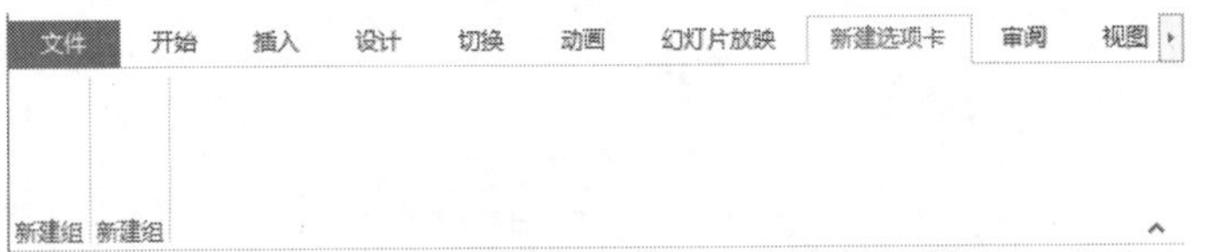

图 2-51　在功能区显示添加的选项卡和组

2.4.3 自定义状态栏

在状态栏上单击鼠标右键，将弹出【自定义状态栏】快捷菜单，从中可以选择状态栏中要显示或隐藏的项目，如图 2-52 所示。注意，选择要显示的项目后，其左侧若出现✓图标，即可在状态栏中显示该项目，若要隐藏项目，再次单击即可。

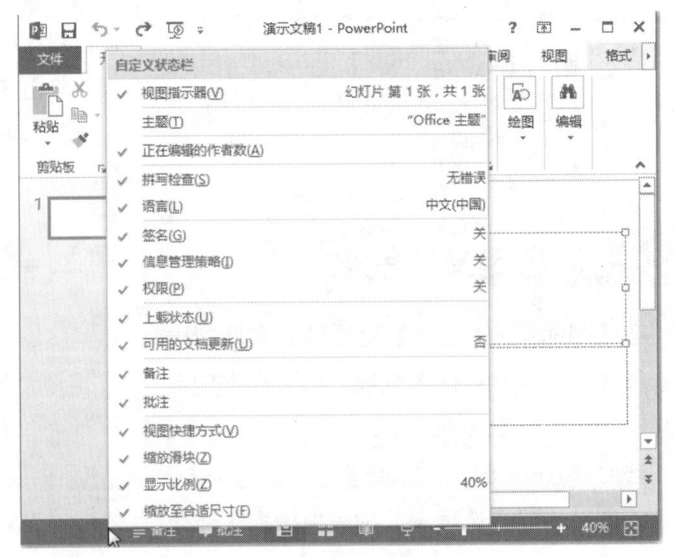

图 2-52　选择显示或隐藏的项目

2.5 职场技能训练

前面主要学习了 PowerPoint 2013 的入门知识，下面来学习 PowerPoint 2013 在实际工作中的应用。

2.5.1 职场技能 1——同时复制多张幻灯片

在同一演示文稿中不仅可以复制单张幻灯片，还可以一次复制多张幻灯片，具体的操作步骤如下。

步骤 1 打开随书光盘中的“素材 \ch02\ 季度结果 .pptx”文件，如图 2-53 所示。

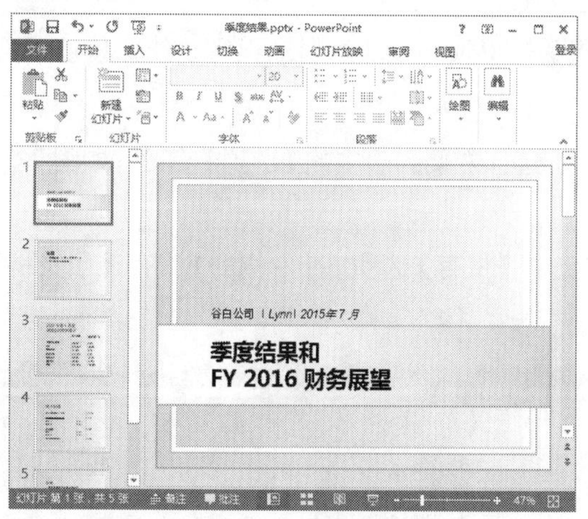

图 2-53　“季度结果 .pptx”文件

步骤 2 在【幻灯片】窗格中单击第 1 张幻灯片缩略图，按住 Shift 键不放，单击第 3 张幻灯片缩略图，即可同时选中前 3 张幻灯片，如图 2-54 所示。

> **提示** 按住 Ctrl 键不放，单击各幻灯片缩略图，即可选中多张不连续的幻灯片。

步骤 3 在缩略图上单击鼠标右键，在弹出的快捷菜单中选择【复制幻灯片】菜单命令，如图 2-55 所示。

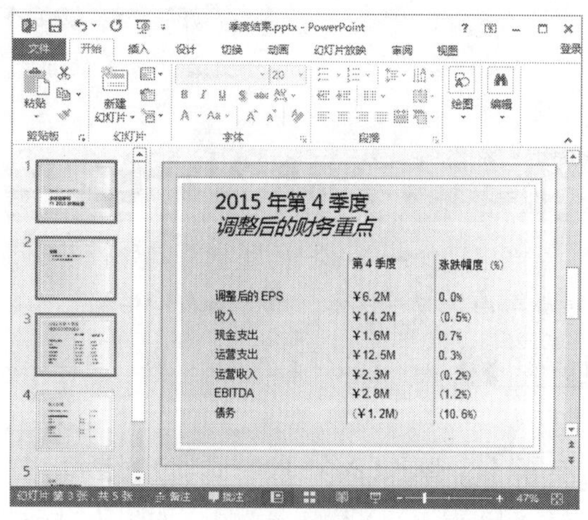

图 2-54　同时选中前 3 张幻灯片

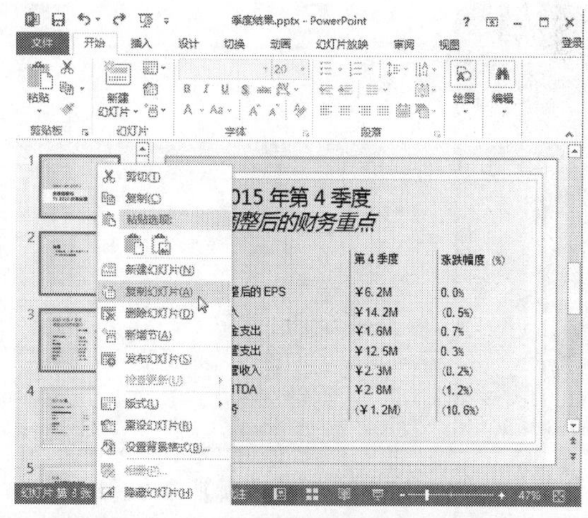

图 2-55　选择【复制幻灯片】菜单命令

步骤 4 系统将自动复制选中的 3 张幻灯片，如图 2-56 所示。

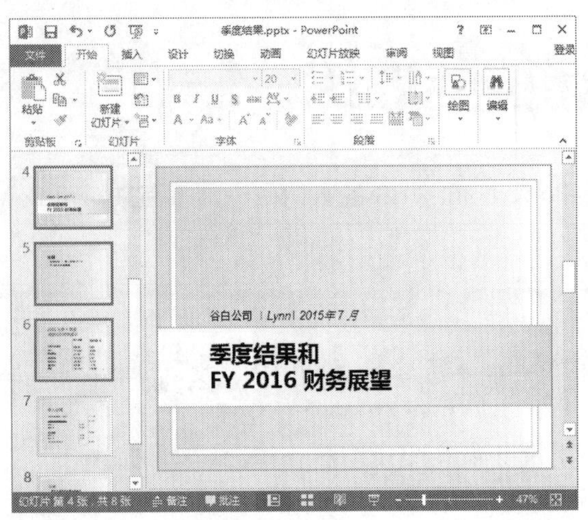

图 2-56　系统自动复制选中的 3 张幻灯片

2.5.2 职场技能 2——自定义文档保存方式

当出现如断电、机器重启等特殊情况时，可以通过 PowerPoint 的自动保存功能，使演示文稿处于自动保存状态。具体的操作步骤如下。

步骤 1 选择【文件】选项卡，进入文件操作界面，选择左侧列表中的【选项】命令，如图 2-57 所示。

步骤 2 弹出【PowerPoint 选项】对话框，在左侧选择【保存】选项，在右侧的【保存演示文稿】区域即可自定义文档保存方式，如图 2-58 所示。

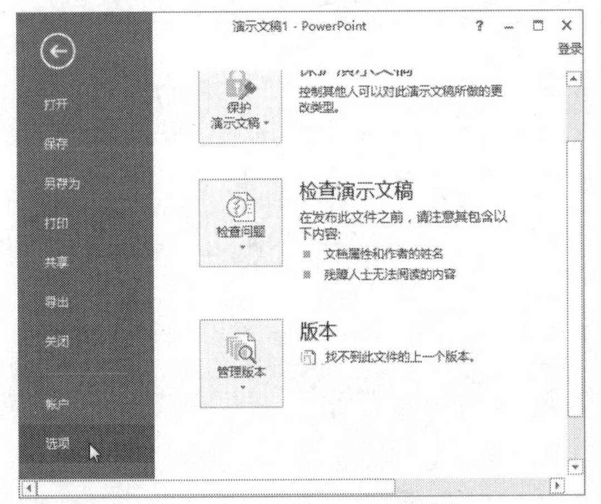

图 2-57　选择【选项】命令

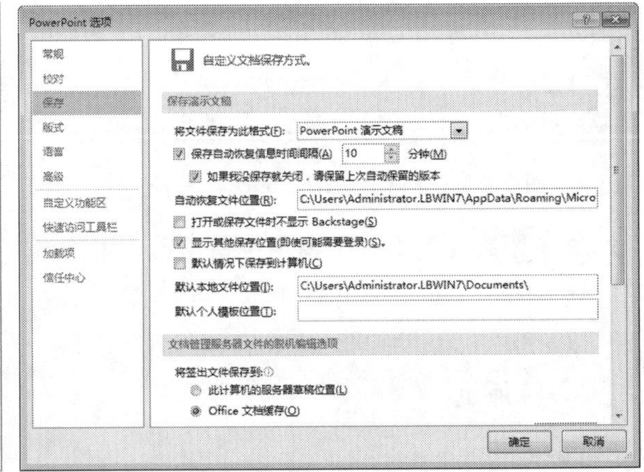

图 2-58　【保存】选项界面

步骤 3 在【保存演示文稿】区域，勾选【保存自动恢复信息时间间隔】复选框，然后在右侧的文本框中输入“5”，表示系统会每隔 5 分钟自动执行一次保存操作，如图 2-59 所示。

步骤 4 在【保存演示文稿】区域，勾选【默认情况下保存到计算机】复选框，然后在【默认本地文件位置】文本框中输入路径，即可设置演示文稿的默认保存位置，如图 2-60 所示。

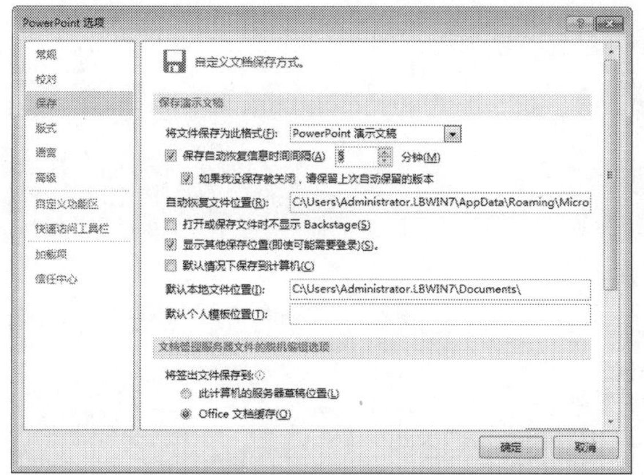

图 2-59　设置系统自动保存的间隔时间

图 2-60　设置演示文稿的默认保存位置

步骤 5　设置完成后，单击【确定】按钮，即可保存设置。

2.6 疑难问题解答

问题 1：如何将自定义的操作界面快速转移到其他计算机中？

解答：在 PowerPoint 2013 的工作界面，选择【文件】选项卡，单击左侧列表中的【选项】命令，弹出【PowerPoint 选项】对话框。在对话框中选择左侧的【自定义功能区】选项，在右侧的下方单击【导入 / 导出】按钮，然后在弹出的下拉列表中选择【导出所有自定义设置】选项，在其他计算机中选择【导入自定义文件】选项即可。

问题 2：什么字体适合政务或商务类幻灯片呢？

解答：对于政务或商务类比较正式、严肃的幻灯片，应尽量使用大方、简洁、稳重的字体，例如微软雅黑、华文中宋等，并且一页幻灯片中尽量不要超过3种字体。大标题可使用衬线字体，该类字体在每笔的起点和终点会有很多修饰效果，一般较为漂亮，但由于装饰过多，文字稍小就不容易辨认；而正文可使用非衬线字体，即粗细相等、没有修饰的字体，一般笔画简洁，不太漂亮，但很有冲击力，容易辨认。

PPT 入门技能——演示文稿的基本操作

● **本章导读**

本章主要介绍 PowerPoint 2013 的一些基本知识，包括演示文稿与幻灯片的基本操作、各类演示文稿视图和母版视图的区别、各类颜色模式的简单介绍以及缩放查看等内容。用户通过对这些基本知识的学习，能够更好地使用演示文稿。

● **学习目标**

◎ 掌握演示文稿的基本操作

◎ 掌握幻灯片的基本操作

◎ 掌握演示文稿视图的类型及区别

◎ 掌握母版视图的类型及区别

◎ 了解颜色模式

◎ 熟悉缩放查看的方法

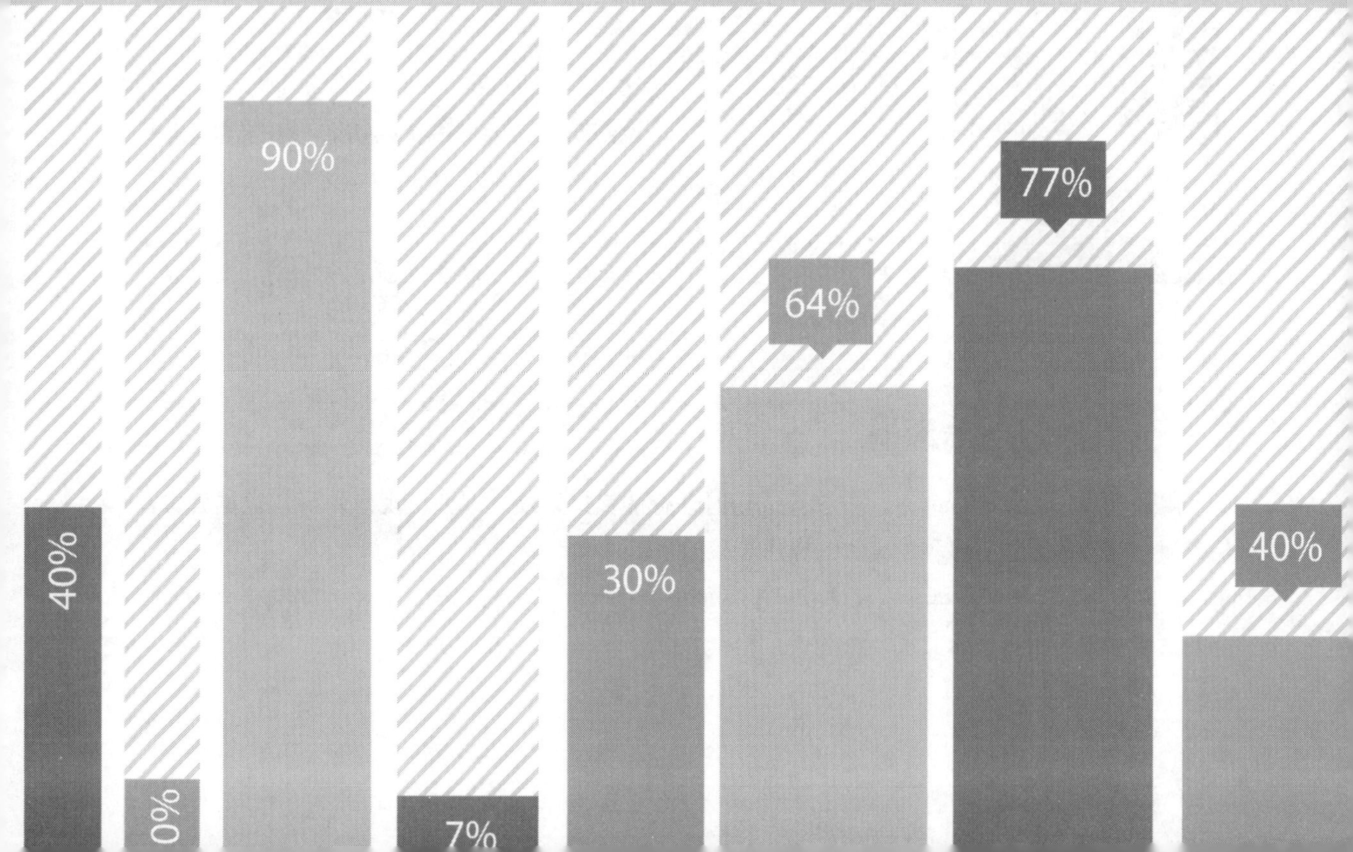

40% 0% 90% 7% 30% 64% 77% 40%

3.1 演示文稿的操作

本节主要介绍演示文稿的基本操作，包括新建、保存、关闭以及打开演示文稿等。

3.1.1 新建演示文稿

用户既可以在现有的文件中新建演示文稿，也可直接新建演示文稿。下面介绍如何在现有文件中新建演示文稿，具体的操作步骤如下。

步骤 1 打开现有的文件，选择【文件】选项卡，进入文件操作界面，单击左侧列表中的【新建】命令，此时在右侧提供了一个【空白演示文稿】选项以及一系列模板选项，如图 3-1 所示。

步骤 2 选择【空白演示文稿】选项，即可自动创建一个空白演示文稿，默认名称为“演示文稿 1”，如图 3-2 所示。

图 3-1 单击左侧列表中的【新建】命令

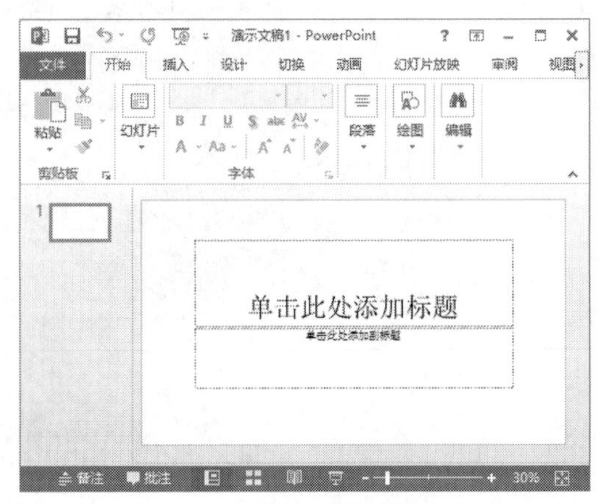

图 3-2 新建演示文稿

提示 在演示文稿的工作界面，按 Ctrl+N 组合键，也可以快速创建一个新的空白演示文稿。

3.1.2 保存演示文稿

用户在操作 PowerPoint 时，应该养成随时保存的良好习惯，以免出现意外导致数据丢失。保存演示文稿的方法有多种，具体的操作步骤如下。

步骤 1 打开现有的文件，选择【文件】选项卡，进入文件操作界面，单击左侧列表中的【保存】命令，即可保存演示文稿，如图 3-3 所示。

步骤 2　单击快速访问工具栏中的【保存】按钮，或者按 Ctrl+S 组合键，也可保存演示文稿，如图 3-4 所示。

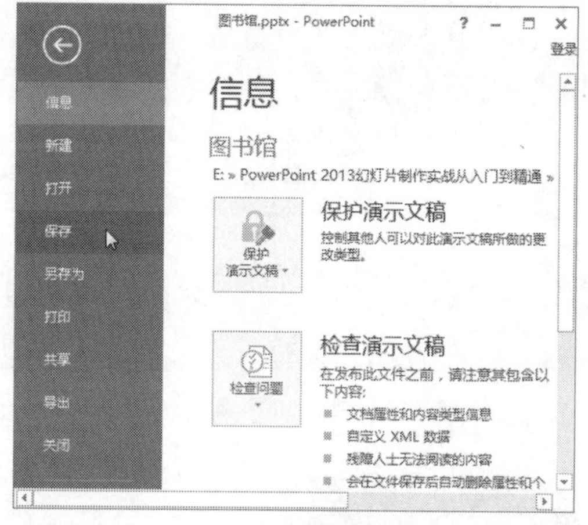

图 3-3　单击【保存】命令保存演示文稿

图 3-4　单击【保存】按钮保存演示文稿

步骤 3　若要在其他位置中保存演示文稿，在步骤 1 中单击左侧列表中的【另存为】命令，然后选择【计算机】选项，并单击右侧的【浏览】按钮，如图 3-5 所示。

步骤 4　弹出【另存为】对话框，选择文件保存的位置，然后可以在【文件名】文本框中输入演示文稿的新名称，在【保存类型】下拉列表框中选择要保存的格式，单击【保存】按钮，即可在其他位置保存演示文稿，如图 3-6 所示。

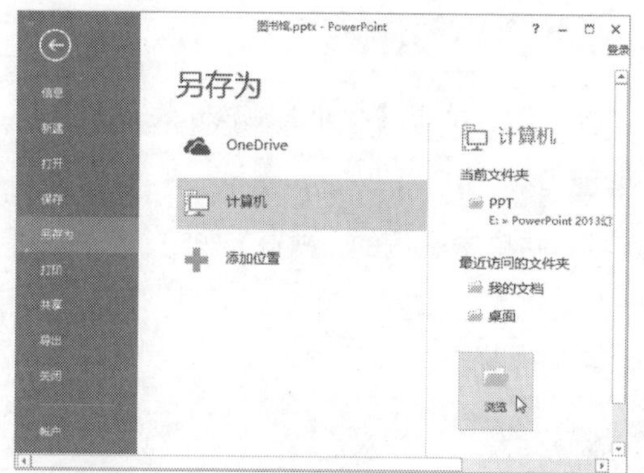

图 3-5　单击【浏览】按钮

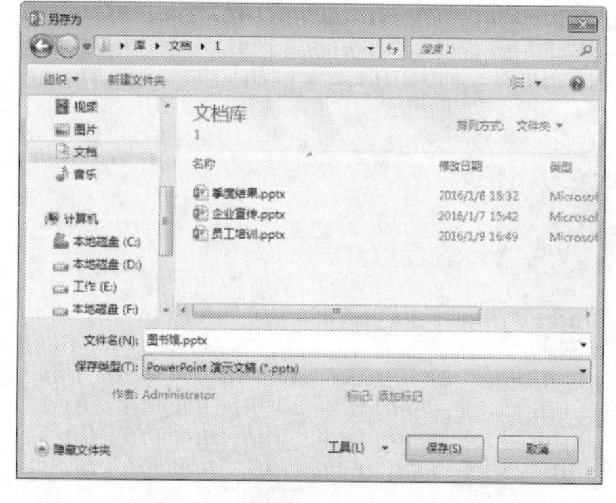

图 3-6　【另存为】对话框

3.1.3　关闭演示文稿

当不再需要使用演示文稿时，就可以关闭演示文稿了。对于关闭演示文稿的具体方法，在 2.2.2 小节已经详细介绍过，这里不再赘述。

注意，如果编辑后的演示文稿还未保存，直接关闭时，将会弹出 Microsoft PowerPoint 对话框，提示是否保存对文件的更改。若需要保存，则单击【保存】按钮；若不需要保存，则单击【不保存】按钮，选择相应的按钮后，即可关闭演示文稿。若单击【取消】按钮，将关闭该对话框，取消关闭演示文稿的操作，如图 3-7 所示。

图 3-7　Microsoft PowerPoint 对话框

3.1.4 打开演示文稿

用户既可以在打开的文件中打开其他演示文稿，也可以直接在计算机中通过双击的方式打开演示文稿，还可以在首界面打开演示文稿，具体的操作步骤如下。

步骤 1 在打开的文件中打开其他演示文稿。在已打开的文件中，选择【文件】选项卡，进入文件操作界面，单击左侧列表中的【打开】命令，然后选择【计算机】选项，并单击右侧的【浏览】按钮，如图 3-8 所示。

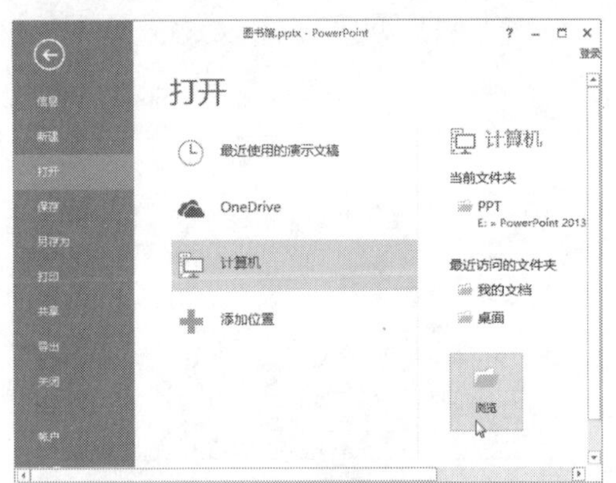

图 3-8　单击右侧的【浏览】按钮

步骤 2 弹出【打开】对话框，选择要打开的文件，单击【打开】按钮即可，如图 3-9 所示。

步骤 3 在首界面打开演示文稿。启动 PowerPoint 2013，进入操作首界面，单击【打开其他演示文稿】链接，如图 3-10 所示。

图 3-9　【打开】对话框

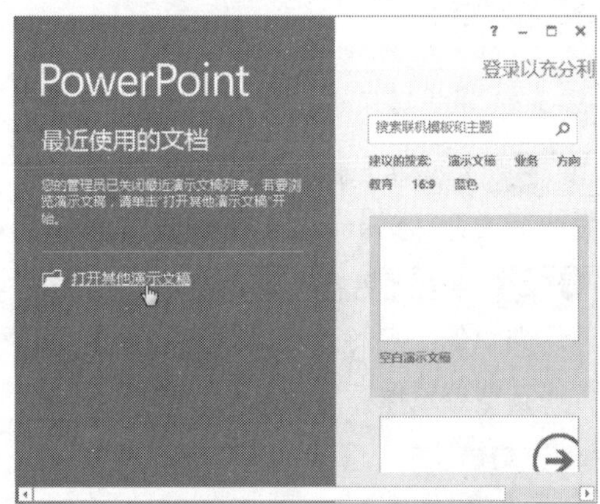

图 3-10　单击【打开其他演示文稿】链接

步骤 4 进入【打开】界面，选择【计算机】选项，并单击右侧的【浏览】按钮，将弹出【打开】对话框，重复步骤 2，即可打开演示文稿，如图 3-11 所示。

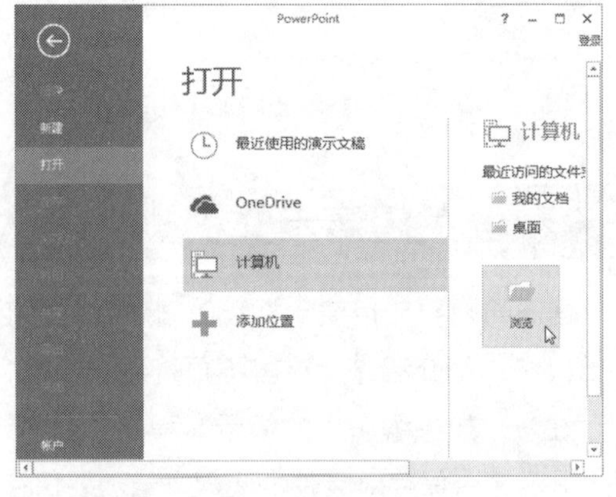

图 3-11　【打开】界面

提示 除了上述两种方法外，直接在计算机中找到文件保存的位置，双击要打开的文件，也可打开演示文稿。

3.2 幻灯片的基本操作

本节主要介绍幻灯片的基本操作，包括选择幻灯片、新建和删除幻灯片、移动和移动复制幻灯片、为幻灯片应用布局等。

3.2.1 选择幻灯片

在对幻灯片进行操作前，首先需要选择相应的幻灯片，若要选择一张幻灯片，直接在【幻灯片】窗格中单击即可选中。若要选择多张幻灯片，具体的操作步骤如下。

步骤 1 选择多张相邻的幻灯片。首先在幻灯片窗格中单击选中第 1 张幻灯片，然后按住 Shift 键不放，单击最后 1 张幻灯片，即可选中多张相邻的幻灯片，如图 3-12 所示。

图 3-12　选择多张相邻的幻灯片

步骤 2 选择多张不相邻的幻灯片。按住 Ctrl 键不放，单击要选择的幻灯片，即可选中多张不相邻的幻灯片，如图 3-13 所示。

步骤 3 选择全部的幻灯片。首先选择任意一张幻灯片，在【开始】选项卡中，单击【编辑】组中【选择】右侧的下拉按钮，在弹出的下拉列表中选择【全选】选项，如图 3-14 所示。

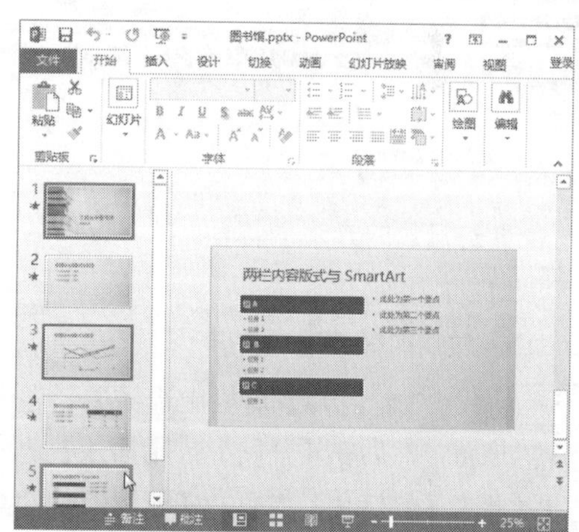

图 3-13　选择多张不相邻的幻灯片

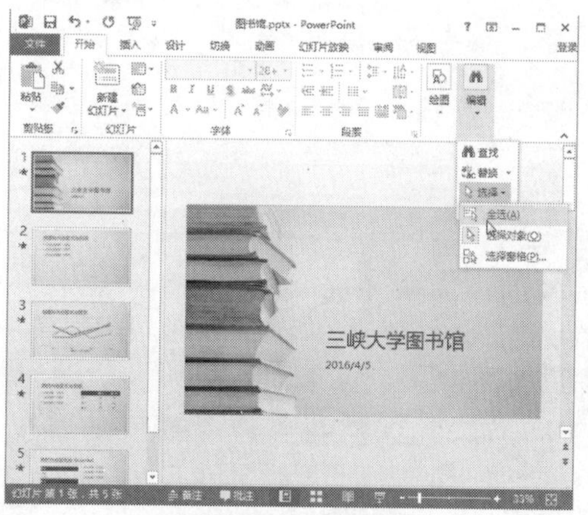

图 3-14　选择【全选】选项

步骤 4 选中全部的幻灯片，如图 3-15 所示。

图 3-15 选中全部的幻灯片

3.2.2 新建与删除幻灯片

1. 新建幻灯片

新建幻灯片的方法主要有 3 种，具体的操作步骤分别如下。

⑴ 通过功能区新建

步骤 1 在【幻灯片】窗格中选择要新建幻灯片的位置，然后在【开始】或【插入】选项卡中，单击【幻灯片】组中的【新建幻灯片】按钮，如图 3-16 所示。

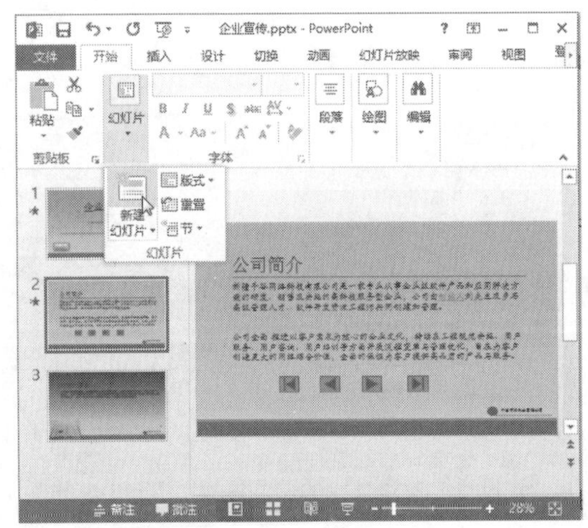

图 3-16 单击【新建幻灯片】按钮

步骤 2 至此，在所选幻灯片的下方新建一张幻灯片，其缩略图将显示在【幻灯片】窗格中，如图 3-17 所示。

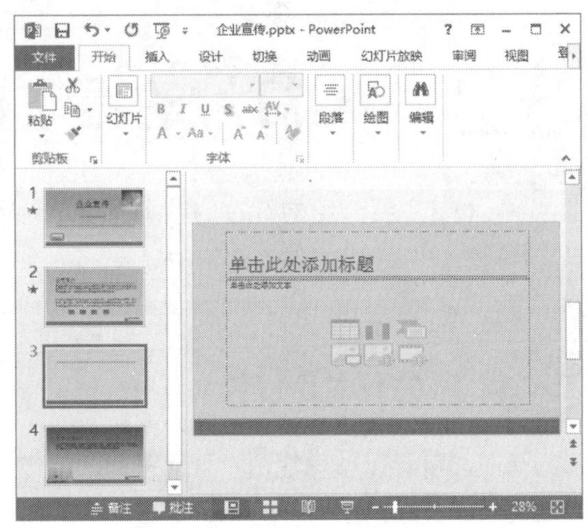

图 3-17 新建一张幻灯片

⑵ 通过右键的快捷菜单新建

步骤 1 在 2 张幻灯片中间空白处或者直接在幻灯片上单击鼠标右键，在弹出的快捷菜单中选择【新建幻灯片】菜单命令，如图 3-18 所示。

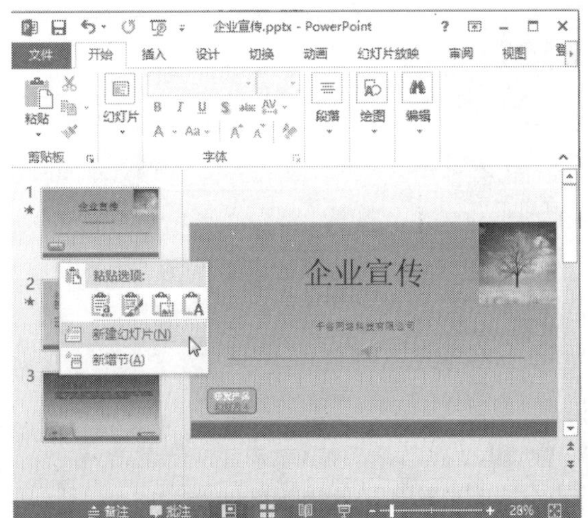

图 3-18 选择【新建幻灯片】菜单命令

步骤 2 至此，在所选幻灯片的下方新建一张幻灯片，如图 3-19 所示。

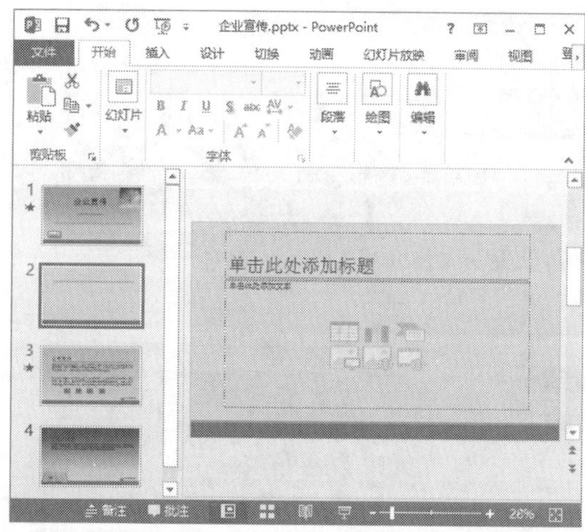

图 3-19　新建一张幻灯片

(3) 使用快捷键新建

在【幻灯片】窗格中选择某张幻灯片，按 Ctrl+M 组合键，即可在该幻灯片下方新建一张幻灯片。

2. 删除幻灯片

删除幻灯片的方法主要有两种，具体的操作步骤分别如下。

(1) 通过右键的快捷菜单删除

步骤 1 在【幻灯片】窗格中选择要删除的幻灯片，单击鼠标右键，在弹出的快捷菜单中选择【删除幻灯片】菜单命令，如图 3-20 所示。

图 3-20　选择【删除幻灯片】菜单命令

步骤 2 删除选中的幻灯片，如图 3-21 所示。

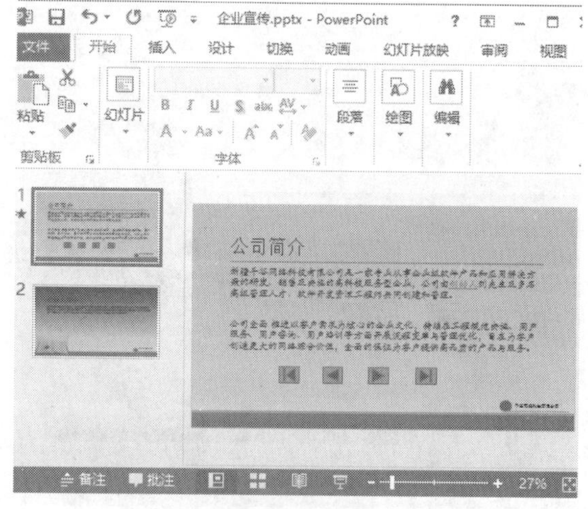

图 3-21　删除选中的幻灯片

(2) 通过快捷键删除

在【幻灯片】窗格中选择目标幻灯片，按 Delete 键，即可删除幻灯片。

3.2.3 移动和复制幻灯片

1. 移动幻灯片

步骤 1 在【幻灯片】窗格中选择要移动的幻灯片，如图 3-22 所示。

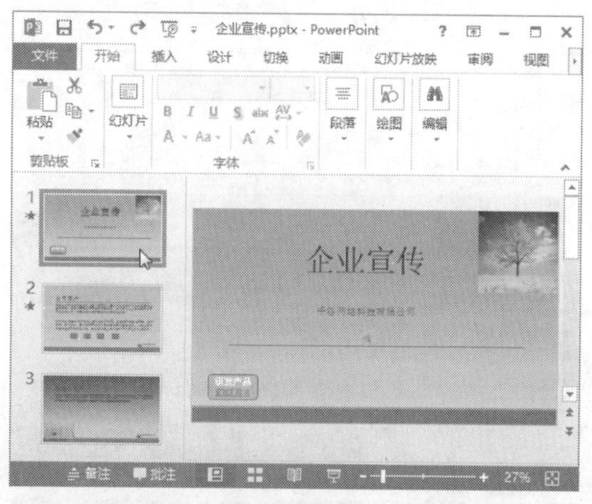

图 3-22　选择要移动的幻灯片

步骤 2 按住鼠标左键不放，拖动鼠标将其移动到合适的位置，释放鼠标即可，如图 3-23 所示。

图 3-23　拖动鼠标移动幻灯片

2. 复制幻灯片

复制幻灯片的方法主要有两种，具体的操作步骤分别如下。

(1) 通过功能区复制

步骤 1 在【幻灯片】窗格中选择要复制的幻灯片，然后在【开始】选项卡中，单击【剪贴板】组中【复制】右侧的下拉按钮，在弹出的下拉列表中选择第 2 个【复制】选项，如图 3-24 所示。

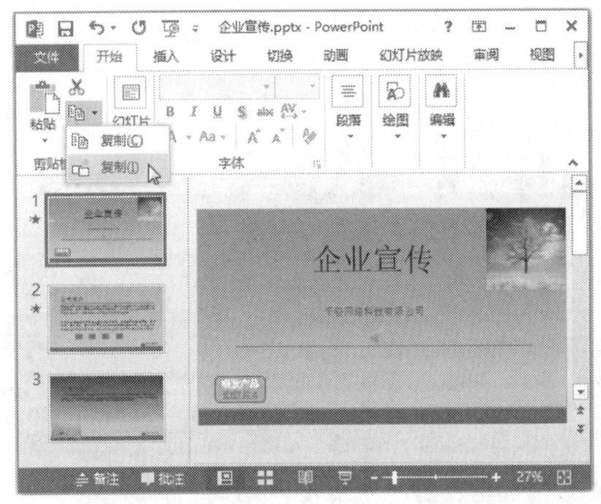

图 3-24　选择第 2 个【复制】选项

步骤 2 至此，直接在所选幻灯片下方复制出一张相同的幻灯片，如图 3-25 所示。

提示 若选择第 1 个【复制】选项，还需选择要复制的位置，并单击【剪贴板】组中的【粘贴】按钮，即可在不同的位置复制幻灯片。

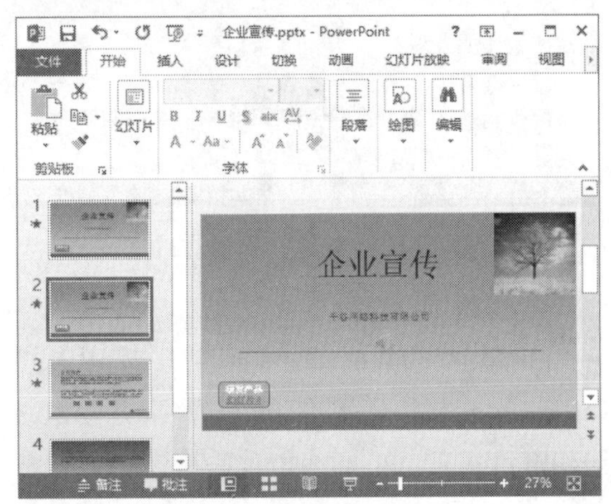

图 3-25　复制出所选的幻灯片

(2) 通过右键的快捷菜单复制

步骤 1 在【幻灯片】窗格中选择要复制的幻灯片，单击鼠标右键，在弹出的快捷菜单中选择【复制幻灯片】菜单命令，如图 3-26 所示。

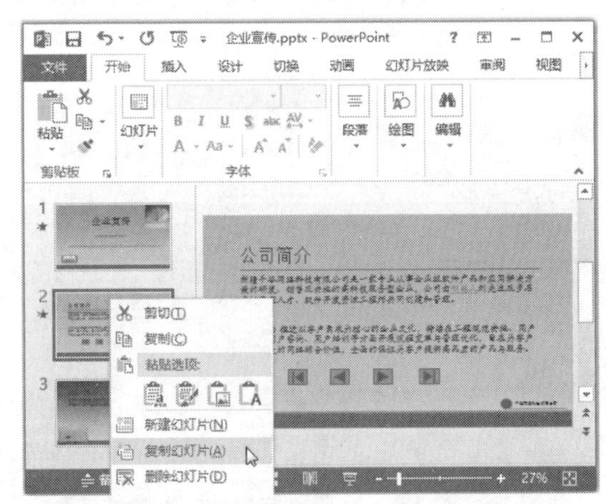

图 3-26　选择【复制幻灯片】菜单命令

步骤 2 至此，直接在所选幻灯片下方复制出一张相同的幻灯片，如图 3-27 所示。

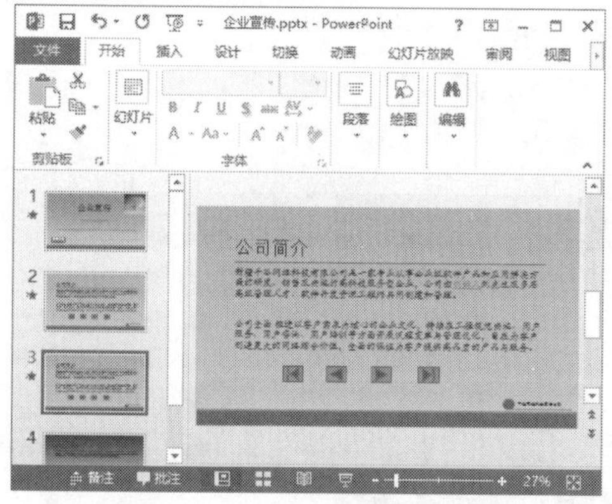

图 3-27 复制出所选的幻灯片

3.2.4 为幻灯片应用布局

在新建幻灯片时，幻灯片中通常有两个占位符（占位符是一种带有虚线或阴影线边缘的方框），一个用于标题格式，另一个用于副标题格式。在这些占位符中可以放置标题、正文、图表、图片等。幻灯片中的占位符排列称为布局。为幻灯片应用布局主要有两种方法，具体的操作步骤分别如下。

 1. 通过功能区应用布局

步骤 1 在【开始】或【插入】选项卡中，单击【幻灯片】组中【新建幻灯片】右侧的下拉按钮，在弹出的下拉列表中选择【回顾】区域中的任意一种布局，如图 3-28 所示。

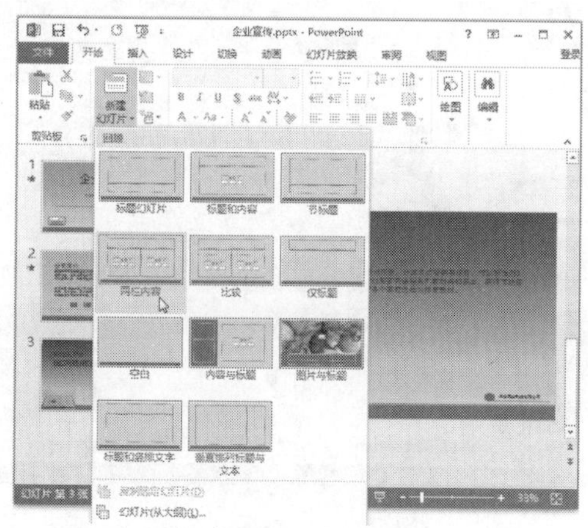

图 3-28 选择【回顾】区域中的布局

步骤 2 至此，即可自动创建一个应用所选布局的新幻灯片，如图 3-29 所示。

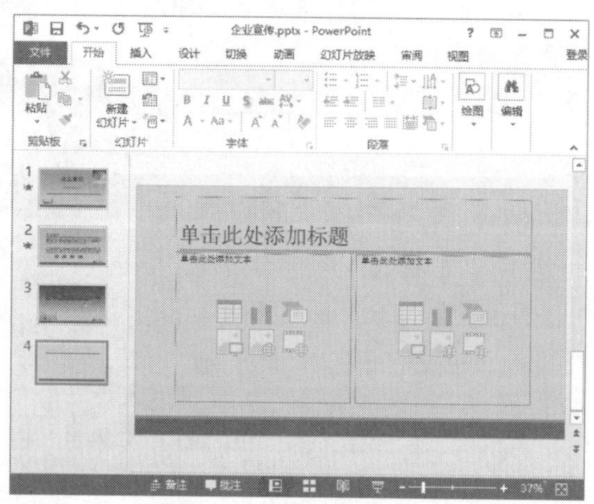

图 3-29 创建一个应用所选布局的新幻灯片

 2. 使用右键的快捷菜单应用布局

步骤 1 在【幻灯片】窗格中选择要应用布局的幻灯片，单击鼠标右键，在弹出的快捷菜单中选择【版式】菜单命令，在弹出的子菜单中选择要应用的新布局，如图 3-30 所示。

图 3-30 在【版式】子菜单中选择新布局

步骤 2 系统将自动为该幻灯片应用新布局，如图 3-31 所示。

图 3-31　系统自动为所选幻灯片应用新布局

3.3 演示文稿视图

PowerPoint 2013 中用于编辑、打印和放映演示文稿的视图包括普通视图、大纲视图、幻灯片浏览视图、备注页视图、阅读视图和幻灯片放映视图。用于选择和切换这些视图的方法有两种：一种是在【视图】选项卡中，通过单击【演示文稿视图】组中的各按钮进行切换，如图 3-32 所示；另一种是通过单击界面底部状态栏中的各视图按钮进行切换，如图 3-33 所示。

> **提示** 在状态栏中，只有普通视图、幻灯片浏览视图、阅读视图和幻灯片放映视图 4 个按钮。

图 3-32　单击【演示文稿视图】组中的各按钮切换视图

图 3-33　单击状态栏中的各视图按钮切换视图

3.3.1 普通视图

普通视图是主要的编辑视图，也是系统默认的视图模式，可用于撰写和设计演示文稿。普通视图由【幻灯片】窗格、工作区和【备注】窗格 3 个工作区域组成，如图 3-34 所示。在该视图下，可直接查看每张幻灯片的静态设计效果。

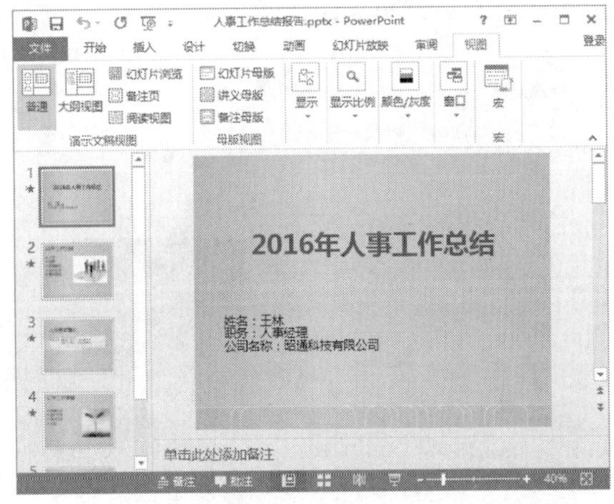

图 3-34　普通视图

3.3.2 大纲视图

大纲视图由【大纲】窗格、工作区和【备注】窗格 3 个工作区域组成，它与普通视图类似，不同的是，在【大纲】窗格中显示了演示文稿的文本内容和组织结构，而不显示图形、图像、图表等对象，如图 3-35 所示。

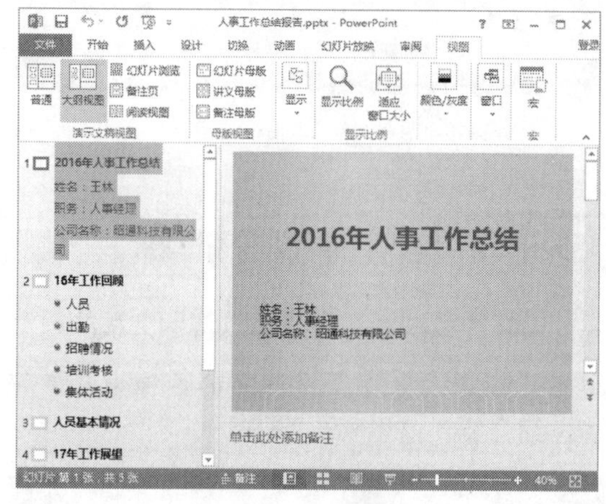

图 3-35 大纲视图

若需要在【大纲】窗格中隐藏具体的文本内容，则可以选择某个幻灯片，单击鼠标右键，在弹出的快捷菜单中依次选择【折叠】→【全部折叠】菜单命令，如图 3-36 所示，即可将具体的文本内容全部隐藏起来，只显示每张幻灯片的标题信息，如图 3-37 所示。

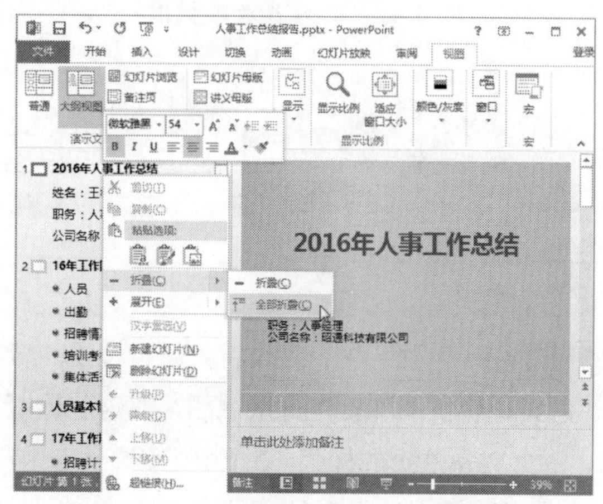

图 3-36 选择【全部折叠】菜单命令

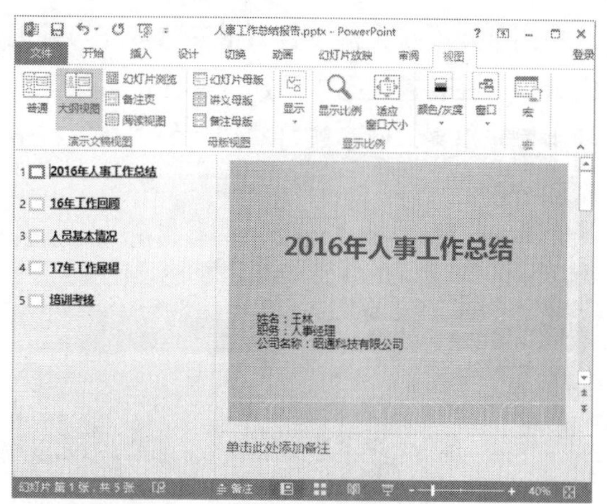

图 3-37 在【大纲】窗格中隐藏文本内容

3.3.3 幻灯片浏览视图

幻灯片浏览视图按幻灯片的顺序显示了演示文稿中全部幻灯片的缩略图，如图 3-38 所示。在该视图下，可以轻松地重新排列和组织演示文稿的顺序、复制或删除幻灯片等，但不能对幻灯片的内容进行编辑和修改。

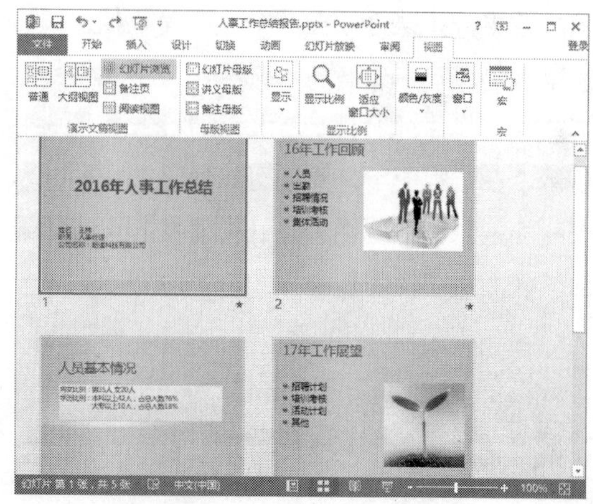

图 3-38 幻灯片浏览视图

3.3.4 备注页视图

备注页视图主要用于辅助说明演示文稿对应幻灯片的备注信息，它由一个幻灯片和对应的【备注】窗格所组成，如图 3-39 所示。在该视图下，可在【备注】窗格中对备注内容进行编辑。在普通视图中添加的备注也可在该视图中显示出来，但不能对幻灯片的内容进行编辑和修改。

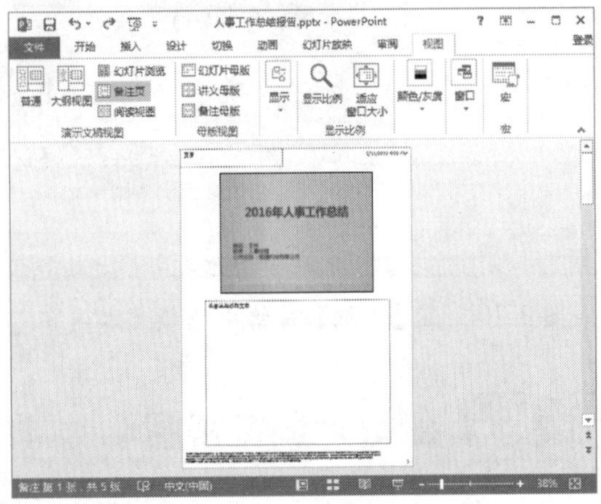

图 3-39　备注页视图

3.3.5 阅读视图

阅读视图主要用于在大屏幕中查看演示文稿的效果，如果希望在一个设有简单控件以方便审阅的窗口中查看演示文稿，又不想使用全屏放映幻灯片，则可以使用阅读视图，如图 3-40 所示。在该视图下，除了可以通过功能区或状态栏切换到其他视图外，还可直接按 Esc 键退出该视图，切换到普通视图。

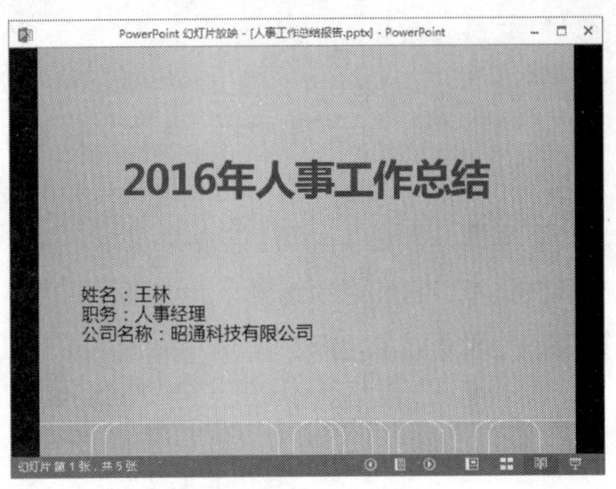

图 3-40　阅读视图

3.3.6 幻灯片放映视图

幻灯片放映视图用于播放演示文稿的最终效果，如图 3-41 所示。该视图会在以后章节中详细介绍，这里不再赘述。

图 3-41　幻灯片放映视图

3.4 母版视图

母版视图用于存储有关应用的设计模板信息的幻灯片，包括字体、占位符大小、位置、背景设计和备注等。母版视图分为幻灯片母版视图、讲义母版视图和备注母版视图，对这些母版视图进行修改，可全局更改与之关联的每个幻灯片、讲义或备注页的样式。在【视图】选项卡中，通过【母版视图】组中的各命令按钮，即可切换这些母版视图，如图 3-42 所示。

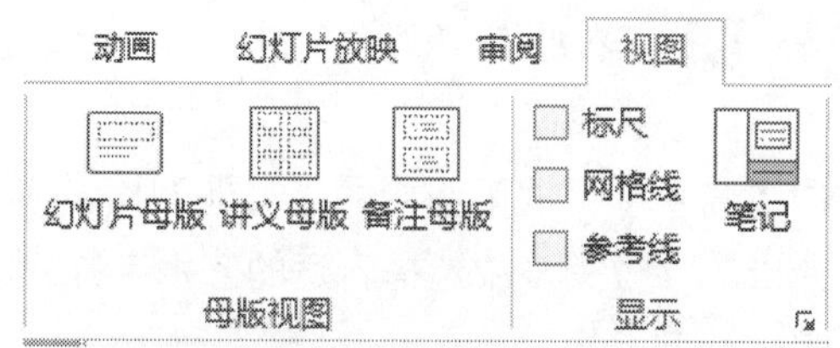

图 3-42　通过【母版视图】组中的按钮切换母版视图

3.4.1 幻灯片母版视图

幻灯片母版视图用于设置幻灯片的样式，包括各种标题文字、背景、占位符和配色方案等，用户只需更改一项内容即可更改所有幻灯片的设计。

在【视图】选项卡中，单击【母版视图】组中的【幻灯片母版】按钮，即可切换到幻灯片母版视图，此时在功能区增加了【幻灯片母版】选项卡，通过该选项卡，即可设置幻灯片的样式，如图 3-43 所示。

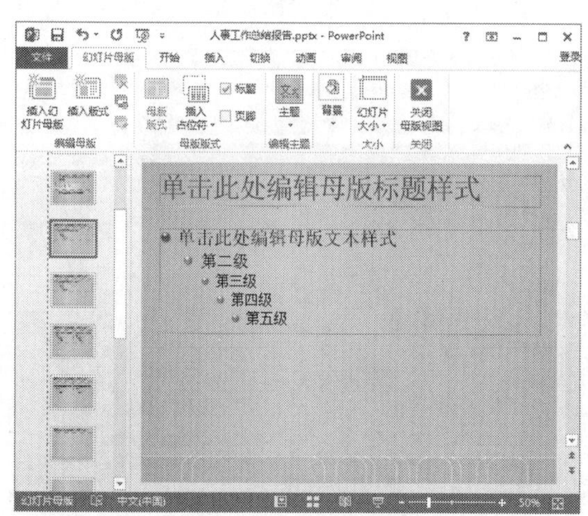

图 3-43　幻灯片母版视图

下面以设置母版背景以及占位符为例，介绍如何设置幻灯片母版视图，具体的操作步骤如下。

步骤 1 设置母版背景。首先进入幻灯片母版视图，在【幻灯片】窗格中选择第 1 张幻灯片缩略图，然后在【幻灯片母版】选项卡中，单击【背景】组中【背景样式】右侧的下拉按钮，在弹出的下拉列表中选择合适的样式，如图 3-44 所示。

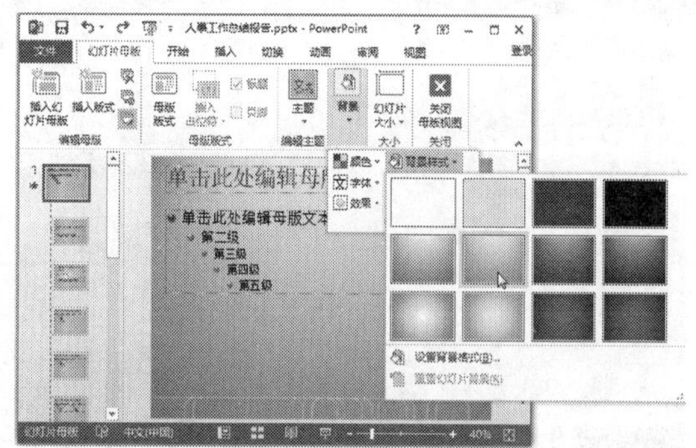

图 3-44　选择合适的样式

提示

若在弹出的下拉列表中选择【设置背景格式】选项，还可自定义背景样式，将其设置为纯色填充、渐变填充、图片或纹理填充等效果。

步骤 2 在【幻灯片】窗格中可以看到，左侧图标为“1”的幻灯片以及其包含的所有幻灯片都应用了所选的背景样式，然后在【幻灯片母版】选项卡中，单击【关闭】组中的【关闭母版视图】按钮，退出母版视图，如图 3-45 所示。

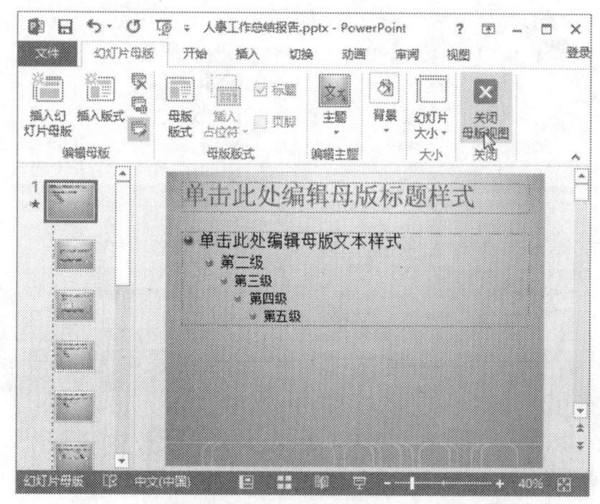

图 3-45　单击【关闭母版视图】按钮

步骤 3 此时所有的幻灯片都更改了背景样式，如图 3-46 所示。

图 3-46 所有的幻灯片都更改了背景样式

步骤 4 设置占位符。在【视图】选项卡中，单击【母版视图】组中的【幻灯片母版】按钮，切换到幻灯片母版视图，在【幻灯片】窗格中选择第 2 张幻灯片缩略图，即可设置标题幻灯片的样式，如图 3-47 所示。

> **提示** 在设置幻灯片母版时，将光标定位在【幻灯片】窗格的缩略图中，系统将会提示该版式由哪张幻灯片使用。若选中第 1 张幻灯片缩略图，表示设置的版式将应用于所有的幻灯片。

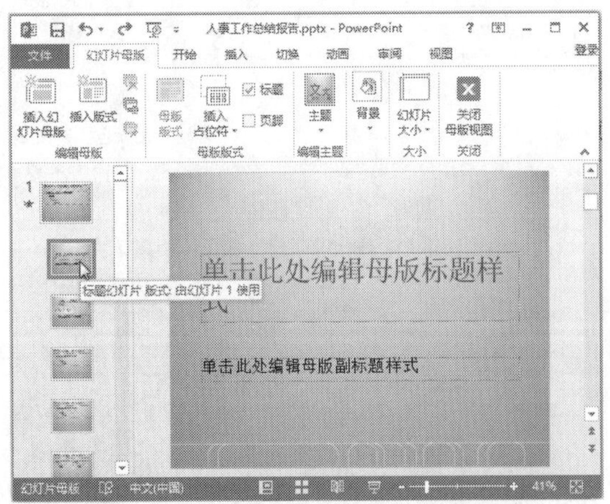

图 3-47 选择第 2 张幻灯片缩略图

步骤 5 在右侧选中第 1 个占位符，此时功能区增加了【格式】选项卡，在该选项卡下，单击【艺术字样式】组中的【其他】按钮，在弹出的下拉列表中选择合适的艺术字样式，如图 3-48 所示。

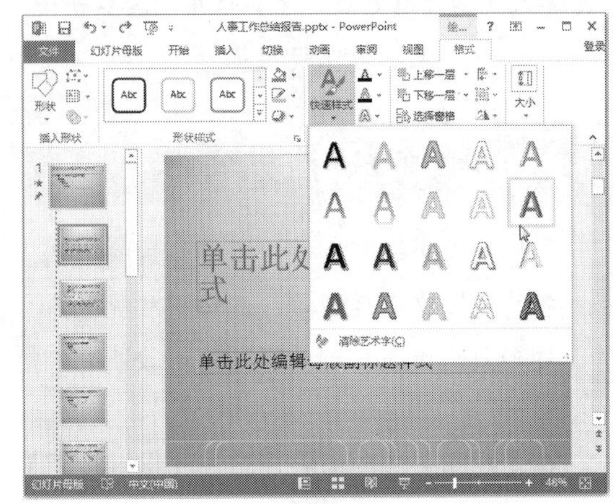

图 3-48 选择合适的艺术字样式

步骤 6 设置完成后，在【幻灯片母版】选项卡中，单击【关闭】组中的【关闭母版视图】按钮，退出母版视图，如图 3-49 所示。

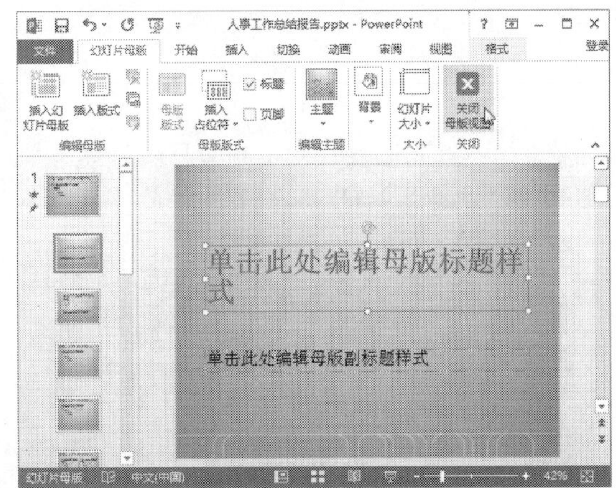

图 3-49 单击【关闭母版视图】按钮

步骤 7 此时标题幻灯片中第 1 个占位符的样式发生变化，而其他的幻灯片则不应用该样式，如图 3-50 所示。

图 3-50　第 1 个占位符的样式发生变化

3.4.2 讲义母版视图

讲义母版视图用于设置按讲义的格式打印演示文稿，包括讲义的方向、幻灯片的大小、背景颜色、页眉页脚等内容。讲义母版通常用于教学备课工作，可同时显示多个幻灯片的内容，通过设置讲义母版，可便于用户对幻灯片进行打印和快速浏览。

在【视图】选项卡中，单击【母版视图】组的【讲义母版】按钮，即可切换到讲义母版视图，此时在功能区增加了【讲义母版】选项卡，通过该选项卡，即可设置讲义的格式，如图 3-51 所示。

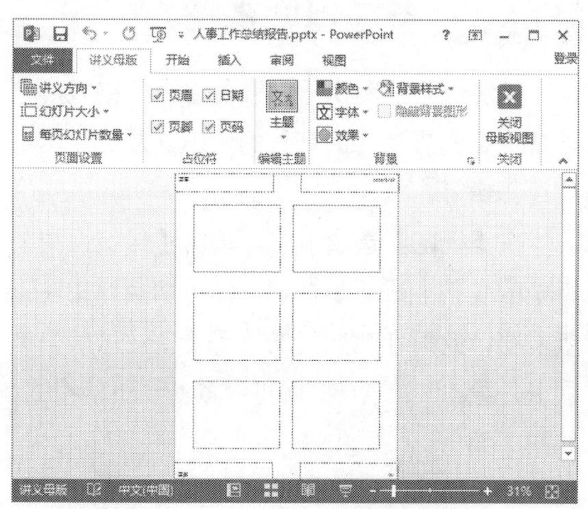

图 3-51　讲义母版视图

下面介绍如何设置讲义母版的格式，具体的操作步骤如下。

步骤 1 首先进入讲义母版视图，在【讲义母版】选项卡中，单击【页面设置】组中的【讲义方向】按钮，在弹出的下拉列表中选择【横向】选项，如图 3-52 所示。

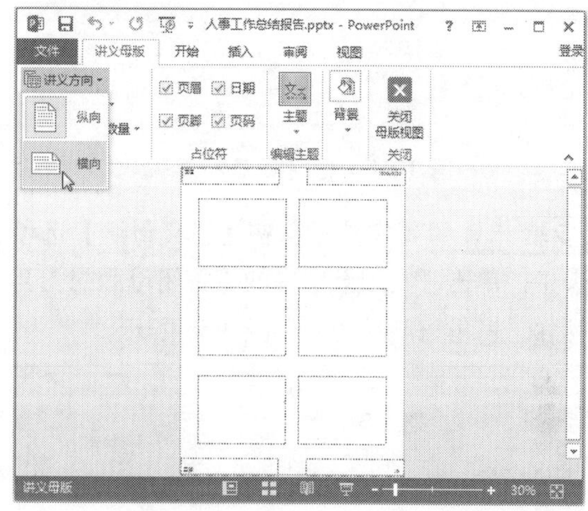

图 3-52　选择【横向】选项

步骤 2 单击【背景】组中的【背景样式】按钮，在弹出的下拉列表中选择合适的背景样式，如图 3-53 所示。

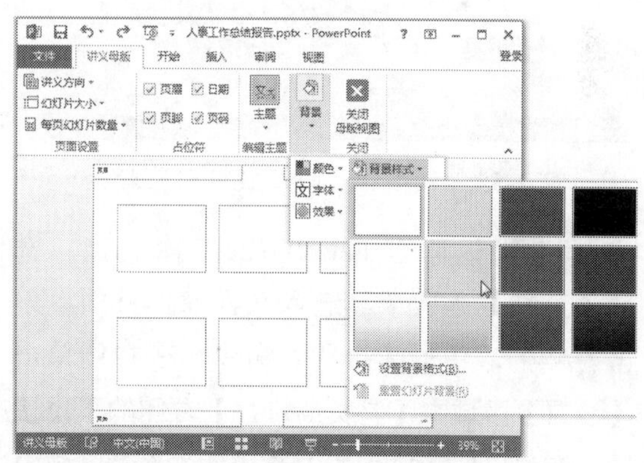

图 3-53　选择合适的背景样式

步骤 3 将光标定位在页眉框中，将页眉更改为公司名称“昭通科技有限公司”，使用同样的方法，将页脚更改为“共 5 页”，如图 3-54 所示。

图 3-54　更改页眉和页脚

步骤 4 设置完成后，在【讲义母版】选项卡中，单击【关闭】组中的【关闭母版视图】按钮，退出母版视图，如图 3-55 所示。

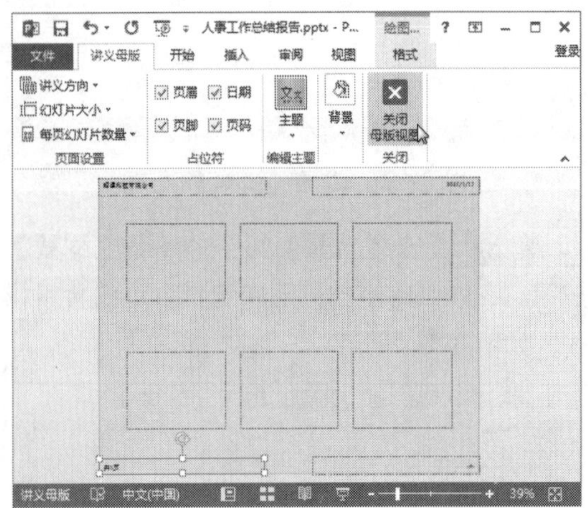

图 3-55　单击【关闭母版视图】按钮

步骤 5 返回到 PowerPoint 工作界面，选择【文件】选项卡，进入文件操作界面，单击左侧列表中的【打印】命令，在右侧单击【设置】区域中【整页幻灯片】右侧的下拉按钮，在弹出的下拉列表中选择【讲义】区域中的【6 张水平放置的幻灯片】选项，如图 3-56 所示。

步骤 6 此时在右侧可预览要打印的讲义，可以看到，讲义的格式已发生改变，如图 3-57 所示。

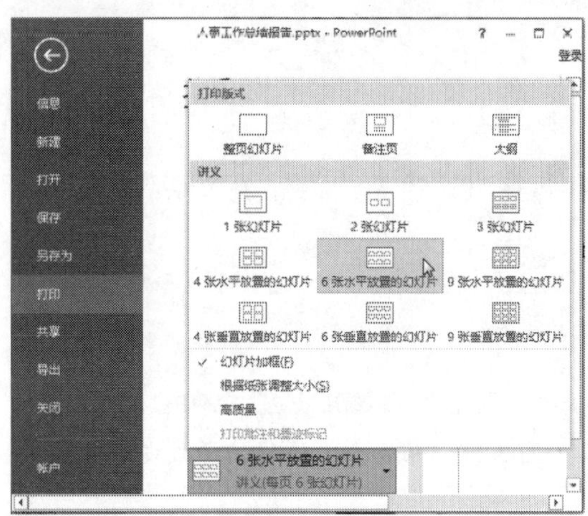

图 3-56　选择【6 张水平放置的幻灯片】选项

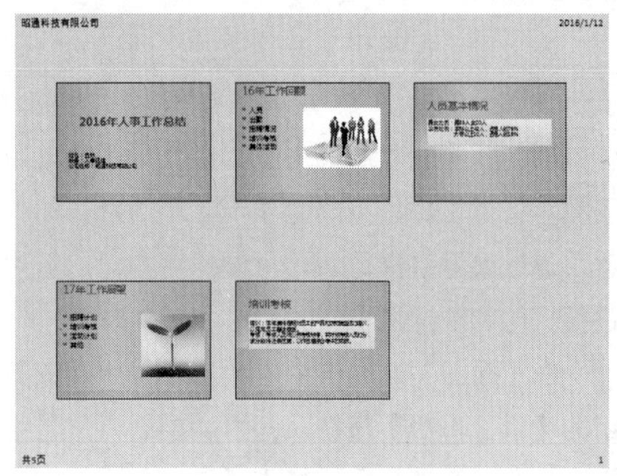

图 3-57　讲义的格式已发生改变

3.4.3 备注母版视图

备注母版视图用于设置备注页的格式，包括备注页的方向、幻灯片的大小、是否显示幻灯片图像等。

在【视图】选项卡中，单击【母版视图】组中的【备注母版】按钮，即可切换到备注母版视图，此时在功能区增加了【备注母版】选项卡，通过该选项卡，即可设置备注页的格式，如图 3-58 所示。

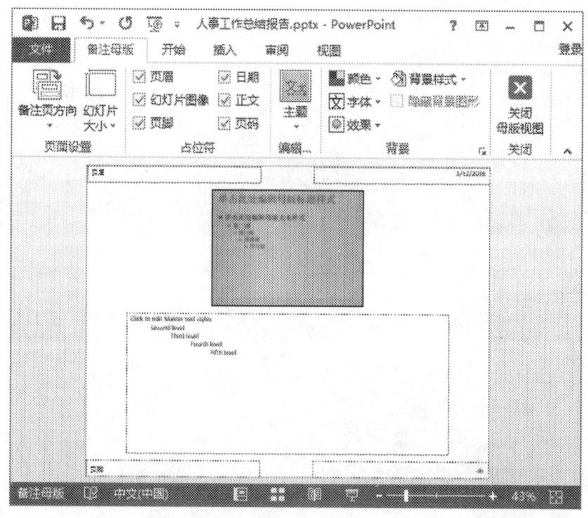

图 3-58 备注母版视图

下面介绍如何设置备注页的格式，具体的操作步骤如下。

步骤 1 首先进入备注母版视图，在【备注母版】选项卡中，单击【背景】组中【字体】右侧的下拉按钮，在弹出的下拉列表中选择【华文楷体】选项，此时工作区所有的字体变为华文楷体，如图 3-59 所示。

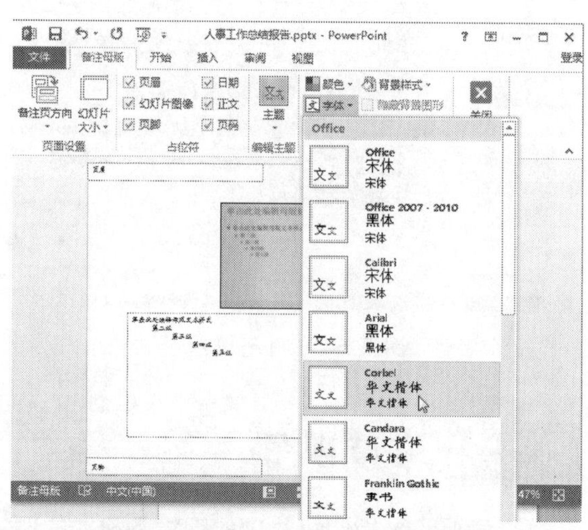

图 3-59 选择【华文楷体】选项

步骤 2 选中工作区中的【正文】占位符，在【开始】选项卡中，单击【字体】组中【字号】右侧的下拉按钮，在弹出的下拉列表中选择 16 选项，即设置字号为“16”，在【字体颜色】的下拉调色板中选择“水绿色”，如图 3-60 所示。

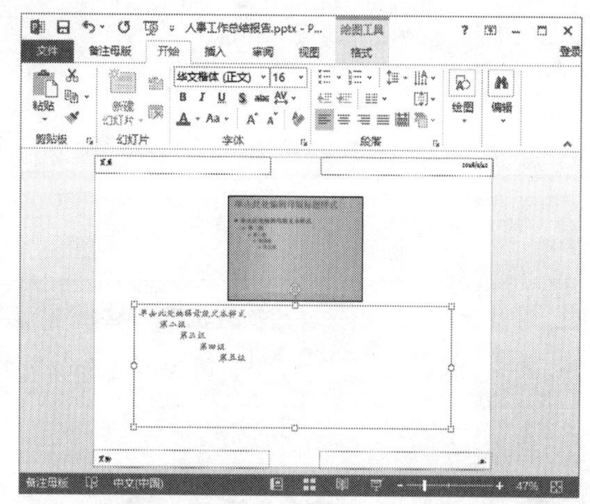

图 3-60 在【字体】组中设置字号和字体颜色

步骤 3 设置完成后，在【备注母版】选项卡中，单击【关闭】组中的【关闭母版视图】按钮，退出母版视图，如图 3-61 所示。

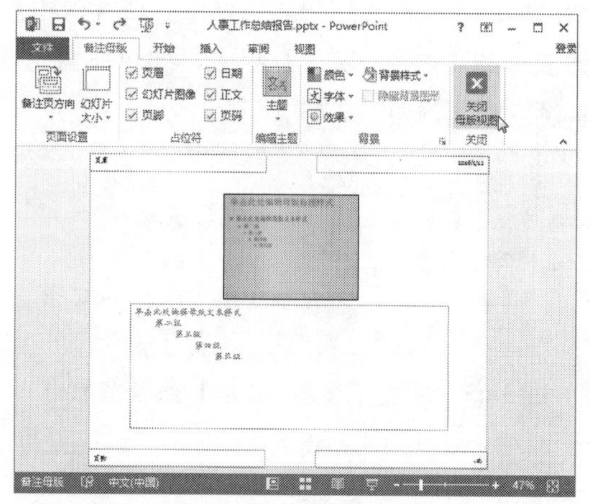

图 3-61 单击【关闭母版视图】按钮

步骤 4 返回到 PowerPoint 工作界面，在【视图】选项卡中，单击【演示文稿视图】组中的【备注页】按钮，进入备注页视图，此时备注页的格式已相应地改变，如图 3-62 所示。

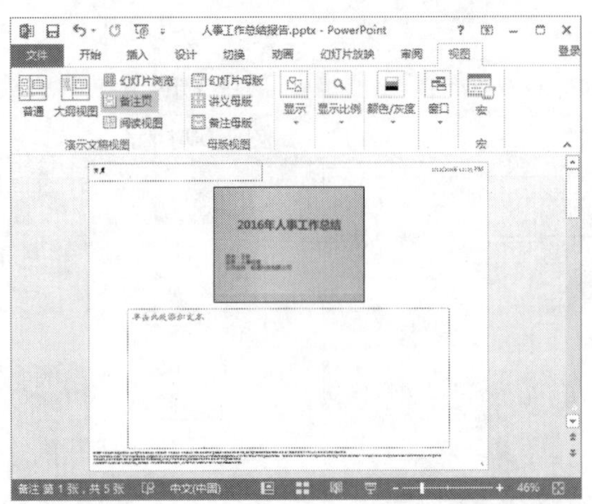

图 3-62　备注页的格式已相应地改变

3.5 颜色模式

通常情况下，大多数演示文稿均设计为颜色模式显示，但通常会以灰度或黑白色模式进行打印，这就需要用户进行设置。在【视图】选项卡的【颜色 / 灰度】组中，即可设置这 3 种颜色模式，如图 3-63 所示。

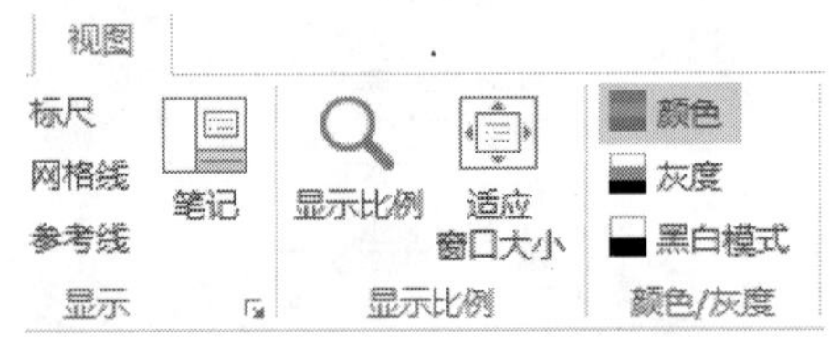

图 3-63　通过【颜色 / 灰度】组设置颜色模式

3.5.1 颜色视图

颜色视图是演示文稿中默认的颜色模式，如图 3-64 所示。

当颜色模式为灰度或黑白模式时，关闭这两种颜色模式，系统将自动切换到默认的颜色视图。

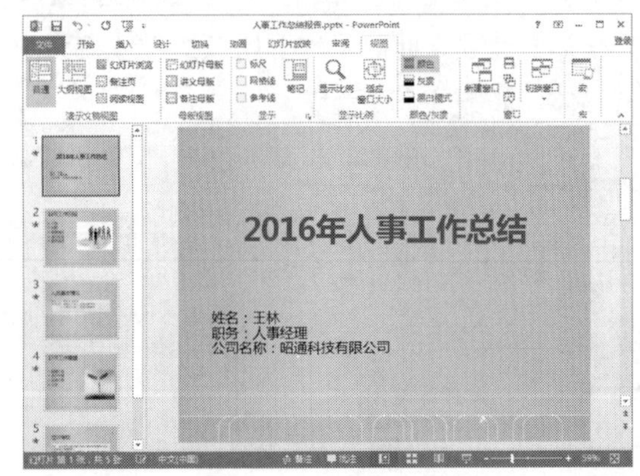

图 3-64　颜色视图

3.5.2 灰度视图

灰度视图是指幻灯片中的图像及文本的颜色介于黑色和白色之间的各种灰色色调。在【视图】选项卡中，单击【颜色 / 灰度】组中的【灰度】按钮，演示文稿中的所有幻灯片即可以灰度视图显示，此时在功能区增加了一个【灰度】选项卡，如图 3-65 所示。

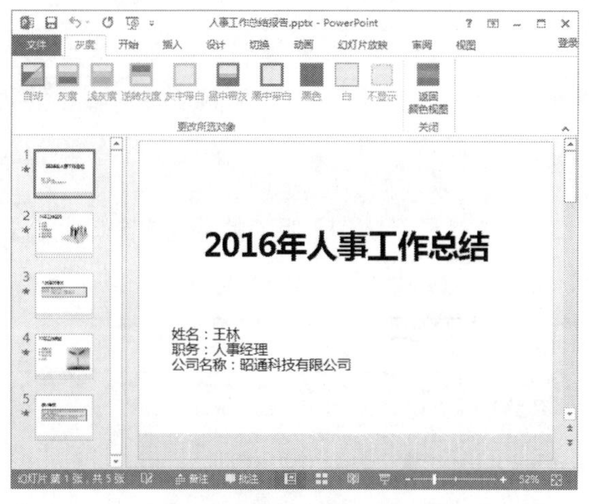

图 3-65　灰度视图

【灰度】选项卡包含【更改所选对象】组和【关闭】组。在【更改所选对象】组中可以选择幻灯片所要使用的灰度形式，包括【自动】、【灰度】、【浅灰度】、【逆转灰度】、【灰中带白】等形式。例如，图 3-66 中的图片应用了浅灰度的效果，图 3-67 中的图片应用了逆转灰度的效果。

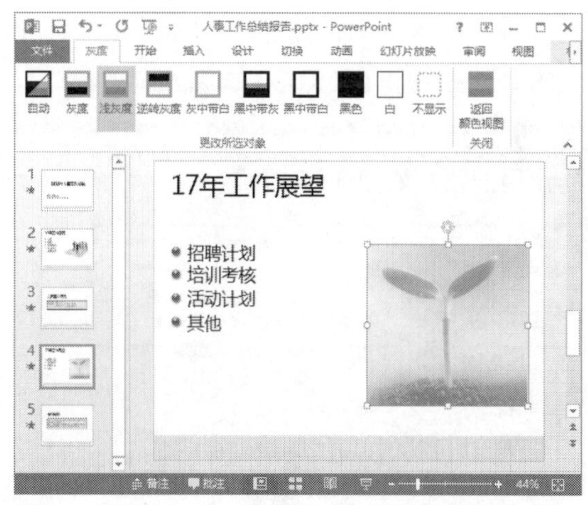

图 3-66　应用了浅灰度的效果

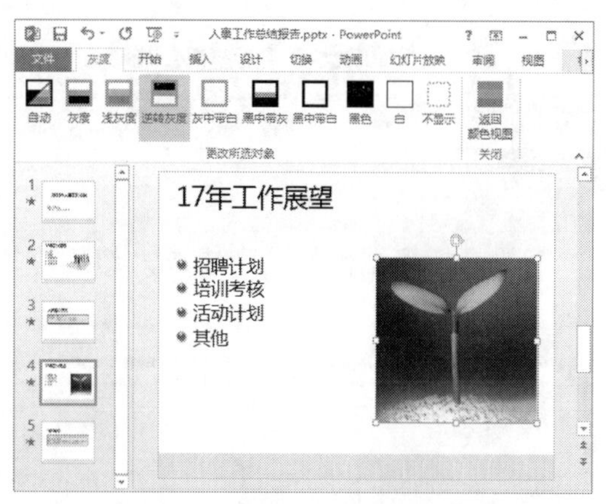

图 3-67　应用了逆转灰度的效果

单击【关闭】组中的【返回颜色视图】按钮，即可退出灰度视图，返回到默认的颜色视图。

3.5.3 黑白模式视图

在【视图】选项卡中，单击【颜色 / 灰度】组中的【黑白模式】按钮，演示文稿中的所有幻灯片即可以黑白模式视图显示，此时在功能区增加了一个【黑白模式】选项卡，如图 3-68 所示。

图 3-68　黑白模式视图

【黑白模式】选项卡同样包括【更改所选对象】组和【关闭】组，其作用与灰度视图类似，这里不再赘述。

提示　用户可以为同一张幻灯片中的不同对象应用不同的灰度或黑白设置。

3.6 缩放查看

缩放是指根据需要缩小或放大幻灯片的视图。在【视图】选项卡中，通过【显示比例】组中的各命令按钮即可进行缩放查看，如图 3-69 所示。

图 3-69 【显示比例】组

单击【显示比例】按钮，将弹出【缩放】对话框，在左侧列表中选择单选按钮即可设置相应的显示比例，也可以直接在【百分比】文本框中输入具体的百分比，从而设置显示比例，如图 3-70 所示。

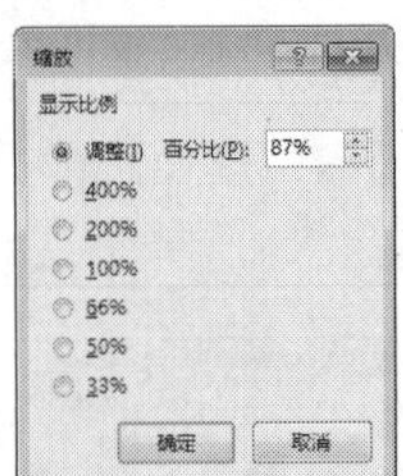

图 3-70 【缩放】对话框

例如，在【百分比】文本框中输入“60%”，显示比例如图 3-71 所示。

图 3-71 比例为 60% 的视图

单击【显示比例】组中的【适应窗口大小】按钮，系统将根据当前的窗口大小自动调整视图，使其呈现最佳比例，如图 3-72 所示。

图 3-72 最佳比例的视图

另外，在底部状态栏拖动缩放条中的按钮，也可进行缩放查看，如图 3-73 所示。并且右侧的 15% 按钮和【使幻灯片适应当前的窗口】按钮的作用与【显示比例】组中两个按钮的作用一致，如图 3-74 所示。

图 3-73 拖动缩放条中的按钮可进行缩放查看

图 3-74 状态栏

提示 单击 15% 按钮，即弹出【缩放】对话框；单击【使幻灯片适应当前的窗口】按钮，系统将自动调整幻灯片的大小，使其呈现最佳比例。

3.7 职场技能训练

前面主要学习了演示文稿的基本操作，下面通过实例介绍演示文稿的基本操作在实际工作中的应用。

3.7.1 职场技能 1——制作员工工作守则演示文稿

通过前面的学习已经对 PowerPoint 2013 有了一个初步的了解，下面以制作员工守则为例来巩固一下所学知识。具体的操作步骤如下。

步骤 1 启动 PowerPoint 2013，新建一个空白演示文稿，如图 3-75 所示。

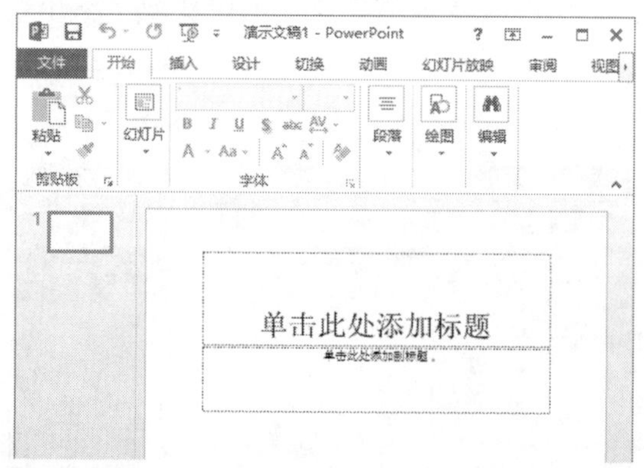

图 3-75　新建一个空白演示文稿

步骤 2 在新建的幻灯片中单击“单击此处添加标题”占位符，在其中输入文本“员工工作守则”，然后在【开始】选项卡的【字体】组中，设置其字体为“微软雅黑”，字号为“60”，并单击【加粗】按钮，如图 3-76 所示。

步骤 3 单击“单击此处添加副标题”占位符，在其中输入文本“2016/5/5”，然后参考步骤 2 的方法，设置其字体和字号，并调整位置，如图 3-77 所示。

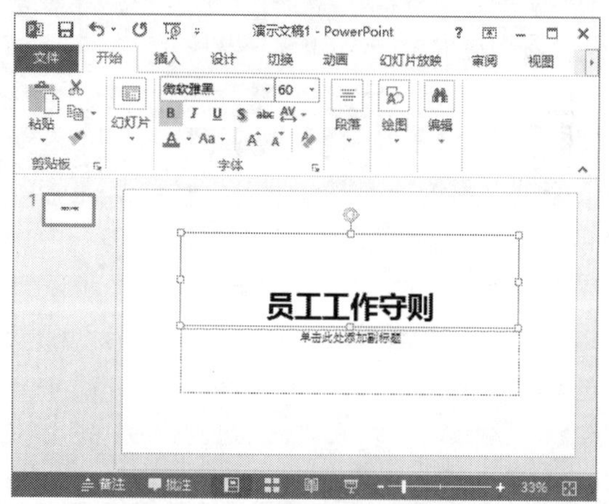

图 3-76　输入标题并设置格式

图 3-77　输入副标题并设置格式

步骤 4 在【开始】选项卡中，单击【幻灯片】组中的【新建幻灯片】按钮，如图 3-78 所示。

图 3-78　单击【新建幻灯片】按钮

步骤 5 此时即新建一张幻灯片，在“单击此处添加标题”占位符中输入文本“员工守则”，并设置相应的格式，如图 3-79 所示。

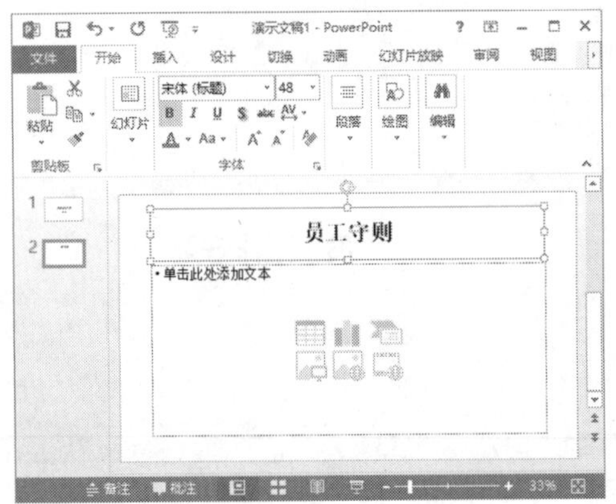
图 3-79　在新建幻灯片中输入标题并设置格式

步骤 6 在“单击此处添加文本”占位符中输入正文内容，并设置相应的格式，如图 3-80 所示。

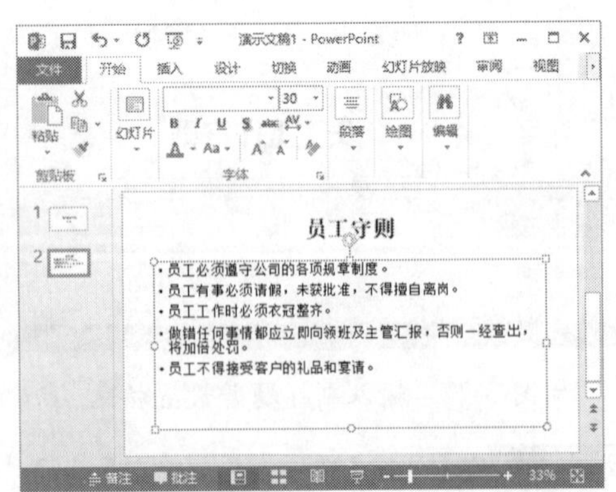
图 3-80　输入正文内容并设置格式

步骤 7 单击【快速访问工具栏】中的【保存】按钮，进入【另存为】窗口，选择【计算机】选项，并单击右侧的【浏览】按钮，如图 3-81 所示。

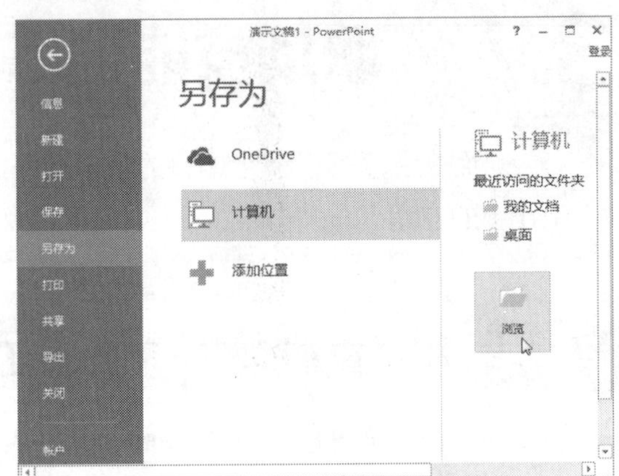
图 3-81　单击【浏览】按钮

步骤 8 弹出【另存为】对话框，选择在计算机中的存放位置，然后在【文件名】文本框中输入文件名称“员工工作守则”，并单击【保存】按钮，即可保存演示文稿，如图 3-82 所示。

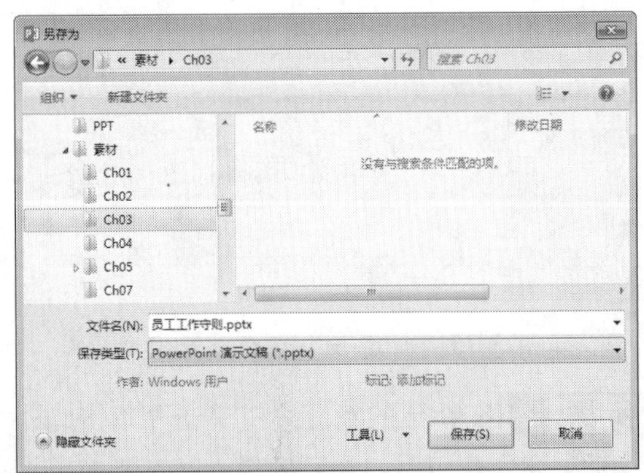
图 3-82　【另存为】对话框

3.7.2 职场技能 2——制作健身运动演示文稿

本实例介绍如何利用系统提供的模板制作一个健身运动演示文稿，具体的操作步骤如下。

步骤 1 启动 PowerPoint 2013，进入工作首界面，在【搜索联机模板和主题】文本框中输入“健身”，并单击右侧的【搜索】按钮，如图 3-83 所示。

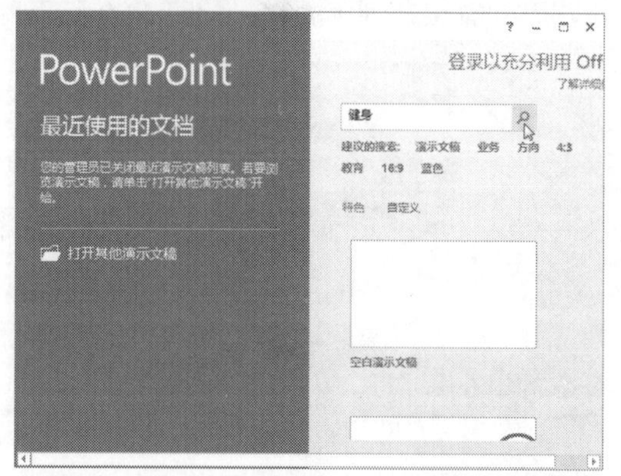

图 3-83　输入搜索内容开始搜索

步骤 2 搜索出符合条件的网络模板，单击选择【健身演示文稿】选项，如图 3-84 所示。

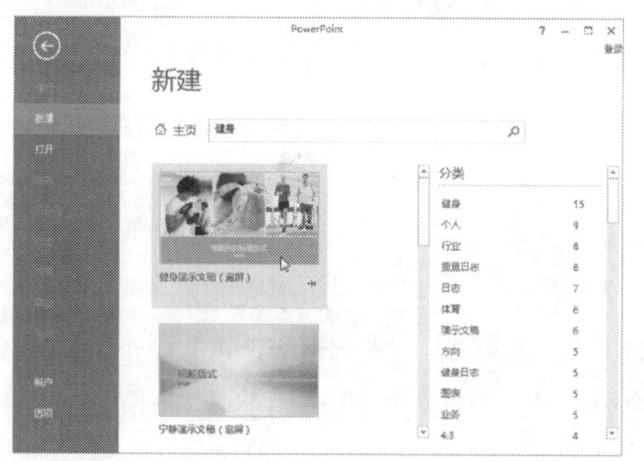

图 3-84　选择【健身演示文稿】选项

步骤 3 弹出【健身演示文稿】窗口，单击【创建】按钮，如图 3-85 所示。

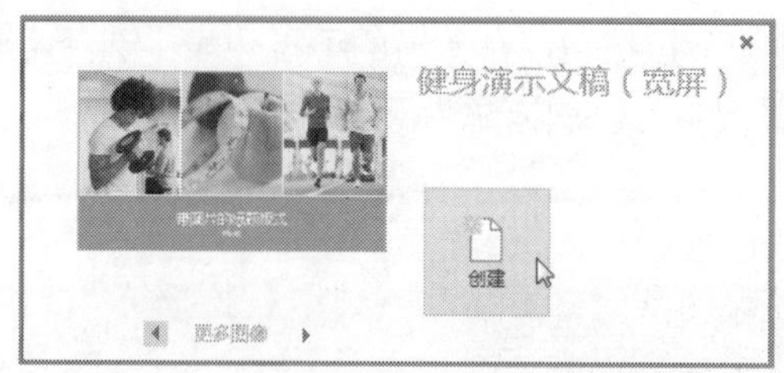

图 3-85　单击【创建】按钮

步骤 4 根据样式模板创建一个新的演示文稿，如图 3-86 所示。

图 3-86　创建一个模板演示文稿

步骤 5 单击“带图片的标题版式”占位符，在其中输入文本“爱运动，爱生活”，并设置格式，如图 3-87 所示。

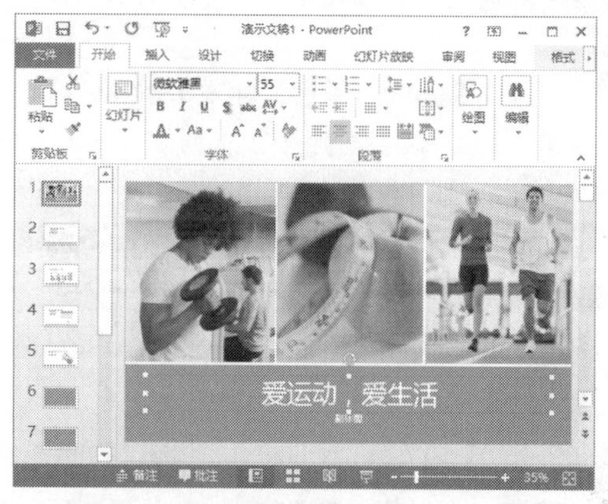

图 3-87　输入标题并设置格式

步骤 6 单击【副标题】占位符，在其中输入文本“曼哈顿健身俱乐部”，并设置格式，如图 3-88 所示。

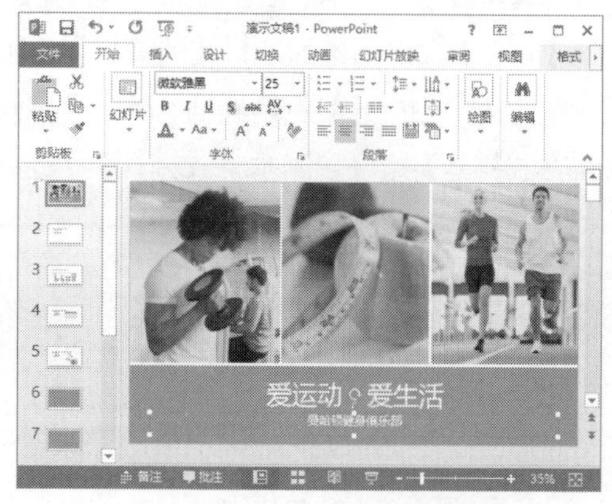

图 3-88　输入副标题并设置格式

步骤 7 按照相同的方法，在其他的幻灯片中输入文本内容，制作完成后，单击【快速访问工具栏】中的【保存】按钮，进入【另存为】窗口，选择【计算机】选项，并单击右侧的【浏览】按钮，如图 3-89 所示。

步骤 8 弹出【另存为】对话框，选择在计算机中的存放位置，然后在【文件名】文本框中输入文件名称“爱运动，爱生活”，单击【保存】按钮，即可保存演示文稿，如图 3-90 所示。

图 3-89 单击【浏览】按钮

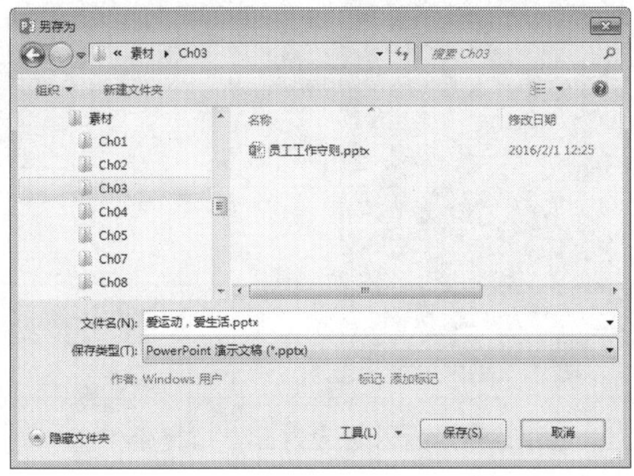

图 3-90 【另存为】对话框

3.8 疑难问题解答

问题 1：在幻灯片窗格中，如何同时选择多张幻灯片？

解答：在幻灯片窗格中，单击要选择的第 1 张幻灯片缩略图，然后按住 Shift 键不放，单击要选择的最后 1 张幻灯片，即可同时选择多张相邻的幻灯片；若要同时选择多张不相邻的幻灯片，按住 Ctrl 键不放，逐个单击要选择的幻灯片即可。

问题 2：如何以只读、副本等方式打开演示文稿？

解答：在演示文稿的工作界面，选择【文件】选项卡，进入文件操作界面，单击左侧列表中的【打开】命令，然后选择【计算机】选项，并单击右侧的【浏览】按钮，即可弹出【打开】对话框，选择要打开的演示文稿，单击【打开】右侧的下拉按钮，在弹出的下拉列表中选择【以只读方式打开】或【以副本方式打开】等选项，即可以只读、副本等方式打开演示文稿。

第4章 PPT 的点睛之笔——幻灯片动画应用的原则

- **本章导读**

在制作 PPT 时，使用动画效果可以大大提高 PPT 的表现力，在展示的过程中可以起到画龙点睛的效果。在介绍动画的使用之前，本章首先介绍使用 PPT 动画的要素及原则。

- **学习目标**

◎ 熟悉动画的 4 大要素

◎ 熟悉动画使用的 5 大基本原则

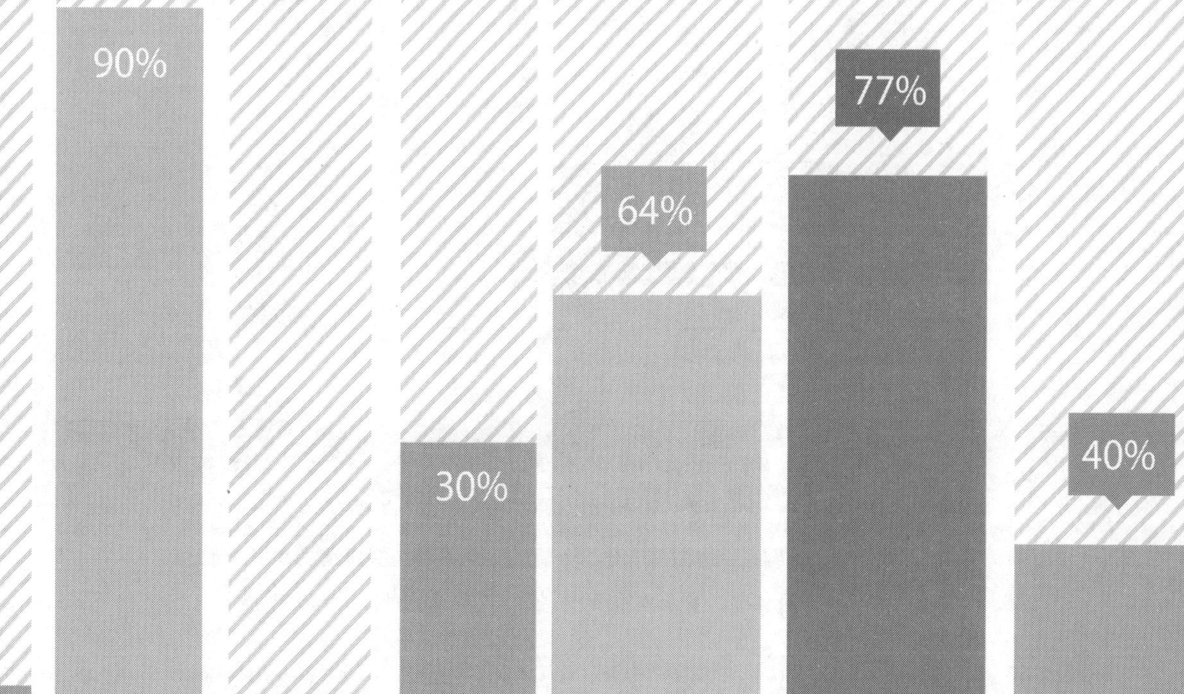

4.1 动画的4大要素

动画用于给文本或对象添加特殊视觉或声音效果。例如，可以使文本项目符号逐个从左侧飞入，或在显示图片时播放掌声。

4.1.1 片头动画

PPT 的片头动画能向观众表明演示即将开始，主要用于铺垫或调动气氛。通常情况下，片头动画的时间长度一般在 15 秒以内，不需要太过绚丽的动画镜头和强大听觉冲击的音效，只需要一份与内容相符的背景音乐，先从听觉上让观众愉悦，再利用简单且具有闪光的视觉动画来进一步吸引观众。若片头动画制作得当，观众将会对接下来的演讲内容充满期待，从而达到良好的演讲效果。

4.1.2 过渡动画

使用颜色和图片可以引导章节过渡页，在学习了动画之后，也可以使用翻页动画这个新手段来实现章节之间的过渡。

通过翻页动画，可以提示观众过渡到了新一章或新一节。选择翻页时不能选择太复杂的动画，只要整个 PPT 中的每一页幻灯片的过渡动画都向一个方向动起来就可以了。

在如图 4-1 所示的演示文稿中，每张幻灯片都使用了过渡动画，这样在播放演示文稿时既起到了过渡作用，又可使幻灯片不显得单调乏味。

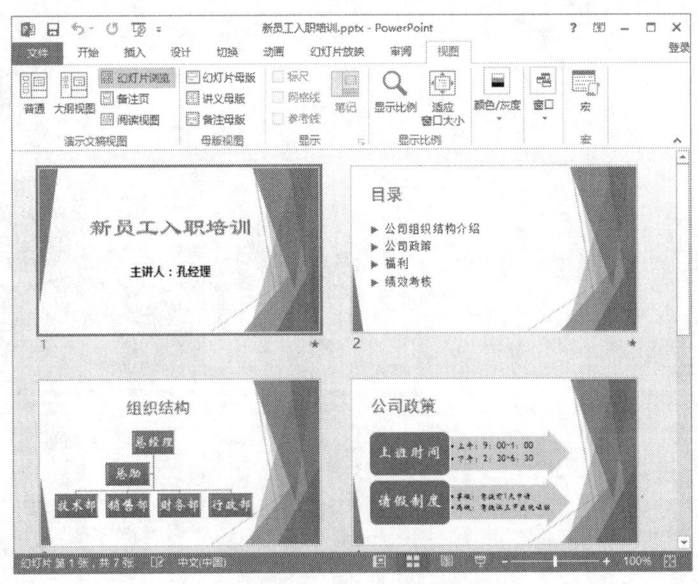

图 4-1 演示文稿的每张幻灯片都使用了过渡动画

4.1.3 重点动画

用动画来强调重点内容被普遍运用在 PPT 的制作中，重点动画能占到 PPT 动画的 80%。例如，在讲到该重点时，用鼠标单击或鼠标经过该重点时通过使重点内容产生动态效果而强调重点，更容易吸引观众的注意力。

在使用强调效果强调重点动画时，可以添加强调动画效果。在 PowerPoint 2013 的工作界面中选择【动画】选项卡，单击【动画】组中的【其他】按钮，在弹出的下拉列表中选择【更多强调效果】选项，即弹出【更改强调效果】对话框，在其中可以看到系统提供的强调效果，如图 4-2 所示。

在使用重点动画时，要避免使动画复杂至极而影响表达力，应谨慎使用蹦字动画，并尽量少地设置慢动作的动画速度。另外，使用颜色的变化与出现、消失效果的组合，以构成前后对比也是强调重点动画的一种方法。

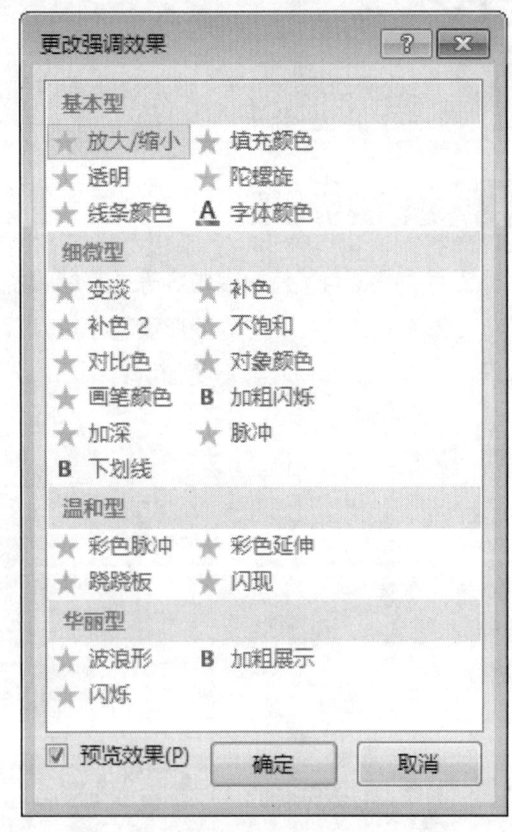

图 4-2 【更改强调效果】对话框

4.1.4 片尾动画

当演示文稿结束时，可以为其设置片尾动画。一般情况下，演示文稿的最后 1 张幻灯片由结束语组成，对于结束语的制作，要求文字简洁、明了，如图 4-3 所示。在添加片尾动画效果时，一定要尽量提高动画的速度，同时，文字的设置也要颜色鲜明，例如使用红色。

图 4-3 最后 1 张幻灯片

4.2 动画使用的5大基本原则

在使用动画的时候，要遵循动画的醒目、自然、适当、简化及创意原则。

4.2.1 醒目原则

使用动画是为了使重点内容等显得醒目，因此在使用动画时也要遵循醒目原则。

在图 4-4 中，对中间的图形设置了【加深】动画，这样在播放幻灯片时中间的图形就会加深颜色显示，从而使其显得更加醒目。

图 4-4　中间的形状设置了【加深】动画

4.2.2 自然原则

无论是使用的动画样式，还是设置文字、图形元素出现的顺序，在设计时均应遵循自然的原则。使用的动画不能显得生硬，并且要结合具体的演示内容。

4.2.3 适当原则

在 PPT 中使用动画要遵循适当原则，既不可以为每一页里面的每行字都设置动画而造成动画满天飞、滥用动画及错用动画现象，也不可以在整个 PPT 中不使用任何动画。

动画满天飞容易分散观众的注意力，打乱正常的演示过程，也容易给人一种在展示 PPT 的软件功能，而不是通过演讲表达信息的印象。

而另一种不使用任何动画的极端行为，也会使观众觉得枯燥无味，同时有些问题也不容易解释清楚。

因此，在 PPT 中使用动画多少要适当，也要结合演示文稿传达的意思来使用动画。

4.2.4 简化原则

有时使用大型的组织结构图、流程图等表达复杂的内容时，尽管使用简单的文字、清晰的脉

络去展示，但还是会显得复杂。这个时候如果使用恰当的动画将这些大型的图表化繁为简，运用逐步出现、讲解、再出现、再讲解的方法，可以将观众的注意力与动画和讲解集中在一起。例如，在如图 4-5 所示的幻灯片中就可以使用动画将每一级的结构分解。

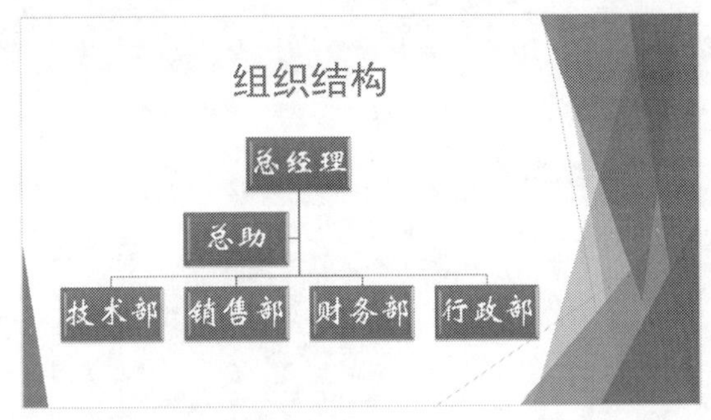

图 4-5　使用动画将每一级的结构分解

4.2.5 创意原则

为了吸引观众的注意力，在 PPT 中应用动画是必不可少的。但并非任何动画都能吸引观众，如果质量粗糙或者使用不当，观众只会疲于应付，反而会分散他们对 PPT 内容的注意力。因此使用 PPT 动画时，要有创意。例如可以使用“陀螺旋”动画，在扔出扑克牌时使用魔术师变出扑克牌的动画会产生更好的效果。

4.3 疑难问题解答

问题 1：怎么使一句话的部分文字有动画效果？

解答：可以将一句话分成几部分，每一部分用一个独立的文本框，然后为要设置动画的文字所在的文本框设置动画效果，即可使一句话的部分文字有动画效果。

问题 2：如何节约纸张和墨水打印幻灯片？

解答：在PPT的工作界面选择【文件】选项卡，进入文件操作界面，单击左侧列表中的【打印】命令，进入【打印】窗口，然后单击【整页幻灯片】右侧的下拉按钮，在弹出的下拉列表中根据幻灯片的数量选择【讲义】区域中合适的选项，即可在一张纸上打印多张幻灯片，设置完成后，单击【颜色】右侧的下拉按钮，在弹出的下拉列表中选择【灰度】选项，可以节省墨水。

分享优秀的作品——输出与发布 PPT 幻灯片

● **本章导读**

幻灯片除了可以在计算机屏幕上进行展示外，还可以将它们打印出来长期保存，也可以通过发布幻灯片，以便能够轻松共享和打印这些文件。本章为读者介绍如何输出和发布 PPT 幻灯片。

● **学习目标**

◎ 掌握将幻灯片分节显示的方法

◎ 掌握打印幻灯片的方法

◎ 掌握将 PPT 发布为其他格式的方法

◎ 掌握打包 PPT 的方法

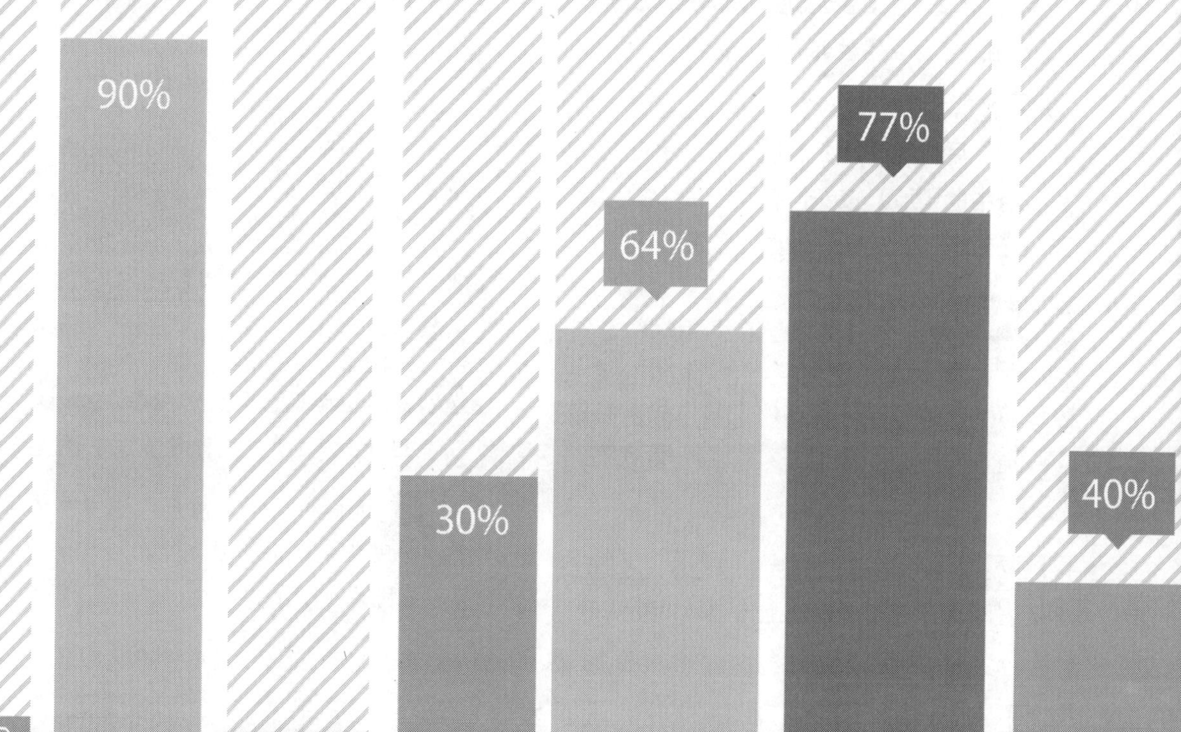

5.1 将幻灯片分节显示

若 PowerPoint 中含有多张幻灯片，为了方便管理，可以对幻灯片进行分节操作，即将同类型的幻灯片放置在同一个节中，这样不仅可以使【幻灯片】窗格更加简洁，而且会更有条理性。具体的操作步骤如下。

步骤 1 打开随书光盘中的“素材 \ch05\ 冰淇淋介绍 .pptx”文件，如图 5-1 所示。

图 5-1 “冰淇淋介绍 .pptx”文件

步骤 2 在【幻灯片】窗格中选择第 3 张幻灯片，然后在【开始】选项卡中，单击【幻灯片】组中的【节】按钮，在弹出的下拉列表中选择【新增节】选项，如图 5-2 所示。

> **提示** 将光标定位在第 3 张幻灯片上或者第 2 张和第 3 张幻灯片中间的空白处，单击鼠标右键，在弹出的快捷菜单中选择【新增节】菜单命令，也可以新增一个节。

步骤 3 此时在【幻灯片】窗格中可以看到，第 1 张和第 2 张幻灯片的上方显示“默认节”，而第 3 张幻灯片上方显示“无标题节”，表示第 3 张幻灯片及其下面的所有幻灯片都属于新增节，如图 5-3 所示。

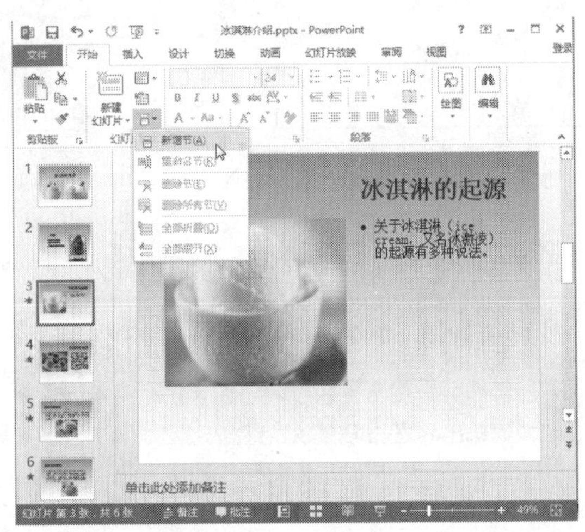

图 5-2 选择【新增节】选项

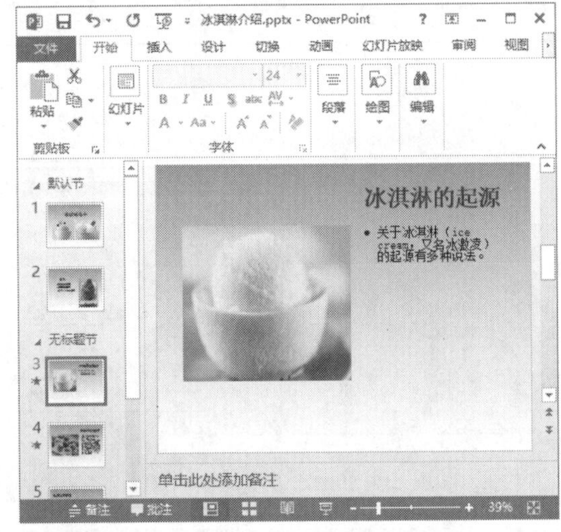

图 5-3 显示“无标题节”字样

步骤 4 选择第 5 张幻灯片，重复步骤 2 的操作，即可将第 5 张和第 6 张幻灯片设置为新增节，如图 5-4 所示。

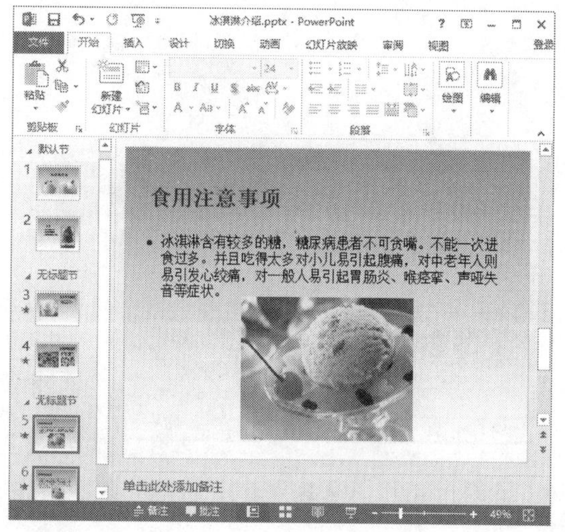

图 5-4　将第 5、6 张幻灯片设置为新增节

步骤 5 在【幻灯片】窗格中单击【默认节】，即可选择默认节下的第 1 张和第 2 张幻灯片，如图 5-5 所示。

图 5-5　单击【默认节】字样

步骤 6 选择节后，在【开始】选项卡中单击【幻灯片】组中的【节】按钮，在弹出的下拉列表中选择【重命名节】选项，如图 5-6 所示。

步骤 7 弹出【重命名节】对话框，在【节名称】文本框中输入新名称“目录”，单击【重命名】按钮，如图 5-7 所示。

图 5-6　选择【重命名节】选项

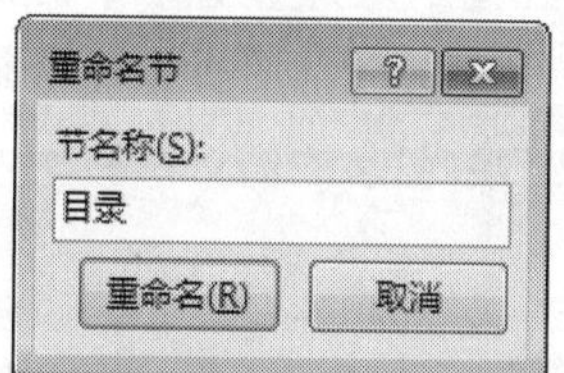

图 5-7　【重命名节】对话框

步骤 8 对默认节重命名，重复步骤 6 和步骤 7，分别将其他两个节重命名为“冰淇淋的起源”和“食用注意事项”，如图 5-8 所示。

图 5-8　对默认节重命名

步骤 9 在【幻灯片】窗格中选择任意幻灯片，然后在【开始】选项卡中，单击【幻灯片】组中的【节】按钮，在弹出的下拉列表中选择

【全部折叠】选项，如图 5-9 所示。

图 5-9　选择【全部折叠】选项

步骤 10 在【幻灯片】窗格中折叠所有节中的幻灯片，而只显示为节标题，节标题后面的数字表示该节中包含的幻灯片数量，如图 5-10 所示。

> **提示** 单击节标题前面的【折叠节】按钮◢，也可折叠相应节中的幻灯片。完成折叠操作后，单击节标题前面的【展开节】按钮▷，即可展开相应的节。

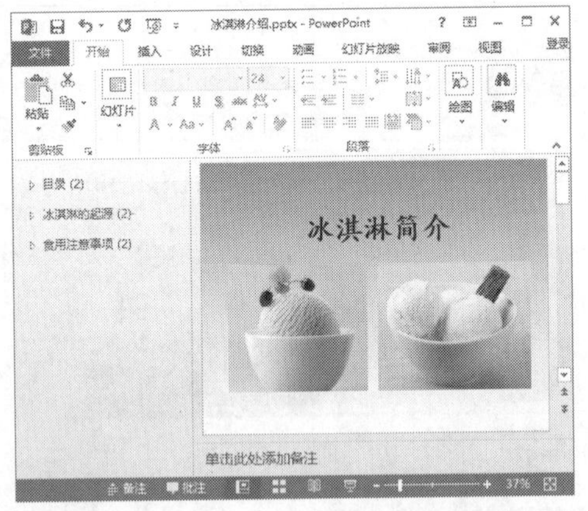

图 5-10　折叠了所有节中的幻灯片

步骤 11 选择“冰淇淋的起源”节，在【开始】选项卡中，单击【幻灯片】组中的【节】按钮，在弹出的下拉列表中选择【删除节】选项，如图 5-11 所示。

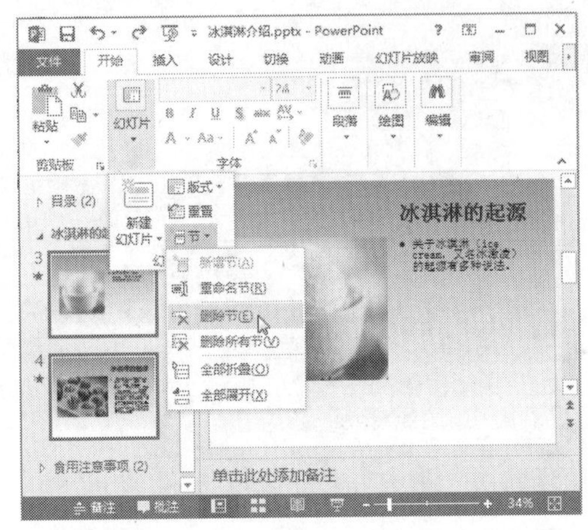

图 5-11　选择【删除节】选项

步骤 12 此时将删除所选的节，但不删除其包含的幻灯片，该节中的幻灯片将成为上一个节即“目录”节中的内容，此时“目录”节中显示包含 4 个幻灯片，如图 5-12 所示。

图 5-12　删除了所选的节

> **提示** 上述所有的功能都可通过右键的快捷菜单来实现。例如，选择“食用注意事项”节，单击鼠标右键，在弹出的快捷菜单中若选择【删除节和幻灯片】菜单命令，将删除所有的节和幻灯片；若选择【删除所有节】菜单命令，将会删除所有的节，但不删除其包含的幻灯片；若选择【向上移动节】菜单命令，可将该节移动到“目录”节之上，如图 5-13 所示。

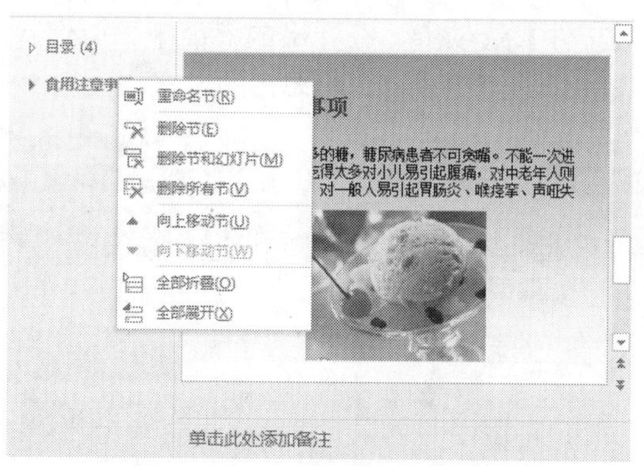

图 5-13　弹出的快捷菜单

5.2 打印幻灯片

打印幻灯片前需要经过一系列的设置，包括设置打印页面大小、打印方向、打印版式、打印内容等，具体的操作步骤如下。

步骤 1 打开随书光盘中的“素材 \ch05\ 春日 .pptx”文件，选择【文件】选项卡，进入文件操作界面，单击左侧列表中的【打印】命令，弹出打印设置界面，如图 5-14 所示。

步骤 2 单击【打印机属性】按钮，在弹出的对话框中选择【基本】选项卡，可以设置纸张大小、打印方向、打印份数、打印质量等，如图 5-15 所示。

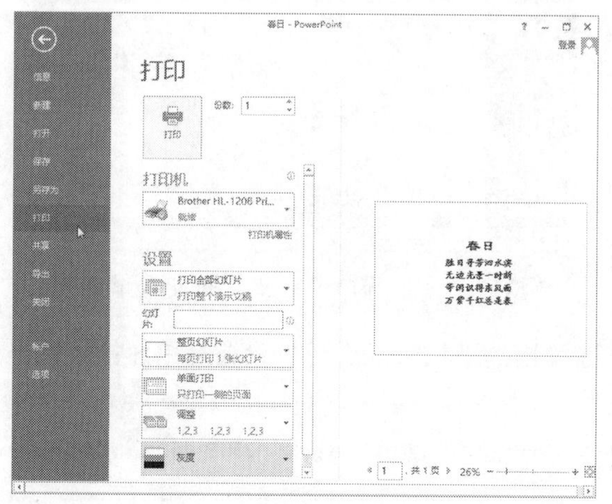

图 5-14　打印设置界面

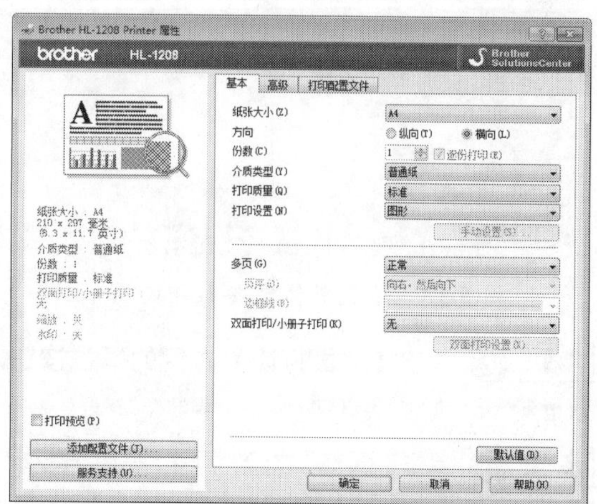

图 5-15　【基本】选项卡

步骤 3 选择【高级】选项卡，在弹出的界面中可以设置反转打印、使用水印、页眉页脚打印等，如图 5-16 所示。

步骤 4 选择【打印配置文件】选项卡，在弹出的界面中可以选择所需的打印配置文件。设置完成后，单击【确定】按钮，即可完成打印机属性的设置，如图 5-17 所示。

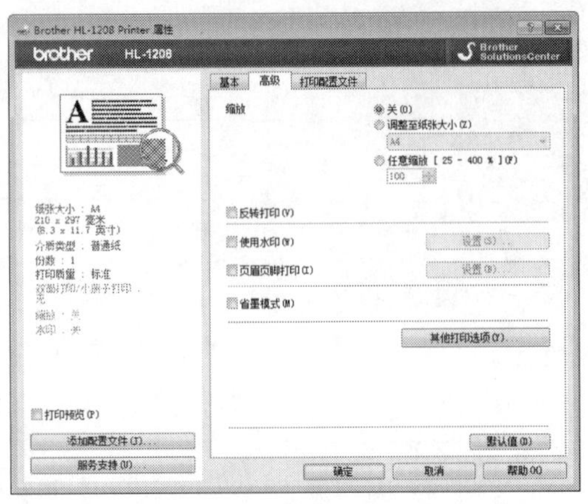

图 5-16 【高级】选项卡

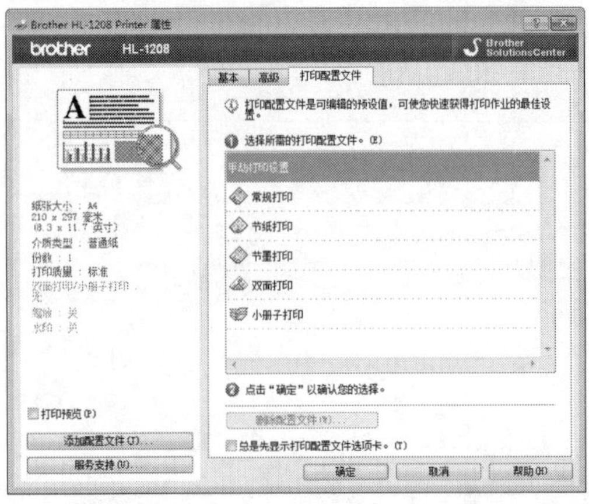

图 5-17 【打印配置文件】选项卡

步骤 5 在【设置】区域单击【打印全部幻灯片】右侧的下拉按钮，在弹出的下拉列表中可以设置具体需要打印的页面，如图 5-18 所示。

步骤 6 单击【整页幻灯片】右侧的下拉按钮，在弹出的下拉列表中可以设置打印的版式、讲义的类别等，如图 5-19 所示。

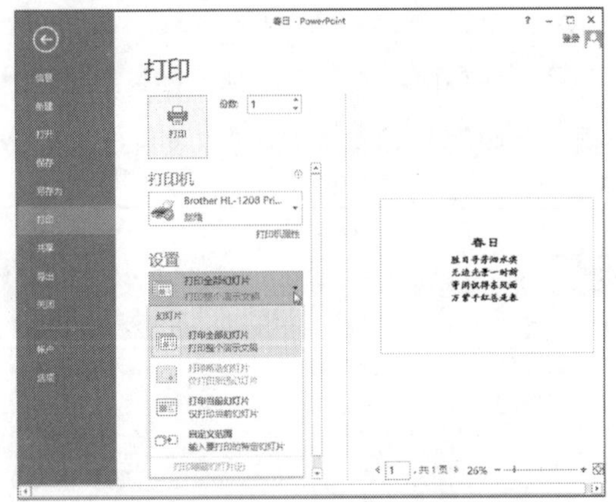

图 5-18 设置具体需要打印的页面

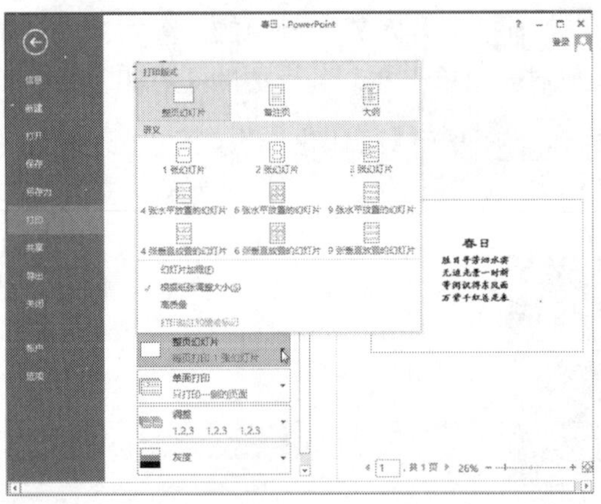

图 5-19 设置打印的版式、讲义的类别等

步骤 7 单击【单面打印】右侧的下拉按钮，在弹出的下拉列表中可以设置是单面打印还是双面打印，如图 5-20 所示。

步骤 8 单击【调整】右侧的下拉按钮，在弹出的下拉列表中可以设置打印排列顺序，如图 5-21 所示。

步骤 9 单击【颜色】右侧的下拉按钮，在弹出的下拉列表中可以设置幻灯片打印时的颜色，例如这里选择【颜色】选项，如图 5-22 所示。

步骤 10 各项属性参数设置完成后，单击【打印】按钮，即可开始打印幻灯片，如图 5-23 所示。

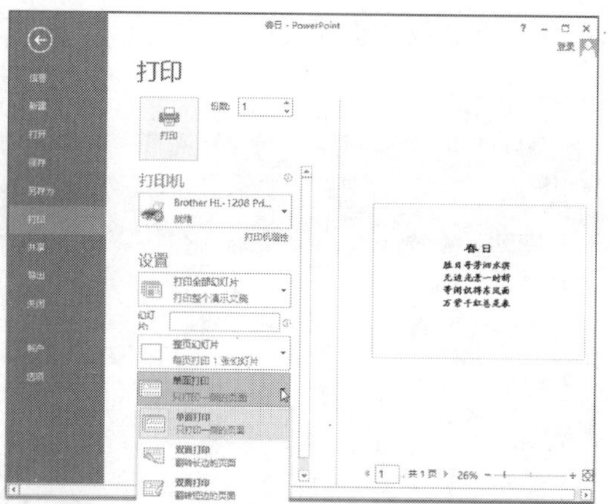

图 5-20　设置是单面打印还是双面打印

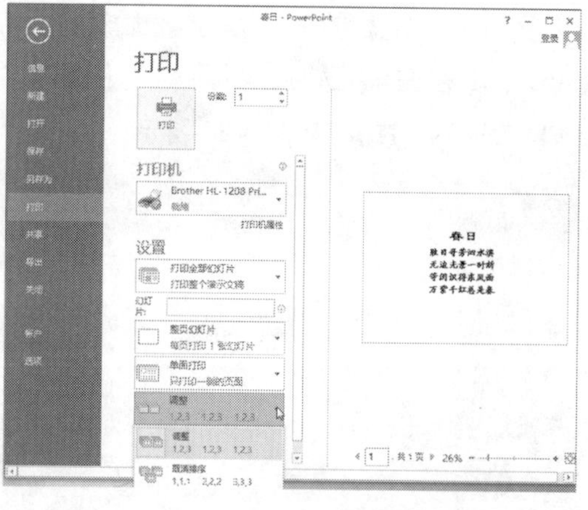

图 5-21　设置打印排列顺序

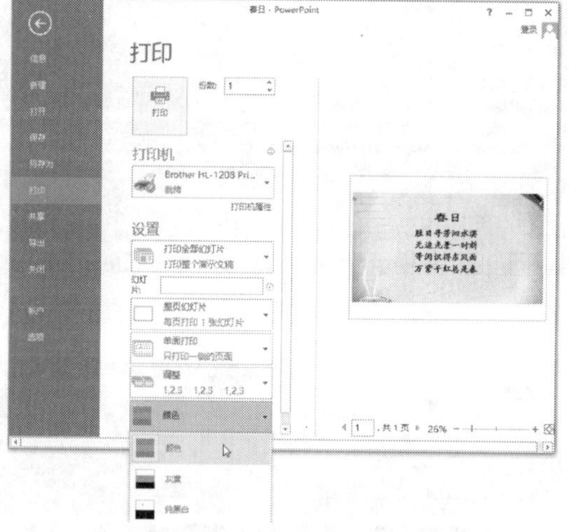

图 5-22　设置幻灯片打印时的颜色

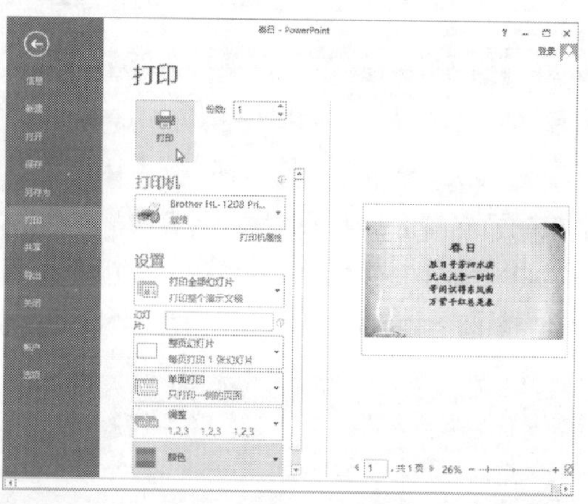

图 5-23　单击【打印】按钮开始打印幻灯片

5.3　发布为其他格式

PowerPoint 2013 的导出功能可轻松地将演示文稿导出为其他类型的文件，例如导出为 PDF 文件、Word 文档或视频文件等，还可以将演示文稿打包为 CD。

5.3.1　发布为 PDF

若希望共享和打印演示文稿，又不想让其他人修改文稿，可将演示文稿转换为 PDF 或 XPS 格式，具体的操作步骤如下。

步骤 1　打开随书光盘中的“素材 \ch05\ 孔子论人生 .pptx”文件，选择【文件】选项卡，单击左侧列表中的【导出】命令，然后选择【创建 PDF/XPS 文档】选项，并单击右侧的【创建 PDF/XPS】按钮，如图 5-24 所示。

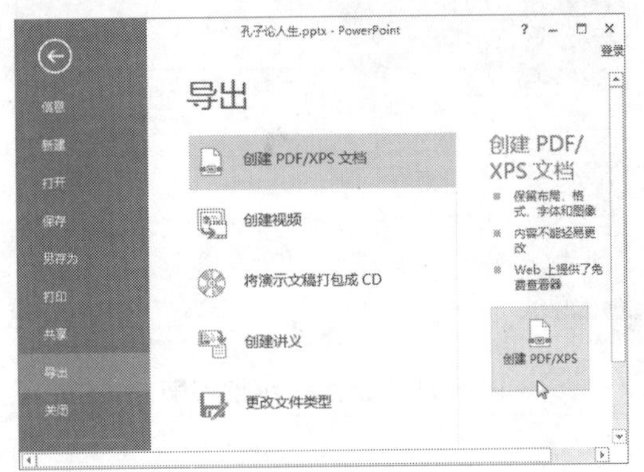

图 5-24　单击【创建 PDF/XPS】按钮

步骤 2 弹出【发布为 PDF 或 XPS】对话框，选择文件在计算机中的保存位置，然后在【文件名】文本框中输入文件名称，在【保存类型】下拉列表框中选择 PDF（*.pdf）选项，勾选【发布后打开文件】复选框，并单击右侧的【选项】按钮，如图 5-25 所示。

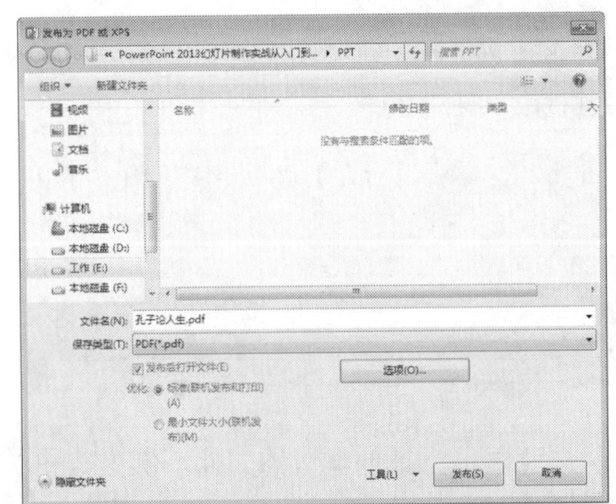

图 5-25　【发布为 PDF 或 XPS】对话框

步骤 3 弹出【选项】对话框，在其中可设置发布的范围、发布的内容和 PDF 选项等参数，设置完成后，单击【确定】按钮，如图 5-26 所示。

步骤 4 返回到【发布为 PDF 或者 XPS】对话框，单击【发布】按钮，弹出【正在发布】对话框，提示系统正在发布 PDF 文件，如图 5-27 所示。

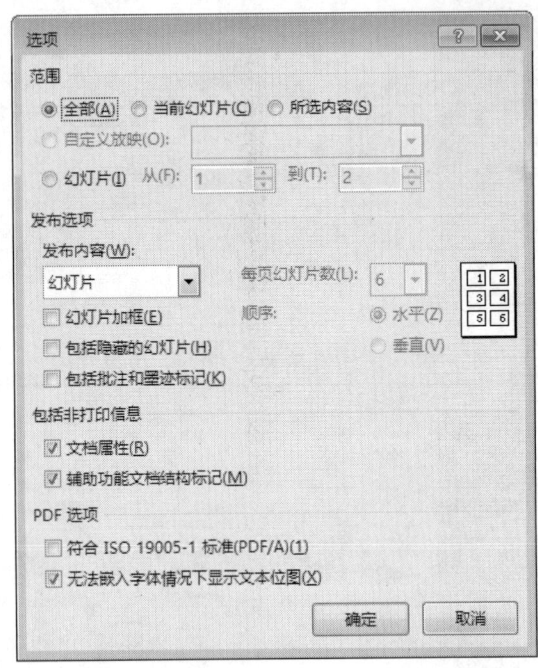

图 5-26　【选项】对话框

图 5-27　【正在发布】对话框

步骤 5 发布完成后，系统将自动打开发布的 PDF 文件。至此，即完成发布为 PDF 文件的操作，如图 5-28 所示。

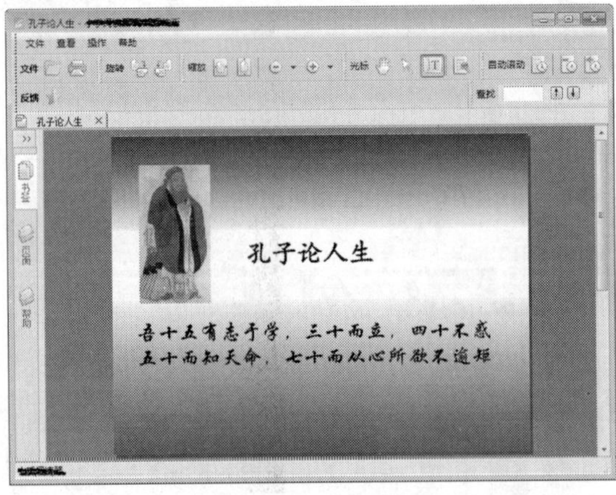

图 5-28　将演示文稿发布为 PDF 文件

提示　除了系统提供的导出功能外，用户还可通过另存为的方法将演示文稿转换为其他类型的文件。选择【文件】选项卡，单击左侧列表中的【另存为】命令，然后选择【计算机】选项，并单击右侧的【浏览】按钮，如图 5-29 所示，即弹出【另存为】对话框，如图 5-30 所示，单击【保存类型】右侧的下拉按钮，在弹出的下拉列表中选择 PDF（*.pdf）选项，即可将演示文稿转换为 PDF 文件。

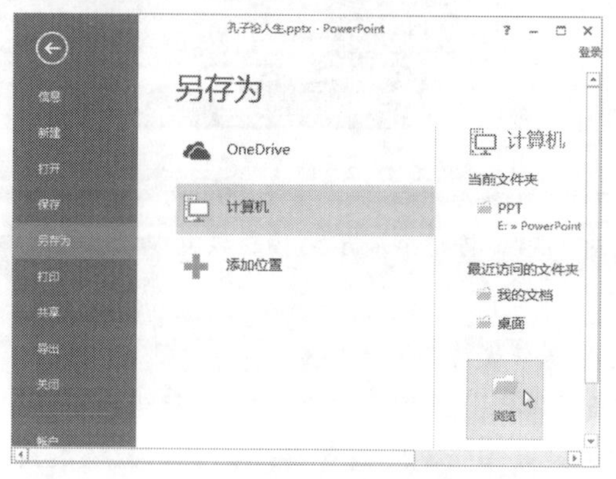

图 5-29　单击【浏览】按钮

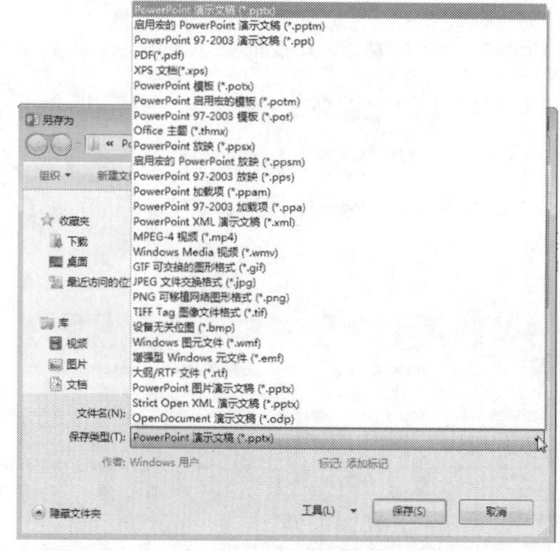

图 5-30　选择 PDF（*.pdf）选项

5.3.2 发布为 Word 文档

将演示文稿发布为 Word 文档就是将演示文稿转换为可以在 Word 文档中进行编辑和设置格式的讲义。注意，要转换的演示文稿必须是用 PowerPoint 内置的幻灯片版式制作的幻灯片。具体的操作步骤如下。

步骤 1　打开随书光盘中的“素材 \ch05\ 孔子论人生 .pptx”文件，选择【文件】选项卡，单击左侧列表中的【导出】命令，然后选择【创建讲义】选项，并单击右侧的【创建讲义】按钮，如图 5-31 所示。

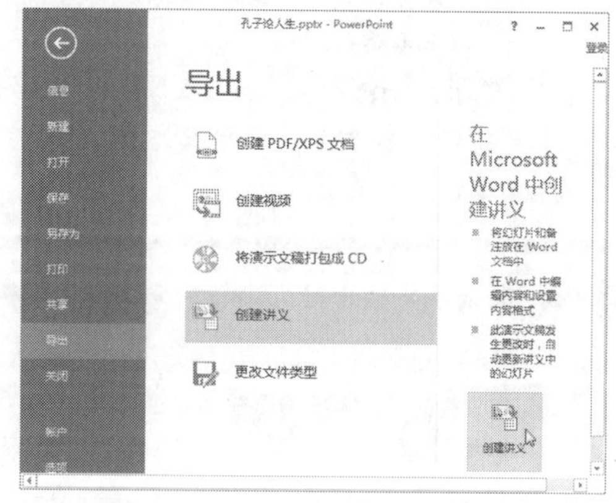

图 5-31　单击【创建讲义】按钮

步骤 2　弹出【发送到 Microsoft Word】对话框，在【Microsoft Word 使用的版式】区域选择【只使用大纲】单选按钮，然后单击【确定】按钮，如图 5-32 所示。

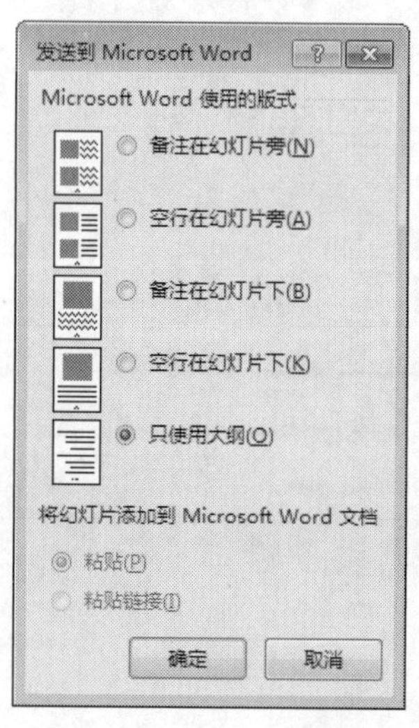

图 5-32　【发送到 Microsoft Word】对话框

步骤 3 至此，即可将演示文稿中的大纲文本内容转换到 Word 文档中，如图 5-33 所示。

> **提示** 在步骤 2 的对话框中若选择【备注在幻灯片旁】单选按钮，然后单击【确定】按钮，即可将整个演示文稿都转换到 Word 文档中，而不仅是文本内容，如图 5-34 所示。

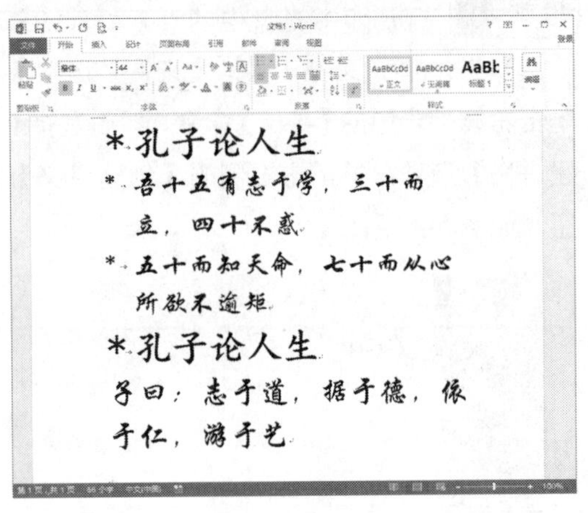

图 5-33　将演示文稿中的文本转换到 Word 文档中

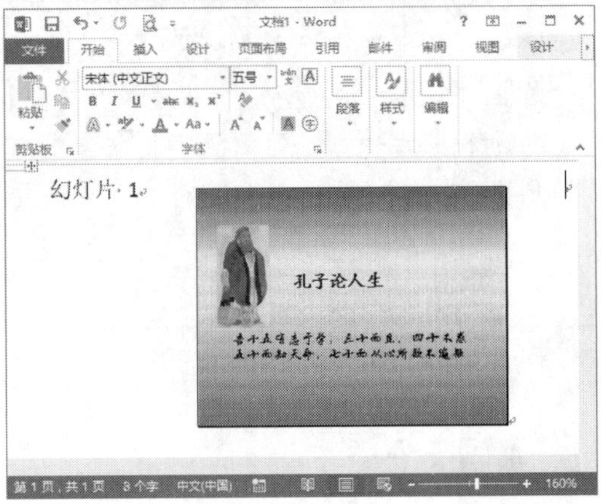

图 5-34　将整个演示文稿转换到 Word 文档中

5.3.3 发布为视频

用户可将 PowerPoint 文件转换为视频文件，还可设置每张幻灯片的放映时间，具体的操作步骤如下。

步骤 1 打开随书光盘中的"素材 \ch05\ 孔子论人生 .pptx"文件，选择【文件】选项卡，单击左侧列表中的【导出】命令，然后选择【创建视频】选项，在右侧的【放映每张幻灯片的秒数】微调框中设置放映每张幻灯片的时间为 5 秒，并单击下方的【创建视频】按钮，如图 5-35 所示。

步骤 2 弹出【另存为】对话框，选择文件在计算机中的保存位置，然后在【文件名】文本框中输入文件名称，在【保存类型】下拉列表框中选择视频的保存类型，设置完成后，单击【保存】按钮，如图 5-36 所示。

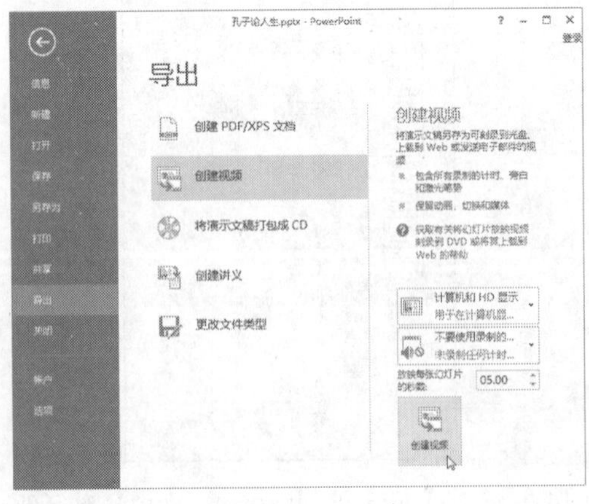

图 5-35　单击【创建视频】按钮

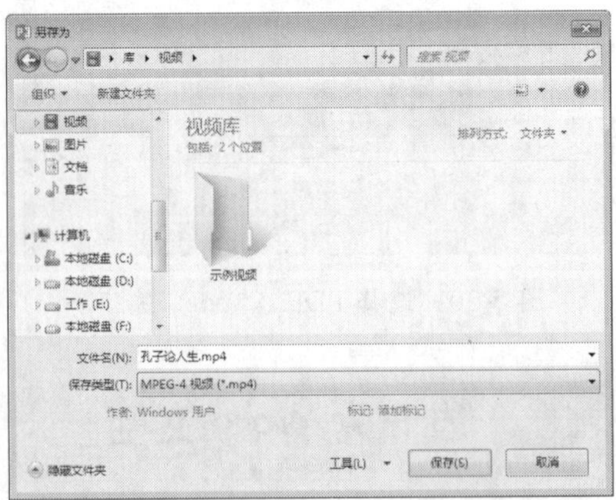

图 5-36　【另存为】对话框

步骤 3 此时在状态栏中显示视频的制作进度条，如图 5-37 所示。

步骤 4 制作完成后，找到并播放制作好的视频文件。至此，即完成发布为视频的操作，如图 5-38 所示。

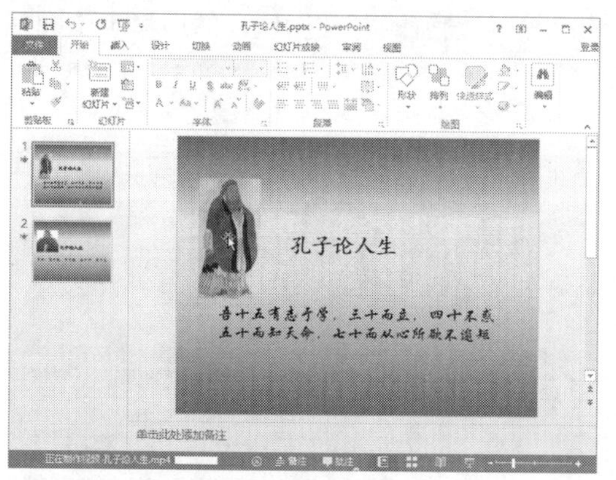

图 5-37　状态栏中显示视频的制作进度条

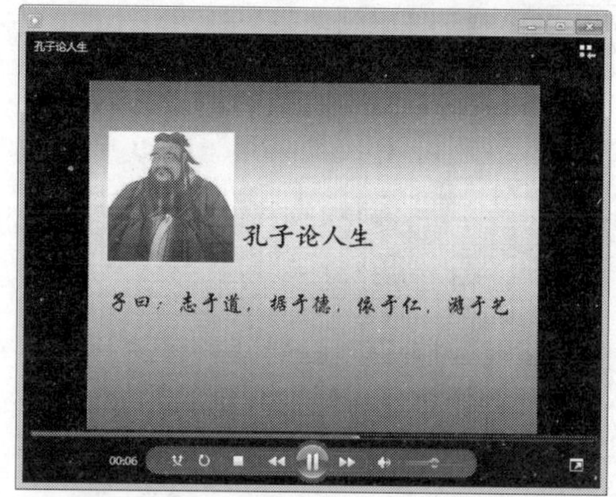

图 5-38　将演示文稿发布为视频

5.4 在没有PowerPoint软件的电脑上放映——打包PPT

如果所使用的计算机上没有安装 PowerPoint 软件，但仍希望打开演示文稿，此时可通过 PowerPoint 2013 提供的打包成 CD 功能来实现。具体的操作步骤如下。

步骤 1 打开随书光盘中的“素材 \ch05\ 孔子论人生 .pptx”文件，选择【文件】选项卡，单击左侧列表中的【导出】命令，然后选择【将演示文稿打包成 CD】选项，并单击右侧的【打包成 CD】按钮，如图 5-39 所示。

步骤 2 弹出【打包成 CD】对话框，单击【选项】按钮，如图 5-40 所示。

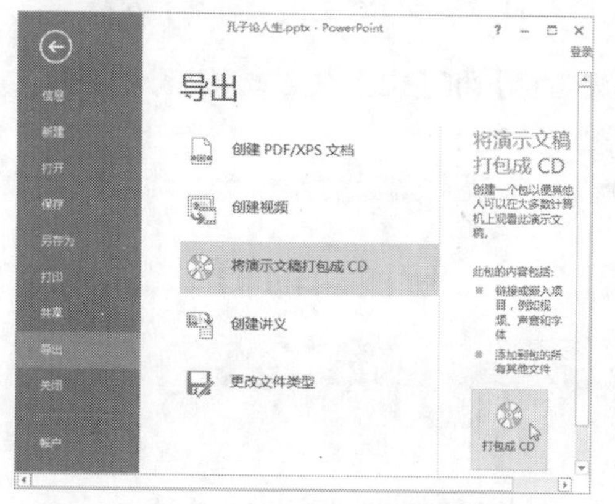

图 5-39　单击【打包成 CD】按钮

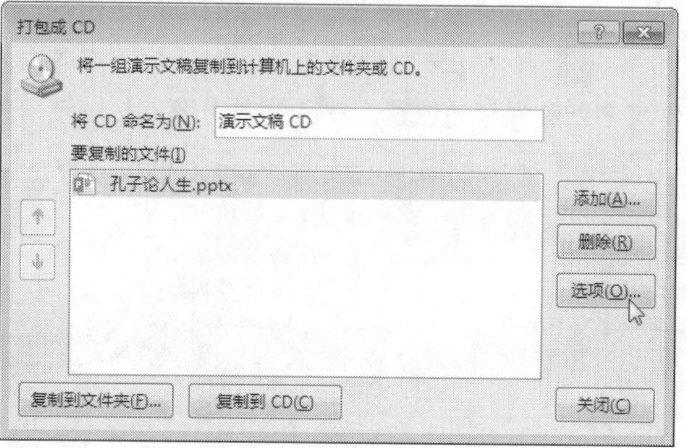

图 5-40　单击【选项】按钮

步骤 3 弹出【选项】对话框，可以设置要打包文件的安全性。例如，在【打开每个演示文稿时所用密码】和【修改每个演示文稿时所用密码】文本框内分别输入密码，单击【确定】按钮，如图 5-41 所示。

步骤 4 弹出【确认密码】对话框，在文本框中重新输入设置的打开密码，然后单击【确定】按钮，如图 5-42 所示。

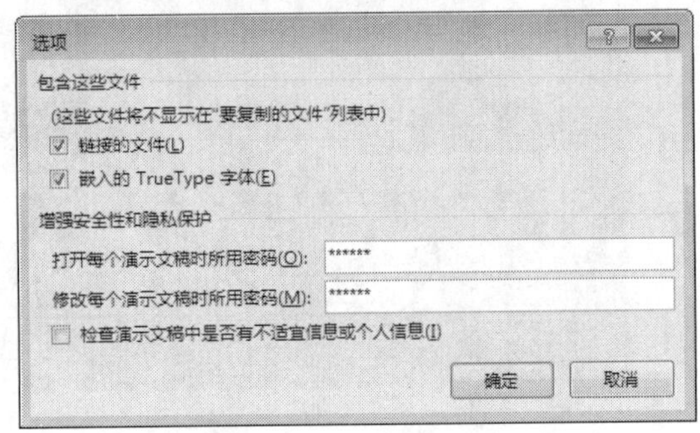

图 5-41 【选项】对话框

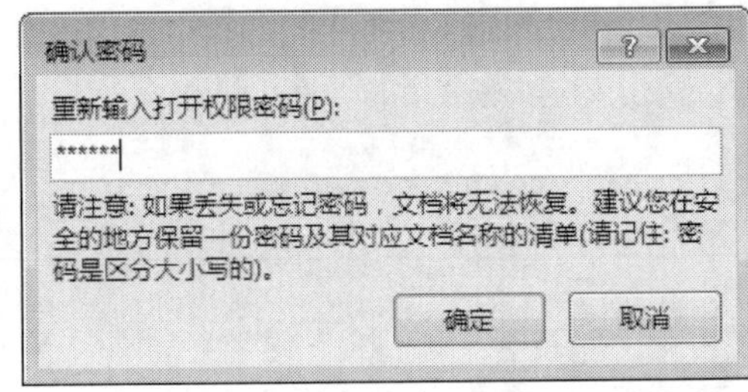

图 5-42 在文本框中重新输入设置的打开密码

步骤 5 再次弹出【确认密码】对话框，在文本框中重新输入设置的修改密码，然后单击【确定】按钮，如图 5-43 所示。

步骤 6 返回到【打包成 CD】对话框，单击【复制到文件夹】按钮，如图 5-44 所示。

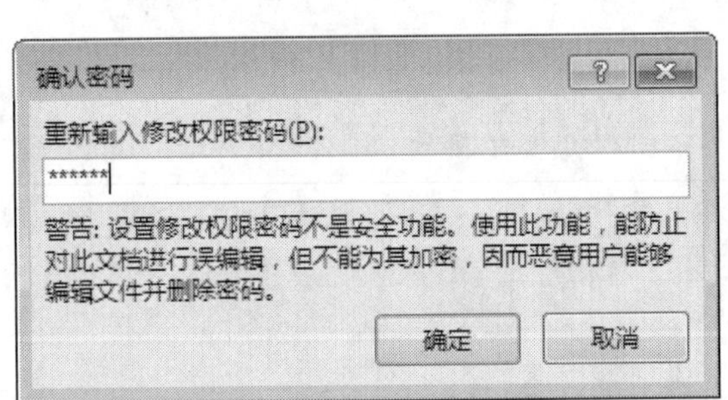

图 5-43 在文本框中重新输入设置的修改密码

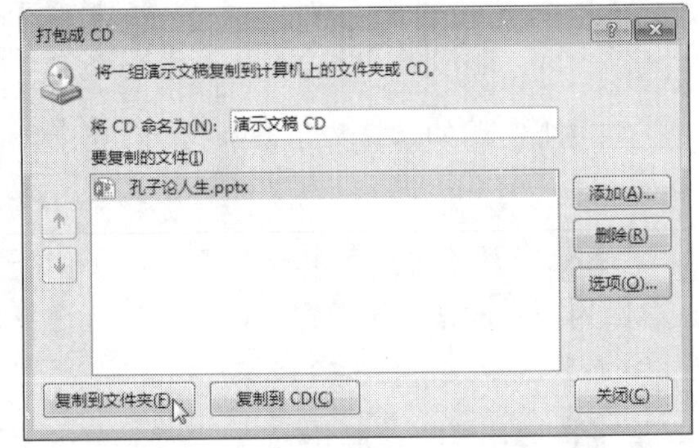

图 5-44 单击【复制到文件夹】按钮

步骤 7 弹出【复制到文件夹】对话框，在【文件夹名称】和【位置】文本框中分别设置文件夹名称和保存的位置，然后单击【确定】按钮，如图 5-45 所示。

步骤 8 弹出 Microsoft PowerPoint 对话框，单击【是】按钮，如图 5-46 所示。

图 5-45 【复制到文件夹】对话框

图 5-46 Microsoft PowerPoint 对话框

步骤 9 弹出【正在将文件复制到文件夹】对话框，系统开始自动复制文件到文件夹，如图 5-47 所示。

图 5-47　【正在将文件复制到文件夹】对话框

步骤 10 复制完成后，系统自动打开生成的 CD 文件夹，其中有一个名为 AUTORUN.INF 的自动运行文件，该文件具有自动播放功能，这样即使计算机没有安装 PowerPoint，只要插入 CD 即可自动播放幻灯片，如图 5-48 所示。

步骤 11 返回到打开的“孔子论人生 .pptx”文件，在【打包成 CD】对话框中单击【关闭】按钮，关闭该对话框。至此，即可完成将演示文稿打包成 CD 的操作，如图 5-49 所示。

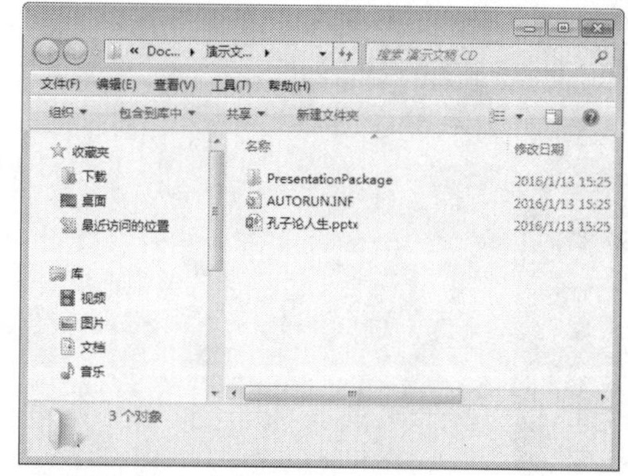

图 5-48　CD 文件夹

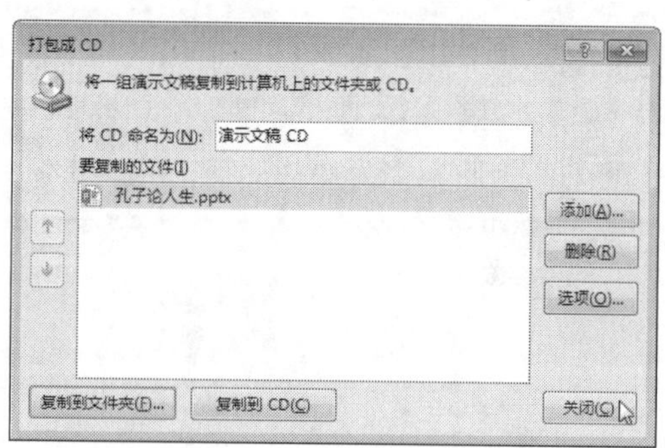

图 5-49　单击【关闭】按钮

5.5 职场技能训练

前面主要学习了如何输出与发布 PPT 幻灯片，下面学习输出与发布幻灯片在实际工作中的应用。

5.5.1 职场技能 1——加密演示文稿

用户可通过设置密码的方式来控制对演示文稿的访问，从而有效地防止幻灯片被随意修改或查看。在设置密码后，每次打开该文件时，系统都会提示输入密码，若不知道设置的密码，就不允许访问演示文稿。具体的操作步骤如下。

步骤 1 打开随书光盘中的“素材 \ch05\ 孔子论人生 .pptx”文件，选择【文件】选项卡，进入文件操作界面，单击右侧【保护演示文稿】的下拉按钮，在弹出的下拉列表中选择【用密码进行加密】选项，如图 5-50 所示。

步骤 2 弹出【加密文档】对话框，在【密码】文本框中输入要设置的密码，单击【确定】按钮，如图 5-51 所示。

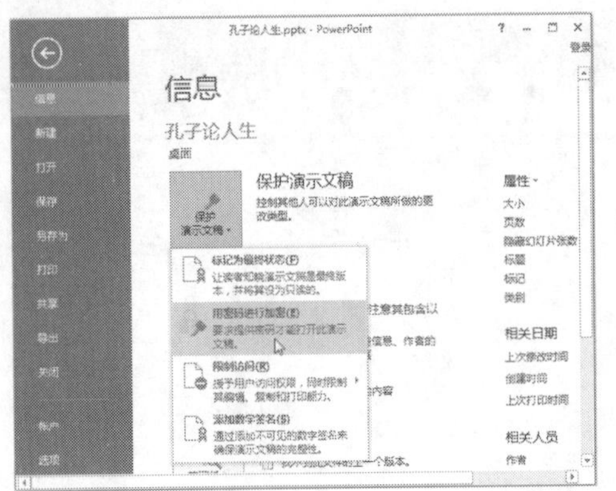

图 5-50　选择【用密码进行加密】选项

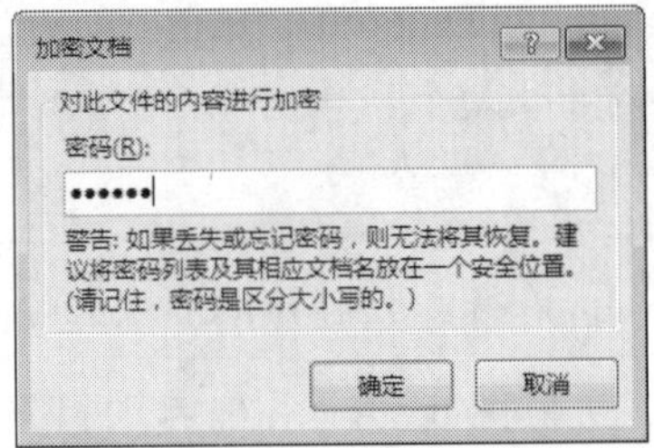

图 5-51　在【密码】文本框中输入要设置的密码

步骤 3　弹出【确认密码】对话框，在【重新输入密码】文本框中再次输入设置的密码，单击【确定】按钮，如图 5-52 所示。

步骤 4　返回到文件操作界面，此时【保护演示文稿】上方会出现图标，表示已为文件添加了保护密码，单击右上角的【关闭】按钮，关闭演示文稿，如图 5-53 所示。

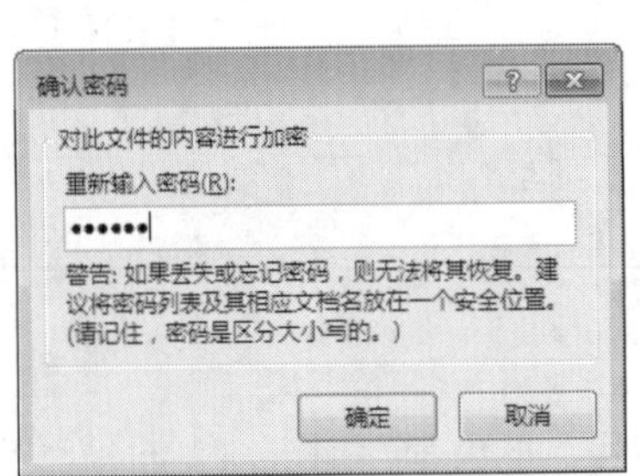

图 5-52　再次输入密码

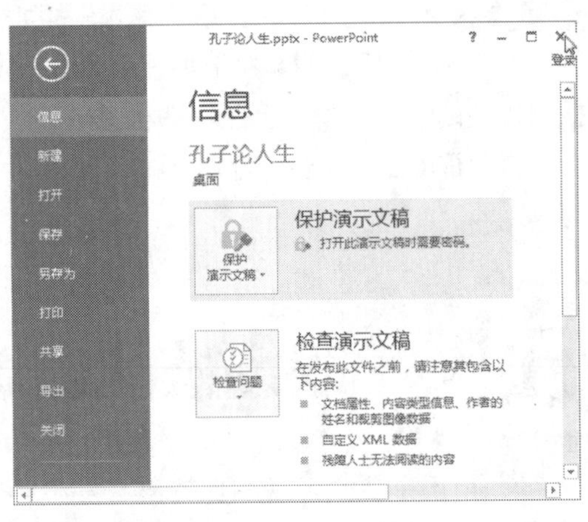

图 5-53　单击【关闭】按钮

步骤 5　弹出 Microsoft PowerPoint 对话框，提示是否保存所做的更改，单击【保存】按钮，如图 5-54 所示。

步骤 6　关闭演示文稿后，找到该文件在计算机中的存储位置，双击打开，即弹出【密码】对话框，在【密码】文本框中输入设置的密码，单击【确定】按钮，才能打开该演示文稿。至此，即可完成加密演示文稿的操作，如图 5-55 所示。

图 5-54　Microsoft PowerPoint 对话框

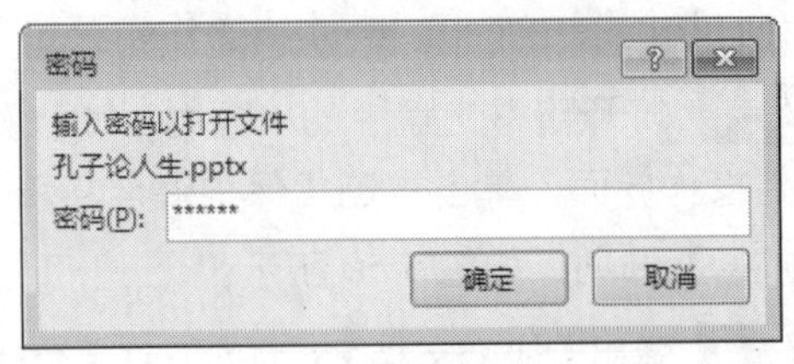

图 5-55　【密码】对话框

5.5.2 职场技能 2——将幻灯片转换为图片

有时为了防止其他人修改演示文稿，用户还可将其转换为图片的格式，具体的操作步骤如下。

步骤 1 打开随书光盘中的“素材 \ch05\ 孔子论人生 .pptx”文件，选择【文件】选项卡，单击左侧列表中的【导出】命令，然后选择【更改文件类型】选项，在右侧的【图片文件类型】区域选择【JPEG 文件交换格式（*.jpg）】选项，并单击下方的【另存为】按钮，如图 5-56 所示。

步骤 2 弹出【另存为】对话框，选择文件在计算机中的保存位置，单击【保存】按钮，如图 5-57 所示。

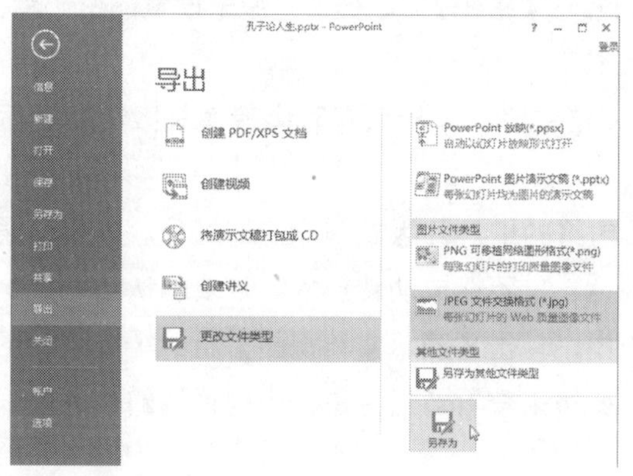

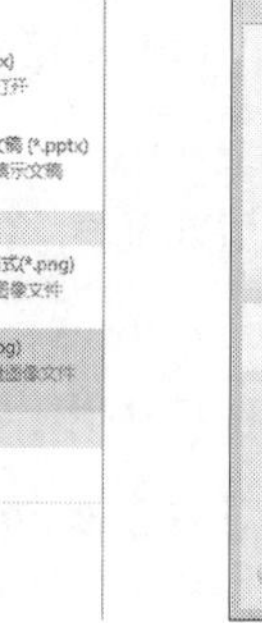

图 5-56 单击【另存为】按钮

图 5-57 【另存为】对话框

步骤 3 弹出 Microsoft PowerPoint 对话框，提示用户希望导出哪些幻灯片，这里只导出当前幻灯片，因此单击【仅当前幻灯片】按钮，如图 5-58 所示。

> **提示** 若单击【所有幻灯片】按钮，演示文稿中的所有幻灯片将批量转换为图片。

步骤 4 至此，即完成将幻灯片转换为图片的操作，找到图片在计算机中的保存位置，双击打开该图片，如图 5-59 所示。

> **提示** 用户还可通过另存为的方法将幻灯片转换为图片，只需在【保存类型】下拉列表框中选择图片类型即可。读者可参考 5.3.1 小节中的介绍，这里不再赘述。

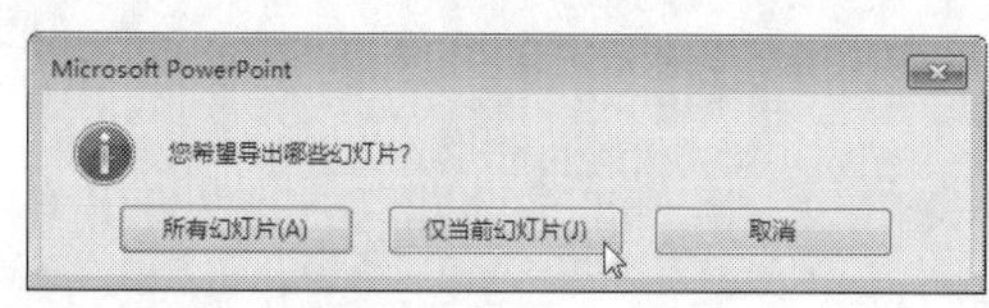

图 5-58 Microsoft PowerPoint 对话框

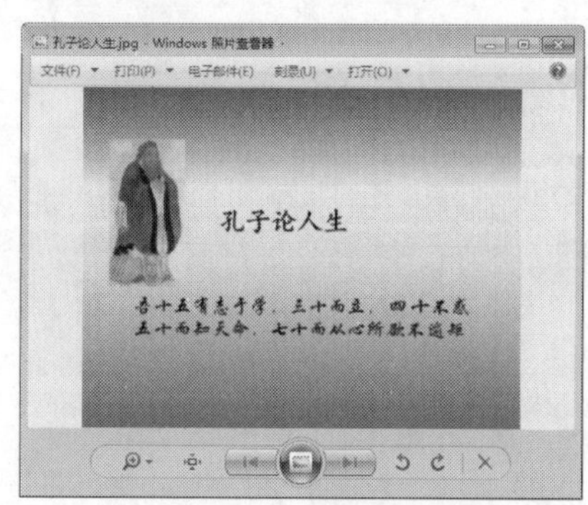

图 5-59 将幻灯片转换为图片

5.6 疑难问题解答

问题 1：如何取消 PowerPoint 文件中的保护密码？

解答：取消保护密码的操作与设置保护密码的操作类似，在打开的演示文稿中选择【文件】选项卡，进入文件操作界面，单击右侧【保护演示文稿】的下拉按钮，在弹出的下拉列表中选择【用密码进行加密】选项，即弹出【加密文档】对话框，在【密码】文本框中将原来设置的密码清空，单击【确定】按钮，即可取消保护密码。

问题 2：在将幻灯片中的大纲转换到 Word 文档中时，为什么有时会转换失败，转换后的 Word 文档并无内容？

解答：要转换的幻灯片必须是用 PowerPoint 内置的幻灯片版式制作的幻灯片，如果是通过插入文本框等方法添加的占位符，并输入文本的话，是不能成功转换的。若要确认幻灯片是否为内置的幻灯片版式，用户可在【视图】选项卡中，单击【演示文稿视图】组的【大纲视图】按钮，切换到大纲视图，通过左侧的【幻灯片】窗格来查看幻灯片是否为内置的幻灯片版式，若是内置的版式，在窗格中可显示文本内容。

第 2 篇

设计幻灯片的内涵

整齐、美观的幻灯片能使人阅读起来感觉非常舒服、清晰。本篇学习 PPT 文本的输入和编辑，图片、图表和形状的添加，以及使用模板与母版的方法和技巧等。

第 6 章 成为 PPT 高手的前提——设计理念很重要

● **本章导读**

要想制作出一个优秀的PPT，光熟练运用PPT软件是远远不够的，还要学一学PPT高手的设计理念，例如如何巧妙安排PPT的内容、PPT的制作流程等。

● **学习目标**

◎ 了解 PPT 的制作流程

◎ 了解 PPT 高手的设计理念

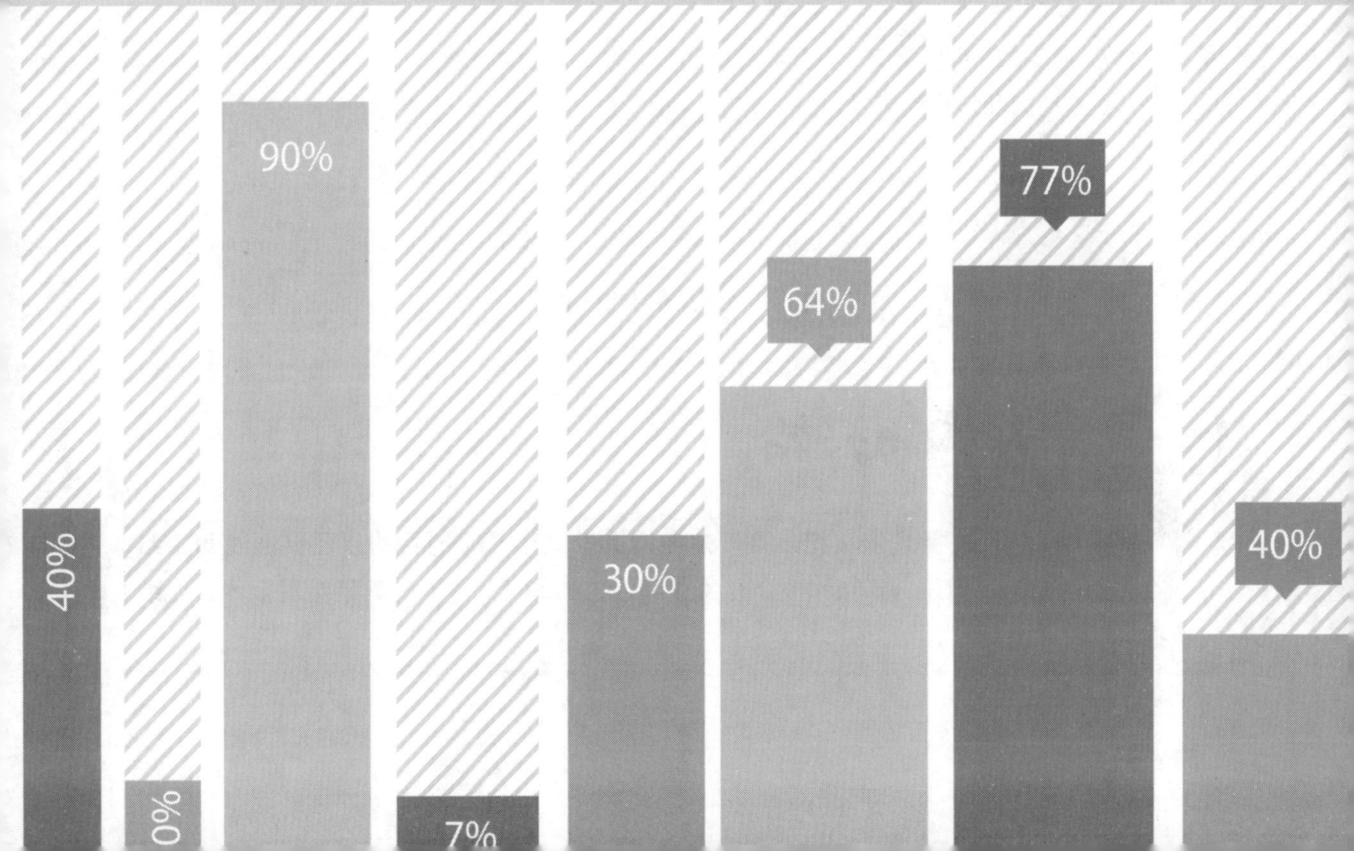

6.1 PPT的制作流程

制作 PPT 不仅要靠技术，而且还要靠创意、理念以及内容的展现方式。图 6-1 是制作 PPT 的最佳流程，在掌握了基本操作之后，再结合这些流程，进一步融合独特的想法和创意，就可以制作出吸引人眼球的 PPT 了。

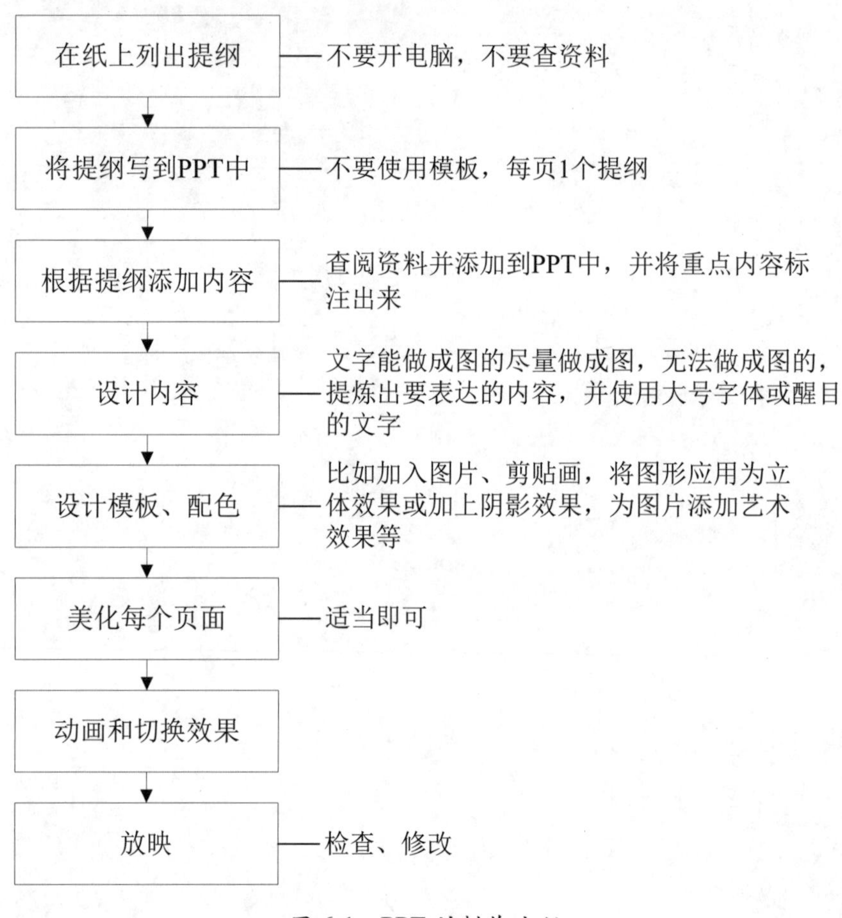

图 6-1　PPT 的制作流程

6.2 从构思开始

制作 PPT 前，先要理清头绪，要清楚地知道做这个 PPT 的目的以及要通过 PPT 给观众传达的信息。例如，要制作一个有关业绩报告的 PPT，重要的就是给观众传达业绩数据。

清楚了要表达的内容后，就先将这些内容记录在纸上，然后回过头再看一遍，看有没有遗漏或者不妥的内容，如图 6-2 所示。

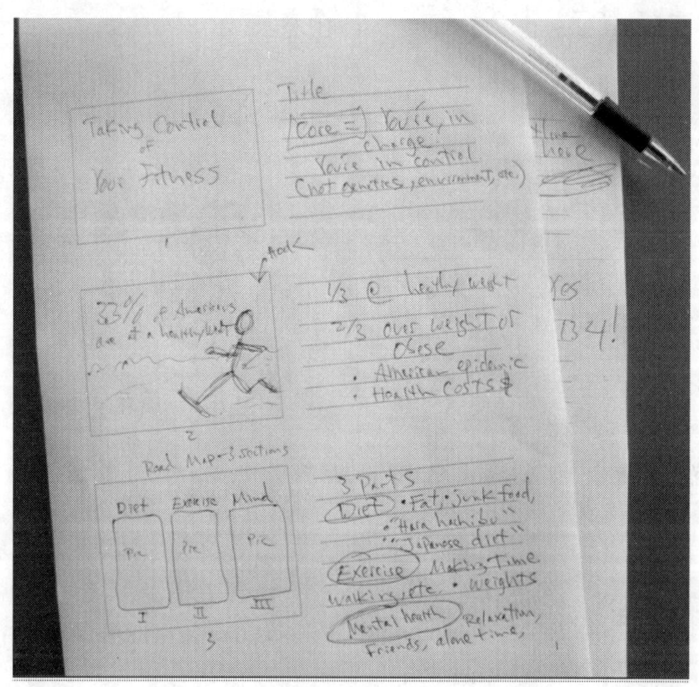

图 6-2　在纸上列出要表达的内容

6.3 内容巧妙安排

如果需要使用 PPT 传达大量的信息，就需要考虑如何将重点内容展现在 PPT 中演示，以使观众印象深刻。

6.3.1 体现你的逻辑

如果逻辑思维混乱，就不可能制作出条理清晰的 PPT，观众看 PPT 也会一头雾水、不知所云，所以 PPT 中内容的逻辑性非常重要，这是 PPT 的灵魂。

制作 PPT 之前，如果有逻辑混乱的情况，可以尝试使用金字塔原理来创建思维导图。

“金字塔原理”是 1973 年由麦肯锡国际管理咨询公司的咨询顾问巴巴拉•明托（Barbara Minto）发明的，旨在阐述写作过程的组织原理，提倡按照读者的阅读习惯改善写作效果。因为主要思想总是从次要思想中概括出来的，文章中所有思想的理想组织结构也就必定是一个金字塔结构——由一个总的思想统领多组思想。在这种金字塔结构中，思想之间的联系方式可以是纵向的（即任何一个层次的思想都是对其下面一个层次思想的总结），也可以是横向的（即多个思想因共同组成一个逻辑推断式，而被并列组织在一起）。

金字塔原理如图 6-3 所示。

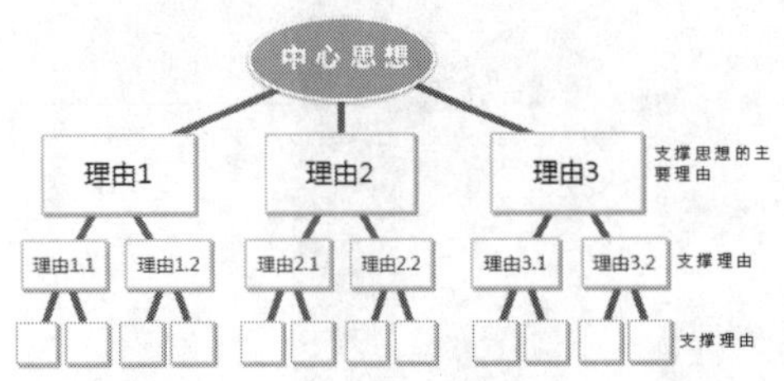

图 6-3　金字塔原理

在理清 PPT 的制作思路后，可以运用此原理将要表现的内容提纲列出来，并在 PPT 中做成目录和导航，使观众能快速地明白你的意图。

6.3.2 更好地展示主题

PPT 中内容的展示原则是“能用图，不用表；能用表，不用字”，所以要尽量避免大段的文字和密集的数据，而将这些文字和数据尽可能地使用图形、图表和图片展示出来。

1. 图形

PowerPoint 2013 提供了大量美观的 SmartArt 图形，可以使用这些图形展示出列表、流程、循环、层次结构、关系、矩阵、棱锥图等，也可以将插入 PPT 中的图片直接转换为上述这些形式。PowerPoint 2013 提供的全部 SmartArt 图形样式如图 6-4 所示。

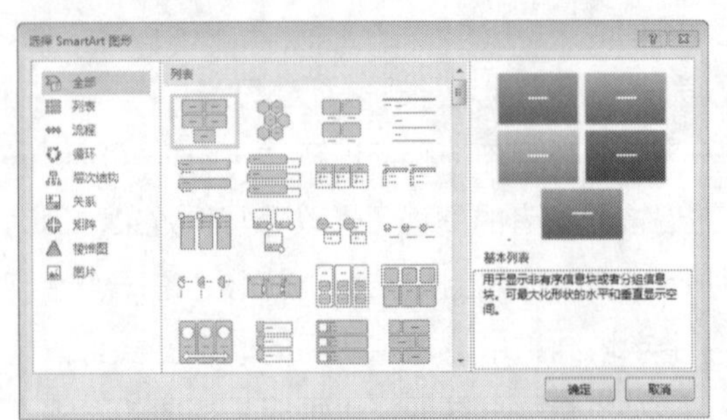

图 6-4　全部 SmartArt 图形样式

如图 6-5 所示的幻灯片就是使用了循环类型的 SmartArt 图形来展示公司福利所包含的 5 个方面。

图 6-5　循环类型的 SmartArt 图形

2. 图表

使用图表可以直观地展示出数据比例，使观众一目了然，不再需要去看枯燥无味的数据。

PowerPoint 提供了大量的图表类型供用户选择，使用最广泛的是柱形图、折线图和饼图。PowerPoint 2013 提供的全部图表类型如图 6-6 所示。

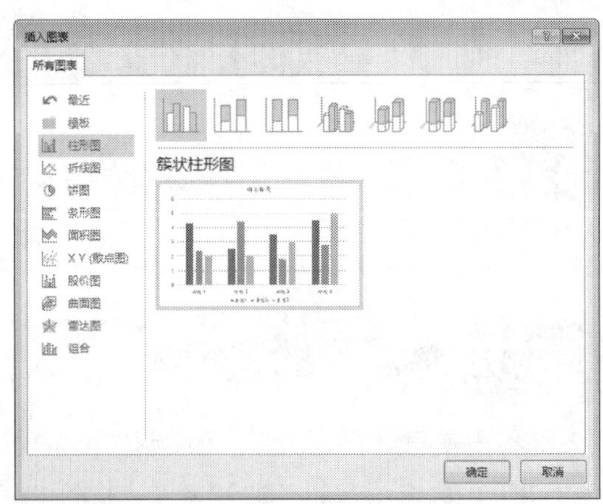

图 6-6　全部图表类型

在使用图表时，要根据数据的类型和对比方式来选择图表的类型，如果使用不合适的图表，反而会使演示的效果大打折扣。比如柱形图通常用来表现同一时期不同种类的数据对比情况，折线图通常用来展示数据的上下浮动情

况，饼图通常用来展示部分与整体、部分与部分之间的关系。

如图 6-7 所示的幻灯片即使用饼图来展示公司员工的学历比例情况，在该图表中可以看出各种学历的员工在整体中所占的比例，以及各种学历之间的对比情况。

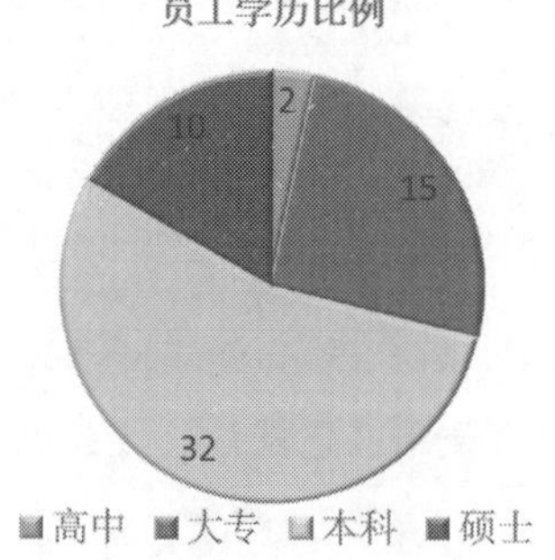

图 6-7　使用饼图展示公司员工的学历情况

3. 图片

枯燥的文字容易使人昏昏欲睡，若使用图片来代替部分文字的功效，就会事半功倍。

例如，在如图 6-8 所示的幻灯片中，使用了一幅山清水秀、风景优美的图片来描述以前的地球，这比使用纯文字更能吸引观众的注意。

图 6-8　使用图片来描述以前的地球

除了可以使用本地计算机中的图片外，PowerPoint 2013 还增加了联机图片功能，只需在【必应图像搜索】文本框中输入搜索的关键字，即可联机搜索出更多的网络图片，如图 6-9 所示。充分利用这些资源，可以使制作的 PPT 内容更加丰富。

图 6-9　联机搜索出更多的网络图片

6.4 简单是一种美

有些 PPT 中的内容，观众即使从头到尾、认认真真地观看，也难以从中找出重点，因为 PPT 中的文字内容太多、重点太多，反而体现不出主要的、作者想表达的思想。这时可以通过下面的方法在 PPT 中展示出重点内容。

1. 只展示出中心思想，以少胜多

例如，在如图 6-10 所示的幻灯片中，以大字体、不同的颜色来展示出所要表达的中心思想，这比长篇大论更容易使人接受。

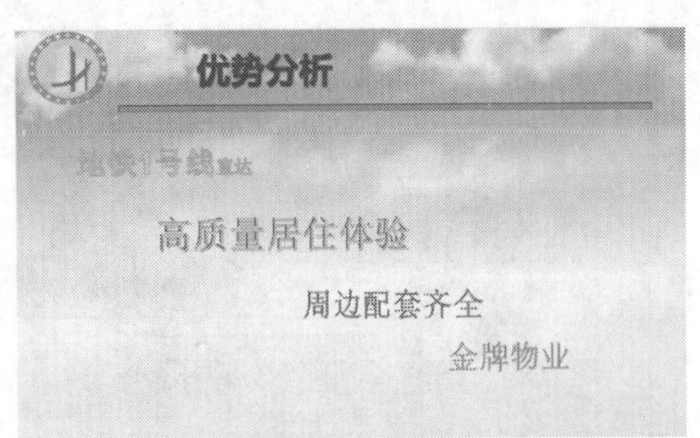

图 6-10　展示出中心思想

2. 使用颜色及标注吸引观众注意

在比较多的文字或数据中，观众需要看完所有内容才能了解到重点。在制作 PPT 时，不妨将这些重要的信息以不同的颜色、不同的字号或者使用标注重点突出出来，使观众一目了然，如图 6-11 所示。

几种食物中营养素的INQ值

	热能(kJ)	蛋白质(g)	视黄醇(μg)	硫胺素(mg)	核黄素(mg)
成年男子轻体力劳动的营养素供给标准	10042	75	800	1.4	1.4
100g鸡蛋	653	12.8	194	0.13	0.32
INQ		2.62	3.73	1.43	3.52
100g大米	1456	8	—	0.22	0.05
INQ		0.74	—	1.08	0.25
100g大豆	1502	35.1	37	0.41	0.2
INQ		3.13	0.31	1.96	0.96

图 6-11　使用颜色及标注吸引观众注意

6.5 图文并茂

制作图文并茂的幻灯片，不仅可以增强幻灯片的可读性与趣味性，还可以给观众一定的视觉冲击力，从而使读者一眼就能记住自己的演示文稿。

1. 使用图形展示枯燥的文字

PPT 中切忌使用和 Word 一样的大量的文字，例如如图 6-12 所示的幻灯片，就算配以再复杂、绚丽的动画效果也是徒劳，观众会兴趣大减。

发展历程
company profile

2015年，推出全球第一台高精度印前扫描仪
2013年，总部通过GMP医疗器材优良制造许可
2010年，通过ISO 13485认证
2007年，公司产品远销海外
2005年，公司成立，同年12月XT8742扫描仪研发成功

图 6-12　使用了大量的文字

如果更改为如图 6-13 所示的幻灯片，再配以逐级出现的动画效果，这种直观的画面，会使观众耳目一新、兴趣盎然。

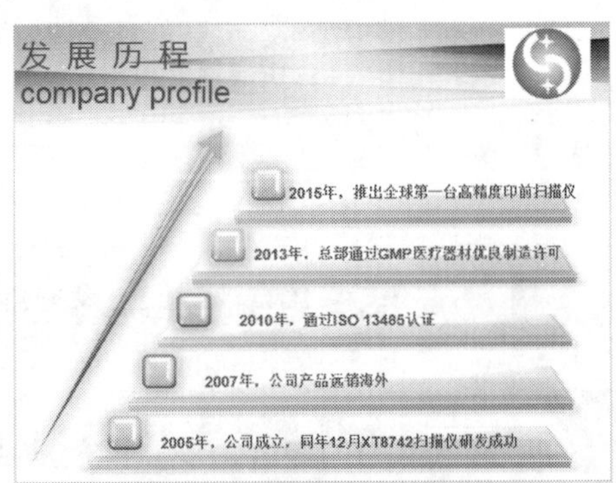

图 6-13　使用图形展示枯燥的文字

2. 使用图表直观显示数据

数据往往是规划 PPT 或报告 PPT 中不可缺少的组成部分，例如，在如图 6-14 所示的幻灯片中，观众需要通过数据的对比，才能查找出哪个分店销售得多，哪个分店销售得少。

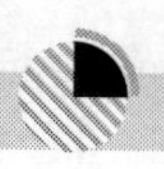

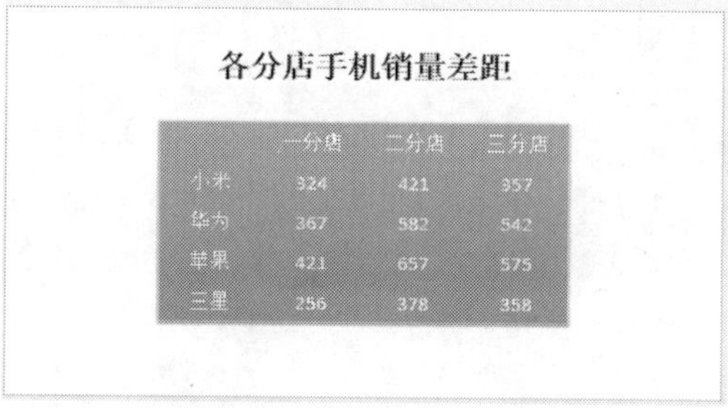

各分店手机销量差距
一分店 二分店 三分店
小米 324 421 357
华为 367 582 542
苹果 421 657 575
三星 256 378 358

图 6-14　数据显示不直观

而将其更改为如图 6-15 所示的幻灯片，通过图表，观众就对数据对比情况一目了然了。

各分店手机销量差距
800
600
400
200
0
小米
华为
苹果
三星
一分店
二分店
三分店

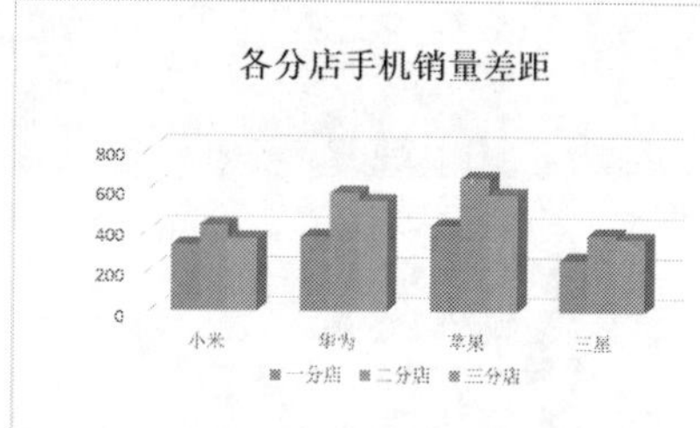

图 6-15　使用图表直观显示数据

6.6　疑难问题解答

问题 1： 如何在幻灯片中快速对齐图片等对象？

解答： 在【视图】选项卡的【显示】组中，勾选【参考线】和【网格线】两个复选框，此时工作区将会显示出一个十字参考线和网格线，选中要对齐的图片等对象，参照该十字参考线和网格线，即可实现快速对齐。

问题 2： 将演示文稿保存为 PowerPoint 2013 的版本后，如何检查当前版本的演示文稿中与之前版本不兼容的内容？

解答： 在工作界面选择【文件】选项卡，进入文件操作界面，在右侧单击【检查问题】按钮，在弹出的下拉列表中选择【检查兼容性】选项，此时系统将自动检查，并弹出【Microsoft PowerPoint 兼容性检查器】对话框，列出检查的结果，即列出当前版本的演示文稿中与之前版本不兼容的内容。

PPT 内容之美——文本的输入与编辑

- **本章导读**

本章主要介绍 PowerPoint 2013 中文本框的操作方法，文本的输入方法，文字、段落的设置方法，添加项目符号、编号及超链接的操作方法等。用户通过对这些基本操作知识的学习，能够更好地制作演示文稿。

- **学习目标**

◎ 掌握文本框的操作方法

◎ 掌握文本的输入方法

◎ 掌握文字和段落的设置方法

◎ 掌握添加项目符号、编号和超链接的方法

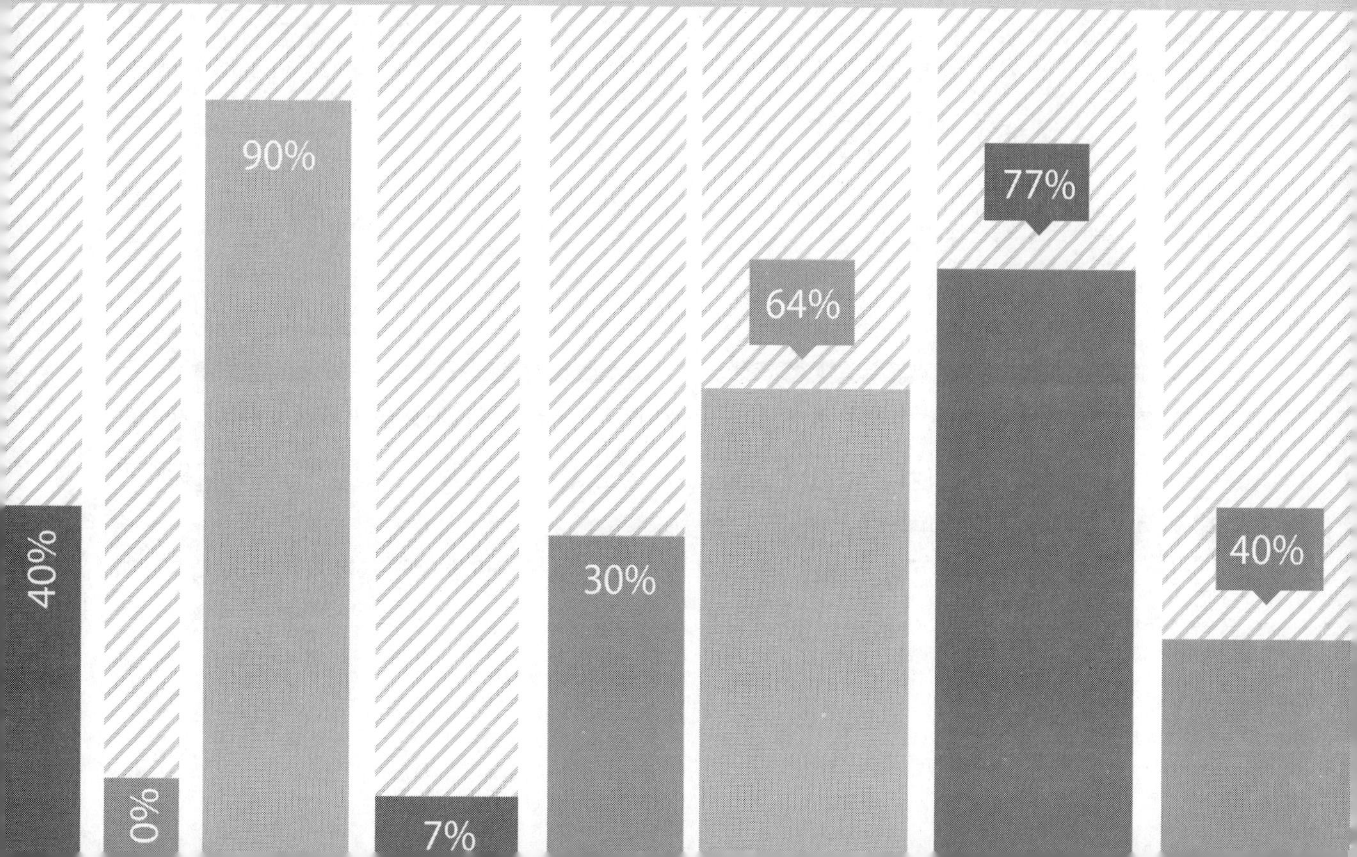

40%

0%

90%

7%

30%

64%

77%

40%

7.1 输入文本的地方——文本框操作

文本框是 PowerPoint 2013 重要的显示对象，主要用于输入文本。本节介绍插入、复制、删除文本框以及设置文本框样式的方法。

7.1.1 插入、复制和删除文本框

1. 插入文本框

插入文本框的具体操作步骤如下。

步骤 1 启动 PowerPoint 2013，新建一个空白演示文稿。在【插入】选项卡中，单击【文本】组中的【文本框】按钮，或者单击【文本】组中【文本框】的下拉按钮，在弹出的下拉列表中选择【横排文本框】选项，如图 7-1 所示。

 提示 若选择【垂直文本框】选项，即可插入一个垂直文本框。或者在【开始】选项卡中，单击【绘图】组中的【文本框】按钮或【垂直文本框】按钮，也可插入一个横排文本框或垂直文本框，如图 7-2 所示。

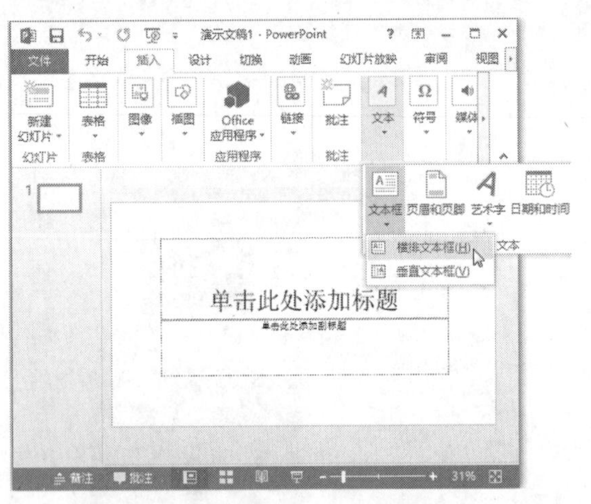

图 7-1 选择【横排文本框】选项

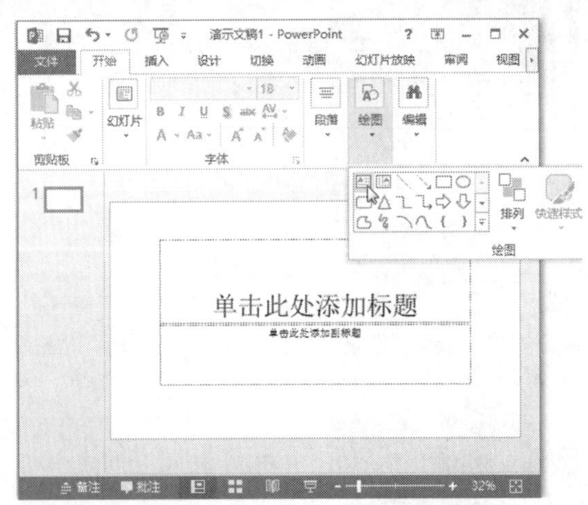

图 7-2 单击【绘图】组中的【文本框】按钮

步骤 2 选择以后，此时鼠标指针变为+形状，按住鼠标左键不放，在幻灯片中拖动鼠标即可绘制一个横排文本框，如图 7-3 所示。

步骤 3 释放鼠标，即可显示出绘制的文本框，用户可在其中直接输入需要添加的文本，如图 7-4 所示。

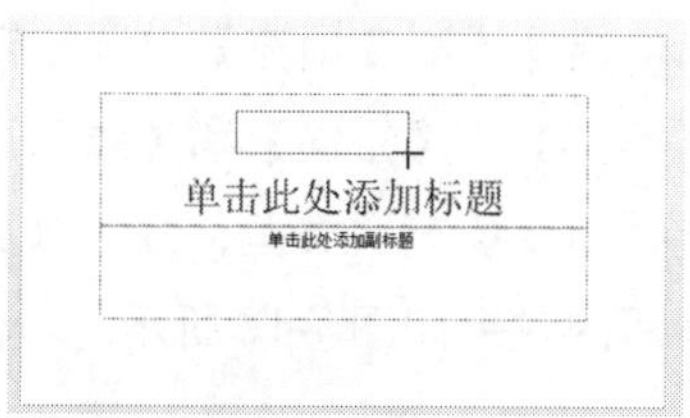

图 7-3　拖动鼠标绘制一个横排文本框

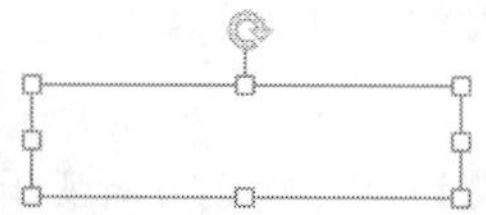

图 7-4　显示出绘制的文本框

步骤 4 移动文本框。单击选中文本框，当鼠标指针变为✢形状时，按住鼠标左键不放，拖动鼠标即可将文本框移动到新的位置，如图 7-5 所示。

图 7-5　移动文本框

步骤 5 改变文本框的大小。单击选中文本框，将鼠标指针定位在其四周的小方块上，当指针变为箭头形状时，按住鼠标左键不放，拖动鼠标即可改变文本框的大小，如图 7-6 所示。

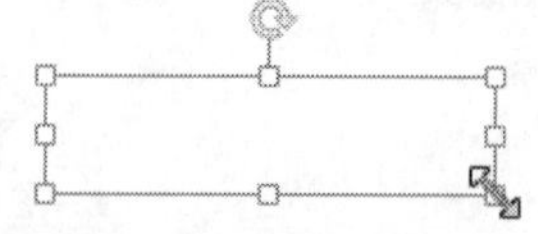

图 7-6　改变文本框的大小

2. 复制文本框

复制文本框的具体操作步骤如下。

步骤 1 单击选中要复制的文本框，如图 7-7 所示。

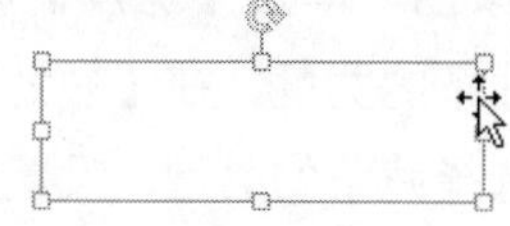

图 7-7　单击选中要复制的文本框

提示　选中文本框时，请确保鼠标指针不在文本框内部，而是在文本框的边框上。如果鼠标指针在文本框的内部，那么复制的是文本框中的文本内容，而不是文本框本身。

步骤 2 在【开始】选项卡中，单击【剪贴板】组中的【复制】按钮，然后再单击【粘贴】按钮，系统将自动完成文本框的复制操作，如图 7-8 所示。

图 7-8　完成文本框的复制操作

提示　选中文本框后，按 Ctrl+C 组合键，再按 Ctrl+V 组合键，也可完成复制粘贴操作。

3. 删除文本框

若要删除文本框，首先单击选中要删除的文本框，然后按 Delete 键即可删除。

7.1.2 设置文本框的样式

设置文本框的样式主要是指设置文本框的形状格式。单击文本框的边框选中文本框，然后单击鼠标右键，在弹出的快捷菜单中选择【设置形状格式】菜单命令，如图 7-9 所示。在界面右侧弹出【设置形状格式】窗格，通过该窗格即可设置文本框的形状格式，包括填充、线条颜色、线型、大小和位置等设置，如图 7-10 所示。

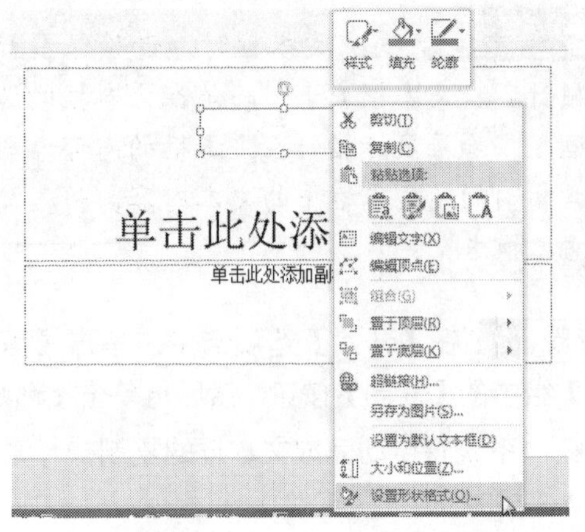

图 7-9　选择【设置形状格式】菜单命令

图 7-10　【设置形状格式】窗格

1. 设置填充

在【设置形状格式】窗格中选择【填充线条】选项卡，在其下方展开【填充】选项，即可设置填充颜色及图案，如图 7-11 所示。

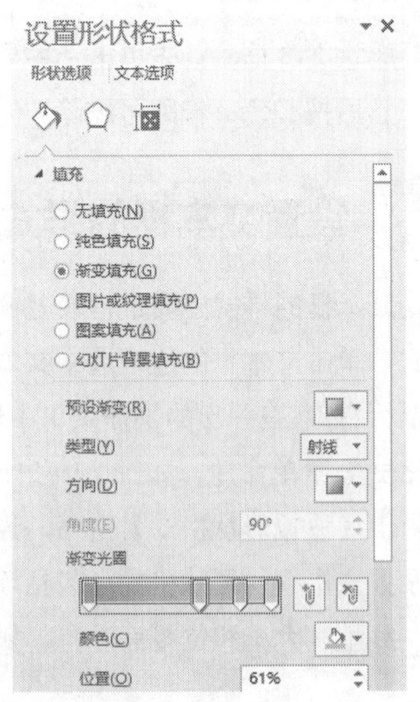

图 7-11　设置填充颜色及图案

例如，选择【渐变填充】单选按钮，然后分别在【类型】、【方向】和【颜色】的下拉列表中选择渐变填充的类型、方向以及填充颜色，设置后的效果如图 7-12 所示。

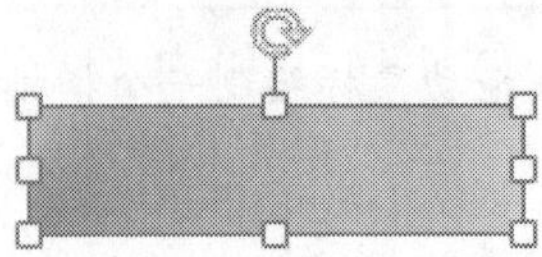

图 7-12　设置填充颜色为渐变填充的效果

2. 设置线条

在【填充线条】选项卡的下方展开【线条】选项，即可设置文本框边框的线条颜色、宽度及线型，如图 7-13 所示。

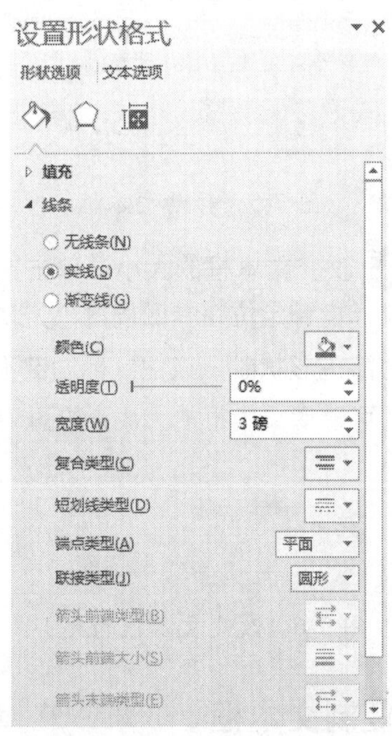

图 7-13　通过【线条】选项可设置边框

例如，选择【实线】单选按钮，然后单击【颜色】右侧的下拉按钮，在弹出的调色板中选择线条的颜色，单击【宽度】右侧的微调按钮，调整线条的宽度，在【短划线类型】的下拉列表中选择线条的类型，设置后的效果如图 7-14 所示。

图 7-14　设置边框后的效果

3. 设置大小及位置

在【设置形状格式】窗格中选择【大小属性】选项卡，在其下方展开【大小】和【位置】选项，即可设置文本框的大小和在幻灯片中的位置，如图 7-15 所示。

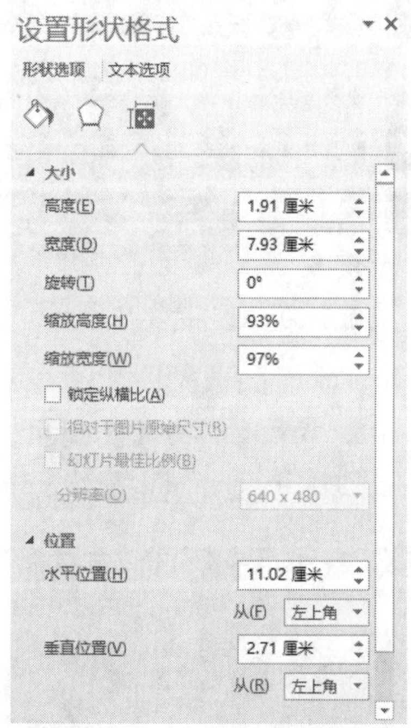

图 7-15　设置文本框的大小和位置

例如，在【大小】区域的【高度】和【宽度】文本框中直接输入数值，即可改变文本框的大小，在【位置】区域的【水平位置】和【垂直位置】文本框中直接输入数值，即可改变文本框的位置。

> **提示**　用户可直接单击选中文本框，通过拖动鼠标的方法来改变文本框的大小和位置，具体步骤可参考 7.1.1 小节，这里不再赘述。

4. 设置文本框

在【大小属性】选项卡的下方展开【文本框】选项，即可设置文本框中文本的对齐方式、文字的方向、文本在文本框中的上下边距等，如图 7-16 所示。

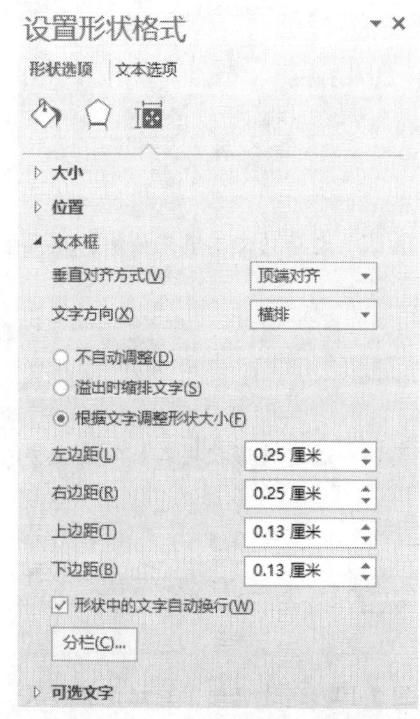

图 7-16　设置文本对齐方式及文字方向

> **提示**　在【设置形状格式】窗格中选择【文本选项】选项，在下方选择【文本填充轮廓】选项卡，并展开【文本填充】和【文本边框】选项，还可设置文本框中文本内容的填充颜色以及文本边框等，如图 7-17 所示。

此外，除了可以在【设置形状格式】窗格中设置文本框的样式外，用户还可通过【格式】选项卡的【形状样式】组设置样式，如图 7-18 所示。或者通过【开始】选项卡的【绘图】组设置样式，如图 7-19 所示。

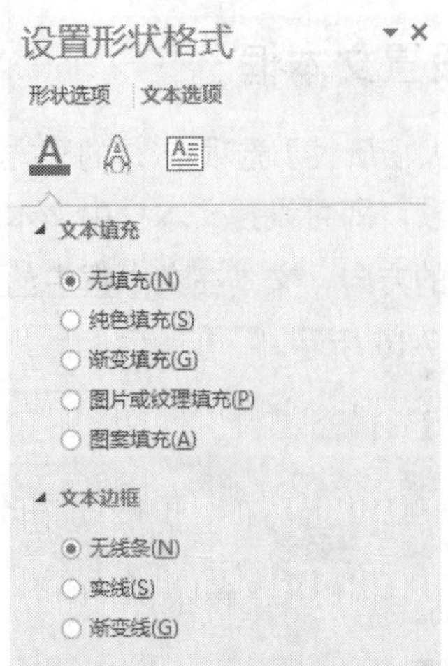

图 7-17　选择【文本填充轮廓】选项卡

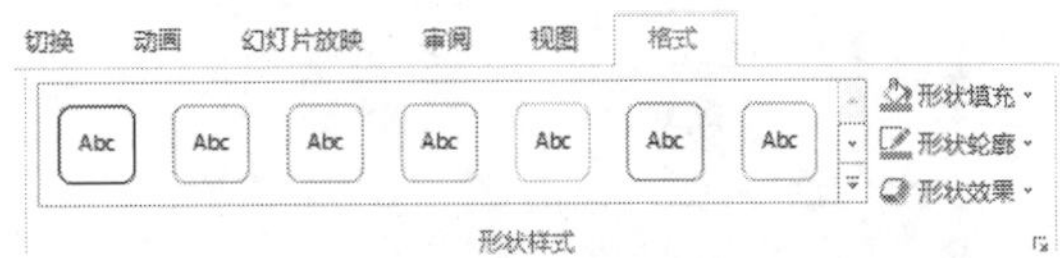

图 7-18　通过【形状样式】组设置样式

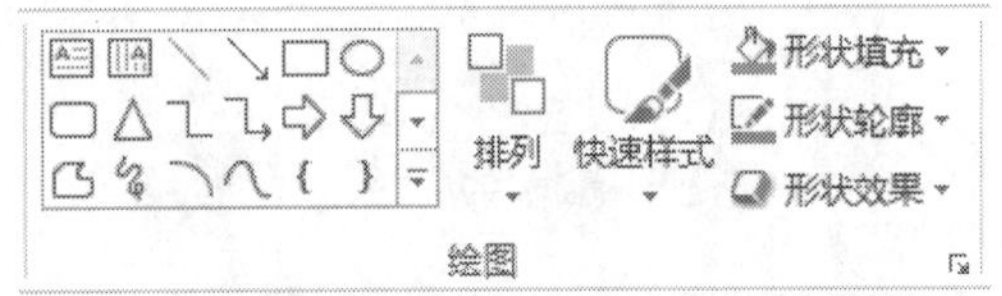

图 7-19　通过【绘图】组设置样式

例如，在【开始】选项卡中，单击【绘图】组中的【快速样式】按钮，在弹出的下拉列表中选择需要的样式，如图 7-20 所示。即可快速设置文本框的样式，设置后的效果如图 7-21 所示。

图 7-20　选择需要的样式

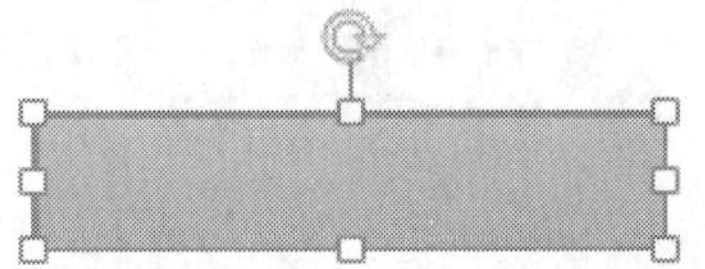

图 7-21　设置文本框样式后的效果

7.2 文本输入

本节主要介绍在文本框中输入文本、符号及公式的操作方法。

7.2.1 输入文本

在 PowerPoint 2013 中，输入文本主要有以下几种方法。

1. 在文本占位符中输入文本

在一个空白演示文稿中，幻灯片中通常会出现“单击此处添加标题”和“单击此处添加副标题”两个提示文本框，这类文本框统称为文本占位符，如图 7-22 所示。

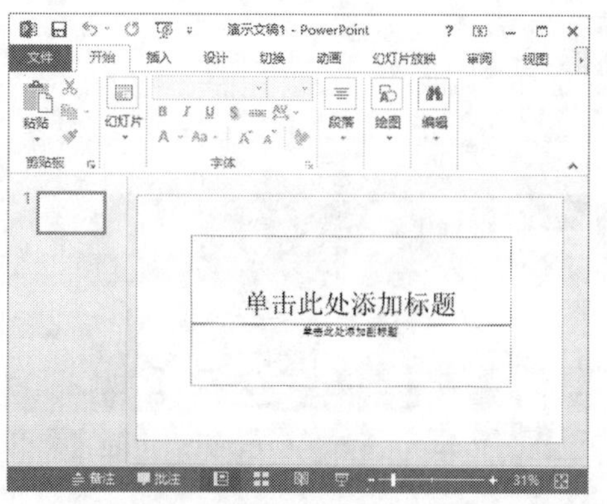

图 7-22　文本占位符

在文本占位符中输入文本是最基本、最简便的一种输入方式，具体的操作步骤如下。

步骤 1 单击文本占位符的边框或内部，如图 7-23 所示。

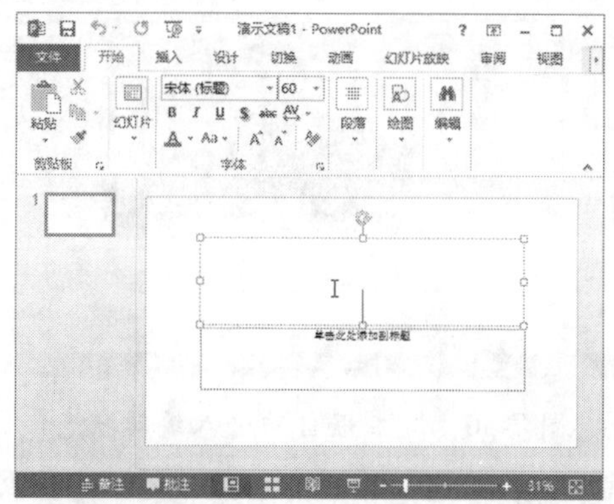

图 7-23　单击文本占位符的边框或内部

步骤 2 输入文本内容“爱拼才会赢”，此时输入的文本即会显示在文本占位符中，如图 7-24 所示。

图 7-24　输入文本内容

2. 在【幻灯片】窗格中输入文本

在大纲视图中，通过【幻灯片】窗格也可以输入文本，具体的操作步骤如下。

步骤 1 在【视图】选项卡中，单击【演示文稿视图】组中的【大纲视图】按钮，切换到大纲视图，如图 7-25 所示。

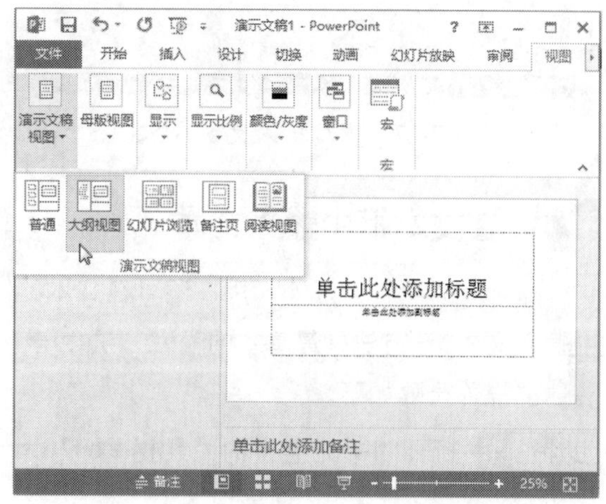

图 7-25　单击【大纲视图】按钮

步骤 2 在【幻灯片】窗格中，单击选中幻灯片缩略图，如图 7-26 所示。

图 7-26　单击选中幻灯片缩略图

步骤 3 直接输入文本内容“成功源于不懈的努力”，此时输入的文本会自动显示在文本占位符中，如图 7-27 所示。

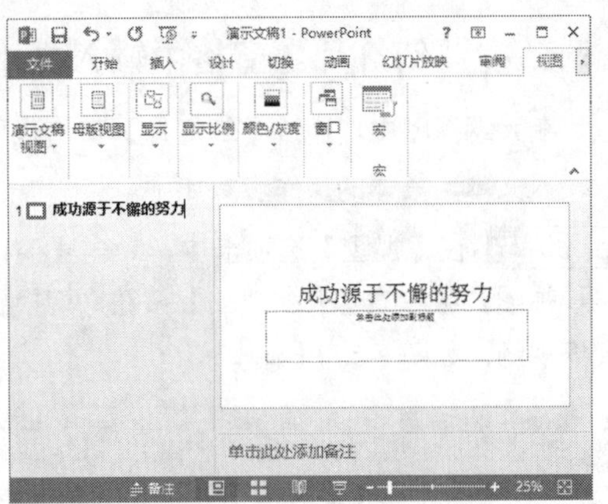

图 7-27　直接输入文本内容

 3. 在文本框中输入文本

除了上述两种方法外，用户还可在文本框中输入文本，该方法是最基本的输入方法之一，具体的操作步骤如下。

步骤 1 打开随书光盘中的“素材\ch07\大树.pptx”文件，在【插入】选项卡中，单击【文本】组中的【文本框】按钮，如图 7-28 所示。

图 7-28　单击【文本框】按钮

步骤 2 此时鼠标指针变为+形状，按住鼠标左键不放，在幻灯片中拖动鼠标绘制一个横排文本框，如图 7-29 所示。

步骤 3 释放鼠标，此时文本框自动进入编辑状态，如图 7-30 所示。

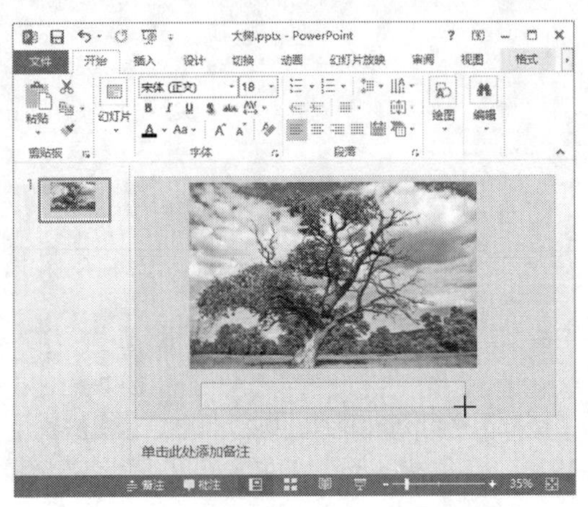

图 7-29　绘制一个横排文本框

图 7-30　文本框自动进入编辑状态

步骤 4 直接在文本框中输入文本内容“千磨万击还坚劲，任尔东西南北风”，即完成在文本框中输入文本的操作，如图 7-31 所示。

图 7-31　直接输入文本内容

7.2.2 输入符号

若要在文本中输入一些比较个性或专用的符号，可以利用 PowerPoint 2013 提供的符号功能来实现。输入符号的具体操作步骤如下。

步骤 1 打开随书光盘中的“素材 \ch07\ 员工精神 .pptx”文件，将光标定位于底部文本框中第 1 行文本的开头位置，然后在【插入】选项卡中，单击【符号】组中的【符号】按钮，如图 7-32 所示。

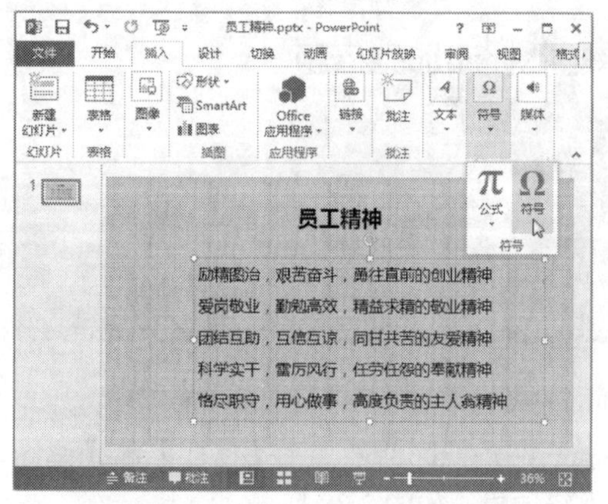

图 7-32　单击【符号】按钮

步骤 2 弹出【符号】对话框，在【字体】下拉列表框中选择 Wingdings 选项，然后选择需要插入的字符，并单击【插入】按钮。操作完成后，单击【关闭】按钮，关闭【符号】对话框，如图 7-33 所示。

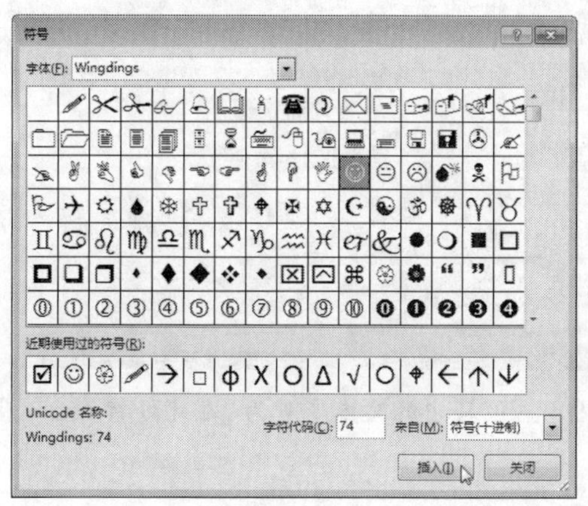

图 7-33　【符号】对话框

提示　如果插入的符号近期使用过，可以直接在底部的【近期使用过的符号】区域选择该符号。

步骤 3 此时在文本框中可以看到新插入的符号，如图 7-34 所示。

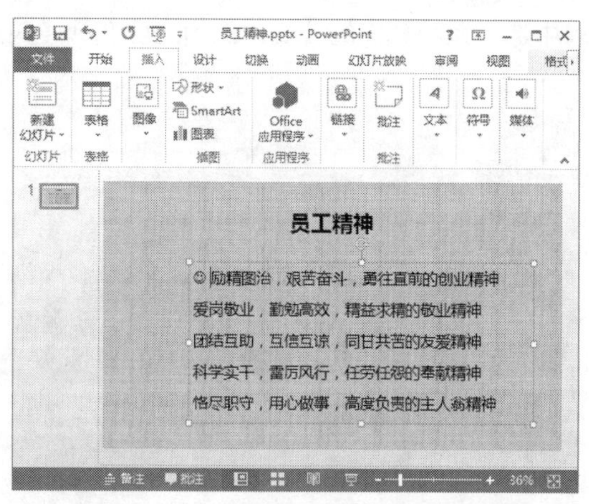

图 7-34　在文本框中可以看到新插入的符号

步骤 4 选择新插入的符号，按 Ctrl+C 组合键，然后将光标定位于第 2 行文本的开头位置，按 Ctrl+V 组合键，将该符号复制到第 2 行的开头处。使用同样的方法，在文本的每一行开头处都添加该符号，如图 7-35 所示。

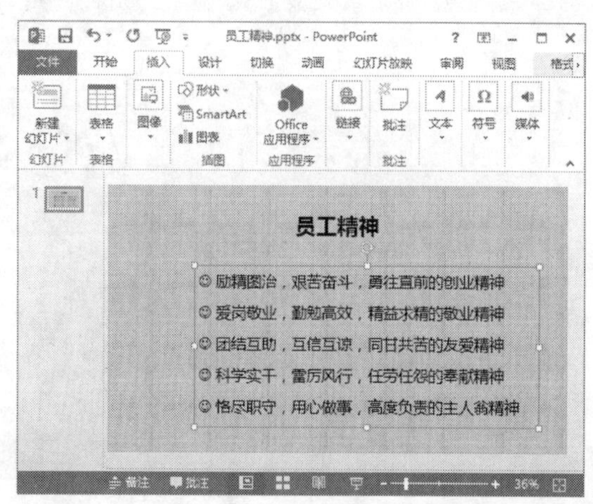

图 7-35　在文本的每一行开头处都添加符号

7.2.3 输入公式

除了在幻灯片中输入文本和符号外，用户还可以输入公式，具体的操作步骤如下。

步骤 1 打开随书光盘中的“素材\ch07\输入公式.pptx”文件，单击选中底部的标题占位符，如图 7-36 所示。

步骤 2 在【插入】选项卡中，单击【符号】组中【公式】π 的下拉按钮，在弹出的下拉列表中选择系统预设的公式，例如这里选择【勾股定理】选项，如图 7-37 所示。

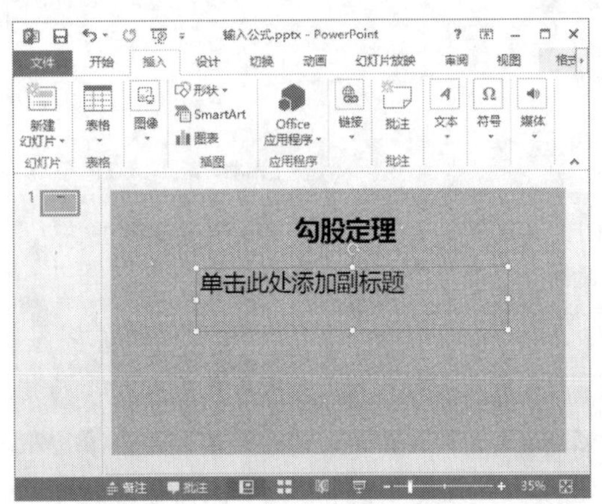

图 7-36 单击选中底部的标题占位符

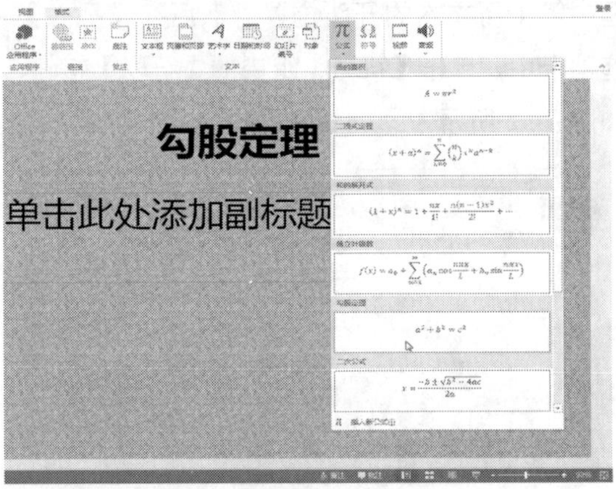

图 7-37 选择【勾股定理】选项

步骤 3 此时系统将自动插入所选的勾股定理公式，在功能区新增加了【格式】和【设计】选项卡，通过【设计】选项卡，可以对插入的公式进行编辑，如图 7-38 所示。

> **提示** 在步骤 2 中，若在弹出的下拉列表中选择【插入新公式】选项，或者直接单击【符号】组中的【公式】按钮，此时标题占位符中的文本变更为“在此处键入公式”，并且功能区增加了【设计】选项卡，用户可通过该选项卡输入公式，如图 7-39 所示。

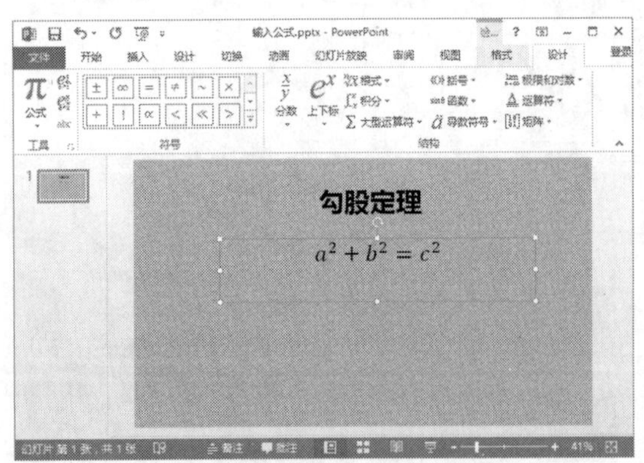

图 7-38 插入所选的勾股定理公式

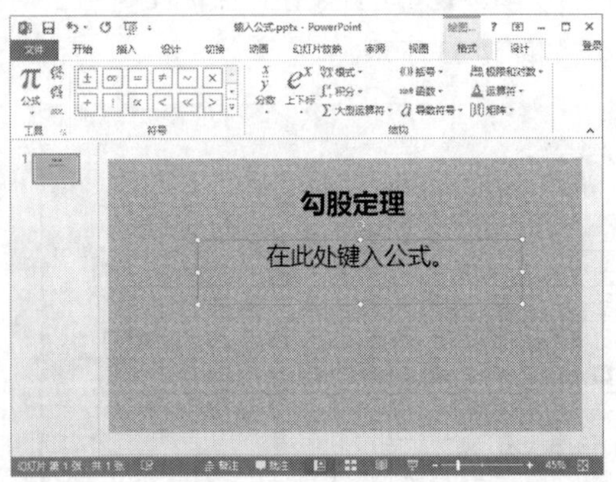

图 7-39 占位符中的文本变更为“在此处键入公式”

7.3 文字设置

在文本框中输入文本内容后，用户还需对其进行设置，才能使幻灯片更加美观。本节主要介绍文本字体和颜色的设置方法。

主要有两种方法对其进行设置，一种是在【开始】选项卡的【字体】组中设置，如图 7-40 所示；另一种是单击【字体】组右下角的 按钮，在弹出的【字体】对话框中设置，如图 7-41 所示。

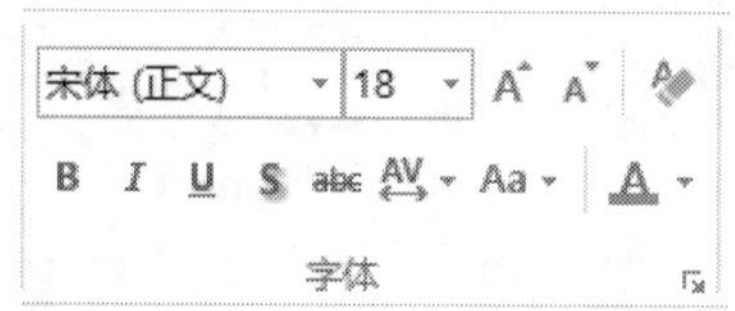

图 7-40　在【字体】组中设置文本格式

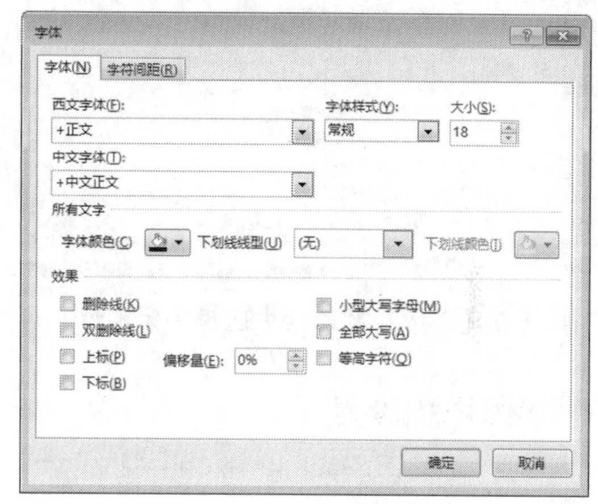

图 7-41　在【字体】对话框中设置文本格式

7.3.1 字体设置

在默认情况下，文本框中文本的字体是“宋体”、字号是“18”，下面分别设置字体和字号。

1. 字体设置

选中要设置字体的文本框，在【开始】选项卡中，单击【字体】组中【字体】右侧的下拉按钮，在弹出的下拉列表中选择需要的字体类型，如图 7-42 所示。设置后的效果如图 7-43 所示。

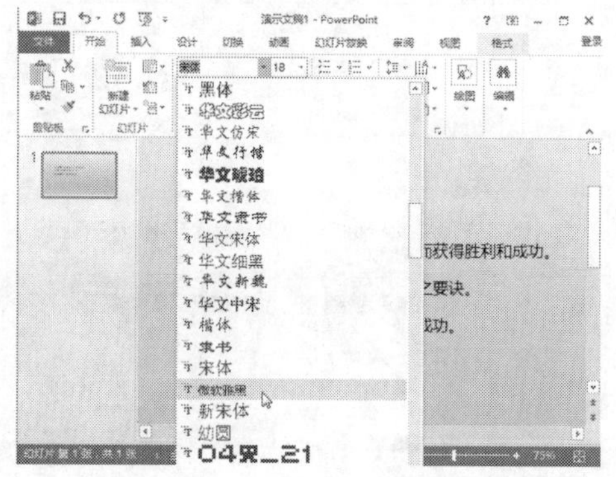

图 7-42　在【字体】下拉列表中选择字体类型

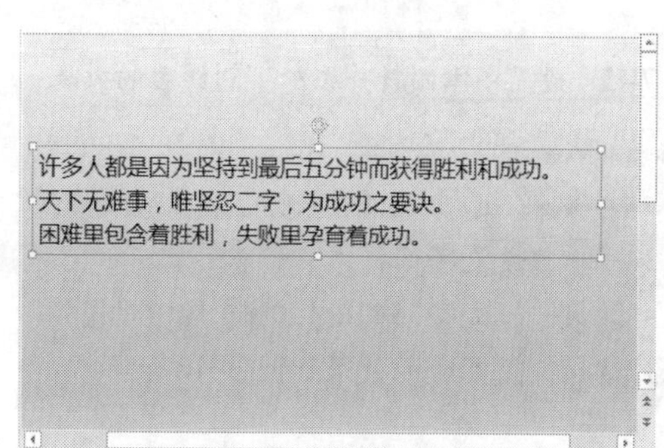

图 7-43　设置字体后的效果

此外，单击【字体】组右下角的按钮，弹出【字体】对话框，单击【中文字体】右侧的下拉按钮，在弹出的下拉列表中选择需要的字体类型，也可设置字体，如图 7-44 所示。

图 7-44　在【字体】对话框中选择字体类型

2. 字体样式设置

选中要设置字体的文本框，在【开始】选项卡中，单击【字体】组中的【加粗】**B**、【倾斜】*I*、【下划线】U 等按钮，即可设置字体样式，从而使文本更加突出、醒目。例如，单击【倾斜】和【下划线】按钮，设置后的效果如图 7-45 所示。

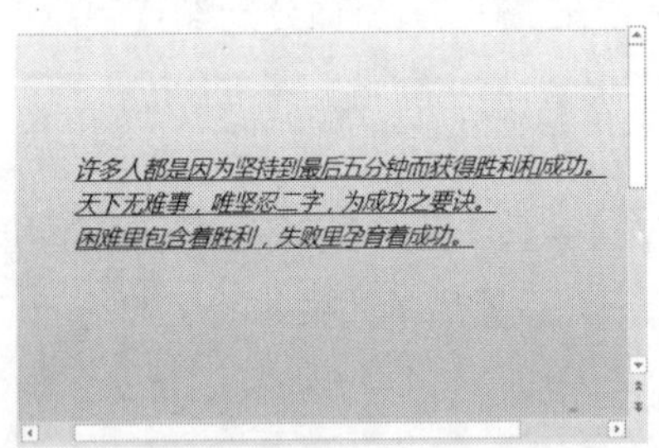

图 7-45　设置字体倾斜并添加下划线后的效果

> **提示**
> 选中文本框中的某段文本内容，可单独设置字体样式，例如，选中文本框中的第一行文字，单击【字体】组中的【加粗】按钮，设置后的效果如图 7-46 所示。

此外，在【字体】对话框中单击【字体样式】右侧的下拉按钮，在弹出的下拉列表中选择需要的字体样式，也可设置字体样式，如图 7-47 所示。

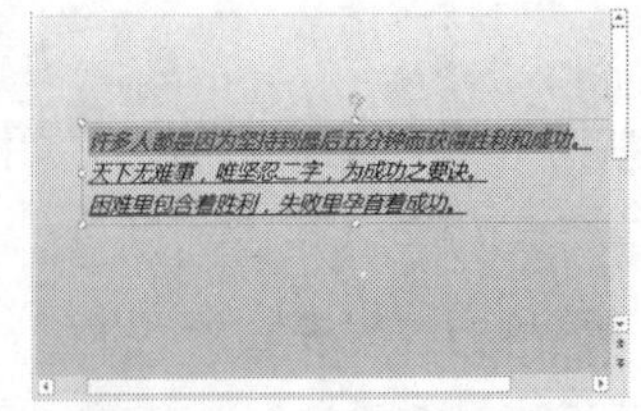

图 7-46　设置字体加粗后的效果

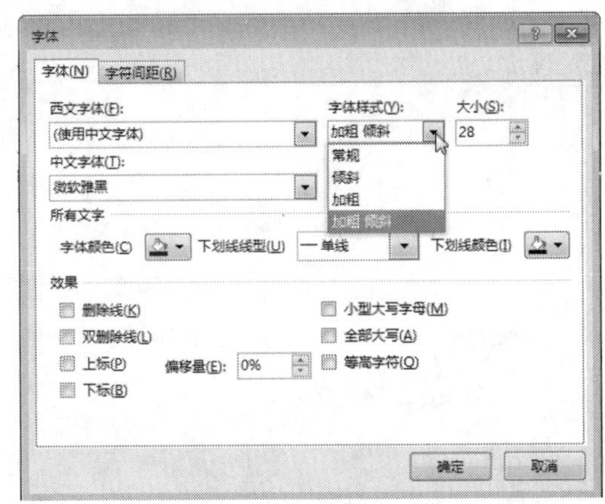

图 7-47　在【字体】对话框中选择字体样式

3. 字体大小设置

选中要设置字体大小的文本框，在【开始】选项卡中，单击【字体】组中【字号】右侧的下拉按钮，在弹出的下拉列表中选择需要的字体大小，如图 7-48 所示。设置后的效果如图 7-49 所示。

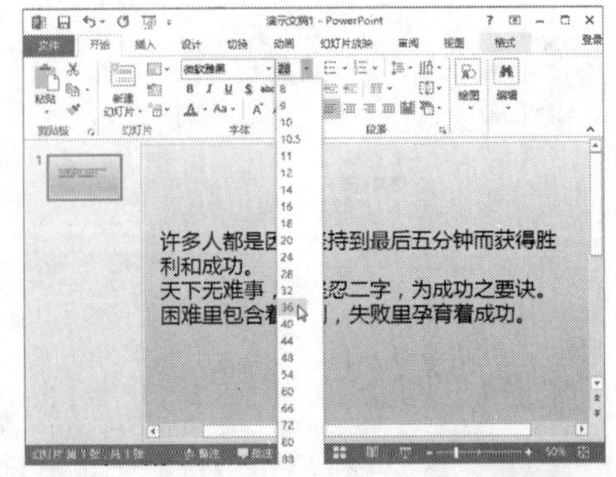

图7-48　在【字号】下拉列表中选择字体大小

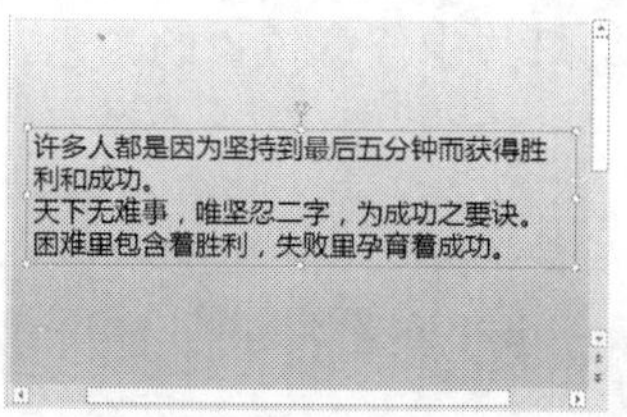

图 7-49 设置字体大小后的效果

此外，用户可直接在【字体】组中的【字号】文本框内输入精确的数值，按 Enter 键来设置字体的大小，或者在【字体】对话框中，通过【大小】文本框进行设置。

7.3.2 颜色设置

在默认情况下，文本框中的字体颜色是黑色。如果需要设置为其他颜色，在【开始】选项卡中，单击【字体】组中【字体颜色】右侧的下拉按钮，在弹出的下拉列表中有【主题颜色】、【标准色】、【其他颜色】、【取色器】等选项，如图 7-50 所示。

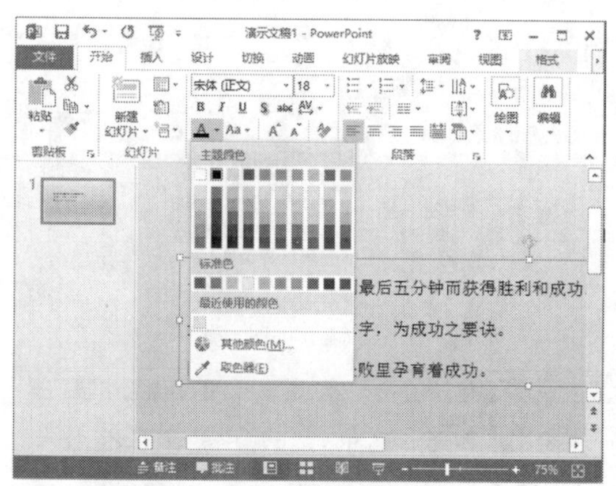

图 7-50 【字体颜色】下拉列表

若选择【主题颜色】和【标准色】区域的颜色块，可以直接设置字体颜色。

若选择【其他颜色】选项，将弹出【颜色】对话框。该对话框包括【标准】和【自定义】两个选项卡，在【标准】选项卡中可以直接单击颜色球来指定颜色，如图 7-51 所示。

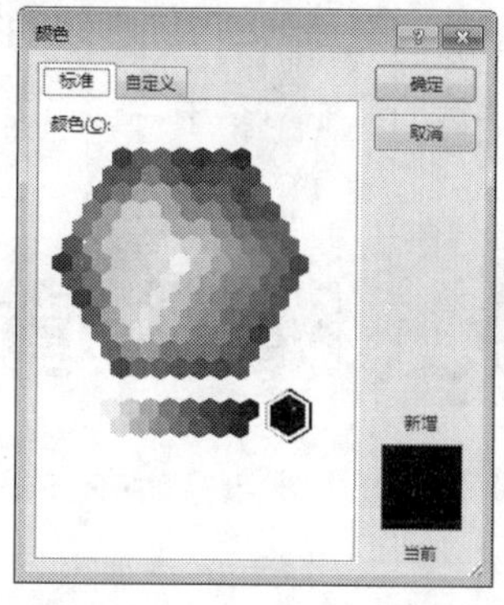

图 7-51 【标准】选项卡

在【自定义】选项卡中，既可以在【颜色】区域指定要使用的颜色，也可以在【红色】、【绿色】和【蓝色】文本框中直接输入精确的数值指定颜色，如图 7-52 所示。

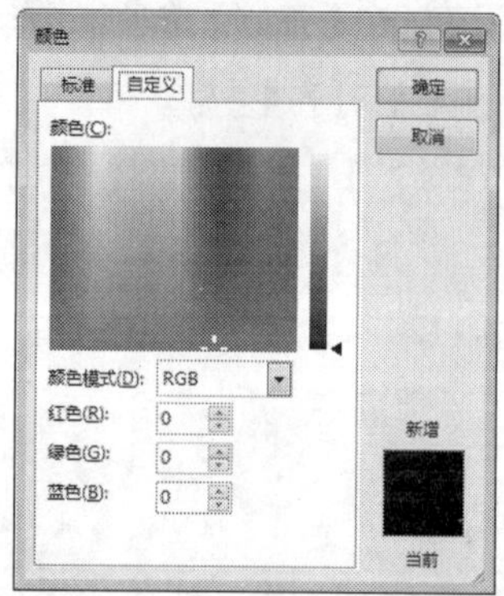

图 7-52 【自定义】选项卡

提示

【颜色模式】下拉列表中包括 RGB 和 HSL 两个选项。RGB 色彩模式和 HSL 色彩模式都是工业界的颜色标准，也是目前运用最广泛的颜色系统。RGB 色彩模式是通过对红 (R)、绿 (G)、蓝 (B)3 个颜色通道的变化以及它们相互之间的叠加来得到各式各样的颜色的，RGB 就是代表红、绿、蓝 3 个通道的颜色；HSL 色彩模式是通过对色调 (H)、饱和度 (S)、亮度 (L)3 个颜色通道的变化以及它们相互之间的叠加来得到各式各样的颜色的，HSL 就是代表色调、饱和度、亮度 3 个通道的颜色。

取色器功能是 PowerPoint 2013 的新增功能，可以获取幻灯片中任意位置的颜色，并将该颜色应用于所选的文字对象中。

7.4 段落设置

段落设置主要包括对齐方式、缩进、间距与行距等方面的设置。本节介绍段落设置的方法。

7.4.1 对齐方式设置

段落对齐方式包括左对齐、右对齐、居中对齐、两端对齐、分散对齐等。选择要设置对齐方式的段落，在【开始】选项卡中，单击【段落】组中的【左对齐】按钮≡、【居中】按钮≡、【右对齐】按钮≡、【两端对齐】按钮≡和【分散对齐】按钮▦，即可更改段落的对齐方式，如图 7-53 所示。

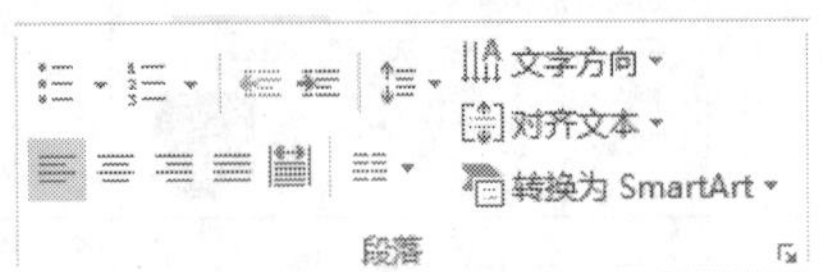

图 7-53　通过【段落】组更改对齐方式

此外，单击【段落】组右下角的↘按钮，即弹出【段落】对话框，单击【对齐方式】右侧的下拉按钮，在弹出的下拉列表中也可以设置段落的对齐方式，如图 7-54 所示。

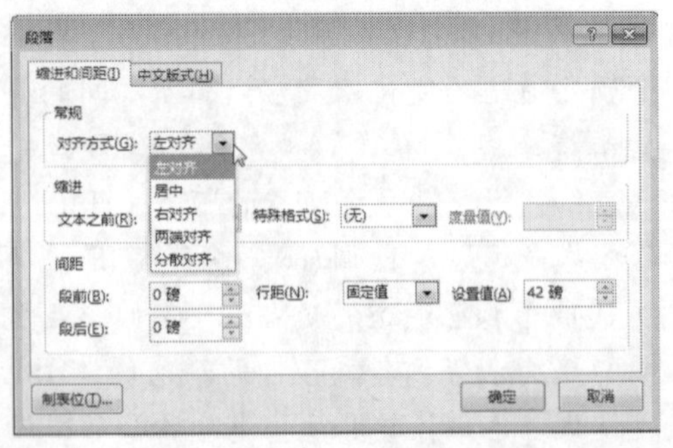

图 7-54　通过【段落】对话框更改对齐方式

下面以随书光盘中的“素材\ch07\春日.pptx”文件为例，介绍段落对齐的 5 种方式，具体的操作步骤如下。

步骤 1 打开随书光盘中的“素材\ch07\春日.pptx”文件，选中幻灯片中的文本框，如图 7-55 所示。

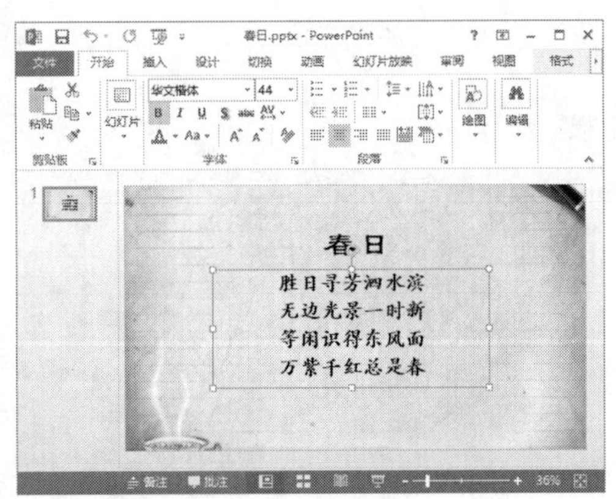

图 7-55　选中幻灯片中的文本框

步骤 2 左对齐。在【开始】选项卡中，单击【段落】组中的【左对齐】按钮≡，即可将文本的左边缘与左页边距对齐，如图 7-56 所示。

步骤 3 右对齐。在【开始】选项卡中，单击【段落】组中的【右对齐】按钮≡，即可将文本的右边缘与右页边距对齐，如图 7-57 所示。

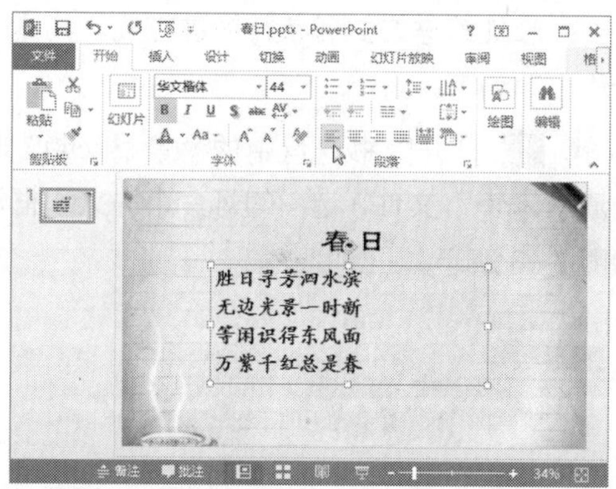

图 7-56 左对齐

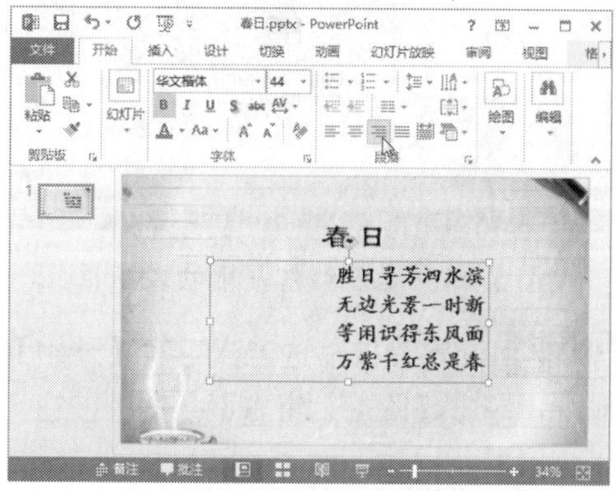

图 7-57 右对齐

步骤 4 居中对齐。在【开始】选项卡中，单击【段落】组中的【居中】按钮☰，即可将文本相对于页面以居中的方式排列，如图 7-58 所示。

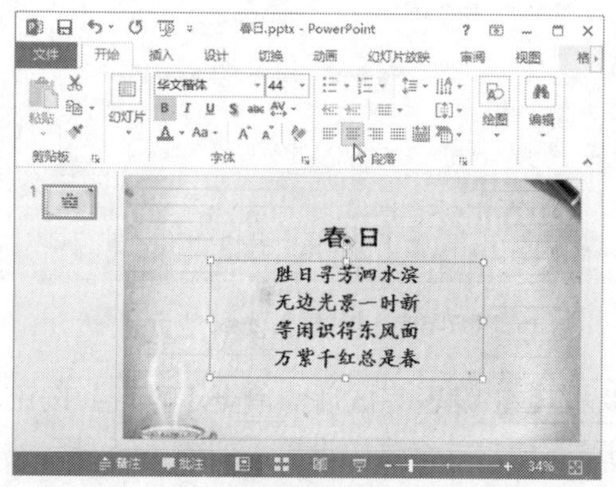

图 7-58 居中对齐

步骤 5 两端对齐。在【开始】选项卡中，单击【段落】组中的【两端对齐】按钮☰，即可将文本左右两端的边缘分别与左页边距和右页边距对齐，如图 7-59 所示。

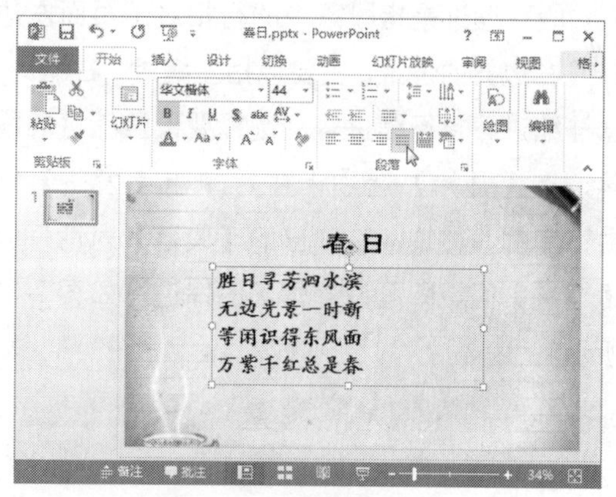

图 7-59 两端对齐

> **提示** 如果段落中的文本不满一行时，应用两端对齐后其右边是不对齐的。当左对齐和两端对齐区别不是很明显时，可以观察右侧文字与文本框边缘的间隙区别。

步骤 6 分散对齐。在【开始】选项卡中，单击【段落】组中的【分散对齐】按钮，即可将文本左右两端的边缘分别与左页边距和右页边距对齐，如图 7-60 所示。

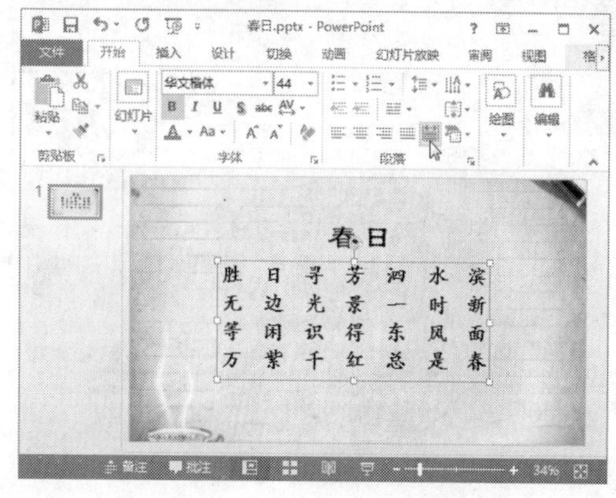

图 7-60 分散对齐

> **提示** 分散对齐与两端对齐不同的是，如果段落中的文本不满一行，系统将自动拉开字符间距，使该行文本均匀分布。

7.4.2 缩进设置

段落缩进是指段落中的行相对于页面左边界或右边界的位置，主要包括左缩进、右缩进、悬挂缩进、首行缩进等。选择要设置缩进的段落，在【开始】选项卡中，单击【段落】组右下角的 按钮，在弹出的【段落】对话框的【缩进】区域即可设置段落的缩进，如图 7-61 所示。

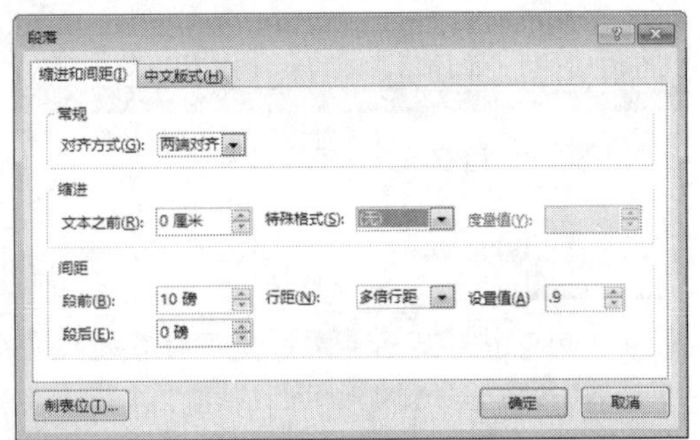

图 7-61　在【缩进】区域设置段落的缩进

> **提示**　选择要设置缩进的段落，单击鼠标右键，在弹出的快捷菜单中选择【段落】菜单命令，也会弹出【段落】对话框，如图 7-62 所示。

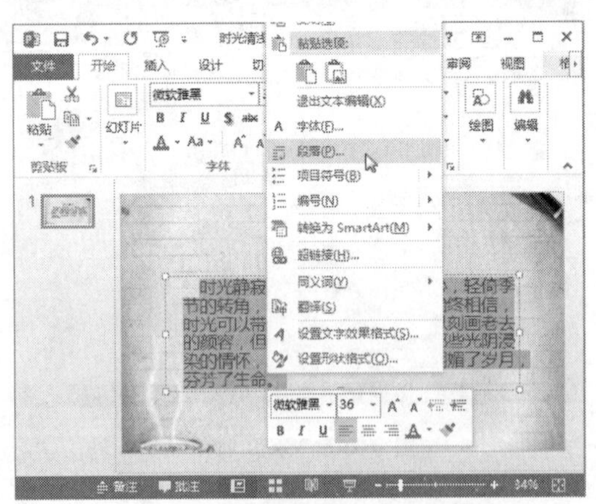

图 7-62　选择【段落】菜单命令

下面以随书光盘中的“素材 \ch07\ 时光清浅 .pptx”文件为例，介绍段落缩进中的两种方式：悬挂缩进方式和首行缩进方式。具体的操作步骤如下。

步骤 1 打开随书光盘中的“素材 \ch07\ 时光清浅 .pptx”文件，选中幻灯片中的文本框，如图 7-63 所示。

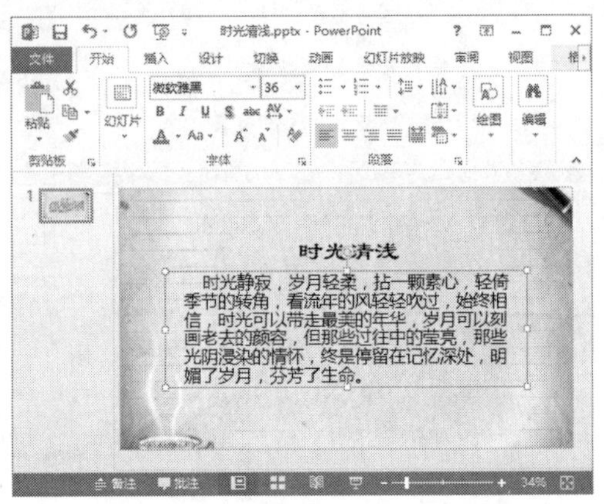

图 7-63　选中幻灯片中的文本框

步骤 2 设置悬挂缩进方式。在【开始】选项卡中，单击【段落】组右下角的 按钮，弹出【段落】对话框，在【缩进】区域【特殊格式】下拉列表框中选择【悬挂缩进】选项，然后在【文本之前】和【度量值】文本框中输入“2 厘米”，如图 7-64 所示。

图 7-64　设置悬挂缩进方式

步骤 3 设置完成后，单击【确定】按钮，即可完成悬挂缩进的设置，如图 7-65 所示。

> **提示**　悬挂缩进是指段落首行的左边界不变，其他各行的左边界相对于页面左边界向右缩进一段距离。

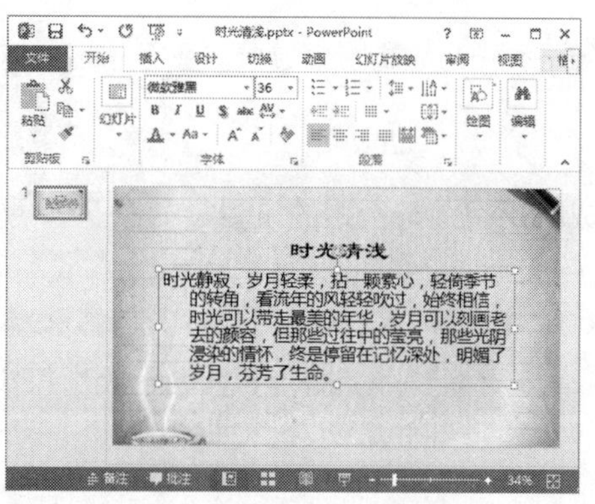

图 7-65　完成悬挂缩进的设置

步骤 4 设置首行缩进方式。在【开始】选项卡中，单击【段落】组右下角的 ⊡ 按钮，弹出【段落】对话框，在【缩进】区域【特殊格式】下拉列表框中选择【首行缩进】选项，然后在【文本之前】和【度量值】文本框中分别输入“0 厘米”和“2 厘米”，如图 7-66 所示。

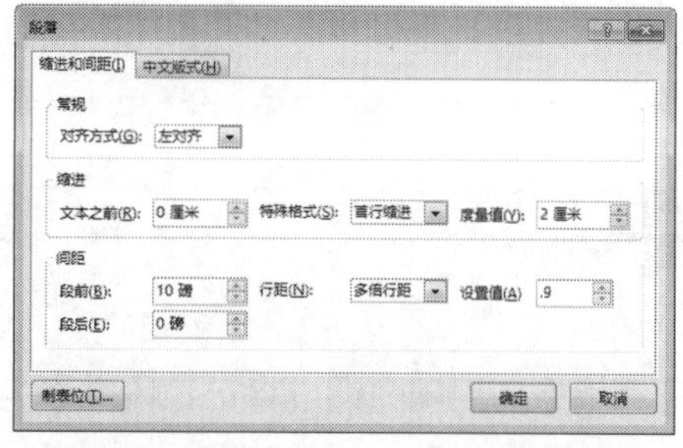

图 7-66　设置首行缩进方式

步骤 5 设置完成后，单击【确定】按钮，即可完成首行缩进的设置，如图 7-67 所示。

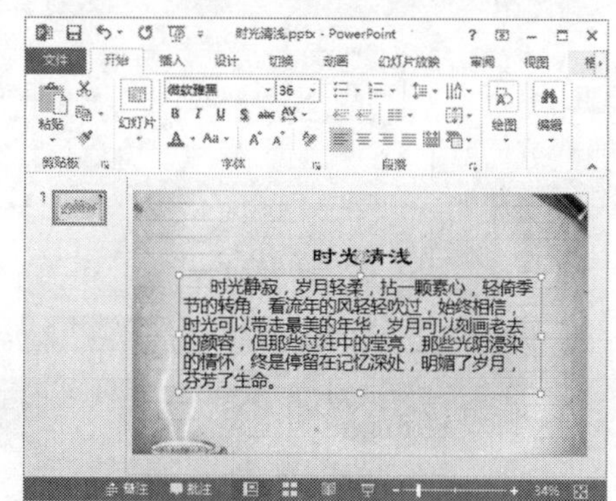

图 7-67　完成首行缩进的设置

> **提示** 首行缩进是指将段落的第一行从左向右缩进一定的距离，首行外的各行保持不变。

7.4.3 间距与行距设置

段落间距是指段落与段落之间的距离，行距是指段落中行与行之间的距离，调整段落间距与行距的操作同样是在【段落】对话框中完成的。具体的操作步骤如下。

步骤 1 打开随书光盘中的“素材 \ch07\ 狐狸和葡萄 .pptx”文件，选中幻灯片中的文本框，如图 7-68 所示。

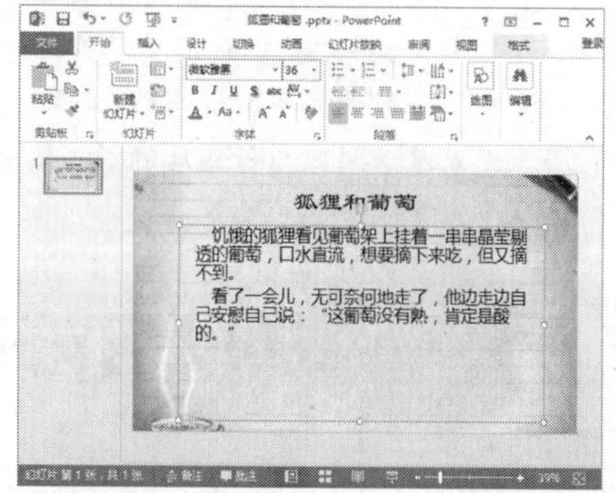

图 7-68　选中幻灯片中的文本框

步骤 2 在【开始】选项卡中，单击【段落】组右下角的 ⊡ 按钮，弹出【段落】对话框，在【间距】区域【行距】下拉列表框中选择【1.5 倍行距】选项，在【段前】和【段后】文本框中输入“10 磅”，如图 7-69 所示。

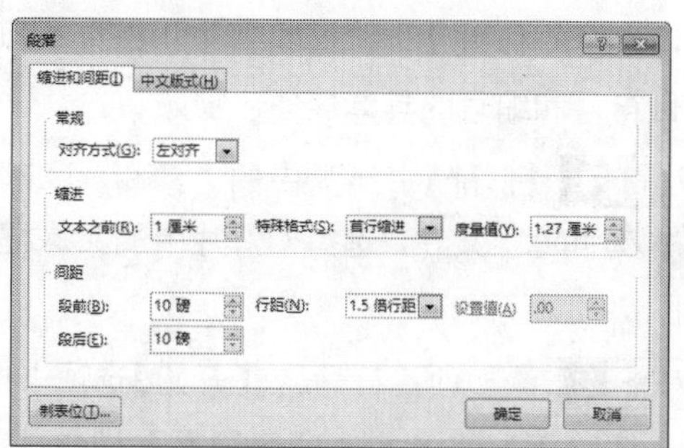

图 7-69　在【间距】区域设置行距和间距

提示 通过【行距】下拉列表框可设置段落中行与行的距离，通过【段前】和【段后】文本框可设置段落与段落的距离。

步骤 3 设置完成后，单击【确定】按钮，即可完成段落间距与行距的设置，如图 7-70 所示。

提示 在【段落】对话框中，单击【行距】右侧的下拉按钮，在弹出的下拉列表中可以设置行距为单倍行距、1.5 倍行距、双倍行距、固定值和多倍行距 5 种类型，如图 7-71 所示。

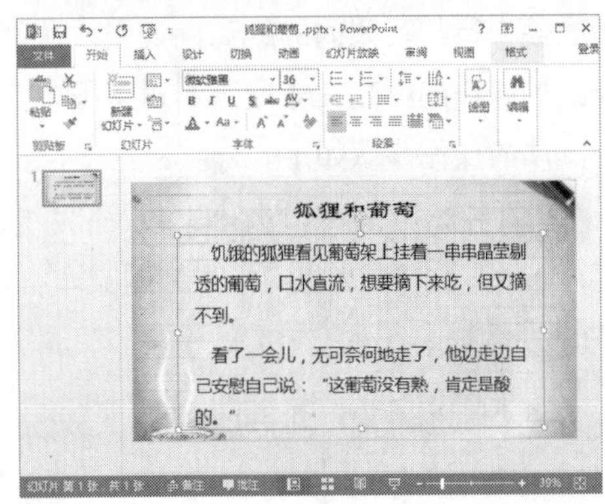

图 7-70　设置段落间距与行距后的效果

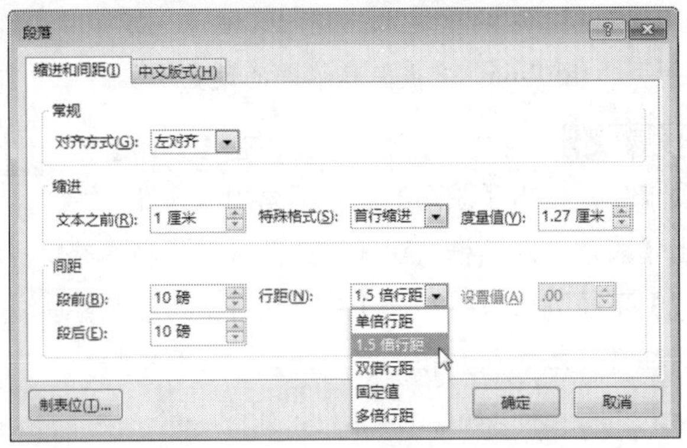

图 7-71　在【行距】下拉列表中设置行距类型

7.5 添加项目符号或编号

在 PowerPoint 2013 中，用户可以添加项目符号和编号，用于强调或标记某段文本内容，从而使文本具有更加清晰的层次结构。本节介绍添加项目符号或编号的方法。

7.5.1 为文本添加项目符号或编号

在放映演示文稿时，有时可以看到幻灯片中添加了一些数字编号、小圆点或其他图形符号，这些即称为项目符号或编号。为文本添加项目符号和编号的具体操作步骤如下。

步骤 1 打开随书光盘中的"素材 \ch07\ 关于朋友 .pptx"文件，选择幻灯片中的文本框，如图 7-72 所示。

步骤 2 添加项目符号。在【开始】选项卡中，单击【段落】组中的【项目符号】按钮 ☰，即可为文本添加项目符号，如图 7-73 所示。

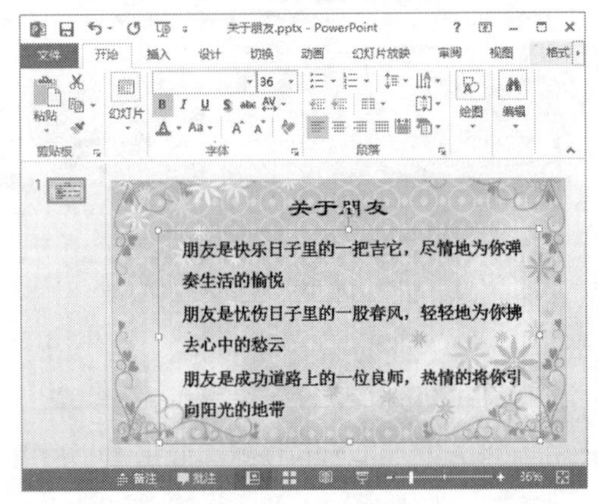

图 7-72　选择幻灯片中的文本框

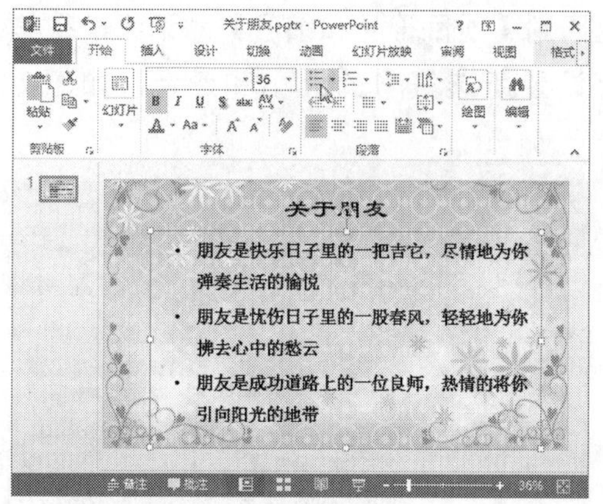

图 7-73 为文本添加项目符号

步骤 3 添加编号。在【开始】选项卡中，单击【段落】组中的【编号】按钮，即可为文本添加编号，如图 7-74 所示。

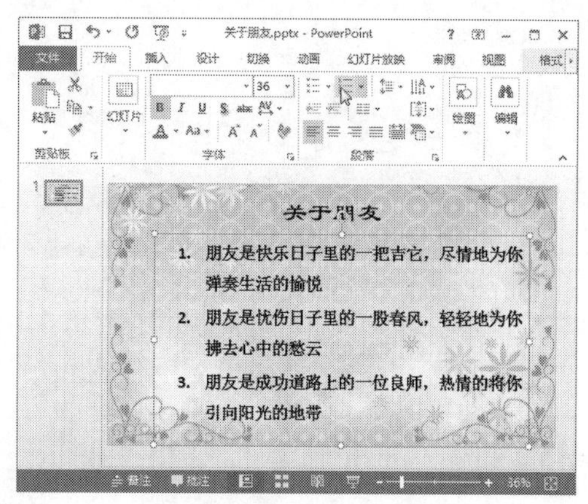

图 7-74 为文本添加编号

提示 选择文本框中的文本，单击鼠标右键，在弹出的快捷菜单中选择【项目符号】或【编号】菜单命令，然后在弹出的子菜单中选择需要的项目符号或编号，也可完成添加操作，如图 7-75 所示。

图 7-75 通过右键的快捷菜单添加项目符号或编号

7.5.2 更改项目符号或编号的样式

除了添加系统默认的项目符号或编号外，用户还可根据喜好更改项目符号或编号的样式，具体的操作步骤如下。

步骤 1 更改项目符号的样式。打开随书光盘中的“素材\ch07\关于朋友.pptx”文件，选择幻灯片中的文本框，在【开始】选项卡中，单击【段落】组中【项目符号】右侧的下拉按钮，在弹出的下拉列表中选择其他的项目符号样式，如图 7-76 所示。

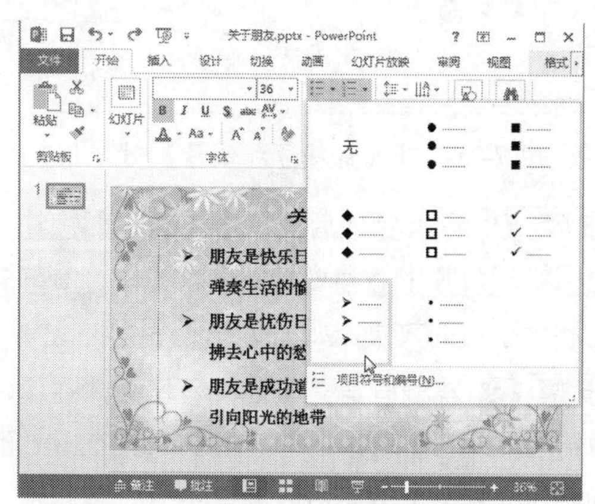

图 7-76 在【项目符号】下拉列表中选择其他的项目符号样式

步骤 2 此时可更改项目符号的样式，如图 7-77 所示。

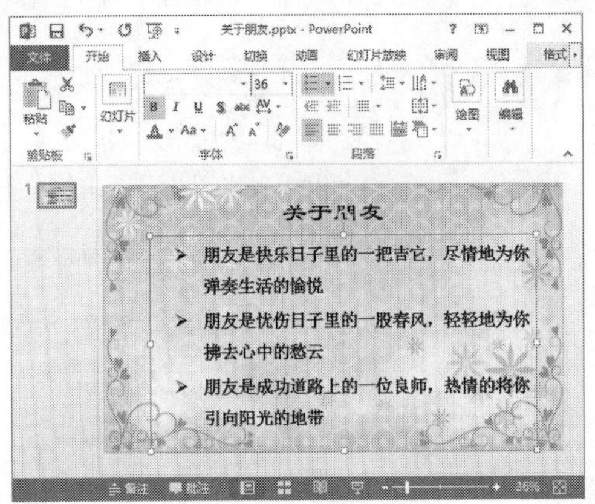

图 7-77　更改项目符号的样式

步骤 3 若要更改项目符号的颜色和大小，在步骤 1 中【项目符号】的下拉列表中选择【项目符号和编号】选项，即弹出【项目符号和编号】对话框，然后在【大小】微调框中输入“100”，在【颜色】下拉列表框中选择需要的颜色，如图 7-78 所示。

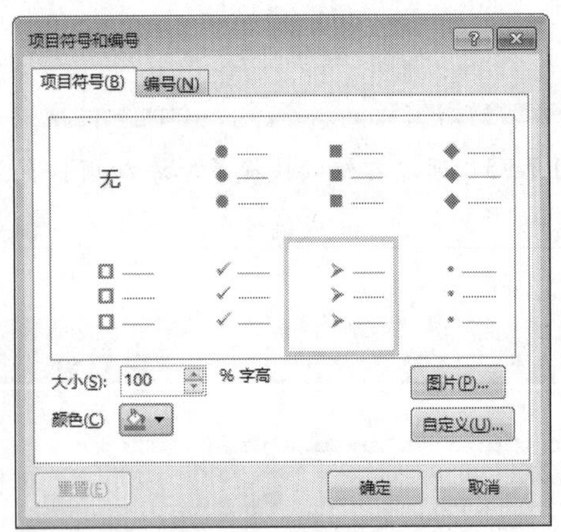

图 7-78　【项目符号和编号】对话框

步骤 4 设置完成后，单击【确定】按钮，返回到幻灯片中，即可看到更改项目符号的颜色和大小后的效果，如图 7-79 所示。

步骤 5 若要自定义项目符号样式，在【项目符号和编号】对话框中单击【自定义】按钮，即弹出【符号】对话框，在其中可选择其他的符号作为项目符号，如图 7-80 所示。

步骤 6 选择完成后，单击【确定】按钮，返回到【项目符号和编号】对话框，在其中可设置所选符号的大小和颜色，如图 7-81 所示。

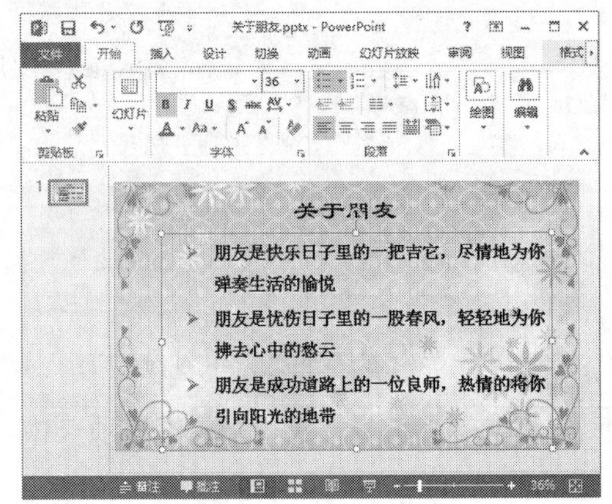

图 7-79　更改项目符号的颜色和大小后的效果

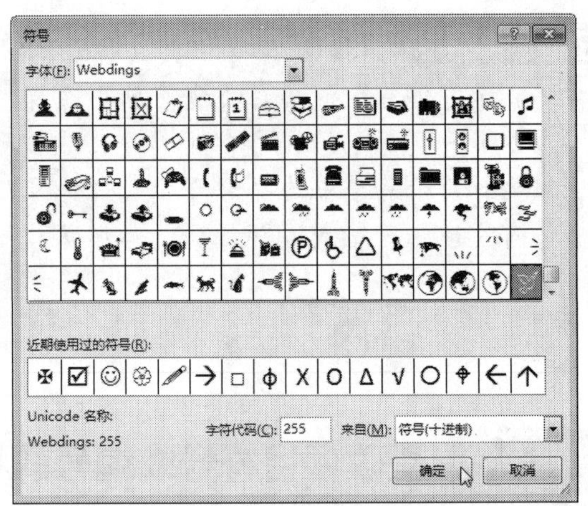

图 7-80　【符号】对话框

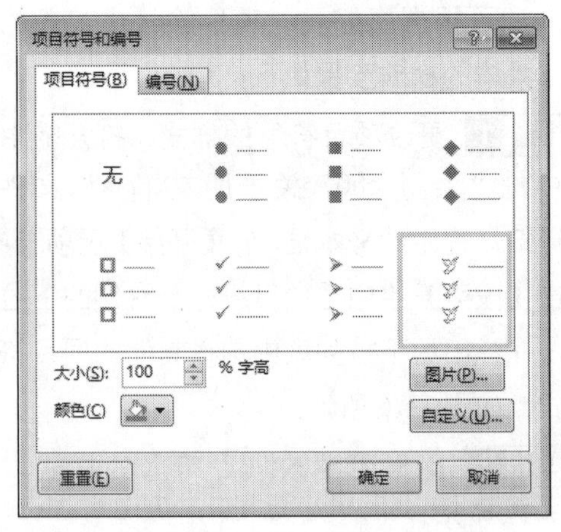

图 7-81　设置所选符号的大小和颜色

步骤 7 设置完成后，单击【确定】按钮，返回到幻灯片中，即可看到添加自定义项目符号的效果，如图 7-82 所示。

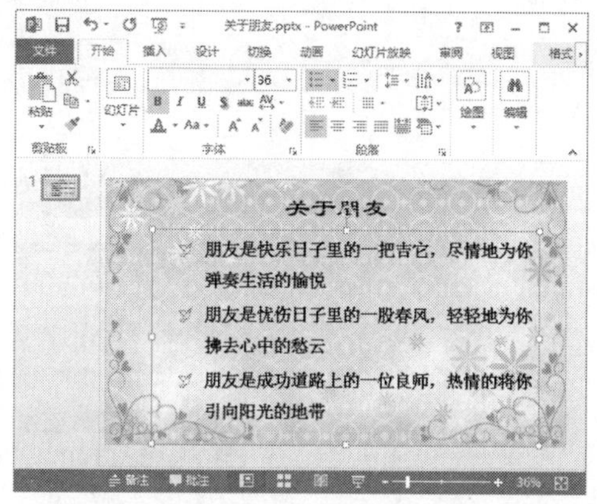

图 7-82　添加自定义项目符号的效果

步骤 8 更改编号的样式。其操作与更改项目符号的操作类似，在【开始】选项卡中，单击【段落】组【编号】右侧的下拉按钮，在弹出的下拉列表中选择其他的编号样式，即可更改编号的样式，如图 7-83 所示。

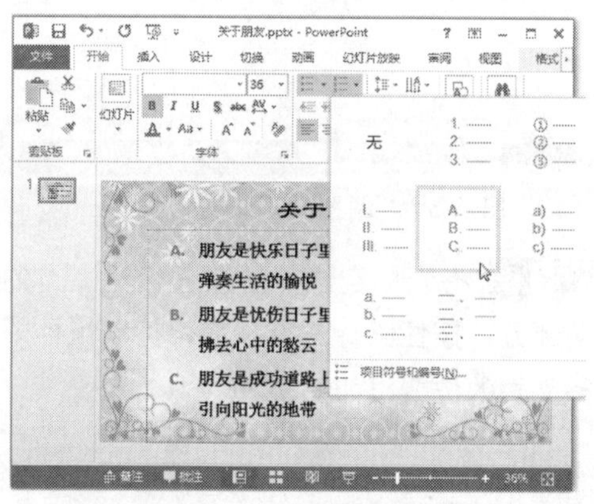

图 7-83　更改编号的样式

步骤 9 若要更改编号的颜色、大小和起始号码，在步骤 8 中【编号】的下拉列表中选择【项目符号和编号】选项，即弹出【项目符号和编号】对话框，在其中选择需要的样式，然后在【起始编号】框中输入编号的起始号码，例如这里输入“3”，设置合适的大小及颜色，如图 7-84 所示。

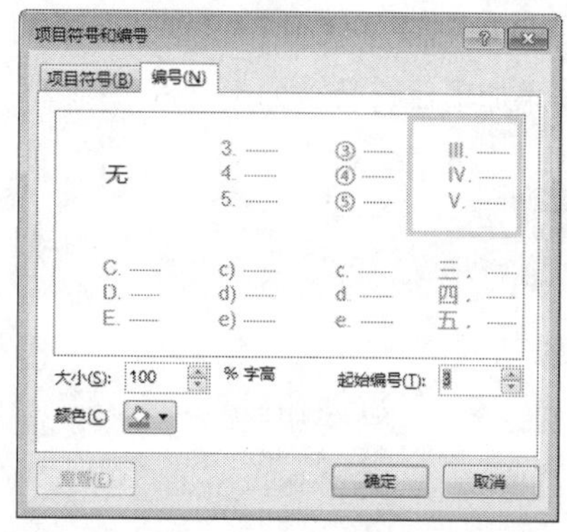

图 7-84　【项目符号和编号】对话框

步骤 10 设置完成后，单击【确定】按钮，返回到幻灯片中，即可看到更改编号的颜色、大小和起始号码后的效果，如图 7-85 所示。

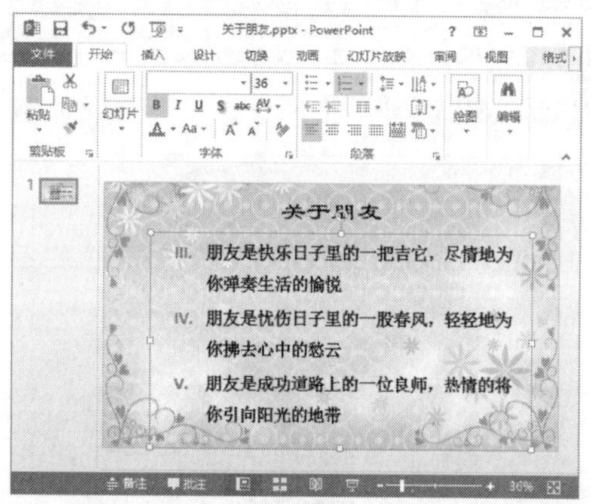

图 7-85　更改编号的颜色、大小和起始号码后的效果

> **提示**
> 若要清除添加的项目符号或编号，单击【段落】组中【项目符号】或【编号】右侧的下拉按钮，在弹出的下拉列表中选择【无】选项即可清除。

7.5.3 调整缩进量

本小节介绍的调整缩进量是指调整文本与项目符号或编号之间的间距，具体的操作步骤如下。

步骤 1 打开随书光盘中的“素材 \ch07\ 关

于朋友.pptx”文件，使用7.5.2小节介绍的方法，为文木添加项目符号，如图7-86所示。

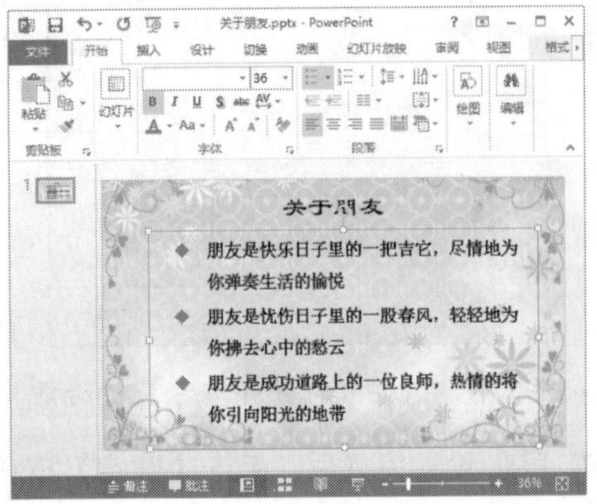

图7-86　为文本添加项目符号

步骤 2 在【视图】选项卡的【显示】组中，勾选【标尺】复选框，使演示文稿中的标尺显示出来，如图7-87所示。

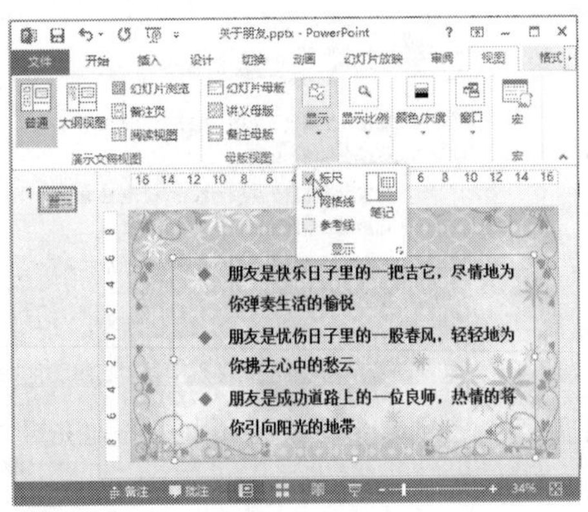

图7-87　勾选【标尺】复选框

步骤 3 选择要更改缩进量的文本，此时标尺中显示出首行缩进标记和左缩进标记，如图7-88所示。

> **提示**
> 首行缩进标记用于显示项目符号或编号的缩进位置，为向下三角形状，而左缩进标记用于显示文本的缩进位置，为向上三角形状。另外，如果文本中包含多个项目符号或编号级别，则标尺将显示每个级别的缩进标记。

步骤 4 将光标定位在首行缩进标记上，按住鼠标左键不放，拖动鼠标即可调整项目符号或编号的位置，如图7-89所示。

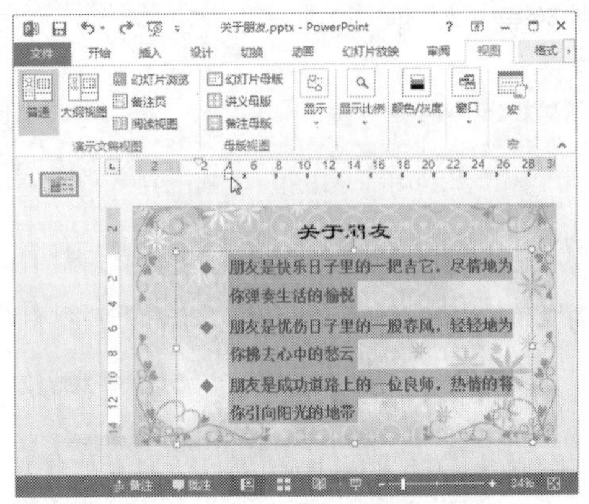

图7-88　选择要更改缩进量的文本

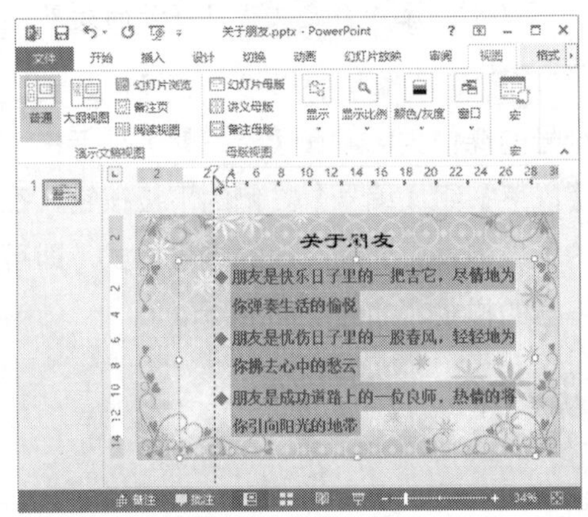

图7-89　调整项目符号的位置

步骤 5 将光标定位在左缩进标记上方的正三角部分，按住鼠标左键不放，拖动鼠标即可调整文本的位置，如图7-90所示。

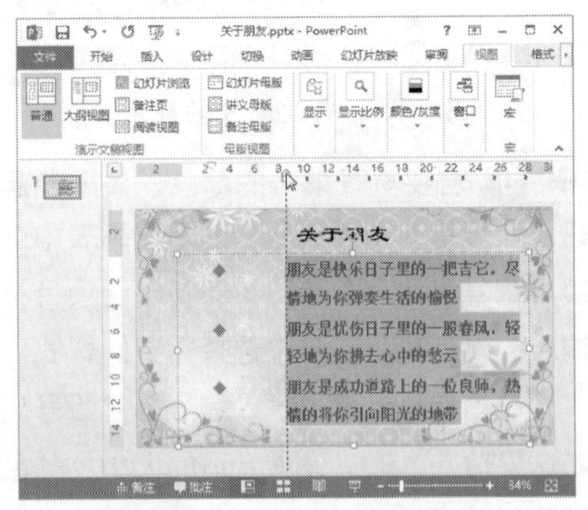

图7-90　调整文本的位置

步骤 6 将光标定位在左缩进标记底部的矩形部分，按住鼠标左键不放，拖动鼠标即可同时调整项目符号或编号与文本的位置，并且保持它们之间的距离不变，如图 7-91 所示。

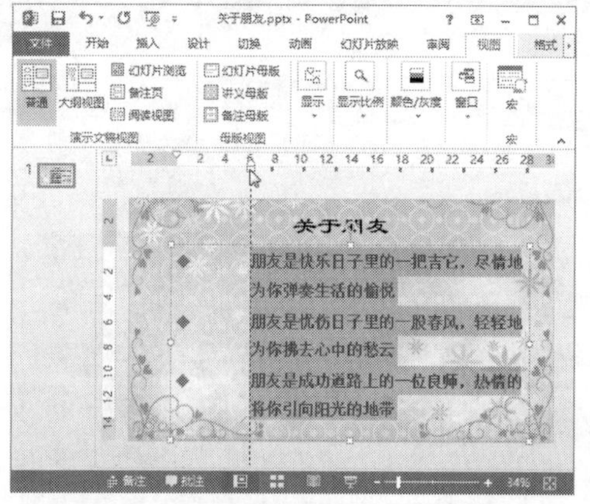

图 7-91 同时调整项目符号与文本的位置

步骤 7 在【开始】选项卡中，单击【段落】组中的【提高列表级别】按钮，可以增大缩进级别，如图 7-92 所示。

步骤 8 在【开始】选项卡中，单击【段落】组中的【降低列表级别】按钮，可以将文本还原到列表中缩进较小的级别，如图 7-93 所示。

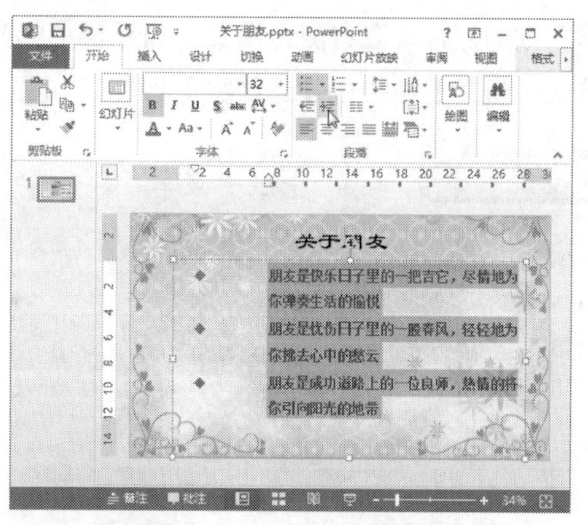

图 7-92 增大缩进级别

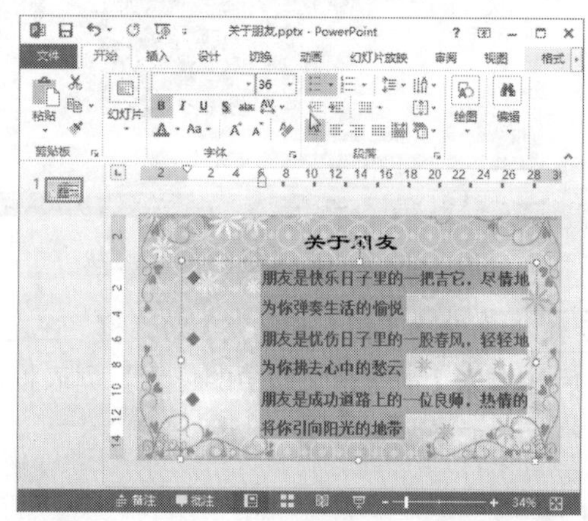

图 7-93 将文本还原到缩进较小的级别

7.6 添加超链接

在 PowerPoint 2013 中，用户可以给文本添加超链接，通过超链接既可以直接链接到同一演示文稿中的其他位置，还可以链接到不同演示文稿中，甚至链接到电子邮件地址、网页或文件。

7.6.1 为文本添加超链接

本小节以链接到同一演示文稿中的其他幻灯片为例，介绍如何为文本添加超链接，链接到其他文件的操作方法与之类似。具体的操作步骤如下。

步骤 1 打开随书光盘中的“素材 \ch07\ 冰淇淋介绍 .pptx”文件，在【幻灯片】窗格中选择第 2 张幻灯片，在右侧选择要添加超链接的文本“食用注意事项”，然后在【插入】选项卡中，单击【链接】组中的【超链接】按钮，如图 7-94 所示。

提示 选择文本后，单击鼠标右键，在弹出的快捷菜单中选择【超链接】菜单命令，也可添加超链接，如图 7-95 所示。

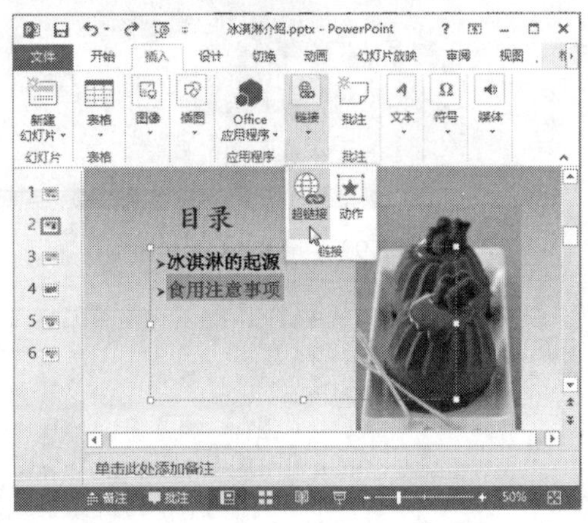

图 7-94 单击【超链接】按钮

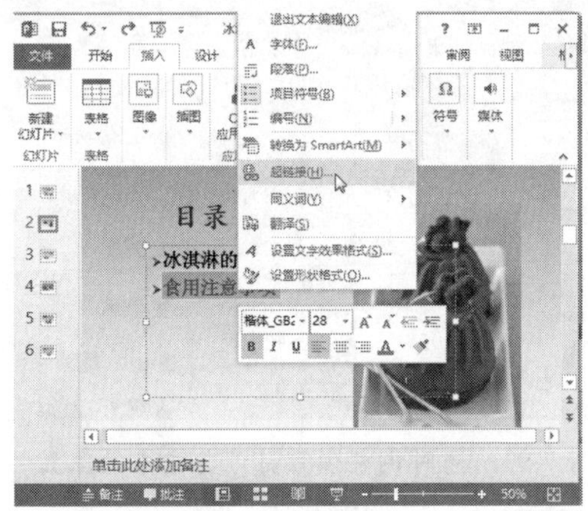

图 7-95 选择【超链接】菜单命令

步骤 2 弹出【插入超链接】对话框，在左侧【链接到】列表中选择【本文档中的位置】选项，然后在右侧【请选择文档中的位置】列表框中选择链接到的位置，例如这里选择链接到第 5 张幻灯片，如图 7-96 所示。

提示 在【链接到】列表中选择其他的选项，即可设置链接到文件、网页和电子邮件地址等。

步骤 3 设置完成后，单击【确定】按钮，此时添加超链接的文本以蓝色和下划线显示，在放映幻灯片时，单击该文本即可链接到相应的幻灯片，如图 7-97 所示。

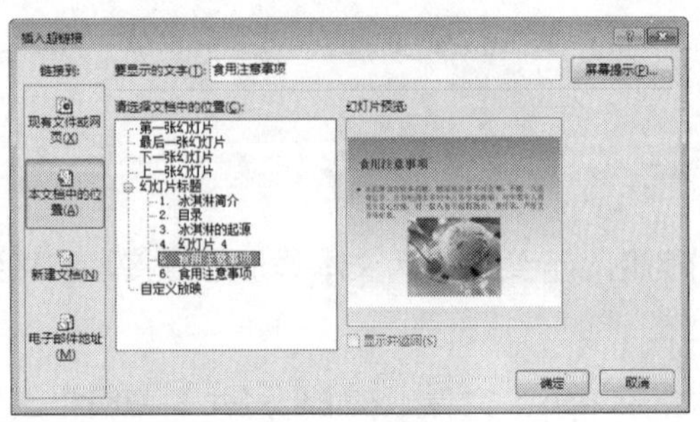

图 7-96 【插入超链接】对话框

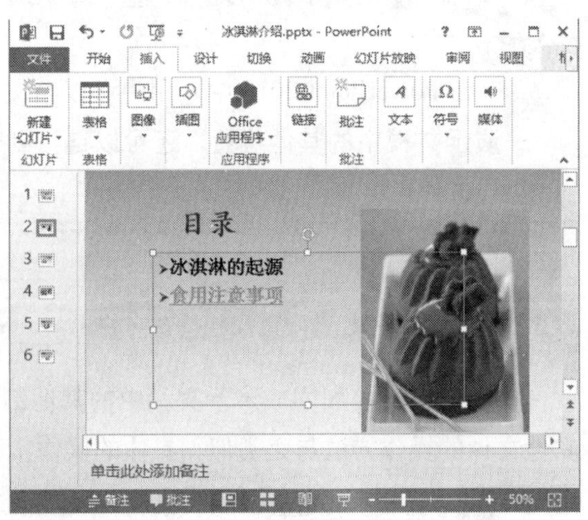

图 7-97 添加超链接的文本以蓝色和下划线显示

7.6.2 更改链接地址

对文本添加超链接后，如果需要更改其链接地址，可以通过编辑超链接来完成，具体的操作步骤如下。

步骤 1 将光标定位在要更改链接地址的文本中，如图 7-98 所示。

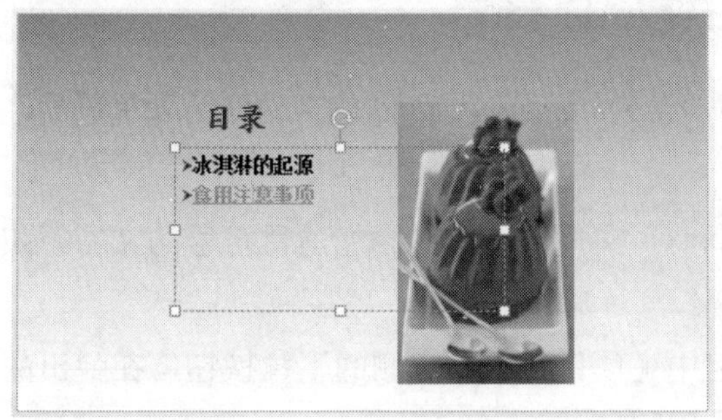

图 7-98 定位光标

步骤 2 在【插入】选项卡中，单击【链接】组中的【超链接】按钮，弹出【编辑超链接】对话框，如图 7-99 所示。

步骤 3 在左侧列表中即可更改链接地址，例如这里选择【现有文件或网页】选项，然后在右侧选择“企业宣传 .pptx”文件，并单击【确定】按钮，即可将链接地址更改为链接到“企业宣传 .pptx”文件，如图 7-100 所示。

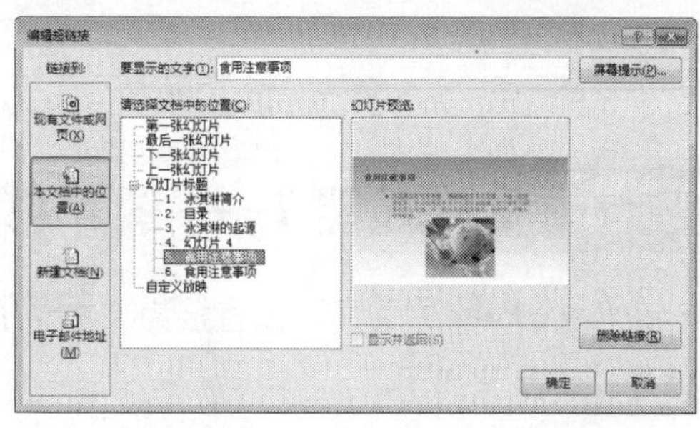

图 7-99 【编辑超链接】对话框

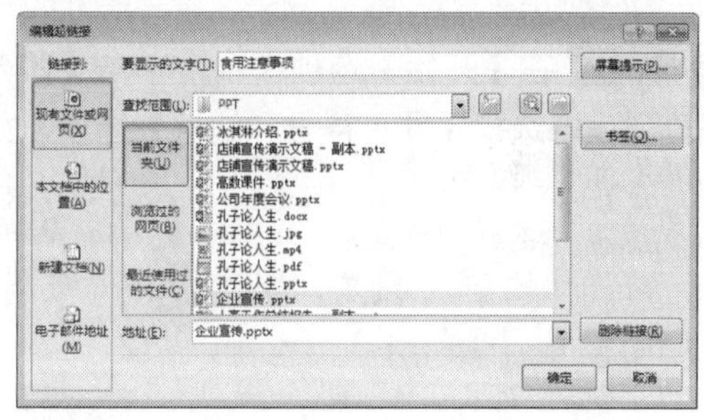

图 7-100 更改链接地址

7.6.3 删除超链接

主要有两种方法删除超链接，分别如下。

(1) 选中要删除超链接的文本，在【插入】选项卡中，单击【链接】组中的【超链接】按钮，弹出【编辑超链接】对话框，在其中单击【删除链接】按钮，即可删除超链接，如图 7-101 所示。

(2) 选中要删除超链接的文本，单击鼠标右键，在弹出的快捷菜单中选择【取消超链接】菜单命令，即可删除超链接，如图 7-102 所示。

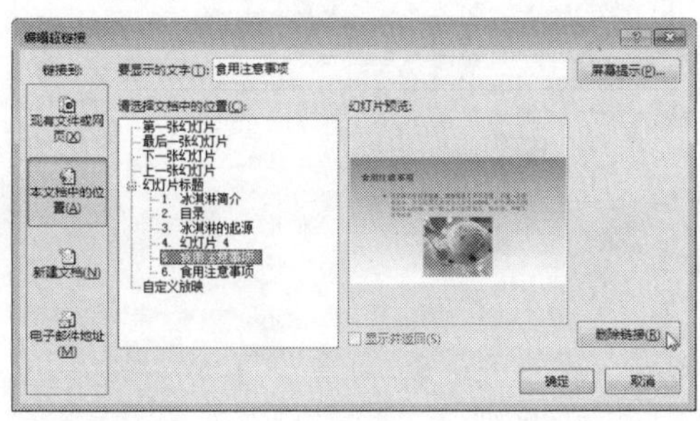

图 7-101 单击【删除链接】按钮

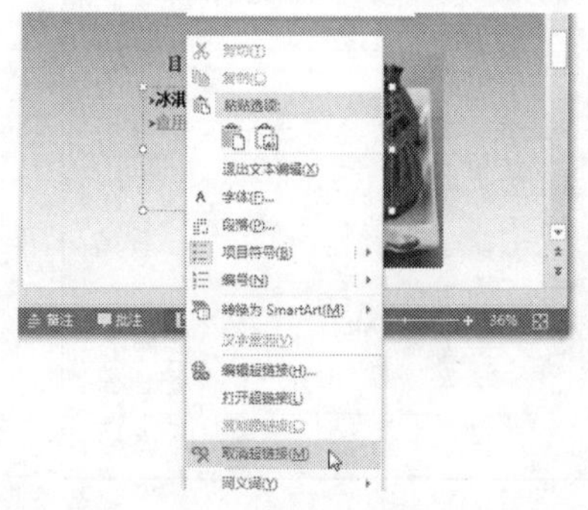

图 7-102 选择【取消超链接】菜单命令

7.7 职场技能训练

前面主要学习了 PPT 文本的输入与编辑操作，下面学习文本输入与编辑在实际工作中的应用。

7.7.1 职场技能 1——图片也能当作项目符号

在 PowerPoint 中除了可以直接为文本添加项目符号外，还可以导入新的文件作为项目符号，具体的操作步骤如下。

步骤 1 打开随书光盘中的“素材 \ch07\ 目录 .pptx”文件，选中要添加项目符号的文本，如图 7-103 所示。

步骤 2 在【开始】选项卡中，单击【段落】组中【项目符号】右侧的下拉按钮，在弹出的下拉列表中选择【项目符号和编号】选项，如图 7-104 所示。

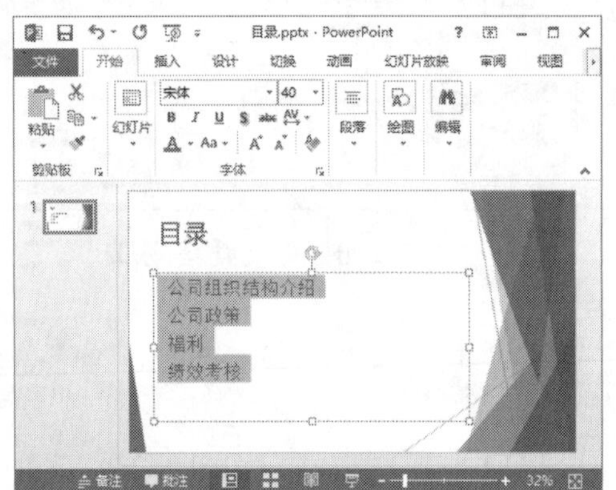

图 7-103 选中要添加项目符号的文本

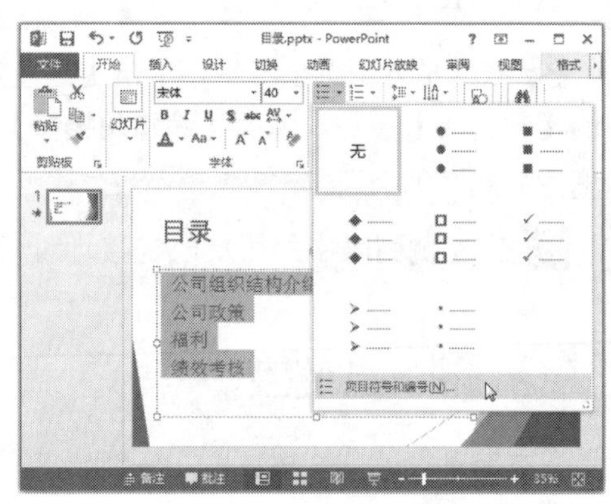

图 7-104 选择【项目符号和编号】选项

步骤 3 弹出【项目符号和编号】对话框，在其中单击【图片】按钮，如图 7-105 所示。

步骤 4 进入【插入图片】窗口，在其中单击【来自文件】右侧的【浏览】按钮，如图 7-106 所示。

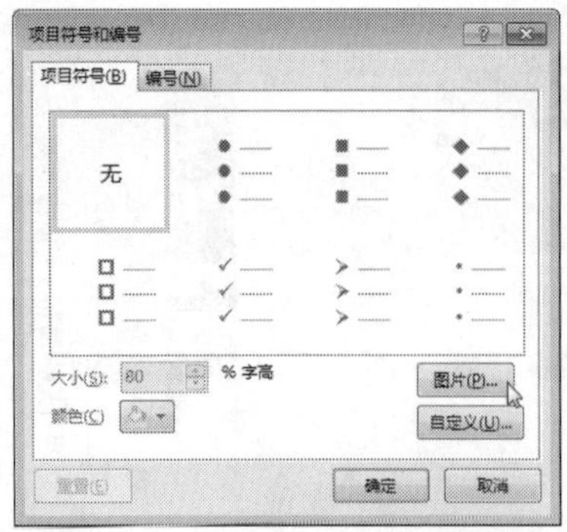

图 7-105 单击【图片】按钮

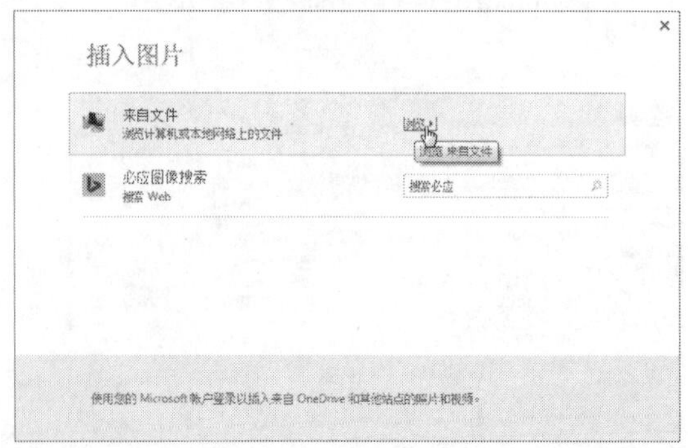

图 7-106 单击【浏览】按钮

步骤 5 弹出【插入图片】对话框，在计算机中选择要插入的图片，并单击【插入】按钮，如图 7-107 所示。

步骤 6 至此，完成了将本地计算机中的图片制作成项目符号添加到文本中的操作，如图 7-108 所示。

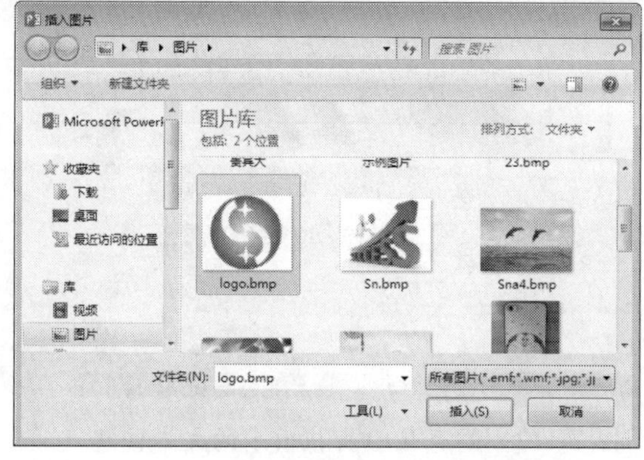

图 7-107　选择要插入的图片

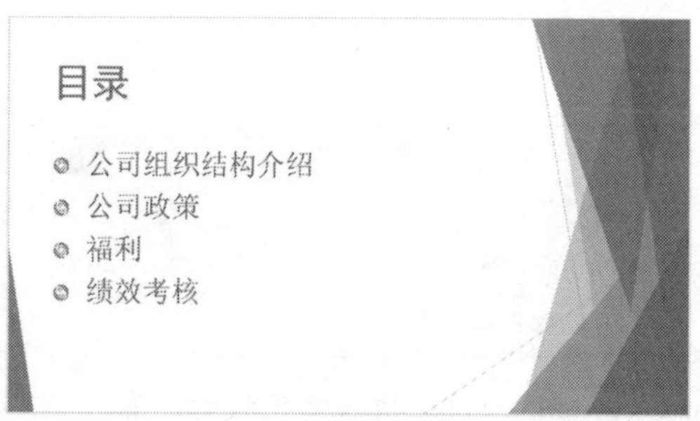

图 7-108　将图片制作成项目符号添加到文本中

7.7.2 职场技能 2——批量替换文本信息

在编辑文本时，若遇见多处需要更改相同的文本时，可通过【查找】与【替换】按钮进行统一更改，具体的操作步骤如下。

步骤 1 打开随书光盘中的“素材 \ch07\ 狐狸和葡萄 .pptx”文件，如图 7-109 所示。

步骤 2 在【开始】选项卡中，单击【编辑】组中的【查找】按钮，或者按 Ctrl+F 组合键，如图 7-110 所示。

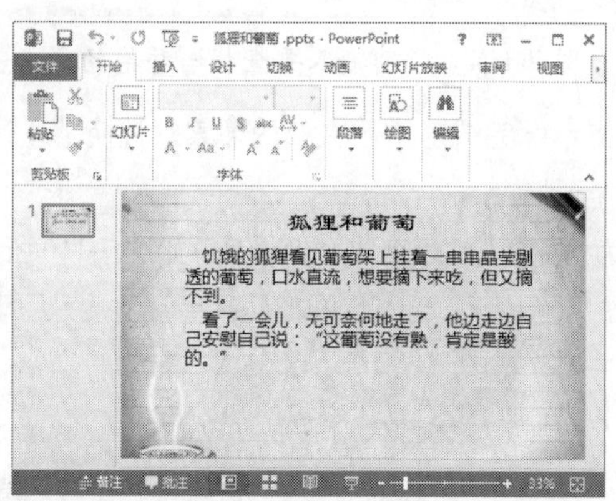

图 7-109　“狐狸和葡萄 .pptx”文件

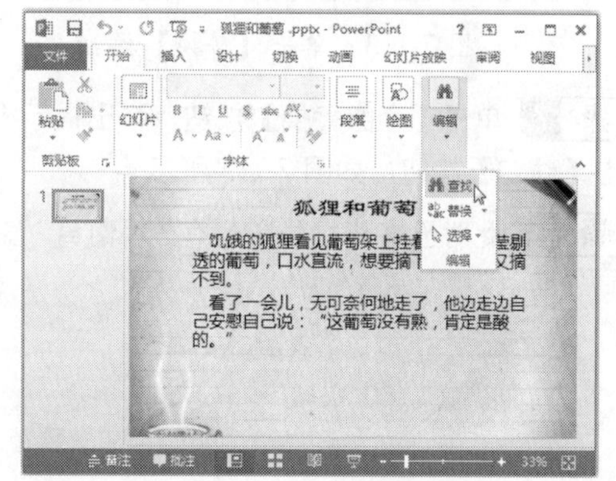

图 7-110　单击【查找】按钮

步骤 3 弹出【查找】对话框，在【查找内容】文本框中输入要查找的内容，例如这里输入“葡萄”，如图 7-111 所示。

步骤 4 单击【查找下一个】按钮，即可高亮显示查找出来的文本信息，如图 7-112 所示。

步骤 5 在【开始】选项卡中，单击【编辑】组中的【替换】按钮，或者按 Ctrl+H 组合键，如图 7-113 所示。

步骤 6 弹出【替换】对话框，在【查找内容】与【替换为】文本框中分别输入要查找与替换的文本，如图 7-114 所示。

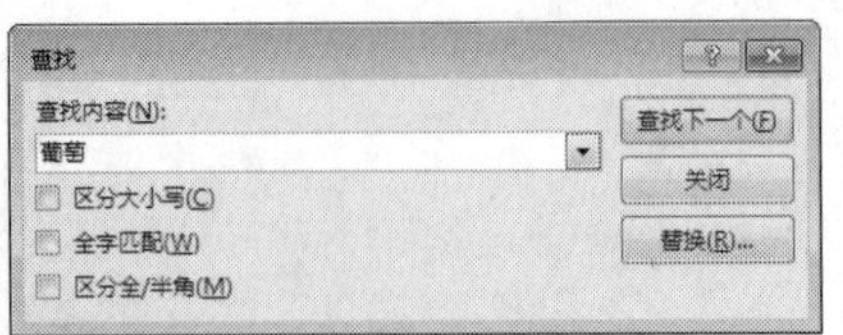

图 7-111　输入要查找的内容

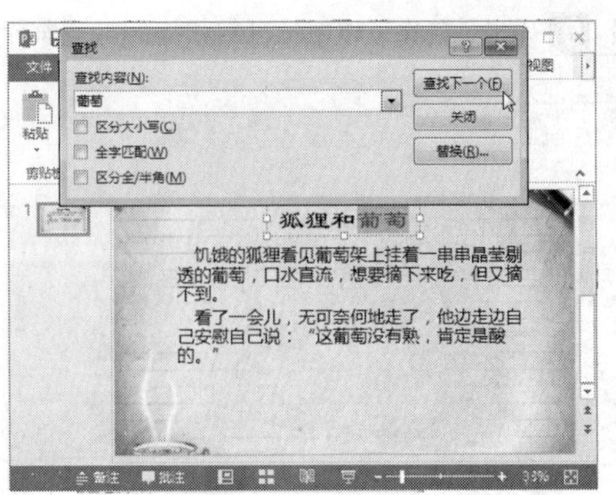

图 7-112　高亮显示查找出来的文本信息

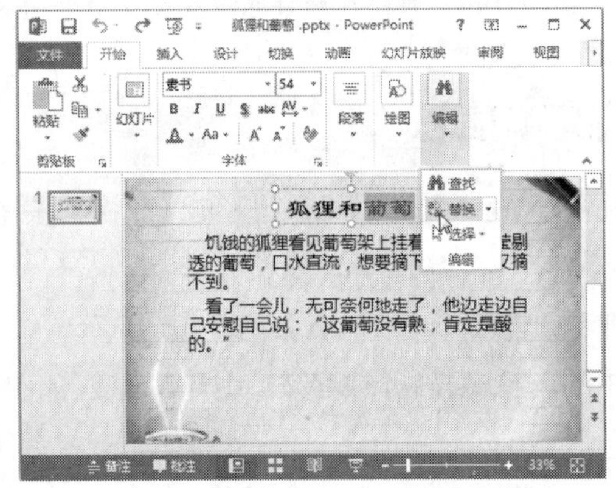

图 7-113　单击【替换】按钮

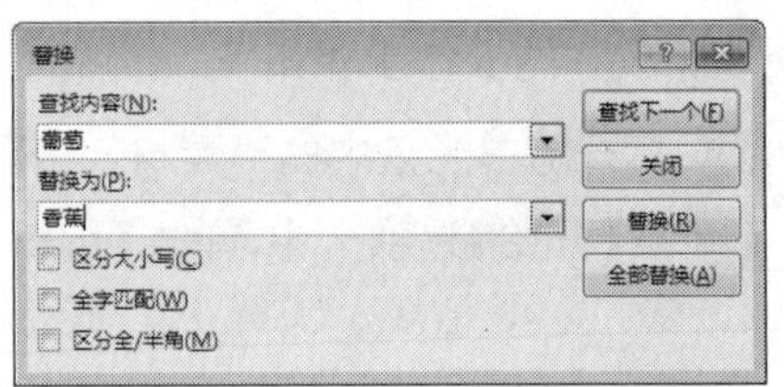

图 7-114　分别输入要查找与替换的文本

步骤 7 单击【全部替换】按钮，弹出提示框，提示已完成对演示文稿的搜索，替换了 4 处，单击【确定】按钮，如图 7-115 所示。

步骤 8 此时已将幻灯片中所有的"葡萄"替换为"香蕉"，即完成替换操作，如图 7-116 所示。

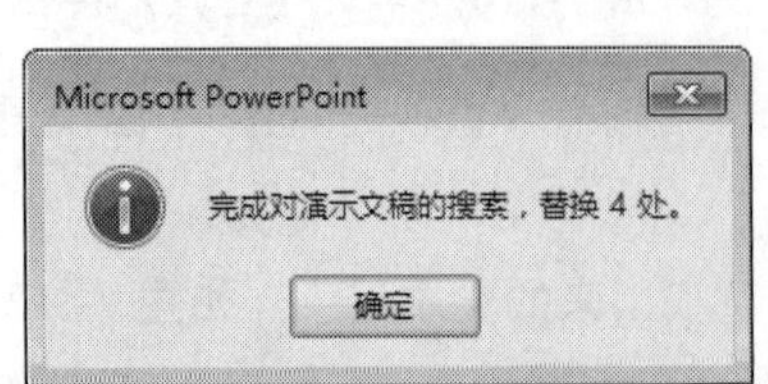

图 7-115　提示已完成对演示文稿的搜索

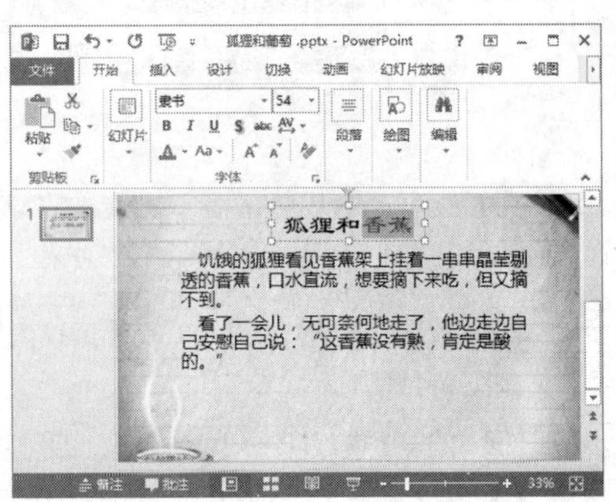

图 7-116　完成替换操作

7.8 疑难问题解答

问题 1：占位符和文本框有什么区别？

解答：占位符和文本框的区别如下。

⑴ 占位符共有 5 种类型，分别是标题占位符、文本占位符、数字占位符、日期占位符和页脚占位符，而文本框只有横排和竖排 2 种类型。

⑵ 占位符里可以没有内容，但文本框不能没有内容。

⑶ 在母版中设定的格式能自动应用到占位符中，但不能应用于文本框。

⑷ 在大纲视图中会显示占位符中的文本，但不能显示文本框中的文本。

问题 2：如何将自定义字体嵌入演示文稿中？

解答：在 PowerPoint 2013 中可以使用第三方字体，但如果客户端未安装该字体，那么将无法显示。为了解决这一问题，可以使用 PowerPoint 提供的字体嵌入功能。在工作界面选择【文件】选项卡，单击左侧列表中的【选项】命令，弹出【PowerPoint 选项】对话框，在左侧选择【保存】选项，然后在右侧底部勾选【将字体嵌入文件】复选框，即可将第三方字体嵌入演示文稿中。

PPT 的精美包装——图文并茂

本章导读

本章主要介绍在 PowerPoint 2013 中使用艺术字、表格和图片，插入剪贴画、屏幕截图，以及创建相册的方法。用户通过对这些知识的学习，可以制作出更出色、漂亮的演示文稿，并可以提高工作效率。

学习目标

◎ 掌握使用艺术字的方法
◎ 掌握使用表格的方法
◎ 掌握使用图片的方法
◎ 掌握插入联机图片的方法
◎ 掌握插入屏幕截图的方法

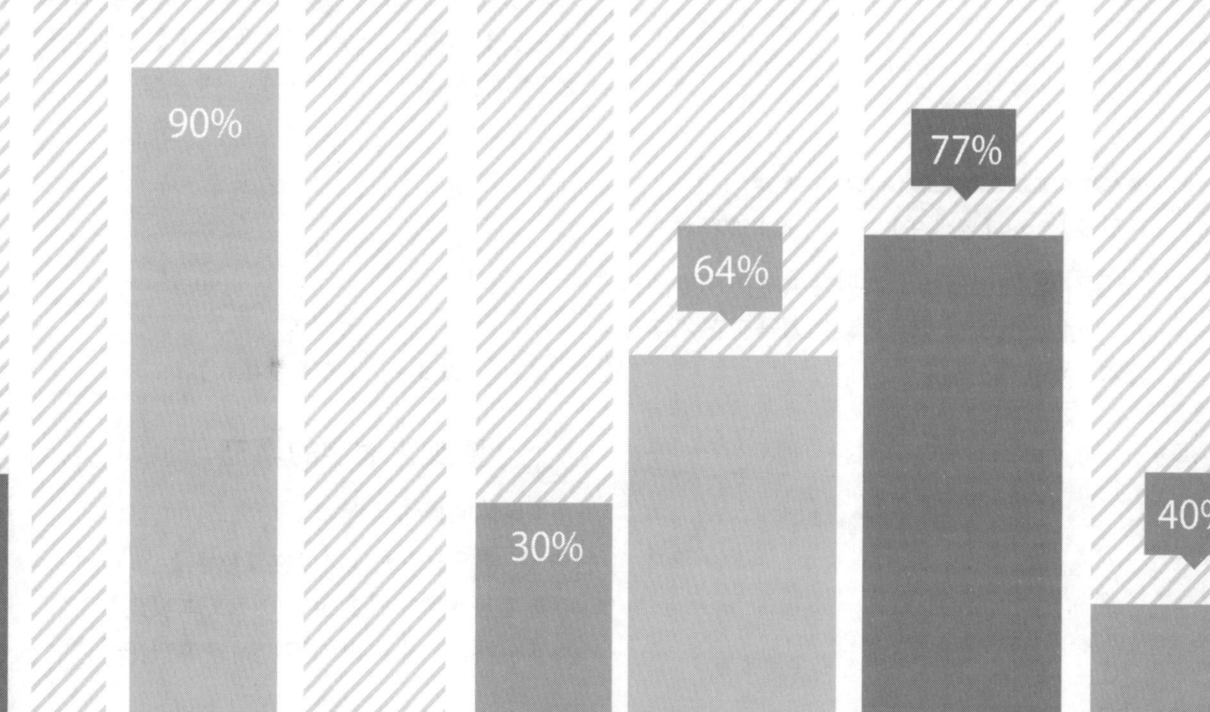

8.1 使用艺术字

利用 PowerPoint 2013 的添加艺术字功能，可以创建带阴影的、旋转的或拉伸的文字效果，也可以按照预定义的形状创建文字。

8.1.1 插入艺术字

PowerPoint 2013 提供了约 20 种预设的艺术字样式，用户只需选择需要的样式，即可快速插入艺术字样式，从而美化幻灯片。具体的操作步骤如下。

步骤 1 新建一个空白演示文稿，将占位符删除，然后在【插入】选项卡中，单击【文本】组中的【艺术字】按钮 A，在弹出的下拉列表中可以看到系统预设的多种艺术字样式，如图 8-1 所示。

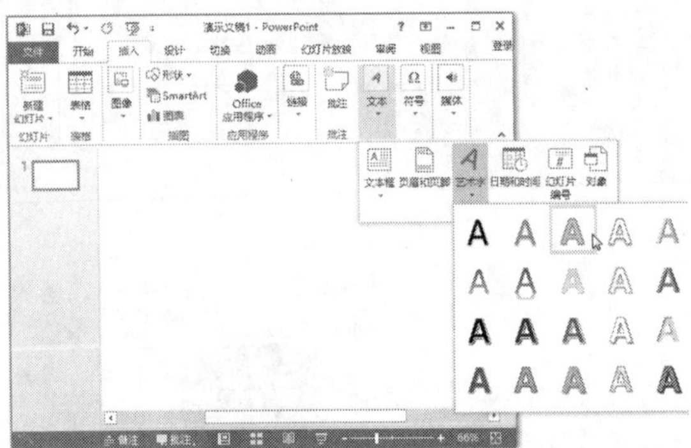

图 8-1　在【艺术字】下拉列表中选择样式

步骤 2 在弹出的下拉列表中选择需要的样式，此时在幻灯片中将自动插入一个艺术字文本框，如图 8-2 所示。

图 8-2　插入一个艺术字文本框

步骤 3 单击该文本框，重新输入文字内容，例如输入“年终总结报告”，即可成功插入艺术字，如图 8-3 所示。

图 8-3　在文本框中输入内容

8.1.2 更改艺术字的样式

插入艺术字以后，用户还可自行更改艺术字的样式，包括更改文本的填充、轮廓以及文本效果等。选中艺术字，此时在功能区将增加【格式】选项卡，通过该选项卡下【艺术字样式】组中的各命令按钮即可更改艺术字的样式，如图 8-4 所示。

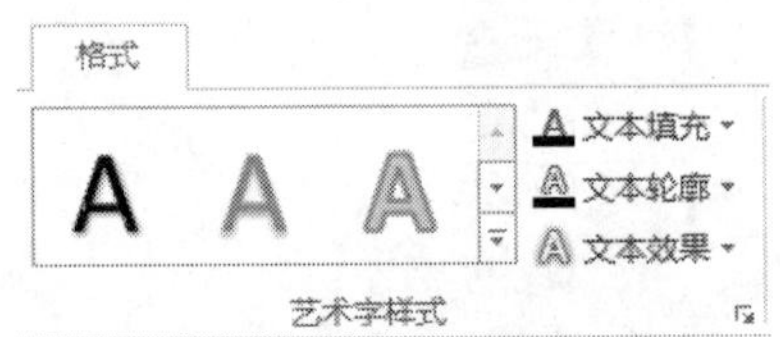

图 8-4　【艺术字样式】组

1. 更改艺术字的填充

具体的操作步骤如下。

步骤 1 选中艺术字，在【格式】选项卡中，单击【艺术字样式】组中的【文本填充】右侧的下拉按钮，在弹出的下拉列表中选择合适的

填充颜色，如图 8-5 所示。

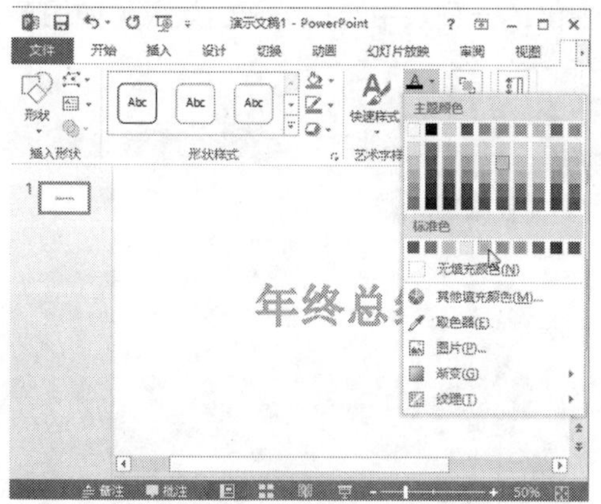

图 8-5　在【文本填充】下拉列表中选择填充颜色

步骤 2 更改艺术字的填充颜色，如图 8-6 所示。

图 8-6　更改艺术字的填充颜色

步骤 3 若要选择更多的颜色，在弹出的下拉列表中选择【其他填充颜色】选项，即弹出【颜色】对话框，在其中可以选择更精确的颜色，如图 8-7 所示。

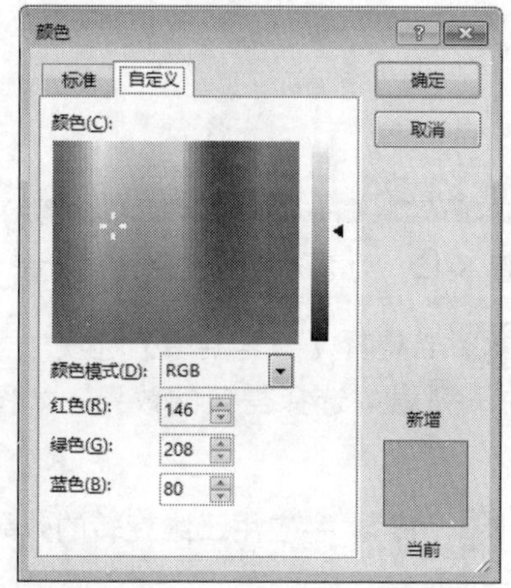

图 8-7　【颜色】对话框

在弹出的下拉列表中选择【图片】选项，还可设置图片作为填充；若选择【渐变】或【纹理】选项，可设置渐变颜色或者纹理样式作为填充。读者可自行查看其效果，这里不再赘述。

2. 更改艺术字的轮廓

具体的操作步骤如下。

步骤 1 选中艺术字，在【格式】选项卡中，单击【艺术字样式】组中的【文本轮廓】右侧的下拉按钮，在弹出的下拉列表中选择合适的轮廓颜色，如图 8-8 所示。

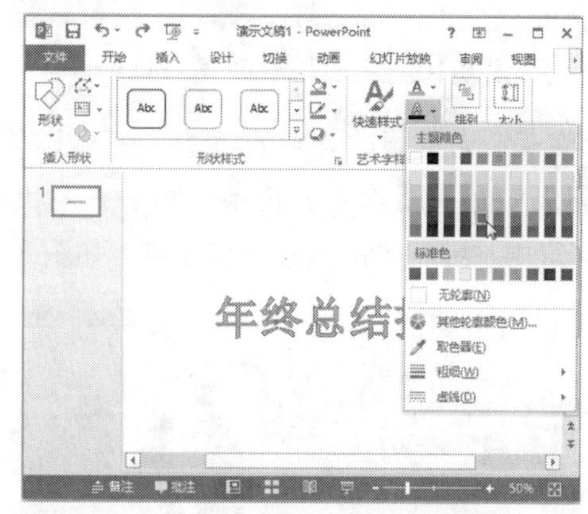

图 8-8　在【文本轮廓】下拉列表中选择轮廓颜色

步骤 2 更改艺术字的轮廓颜色，如图 8-9 所示。

图 8-9　更改艺术字的轮廓颜色

步骤 3 若要更改轮廓的线条粗细，在弹出的下拉列表中选择【粗细】选项，然后在弹出的子列表中选择相应的选项即可，如图 8-10 所示。

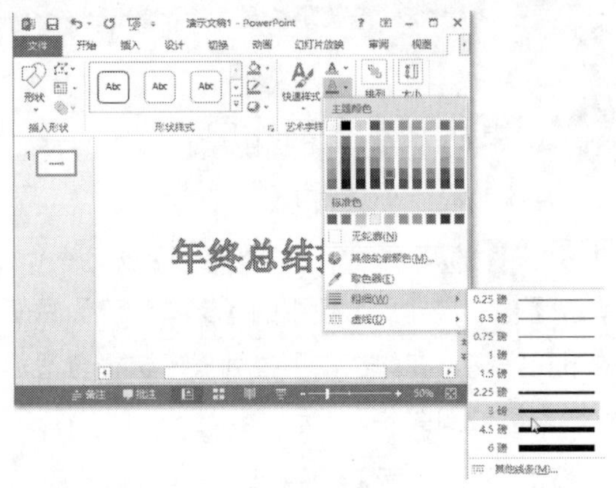

图 8-10 更改轮廓的线条粗细

步骤 4 若要更改轮廓的线型，在弹出的下拉列表中选择【虚线】选项，然后在弹出的子列表中选择相应的线条类型即可，如图 8-11 所示。

图 8-11 更改轮廓的线型

3. 更改艺术字的文本效果

具体的操作步骤如下。

步骤 1 选中艺术字，在【格式】选项卡中，单击【艺术字样式】组中的【文本效果】右侧的下拉按钮，在弹出的下拉列表中可以看到系统提供了多种效果，例如选择【发光】选项，在弹出的子列表中选择需要的效果，如图 8-12 所示。

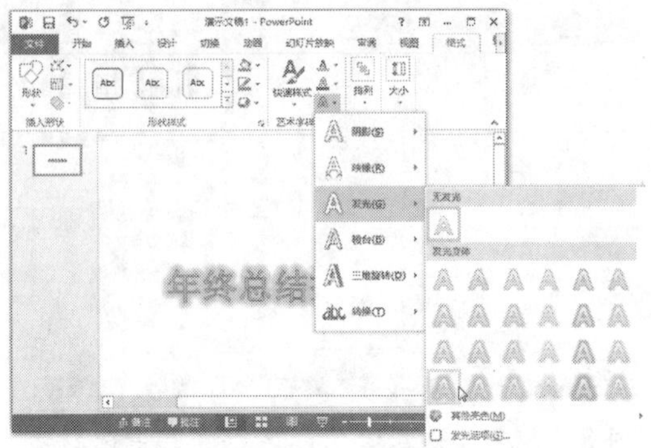

图 8-12 在【文本效果】下拉列表中选择需要的效果

提示 若选择【其他亮色】选项，可以对发光的艺术字进行更多颜色的设置。

步骤 2 为艺术字应用发光的效果，如图 8-13 所示。

图 8-13 为艺术字应用发光的效果

步骤 3 若选择【三维旋转】选项，可以在弹出的子列表中选择需要的效果，如图 8-14 所示。

步骤 4 为艺术字应用三维旋转的效果，如图 8-15 所示。

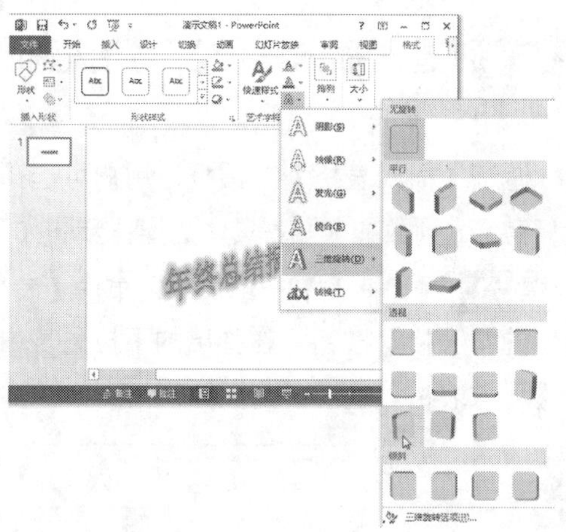

图 8-14　选择【三维旋转】选项

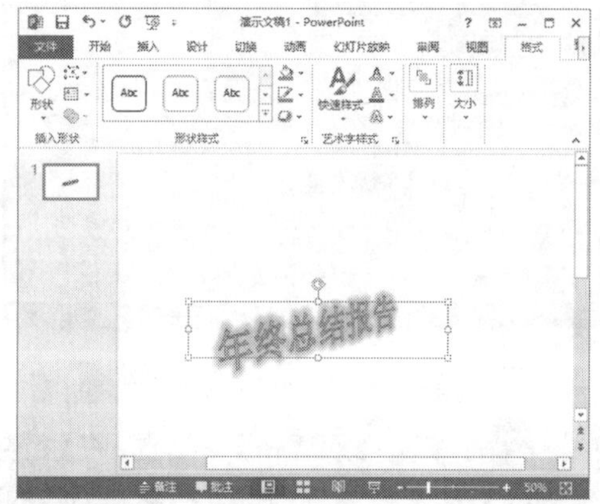

图 8-15　为艺术字应用三维旋转的效果

步骤 5　若选择【转换】选项，可以在弹出的子列表中选择需要的效果，如图 8-16 所示。

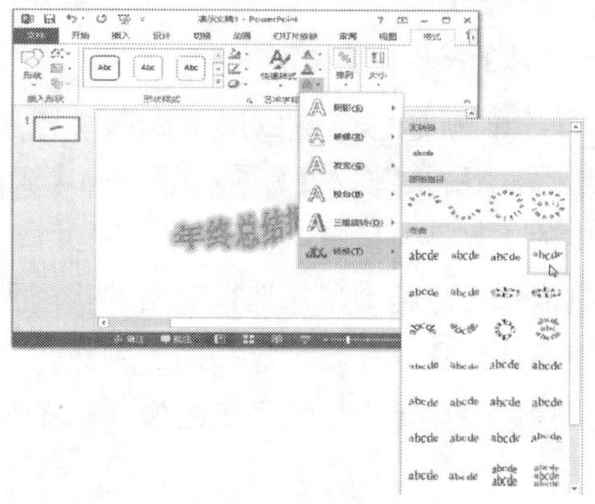

图 8-16　选择【转换】选项

步骤 6　为艺术字应用转换的效果，如图 8-17 所示。

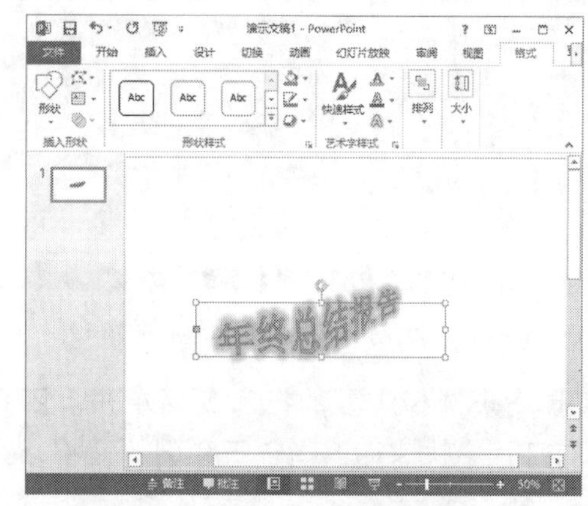

图 8-17　为艺术字应用转换的效果

8.2 使用表格

表格是展示大量数据的有效工具之一，使用表格工具可以归纳和汇总数据，从而使数据更加清晰和美观。本节介绍在 PowerPoint 2013 中创建表格以及美化表格的方法。

8.2.1 创建表格

在 PowerPoint 2013 中有多种方法创建表格，包括直接插入表格、手动绘制表格、从 Word 中复制和粘贴表格、创建 Excel 电子表格等。下面介绍其中几种常用的方法。

1. 快速插入表格

具体的操作步骤如下。

步骤 1 新建一个空白演示文稿，将占位符删除，然后在【插入】选项卡中，单击【表格】组中的【表格】按钮，在弹出的下拉列表的绘制表格区域拖动鼠标选择表格的行和列，此时该区域顶部将显示选择的行列数，在幻灯片中则会显示表格的预览图像，如图 8-18 所示。

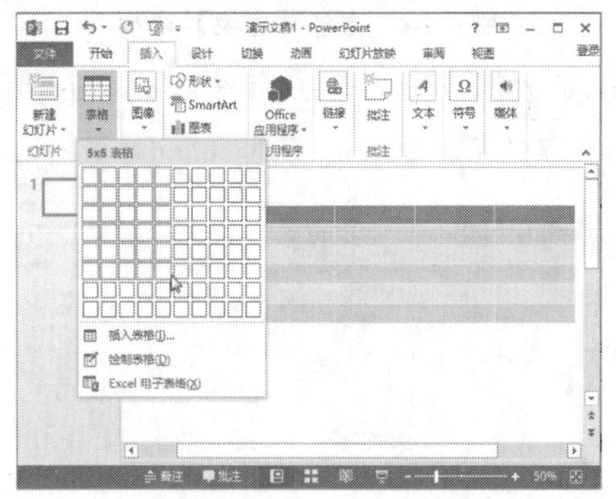

图 8-18　拖动鼠标选择表格的行和列

步骤 2 选择需要的行和列后单击，即可在幻灯片中快速插入指定行和列的表格，如图 8-19 所示。

提示 该方法最多只能插入 8 行和 10 列的表格。

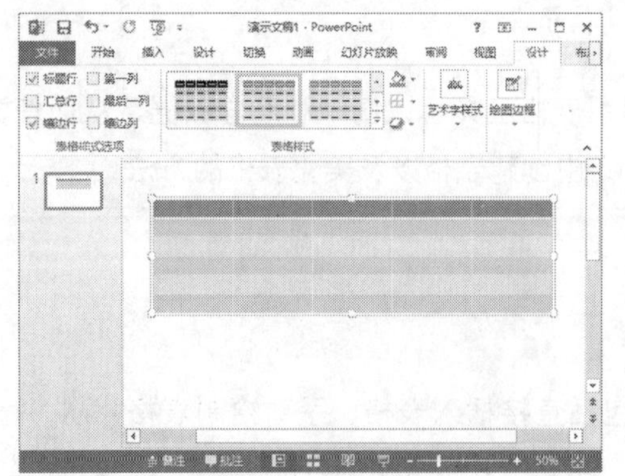

图 8-19　快速插入指定行和列的表格

2. 通过【插入表格】对话框插入表格

通过【插入表格】对话框，用户可选择插入任意行、列数的表格，具体的操作步骤如下。

步骤 1 在【插入】选项卡中，单击【表格】组中的【表格】按钮，在弹出的下拉列表中选择【插入表格】选项，如图 8-20 所示。

图 8-20　选择【插入表格】选项

步骤 2 弹出【插入表格】对话框，在【行数】和【列数】文本框中分别输入行数和列数的精确数值，单击【确定】按钮，即可插入指定行和列的表格，如图 8-21 所示。

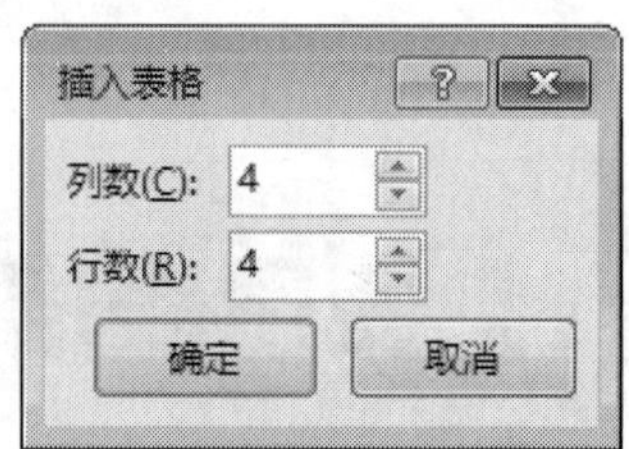

图 8-21　【插入表格】对话框

3. 手动绘制表格

对于一些结构较复杂的表格，用户还可通过手动绘制表格的方法插入，具体的操作步骤如下。

步骤 1 在【插入】选项卡中，单击【表格】组中的【表格】按钮，在弹出的下拉列表中选

择【绘制表格】选项，如图 8-22 所示。

图 8-22　选择【绘制表格】选项

步骤 2 此时鼠标指针变为笔的形状，按住鼠标左键不放，拖动鼠标绘制合适的表格，如图 8-23 所示。

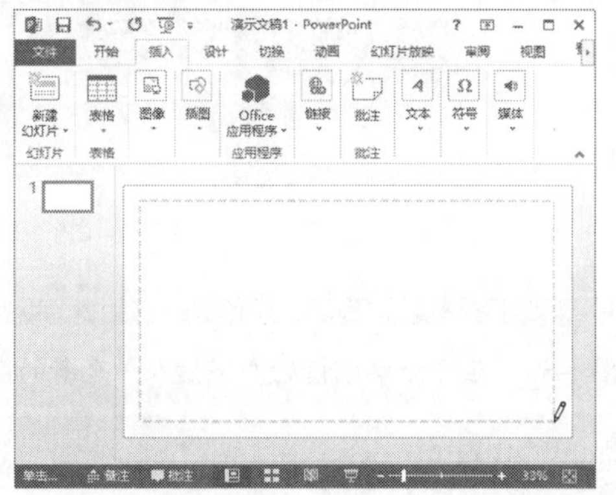

图 8-23　拖动鼠标绘制合适的表格

步骤 3 释放鼠标，即可手动绘制一个表格，如图 8-24 所示。

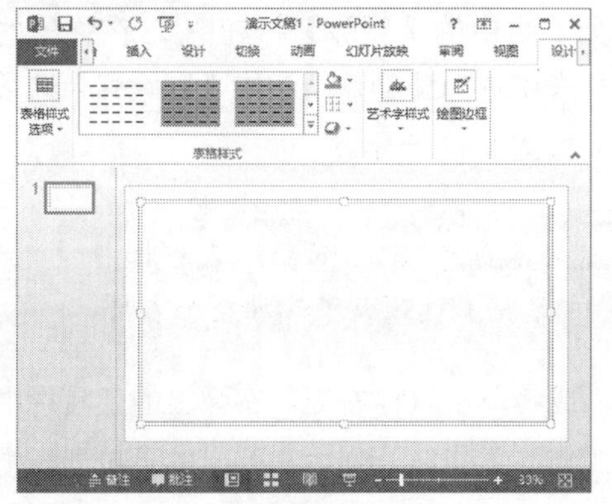

图 8-24　手动绘制一个表格

提示 通过手动绘制表格的方法只能插入一个单元格，用户可在【设计】选项卡中，通过【绘图边框】组中的各命令按钮为单元格添加其他的框线，如图 8-25 所示。

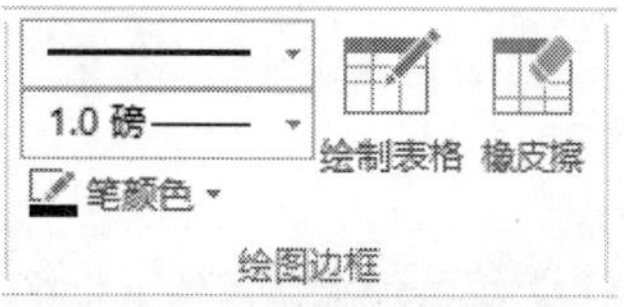

图 8-25　【绘图边框】组

8.2.2 表格中单元格的操作

插入表格后，可以根据需要对表格进行操作，包括添加行和列、合并相邻的单元格、拆分单元格等。选中表格后，功能区会增加【设计】和【布局】选项卡。在【布局】选项卡中，通过【行和列】组以及【合并】组中的各命令按钮即可操作单元格，如图 8-26 所示。

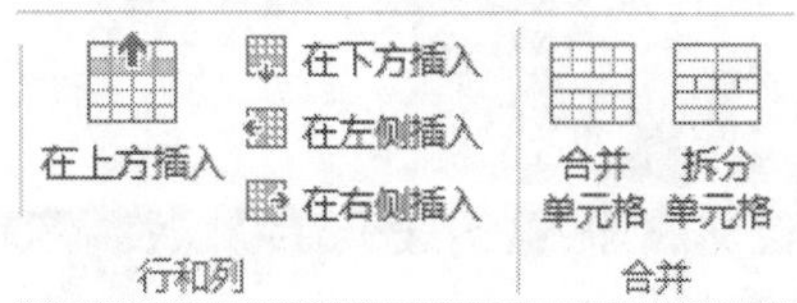

图 8-26　【行和列】组以及【合并】组

1. 插入行

具体的操作步骤如下。

步骤 1 将光标定位在目标单元格中，在【布局】选项卡中，单击【行和列】组中的【在上方插入】按钮，如图 8-27 所示。

提示 若单击【行和列】组的【在下方插入】按钮，即可在目标单元格的下方插入一个新的行。若要在表格末尾添加一行，可以单击最后一行最右侧的一个单元格，然后按 Tab 键即可。

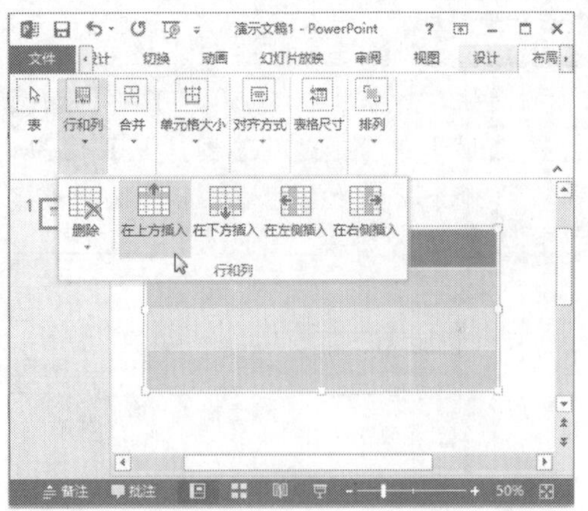

图 8-27　单击【在上方插入】按钮

步骤 2 在目标单元格的上方插入一个新的行，如图 8-28 所示。

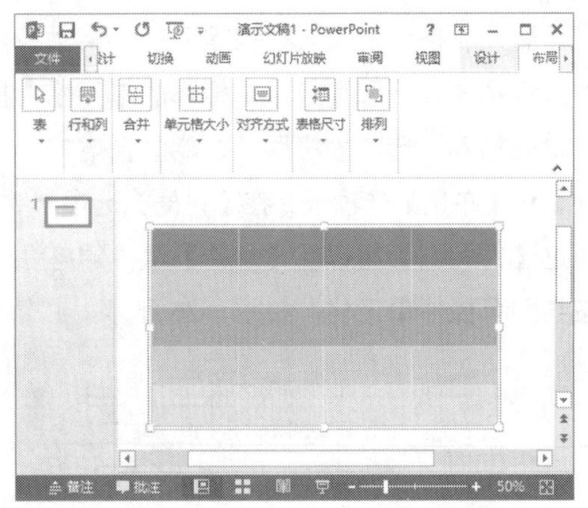

图 8-28　在目标单元格的上方插入一个新的行

2. 插入列

具体的操作步骤如下。

步骤 1 将光标定位在目标单元格中，在【布局】选项卡中，单击【行和列】组中的【在左侧插入】按钮，如图 8-29 所示。

步骤 2 在目标单元格的左侧插入一个新的列，如图 8-30 所示。

提示 若单击【行和列】组中的【在右侧插入】按钮，即可在目标单元格的右侧插入一个新的列。

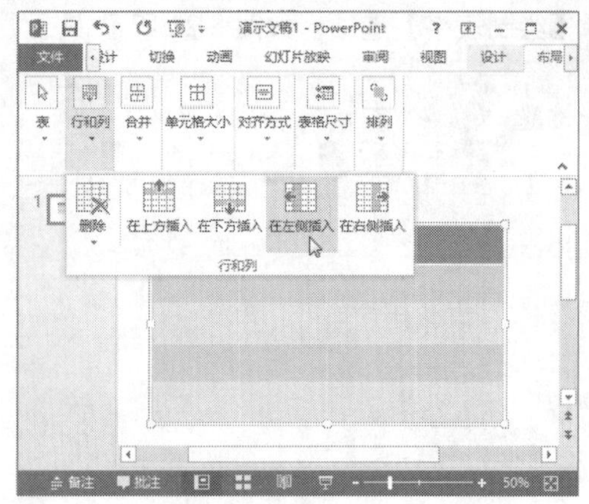

图 8-29　单击【在左侧插入】按钮

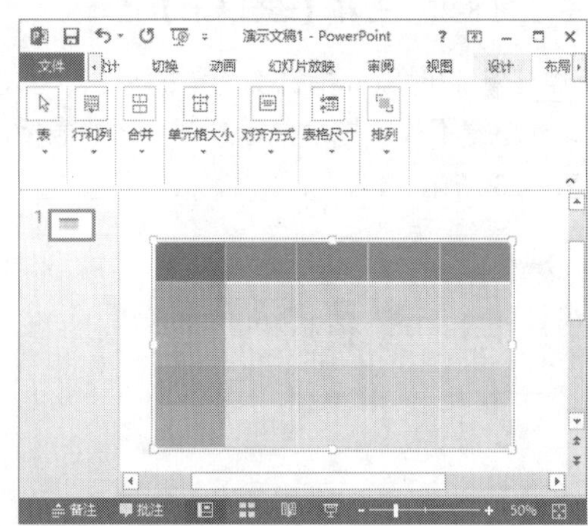

图 8-30　在目标单元格的左侧插入一个新的列

3. 删除列或行

若要删除行或列，将光标定位在要删除的行或列的一个单元格中，或者选中要删除的整行或整列，然后在【布局】选项卡中，单击【行和列】组中的【删除】按钮，在弹出的下拉列表中选择【删除行】或【删除列】选项即可，如图 8-31 所示。

提示 若在下拉列表中选择【删除表格】选项，可删除整个表格。

或者单击鼠标右键，在弹出的工具栏中单击【删除】按钮，然后在弹出的下拉列表中选择【删除行】或【删除列】选项，也可删除行

或列，如图 8-32 所示。

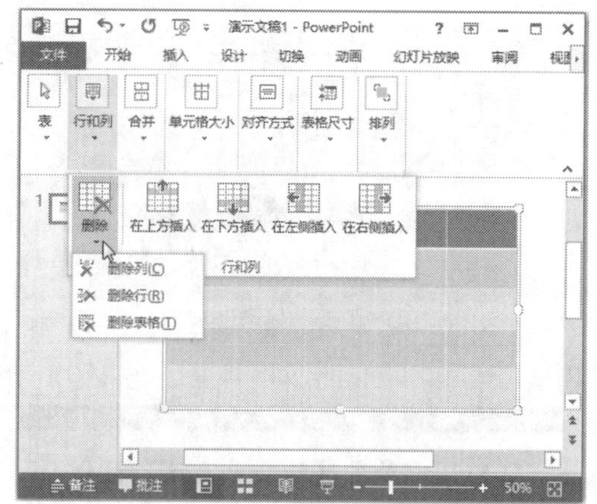

图 8-31　选择【删除行】或【删除列】选项

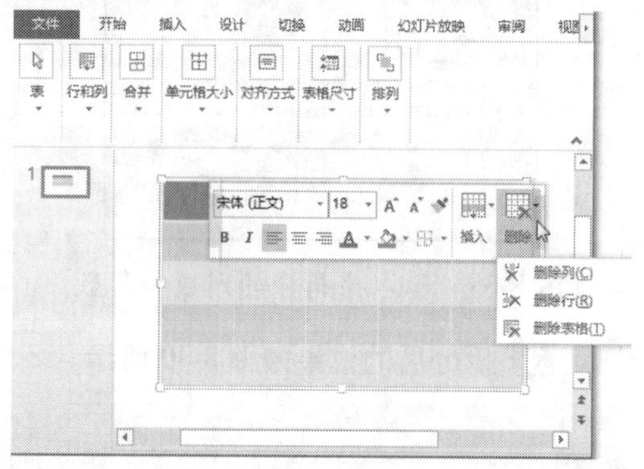

图 8-32　在工具栏中也可删除行或列

此外，选中表格，在【设计】选项卡中，单击【绘图边框】组中的【橡皮擦】按钮，如图 8-33 所示。此时鼠标指针变为橡皮擦形状 ，拖动鼠标选择要删除的某列的框线，即可删除该列，如图 8-34 所示。

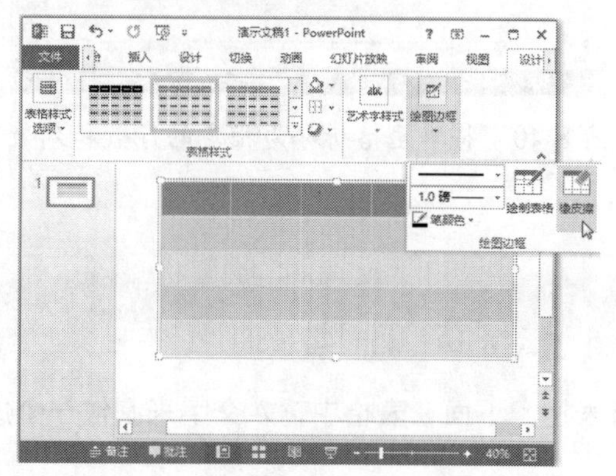

图 8-33　单击【橡皮擦】按钮

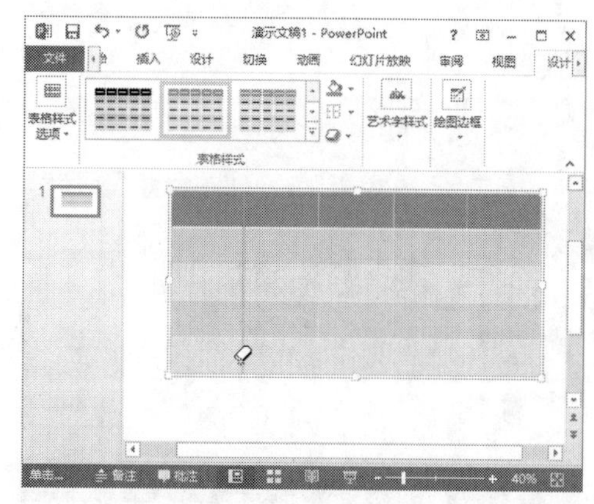

图 8-34　拖动鼠标选择要删除的某列的框线

另外，选中要删除的整行或整列，按 Backspace 键也可删除行或列。

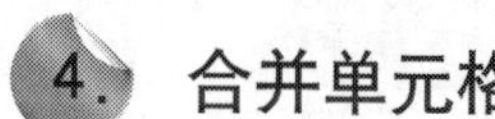

4. 合并单元格

必须选中两个或两个以上相邻的单元格时，才可以合并单元格，具体的操作步骤如下。

步骤 1 选中需要合并的单元格，在【布局】选项卡中，单击【合并】组中的【合并单元格】按钮，如图 8-35 所示。

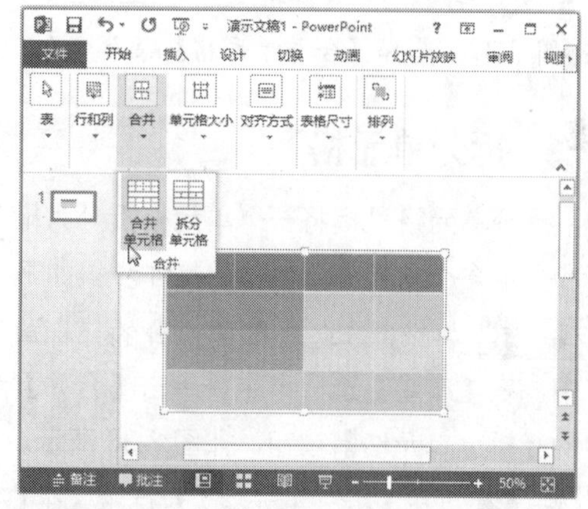

图 8-35　单击【合并单元格】按钮

步骤 2 将选择的单元格合并为一个单元格，如图 8-36 所示。

> **提示**　选择需要合并的单元格，单击鼠标右键，在弹出的快捷菜单中选择【合并单元格】菜单命令，也可合并单元格，如图 8-37 所示。

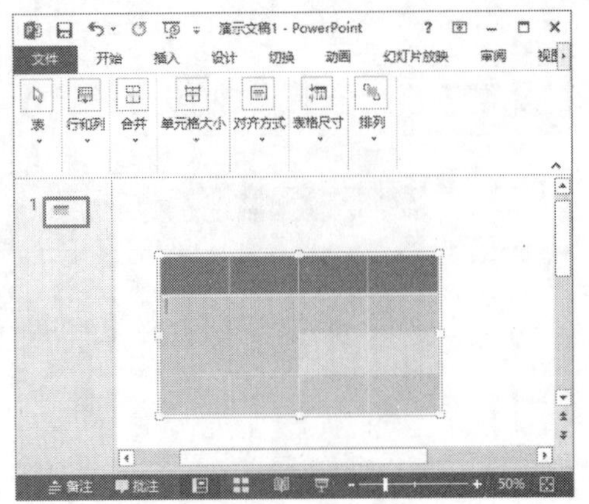
图 8-36　将选择的单元格合并为一个单元格

图 8-37　选择【合并单元格】菜单命令

5. 拆分单元格

拆分单元格是指将一个单元格拆分为指定行和列的多个单元格，具体的操作步骤如下。

步骤 1 将光标定位在需要拆分的目标单元格中，在【布局】选项卡中，单击【合并】组中的【拆分单元格】按钮，如图 8-38 所示。

步骤 2 弹出【拆分单元格】对话框，在【列数】和【行数】文本框中输入要拆分的列数和行数，如图 8-39 所示。

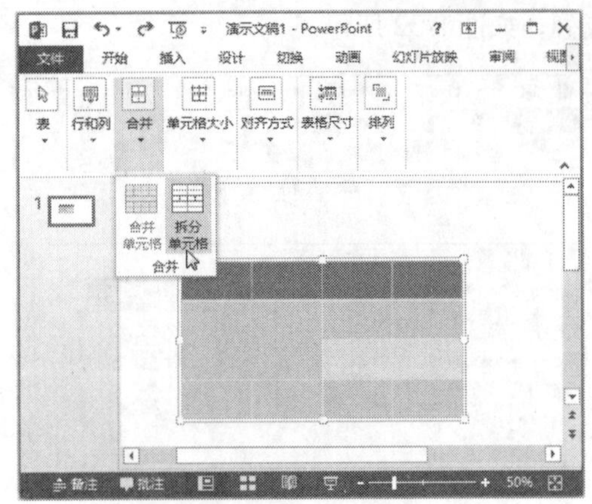
图 8-38　单击【拆分单元格】按钮

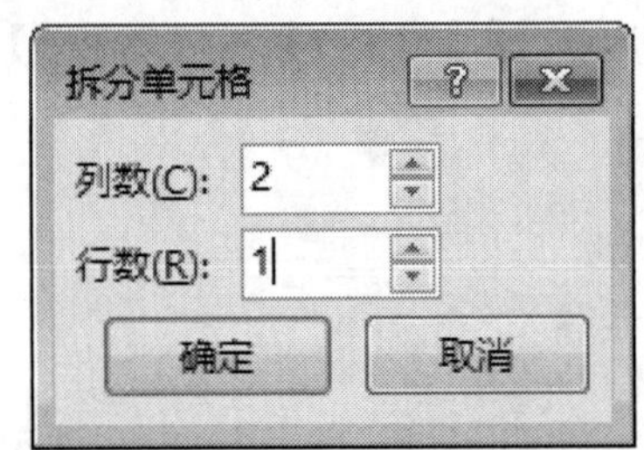

图 8-39　输入要拆分的列数和行数

步骤 3 拆分后的效果如图 8-40 所示。

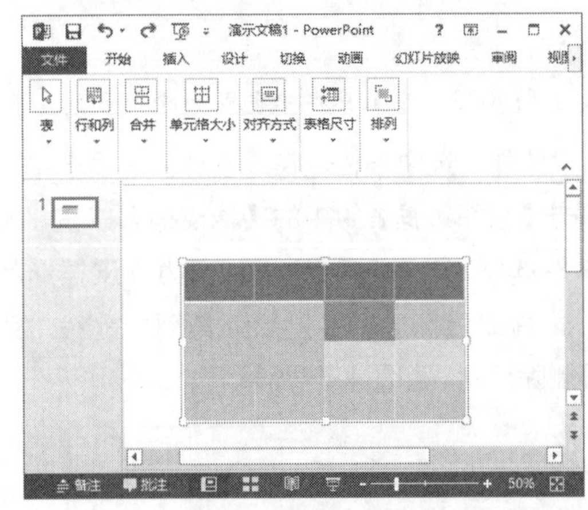
图 8-40　将单元格拆分为指定的行数和列数

8.2.3 在表格中输入文字

插入表格后，可以向单元格中添加文字以丰富表格。下面在表格中输入文字来制作一个成绩表，具体的操作方法如下。

步骤 1　单击第 1 行的第 1 个单元格，即将光标定位在该单元格中，输入文字“姓名”，如图 8-41 所示。

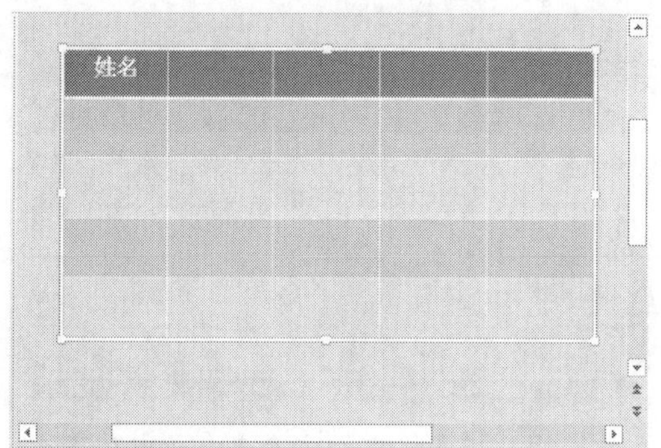

图 8-41　在第 1 行的第 1 个单元格中输入文字

步骤 2　使用步骤 1 的方法，将光标定位在其他单元格中，分别输入相应的文字，即成功制作一个成绩表，如图 8-42 所示。

姓名	语文	数学	英语	总分
张林	90	89	97	276
吴妍	89	95	85	269
李广	82	94	87	263
夏天	79	84	92	255

图 8-42　在其他单元格中输入文字

8.2.4 设置表格中文字的对齐方式

在单元格中输入文字后，可以设置文本的对齐方式，使其更加整齐美观。选中文本或表格后，在【布局】选项卡中，通过【对齐方式】组中的各命令按钮即可设置文本的对齐方式，如图 8-43 所示。

具体的操作步骤如下。

步骤 1　将鼠标指针移至表格的边框上，单击选中整个表格，然后在【布局】选项卡中，单击【对齐方式】组中的【居中】按钮≡，如图 8-44 所示。

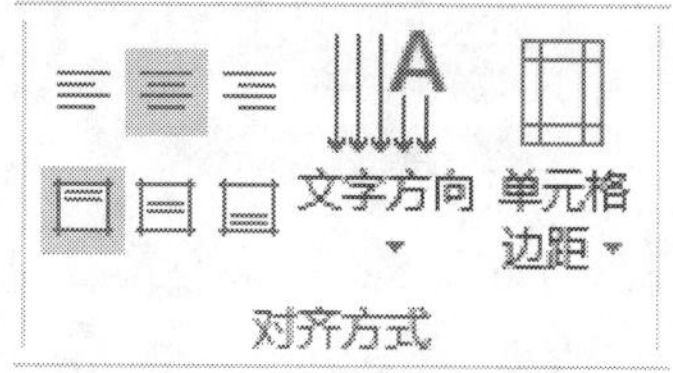

图 8-43　【对齐方式】组

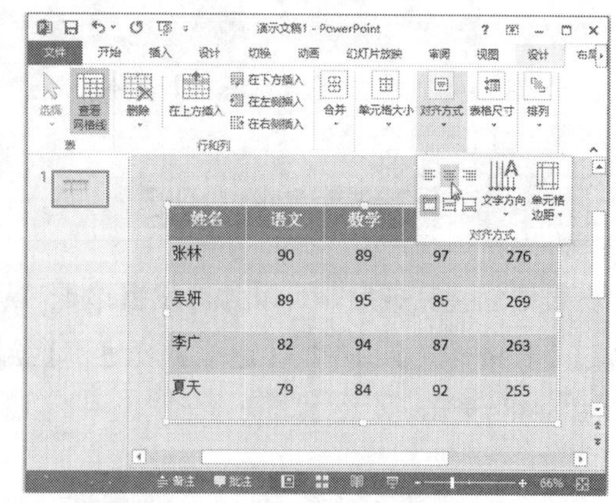

图 8-44　单击【居中】按钮

步骤 2　将表格中的文本水平居中对齐，如图 8-45 所示。

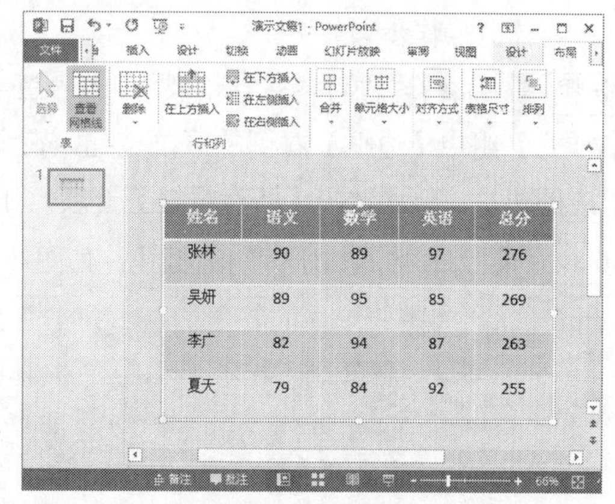

图 8-45　将表格中的文本水平居中对齐

步骤 3　在【布局】选项卡中，单击【对齐方式】组中的【垂直居中】按钮☰，如图 8-46 所示。

步骤 4 将表格中的文本垂直居中对齐，如图 8-47 所示。

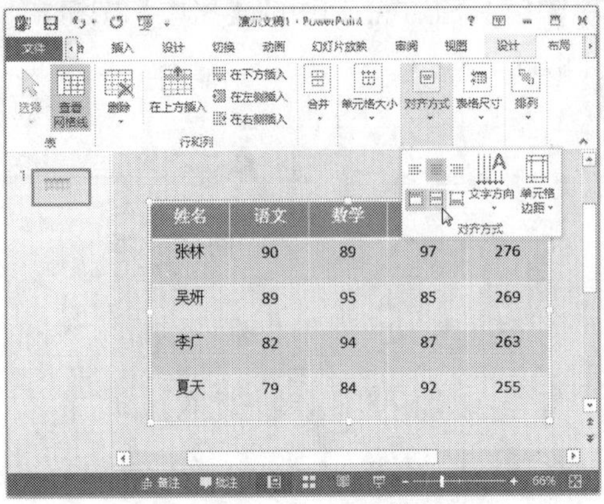

图 8-46　单击【垂直居中】按钮

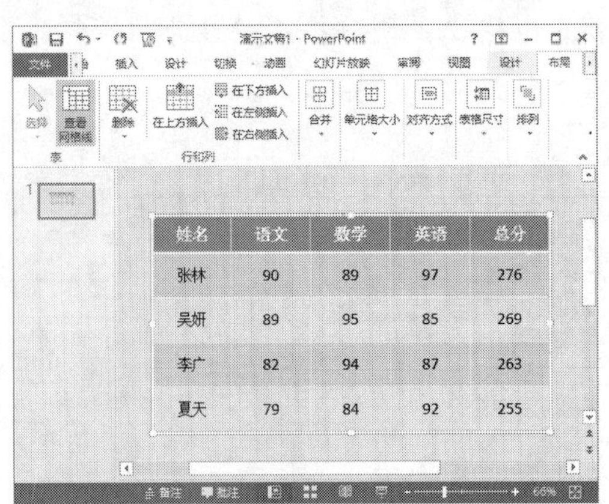

图 8-47　将表格中的文本垂直居中对齐

8.2.5 设置表格的边框

表格创建完成后，可以为其设置边框，从而突出显示表格的内容。在【设计】选项卡中，通过【表格样式】组中的【边框】按钮和【绘图边框】组中的各命令按钮即可设置表格的边框，如图 8-48 所示。

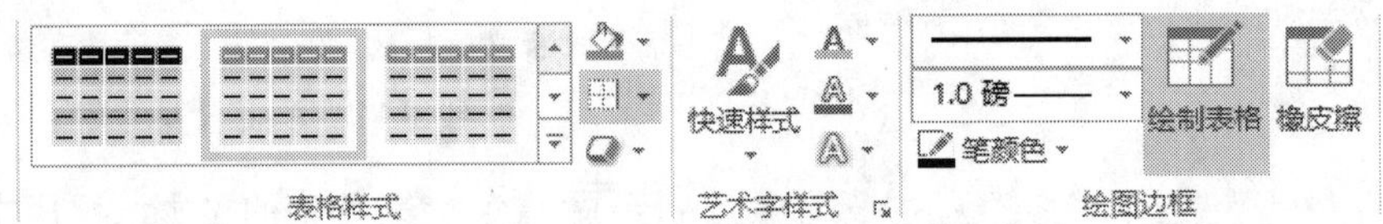

图 8-48　【表格样式】组中的【边框】按钮和【绘图边框】组

具体的操作步骤如下。

步骤 1 将鼠标指针移至表格的边框上，单击选中整个表格，然后在【设计】选项卡中，单击【表格样式】组中【边框】右侧的下拉按钮，在弹出的下拉列表中选择某一选项，即可为表格添加对应的边框，例如选择【所有框线】选项，如图 8-49 所示。

步骤 2 为表格添加所有的边框线，如图 8-50 所示。

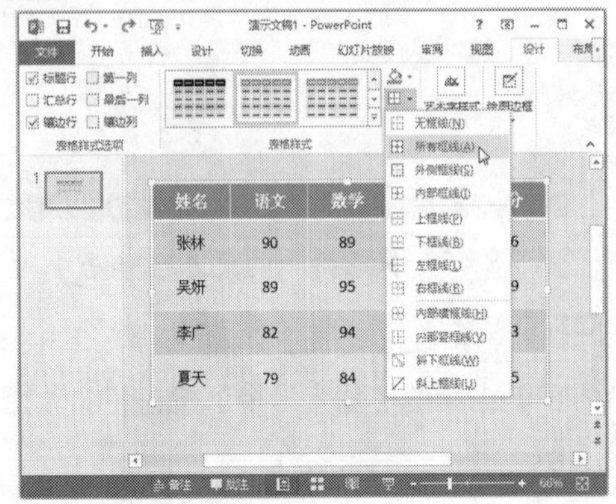

图 8-49　选择【所有框线】选项

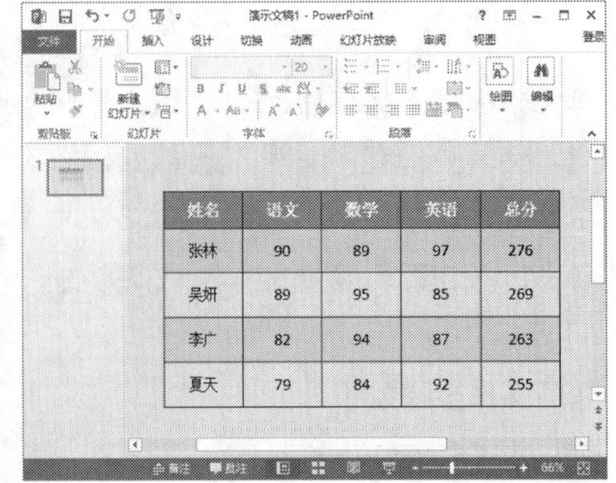

图 8-50　为表格添加所有的边框线

步骤 3 设置边框的样式、粗细及颜色。单击表格中的任意单元格，然后在【设计】选项卡中，单击【绘图边框】组中【笔样式】右侧的下拉按钮，在弹出的下拉列表中选择需要的样式，如图 8-51 所示。

步骤 4 在【笔划粗细】下拉列表中选择笔划的宽度，在【笔颜色】下拉列表中选择需要的颜色，如图 8-52 所示。

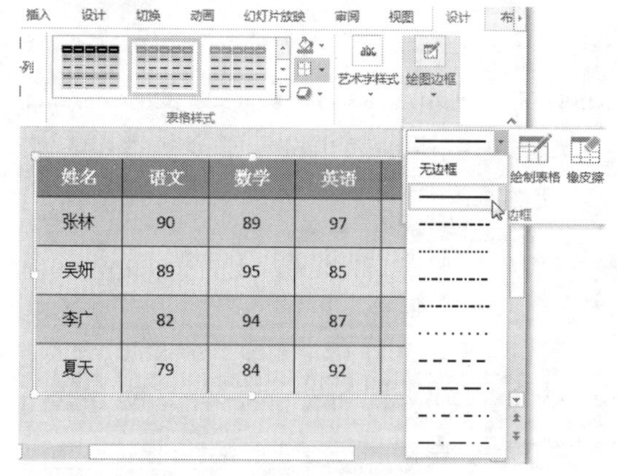

图 8-51 选择边框的样式

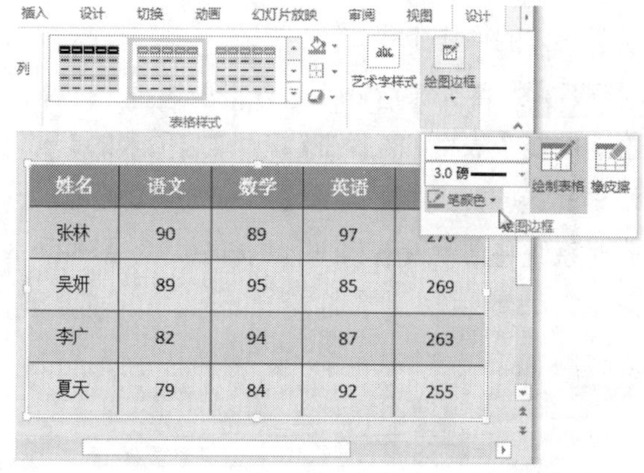

图 8-52 选择边框的宽度和颜色

步骤 5 此时鼠标指针变为笔的形状，按住鼠标左键不放，在左边框的右侧从上到下拖动鼠标，如图 8-53 所示。

步骤 6 在左边框上重新绘制一条边框线，使用同样的方法，为其他边框绘制边框线，如图 8-54 所示。

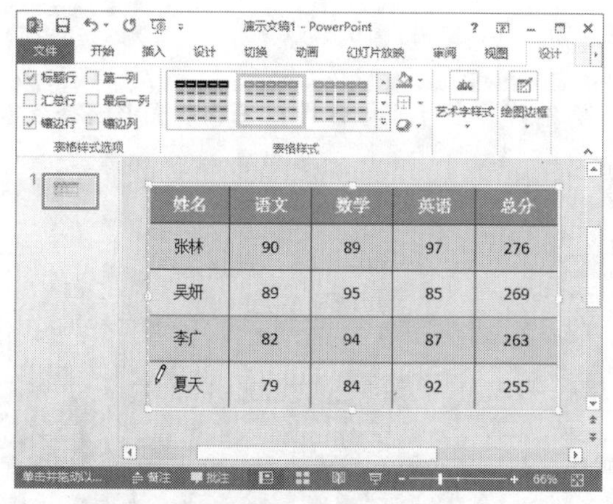

图 8-53 在左边框的右侧从上到下拖动鼠标

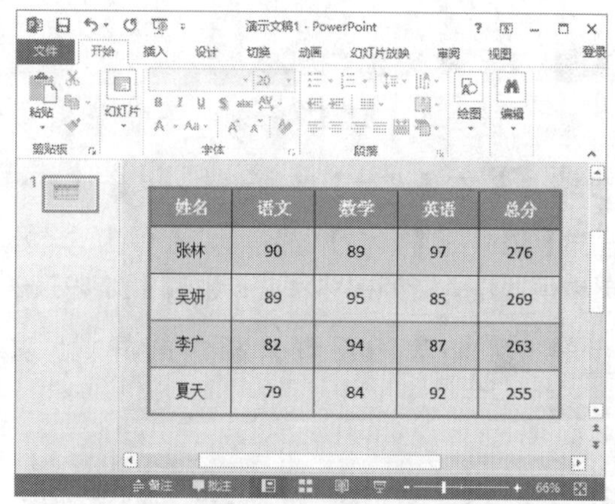

图 8-54 为表格绘制边框线

8.2.6 设置表格的样式

创建表格及输入文字内容后，往往还需要根据实际情况设置表格的样式。在【设计】选项卡中，通过【表格样式选项】组和【表格样式】组中的各命令按钮即可设置表格的样式，如图 8-55 所示。

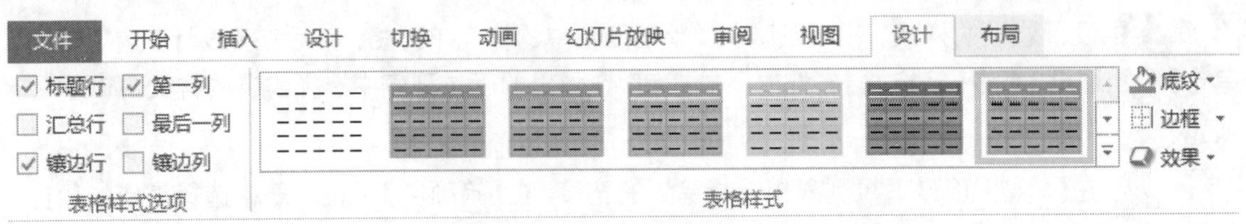

图 8-55 【表格样式选项】组和【表格样式】组

具体的操作步骤如下。

步骤 1 将鼠标指针移至表格的边框上，单击选中整个表格，然后在【设计】选项卡的【表格样式选项】组中，勾选【第一列】复选框，此时系统将自动设置第一列的样式，如图 8-56 所示。

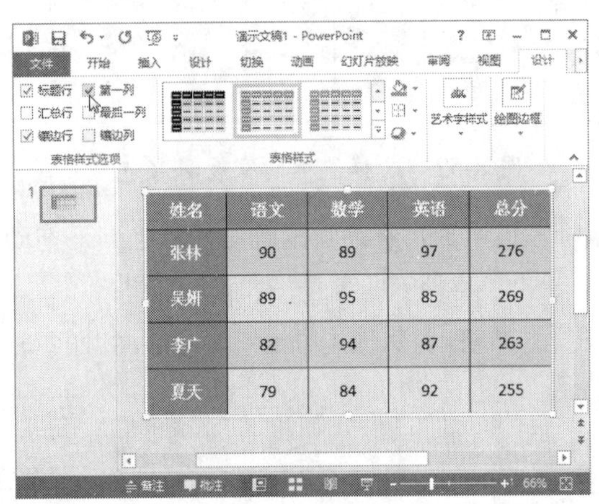

图 8-56 设置第一列的样式

步骤 2 在【设计】选项卡中，单击【表格样式】组中的【其他】按钮，在弹出的下拉列表中选择合适的表格样式，如图 8-57 所示。

步骤 3 将表格设置为相应的样式，如图 8-58 所示。

> **提示** 在弹出的下拉列表的底部选择【清除表格】选项，可清除应用的表格样式，还能清除使用其他方法设置的样式。

步骤 4 设置表格的底纹。在【设计】选项卡中，单击【表格样式】组中【底纹】右侧的下拉按钮，在弹出的下拉列表中即可选择底纹的类型，例如这里选择【渐变】选项，然后在右侧弹出的子列表中选择渐变的类型，如图 8-59 所示。

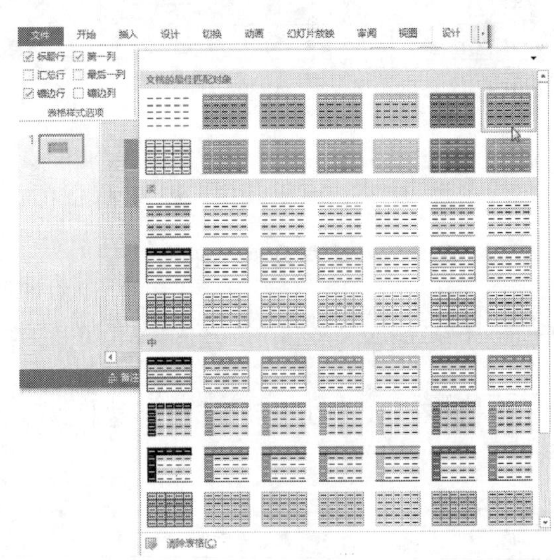

图 8-57 在【表格样式】下拉列表中选择表格样式

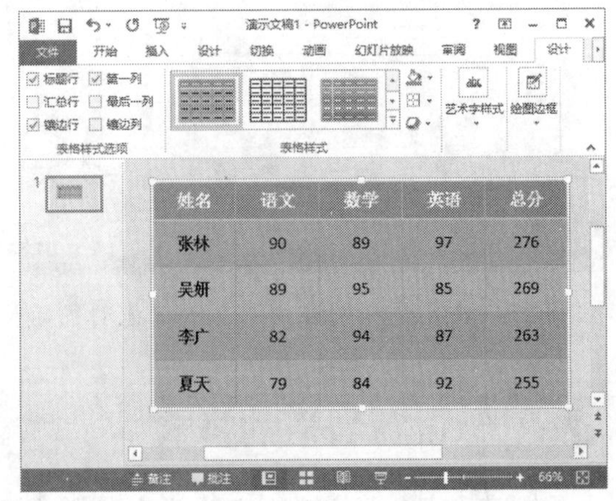

图 8-58 将表格设置为相应的样式

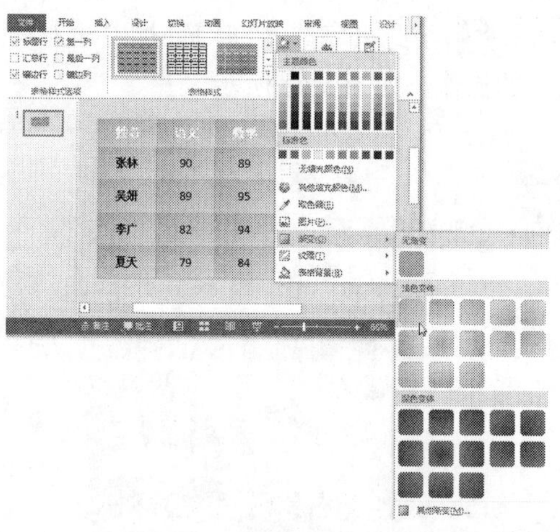

图 8-59 在【底纹】下拉列表中选择底纹的类型

步骤 5 为表格设置渐变色作为底纹，如图 8-60 所示。

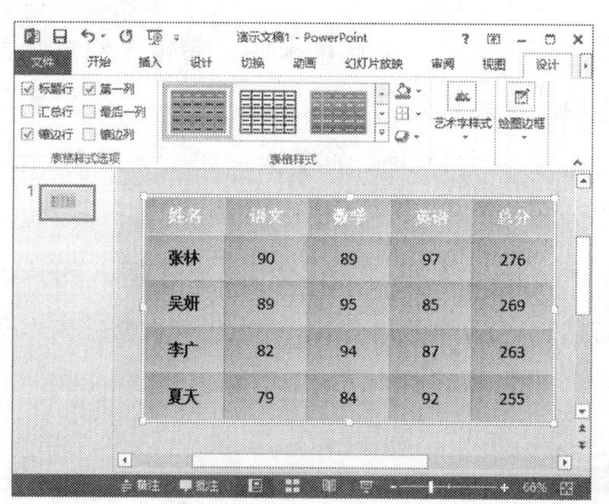

图 8-60 为表格设置渐变色作为底纹

步骤 6 设置表格的效果。在【设计】选项卡中，单击【表格样式】组中【效果】右侧的下拉按钮，在弹出的下拉列表中即可选择效果的类型，例如这里选择【单元格凹凸效果】选项，然后在右侧弹出的子列表中选择具体的效果，如图 8-61 所示。

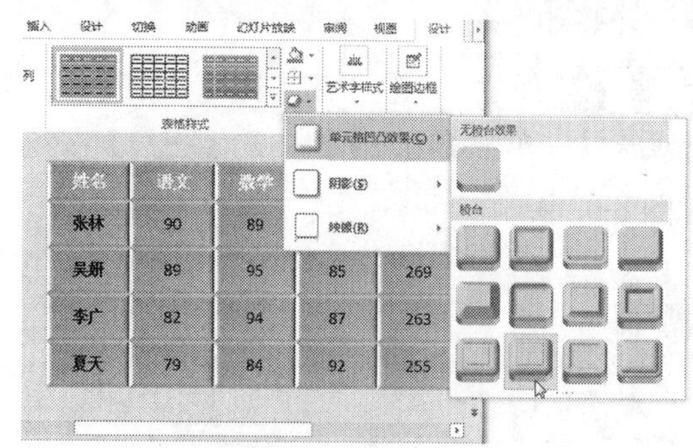

图 8-61 在【效果】下拉列表中选择效果的类型

步骤 7 即可为表格设置相应的效果，如图 8-62 所示。

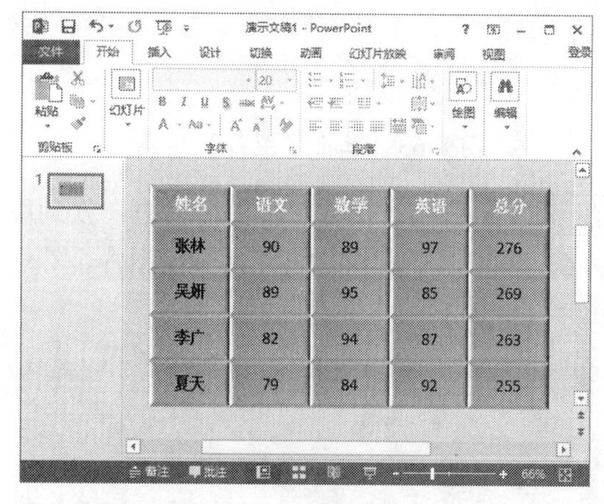

图 8-62 为表格设置相应的效果

8.3 使用图片

图片是演示文稿中一个重要的角色，通过图片的点缀，可以美化整个演示文稿，达到图文并茂的效果。

8.3.1 插入图片

在 PowerPoint 2013 中常用的图片格式有 JPG、BMP、PNG、GIF 等，插入图片的具体操作步骤如下。

步骤 1 新建一个空白演示文稿，在【插入】选项卡中，单击【图像】组中的【图片】按钮，如图 8-63 所示。

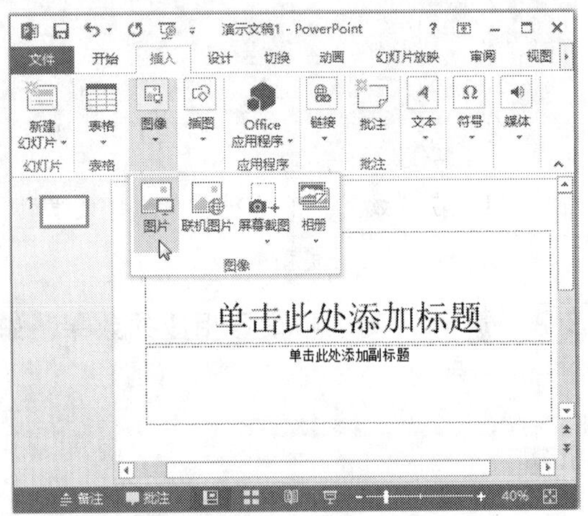

图 8-63 单击【图片】按钮

步骤 2 弹出【插入图片】对话框，找到图片在计算机中的保存位置，选中该图片，然后单击【插入】按钮，如图 8-64 所示。

图 8-64 选择要插入的图片

步骤 3 至此，完成了在幻灯片中插入一张图片的操作，如图 8-65 所示。

图 8-65 在幻灯片中插入一张图片

此外，在某些幻灯片模板中可以直接插入图片。在【插入】选项卡中，单击【幻灯片】组中的【新建幻灯片】下拉按钮，在弹出的下拉列表中选择第 2 个模板，如图 8-66 所示，即可新建一个幻灯片模板。单击幻灯片占位符中的【图片】按钮，即弹出【插入图片】对话框，从中选择要插入的图片，也可插入图片，如图 8-67 所示。

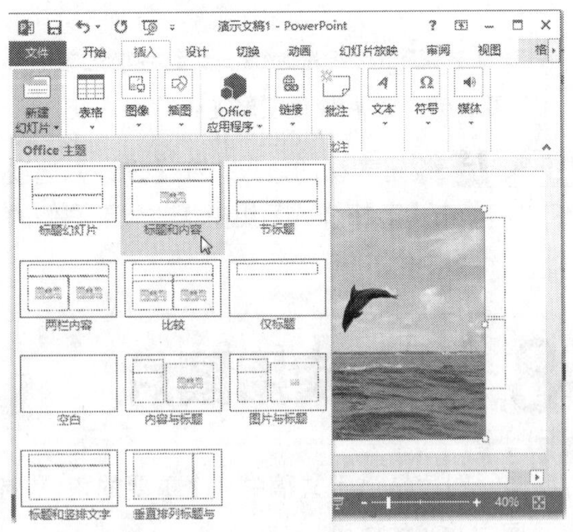

图 8-66 选择第 2 个模板

图 8-67　单击幻灯片占位符中的【图片】按钮

8.3.2 调整图片的大小

在幻灯片中插入图片之后，还可根据需要调整图片的大小，具体的操作步骤如下。

步骤 1 选中图片，将鼠标指针移至图片四周的尺寸控制点上，此时鼠标指针会变为箭头形状，如图 8-68 所示。

图 8-68　鼠标指针变为箭头形状

步骤 2 按住鼠标左键不放，拖动鼠标更改图片的大小，如图 8-69 所示。

图 8-69　拖动鼠标更改图片的大小

步骤 3 释放鼠标，即可完成调整图片大小的操作，如图 8-70 所示。

图 8-70　调整图片大小后的效果

> **提示**　选中图片后，在【格式】选项卡的【大小】组中，通过在【高度】和【宽度】文本框中输入具体的数值也可调整图片的大小，如图 8-71 所示。

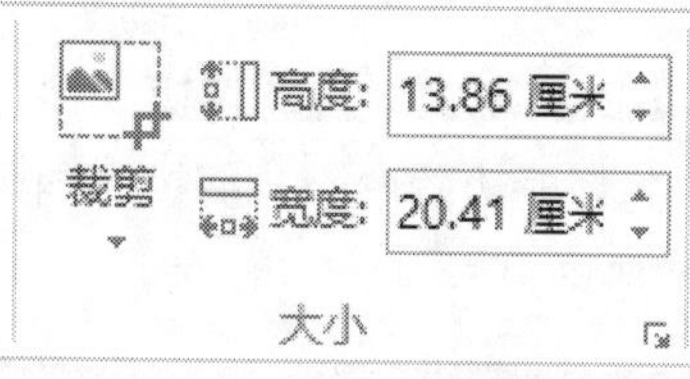

图 8-71　在【高度】和【宽度】文本框中输入具体的数值

8.3.3 裁剪图片

在幻灯片中除了可以对插入的图片调整大小外，还可以对其进行裁剪操作。首先选中需要裁剪的图片，在【格式】选项卡中，单击【大小】组中的【裁剪】按钮，此时图片四周出现 4 个角部裁剪控点和 4 个中心裁剪控点，如图 8-72 所示。

图 8-72　图片四周出现裁剪控点

直接通过裁剪点进行裁剪，可以进行 4 种裁剪操作，分别如下。

步骤 1 裁剪某一边：将鼠标指针移至某一边的裁剪控点上，按住鼠标左键不放，向里拖动鼠标即可裁剪该边，如图 8-73 所示。

图 8-73　裁剪某一边

步骤 2 同时均匀地裁剪两边：按住 Ctrl 键的同时，将任一边的中心裁剪控点向里拖动，如图 8-74 所示。

图 8-74　同时均匀地裁剪两边

步骤 3 同时均匀地裁剪 4 边：按住 Ctrl 键的同时，将任一个角部裁剪控点向里拖动，如图 8-75 所示。

图 8-75　同时均匀地裁剪 4 边

步骤 4 放置裁剪：通过拖动裁剪方框的边缘，即可移动裁剪区域或图片，如图 8-76 所示。

图 8-76　放置裁剪

操作完成后，在幻灯片空白位置处单击或者按 Esc 键即可退出裁剪操作。

此外，选中图片后，单击【大小】组中的【裁剪】下拉按钮，弹出的下拉列表中包括【裁剪】、【裁剪为形状】、【纵横比】、【填充】、【调整】等选项，如图 8-77 所示。

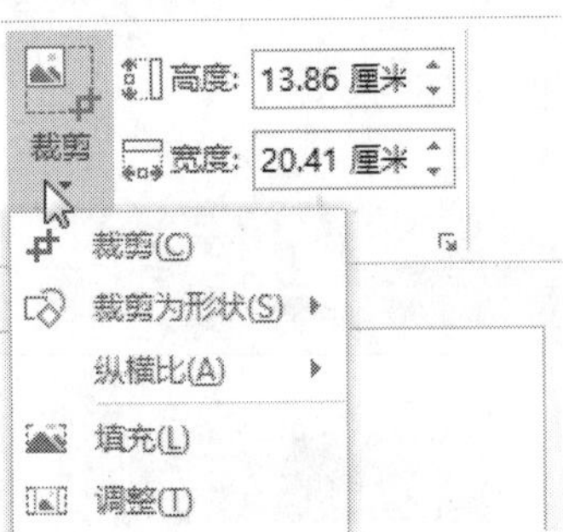

图 8-77　【裁剪】下拉列表

通过【裁剪】下拉列表可以将图片裁剪为特定形状、裁剪为通用纵横比、填充形状等。

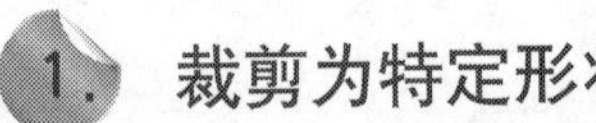

1. 裁剪为特定形状

将图片裁剪为特定形状时，系统会自动修整图片，但同时会保持图片的比例不变。具体的操作步骤如下。

步骤 1 选中图片，在【格式】选项卡中，单击【大小】组中的【裁剪】下拉按钮，在弹出的下拉列表中选择【裁剪为形状】选项，然后在右侧弹出的子列表中选择需要的形状，例

如这里选择【基本形状】区域的【云形】选项，如图 8-78 所示。

图 8-78　在【裁剪为形状】下拉列表中选择形状

步骤 2 将图片裁剪为特定的云朵形状，如图 8-79 所示。

图 8-79　将图片裁剪为特定的云朵形状

2. 裁剪为通用纵横比

将图片裁剪为通用的照片或通用纵横比，可以使其轻松适合图片框。通过这种方法还可以在裁剪图片时查看图片的比例。具体操作方法如下。

步骤 1 选中图片，在【格式】选项卡中，单击【大小】组中的【裁剪】下拉按钮，在弹出的下拉列表中选择【纵横比】选项，然后在右侧弹出的子列表中选择需要的纵横比，如图 8-80 所示。

步骤 2 将图片裁剪为特定的纵横比，如图 8-81 所示。

图 8-80　在【纵横比】下拉列表中选择纵横比

图 8-81　将图片裁剪为特定的纵横比

8.3.4 旋转图片

若要旋转图片，应首先选中图片，然后将鼠标指针移至上方的旋转按钮上，此时鼠标指针变为形状，如图 8-82 所示。按住鼠标左键不放，拖动鼠标即可旋转图片，如图 8-83 所示。

图 8-82　将鼠标指针移至上方的旋转按钮上

图 8-83　拖动鼠标即可旋转图片

此外，选中图片后，在【格式】选项卡中，单击【排列】组中的【旋转】按钮，在弹出的下拉列表中同样可以设置旋转角度，如图 8-84 所示。

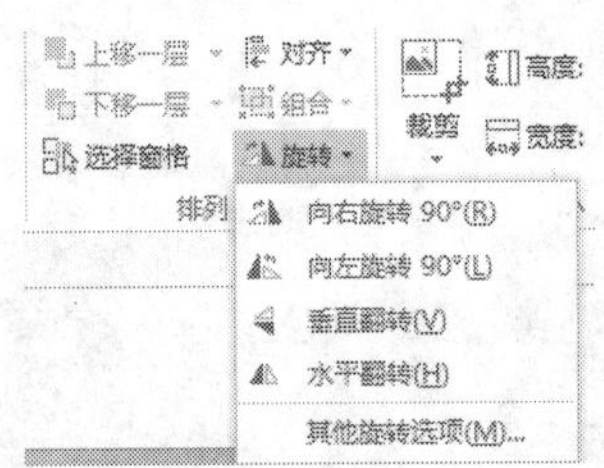

图 8-84　在【旋转】下拉列表中可设置旋转角度

若在弹出的下拉列表中选择【其他旋转选项】选项，在界面右侧将弹出【设置图片格式】窗格，在【大小属性】选项卡下的【旋转】文本框中输入具体的角度，可设置具体的旋转角度值，如图 8-85 所示。

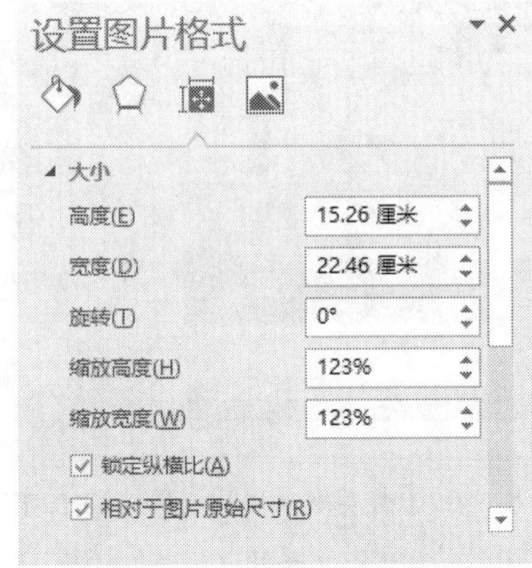

图 8-85　【设置图片格式】窗格

8.3.5 为图片设置样式

插入图片后，还可以为图片设置样式，例如为图片添加阴影或发光效果，更改图片的亮度、对比度或模糊度等。选中要设置样式的图片后，在【格式】选项卡中，通过【图片样式】组中的各命令按钮即可设置图片的样式，如图 8-86 所示。

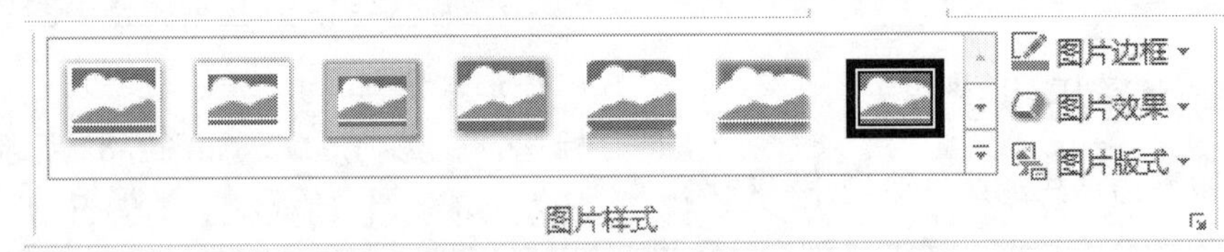

图 8-86　【图片样式】组

具体的操作步骤如下。

步骤 1 选中图片，在【格式】选项卡中，单击【图片样式】组中的【其他】按钮，在弹出的下拉列表中选择需要的样式，如图 8-87 所示。

步骤 2 为图片设置相应的样式，如图 8-88 所示。

步骤 3 在【格式】选项卡中，单击【图片样式】组中【图片边框】右侧的下拉按钮，在弹出的下拉列表中选择需要的颜色，如图 8-89 所示。

步骤 4 为图片设置相应的边框颜色，如图 8-90 所示。

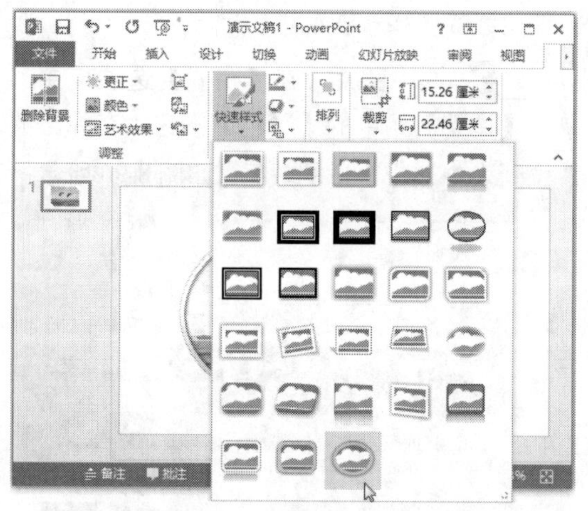

图 8-87 在【图片样式】下拉列表中选择样式

图 8-88 为图片设置相应的样式

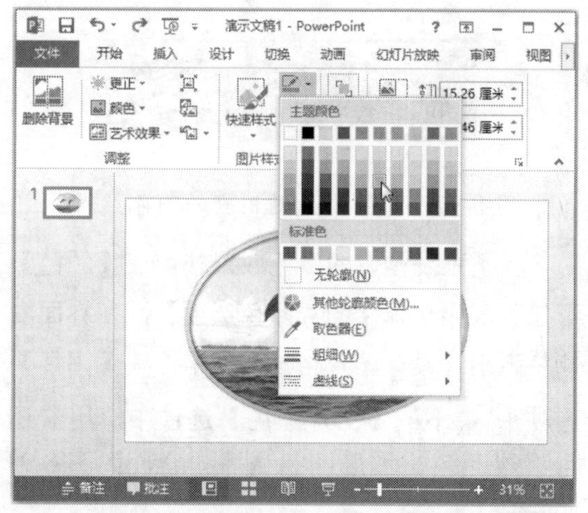

图 8-89 在【图片边框】下拉列表中选择颜色

步骤 5 在【格式】选项卡中，单击【图片样式】组中【图片效果】右侧的下拉按钮，在弹出的下拉列表中选择合适的效果，如图 8-91 所示。

图 8-90 为图片设置相应的边框颜色

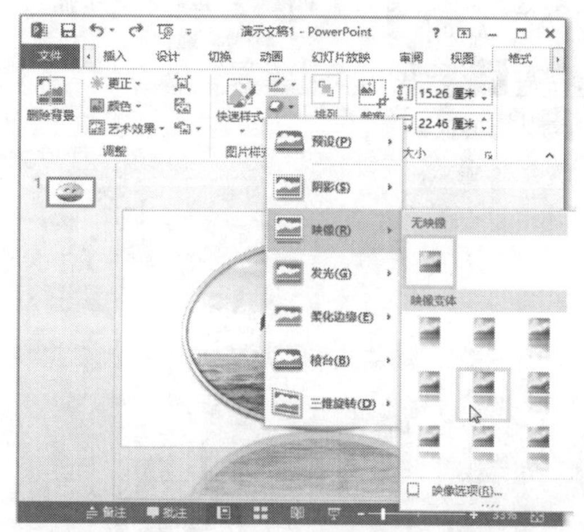

图 8-91 在【图片效果】下拉列表中选择效果

步骤 6 为图片应用效果，如图 8-92 所示。

图 8-92 为图片应用效果

步骤 7 在【格式】选项卡中，单击【图片样式】组中【图片版式】右侧的下拉按钮，在弹出的下拉列表中选择合适的版式，如图 8-93 所示。

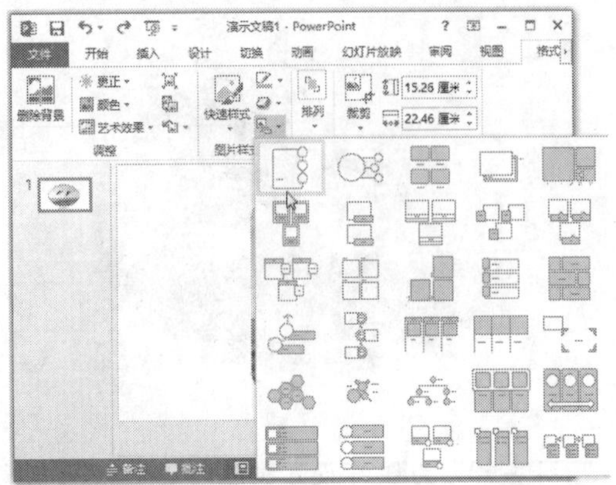

图 8-93　在【图片版式】下拉列表中选择版式

步骤 8 即可为图片设置相应的版式，如图 8-94 所示。

图 8-94　为图片设置相应的版式

8.3.6 为图片设置颜色效果

插入图片后，还可以进行颜色效果设置。选中要设置的图片后，在【格式】选项卡中，通过【调整】组中的【颜色】按钮即可设置图片的颜色效果，如图 8-95 所示。

图 8-95　通过【颜色】按钮设置图片的颜色效果

具体的操作步骤如下。

步骤 1 选中图片，在【格式】选项卡中，单击【调整】组中的【颜色】按钮，在弹出的下拉列表中选择合适的效果，如图 8-96 所示。

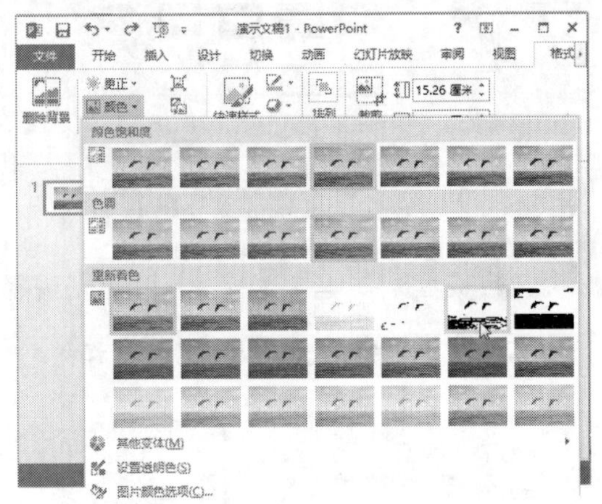

图 8-96　在【颜色】下拉列表中选择效果

步骤 2 为图片设置相应的颜色效果，如图 8-97 所示。

图 8-97　为图片设置相应的颜色效果

除了系统预设的颜色效果外，在【颜色】下拉列表中选择【图片颜色选项】，在界面右侧将弹出【设置图片格式】窗格，在【图片】选项卡下的【图片颜色】选项中，用户还可设置颜色饱和度、色调等内容，如图 8-98 所示。

提示　饱和度是颜色的浓度。饱和度越高，图片色彩越鲜艳；饱和度越低，图片色彩越黯淡。

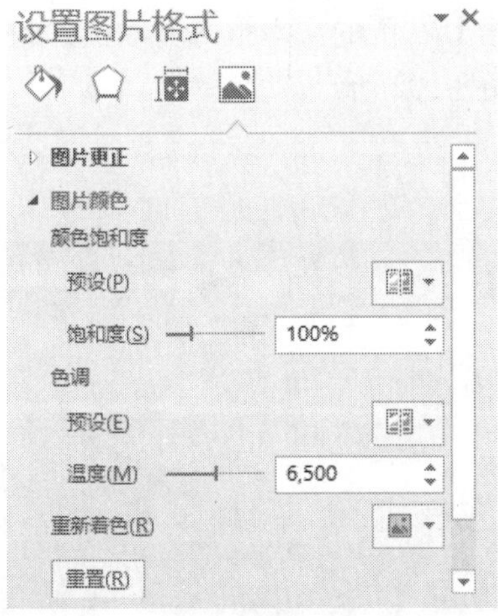

图 8-98　【设置图片格式】窗格

8.3.7 为图片设置艺术效果

将艺术效果应用于图片，可使其看起来更像素描、绘图或油画等。在【格式】选项卡中，通过【调整】组中的【艺术效果】按钮即可进行设置，具体的操作步骤如下。

步骤 1 选中图片，在【格式】选项卡中，单击【调整】组中的【艺术效果】按钮，在弹出的下拉列表中选择合适的效果，如图 8-99 所示。

提示 若要删除图片的艺术效果，只需在【艺术效果】下拉列表中选择第一个选项（【无】选项）即可。

步骤 2 为图片设置相应的艺术效果，如图 8-100 所示。

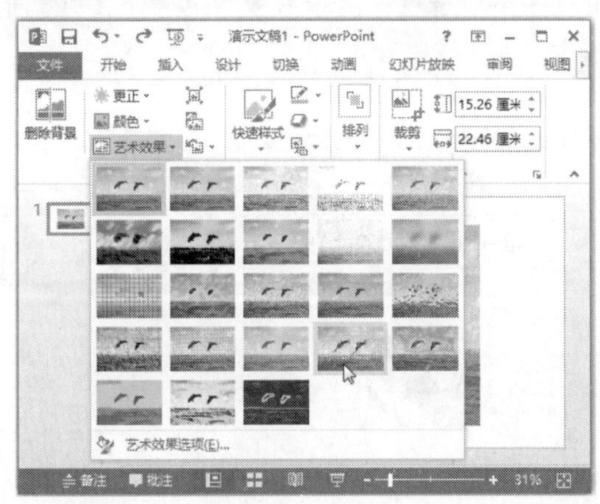

图 8-99　在【艺术效果】下拉列表中选择效果

图 8-100　为图片设置相应的艺术效果

8.4 插入联机图片

在 PowerPoint 2013 中，除了能够使用本地的图片外，用户还可插入联机图片，即可以联机搜索图片，这样将极大地丰富幻灯片的内容。具体的操作步骤如下。

步骤 1 选择要插入联机图片的幻灯片，在【插入】选项卡中，单击【图像】组中的【联机图片】按钮，如图 8-101 所示。

步骤 2 弹出【插入图片】对话框，在【必应图像搜索】右侧的文本框内输入搜索的内容，例如输入“足球”，然后单击右侧的【搜索】按钮，如图 8-102 所示。

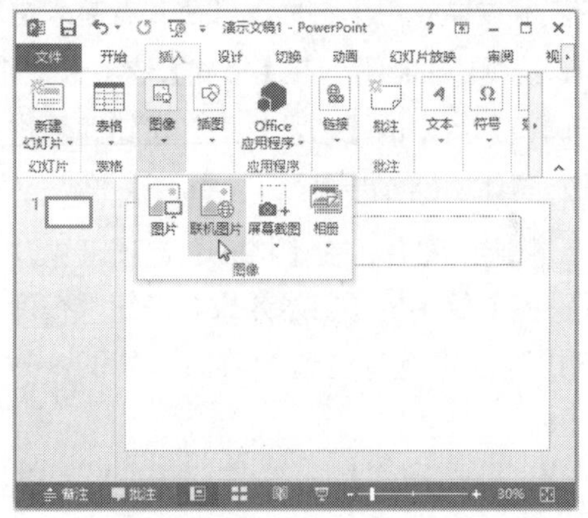

图 8-101 单击【联机图片】按钮

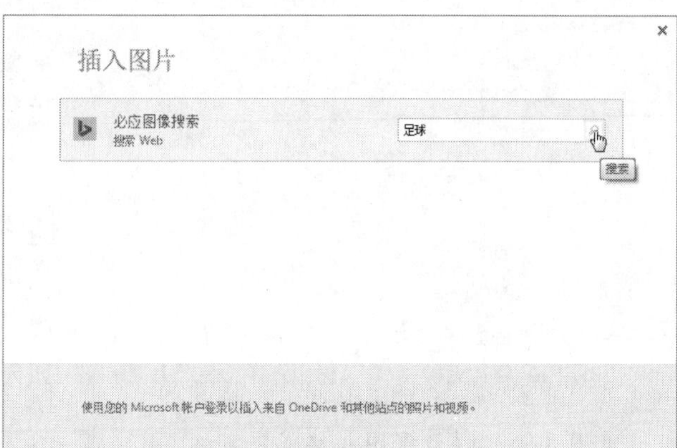

图 8-102 【插入图片】对话框

步骤 3 此时将联机搜索出有关足球的图片，选择需要的图片，单击下方的【插入】按钮，如图 8-103 所示。

> **提示** 搜索出图片后，通常在下方会出现一个提示框，提示版权信息，单击【显示所有 Web 结果】按钮，即可显示所有的搜索结果。

步骤 4 至此，完成了成功插入联机图片的操作，如图 8-104 所示。

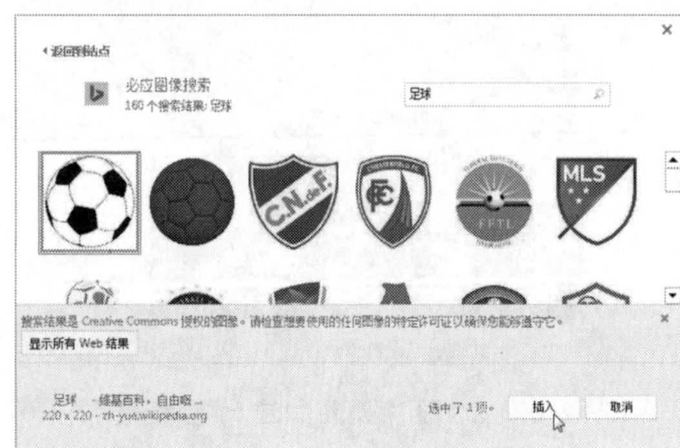

图 8-103 选择需要的图片

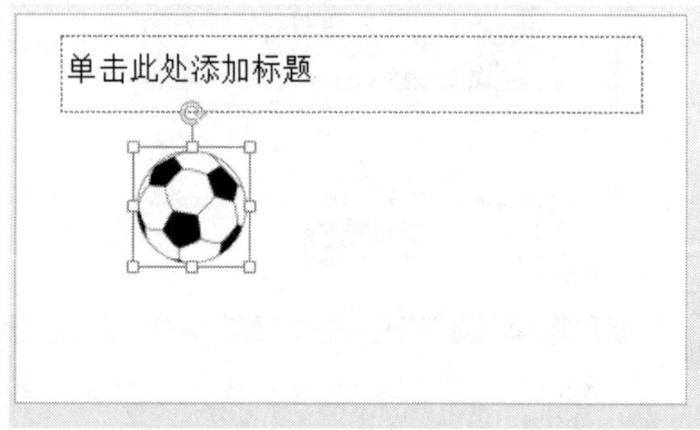

图 8-104 成功插入联机图片

8.5 插入屏幕截图

用户可以快速轻松地将屏幕截图添加到幻灯片中，以增强可读性或捕获信息，且无须退出正在使用的程序，具体的操作步骤如下。

步骤 1　选择要插入屏幕截图的幻灯片，在【插入】选项卡中，单击【图像】组中的【屏幕截图】按钮，在下拉列表中的【可用视窗】区域中可以看到当前所有屏幕的缩略图，选择要插入的缩略图，如图 8-105 所示。

步骤 2　至此，成功插入屏幕截图，如图 8-106 所示。

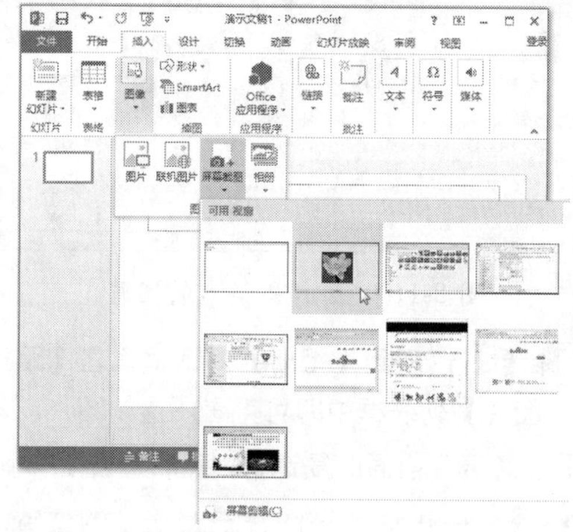

图 8-105　选择要插入的屏幕缩略图

图 8-106　成功插入屏幕截图

此外，若要插入部分窗口，在【屏幕截图】下拉列表中选择【屏幕剪辑】选项，此时鼠标指针变为十字形状，按住鼠标左键不放，选择要捕获的区域即可。

提示　如果当前计算机打开了多个窗口，则单击要剪辑的窗口，然后返回到演示文稿，选择【屏幕剪辑】选项，即可对选定的窗口进行截图操作。

8.6 职场技能训练

前面主要学习了如何使用图文美化幻灯片，下面学习美化幻灯片操作在实际工作中的应用。

8.6.1 职场技能 1——创建相册

随着数码相机的不断普及，利用电脑制作电子相册的人越来越多。在 PowerPoint 2013 中，用户可以轻松创建电子相册，具体的操作步骤如下。

步骤 1　启动 PowerPoint 2013，新建一个空白演示文稿，如图 8-107 所示。

步骤 2　在【插入】选项卡中，单击【图像】组中的【相册】按钮，如图 8-108 所示。

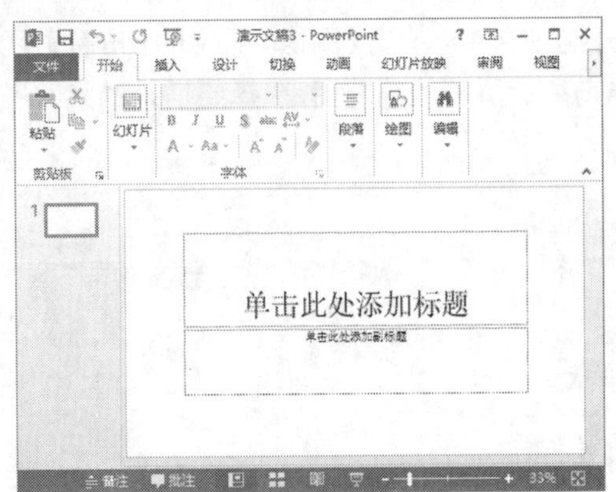
图 8-107　新建一个空白演示文稿

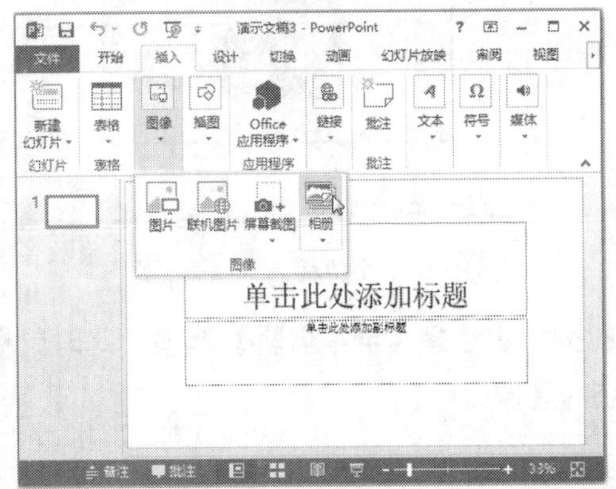
图 8-108　单击【相册】按钮

步骤 3 弹出【相册】对话框，在其中单击【文件 / 磁盘】按钮，如图 8-109 所示。

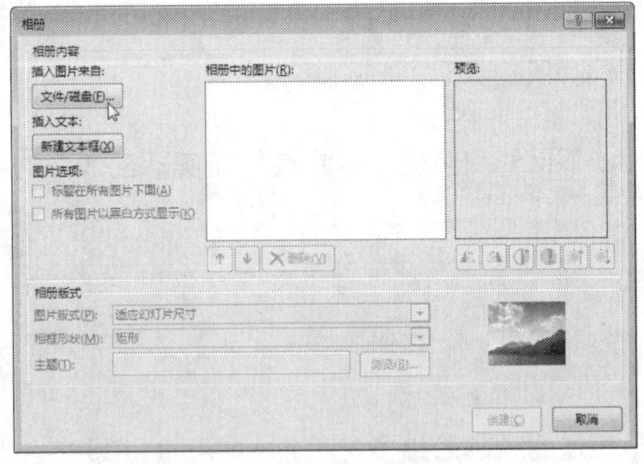
图 8-109　单击【文件 / 磁盘】按钮

步骤 4 弹出【插入新图片】对话框，在计算机中选择要插入的图片，单击【插入】按钮，如图 8-110 所示。

图 8-110　选择要插入的图片

步骤 5 返回到【相册】对话框，在【相册中的图片】列表框中即可查看所选的图片，勾选图片“90”前面的复选框，然后单击【向下】按钮↓，即可调整该图片在相册中的位置，如图 8-111 所示。

提示 选中图片后，单击【向上】按钮↑或【删除】按钮，可上移或删除图片。

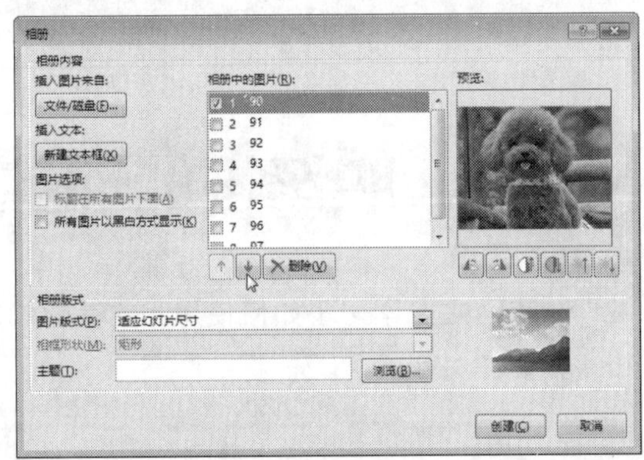
图 8-111　单击【向下】按钮

步骤 6 单击【图片版式】右侧的下拉按钮，在弹出的下拉列表中选择【1 张图片】选项，如图 8-112 所示。

步骤 7 单击【相框形状】右侧的下拉按钮，在弹出的下拉列表中选择【圆角矩形】选项，如图 8-113 所示。

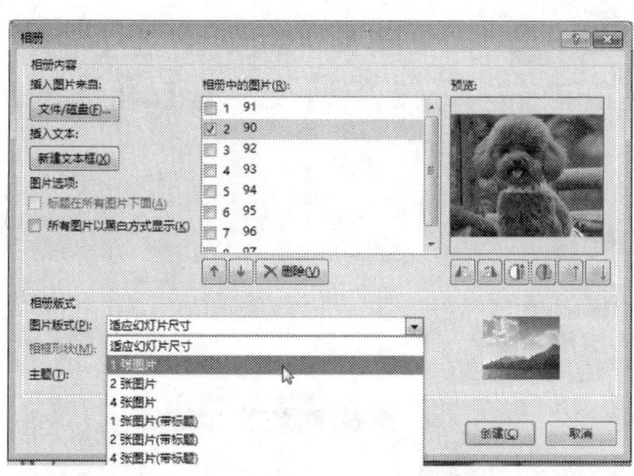

图 8-112　选择【1 张图片】选项

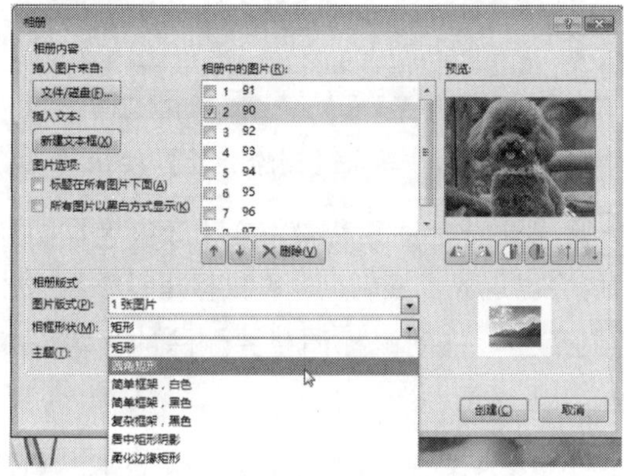

图 8-113　选择【圆角矩形】选项

步骤 8 单击【主题】右侧的【浏览】按钮，如图 8-114 所示。

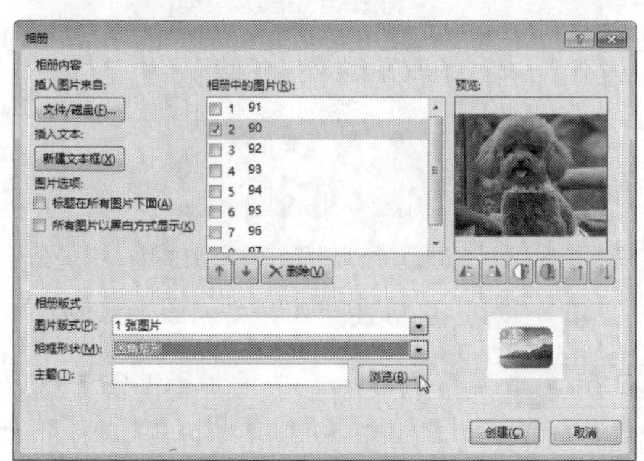

图 8-114　单击【浏览】按钮

步骤 9 弹出【选择主题】对话框，在其中选择演示文稿使用的主题，并单击【选择】按钮，如图 8-115 所示。

步骤 10 返回到【相册】对话框，单击【创建】按钮，如图 8-116 所示。

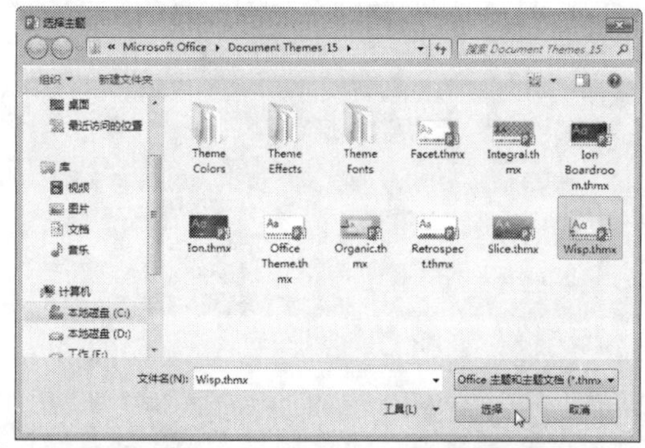

图 8-115　选择演示文稿使用的主题

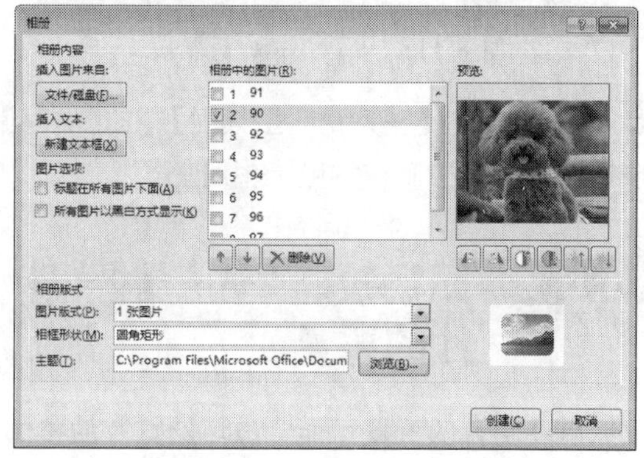

图 8-116　单击【创建】按钮

步骤 11 至此，自动创建一个电子相册的演示文稿，该演示文稿使用了所选的主题，每张幻灯片中只有 1 张图片，并且图片的形状为圆角矩形，如图 8-117 所示。

图 8-117　创建一个电子相册的演示文稿

步骤 12 在【视图】选项卡中，单击【演示文稿视图】组中的【幻灯片浏览】按钮，可查看每张幻灯片的缩略图，如图 8-118 所示。

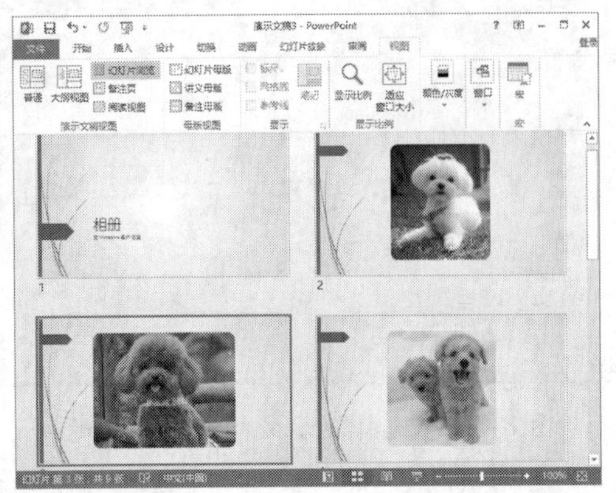

图 8-118　幻灯片浏览视图

步骤 13 单击【快速访问工具栏】中的【保存】按钮，即可保存制作的电子相册。

8.6.2 职场技能 2——删除图片的背景

有些图片的背景可能会破坏幻灯片的整体协调感，利用 PowerPoint 2013 提供的删除背景功能，即可轻松删除图片的背景，具体的操作步骤如下。

步骤 1 打开随书光盘中的“素材\ch08\删除背景.pptx”文件，如图 8-119 所示。

图 8-119　“删除背景.pptx”文件

步骤 2 选中幻灯片中的图片，在【格式】选项卡中，单击【调整】组中的【删除背景】按钮，如图 8-120 所示。

图 8-120　单击【删除背景】按钮

步骤 3 此时图片背景将变为玫红色，图片四周会出现 8 个控制点，将鼠标指针移至这些控制点上，拖动鼠标调整要删除的区域，如图 8-121 所示。

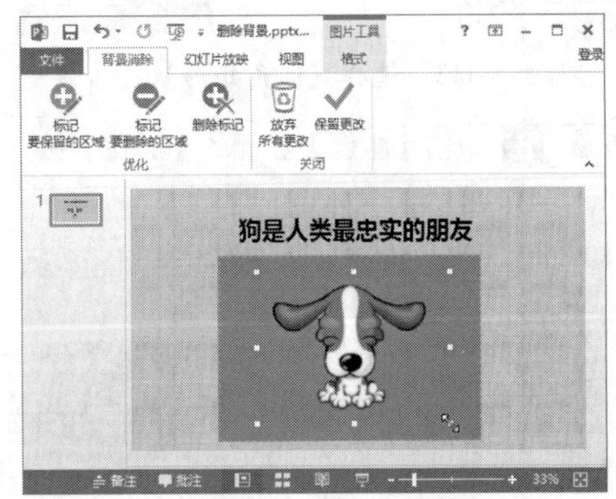

图 8-121　拖动鼠标调整要删除的区域

步骤 4 设置完成后，在【背景消除】选项卡中，单击【关闭】组中的【保留更改】按钮，或者直接在幻灯片的空白位置处单击，如图 8-122 所示。

步骤 5 将图片的背景删除，只保留图片，如图 8-123 所示。

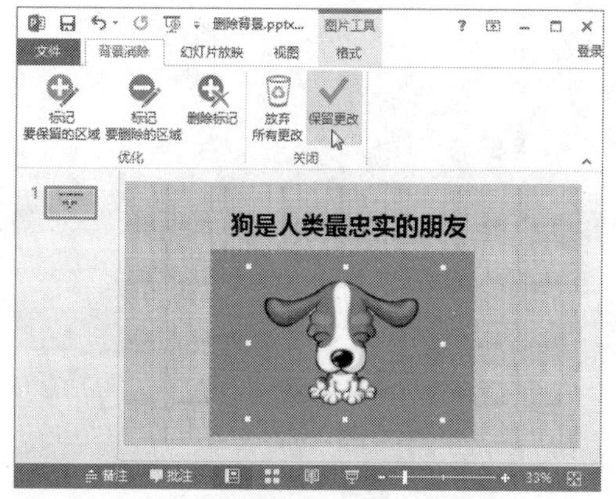

图 8-122　单击【保留更改】按钮

图 8-123　将图片的背景删除

8.7 疑难问题解答

问题 1：为什么在 PowerPoint 2013 中没有剪贴画相关选项？

解答：在 PowerPoint 2013 中，微软公司已经取消插入剪贴画功能，替代该功能的是插入联机图片功能。在【插入】选项卡中，单击【图像】组中的【联机图片】按钮，弹出【插入图片】对话框，在【必应图像搜索】文本框中输入要搜索的图片，即可搜索出相关的剪贴画以及网络上的图片等内容。

问题 2：如何在表格中同时添加多行或多列？

解答：若要同时添加多行或多列，在表格中按住鼠标左键不放，拖动鼠标同时选中多行或多列，然后在【布局】选项卡中，单击【行和列】组中的【在上方插入】或【在左侧插入】按钮，即可同时添加多行或多列。

PPT 有图才有真相——图表与图形

- **本章导读**

在幻灯片中添加图表或图形，可以使幻灯片的内容更加生动、形象。本章主要介绍在 PowerPoint 2013 中使用图表、图形的基本操作知识，包括使用图表、形状和 SmartArt 图形的操作方法。用户通过对这些知识的学习，可以制作出更为美观的 PPT。

- **学习目标**

◎ 了解图表的作用和分类
◎ 掌握插入图表的方法
◎ 掌握常用图表在行业中的应用
◎ 掌握形状在行业中的应用
◎ 掌握 SmartArt 图形的各种操作方法

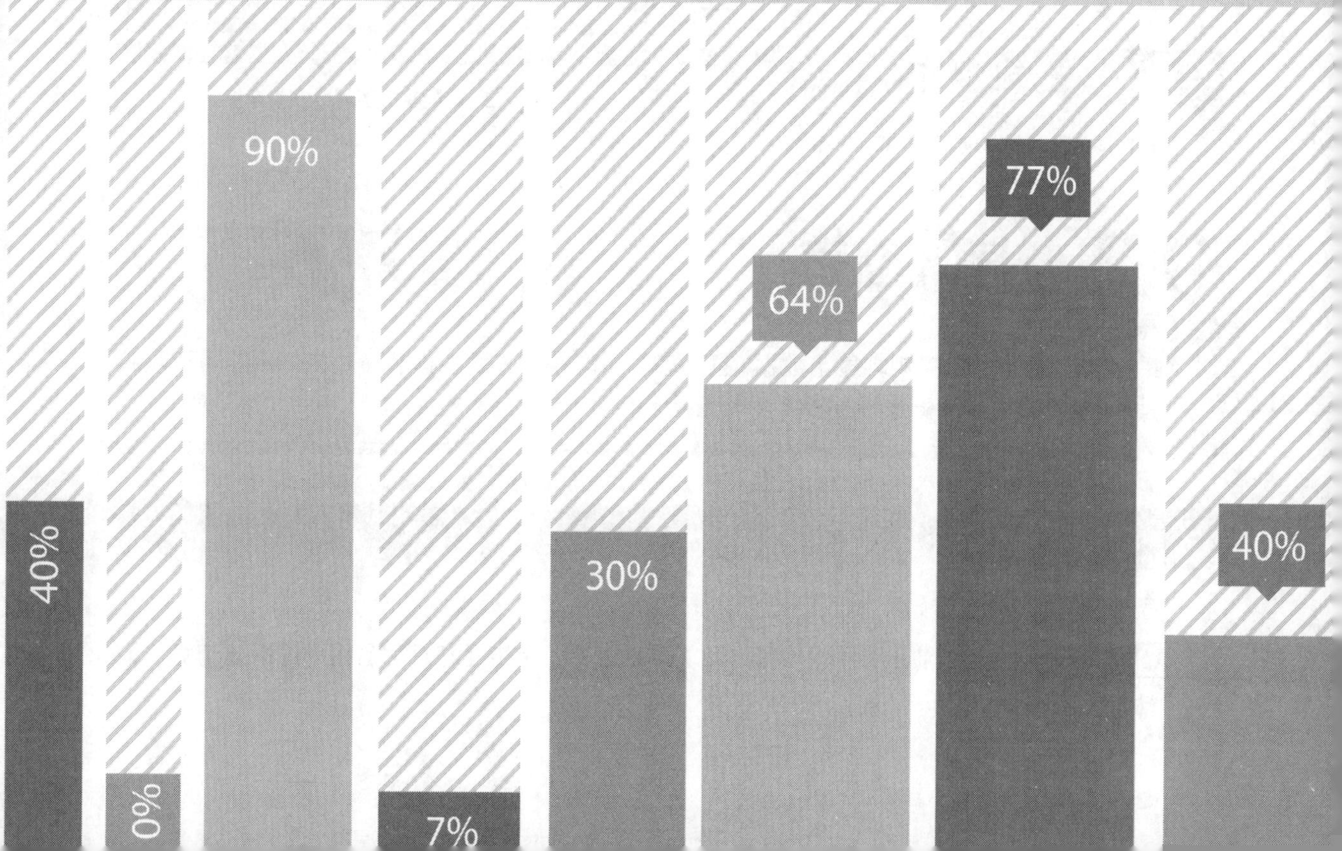

40% 0% 90% 7% 30% 64% 77% 40%

9.1 了解图表

PowerPoint 2013 虽然不是专业的图表制作软件，但是也能够制作出相当精美的图表。本节将简单介绍图表的作用与分类。

9.1.1 图表的作用

形象直观的图表与数据相比更容易让人理解，在幻灯片中插入图表可以使幻灯片的显示效果更加清晰生动。图 9-1 即为一个显示公司员工学历比例的饼图，通过该图，可以清晰地查看员工的学历比例。

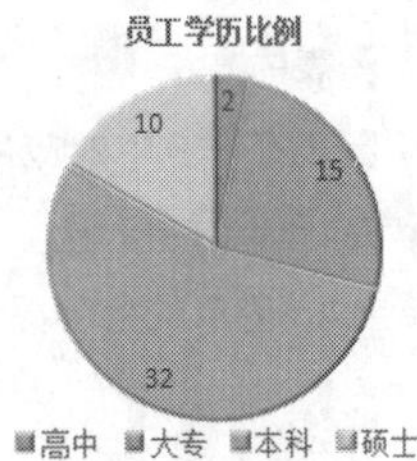

图 9-1　显示公司员工学历比例的饼图

9.1.2 图表的分类

在 PowerPoint 2013 中，可以插入幻灯片中的图表包括柱形图、折线图、饼图、条形图、面积图、XY 散点图、股价图、曲面图、圆环图、气泡图、雷达图等。在【插入】选项卡中，单击【插图】组中的【图表】按钮，在弹出的【插入图表】对话框中即可以查看图表的类型，如图 9-2 所示。

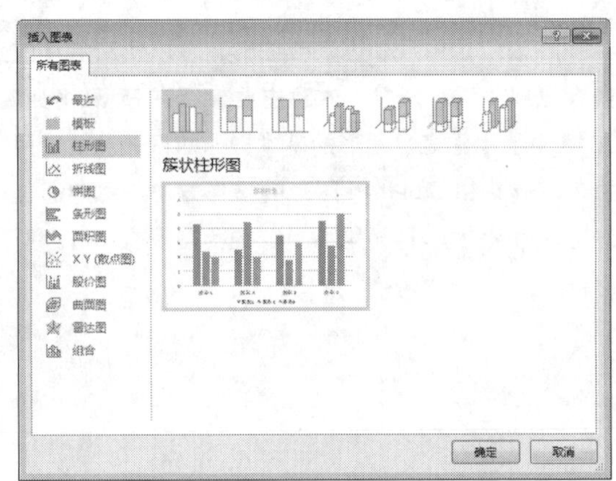

图 9-2　【插入图表】对话框

9.2 插入图表

图表比文字更能直观地显示数据，且图表的类型也是各式各样的，例如圆环图、折线图、柱形图等，给人一种醒目美观的感觉。

9.2.1 插入图表

插入图表的具体步骤如下。

步骤 1 新建一个空白演示文稿，在【开始】选项卡中，单击【幻灯片】组中【新建幻灯片】

的下拉按钮，在弹出的下拉列表中选择【标题和内容】幻灯片，如图 9-3 所示。

步骤 2 此时将新建一个“标题和内容”幻灯片，如图 9-4 所示。

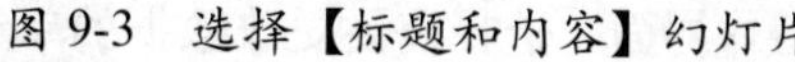

图 9-3 选择【标题和内容】幻灯片

图 9-4 新建一个“标题和内容”幻灯片

步骤 3 在【插入】选项卡中，单击【插图】组中的【图表】按钮，或者直接单击幻灯片编辑窗口中的【插入图表】按钮，如图 9-5 所示。

步骤 4 弹出【插入图表】对话框，在其中选择要使用的图表类型，然后单击【确定】按钮，如图 9-6 所示。

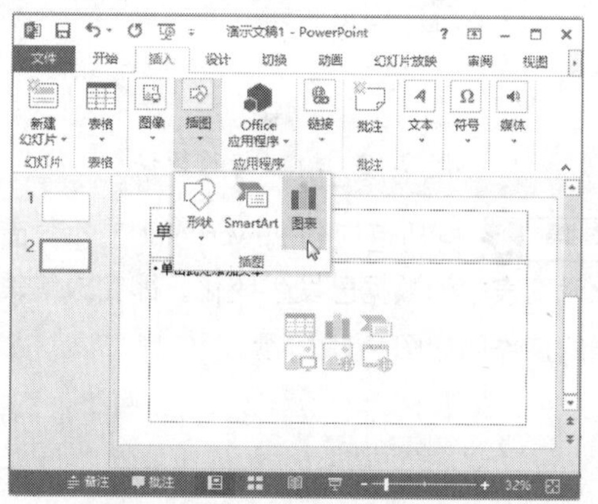

图 9-5 单击【图表】按钮

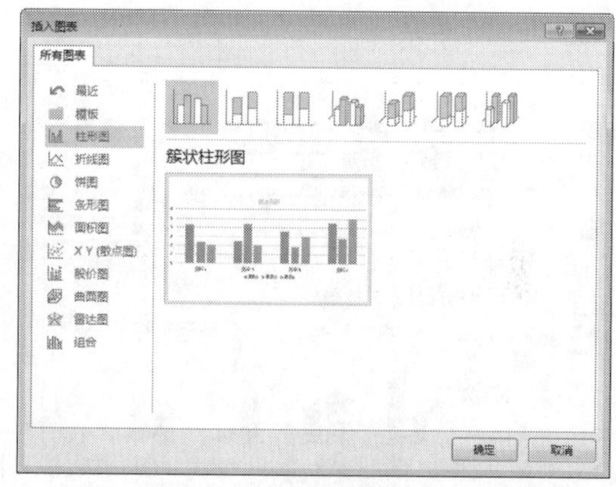

图 9-6 选择要使用的图表类型

步骤 5 此时系统会自动弹出 Excel 2013 软件的工作界面，并在其中列出了一些示例数据，如图 9-7 所示。

步骤 6 在 Excel 中重新输入用来构建图表的数据，然后单击右上角的【关闭】按钮，关闭 Excel 电子表格，如图 9-8 所示。

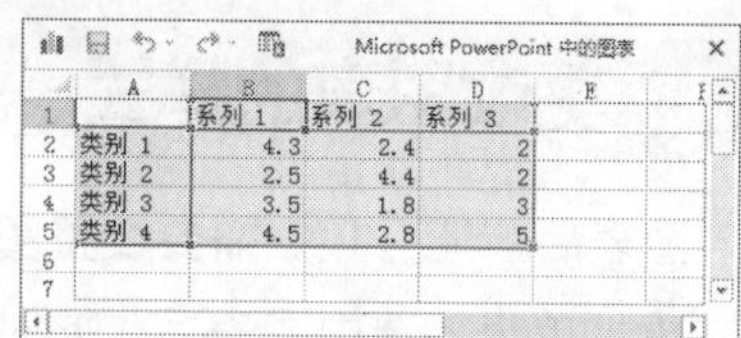

	系列 1	系列 2	系列 3
类别 1	4.3	2.4	2
类别 2	2.5	4.4	2
类别 3	3.5	1.8	3
类别 4	4.5	2.8	5

图 9-7 Excel 2013 软件的工作界面

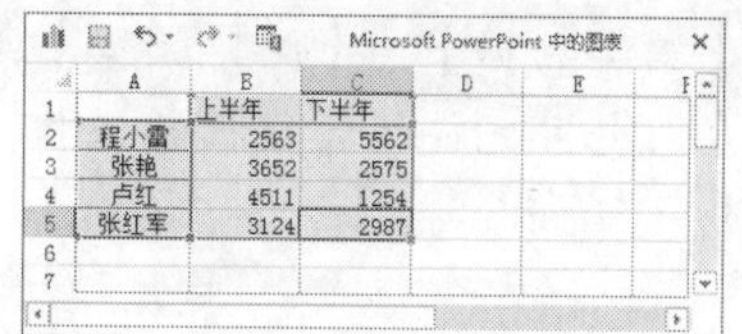

	上半年	下半年
程小雷	2563	5562
张艳	3652	2575
卢红	4511	1254
张红军	3124	2987

图 9-8 在 Excel 中重新输入用来构建图表的数据

步骤 7 自动返回到 PowerPoint 工作界面，即可成功插入一个图表，如图 9-9 所示。

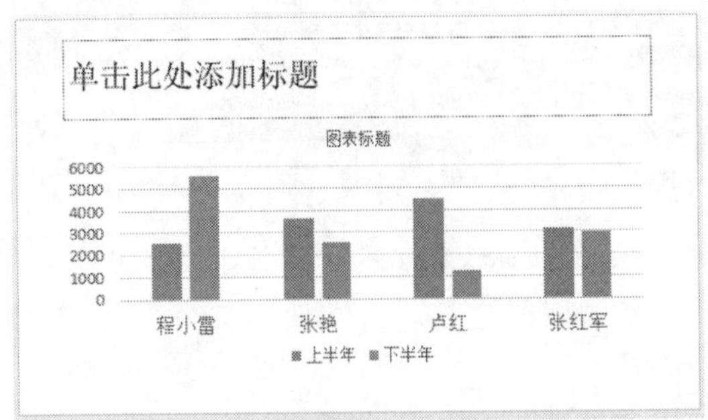

图 9-9　成功插入一个图表

9.2.2 编辑图表中的数据

插入图表后，若要更改图表中的数据，还可对其进行编辑。具体的操作步骤如下。

步骤 1 选择要编辑的图表，在【设计】选项卡中，单击【数据】组中的【编辑数据】按钮，如图 9-10 所示。

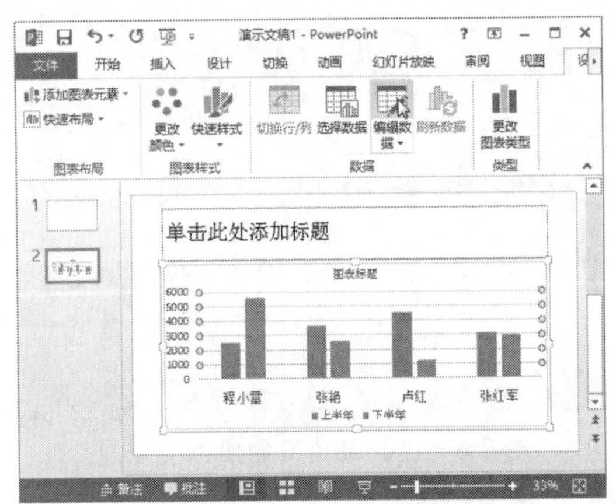

图 9-10　单击【编辑数据】按钮

> **提示** 选择要编辑的图表，单击鼠标右键，在弹出的快捷菜单中依次选择【编辑数据】→【编辑数据】菜单命令，也可完成编辑数据的操作，如图 9-11 所示。

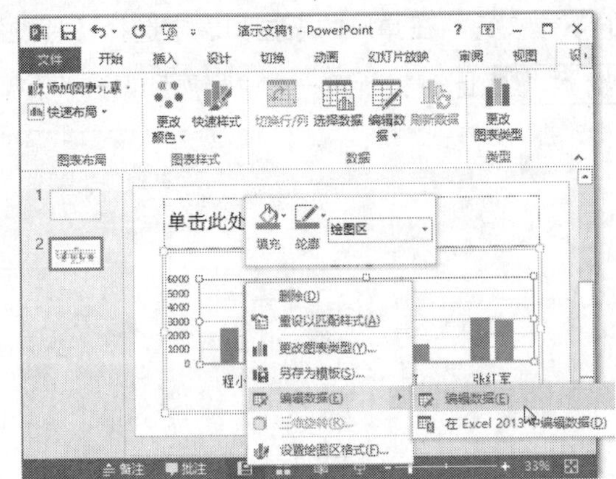

图 9-11　选择【编辑数据】子菜单命令

步骤 2 此时系统会自动弹出 Excel 2013 软件的工作界面，选择需要更改数据的单元格，输入新的数据。输入完成后，单击右上角的【关闭】按钮，关闭该软件，如图 9-12 所示。

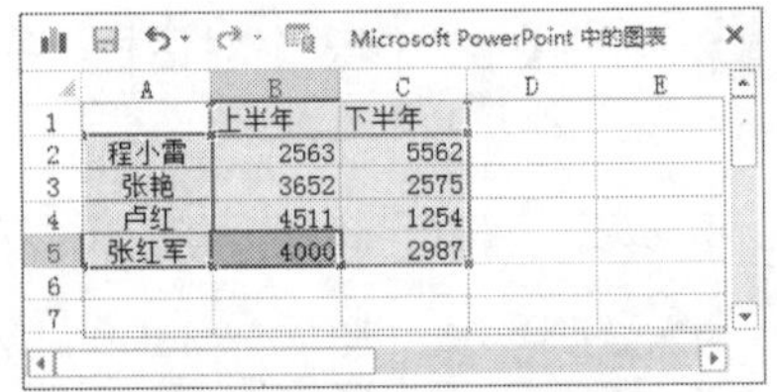
Microsoft PowerPoint 中的图表

	A	B	C	D	E
1		上半年	下半年		
2	程小雷	2563	5562		
3	张艳	3652	2575		
4	卢红	4511	1254		
5	张红军	4000	2987		
6					
7					

图 9-12　输入新的数据

步骤 3 自动返回到 PowerPoint 工作界面，此时图表中的数据已发生变化，即完成编辑数据的操作，如图 9-13 所示。

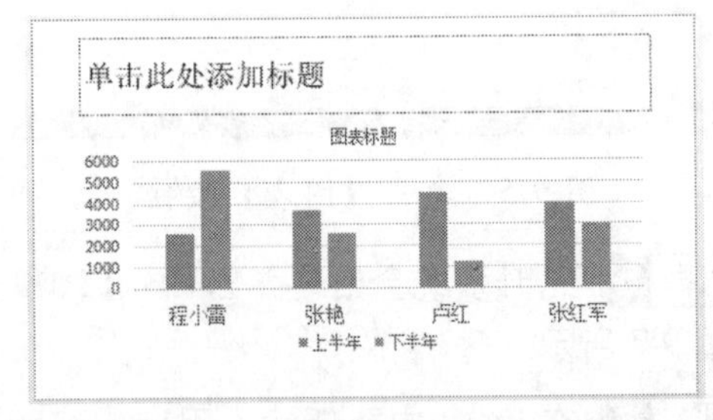

图 9-13　图表中的数据发生变化

9.2.3 更改图表的样式

插入图表后，还可根据需要设置图表的样式，使其更加美观。选中图表后，此时功能区

会增加【设计】和【格式】选项卡。在【设计】选项卡中，通过【图表样式】组中的各命令按钮即可更改图表的样式，如图 9-14 所示。

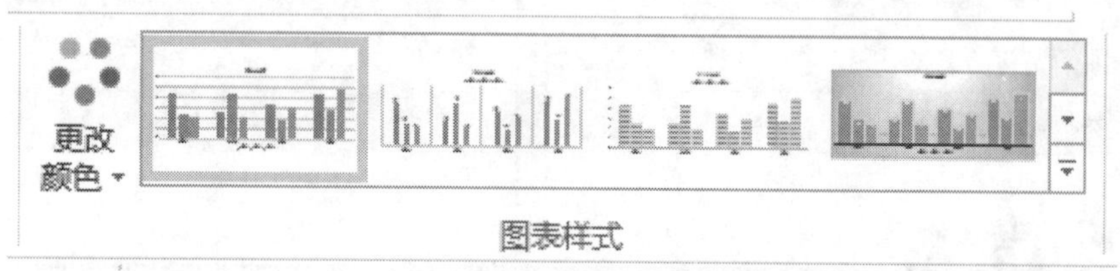

图 9-14 【图表样式】组

具体的操作步骤如下。

步骤 1 选择要更改样式的图表，在【设计】选项卡中，单击【图表样式】组中的【其他】按钮，在弹出的下拉列表中选择合适的样式，如图 9-15 所示。

步骤 2 更改图表的样式，如图 9-16 所示。

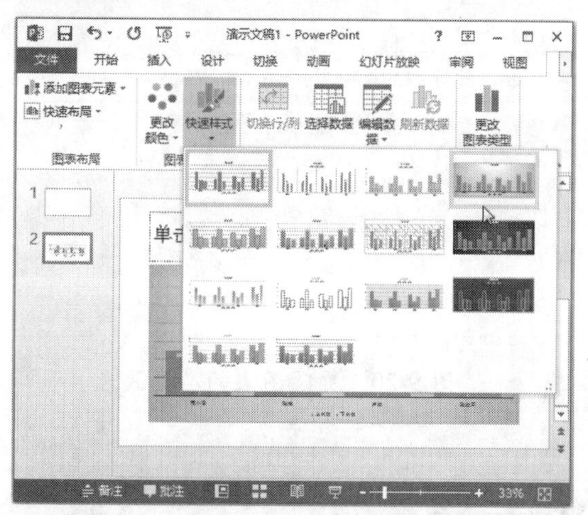

图 9-15 在【图表样式】下拉列表中选择样式

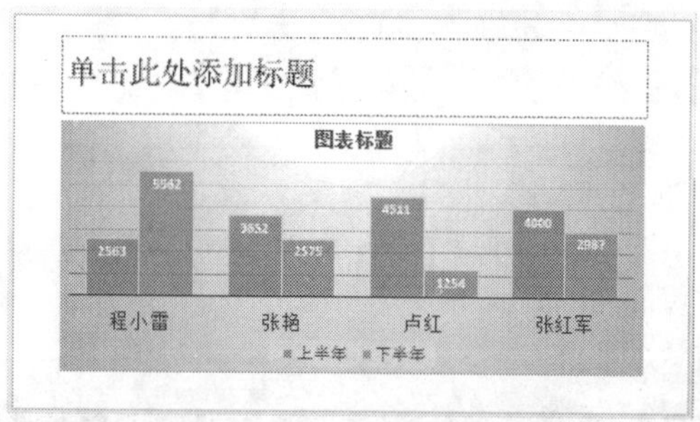

图 9-16 更改图表的样式

9.2.4 更改图表类型

PowerPoint 2013 允许用户更改图表的类型，具体的操作步骤如下。

步骤 1 选择要更改类型的图表，在【设计】选项卡中，单击【类型】组中的【更改图表类型】按钮，如图 9-17 所示。

> **提示** 选择图表后，单击鼠标右键，在弹出的快捷菜单中选择【更改图表类型】菜单命令，也可完成更改图表类型的操作，如图 9-18 所示。

步骤 2 弹出【更改图表类型】对话框，在其中选择其他类型的图表样式，然后单击【确定】按钮，如图 9-19 所示。

步骤 3 更改图表类型的效果如图 9-20 所示。

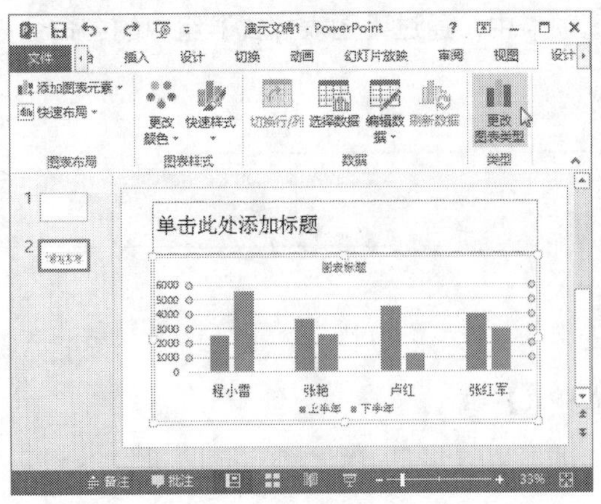
图 9-17 单击【更改图表类型】按钮

图 9-18 选择【更改图表类型】菜单命令

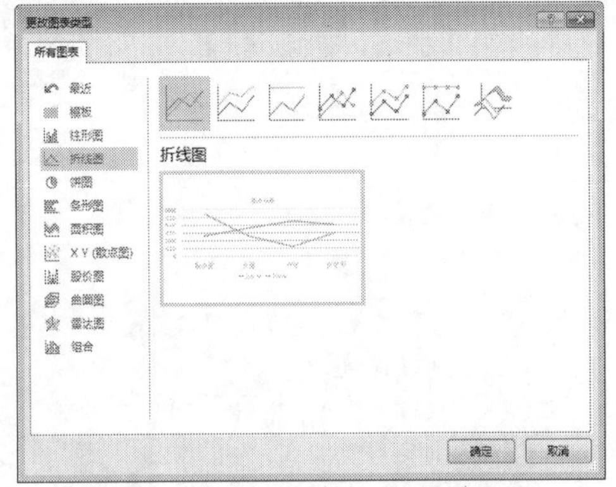
图 9-19 【更改图表类型】对话框

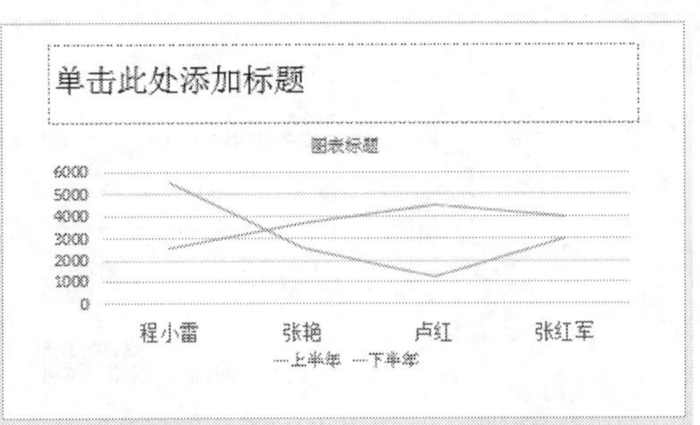

图 9-20 更改图表的类型效果

9.3 常用图表在行业中的应用

了解了如何在幻灯片中插入图表后，下面详细介绍常用图表类型在行业中的应用。

9.3.1 使用柱形图展示产品销量差距

柱形图通常用来表示比较离散的项目，可以描绘系列中的项目，或多个系列间的项目，最常用的布局是将信息类型放置在横坐标轴上，将数值项放置在纵坐标轴上。

下面以使用柱形图展示产品销量差距为例，介绍在幻灯片中使用柱形图的方法，具体的操作步骤如下。

步骤 1 选择要插入图表的幻灯片，然后在【插入】选项卡中，单击【插图】组中的【图表】按钮，如图 9-21 所示。

步骤 2 弹出【插入图表】对话框，此时默认为【柱形图】选项，在右侧上方区域选择合适的柱形图类型，在下方将会显示该类型的名称以及预览图形，然后单击【确定】按钮，如图 9-22 所示。

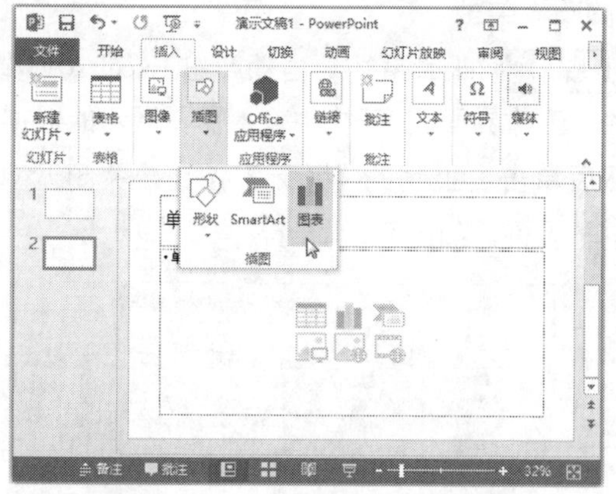

图 9-21　单击【图表】按钮

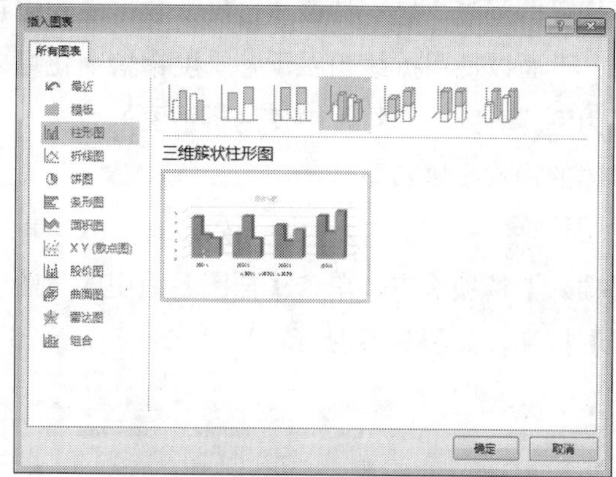

图 9-22　选择合适的柱形图类型

步骤 3 此时系统会自动弹出 Excel 2013 软件的工作界面，在表格中输入需要展示的数据，然后单击右上角的【关闭】按钮，关闭 Excel 电子表格，如图 9-23 所示。

步骤 4 即可在幻灯片中成功插入一个柱形图，如图 9-24 所示。

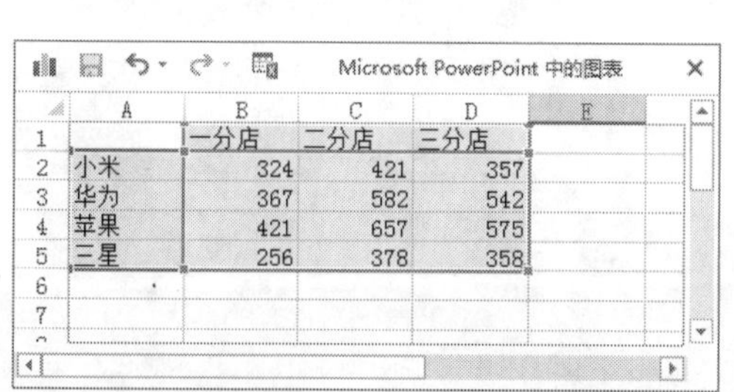
Microsoft PowerPoint 中的图表

	A	B	C	D	E
1		一分店	二分店	三分店	
2	小米	324	421	357	
3	华为	367	582	542	
4	苹果	421	657	575	
5	三星	256	378	358	
6					
7					

图 9-23　在表格中输入需要展示的数据

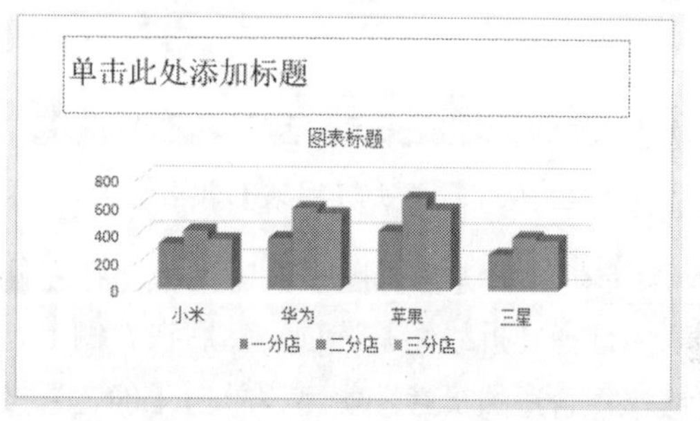

图 9-24　插入一个柱形图

步骤 5 选中图表中的标题，按 Delete 键删除，然后单击幻灯片中的“单击此处添加标题”占位符，输入文字“各分店手机销量差距”，如图 9-25 所示。

步骤 6 选中标题占位符，重新设置其字体、字号以及位置，最终效果如图 9-26 所示。

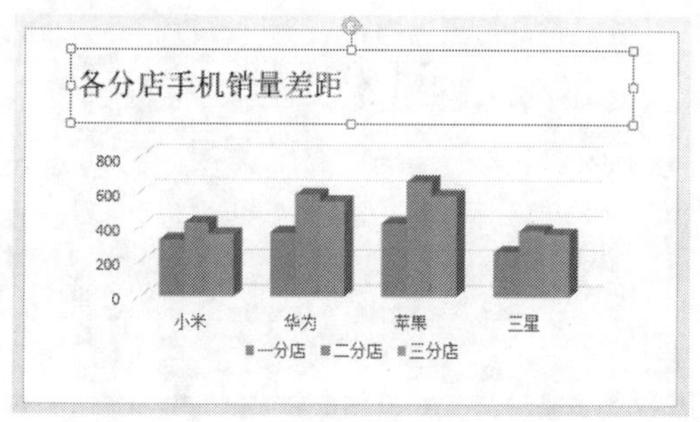

图 9-25　在占位符中输入标题内容

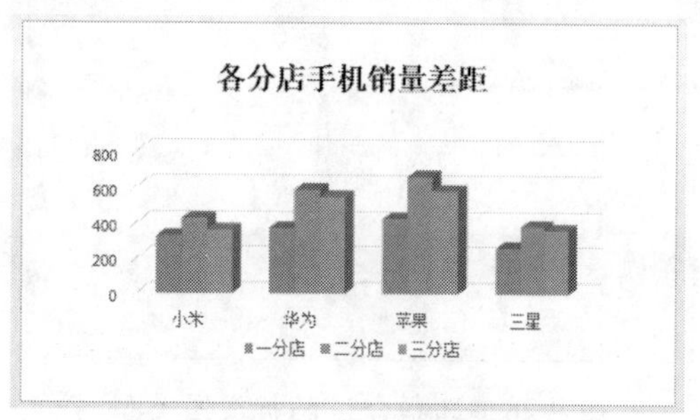

图 9-26　设置标题占位符的格式

9.3.2 使用折线图展示各季度销量变化幅度

折线图通常用来描绘连续的数据，这对标识趋势很有用。通常情况下，折线图的分类轴显示相等的间隔，是一种最适合反映数据量变化趋势的图表类型。

下面以使用折线图展示各季度销售变化幅度为例，介绍在幻灯片中使用折线图的方法，具体的操作步骤如下。

步骤 1 选择要插入图表的幻灯片，然后在【插入】选项卡中，单击【插图】组中的【图表】按钮，如图 9-27 所示。

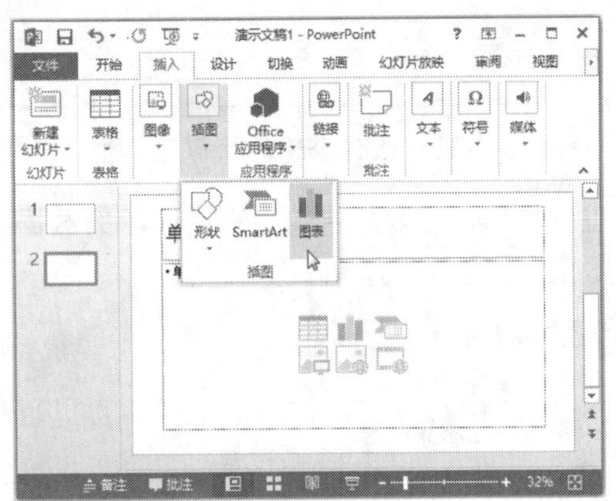

图 9-27 单击【图表】按钮

步骤 2 弹出【插入图表】对话框，在左侧列表中选择【折线图】选项，然后在右侧上方区域选择合适的折线图类型，单击【确定】按钮，如图 9-28 所示。

图 9-28 选择合适的折线图类型

步骤 3 此时系统会自动弹出 Excel 2013 软件的工作界面，在表格中输入需要展示的数据，然后单击右上角的【关闭】按钮，关闭 Excel 电子表格，如图 9-29 所示。

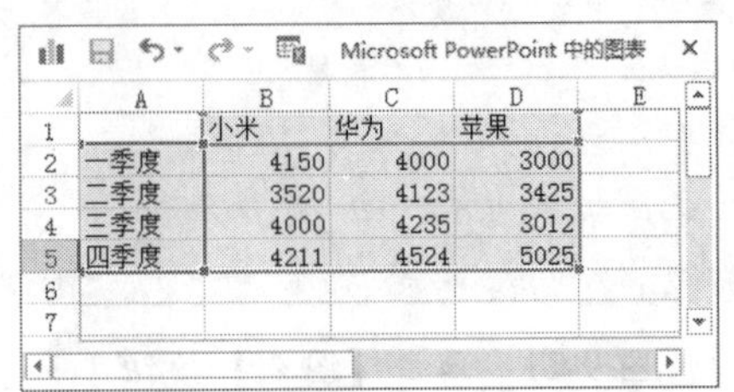
Microsoft PowerPoint 中的图表

	A	B	C	D	E
1		小米	华为	苹果	
2	一季度	4150	4000	3000	
3	二季度	3520	4123	3425	
4	三季度	4000	4235	3012	
5	四季度	4211	4524	5025	
6					
7					

图 9-29 在表格中输入需要展示的数据

步骤 4 至此，在幻灯片中成功插入一个折线图，如图 9-30 所示。

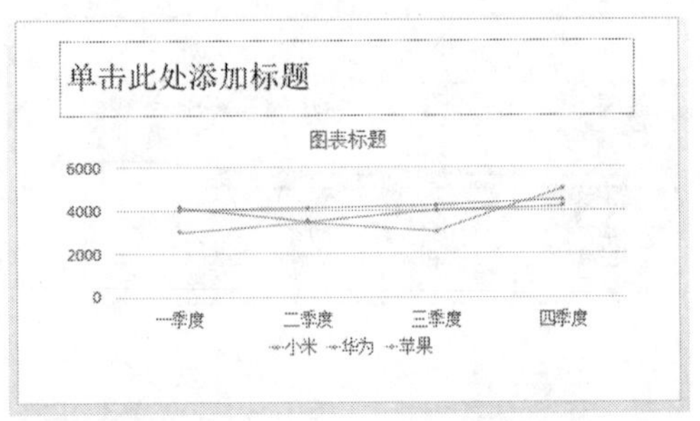

图 9-30 插入一个折线图

步骤 5 将图表中的标题删除，然后在占位符中输入文字“各季度销量变化”，并设置其字号与位置，最终效果如图 9-31 所示。

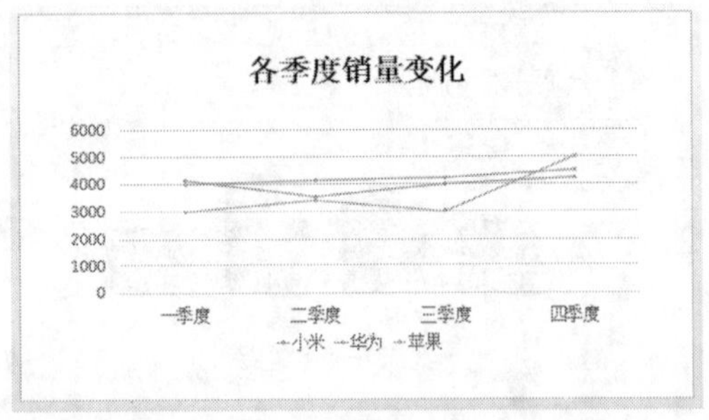

图 9-31 在占位符中输入标题并设置格式

9.3.3 使用饼图展示公司员工学历比例

饼图主要用于显示数据系列中各个项目与项目总和之间的比例关系。由于饼图只能显示一个系列的比例关系，所以当选中多个系列时也只能显示其中的一个数据系列。

下面以使用饼图展示公司员工学历比例为例，介绍在幻灯片中使用饼图的方法，具体的操作步骤如下。

步骤 1 选择要插入图表的幻灯片，然后在【插入】选项卡中，单击【插图】组中的【图表】按钮，如图 9-32 所示。

步骤 2 弹出【插入图表】对话框，在左侧列表中选择【饼图】选项，然后在右侧上方区域选择合适的饼图类型，单击【确定】按钮，如图 9-33 所示。

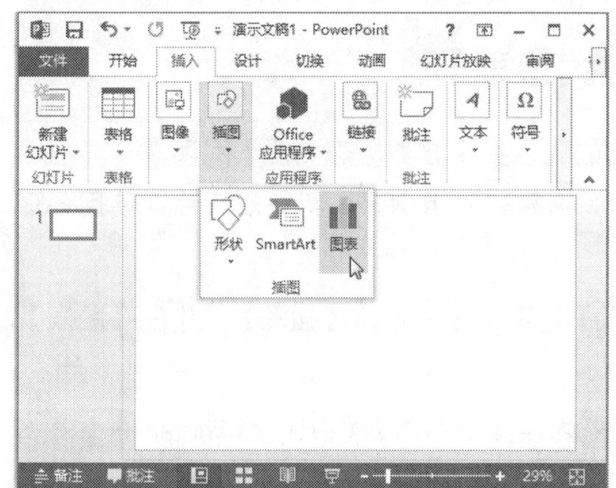

图 9-32　单击【图表】按钮

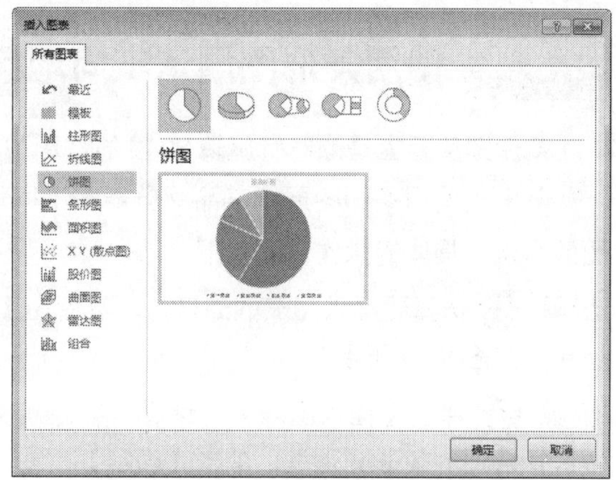

图 9-33　选择合适的饼图类型

步骤 3 此时系统会自动弹出 Excel 2013 软件的工作界面，在表格中输入需要展示的数据，然后单击右上角的【关闭】按钮，关闭 Excel 电子表格，如图 9-34 所示。

步骤 4 至此，在幻灯片中成功插入一个饼图，如图 9-35 所示。

Microsoft PowerPoint ...

	A	B	C	D
1		人数		
2	高中	2		
3	大专	15		
4	本科	32		
5	硕士	10		
6				
7				

图 9-34　在表格中输入需要展示的数据

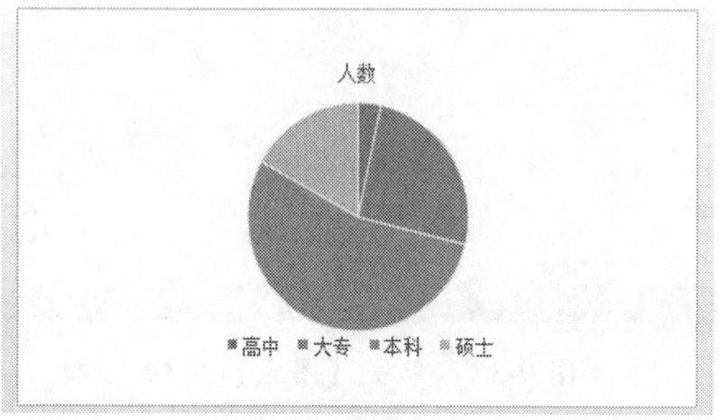

图 9-35　插入一个饼图

步骤 5 选中饼图，单击鼠标右键，在弹出的快捷菜单中依次选择【添加数据标签】→【添加数据标签】菜单命令，即可为图表添加数据标签，如图 9-36 所示。

步骤 6 选中图表中的标题，重新输入“员工学历比例”，最终效果如图 9-37 所示。

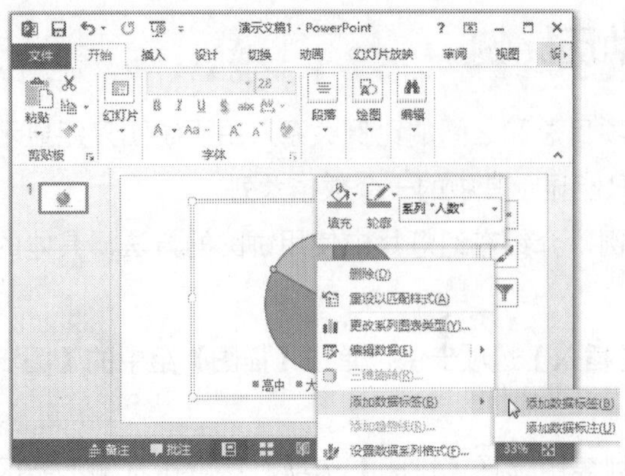

图 9-36　选择【添加数据标签】子菜单命令

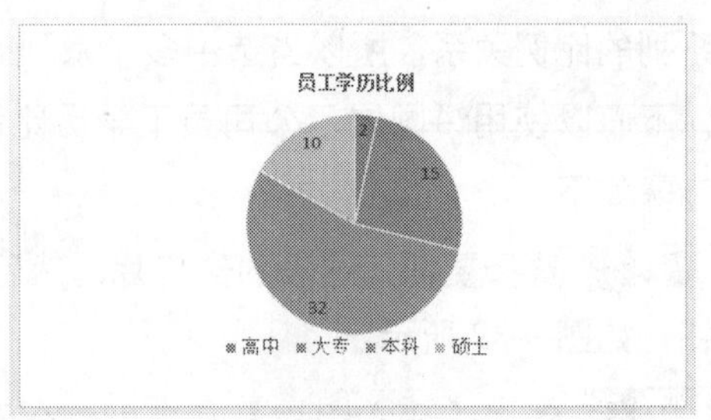

图 9-37　在图表标题中输入标题

9.3.4 使用条形图展示不同地区的销售差异

条形图实际上是顺时针旋转 90 度的柱形图，它的优点在于分类标签更便于阅读。

下面以使用条形图展示某品牌电器在不同地区的销售差异为例，介绍在幻灯片中使用条形图的方法，具体的操作步骤如下。

步骤 1 选择要插入图表的幻灯片，然后在【插入】选项卡中，单击【插图】组中的【图表】按钮，如图 9-38 所示。

步骤 2 弹出【插入图表】对话框，在左侧列表中选择【条形图】选项，然后在右侧上方区域选择合适的条形图类型，单击【确定】按钮，如图 9-39 所示。

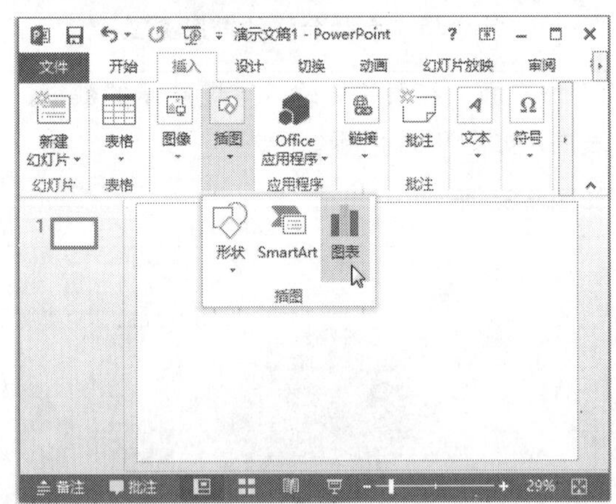

图 9-38　单击【图表】按钮

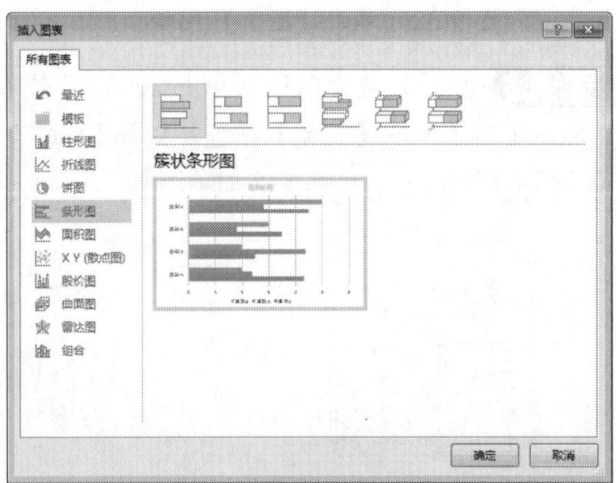

图 9-39　选择合适的条形图类型

步骤 3 此时系统会自动弹出 Excel 2013 软件的工作界面，在表格中输入需要展示的数据，然后单击右上角的【关闭】按钮，关闭 Excel 电子表格，如图 9-40 所示。

步骤 4 至此，在幻灯片中成功插入一个条形图，如图 9-41 所示。

步骤 5 选中图表中的标题，重新输入“不同地区的销售差异”，如图 9-42 所示。

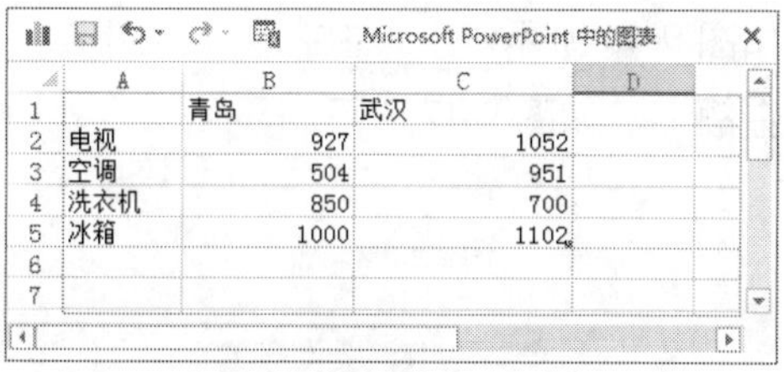

	A	B	C	D
1		青岛	武汉	
2	电视	927	1052	
3	空调	504	951	
4	洗衣机	850	700	
5	冰箱	1000	1102	
6				
7				

图 9-40 在表格中输入需要展示的数据

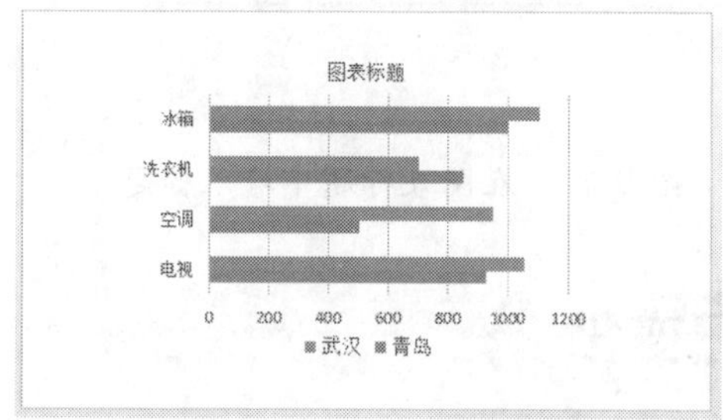

图 9-41 插入一个条形图

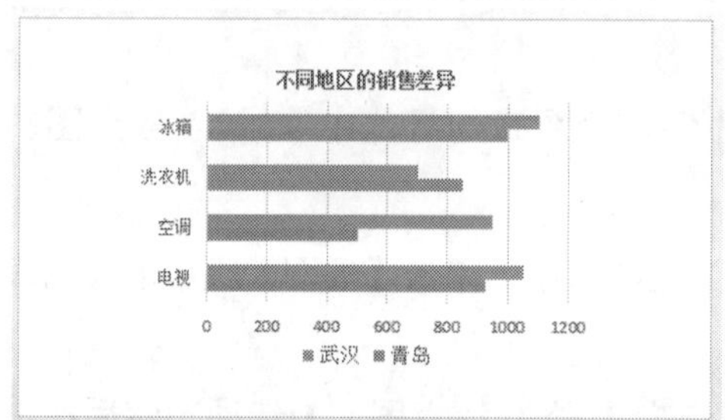

图 9-42 在图表标题中输入标题

9.3.5 使用面积图展示各月产品销售金额

面积图主要用来显示每个数据的变化量，它强调的是数据随时间变化的幅度，通过显示数据的总和直观地表达整体和部分的关系。

下面以使用面积图展示各月产品销售金额为例，介绍在幻灯片中使用面积图的方法，具体的操作步骤如下。

步骤 1 选择要插入图表的幻灯片，然后在【插入】选项卡中，单击【插图】组中的【图表】按钮，如图 9-43 所示。

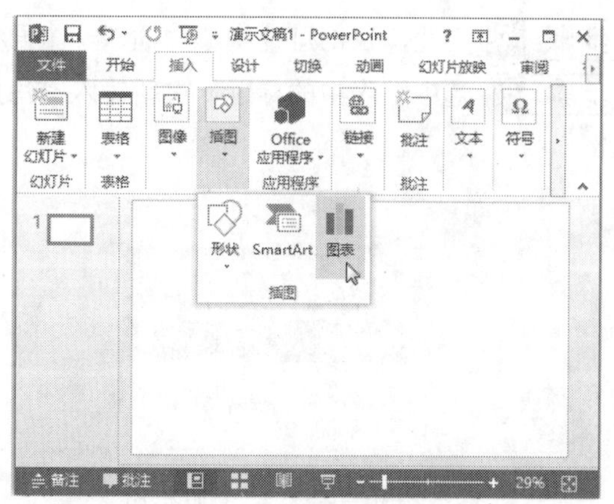

图 9-43 单击【图表】按钮

步骤 2 弹出【插入图表】对话框，在左侧列表中选择【面积图】选项，然后在右侧上方区域选择合适的面积图类型，单击【确定】按钮，如图 9-44 所示。

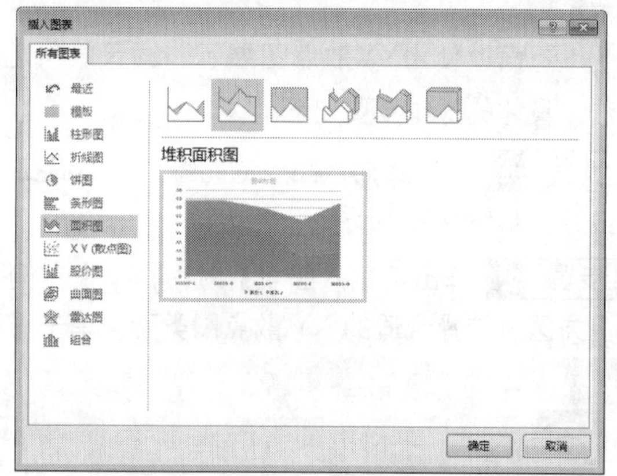

图 9-44 选择合适的面积图类型

步骤 3 此时系统会自动弹出 Excel 2013 软件的工作界面，在表格中输入需要展示的数据，然后单击右上角的【关闭】按钮，关闭 Excel 电子表格，如图 9-45 所示。

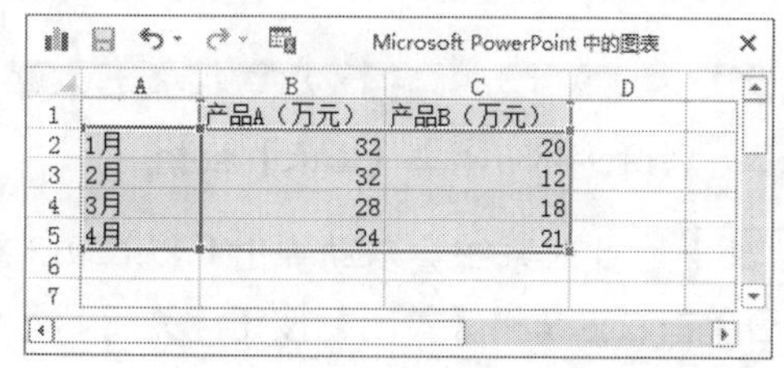

	A	B	C	D
1		产品A（万元）	产品B（万元）	
2	1月	32	20	
3	2月	32	12	
4	3月	28	18	
5	4月	24	21	
6				
7				

图 9-45 在表格中输入需要展示的数据

步骤 4 至此，在幻灯片中成功插入一个面积图，如图 9-46 所示。

步骤 5 选中图表中的标题，重新输入“每月销售金额”，如图 9-47 所示。

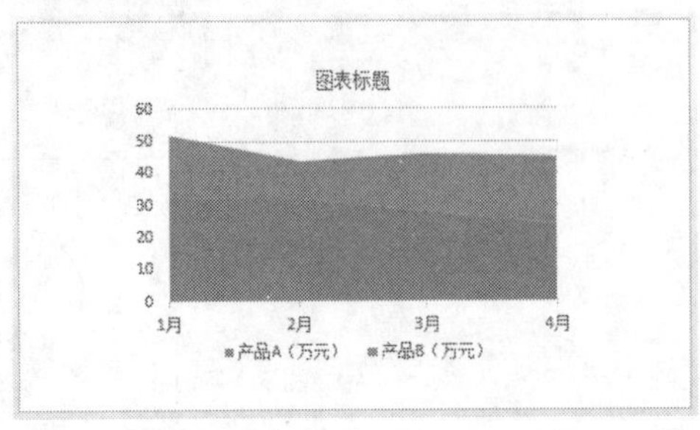

图 9-46　插入一个面积图

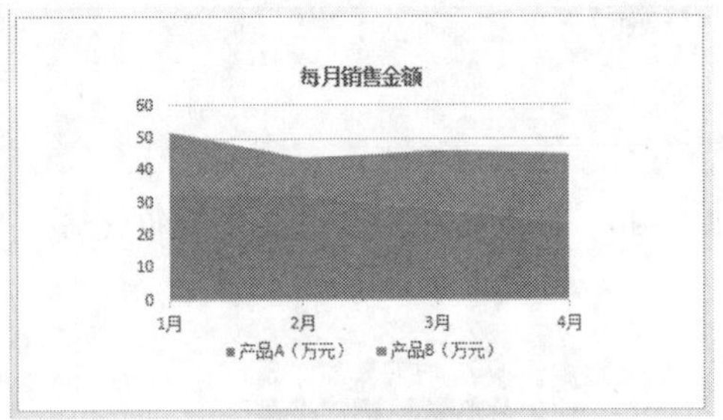

图 9-47　在图表标题中输入标题

9.3.6 使用 XY 散点图展示一周天气变化

XY 散点图也称作散布图或散开图。XY 散点图不同于大多数其他图表类型的地方就是所有的轴线都显示数值（在 XY 散点图中没有分类轴线）。该图表通常用来显示两个变量之间的关系。

下面以使用XY散点图展示一周天气气温变化为例，介绍在幻灯片中使用XY散点图的方法，具体的操作步骤如下。

步骤 1 选择要插入图表的幻灯片，然后在【插入】选项卡中，单击【插图】组中的【图表】按钮，如图 9-48 所示。

步骤 2 弹出【插入图表】对话框，在左侧列表中选择【XY（散点图）】选项，然后在右侧上方区域选择合适的 XY 散点图类型，单击【确定】按钮，如图 9-49 所示。

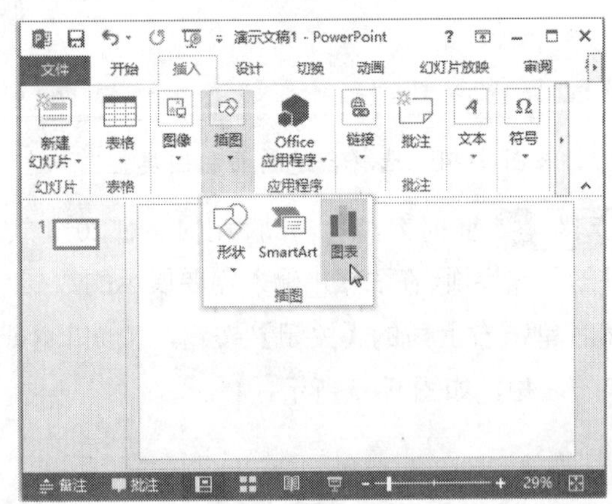

图 9-48　单击【图表】按钮

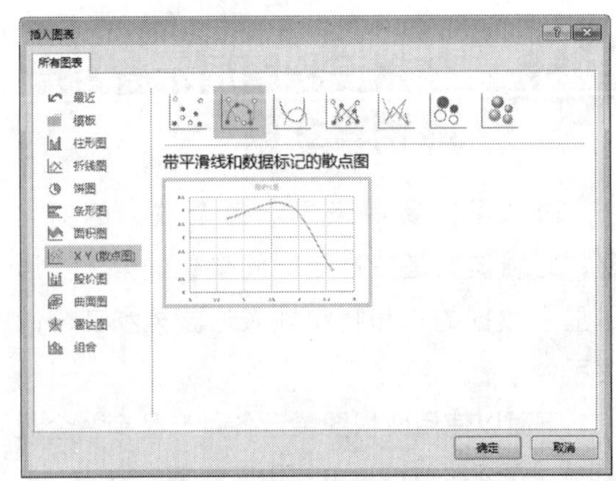

图 9-49　选择合适的 XY 散点图类型

步骤 3 此时系统会自动弹出 Excel 2013 软件的工作界面，在表格中输入需要展示的数据，然后单击右上角的【关闭】按钮，关闭 Excel 电子表格，如图 9-50 所示。

步骤 4 至此，在幻灯片中成功插入一个 XY 散点图，如图 9-51 所示。

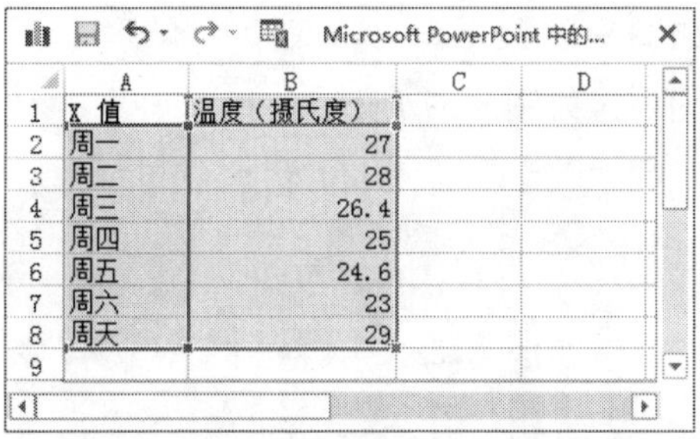

	A	B	C	D
1	X 值	温度（摄氏度）		
2	周一	27		
3	周二	28		
4	周三	26.4		
5	周四	25		
6	周五	24.6		
7	周六	23		
8	周天	29		
9				

图 9-50　在表格中输入需要展示的数据

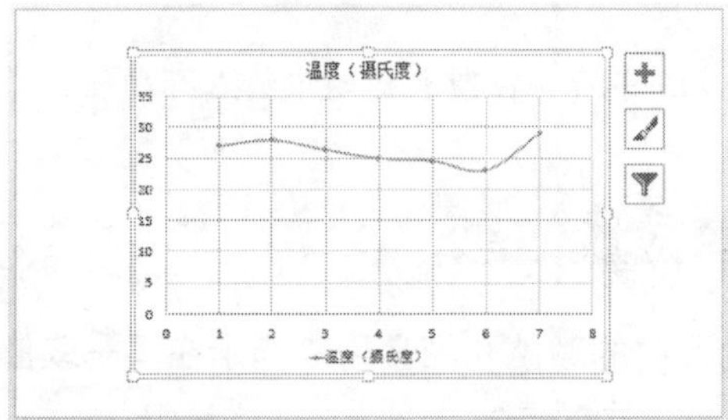

图 9-51　插入一个 XY 散点图

步骤 5 选中图表中的标题，重新输入“一周天气变化”，如图 9-52 所示。

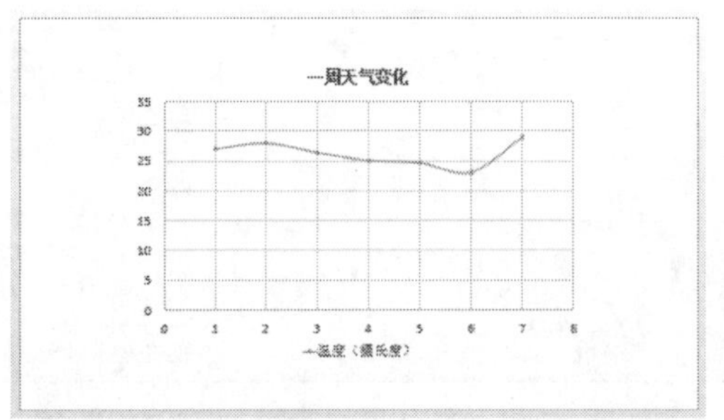

图 9-52　在图表标题中输入标题

9.3.7 使用股价图展示股价波动

股价图用来描绘股票的价格走势，对于显示股票市场信息很有用。这类图表需要 3 ～ 5 个数据系列。

下面以使用股价图展示某股票连续几日的成交量、开盘、盘高、盘低及收盘的数值对比为例，介绍在幻灯片中使用股价图的方法，具体的操作步骤如下。

步骤 1 选择要插入图表的幻灯片，然后在【插入】选项卡中，单击【插图】组中的【图表】按钮，如图 9-53 所示。

图 9-53　单击【图表】按钮

步骤 2 弹出【插入图表】对话框，在左侧列表中选择【股价图】选项，然后在右侧上方区域选择合适的股价图类型，单击【确定】按钮，如图 9-54 所示。

图 9-54　选择合适的股价图类型

步骤 3 此时系统会自动弹出 Excel 2013 软件的工作界面，在表格中输入需要展示的数据，然后单击右上角的【关闭】按钮，关闭 Excel 电子表格，如图 9-55 所示。

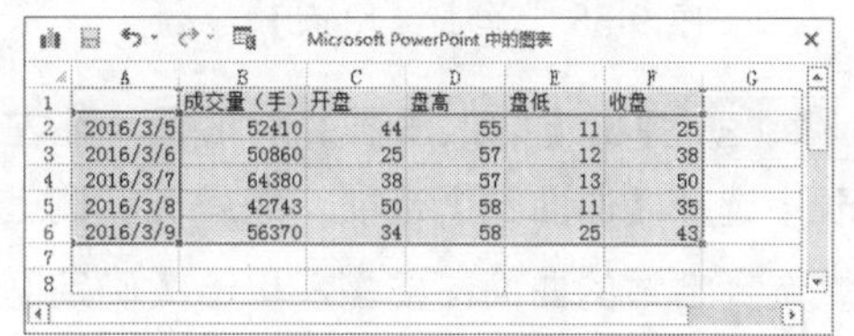

	A	B	C	D	E	F	G
1		成交量（手）	开盘	盘高	盘低	收盘	
2	2016/3/5	52410	44	55	11	25	
3	2016/3/6	50860	25	57	12	38	
4	2016/3/7	64380	38	57	13	50	
5	2016/3/8	42743	50	58	11	35	
6	2016/3/9	56370	34	58	25	43	
7							
8							

图 9-55　在表格中输入需要展示的数据

步骤 4 至此，在幻灯片中成功插入一个股价图，如图 9-56 所示。

步骤 5 选中图表中的标题，重新输入“股价波动图”，如图 9-57 所示。

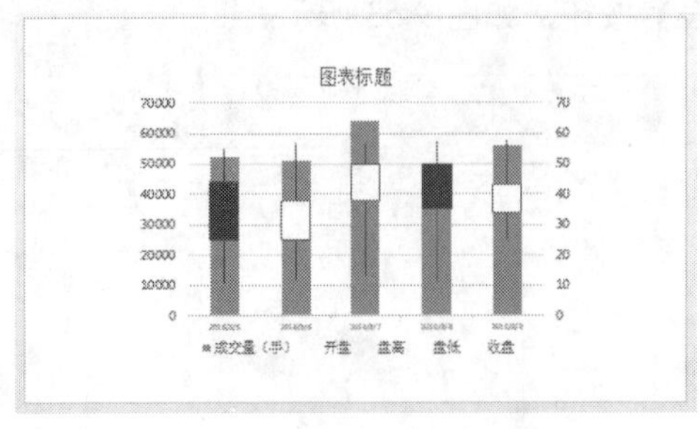

图 9-56 插入一个股价图

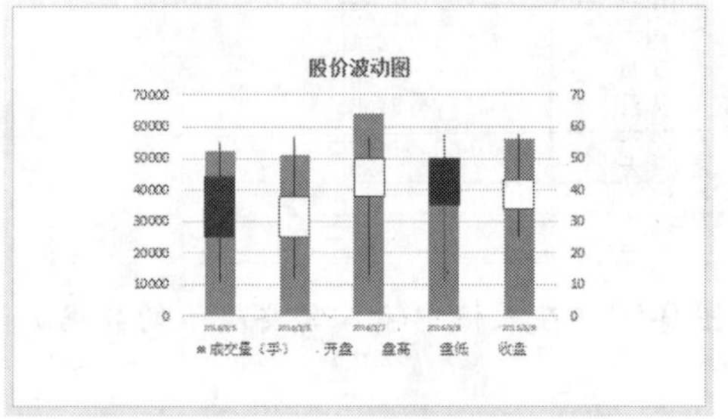

图 9-57 在图表标题中输入标题

9.3.8 使用曲面图展示各个分店销售数量信息

曲面图在曲面上显示两个或更多的数据系列。曲面中的颜色和图案用来指示在同一取值范围内的区域。数值轴的主要单位刻度决定使用的颜色数，每个颜色对应一个主要单位。

下面以使用曲面图展示某公司各个分店销售数量随时间的变化为例，介绍在幻灯片中使用曲面图的方法，具体的操作步骤如下。

步骤 1 选择要插入图表的幻灯片，然后在【插入】选项卡中，单击【插图】组中的【图表】按钮，如图 9-58 所示。

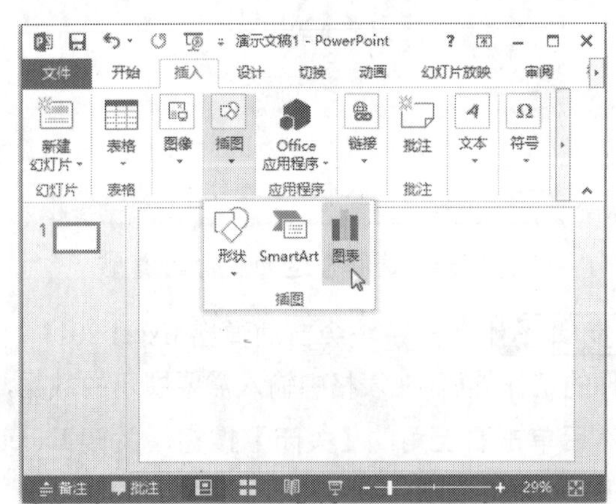

图 9-58 单击【图表】按钮

步骤 2 弹出【插入图表】对话框，在左侧列表中选择【曲面图】选项，然后在右侧上方区域选择合适的曲面图类型，单击【确定】按钮，如图 9-59 所示。

图 9-59 选择合适的曲面图类型

步骤 3 此时系统会自动弹出 Excel 2013 软件的工作界面，在表格中输入需要展示的数据，然后单击右上角的【关闭】按钮，关闭 Excel 电子表格，如图 9-60 所示。

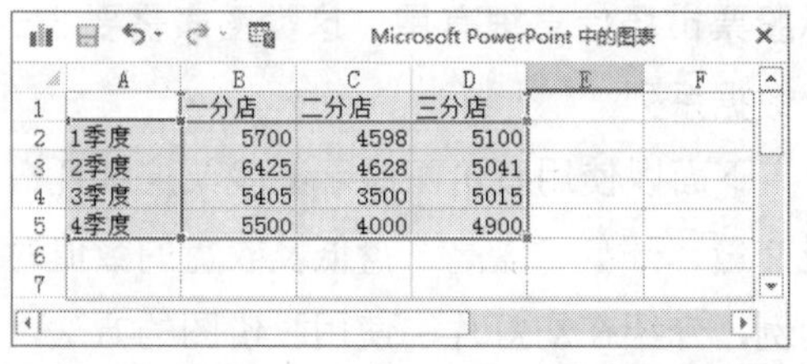
Microsoft PowerPoint 中的图表

	A	B	C	D	E	F
1		一分店	二分店	三分店		
2	1季度	5700	4598	5100		
3	2季度	6425	4628	5041		
4	3季度	5405	3500	5015		
5	4季度	5500	4000	4900		
6						
7						

图 9-60 在表格中输入需要展示的数据

步骤 4　至此，在幻灯片中成功插入一个曲面图，如图 9-61 所示。

步骤 5　选中图表中的标题，重新输入“各分店销售数量”，如图 9-62 所示。

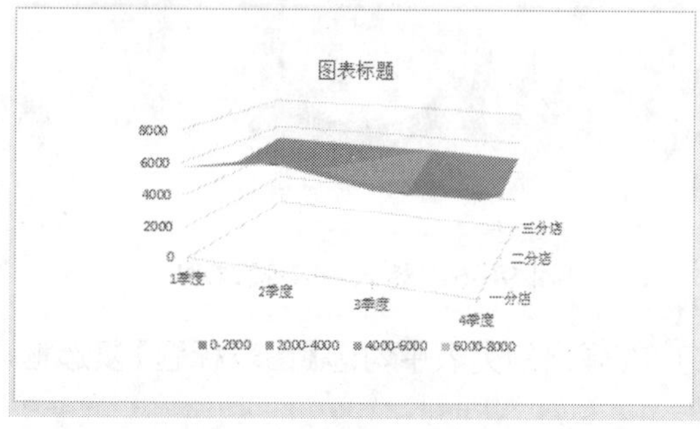

图 9-61　插入一个曲面图

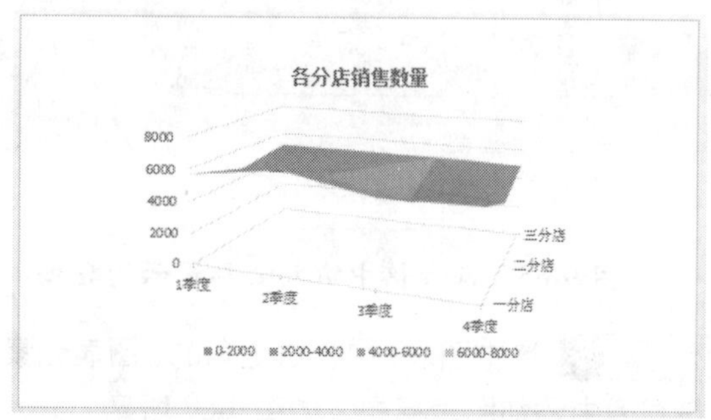

图 9-62　在图表标题中输入标题

9.3.9 使用圆环图展示办公室费用信息

圆环图的作用类似于饼图，用来显示部分与整体的关系，但它可以显示多个数据系列，并且每个圆环代表一个数据系列。

下面以使用圆环图展示各地区连续两年的 GDP 为例，介绍在幻灯片中使用圆环图的方法，具体的操作步骤如下。

步骤 1　选择要插入图表的幻灯片，然后在【插入】选项卡中，单击【插图】组中的【图表】按钮，如图 9-63 所示。

步骤 2　弹出【插入图表】对话框，在左侧列表中选择【饼图】选项，然后在右侧上方区域选择【圆环图】选项，并单击【确定】按钮，如图 9-64 所示。

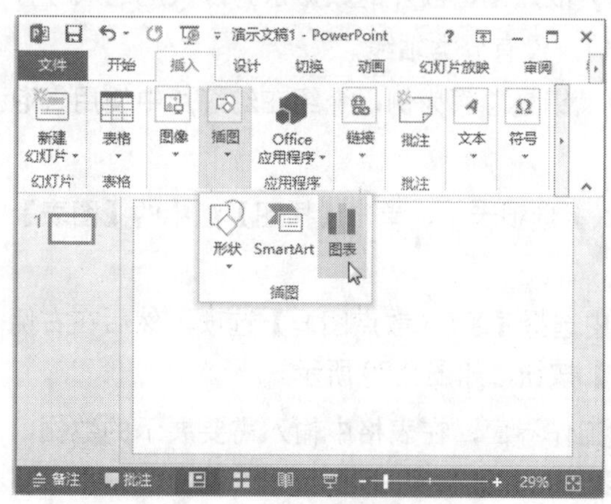

图 9-63　单击【图表】按钮

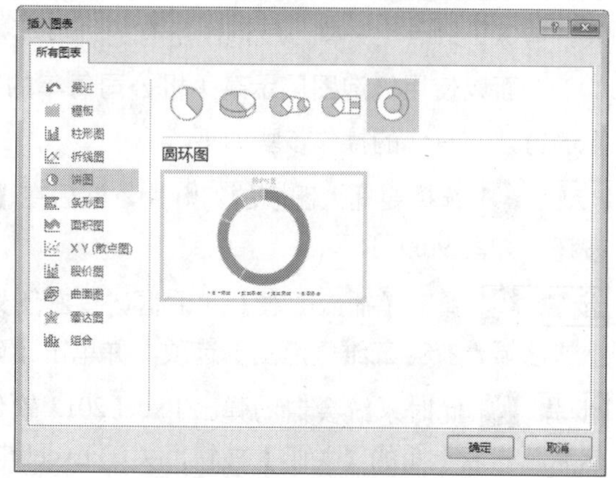

图 9-64　选择【圆环图】选项

步骤 3　此时系统会自动弹出 Excel 2013 软件的工作界面，在表格中输入需要展示的数据，然后单击右上角的【关闭】按钮，关闭 Excel 电子表格，如图 9-65 所示。

步骤 4　至此，在幻灯片中成功插入一个圆环图，如图 9-66 所示。

Microsoft PowerPoint 中的图表

	A	B	C	D
1		1995（亿元）	1996（亿元）	
2	成都	713.6	869.3	
3	上海	2462	2957	
4	北京	1507	1789	
5	深圳	795.6	950.4	
6				
7				
8				

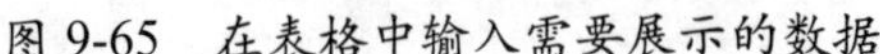

图 9-65　在表格中输入需要展示的数据

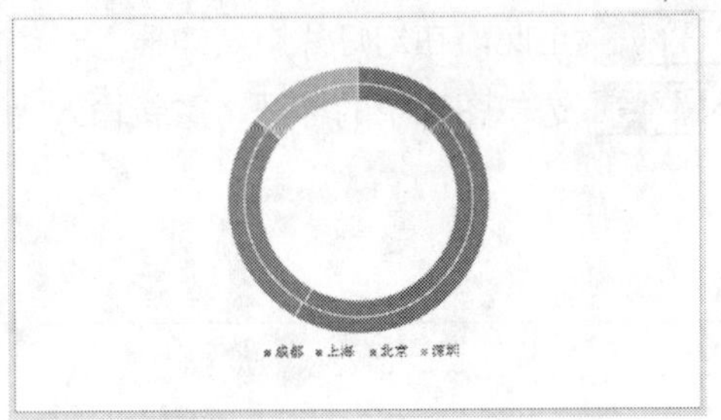

图 9-66　插入一个圆环图

步骤 5 选中图表，单击右上角的【图表元素】按钮，在弹出的列表中勾选【图表标题】复选框，在图表中添加图表标题，如图 9-67 所示。

步骤 6 选中图表中的标题，重新输入“1995 和 1996 年 GDP 对比图”，如图 9-68 所示。

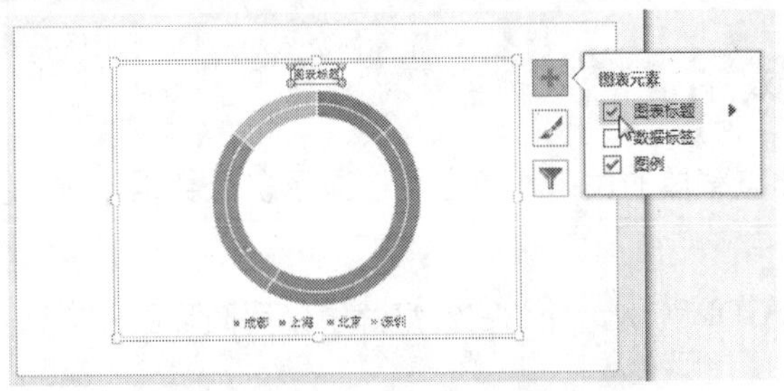

图 9-67　勾选【图表标题】复选框

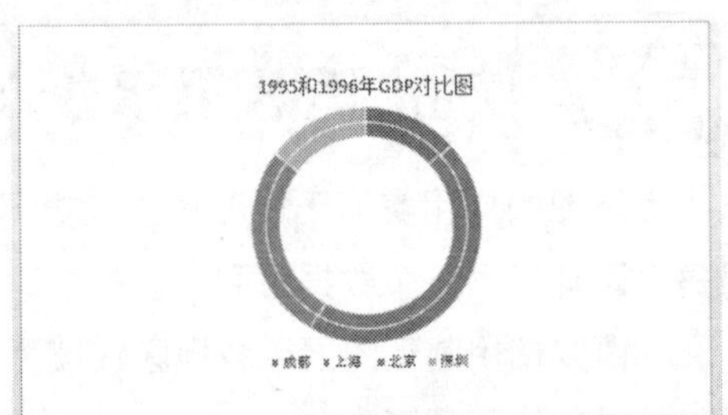

图 9-68　在图表标题中输入标题

9.3.10 使用气泡图展示产品销售情况

可以把气泡图当作显示一个额外数据系列的 XY 散点图，额外的数据系列以气泡的尺寸代表。与 XY 散点图一样，气泡图所有的轴线都是数值，没有分类轴线。

下面以使用气泡图展示某手机公司每年的销量及销售总额为例，介绍在幻灯片中使用气泡图的方法，具体的操作步骤如下。

步骤 1 选择要插入图表的幻灯片，然后在【插入】选项卡中，单击【插图】组中的【图表】按钮，如图 9-69 所示。

步骤 2 弹出【插入图表】对话框，在左侧列表中选择【XY（散点图）】选项，然后在右侧上方区域选择【三维气泡图】选项，并单击【确定】按钮，如图 9-70 所示。

步骤 3 此时系统会自动弹出 Excel 2013 软件的工作界面，在表格中输入需要展示的数据，然后单击右上角的【关闭】按钮，关闭 Excel 电子表格，如图 9-71 所示。

步骤 4 至此，在幻灯片中成功插入一个三维气泡图，如图 9-72 所示。

步骤 5 选中图表，单击右上角的【图表元素】按钮，在弹出的列表中勾选【图例】复选框，在图表中添加图例元素，如图 9-73 所示。

步骤 6 选中图表中的标题，重新输入“品牌手机销售情况分析”，如图 9-74 所示。

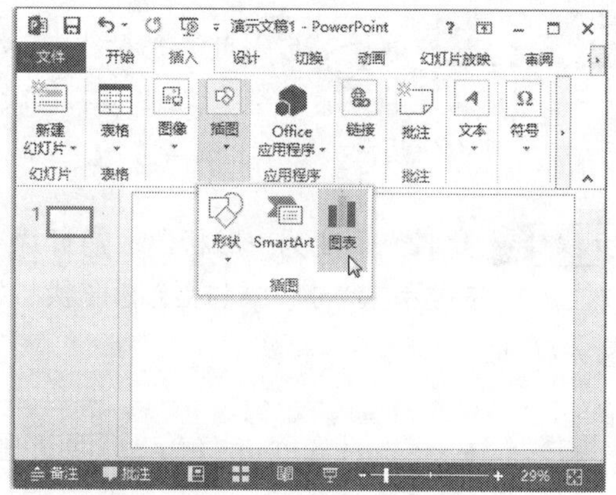

图 9-69　单击【图表】按钮

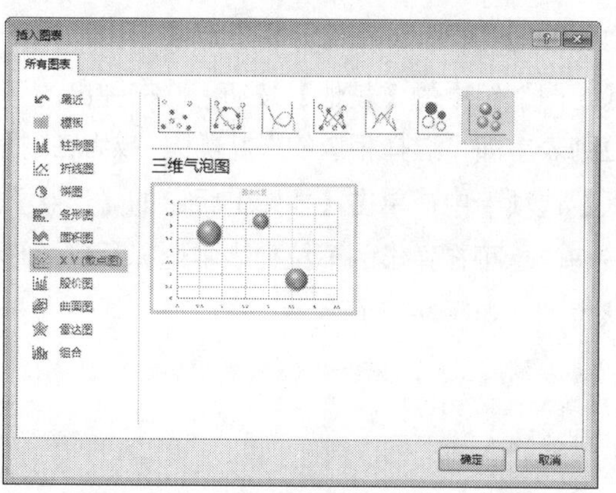

图 9-70　选择【三维气泡图】选项

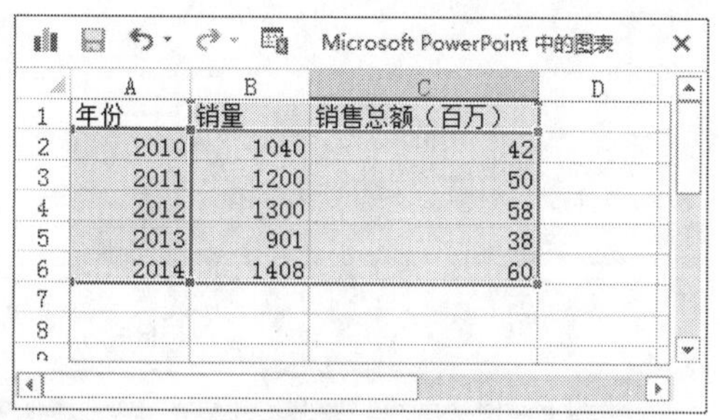
Microsoft PowerPoint 中的图表

	A	B	C	D
1	年份	销量	销售总额（百万）	
2	2010	1040	42	
3	2011	1200	50	
4	2012	1300	58	
5	2013	901	38	
6	2014	1408	60	
7				
8				

图 9-71　在表格中输入需要展示的数据

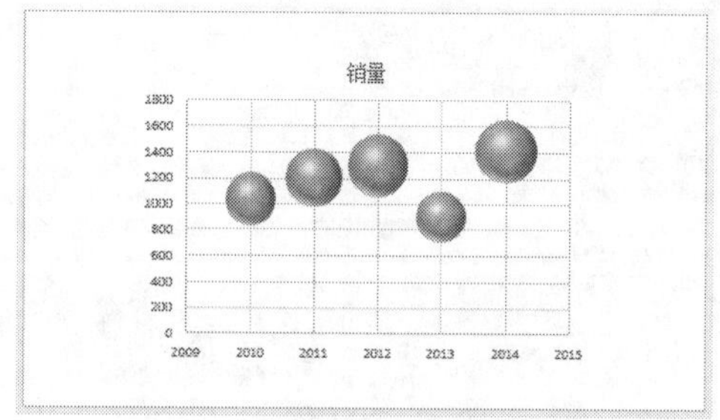

图 9-72　插入一个三维气泡图

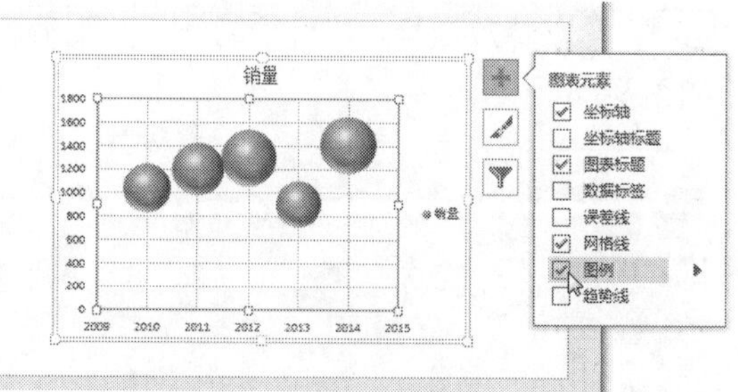

图 9-73　勾选【图例】复选框

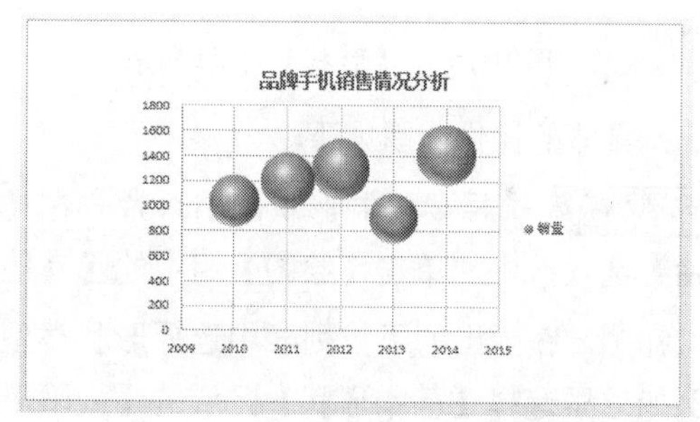

图 9-74　在图表标题中输入标题

9.4 形状在行业中的应用

在 PowerPoint 2013 中，用户可在幻灯片中添加各种线条、方框、箭头等元素，这些元素称为形状。通过添加各种形状，将极大地丰富幻灯片的内容。

9.4.1 绘制形状

在幻灯片中绘制的形状主要包括线条、矩形、箭头总汇、公式形状、流程图、星与旗帜、标注、动作按钮等类型。在【开始】选项卡中，单击【绘图】组中的【其他】按钮，在弹出的下拉列表中即可选择相应的形状类型，或者在【插入】选项卡中，单击【插图】组中的【形状】按钮，也可在弹出的下拉列表中选择相应的形状类型，如图 9-75 所示。

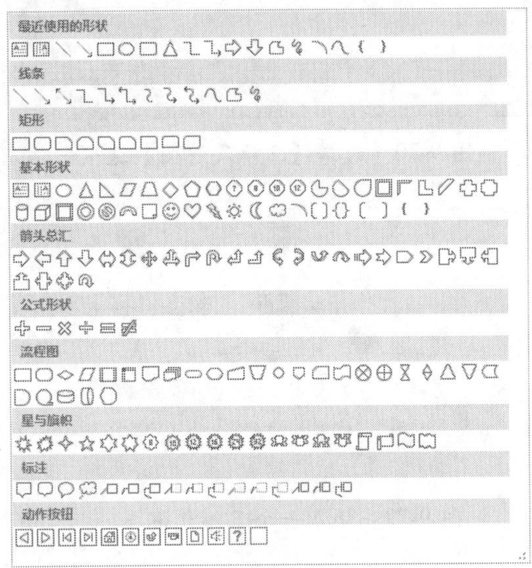

图 9-75 【形状】下拉列表

具体的操作步骤如下。

步骤 1 选择要绘制形状的幻灯片，在【开始】选项卡中，单击【绘图】组中的【其他】按钮，在弹出的下拉列表中选择形状类型，例如这里选择【基本形状】区域的【太阳形】选项，如图 9-76 所示。

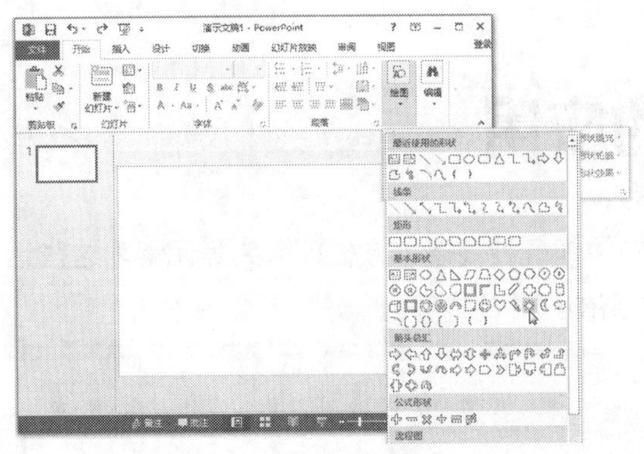

图 9-76 选择【太阳形】选项

提示 在【最近使用的形状】区域可以快速找到最近使用过的形状，便于再次使用。

步骤 2 此时光标变为+形状，在幻灯片中按住鼠标左键不放，拖动鼠标绘制形状，如图 9-77 所示。

图 9-77 拖动鼠标绘制形状

步骤 3 释放鼠标，即可绘制一个太阳形状，如图 9-78 所示。

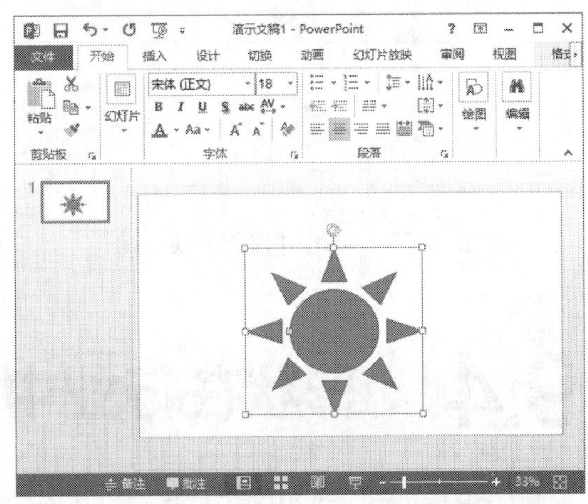

图 9-78 绘制一个太阳形状

步骤 4 重复上述步骤，也可绘制其他类型的形状，如图 9-79 所示。

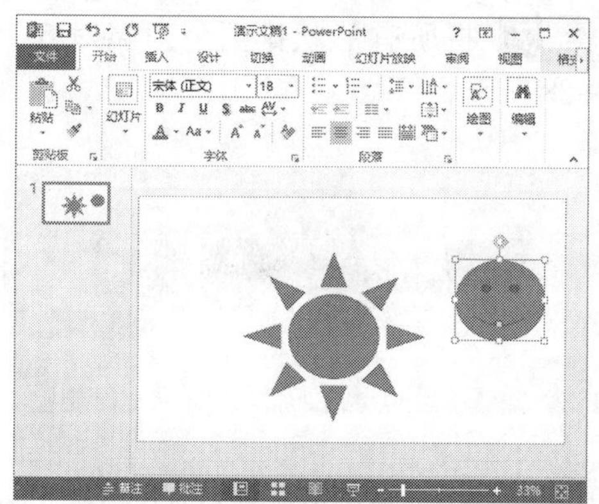

图 9-79　绘制其他类型的形状

9.4.2 排列形状

在幻灯片中绘制多个形状后，可以对这些形状进行排列操作。选择要排列的形状，此时功能区增加了【格式】选项卡，通过该选项卡下【排列】组中的各命令按钮即可排列形状，如图 9-80 所示。

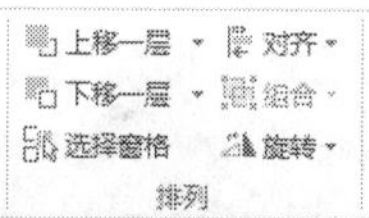

图 9-80　【排列】组

另外，在【开始】选项卡中，单击【绘图】组中的【排列】按钮，在弹出的下拉列表中也可进行排列操作，如图 9-81 所示。

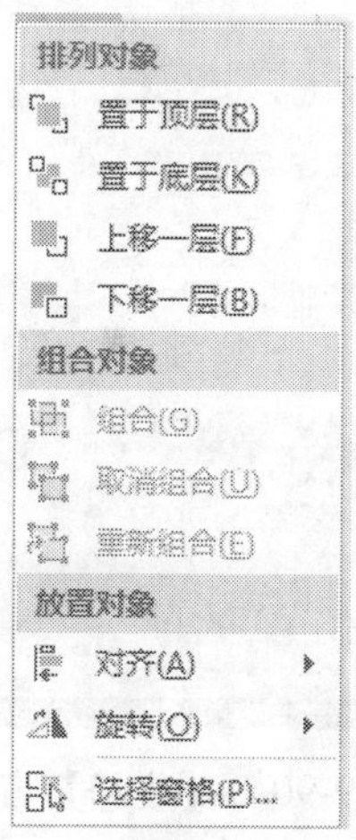

图 9-81　【排列】下拉列表

具体的操作步骤如下。

步骤 1 打开随书光盘中的“素材 \ch09\ 排列形状 .pptx”文件，如图 9-82 所示。

图 9-82　打开“排列形状 .pptx”文件

步骤 2 单击选择笑脸形状，按住鼠标左键不放，拖动鼠标将其移动到太阳形状内部，此时两个形状重叠，笑脸形状隐藏在太阳形状下方，如图 9-83 所示。

图 9-83　笑脸形状隐藏在太阳形状下方

步骤 3 在【格式】选项卡中，单击【排列】组中【上移一层】右侧的下拉按钮，在弹出的下拉列表中选择【上移一层】选项，或者直接单击【排列】组中的【上移一层】按钮，如图 9-84 所示。

步骤 4 将笑脸形状上移一层，显示在太阳形状的上方，如图 9-85 所示。

步骤 5 单击选择各形状并移动它们的位置，使其大致在同一水平位置，如图 9-86 所示。

步骤 6 选中所有的形状，在【格式】选项卡中，单击【排列】组中的【对齐】按钮，在弹出的下拉列表中选择【顶端对齐】选项，如图 9-87 所示。

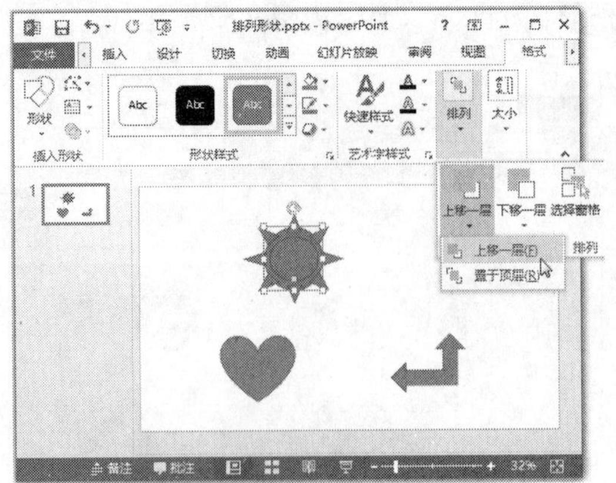

图 9-84　选择【上移一层】选项

图 9-85　笑脸形状显示在太阳形状的上方

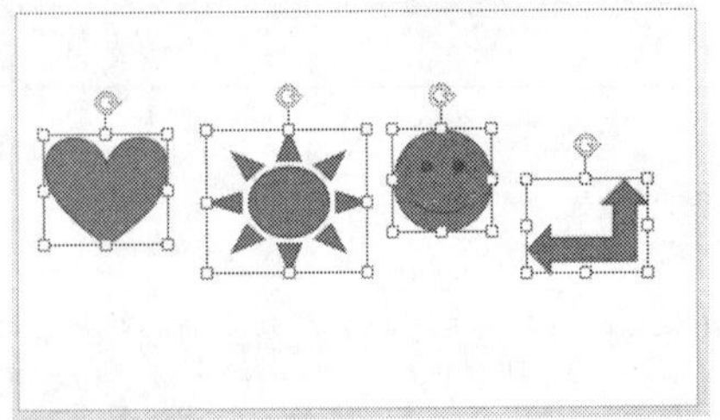

图 9-86　将形状大致移动到同一水平位置

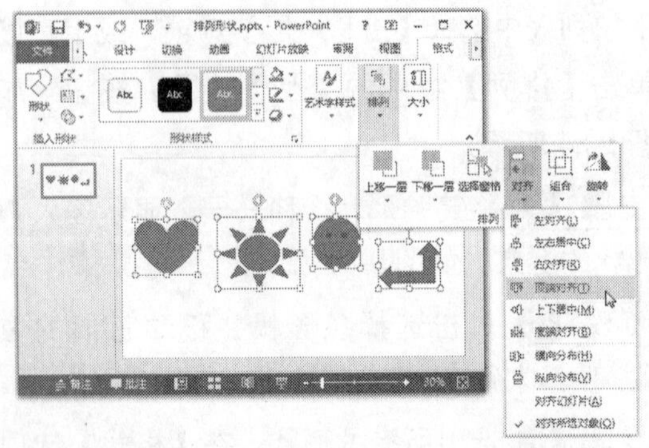

图 9-87　选择【顶端对齐】选项

步骤 7 将所有形状排列为顶端对齐，如图 9-88 所示。

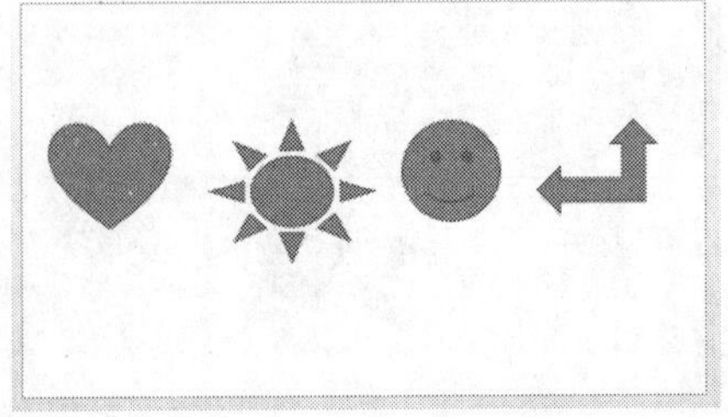

图 9-88　将所有形状排列为顶端对齐

步骤 8 单击选中某个形状，在【格式】选项卡中，单击【排列】组中的【选择窗格】按钮，如图 9-89 所示。

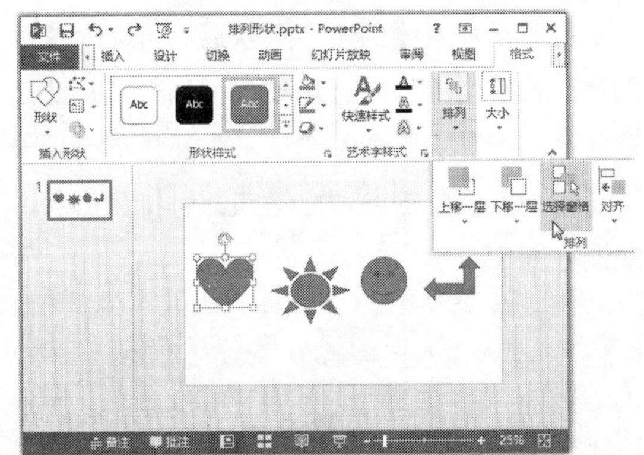

图 9-89　单击【选择窗格】按钮

步骤 9 在界面右侧弹出【选择】窗格，在其中单击各形状后面的 按钮，即可隐藏该形状，如图 9-90 所示。

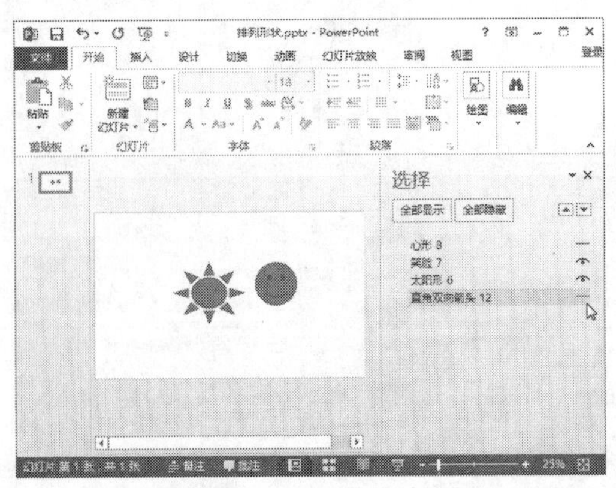

图 9-90　【选择】窗格

9.4.3 组合形状

在同一幻灯片中插入多个形状时，可以将多个形状组合为一个整体，以便对其进行移动操作。具体的操作步骤如下。

步骤 1 打开随书光盘中的“素材 \ch09\ 排列形状 .pptx”文件，按住 Ctrl 键或 Shift 键不放，单击选择要组合的形状，然后在【格式】选项卡中，单击【排列】组中的【组合】按钮，在弹出的下拉列表中选择【组合】选项，如图 9-91 所示。

提示 选择要组合的形状后，单击鼠标右键，在弹出的快捷菜单中依次选择【组合】→【组合】菜单命令，也可进行组合操作，如图 9-92 所示。

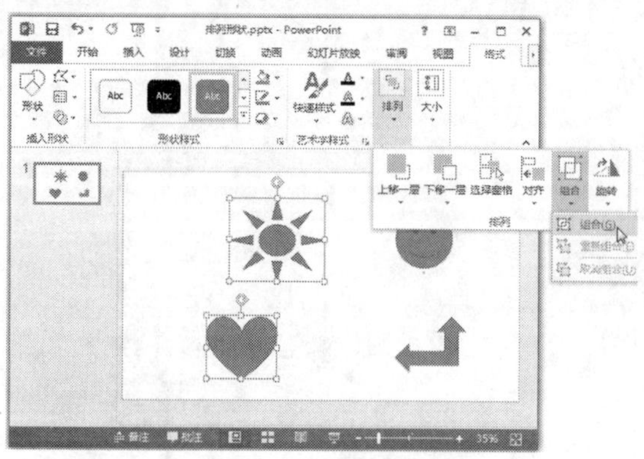

图 9-91　选择【组合】选项

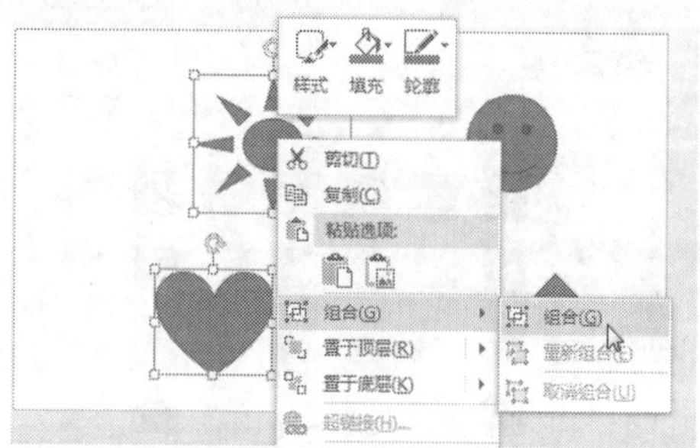

图 9-92　选择【组合】子菜单命令

步骤 2 此时选中的形状即被组合为一个形状，如图 9-93 所示。

步骤 3 若要取消组合形状，选中形状后，在【格式】选项卡中，单击【排列】组中的【组合】按钮，在弹出的下拉列表中选择【取消组合】选项，即可取消组合形状，如图 9-94 所示。

图 9-93　选中的形状被组合为一个形状

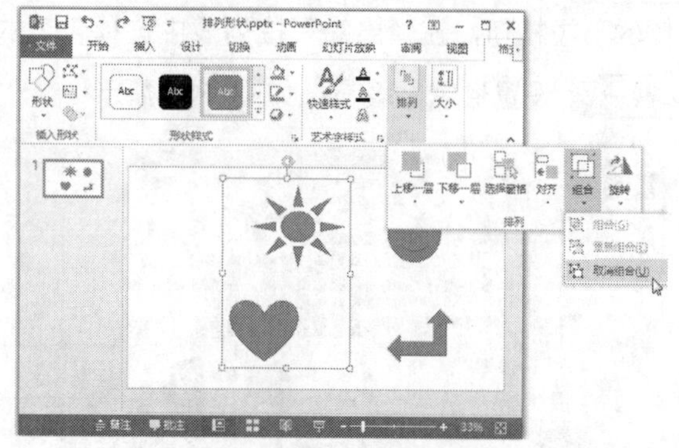

图 9-94　选择【取消组合】选项

9.4.4 设置形状的样式

用户可以根据需要设置形状的样式，包括设置形状的颜色、填充颜色轮廓以及形状的效果等。

选择要设置样式的形状，在【格式】选项卡中，通过【形状样式】组中的各命令按钮即可设置形状的样式，如图 9-95 所示。

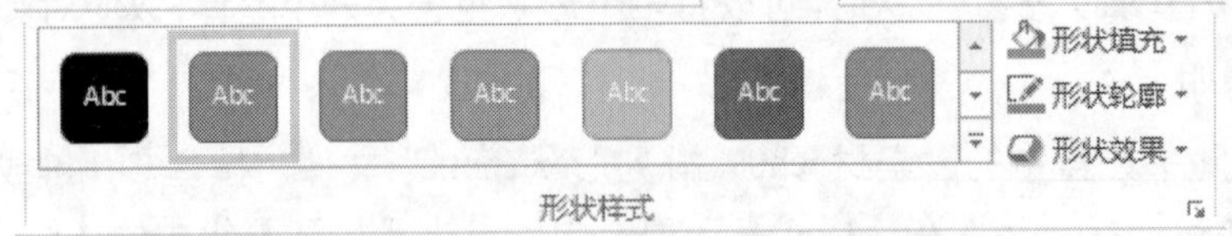

图 9-95 【形状样式】组

具体的操作步骤如下。

步骤 1 打开随书光盘中的“素材\ch09\排列形状.pptx”文件，单击选择笑脸形状，然后在【格式】选项卡中，单击【形状样式】组中的【其他】按钮，在弹出的下拉列表中选择需要的样式，如图 9-96 所示。

步骤 2 快速设置形状的样式，如图 9-97 所示。

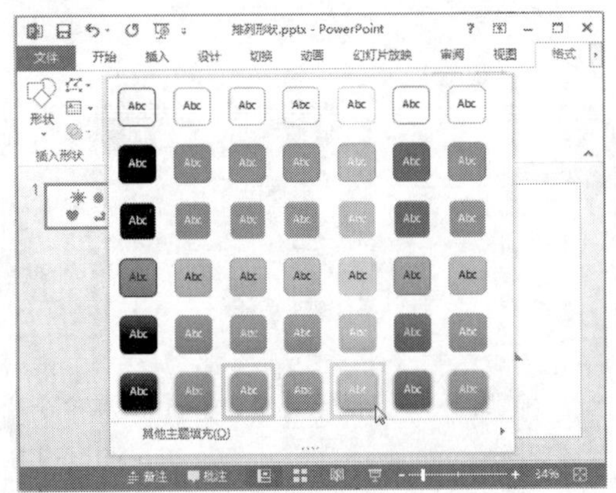

图 9-96 在【形状样式】下拉列表中选择样式

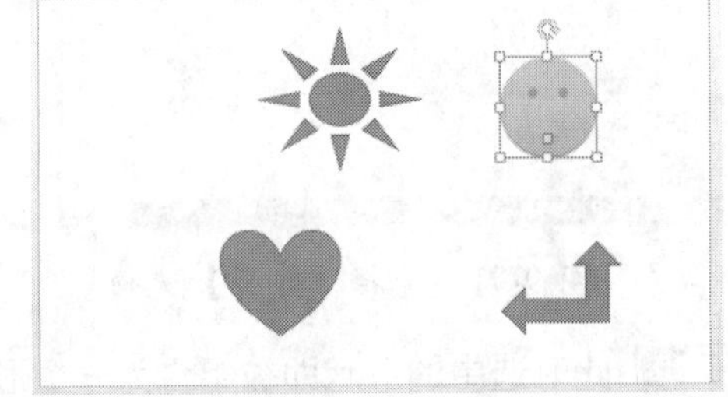

图 9-97 快速设置形状的样式

步骤 3 若要设置形状的填充颜色，在【格式】选项卡中，单击【形状样式】组中【形状填充】右侧的下拉按钮，在弹出的下拉列表中选择合适的颜色，如图 9-98 所示。

步骤 4 设置形状的填充，如图 9-99 所示。

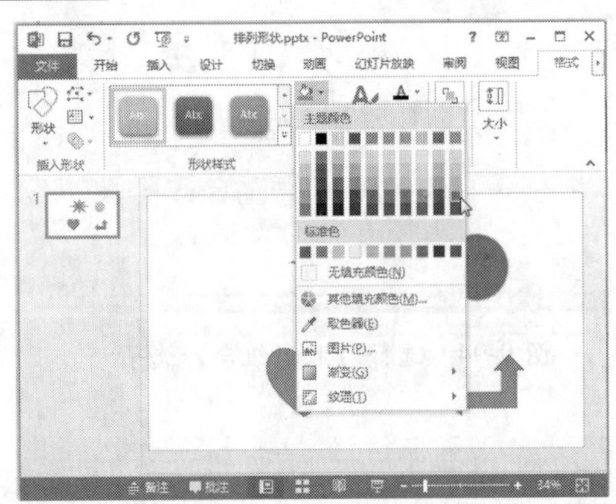

图 9-98 在【形状填充】下拉列表中选择颜色

图 9-99 设置形状的填充

步骤 5 若要设置形状的轮廓，在【格式】选项卡中，单击【形状样式】组中【形状轮廓】右侧的下拉按钮，在弹出的下拉列表中选择【粗细】选项，然后在右侧弹出的子列表中选择轮廓的粗细，如图 9-100 所示。

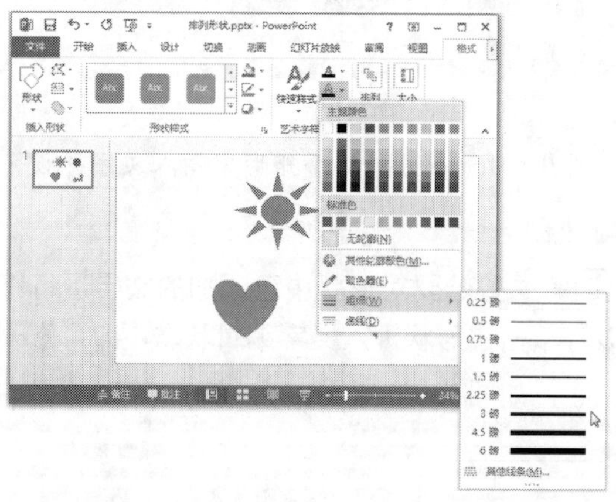

图 9-100　在【形状轮廓】下拉列表中选择轮廓的粗细

步骤 6 重复步骤 5，在弹出的下拉列表中选择【主题颜色】区域的轮廓颜色，即可设置轮廓的颜色，如图 9-101 所示。

图 9-101　设置轮廓的颜色

在【格式】选项卡中，单击【形状样式】组中的【形状效果】按钮，在弹出的下拉列表中还可设置形状的效果，读者可自行练习，这里不再赘述。

9.4.5 在形状中添加文字

除了在文本框中可以添加文字外，还可在形状中添加文字，具体的操作步骤如下。

步骤 1 启动 PowerPoint 2013，新建一个空白演示文稿，如图 9-102 所示。

图 9-102　新建一个空白演示文稿

步骤 2 将幻灯片中的占位符删除，使用前面小节介绍的方法，插入 3 个矩形和 2 个右箭头形状，如图 9-103 所示。

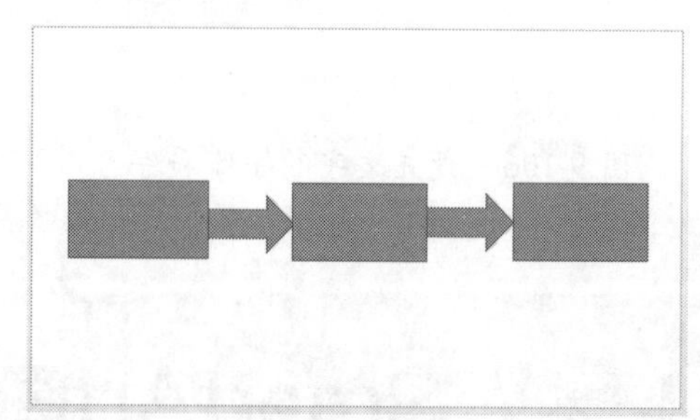

图 9-103　插入 3 个矩形和 2 个右箭头形状

步骤 3 选中形状，在【格式】选项卡的【形状样式】组中，设置形状的样式，如图 9-104 所示。

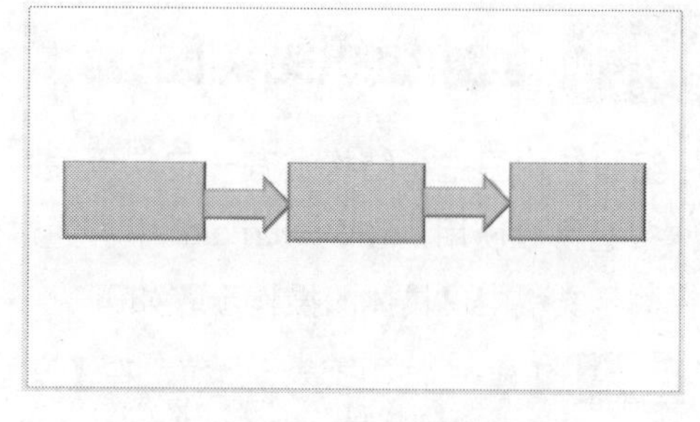

图 9-104　设置形状的样式

步骤 4 单击选中左侧的矩形，直接输入文字，例如这里输入“接受客户投诉”，如图 9-105 所示。

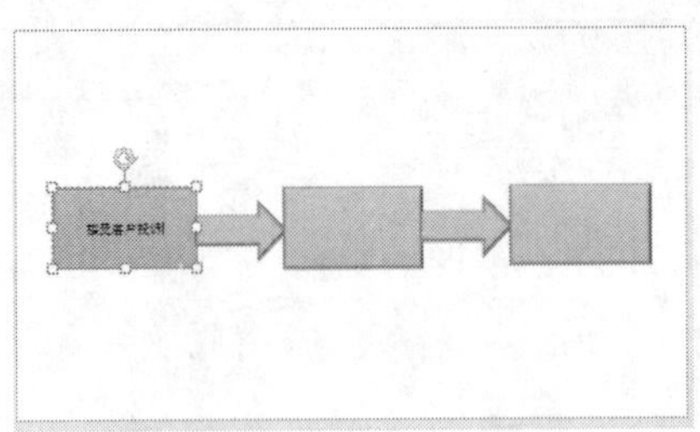

图 9-105 在左侧的矩形中输入文字

步骤 5 单击选中输入文字的矩形，在【开始】选项卡的【字体】组中，设置其字体和字号，如图 9-106 所示。

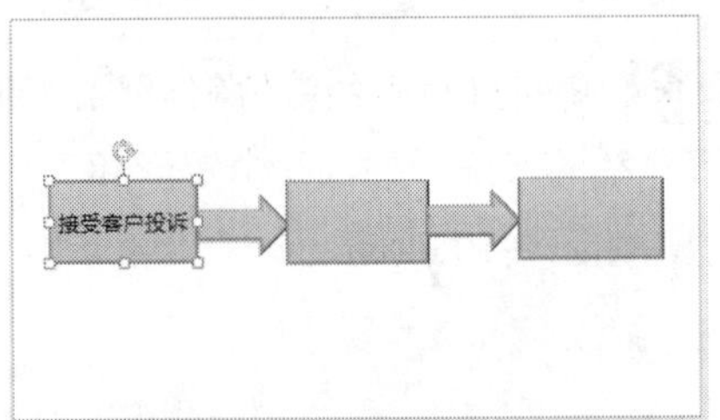

图 9-106 设置文字的字体和字号

步骤 6 重复步骤 4 和步骤 5，在另外 2 个矩形中输入文字并设置格式，如图 9-107 所示。

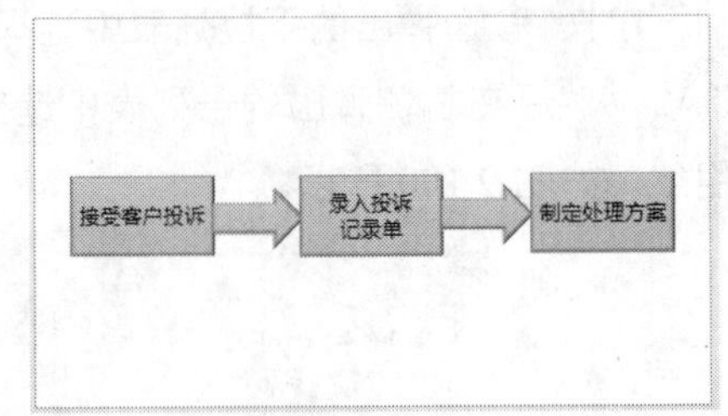

图 9-107 在另外 2 个矩形中输入文字并设置格式

步骤 7 若要对形状中已添加的文字进行修改，单击该形状进入文字编辑状态，即可修改文字，如图 9-108 所示。

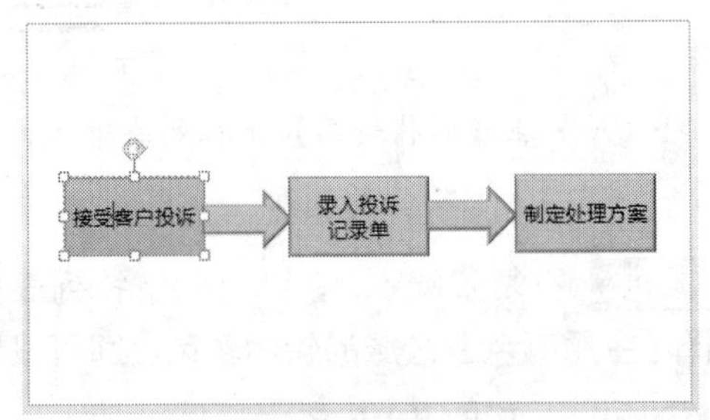

图 9-108 修改文字

9.5 SmartArt图形

SmartArt 图形是信息和观点的视觉表示形式，用户可选择多种不同的布局来创建 SmartArt 图形，这样不仅创建了具有设计师水准的插图，还能快速、轻松和有效地传达信息。

9.5.1 创建组织结构图

组织结构图是指结构上有一定从属关系的图形。组织结构图关系清晰、一目了然，在日常工作中经常被使用。在 PowerPoint 中，通过使用 SmartArt 图形，可以创建组织结构图并将其包括在演示文稿中，具体的操作步骤如下。

步骤 1 新建一个空白演示文稿，在【开始】选项卡中，单击【幻灯片】组中【新建幻灯片】的下拉按钮，在弹出的下拉列表中选择【标题和内容】幻灯片，如图 9-109 所示。

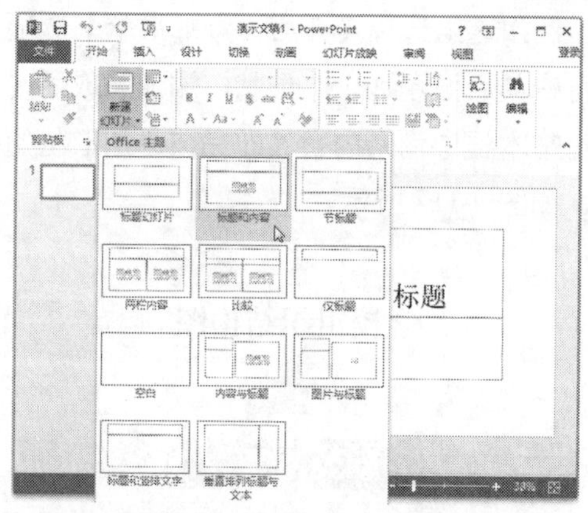

图 9-109　选择【标题和内容】幻灯片

步骤 2 此时将新建一个“标题和内容”幻灯片，如图 9-110 所示。

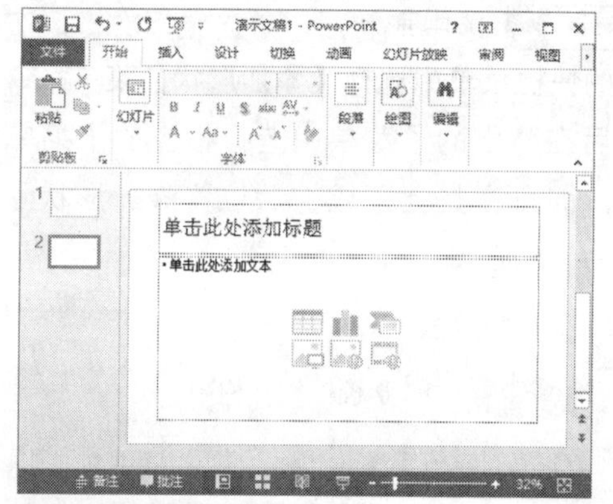

图 9-110　新建一个“标题和内容”幻灯片

步骤 3 在【插入】选项卡中，单击【插图】组中的 SmartArt 按钮，或者直接单击幻灯片编辑窗口中的【插入 SmartArt 图形】按钮，如图 9-111 所示。

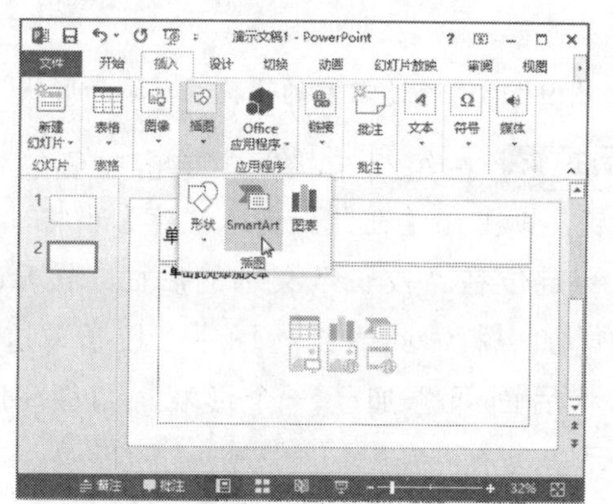

图 9-111　单击 SmartArt 按钮

步骤 4 弹出【选择 SmartArt 图形】对话框，单击左侧列表中的【层次结构】选项，然后选择【组织结构图】图样，在右侧可查看该图样的说明介绍，如图 9-112 所示。

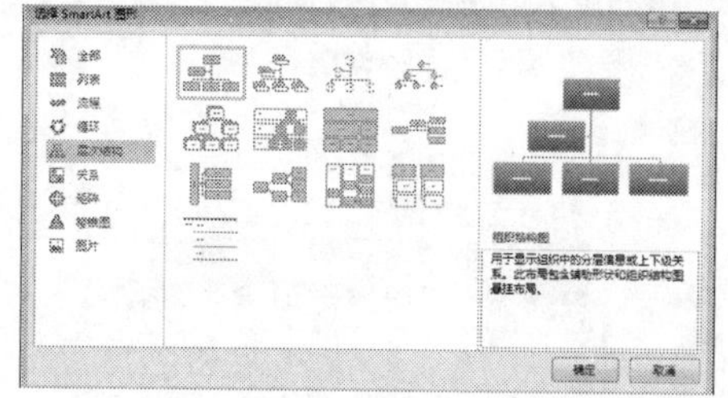

图 9-112　【选择 SmartArt 图形】对话框

步骤 5 选择完成后，单击【确定】按钮，即可在幻灯片中创建一个组织结构图，如图 9-113 所示。

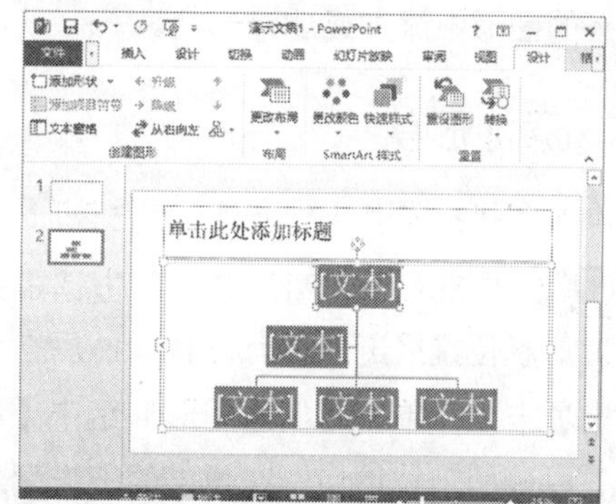

图 9-113　在幻灯片中创建一个组织结构图

步骤 6 创建组织结构图后，可单击图中的“文本”文本框，直接输入文本内容，也可单击左侧的按钮，在弹出的【在此处键入文字】窗格中输入文本内容，如图 9-114 所示。

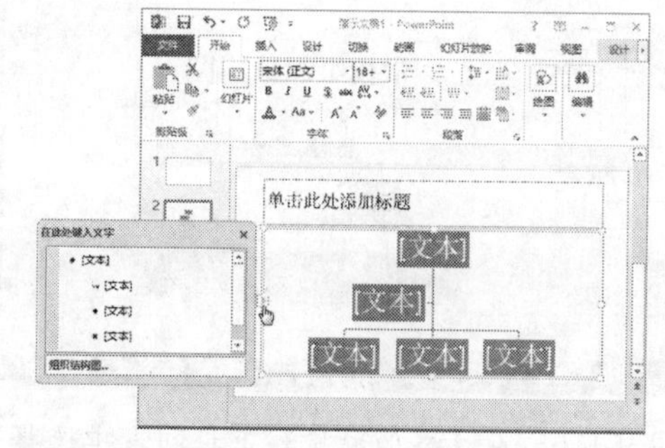

图 9-114　在【在此处键入文字】窗格输入文本内容

步骤 7 在各文本框中输入相应的内容，例如这里创建某学校的组织结构图，最终效果如图 9-115 所示。

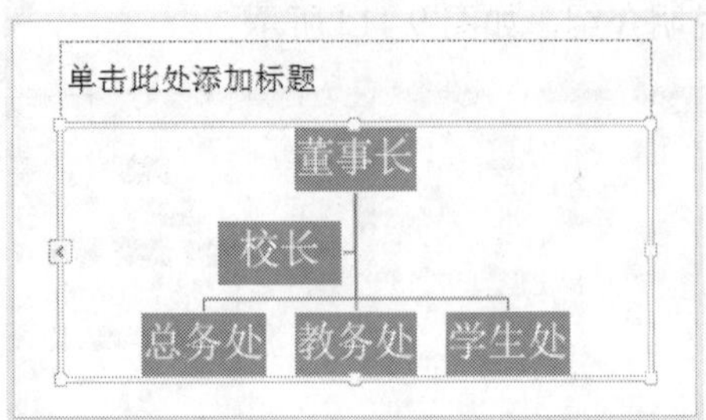

图 9-115　某学校的组织结构图

9.5.2 添加与删除形状

在演示文稿中创建 SmartArt 图形后，可以在现有的图形中添加或删除形状。

1. 添加形状

添加形状主要有 3 种方法，分别如下。

步骤 1 在 SmartArt 图形中，单击选中距离要添加形状位置最近的现有形状，然后在【设计】选项卡中，单击【创建图形】组中【添加形状】右侧的下拉按钮，在弹出的下拉列表中选择相应的选项，即可添加形状，如图 9-116 所示。

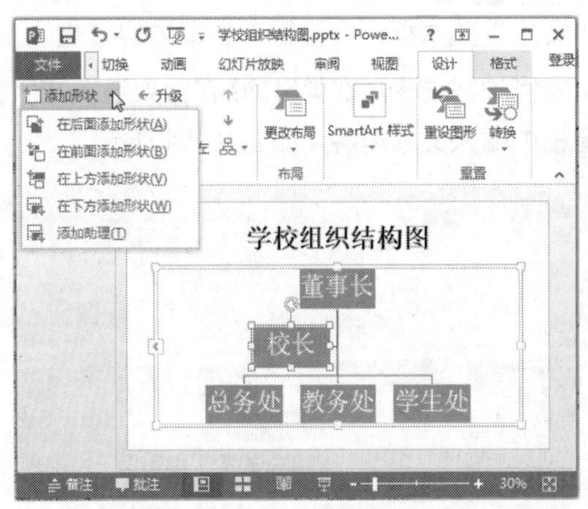

图 9-116　在【添加形状】下拉列表中选择相应的选项

例如这里选择【在后面添加形状】选项，即可在其后面添加 1 个形状，添加完成后，直接在文本框中输入内容，即完成添加形状的操作，如图 9-117 所示。

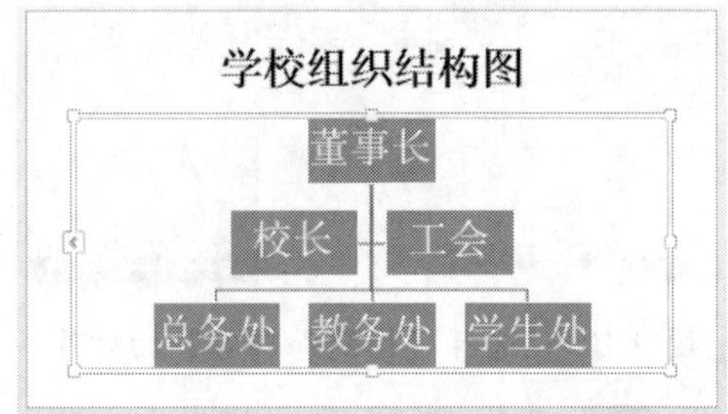

图 9-117　在后面添加 1 个形状

步骤 2 选中形状后，单击鼠标右键，在弹出的快捷菜单中选择【添加形状】菜单命令，然后在弹出的子菜单中选择相应的子菜单命令，即可在其上下或前后位置添加形状，如图 9-118 所示。

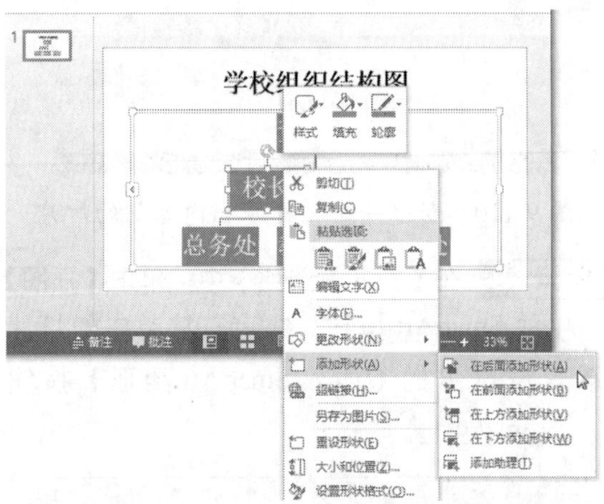

图 9-118　通过右键的快捷菜单添加形状

步骤 3 在组织结构图中单击左侧的 按钮，即弹出【在此处键入文字】窗格，将光标定位在“校长”文本的后面，按 Enter 键增加一栏，此时结构图中“校长”这一形状后面即添加了一个形状，如图 9-119 所示。

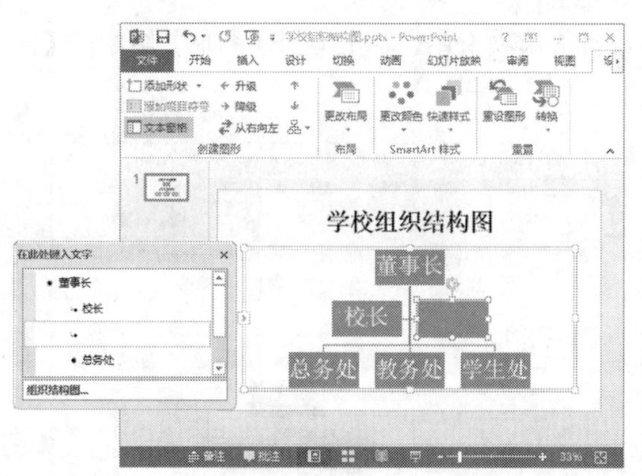

图 9-119　通过【在此处键入文字】窗格添加形状

2. 删除形状

若要从 SmartArt 图形中删除形状，单击选中要删除的形状，按 Delete 键即可删除。若要删除整个 SmartArt 图形，单击 SmartArt 图形的边框，选中整个 SmartArt 图形，按 Delete 键即可。

9.5.3 更改形状的样式

SmartArt 图形是由多个形状组合而成的，因此用户可单独设置各形状的样式。在 SmartArt 图形中，单击选中要设置样式的形状，然后在【格式】选项卡中，通过【形状样式】组中的各命令按钮即可设置形状样式，如图 9-120 所示。

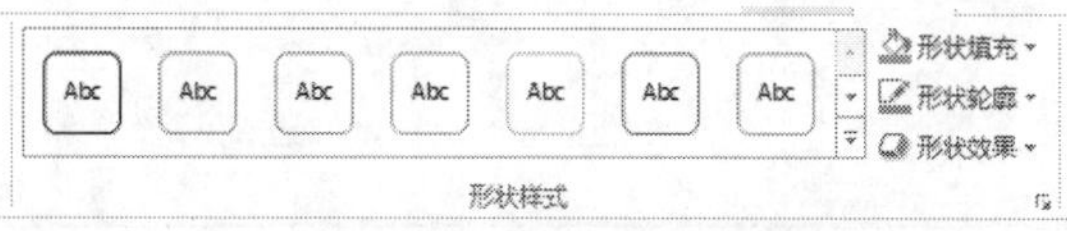

图 9-120　【形状样式】组

具体的设置方法与 9.4.4 小节基本相同，这里不再赘述。设置形状样式后的效果如图 9-121 所示。

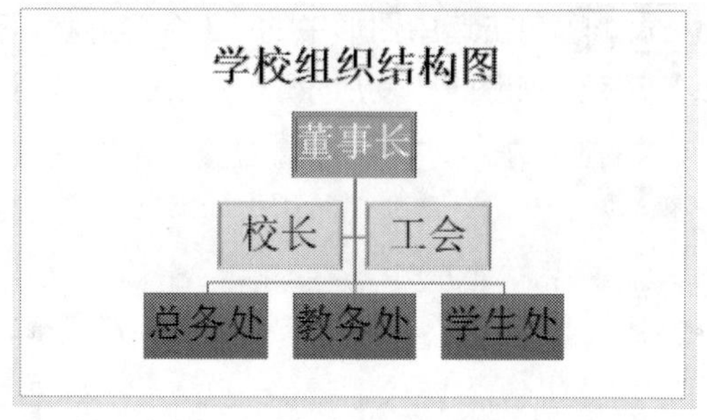

图 9-121　设置形状样式后的效果

9.5.4 更改 SmartArt 图形的布局

选中 SmartArt 图形后，在【设计】选项卡中，通过【创建图形】组中的各命令按钮可更改图形的分支布局，通过【布局】组中的各命令按钮可更改整个 SmartArt 图形的布局，如图 9-122 所示。

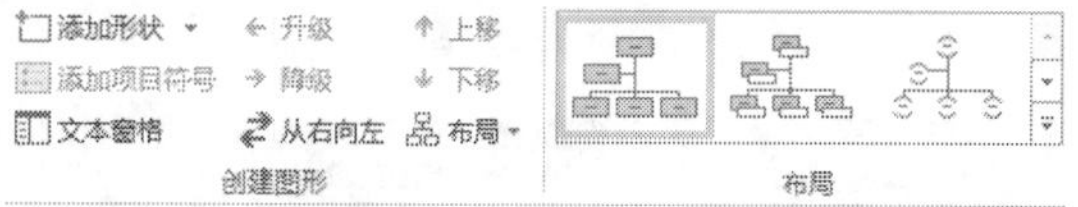

图 9-122　【创建图形】组和【布局】组

1. 更改图形的分支布局

具体的操作步骤如下。

步骤 1 打开随书光盘中的“素材 \ch09\ 更改分支布局 .pptx”文件，如图 9-123 所示。

> **提示** 这里为了演示更改分支布局后的效果，因此图形中各分支的形状皆不一致。

步骤 2 单击选中 Smart 图形，在【设计】选项卡中，单击【创建图形】组中的【从右向左】按钮，如图 9-124 所示。

步骤 3 此时组织结构图的形状将左右互换位置，如图 9-125 所示。

步骤 4 单击选中图形中的“工会”形状，在【设计】选项卡中，单击【创建图形】组中的【升级】按钮，如图 9-126 所示。

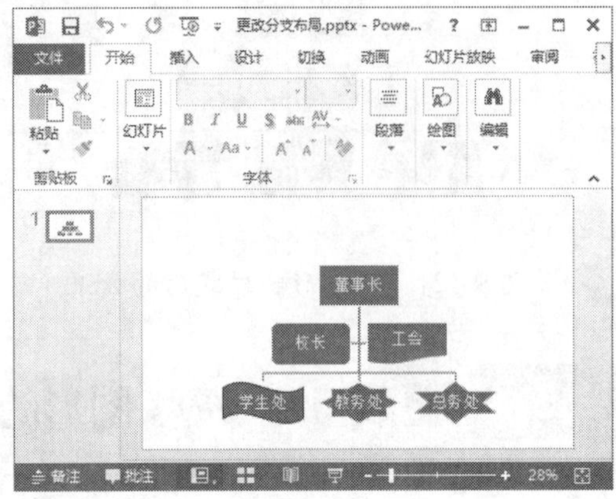

图 9-123 打开“更改分支布局.pptx”文件

图 9-124 单击【从右向左】按钮

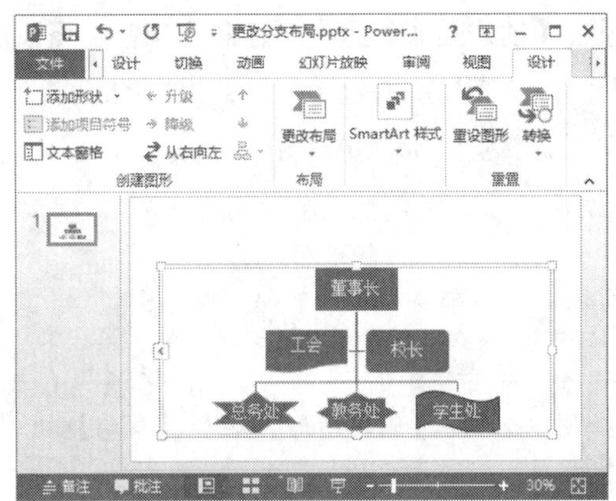

图 9-125 形状将左右互换位置

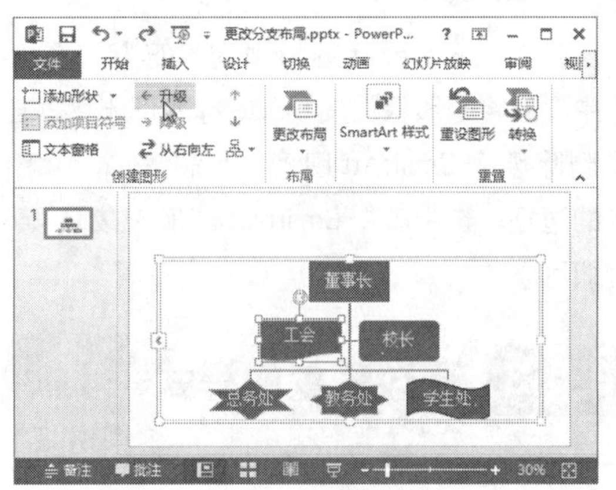

图 9-126 单击【升级】按钮

步骤 5 此时“工会”形状将移动到顶部，与“董事长”形状同一级别，如图 9-127 所示。

步骤 6 单击选中图形中的“总务处”形状，在【设计】选项卡中，单击【创建图形】组中的【下移】按钮，如图 9-128 所示。

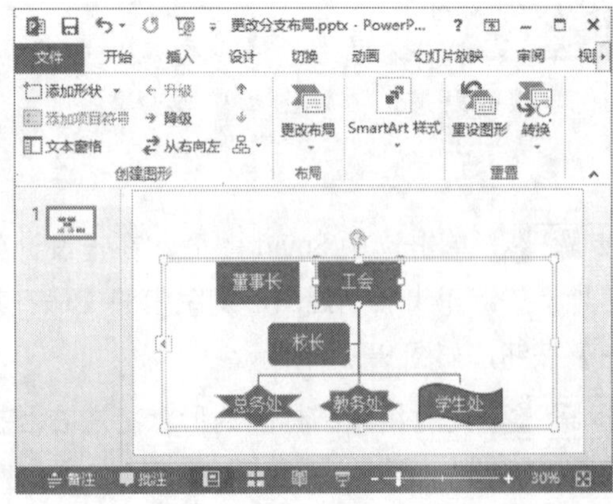

图 9-127 “工会”形状提升一个级别

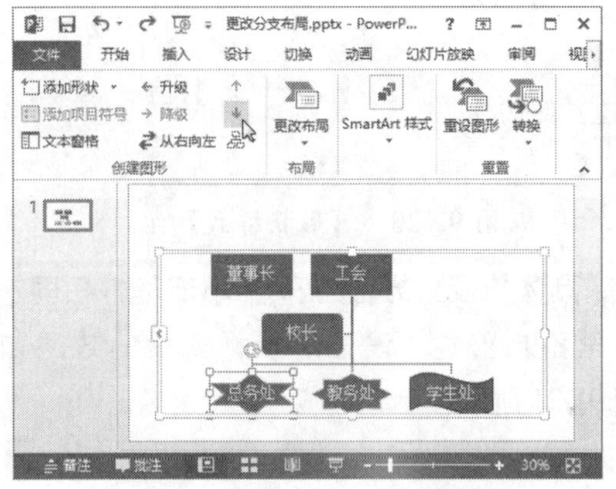

图 9-128 单击【下移】按钮

步骤 7 此时“总务处”形状将下移到“教务处”形状后面，如图 9-129 所示。

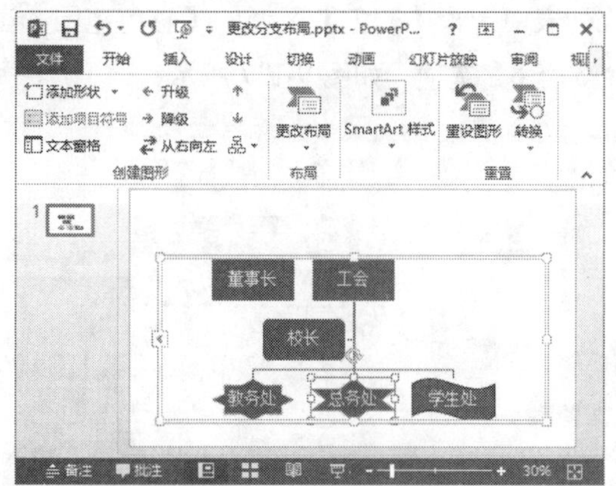

图 9-129　“总务处”形状下移到“教务处”形状后面

2. 更改整个 SmartArt 图形的布局

具体的操作步骤如下。

步骤 1 打开随书光盘中的“素材\ch09\更改 SmartArt 图形的布局 .pptx”文件，单击选中组织结构图，如图 9-130 所示。

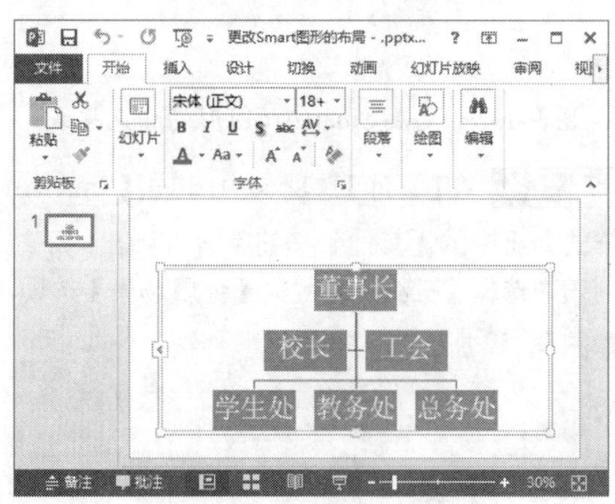

图 9-130　选中组织结构图

步骤 2 在【设计】选项卡中，单击【布局】组中的【其他】按钮，在弹出的下拉列表中选择【水平组织结构图】选项，如图 9-131 所示。

步骤 3 更改后组织结构图的布局如图 9-132 所示。

图 9-131　选择【水平组织结构图】选项

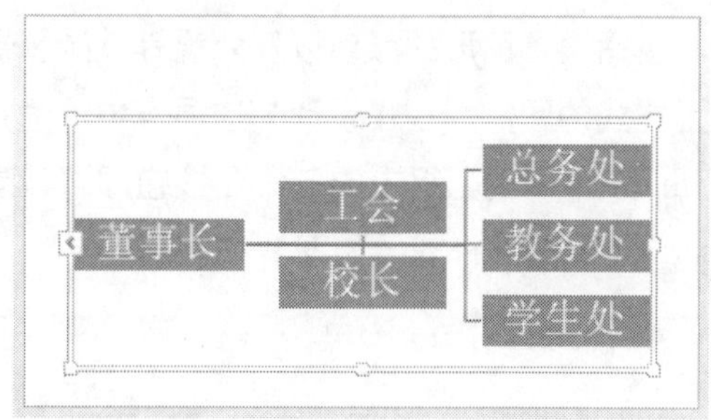

图 9-132　更改组织结构图的布局

步骤 4 若下拉列表中没有合适的布局，选择【其他布局】选项，即弹出【选择 SmartArt 图形】对话框，在其中可选择更多的布局，例如这里选择【关系】区域的【射线循环】选项，如图 9-133 所示。

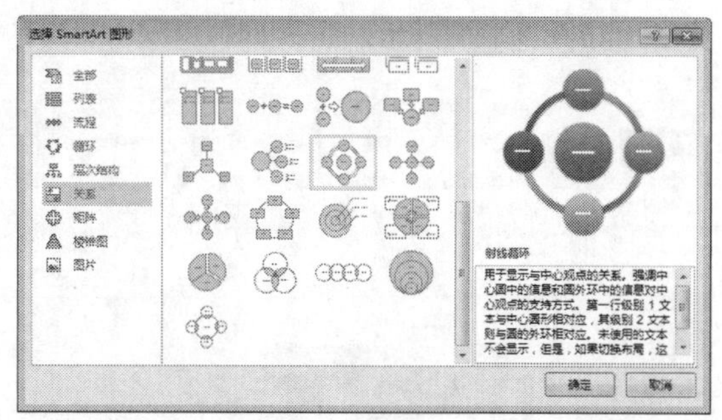

图 9-133　【选择 SmartArt 图形】对话框

步骤 5 单击【确定】按钮，即可将布局更改为射线循环类型，如图 9-134 所示。

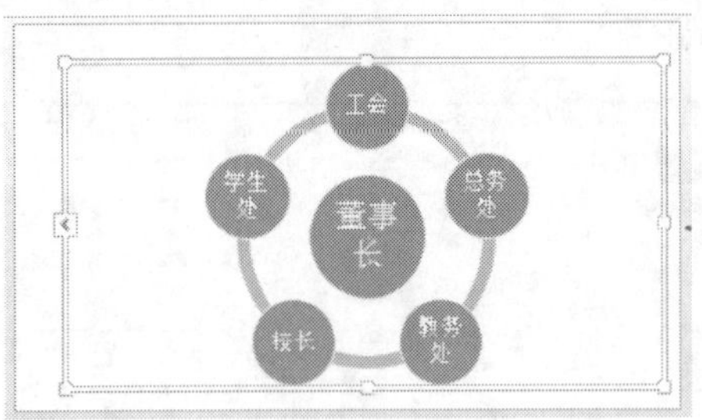

图 9-134　将布局更改为射线循环类型

9.5.5 更改 SmartArt 图形的样式

用户可以根据需要设置 SmartArt 图形的样式，包括设置图形的颜色以及外观等。选择要设置样式的图形，在【设计】选项卡中，通过【SmartArt 样式】组中的各命令按钮即可设置 SmartArt 图形的样式，如图 9-135 所示。

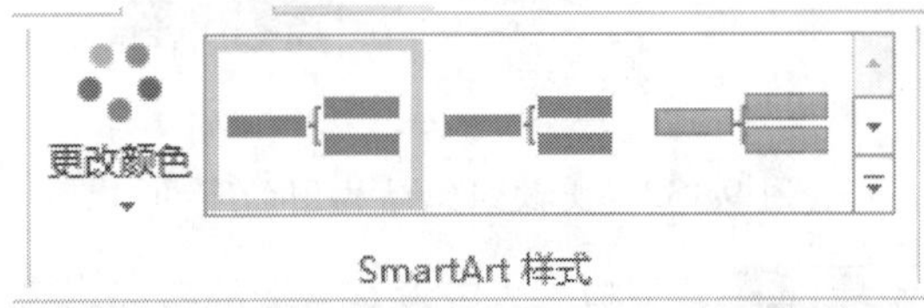

图 9-135　【SmartArt 样式】组

具体的操作步骤如下。

步骤 1 打开随书光盘中的“素材 \ch09\ 学校组织结构图 .pptx”文件，单击选中 SmartArt 图形，如图 9-136 所示。

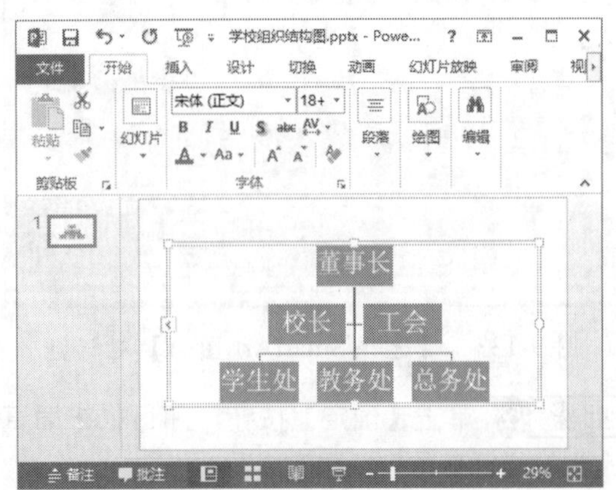

图 9-136　选中 SmartArt 图形

步骤 2 在【设计】选项卡中，单击【SmartArt 样式】组中的【更改颜色】按钮，在弹出的下拉列表中选择【彩色】区域的【彩色范围 - 着色 5 至 6】选项，如图 9-137 所示。

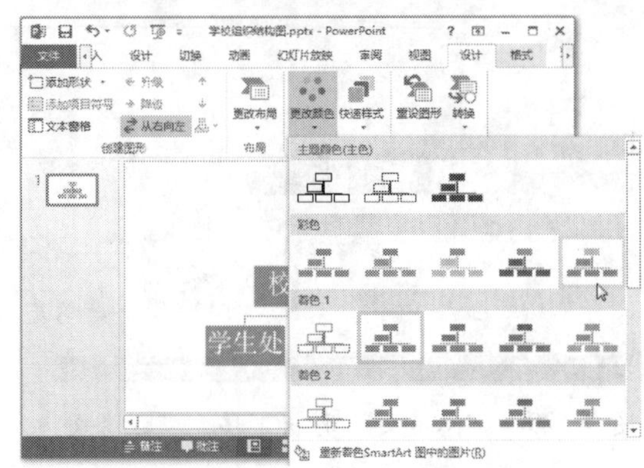

图 9-137　选择【彩色范围 - 着色 5 至 6】选项

步骤 3 更改 SmartArt 图形的颜色样式，如图 9-138 所示。

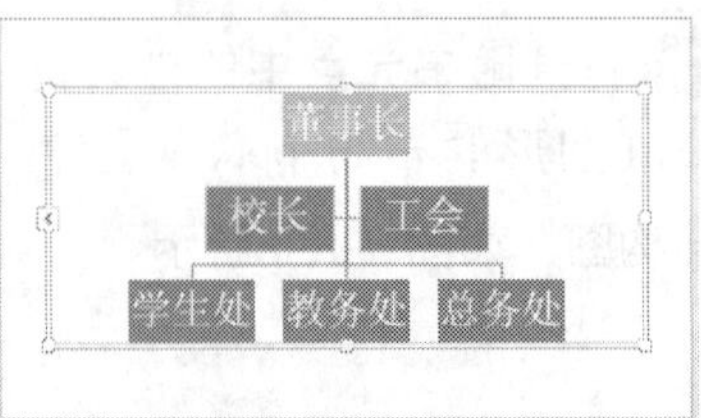

图 9-138　更改 SmartArt 图形的颜色样式

步骤 4 在【设计】选项卡中，单击【SmartArt 样式】组中的【其他】按钮，在弹出的下拉列表中选择【三维】区域的【金属场景】选项，如图 9-139 所示。

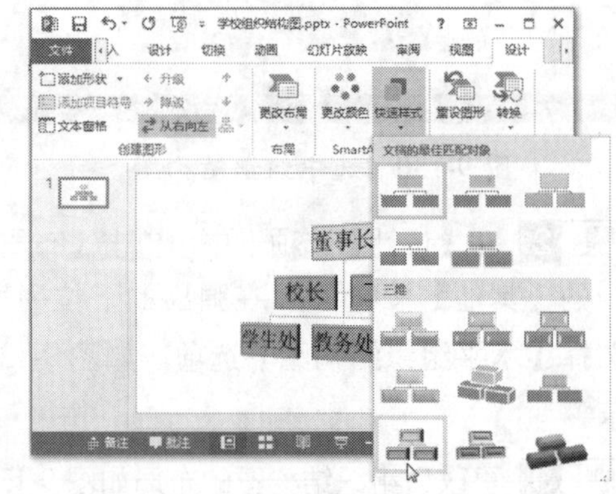

图 9-139　选择【金属场景】选项

步骤 5 即可快速更改 SmartArt 图形的样式，如图 9-140 所示。

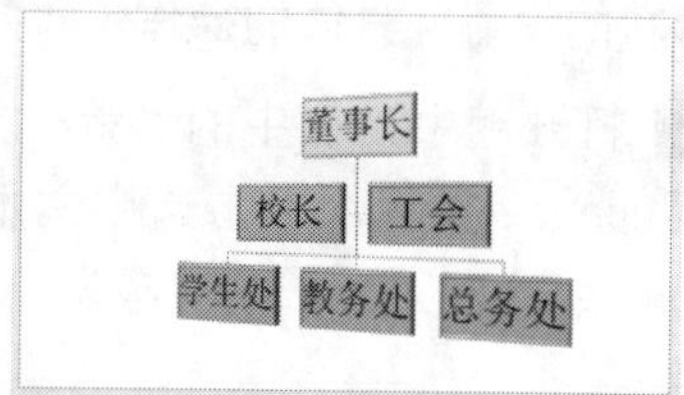

图 9-140 快速更改 SmartArt 图形的样式

9.5.6 更改 SmartArt 图形中文字的样式

选择要设置文字样式的形状，在【格式】选项卡中，通过【艺术字样式】组中的各命令按钮即可设置 SmartArt 图形中文字的样式，如图 9-141 所示。

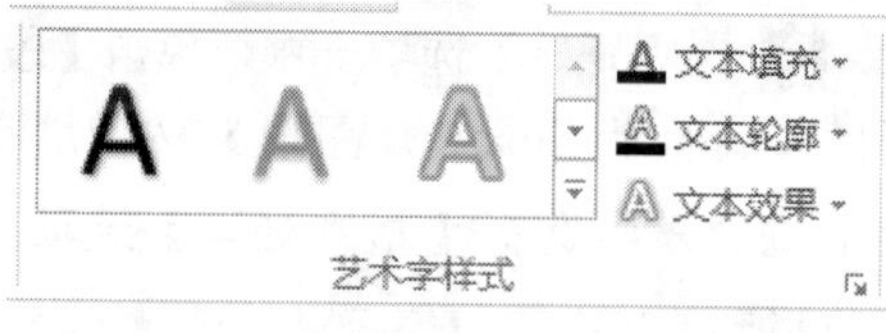

图 9-141 【艺术字样式】组

具体的操作步骤如下。

步骤 1 打开随书光盘中的“素材 \ch09\ 学校组织结构图 .pptx”文件，单击选中 SmartArt 图形中的“董事长”形状，如图 9-142 所示。

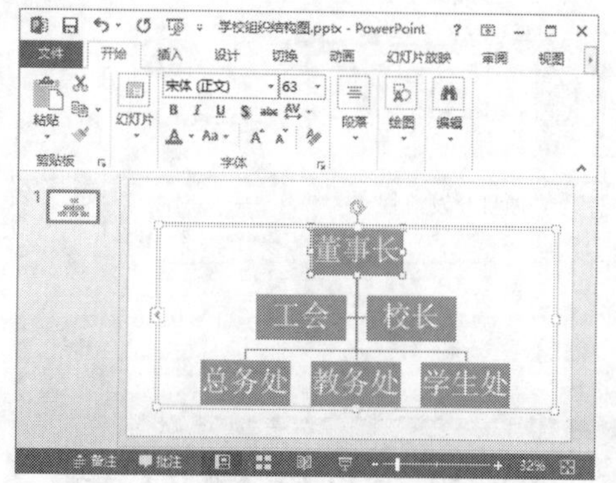

图 9-142 选中“董事长”形状

步骤 2 在【格式】选项卡中，单击【艺术字样式】组中的【其他】按钮，在弹出的下拉列表中选择合适的样式，如图 9-143 所示。

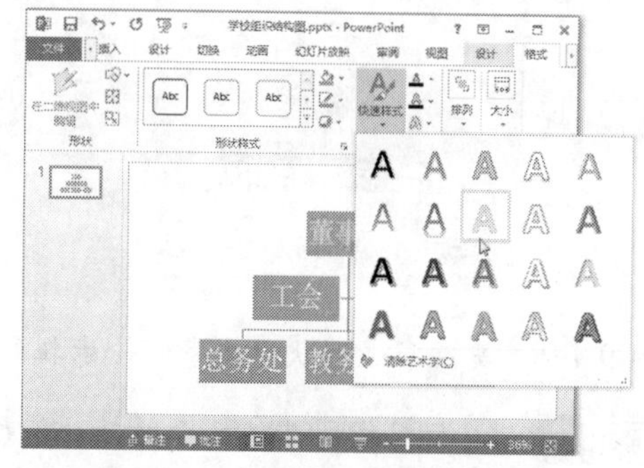

图 9-143 在【艺术字样式】下拉列表中选择样式

步骤 3 即可快速更改所选形状中文字的样式，如图 9-144 所示。

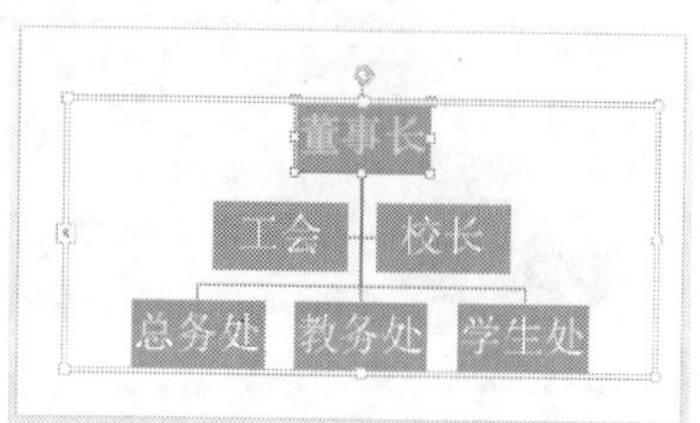

图 9-144 快速更改所选形状中文字的样式

步骤 4 选中“工会”和“校长”2 个形状，在【格式】选项卡中，单击【艺术字样式】组中【文本轮廓】右侧的下拉按钮，在弹出的下拉列表中依次选择【粗细】→【4.5 磅】选项，如图 9-145 所示。

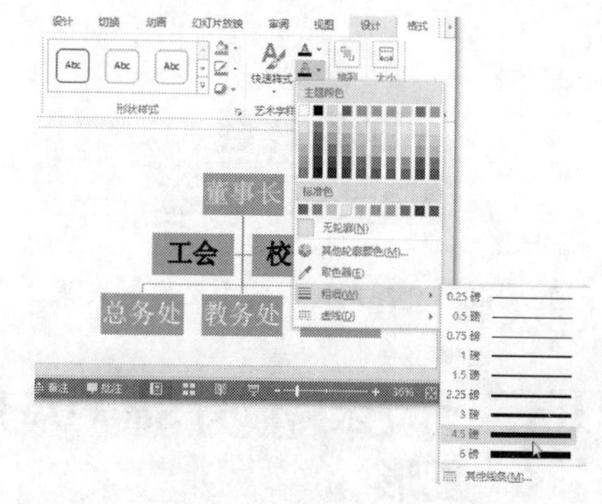

图 9-145 在【文本轮廓】下拉列表中选择粗细

步骤 5 更改所选形状中文字的轮廓粗细，如图 9-146 所示。

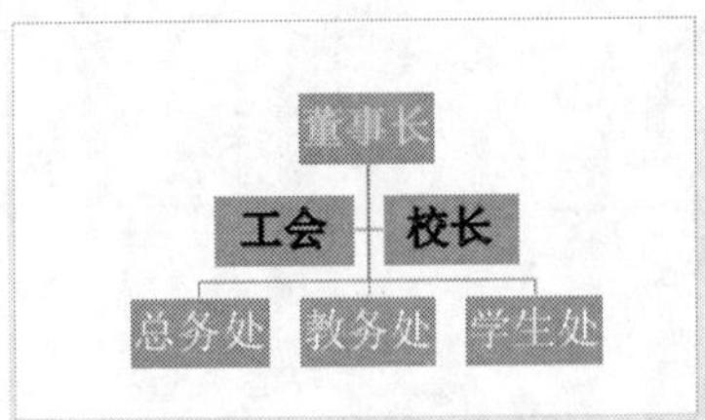

图 9-146 更改所选形状中文字的轮廓粗细

步骤 6 选中第 3 级别中的 3 个形状，在【格式】选项卡中，单击【艺术字样式】组中的【文本效果】按钮，在弹出的下拉列表中依次选择【转换】→【倒 V 型】选项，如图 9-147 所示。

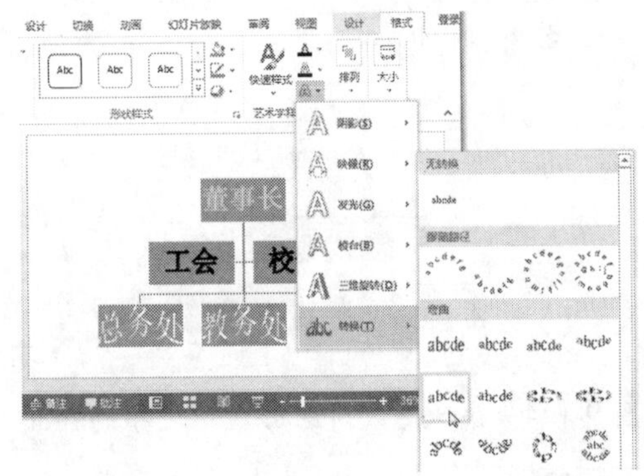

图 9-147 在【文本效果】下拉列表中选择效果

步骤 7 更改所选形状中文字的效果，如图 9-148 所示。

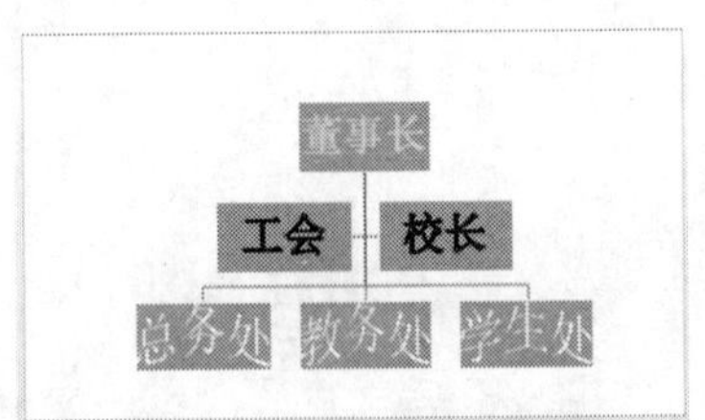

图 9-148 更改所选形状中文字的效果

9.5.7 将文本转换为 SmartArt 图形

在演示文稿中，可以将幻灯片中的文本转换为 SmartArt 图形，以便在 PowerPoint 中可视地显示信息，并且还可以对其进行布局、颜色以及形状的设置。具体的操作步骤如下。

步骤 1 打开随书光盘中的“素材\ch09\项目流程图.pptx”文件，单击选中文本框，如图 9-149 所示。

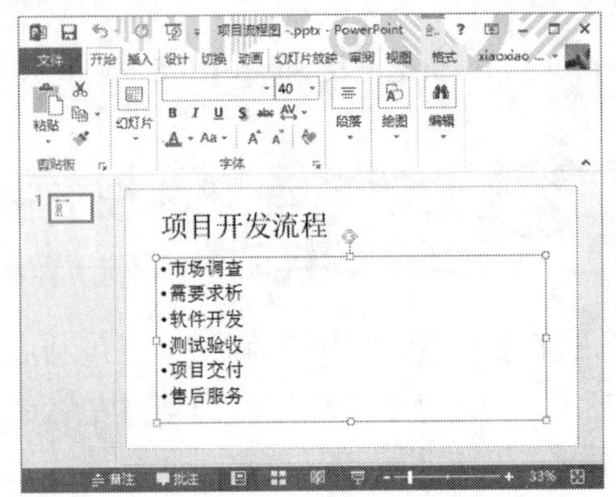

图 9-149 单击选中文本框

步骤 2 在【开始】选项卡中，单击【段落】组中的【转换为 SmartArt 图形】按钮，在弹出的下拉列表中选择【基本循环】选项，如图 9-150 所示。

> **提示** 若在下拉列表中选择【其他 SmartArt 图形】选项，将弹出【选择 SmartArt 图形】对话框，在其中可选择更多的图形类型。

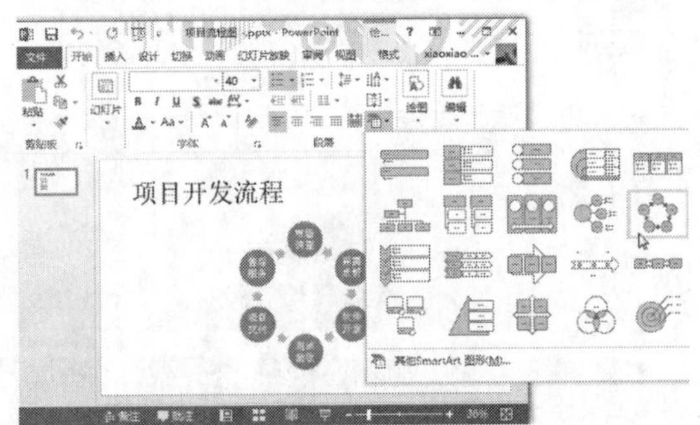

图 9-150 选择【基本循环】选项

步骤 3 将当前的文本转换为相应的 SmartArt 图形，如图 9-151 所示。

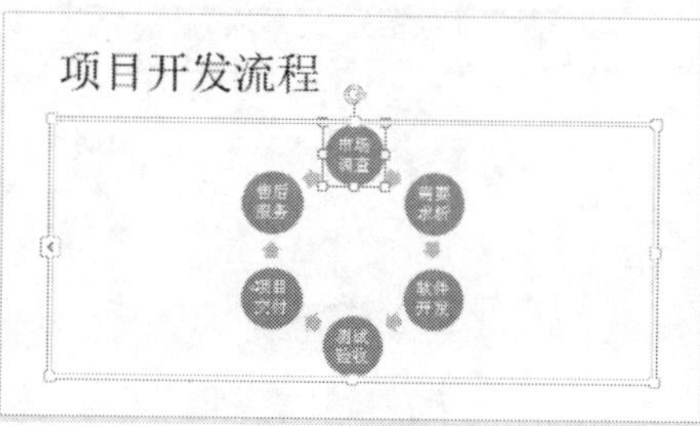

图 9-151　将文本转换为 SmartArt 图形

步骤 4 选中 SmartArt 图形，在【设计】选项卡的【SmartArt 样式】组中，设置其颜色和样式，如图 9-152 所示。

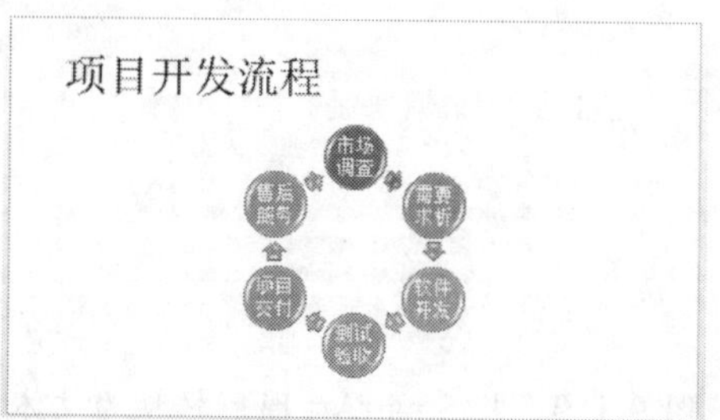

图 9-152　设置 SmartArt 图形的颜色和样式

9.5.8 将图片转换为 SmartArt 图形

用户可以将幻灯片中的图片转换为 SmartArt 图形，具体的操作步骤如下。

步骤 1 打开随书光盘中的“素材 \ch09\ 图片 .pptx”文件，按住 Ctrl 键不放，单击选中幻灯片中的 3 张图片，如图 9-153 所示。

图 9-153　单击选中 3 张图片

步骤 2 在【格式】选项卡中，单击【图片样式】组中的【转化为 SmartArt 图形】按钮，在弹出的下拉列表中选择【标题图片排列】选项，如图 9-154 所示。

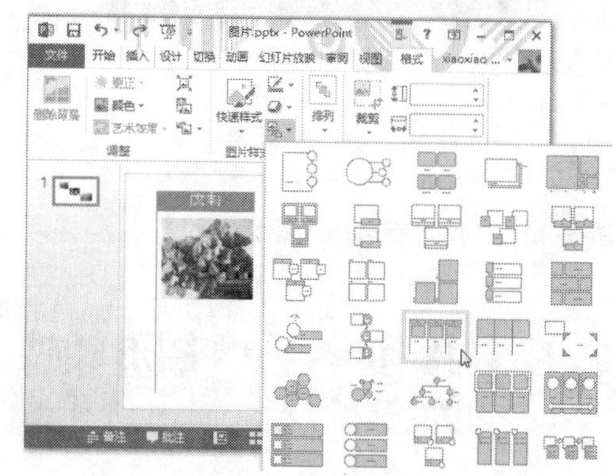

图 9-154　选择【标题图片排列】选项

步骤 3 将图片转换为 SmartArt 图形，如图 9-155 所示。

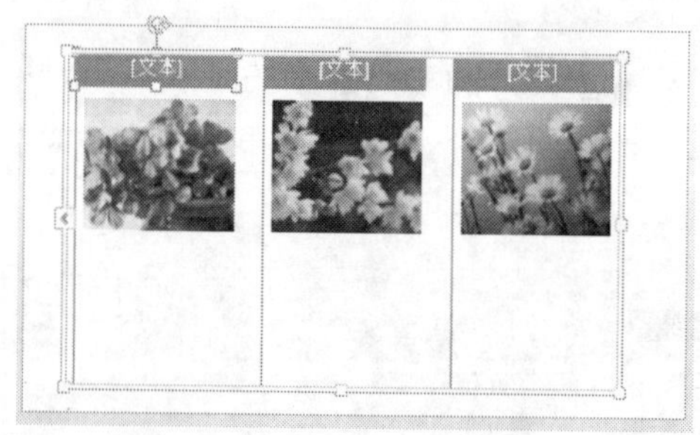

图 9-155　将图片转换为 SmartArt 图形

步骤 4 在占位符中分别输入文字，如图 9-156 所示。

图 9-156　在占位符中分别输入文字

步骤 5 选中 SmartArt 图形，在【设计】选项卡的【SmartArt 样式】组中，设置其颜色和样式，如图 9-157 所示。

图 9-157　设置 SmartArt 图形的颜色和样式

9.5.9 将 SmartArt 图形转换为文本

除了可以将文本和图片转换为 SmartArt 图形外，还可以将 SmartArt 图形转换为文本和形状。将 SmartArt 图形转换为文本的具体操作步骤如下。

步骤 1 打开随书光盘中的“素材\ch09\学校组织结构图.pptx”文件，单击选中 SmartArt 图形，如图 9-158 所示。

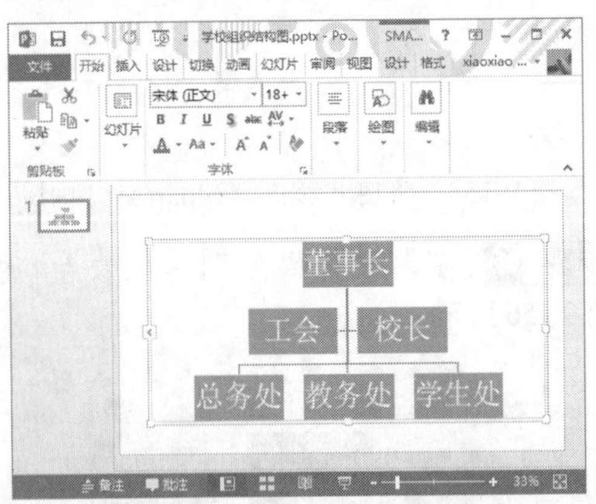

图 9-158　单击选中 SmartArt 图形

步骤 2 在【设计】选项卡中，单击【重置】组中的【转换】按钮，在弹出的下拉列表中选择【转换为文本】选项，如图 9-159 所示。

步骤 3 将幻灯片中的 SmartArt 图形转换为文本，如图 9-160 所示。

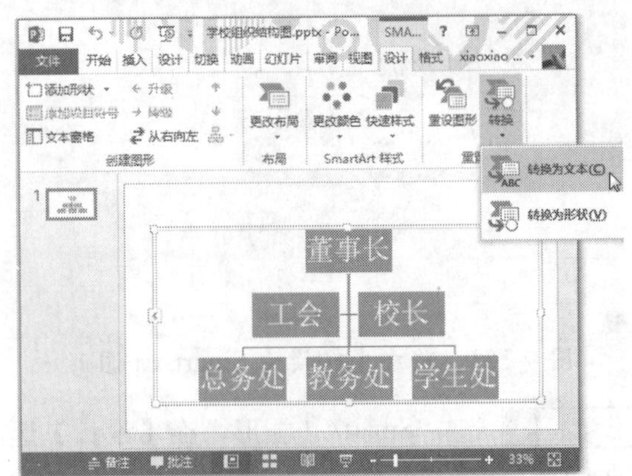

图 9-159　选择【转换为文本】选项

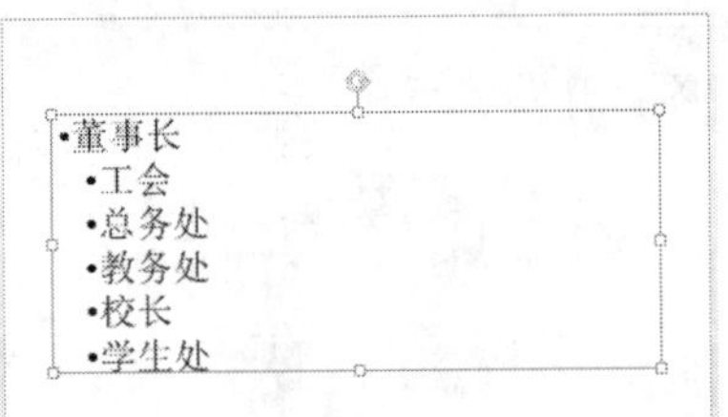

图 9-160　将 SmartArt 图形转换为文本

9.5.10 将 SmartArt 图形转换为形状

将 SmartArt 图形转换为形状的具体操作步骤如下。

步骤 1 打开随书光盘中的“素材\ch09\学校组织结构图.pptx”文件，单击选中 SmartArt 图形，如图 9-161 所示。

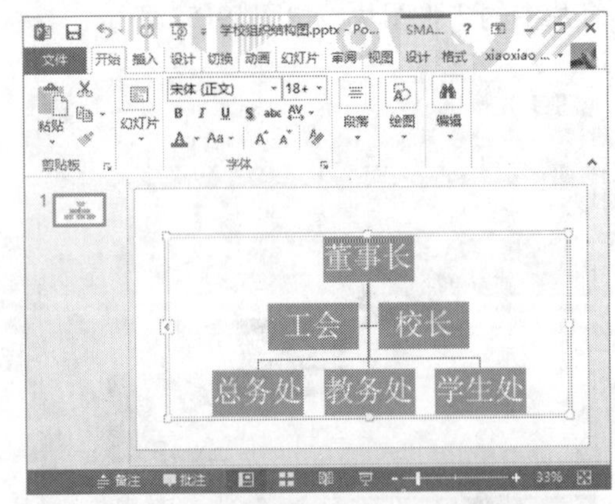

图 9-161　单击选中 SmartArt 图形

步骤 2 在【设计】选项卡中，单击【重置】组中的【转换】按钮，在弹出的下拉列表中选择【转换为形状】选项，如图 9-162 所示。

步骤 3 将幻灯片中的 SmartArt 图形转换为形状，图形边框随之转换为形状的边框，且功能区【SmartArt 工具】选项卡转换为【绘图工具】选项卡，如图 9-163 所示。

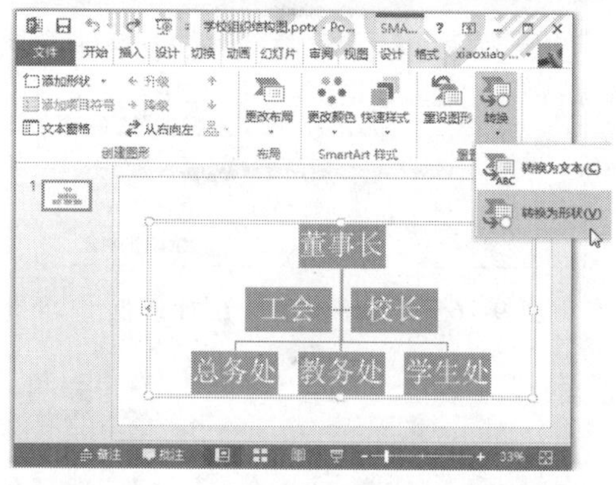

图 9-162 选择【转换为形状】选项

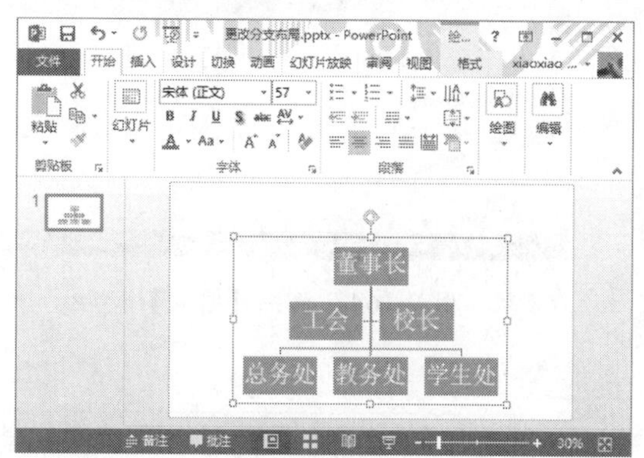

图 9-163 将 SmartArt 图形转换为形状

9.6 职场技能训练

前面主要学习了如何在 PPT 中创建图表与图形，下面通过实例讲解图表与图形在实际工作中的应用。

9.6.1 职场技能 1——使用组合图展示销售量对比

当图表中的数字在不同数据系列之间的变化很大，或者使用了混合类型的数据时，就可以使用组合图来展示。下面以使用组合图展示一季度住宅销售量对比图为例，介绍在幻灯片中使用组合图的方法，具体的操作步骤如下。

步骤 1 启动 PowerPoint 2013，新建一个空白演示文稿，将其中的占位符删除，然后在【插入】选项卡中，单击【插图】组中的【图表】按钮，如图 9-164 所示。

步骤 2 弹出【插入图表】对话框，在左侧列表中选择【组合】选项，在右侧将“系列 1”的图表类型设置为【簇状柱形图】，将“系列 2”的图表类型设置为【折线图】，并勾选其右侧的【次坐标轴】复选框，如图 9-165 所示。

步骤 3 设置完成后，单击【确定】按钮，此时系统会自动弹出 Excel 2013 软件的工作界面，在表格中输入需要展示的数据，然后单击右上角的【关闭】按钮，关闭 Excel 电子表格，如图 9-166 所示。

步骤 4 在幻灯片中插入组合图，该组合图由柱形图和折线图组合而成，如图 9-167 所示。

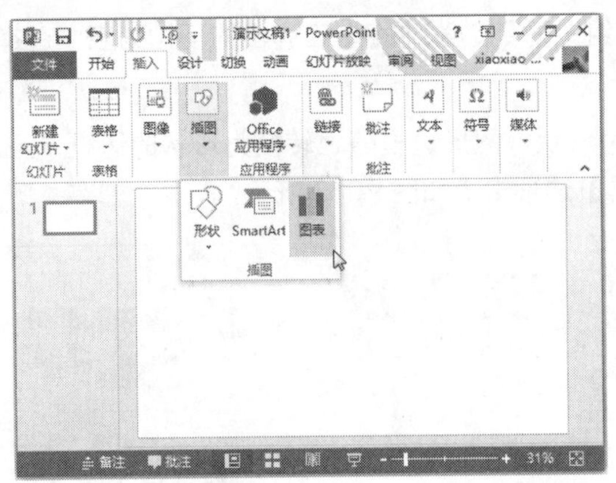

图 9-164　单击【图表】按钮

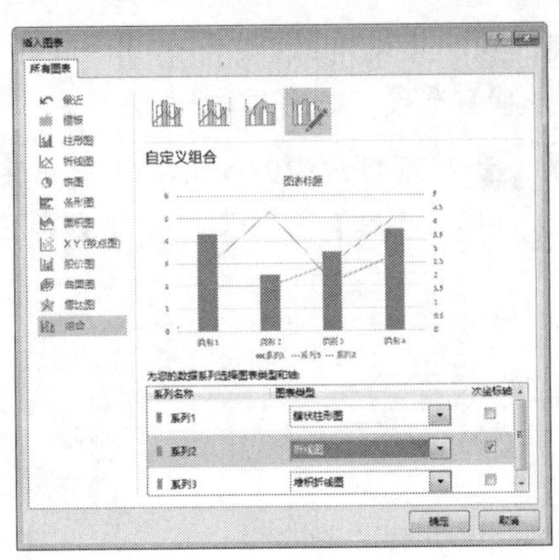

图 9-165　【插入图表】对话框

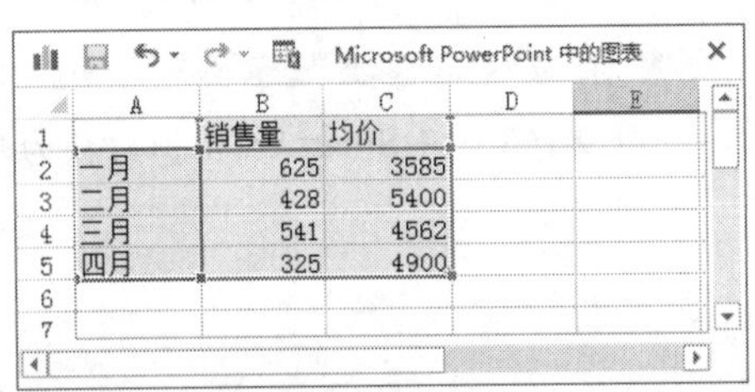

Microsoft PowerPoint 中的图表

	A	B	C
1		销售量	均价
2	一月	625	3585
3	二月	428	5400
4	三月	541	4562
5	四月	325	4900

图 9-166　在表格中输入需要展示的数据

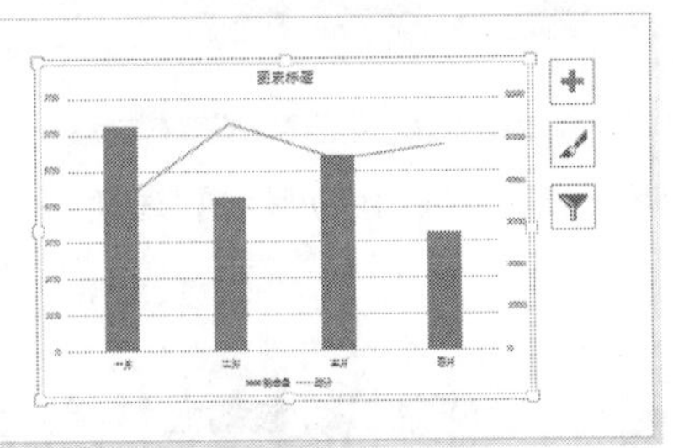

图 9-167　成功插入一个组合图

步骤 5 单击选中图表中的水平坐标轴，在【开始】选项卡的【字体】组中，设置其字体和字号。使用同样的方法，设置垂直坐标轴和图例的字体和字号，如图 9-168 所示。

步骤 6 单击图表右上角的【图表元素】按钮，在其中勾选【坐标轴标题】复选框，即可显示坐标轴标题元素，如图 9-169 所示。

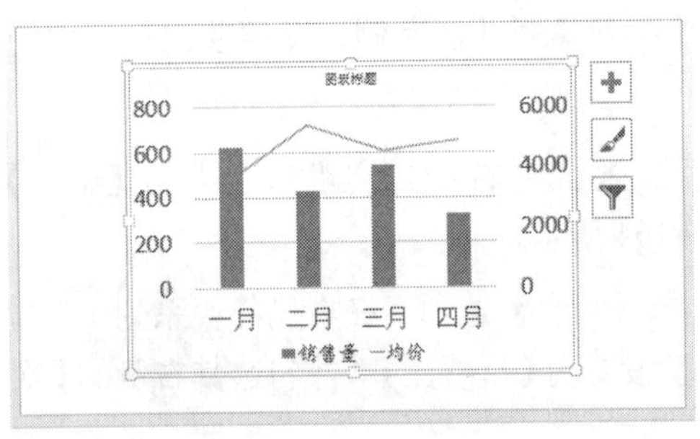

图 9-168　设置坐标轴与图例的字体和字号

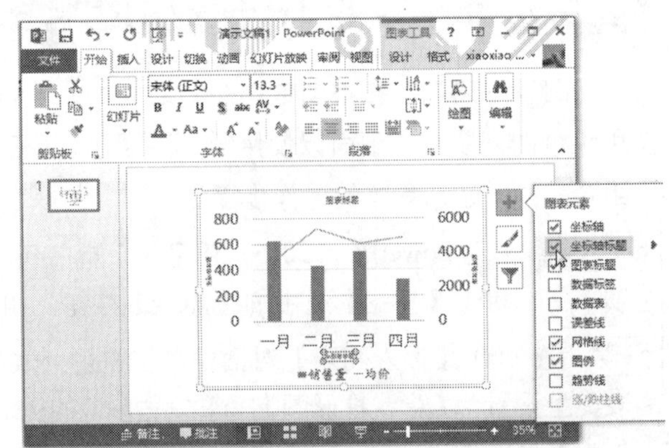

图 9-169　勾选【坐标轴标题】复选框

步骤 7 分别选中垂直坐标轴的标题，设置其字体和字号，然后删除水平坐标轴的标题，如图 9-170 所示。

步骤 8 选中图表标题，重新输入标题文本，然后在【开始】选项卡的【字体】组中，设置其字体和字号，如图 9-171 所示。

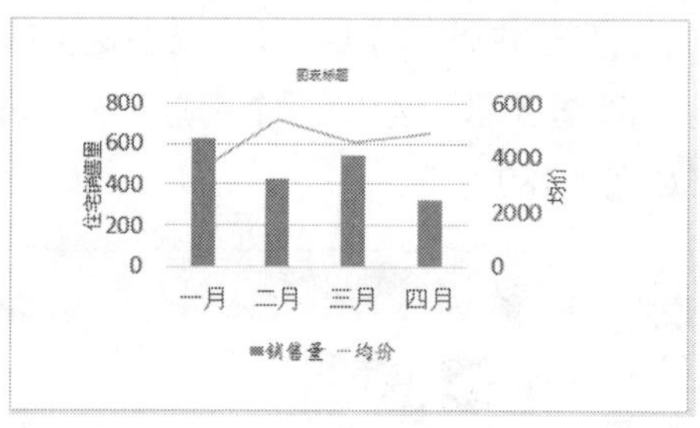

图 9-170　设置坐标轴标题的字体和字号

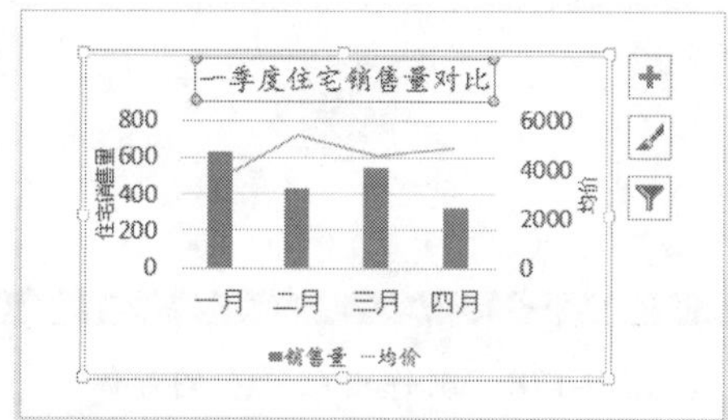

图 9-171　设置图表的标题

步骤 9　选中图表，在【设计】选项卡中，单击【图表样式】组中的【更改颜色】按钮，在弹出的下拉列表中选择【彩色】区域的【颜色 4】选项，如图 9-172 所示。

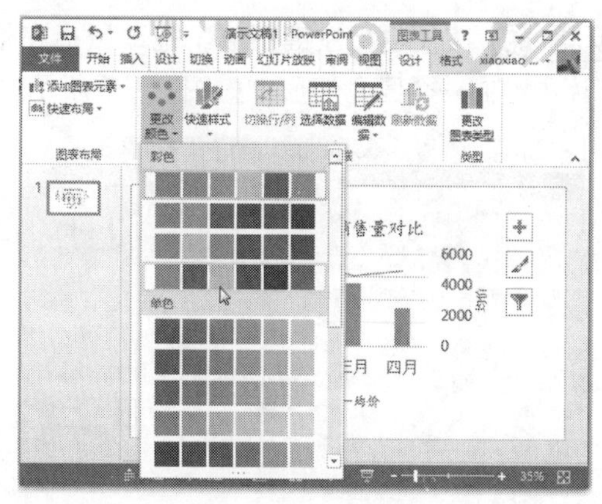

图 9-172　设置图表的颜色

步骤 10　至此，即完成使用组合图展示销量对比的操作，如图 9-173 所示。

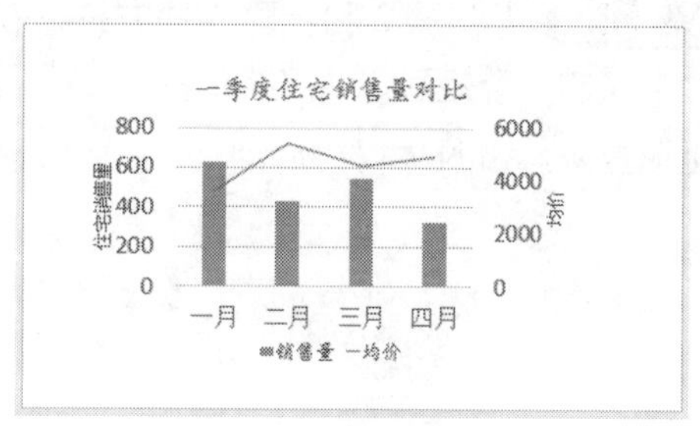

图 9-173　使用组合图展示销量对比

9.6.2　职场技能 2——使用形状绘制机器人

使用 PowerPoint 2013 提供的基本形状，通过合并功能可获取新的形状。下面以使用基本形状绘制一个机器人为例，介绍如何使用合并功能，具体的操作步骤如下。

步骤 1　启动 PowerPoint 2013，新建一个空白演示文稿，将其中的占位符删除，如图 9-174 所示。

步骤 2　在【插入】选项卡中，单击【插图】组中的【形状】按钮，在弹出的下拉列表中选择【圆角矩形】选项，如图 9-175 所示。

图 9-174　删除演示文稿中的占位符

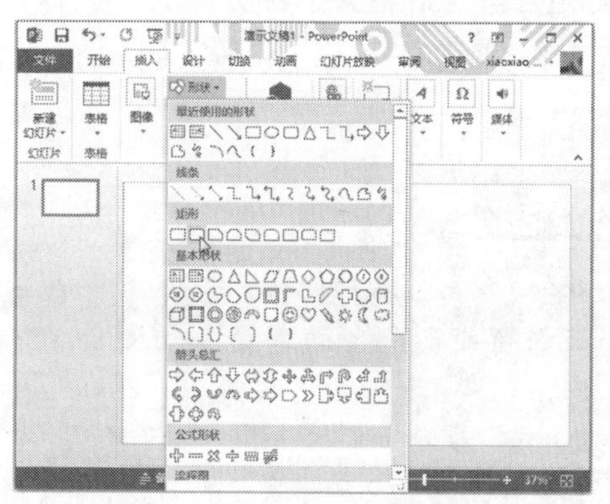

图 9-175　选择【圆角矩形】选项

步骤 3 按住鼠标左键不放，拖动鼠标在幻灯片中绘制一个圆角矩形，如图 9-176 所示。

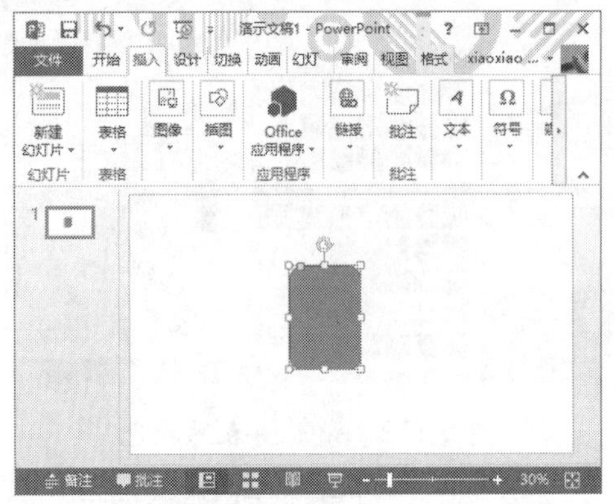

图 9-176　绘制一个圆角矩形

步骤 4 参考步骤 2 和步骤 3 的方法，在幻灯片中绘制一个矩形，并将矩形的一部分与圆角矩形重叠，如图 9-177 所示。

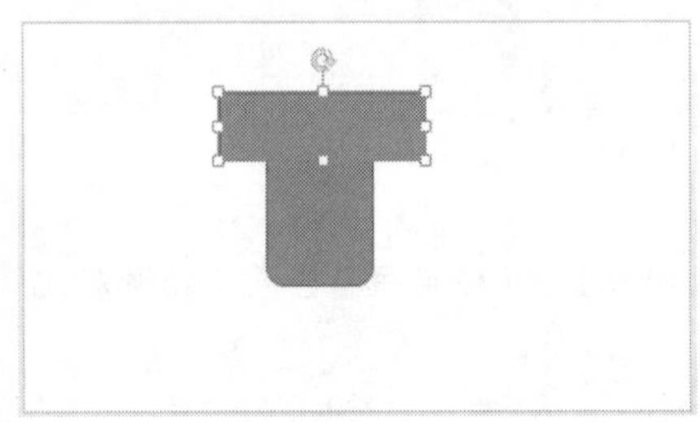

图 9-177　将矩形的一部分与圆角矩形重叠

步骤 5 按住 Ctrl 键不放，先单击选中圆角矩形，再选中矩形，然后在【格式】选项卡中，单击【插入形状】组中的【合并形状】按钮，在弹出的下拉列表中选择【剪除】选项，即可将圆角矩形与矩形重叠的部分剪去，只保留圆角矩形剩余的部分，作为机器人的身体，如图 9-178 所示。

> **提示** 若先选中矩形，再选中圆角矩形，使用剪除功能将剪去重叠部分，只保留矩形剩余的部分，如图 9-179 所示。

步骤 6 参考步骤 2 和步骤 3 的方法，在【形状】下拉列表中选择【矩形】和【椭圆】选项，按住 Shift 键不放，绘制一个圆形和一个正方形，如图 9-180 所示。

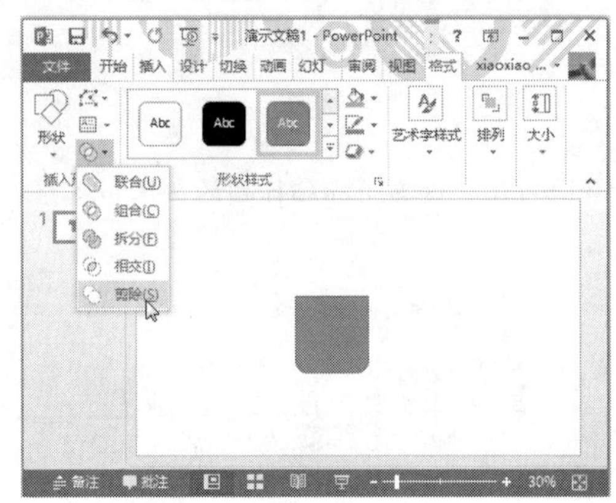

图 9-178　制作出机器人的身体

图 9-179　只保留矩形剩余的部分

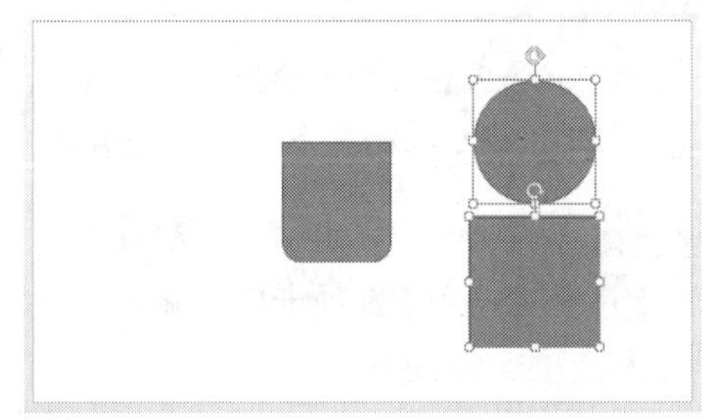

图 9-180　绘制一个圆形和一个正方形

步骤 7 将圆形与正方形重叠，按住 Ctrl 键不放，先单击选中圆形，再选中正方形，然后在【格式】选项卡中，单击【插入形状】组中的【合并形状】按钮，在弹出的下拉列表中选择【剪除】选项，将重叠的部分剪去，只保留圆形剩余的部分，即制作一个半圆形，如图 9-181 所示。

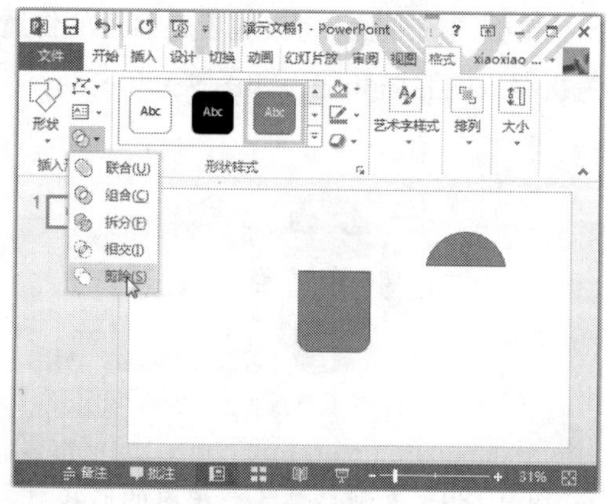

图 9-181　制作一个半圆形

步骤 8 将半圆形移动到另一形状上方，然后再绘制 2 个相同的小圆形，将其填充颜色设置为白色，并移动到半圆形里面，作为机器人的眼睛，如图 9-182 所示。

图 9-182　制作机器人的眼睛

步骤 9 参考步骤 2 和步骤 3 的方法，在【形状】下拉列表中选择【直线】选项，按住 Shift 键不放，绘制一条直线，然后在【格式】选项卡中，单击【排列】组中的【旋转】按钮，在弹出的下拉列表中选择【其他旋转选项】选项，如图 9-183 所示。

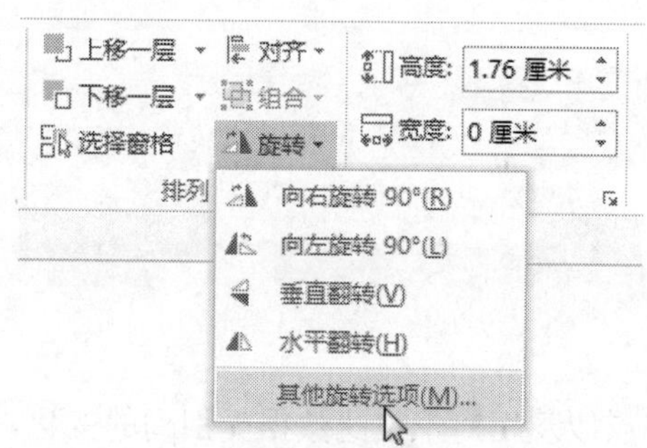

图 9-183　选择【其他旋转选项】选项

步骤 10 弹出【设置形状格式】窗格，在【大小】区域的【旋转】文本框中输入“45° ”，即可将直线的旋转角度设为 45 度，如图 9-184 所示。

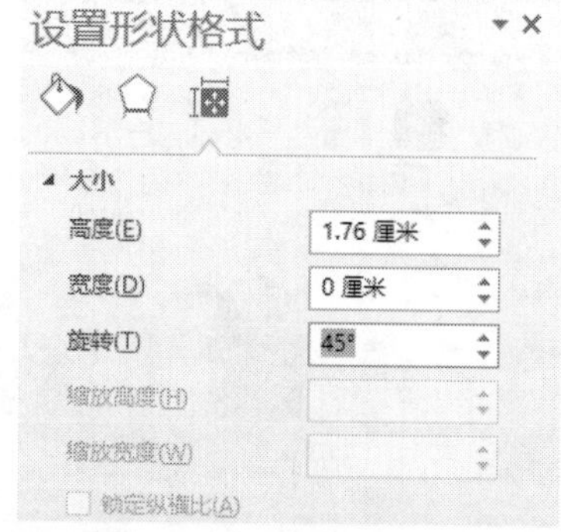

图 9-184　设置旋转角度

步骤 11 参考步骤 9 和步骤 10 的方法，再绘制一条直线，将其旋转角度设为 135 度，然后将这 2 条直线分别移动到半圆形的上方，如图 9-185 所示。

图 9-185　将 2 条直线移动到半圆形的上方

步骤 12 在幻灯片中绘制一个圆角矩形和一个圆形，如图 9-186 所示。

图 9-186　绘制一个圆角矩形和一个圆形

步骤 13 将圆形与圆角矩形重叠，然后选中这 2 个形状，在【格式】选项卡中，单击【插入形状】组中的【合并形状】按钮，在弹出的下拉列表中选择【联合】选项，即可将其联合起来，成为一个新形状，此时圆角矩形的弧度将增大，如图 9-187 所示。

图 9-187　增大圆角矩形上方的弧度

步骤 14 再绘制一个圆形，参考步骤 3 的方法，增大圆角矩形下方的弧度，并调整位置，如图 9-188 所示。

图 9-188　增大圆角矩形下方的弧度

步骤 15 复制步骤 14 所制作的新形状，粘贴出 3 个相同的形状，将其放置在合适的位置，作为机器人的胳膊和腿，如图 9-189 所示。

图 9-189　复制粘贴 3 个相同的形状

步骤 16 选中机器人的身体和 2 个腿部形状，在【格式】选项卡中，单击【插入形状】组中的【合并形状】按钮，在弹出的下拉列表中选择【联合】选项，将其组合为一个新形状，如图 9-190 所示。

步骤 17 保存创建的演示文稿。至此，即完成绘制机器人的操作。

图 9-190　使用形状制作出机器人

9.7 疑难问题解答

问题 1： 什么是雷达图？怎么插入雷达图？

解答： 雷达图主要用于显示数据系列相对于中心点以及相对于彼此数据类别间的变化，其中每一个分类都有自己的坐标轴，这些坐标轴由中心向外辐射，并用折线将同一系列中的数据

值连接起来。在【插入】选项卡中，单击【插图】组中的【图表】按钮，在弹出的【插入图表】对话框中选择【雷达】选项，即可插入一个雷达图表。

问题 2：如何编辑形状的点，以制作自定义的形状？

解答：选中形状后，单击鼠标右键，在弹出的快捷菜单中选择【编辑顶点】菜单命令，此时形状边框上将出现多个黑色的顶点，单击选中顶点并拖动鼠标，即可制作出自定义的形状。此外，选中顶点后，在顶点两侧将出现两个白色的调节柄，单击各调节柄，还可设置形状轮廓线的弧度。

PPT 的批量定制——模板与母版

- **本章导读**

对于初学者来说，模板就是一个框架，可以方便地填入内容。而通过设计母版，可以使演示文稿中所有幻灯片的风格保持一致，从而使其更加协调。本章即为读者介绍如何使用模板和母版快速制作出漂亮的演示文稿。

- **学习目标**

◎ 掌握使用模板的方法

◎ 掌握设计模板版式的方法

◎ 掌握设计模板主题的方法

◎ 掌握设计母版的方法

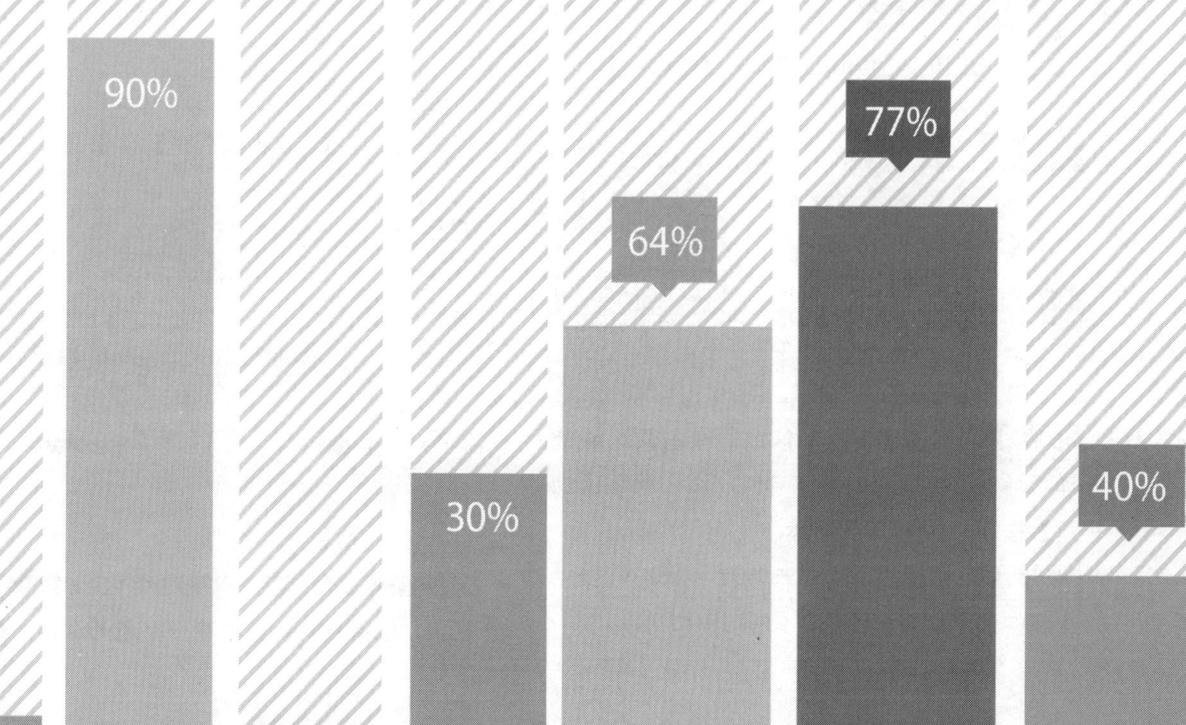

10.1 活用模板

PowerPoint 2013 中的模板是后缀名为 .potx 的一张或一组幻灯片。模板当中可以包含版式、主题颜色、主题字体、主题效果和背景样式，甚至还可以包含内容。

10.1.1 使用内置模板

PowerPoint 2013 提供了多种内置的免费模板，用户只需选择合适的模板，即可创建出美观的幻灯片。具体的操作步骤如下。

步骤 1 启动 PowerPoint 2013，进入工作首界面，在右侧可查看系统提供的模板类型，单击选择需要的模板，例如这里选择“环保”模板，如图 10-1 所示。

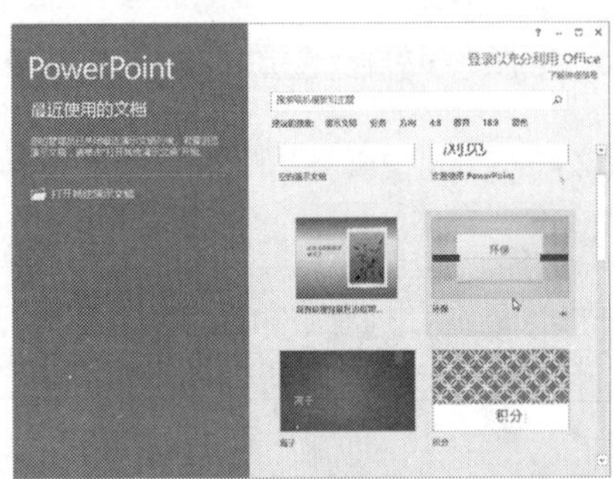

图 10-1　单击选择需要的模板

> **提示** 若要在打开的演示文稿中新建一个应用内置模板的演示文稿，选择【文件】选项卡，进入文件操作界面，单击左侧列表中的【新建】命令，在右侧即可单击选择需要的模板类型，如图 10-2 所示。

步骤 2 弹出【环保】窗口，在右侧区域选择“环保”类模板的具体样式，然后单击【创建】按钮，如图 10-3 所示。

步骤 3 至此，完成了根据样式模板创建一个新的演示文稿的操作，如图 10-4 所示。

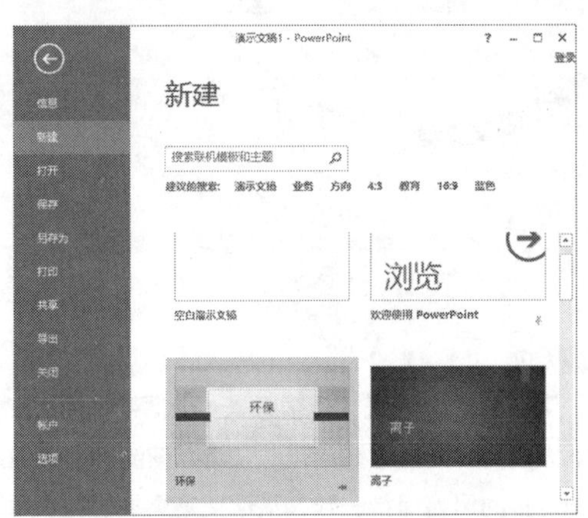

图 10-2　在打开的演示文稿中新建内置模板

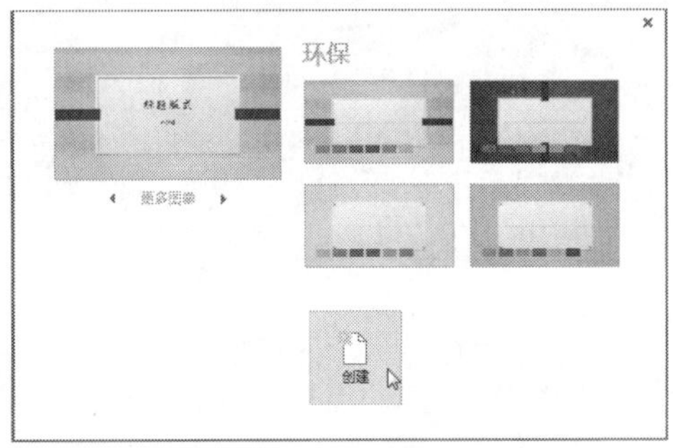

图 10-3　单击【创建】按钮

图 10-4　根据样式模板创建一个新的演示文稿

10.1.2 使用网络模板

若系统提供的内置模板不能满足用户的需求，用户还可联机搜索网格模板，以获取更多的模板类型，具体的操作步骤如下。

步骤 1 启动 PowerPoint 2013，进入工作首界面，在【搜索联机模板和主题】文本框中输入要搜索的模板名称，例如这里输入“会议”，然后单击右侧的【搜索】按钮，即可搜索出符合条件的网络模板，如图 10-5 所示。

步骤 2 单击选择需要的模板样式，例如这里选择“公司会议演示文稿”模板，如图 10-6 所示。

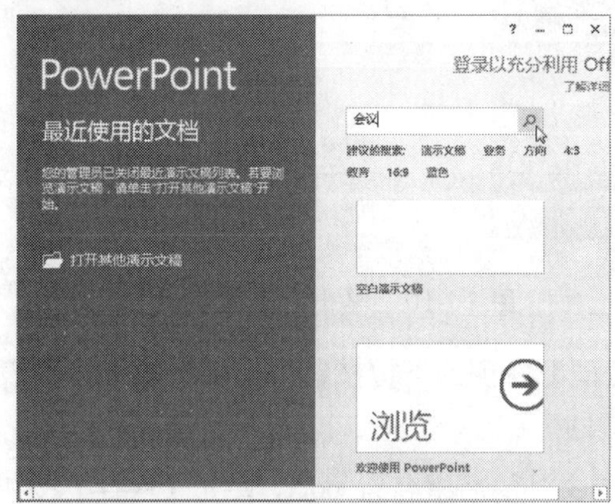

图 10-5　输入要搜索的模板名称

图 10-6　单击选择需要的模板样式

步骤 3 弹出【公司会议演示文稿】窗口，单击【创建】按钮，如图 10-7 所示。

步骤 4 至此，完成了根据样式模板创建一个新的演示文稿的操作，如图 10-8 所示。

图 10-7　单击【创建】按钮

图 10-8　根据样式模板创建一个新的演示文稿

10.1.3 自定义模板

自定义模板即根据需要自己设计一个风格一致的模板，将其另存为后缀名为 .potx 的幻灯片，这样以后直接调用该模板并在其中输入内容即可，具体的操作步骤如下。

步骤 1 打开随书光盘中的“素材\ch10\培训新员工.pptx”文件，该文件即可作为一个模板使用，如图 10-9 所示。

步骤 2 选择【文件】选项卡，进入文件操作界面，单击左侧列表中的【另存为】命令，然后选择【计算机】选项并单击【浏览】按钮，如图 10-10 所示。

图 10-9　打开“培训新员工.pptx”文件

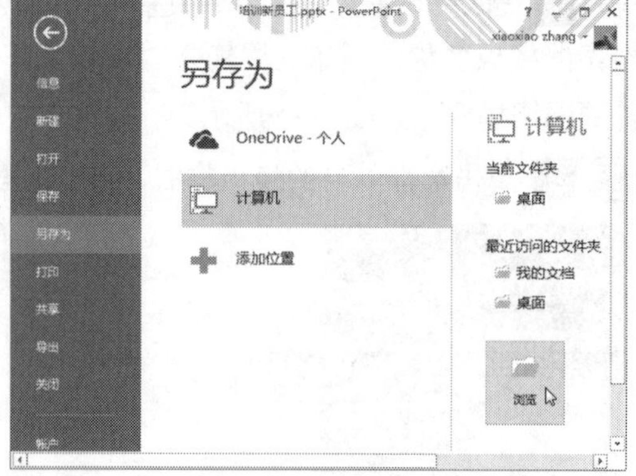

图 10-10　单击【浏览】按钮

步骤 3 弹出【另存为】对话框，单击【保存类型】右侧的下拉按钮，在弹出的下拉列表中选择【PowerPoint 模板（*.potx）】选项，如图 10-11 所示。

步骤 4 此时在【文件名】文本框中可以看到，该文件的后缀名为 .potx，单击【保存】按钮，即可保存文件为模板类型，如图 10-12 所示。

提示　双击打开“培训新员工.potx”模板文件，此时标题栏中会显示标题名称为“演示文稿 1”，而非“培训新员工”。

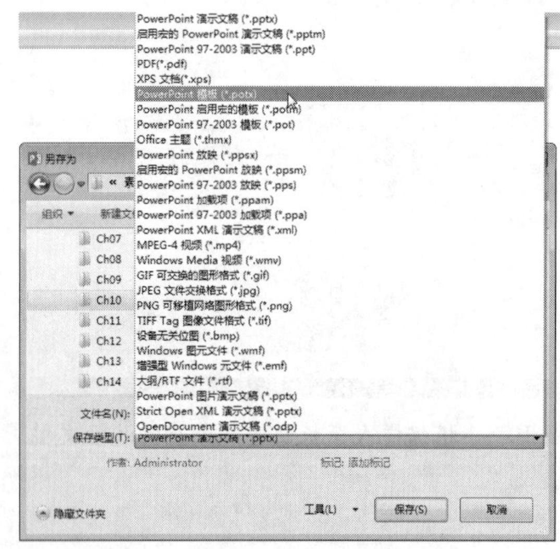

图 10-11　选择【PowerPoint 模板（*.potx）】选项

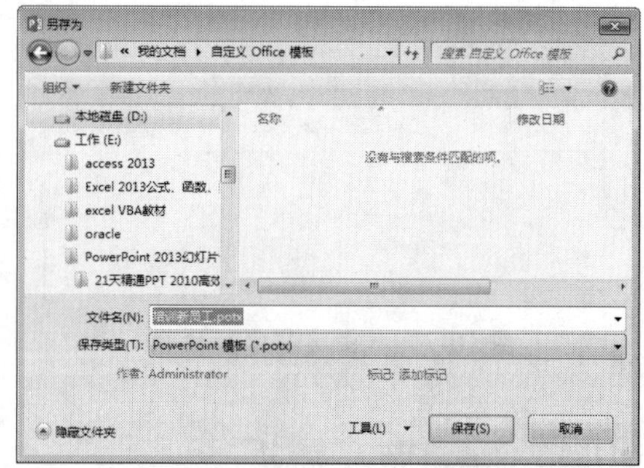

图 10-12　文件的后缀名为 .potx

10.2 设计模板版式

PowerPoint 2013 提供了多种内置的幻灯片版式，用户既可以使用这些版式新建幻灯片，也可以自行设计版式。

10.2.1 什么是版式

版式是指幻灯片上标题和副标题文本、列表、图片、表格、形状和视频等元素的排列方式。在【开始】或【插入】选项卡中，单击【幻灯片】组中【新建幻灯片】的下拉按钮，在弹出的下拉列表中即可查看系统提供的所有幻灯片版式，这些版式均显示有添加文本或图形的各种占位符的位置，如图 10-13 所示。

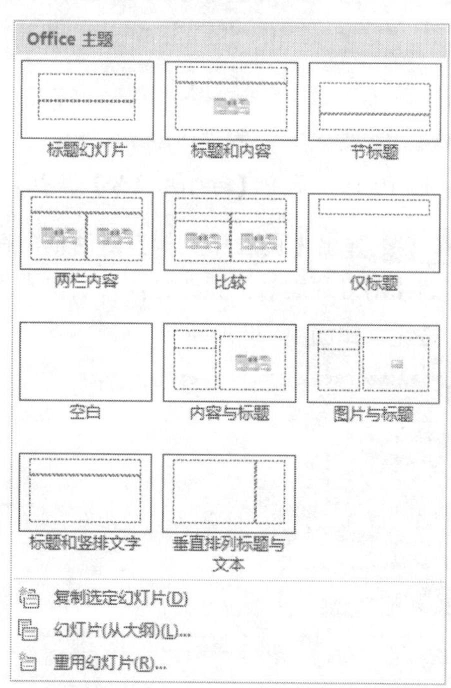

图 10-13 系统提供的所有版式

在 PowerPoint 中使用幻灯片版式的具体操作步骤如下。

步骤 1 启动 PowerPoint 2013，新建一个空白演示文稿，在其中将自动包含一个标题幻灯片的版式，如图 10-14 所示。

图 10-14 新建一个空白演示文稿

步骤 2 在【开始】选项卡中，单击【幻灯片】组中【新建幻灯片】的下拉按钮，在弹出的下拉列表中选择【两栏内容】选项，如图 10-15 所示。

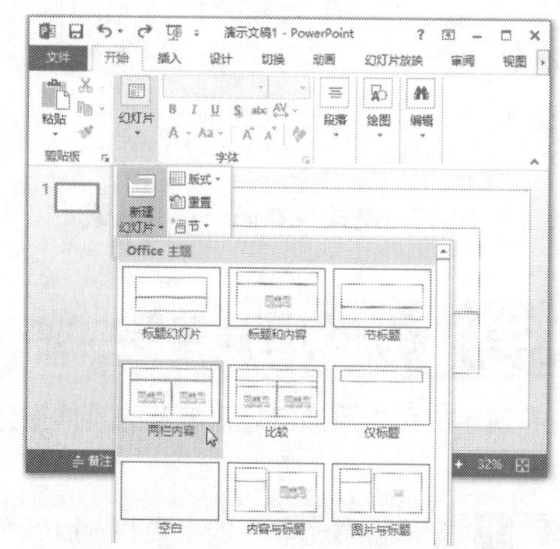

图 10-15 选择【两栏内容】选项

步骤 3 新建一个含有两栏内容的幻灯片版式，如图 10-16 所示。

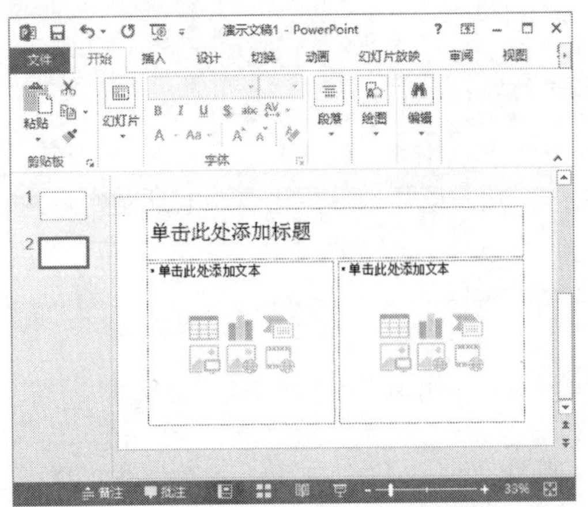

图 10-16　新建含有两栏内容的幻灯片版式

步骤 4　若要更改现有的幻灯片版式，在【开始】选项卡中，单击【幻灯片】组中的【版式】按钮，在弹出的下拉列表中选择其他的版式，即可更改版式，如图 10-17 所示。

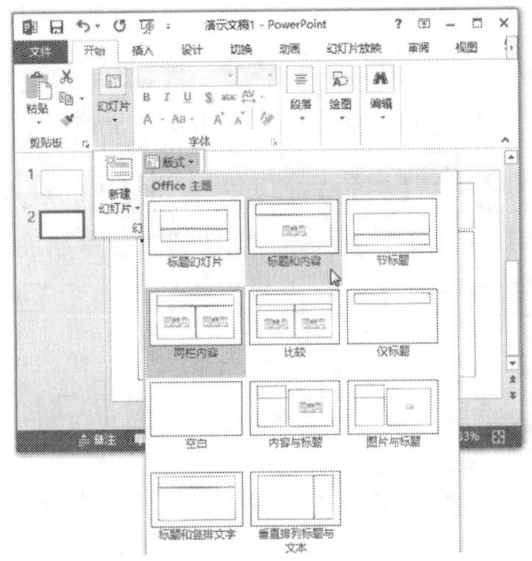

图 10-17　更改现有的幻灯片版式

10.2.2 添加幻灯片编号

在演示文稿中添加幻灯片编号的具体操作步骤如下。

步骤 1　打开随书光盘中的“素材\ch10\公司年度会议.pptx”文件，如图 10-18 所示。

步骤 2　在【插入】选项卡中，单击【文本】组中的【幻灯片编号】按钮，如图 10-19 所示。

图 10-18　打开“公司年度会议.pptx”文件

图 10-19　单击【幻灯片编号】按钮

步骤 3　弹出【页眉和页脚】对话框，在其中勾选【幻灯片编号】复选框，然后单击【应用】按钮，如图 10-20 所示。

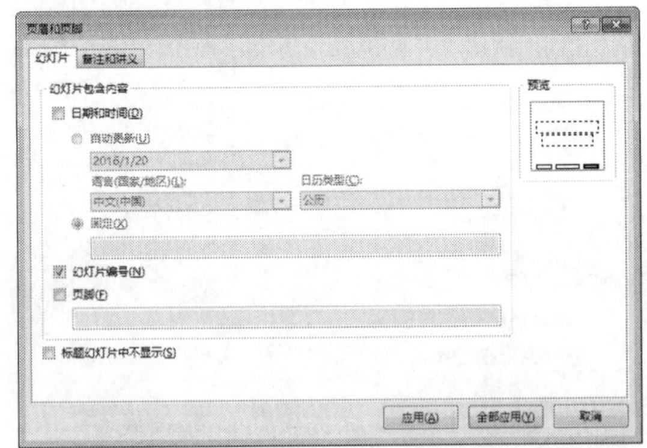

图 10-20　勾选【幻灯片编号】复选框

步骤 4　在当前幻灯片的右下角添加幻灯片编号，如图 10-21 所示。

提示 若在步骤 3 中单击【全部应用】按钮，可为演示文稿中的所有幻灯片添加幻灯片编号。

图 10-21　在当前幻灯片的右下角添加幻灯片编号

步骤 5 若要设置幻灯片编号的字体，选中该编号所在的文本框，在【开始】选项卡的【字体】组中即可设置字体，最终效果如图 10-22 所示。

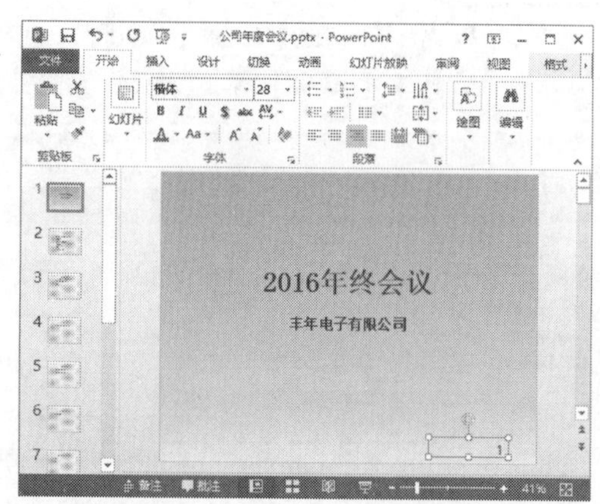

图 10-22　设置幻灯片编号的字体

步骤 6 若要更改幻灯片的起始编号，在【设计】选项卡中，单击【自定义】组中的【幻灯片大小】按钮，在弹出的下拉列表中选择【自定义幻灯片大小】选项，如图 10-23 所示。

步骤 7 弹出【幻灯片大小】对话框，在【幻灯片编号起始值】文本框中输入幻灯片编号的起始值，例如这里输入“5”，然后单击【确定】按钮，如图 10-24 所示。

图 10-23　选择【自定义幻灯片大小】选项

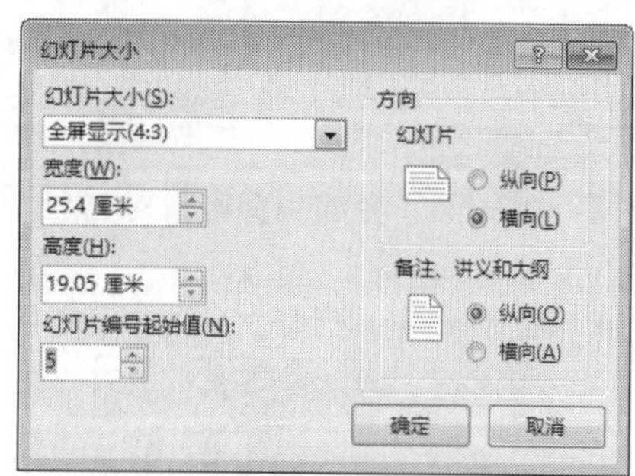

图 10-24　【幻灯片大小】对话框

步骤 8 更改幻灯片编号的起始值为“5”，如图 10-25 所示。

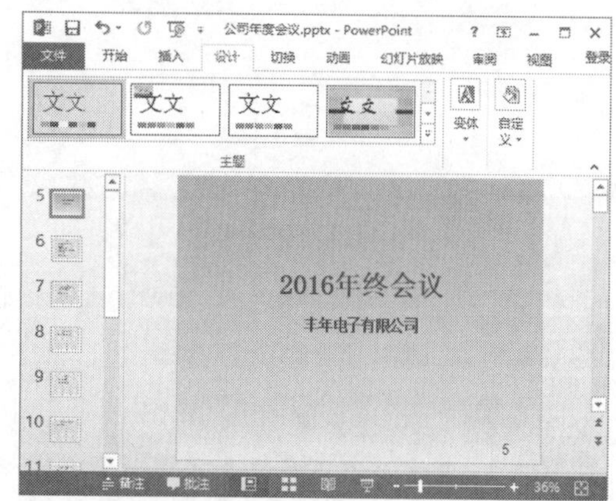

图 10-25　更改幻灯片编号的起始值

10.2.3 添加备注页编号

在演示文稿中添加备注页编号和添加幻灯

片编号的步骤类似，只需在弹出的【页眉和页脚】对话框中选择【备注和讲义】选项卡，在其中勾选【页码】复选框，然后单击【全部应用】按钮即可，如图 10-26 所示。设置完成后，切换到备注页视图，此时备注页右下角即添加了备注页编号，如图 10-27 所示。

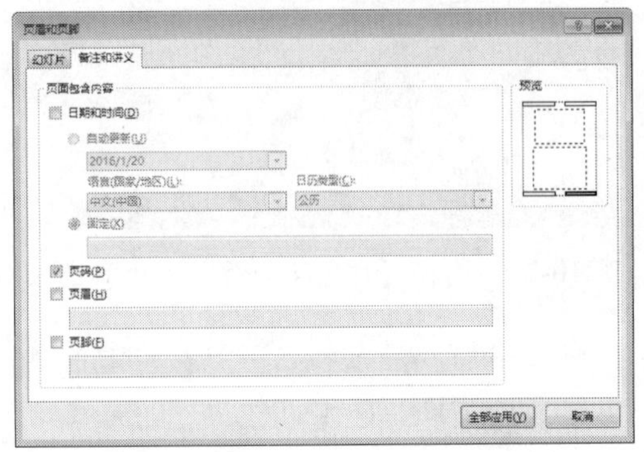

图 10-26 【页眉和页脚】对话框

图 10-27 备注页右下角添加了备注页编号

10.2.4 添加日期和时间

在演示文稿中添加日期和时间的具体操作步骤如下。

步骤 1 打开随书光盘中的“素材 \ch10\ 公司年度会议 .pptx”文件，在【插入】选项卡中，单击【文本】组中的【日期和时间】按钮，如图 10-28 所示。

图 10-28 单击【日期和时间】按钮

步骤 2 弹出【页眉和页脚】对话框，在其中勾选【日期和时间】复选框，并在下面选择【自动更新】单选按钮，然后单击【应用】按钮，如图 10-29 所示。

> **提示** 若要在幻灯片中显示固定的日期和时间，在【日期和时间】复选框下面选择【固定】单选按钮，并在其下的文本框中输入想要显示的日期即可。

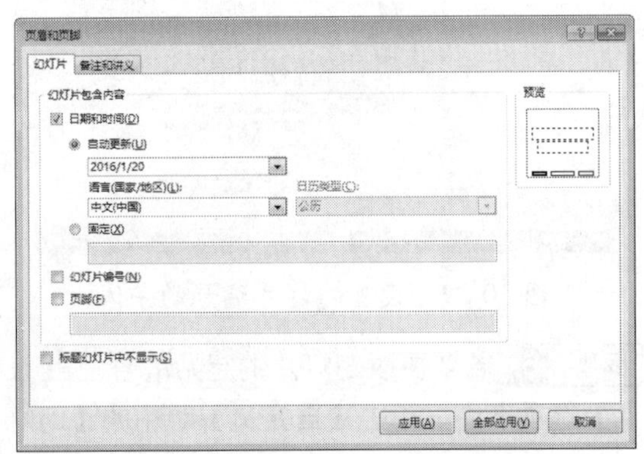

图 10-29 【页眉和页脚】对话框

步骤 3 在当前幻灯片的左下角添加日期和时间，如图 10-30 所示。

图 10-30　在当前幻灯片的左下角添加日期和时间

提示 若要在备注页中添加日期和时间，在弹出的【页眉和页脚】对话框中选择【备注和讲义】选项卡，在其中勾选【日期和时间】复选框即可，如图 10-31 所示。

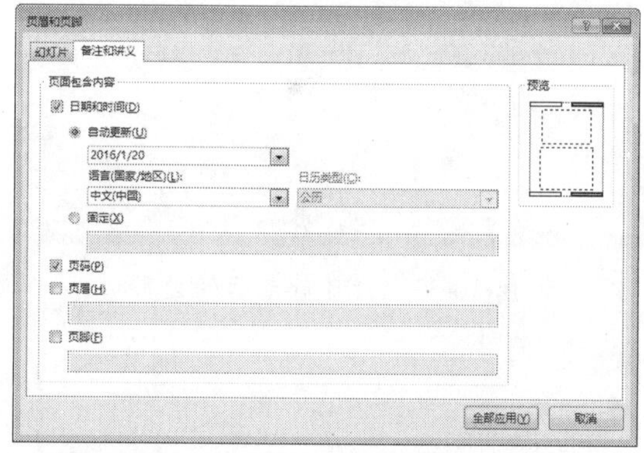

图 10-31　在备注页中添加日期和时间

10.2.5 添加水印

水印的主要作用是给幻灯片添加相应的标记。在幻灯片中既可以将图片作为水印，还可以将文本框或艺术字作为水印。

1. 使用图片作为水印

具体的操作步骤如下。

步骤 1 打开随书光盘中的“素材 \ch10\ 公司年度会议 .pptx”文件，在【插入】选项卡中，单击【图像】组中的【图片】按钮，如图 10-32 所示。

图 10-32　单击【图片】按钮

步骤 2 弹出【插入图片】对话框，在计算机中选择要插入的图片，然后单击【插入】按钮，如图 10-33 所示。

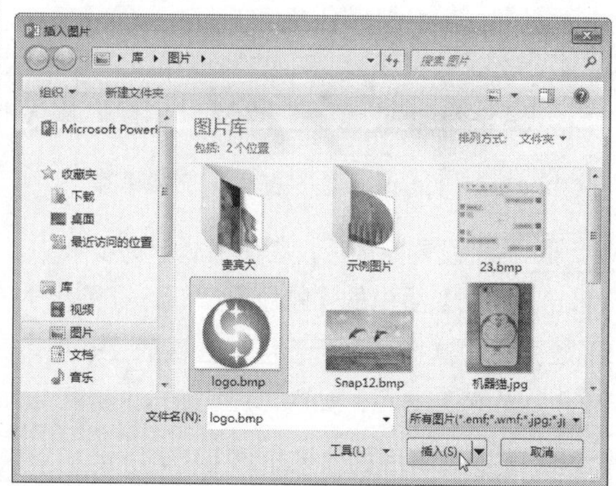

图 10-33　选择要插入的图片

步骤 3 将选择的图片插入幻灯片中，如图 10-34 所示。

步骤 4 选中图片，单击鼠标右键，在弹出的快捷菜单中依次选择【置于底层】→【置于底层】菜单命令，如图 10-35 所示。

图 10-34　将选择的图片插入幻灯片中

图 10-35　选择【置于底层】子菜单命令

步骤 5 设置完成后，在【格式】选项卡中，单击【调整】组中的【颜色】按钮，在弹出的下拉列表中选择【重新着色】区域的【茶色，着色 5 浅色】选项，如图 10-36 所示。

步骤 6 设置后的效果如图 10-37 所示。

步骤 7 在【格式】选项卡中，单击【图片样式】组中的【图片效果】按钮，在弹出的下拉列表中选择【三维旋转】选项，然后在右侧弹出的子列表中选择【透视】区域的【左向对比透视】选项，如图 10-38 所示。

步骤 8 至此，即完成使用图片作为水印的操作，最终效果如图 10-39 所示。

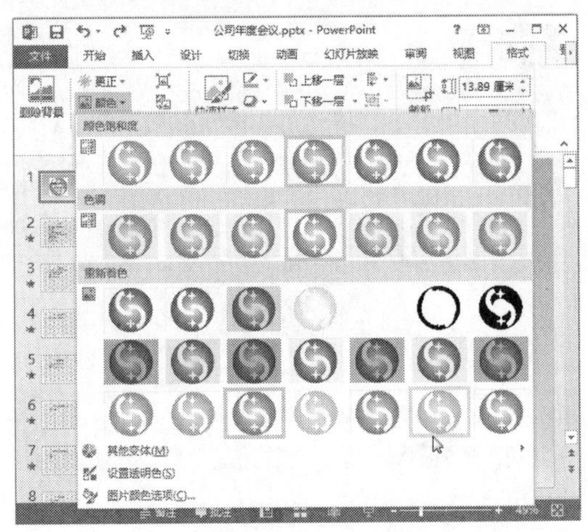

图 10-36　选择【茶色，着色 5 浅色】选项

图 10-37　设置着色后的效果

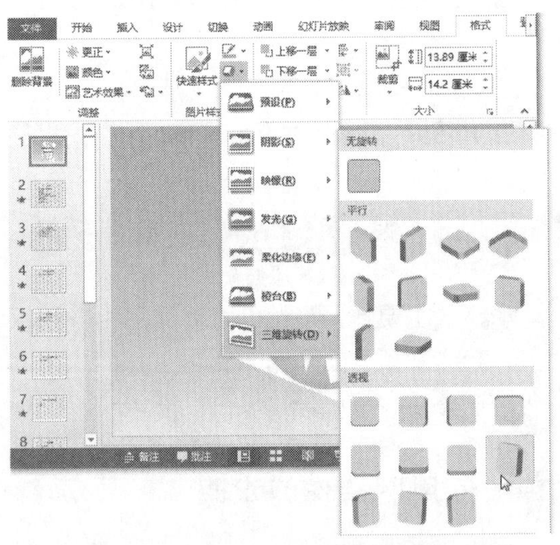

图 10-38　选择【左向对比透视】选项

图 10-39　使用图片作为水印的效果

2. 使用文本框或艺术字作为水印

除了使用图片作为水印外，还可以使用文本或艺术字为幻灯片添加水印，具体的操作步骤如下。

步骤 1 打开随书光盘中的“素材\ch10\图书馆.pptx”文件，在【开始】选项卡中，单击【绘图】组中的【文本框】按钮，如图 10-40 所示。

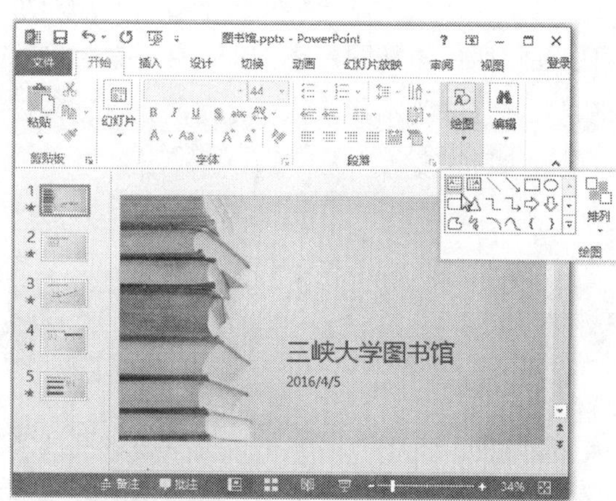

图 10-40　单击【文本框】按钮

步骤 2 按住鼠标左键不放，拖动鼠标绘制一个文本框，如图 10-41 所示。

步骤 3 在文本框中输入文本内容，例如这里输入“三峡大学”，然后在【开始】选项卡的【字体】组中，设置字体和字号，如图 10-42 所示。

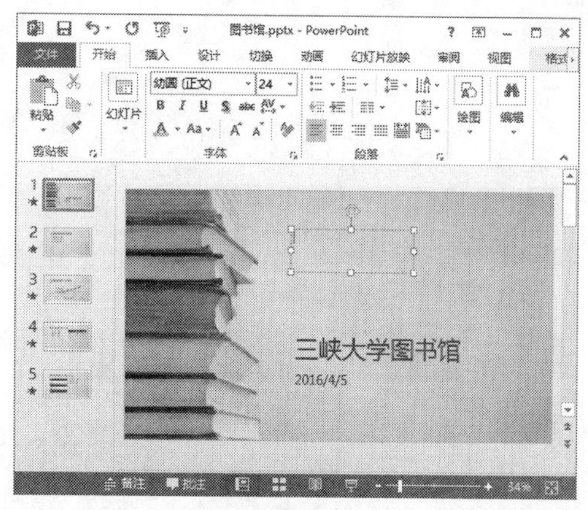

图 10-41　拖动鼠标绘制一个文本框

图 10-42　在文本框中输入文本并设置格式

步骤 4 将光标定位在文本框的旋转按钮上，此时光标变为形状，按住鼠标左键不放，拖动鼠标旋转文本框，如图 10-43 所示。

图 10-43　拖动鼠标旋转文本框

步骤 5 选中文本框，单击鼠标右键，在弹出的快捷菜单中依次选择【置于底层】→【置于底层】菜单命令，如图 10-44 所示。

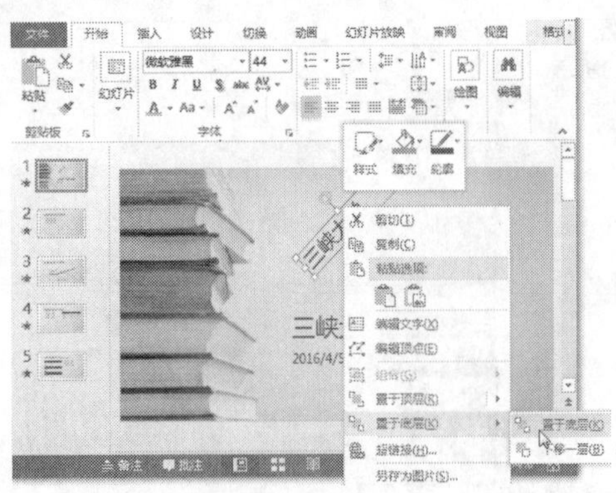

图 10-44　选择【置于底层】菜单命令

步骤 6 选中文本框，在【格式】选项卡中，单击【形状样式】组中【形状填充】右侧的下拉按钮，在弹出的下拉列表中选择【纹理】选项，在右侧弹出的子列表中选择【花岗岩】选项，如图 10-45 所示。

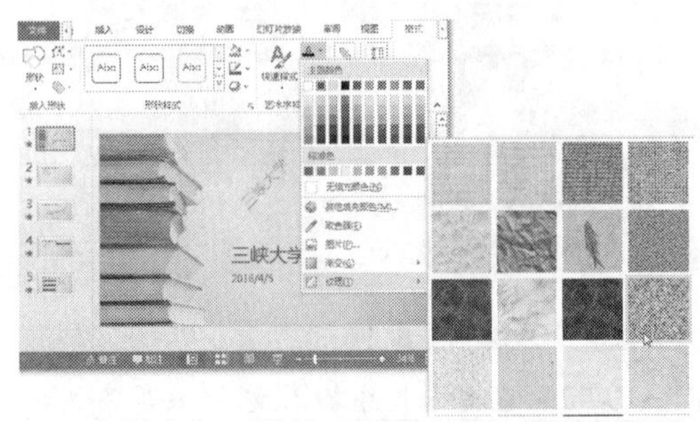

图 10-45　在【形状填充】下拉列表中选择填充样式

步骤 7 至此，即完成使用文本框作为水印的操作，最终效果如图 10-46 所示。

> 提示　若要使用艺术字作为水印，在【插入】选项卡中，单击【文本】组中的【艺术字】按钮，在弹出的下拉列表中选择合适的艺术字，然后再按照上述步骤进行设置即可。

图 10-46　使用文本框作为水印的效果

以上操作均直接在幻灯片中进行，用户也可以在母版中添加图片或文本，并设置相应的格式，将其作为水印，这样还可防止其他人任意修改水印对象。

10.3 设计模板主题

为了使当前演示文稿搭配合理，颜色鲜明，用户除了设置模板版式外，还需要设计模板的主题，包括对背景样式、颜色、字体格式以及显示效果等进行设置。在【设置】选项卡中，单击【变体】组中的【其他】按钮，通过弹出的下拉列表中的各选项即可设计模板主题，如图 10-47 所示。

图 10-47　在【变体】下拉列表中设计模板主题

10.3.1 设置背景

PowerPoint 提供了多种预设的背景样式，用户可根据需要挑选使用，具体的操作步骤如下。

步骤 1 打开随书光盘中的“素材 \ch10\ 销售提案 .pptx”文件，如图 10-48 所示。

步骤 2 在【设计】选项卡中，单击【变体】组中的【其他】按钮，在弹出的下拉列表中选择【背景样式】选项，然后在弹出的子列表中选择合适的样式，如图 10-49 所示。

图 10-48　打开“销售提案 .pptx”文件

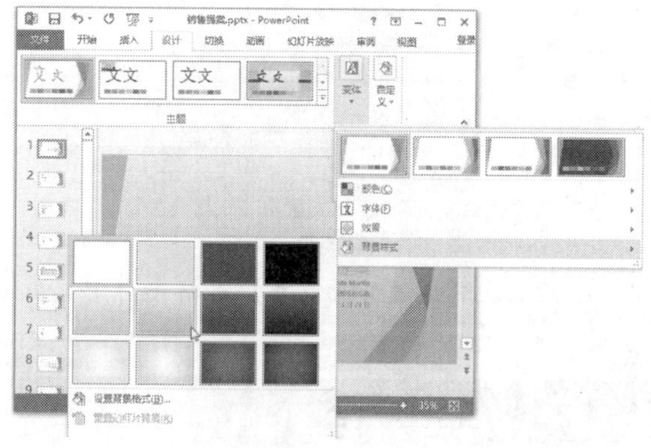

图 10-49　在【背景样式】子列表中选择样式

步骤 3 此时所选的背景样式会直接应用于当前所有的幻灯片，如图 10-50 所示。

步骤 4 若系统提供的选项中没有合适的背景样式，可以在步骤 2 中选择【设置背景格式】选项，或者在【设计】选项卡中，单击【自定义】组中的【设置背景格式】按钮，如图 10-51 所示。

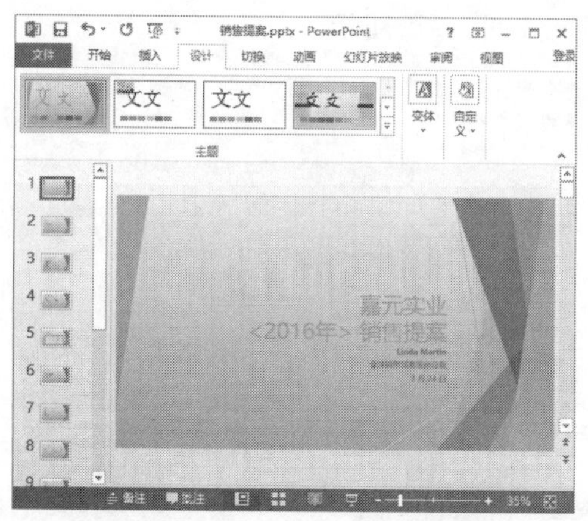

图 10-50　应用所选的背景样式

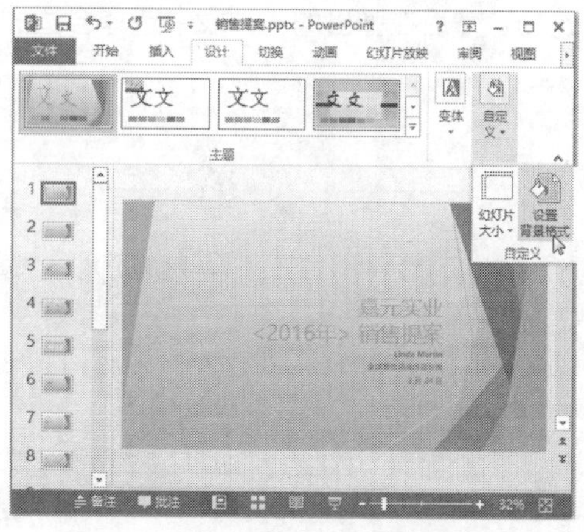

图 10-51　单击【设置背景格式】按钮

步骤 5 弹出【设置背景格式】窗格，在其中可自定义背景样式。例如这里选择【填充】选项卡，展开其下方的【填充】选项，然后选择【图片或纹理填充】单选按钮，并在【纹理】右侧的下拉列表中选择合适的纹理样式，如图 10-52 所示。

步骤 6 此时自定义的背景样式被应用到当前幻灯片，如图 10-53 所示。

提示 若要将自定义的背景样式应用于所有的幻灯片，在步骤 5 中设置相应的样式后，单击下方的【全部应用】按钮即可。

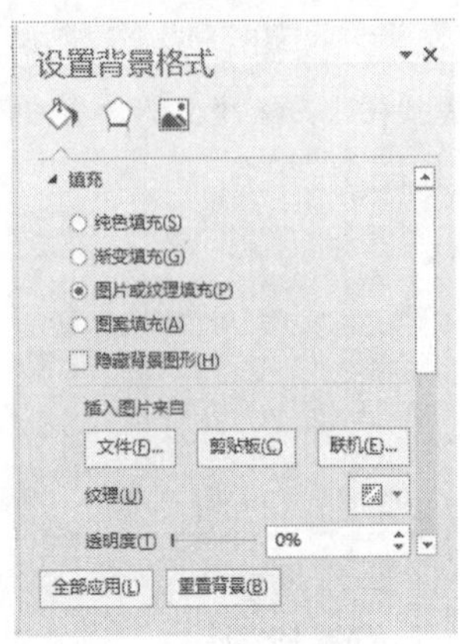

图 10-52 在【设置背景格式】窗格中自定义背景样式

图 10-53 应用自定义的背景样式

10.3.2 配色方案

设计 PowerPoint 2013 的主题配色方案，就是对幻灯片中的标题、正文及背景等内容的颜色进行设置。用户既可使用系统内置的配色，也可根据需要自定义配色方案，具体的操作步骤如下。

步骤 1 打开随书光盘中的“素材 \ch10\ 销售提案 .pptx”文件，如图 10-54 所示。

步骤 2 在【设计】选项卡中，单击【变体】组中的【其他】按钮，在弹出的下拉列表中选择【颜色】选项，然后在弹出的子列表中选择合适的颜色，如图 10-55 所示。

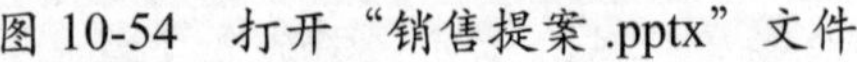

图 10-54 打开“销售提案 .pptx”文件

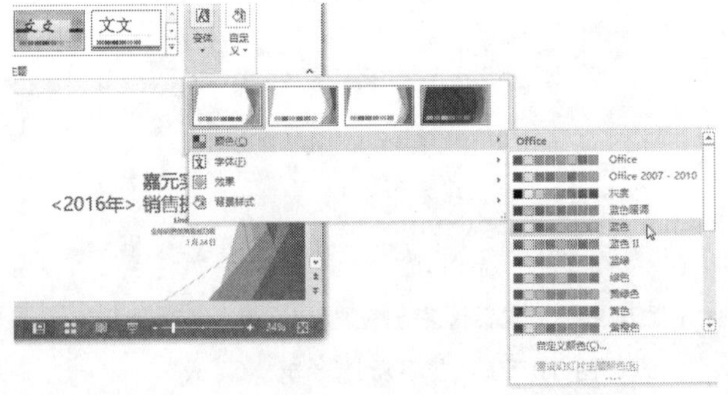

图 10-55 在【颜色】子列表中选择颜色

步骤 3 此时所选的颜色会直接应用于当前所有的幻灯片，如图 10-56 所示。

步骤 4 若系统提供的配色不满足需求，在步骤 2 中选择【自定义颜色】选项，即弹出【新建主题颜色】对话框，单击【主题颜色】区域【文字 / 背景 - 深色 1】右侧的下拉按钮，在弹出的调色板中选择自定义的颜色，使用同样的方法，设置其他选项的颜色，如图 10-57 所示。

图 10-56　应用所选的颜色

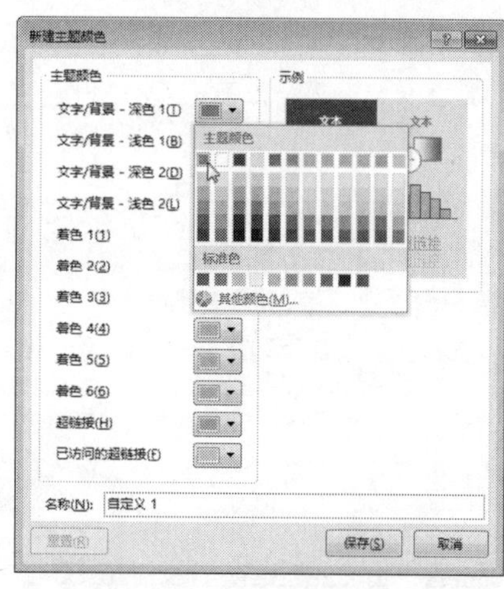

图 10-57　自定义配色方案

步骤 5 设置完成后，单击【保存】按钮，此时自定义的配色方案会直接应用于所有的幻灯片，如图 10-58 所示。

步骤 6 重复步骤 2，此时在【颜色】列表中增加了【自定义 1】选项，若要删除该自定义的配色方案，单击鼠标右键，在弹出的快捷菜单中选择【删除】菜单命令即可，如图 10-59 所示。

图 10-58　应用自定义的配色方案

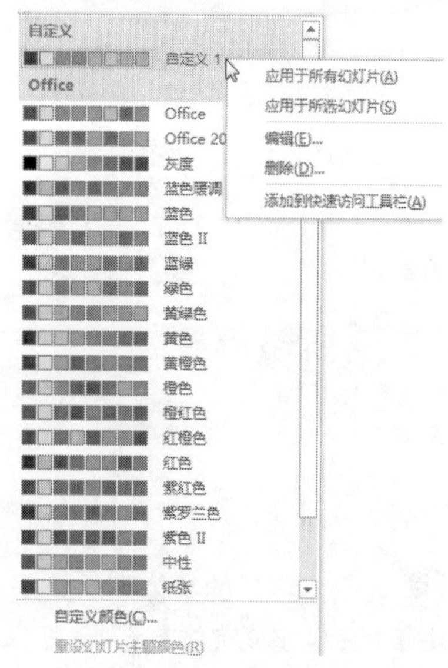

图 10-59　删除自定义的配色方案

10.3.3 字体效果

字体是模板主题的重要元素之一，设计字体主要是设置西文和中文的标题字体和正文字体，具体的操作步骤如下。

步骤 1 打开随书光盘中的“素材\ch10\狐狸和葡萄.pptx”文件，在【开始】选项卡中，单击【幻灯片】组中的【新建幻灯片】按钮，如图 10-60 所示。

步骤 2 新建一个幻灯片，如图 10-61 所示。

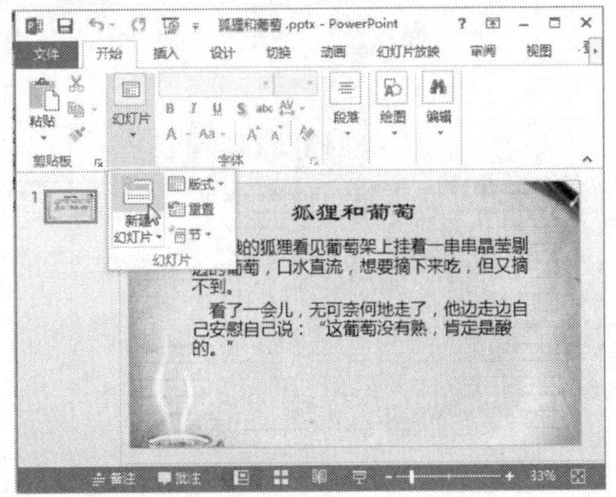

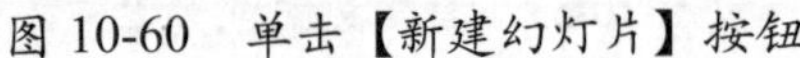
图 10-60 单击【新建幻灯片】按钮

图 10-61 新建一个幻灯片

步骤 3 在【幻灯片】窗格中选择新建的幻灯片，然后在【设计】选项卡中，单击【变体】组中的【其他】按钮，在弹出的下拉列表中选择【字体】选项，然后在弹出的子列表中选择合适的字体效果，如图 10-62 所示。

步骤 4 此时所选的字体会直接应用于当前所有的幻灯片，如图 10-63 所示。

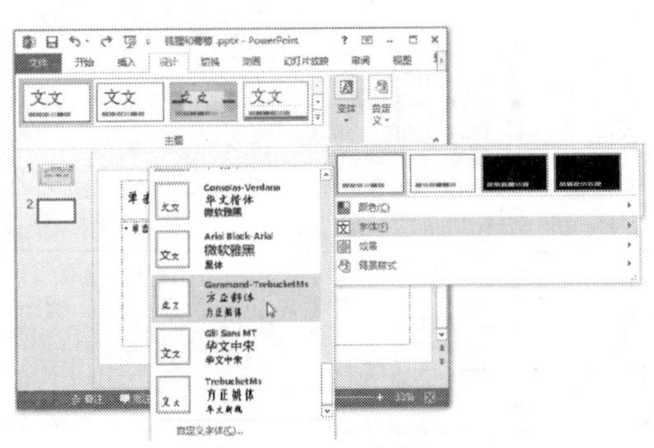

图 10-62 在【字体】子列表中选择字体效果

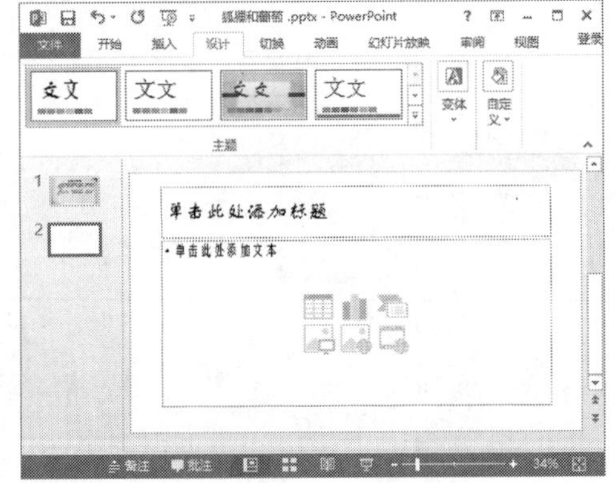

图 10-63 应用字体效果

步骤 5 若系统提供的字体不满足需求，在步骤 3 中选择【自定义字体】选项，即弹出【新建主题字体】对话框，在其中可设置符合要求的字体效果，然后单击【保存】按钮，即可将自定义的字体效果应用于所有的幻灯片，如图 10-64 所示。

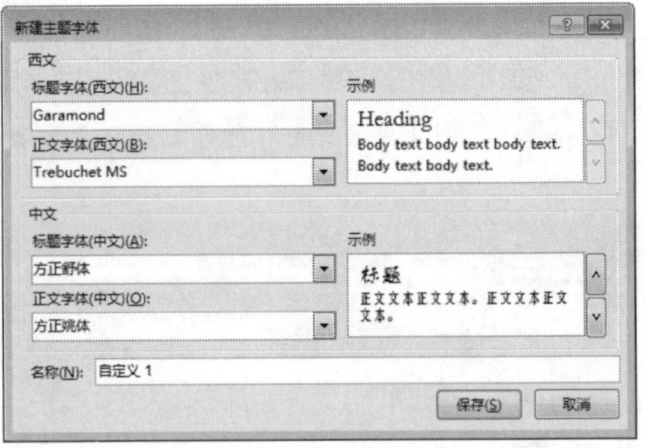

图 10-64 自定义字体效果

10.3.4 主题效果

主题效果是应用于文件中元素的视觉属性的集合。设置主题效果的具体操作步骤如下。

步骤 1 打开随书光盘中的“素材\ch10\销售提案.pptx”文件，在【设计】选项卡中，单击【变体】组中的【其他】按钮，在弹出的下拉列表中选择【效果】选项，然后在弹出的子列表中选择合适的主题效果，如图 10-65 所示。

步骤 2 此时所选的主题效果会直接应用于当前所有的幻灯片，如图 10-66 所示。

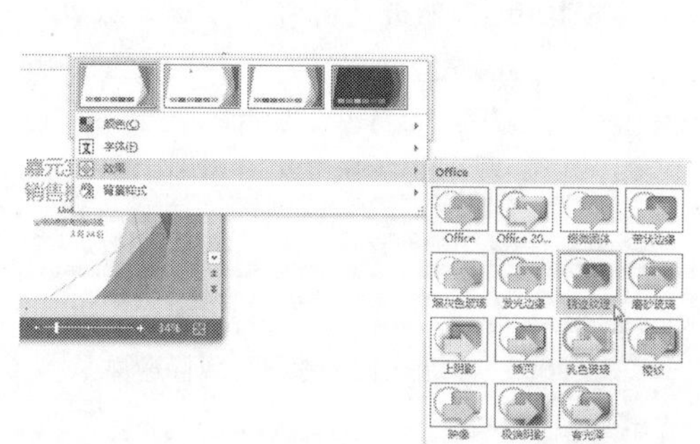

图 10-65　在【效果】子列表中选择主题效果

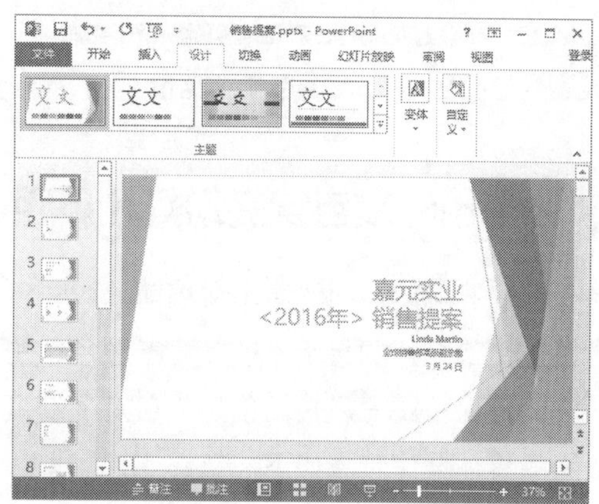

图 10-66　应用主题效果

> 提示　由于自定义主题效果的步骤非常复杂，因此 PowerPoint 2013 没有提供自定义主题效果的功能。

10.4 设计母版

使用母版可以对幻灯片的文本放置位置、文本样式、背景、颜色主题等效果进行统一更改，从而快速制作出多张具有特色的幻灯片。

10.4.1 什么是幻灯片母版

幻灯片母版用于存储有关演示文稿的主题和幻灯片版式的信息，包括背景、配色方案、字体、效果、占位符大小和位置等。每个演示文稿至少包含一个幻灯片母版。

在【视图】选项卡中，单击【母版视图】组中的【幻灯片母版】按钮，进入幻灯片母版视图，在其中即可设置幻灯片母版，如图 10-67 所示。

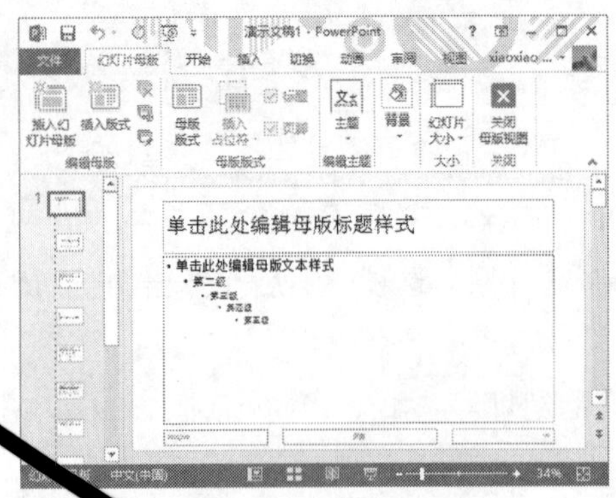

图 10-67　幻灯片母版视图

10.4.2 创建或自定义幻灯片母版

通常情况下，在制作演示文稿前，应先创建或自定义幻灯片的母版，使其背景颜色、主题、字体等保持统一风格。创建或自定义幻灯片母版的具体操作步骤如下。

步骤 1 启动 PowerPoint 2013，新建一个空白演示文稿，如图 10-68 所示。

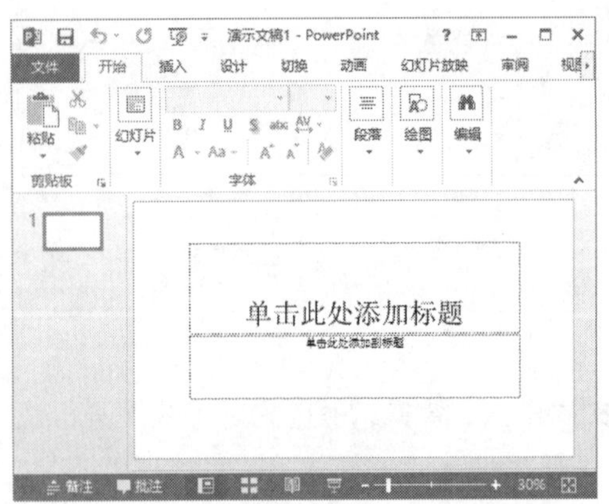

图 10-68　新建一个空白演示文稿

步骤 2 在【视图】选项卡中，单击【母版视图】组中的【幻灯片母版】按钮，如图 10-69 所示。

步骤 3 进入幻灯片母版视图，在左侧单击选中第 2 张幻灯片，即可设置标题幻灯片母版的版式，如图 10-70 所示。

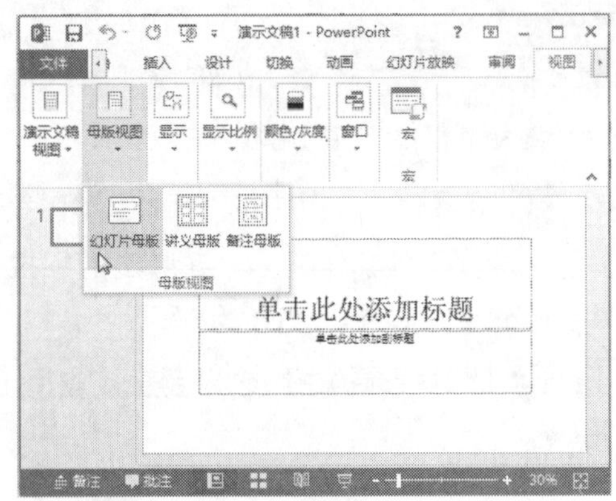

图 10-69　单击【幻灯片母版】按钮

图 10-70　选中第 2 张幻灯片

> **提示** 将光标定位在左侧幻灯片中，系统将会自动给出提示，该张幻灯片母版将应用于哪张幻灯片，用户只需设置相应的幻灯片母版，即可设置对应幻灯片版式的格式，如图 10-71 所示。

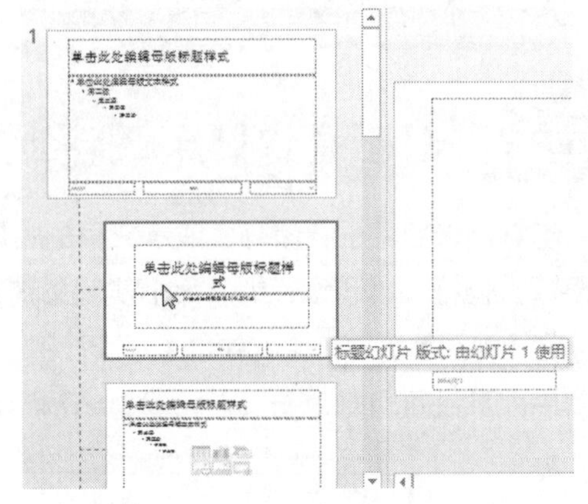

图 10-71　系统自动给出提示

步骤 4 在【插入】选项卡中，单击【图像】组中的【图片】按钮，如图 10-72 所示。

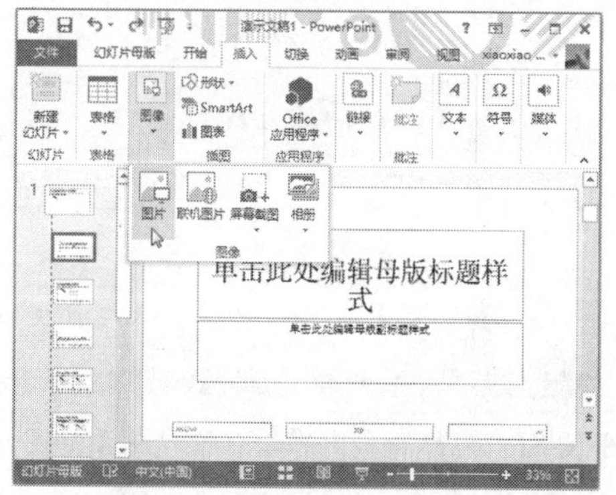

图 10-72　单击【图片】按钮

步骤 5 弹出【插入图片】对话框，在计算机中选择要插入的图片，并单击【插入】按钮，如图 10-73 所示。

图 10-73　选择要插入的图片

步骤 6 选中插入的图片，单击鼠标右键，在弹出的快捷菜单中依次选择【置于底层】→【置于底层】菜单命令，如图 10-74 所示。

图 10-74　选择【置于底层】子菜单命令

步骤 7 在【幻灯片母版】选项卡中，单击【背景】组中的【字体】按钮，在弹出的下拉列表中选择【华文楷体 微软雅黑】选项，如图 10-75 所示。

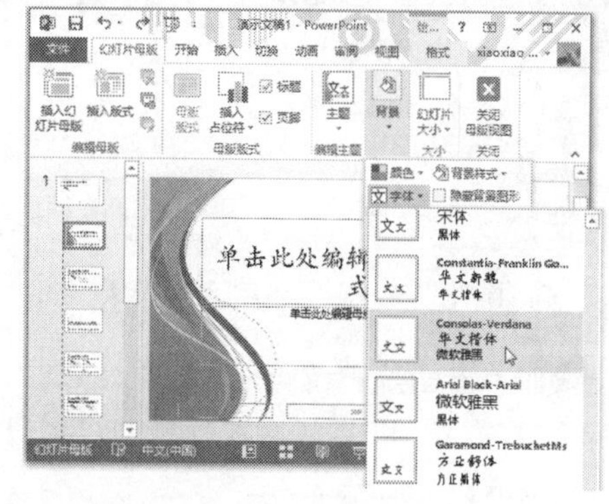

图 10-75　选择【华文楷体 微软雅黑】选项

步骤 8 此时可设置所有幻灯片的字体，如图 10-76 所示。

图 10-76　设置所有幻灯片的字体

步骤 9 在【幻灯片母版】选项卡中，单击【母版版式】组中【插入占位符】的下拉按钮，在弹出的下拉列表中选择【图片】选项，如图 10-77 所示。

图 10-77　选择【图片】选项

步骤 10 拖动鼠标，在当前幻灯片中绘制一个图片占位符，如图 10-78 所示。

图 10-78　绘制一个图片占位符

步骤 11 单击图片占位符，重新输入文本“插入徽标”。至此，即完成设置标题幻灯片母版的操作，如图 10-79 所示。

图 10-79　在图片占位符中输入文本

步骤 12 在左侧单击选中第 3 张幻灯片，即可设置标题和内容幻灯片母版的版式，如图 10-80 所示。

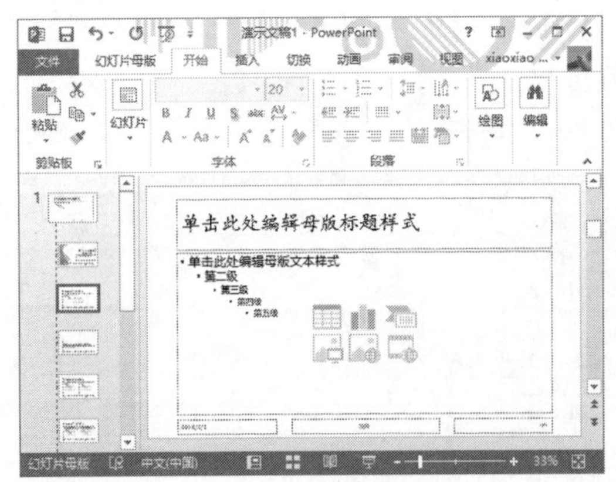

图 10-80　选中第 3 张幻灯片

步骤 13 参考步骤 4~6 的方法，为标题和内容幻灯片母版添加图片，如图 10-81 所示。

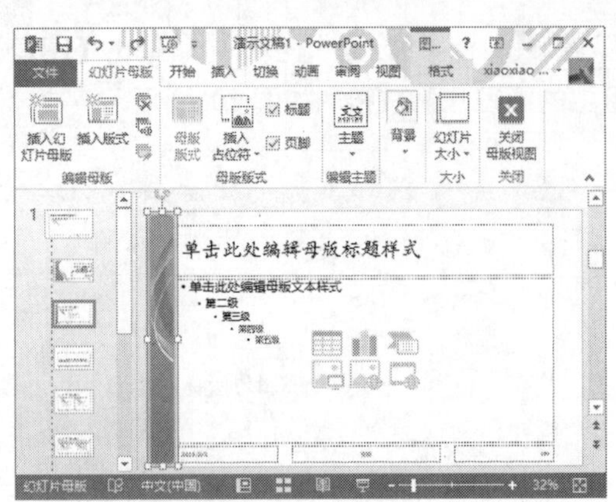

图 10-81　为标题和内容幻灯片母版添加图片

步骤 14 设置完成后，在【幻灯片母版】选项卡中，单击【关闭】组中的【关闭母版视图】按钮，退出母版视图，如图 10-82 所示。

图 10-82　单击【关闭母版视图】按钮

步骤 15 此时标题幻灯片即应用了所设置的标题幻灯片母版的格式，如图 10-83 所示。

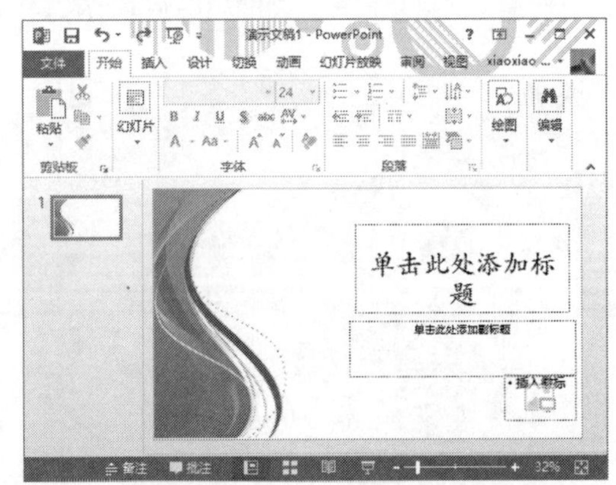

图 10-83　标题幻灯片应用了母版格式

步骤 16 在【开始】选项卡中，单击【幻灯片】组中【新建幻灯片】的下拉按钮，在弹出的下拉列表中选择【标题和内容】选项，如图 10-84 所示。

步骤 17 新建一个“标题和内容”幻灯片，该幻灯片同样应用了所设置的标题和内容幻灯片母版的格式，如图 10-85 所示。

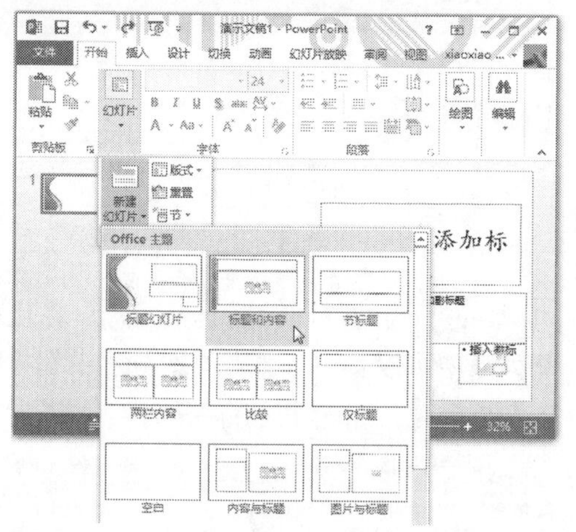

图 10-84 选择【标题和内容】选项

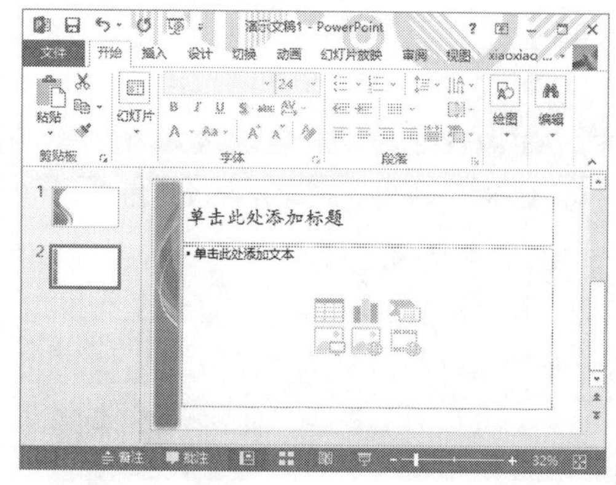

图 10-85 标题和内容幻灯片应用了母版格式

由上可知，在自定义幻灯片母版格式以后，当新建相应的幻灯片版式时，该版式会自动应用所设置的母版格式，从而使其风格一致。用户还可设置其他版式的母版格式，例如节标题、两栏内容等，这里不再赘述。此外，在幻灯片母版视图中，设置第 1 张幻灯片母版的格式，即可同时设置所有幻灯片的格式。

10.5 职场技能训练

前面主要学习了 PPT 的批量定制，下面来学习 PPT 的模板与母版在实际工作中的应用。

10.5.1 职场技能 1——使用母版设计自己的 PPT 模板

本小节主要介绍如何使用母版设计属于自己的 PPT 模板，具体的操作步骤如下。

步骤 1 新建一个演示文稿，在【视图】选项卡中，单击【母版视图】组中的【幻灯片母版】按钮，切换到幻灯片母版视图，如图 10-86 所示。

步骤 2 在左侧列表中单击选中第 1 张幻灯片，然后在【幻灯片母版】选项卡中，单击【背景】组中的【背景样式】按钮，在弹出的下拉列表中选择【设置背景格式】选项，如图 10-87 所示。

图 10-86　切换到幻灯片母版视图

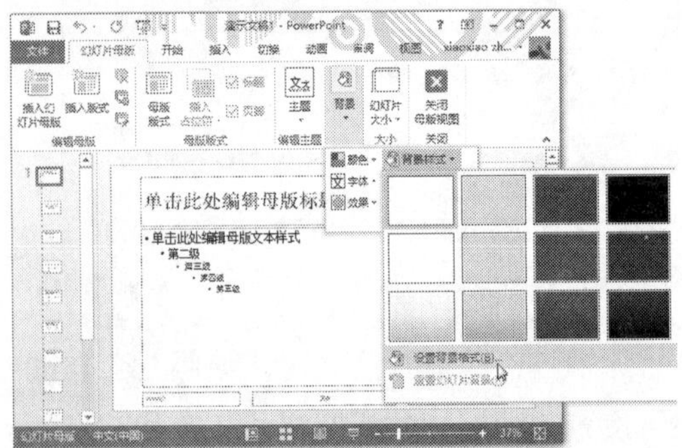

图 10-87　选择【设置背景格式】选项

步骤 3 弹出【设置背景格式】窗格，在【填充】区域选择【图片或纹理填充】单选按钮并单击【文件】按钮，如图 10-88 所示。

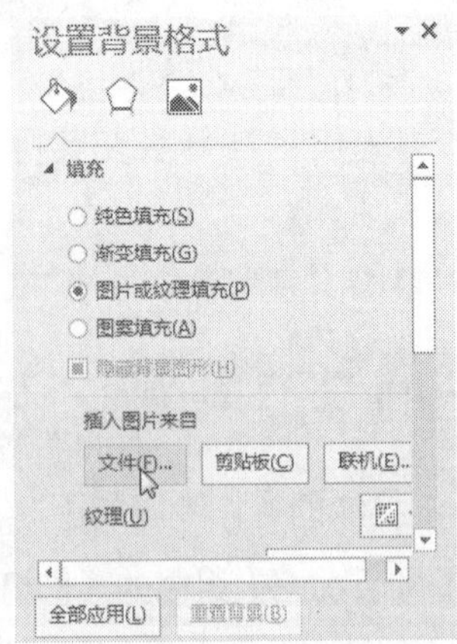

图 10-88　单击【文件】按钮

步骤 4 弹出【插入图片】对话框，在计算机中选择要插入的背景图片，并单击【插入】按钮，如图 10-89 所示。

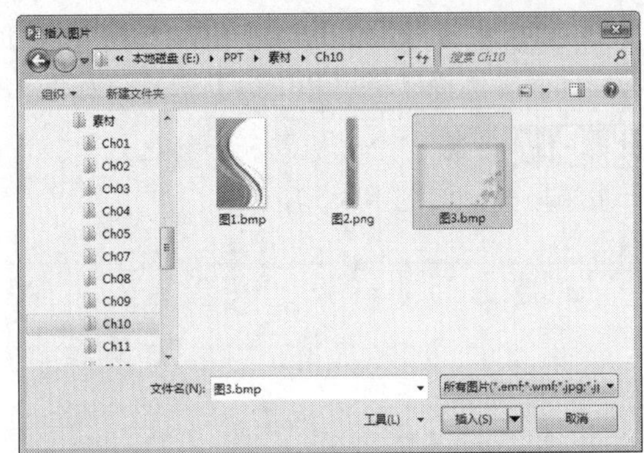

图 10-89　选择要插入的背景图片

步骤 5 为幻灯片设置背景图片，并且在左侧列表中可以看到，所有的幻灯片中都将应用该背景图片，如图 10-90 所示。

图 10-90　为幻灯片设置背景图片

步骤 6 单击【背景】组中的【字体】按钮，在弹出的下拉列表中选择【微软雅黑 黑体】选项，如图 10-91 所示。

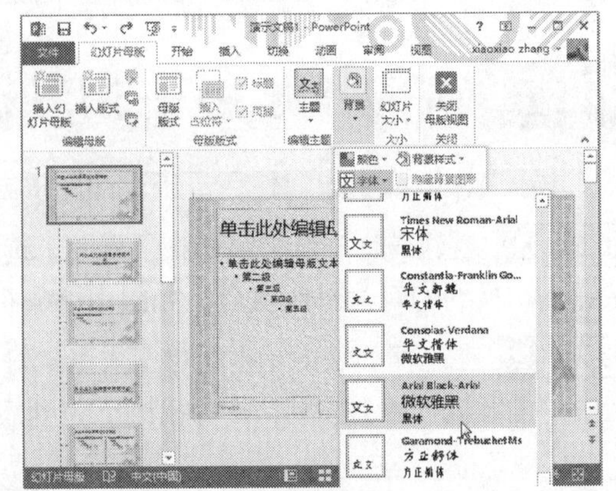

图 10-91　选择【微软雅黑 黑体】选项

步骤 7 设置完成后，在【幻灯片母版】选项卡中，单击【关闭】组中的【关闭母版视图】按钮，退出母版视图，此时标题幻灯片的版式已发生相应的变化，如图 10-92 所示。

步骤 8 在【开始】选项卡中，单击【幻灯片】组中【新建幻灯片】的下拉按钮，在弹出的下拉列表中可以看到，当前所有幻灯片的版式都已改变。至此，即完成创建自定义母版的操作，如图 10-93 所示。

图 10-92　退出母版视图

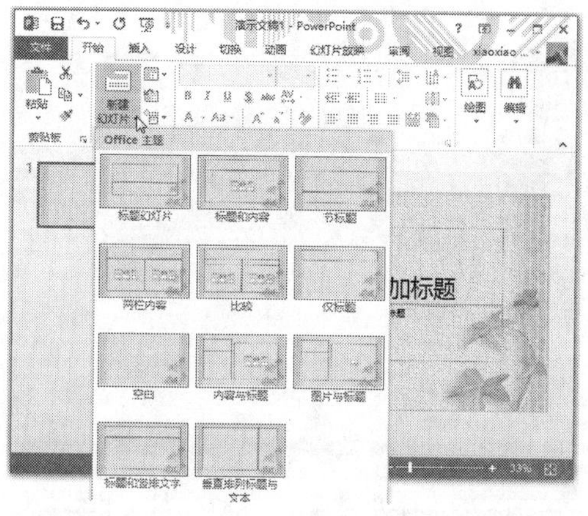

图 10-93　所有幻灯片的版式都已改变

步骤 9 单击快速访问工具栏中的【保存】按钮，进入【另存为】窗口，在其中选择【计算机】选项，单击右侧的【浏览】按钮，如图 10-94 所示。

步骤 10 弹出【另存为】对话框，在【保存类型】下拉列表框中选择【PowerPoint 模板（*.potx）】选项，单击【保存】按钮，即可将自定义的母版保存为模板，以便于以后直接使用该模板，如图 10-95 所示。

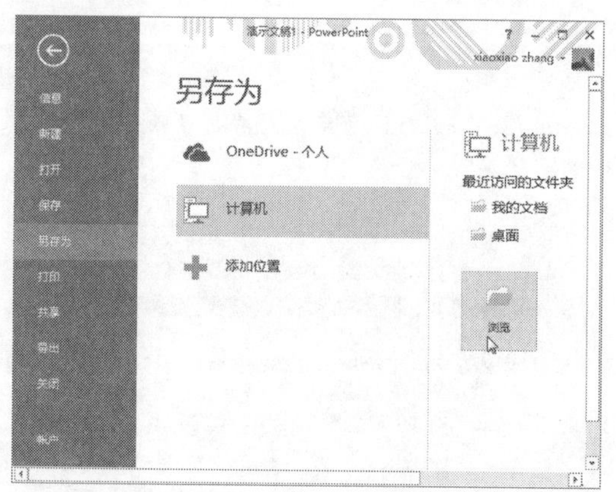

图 10-94　单击【浏览】按钮

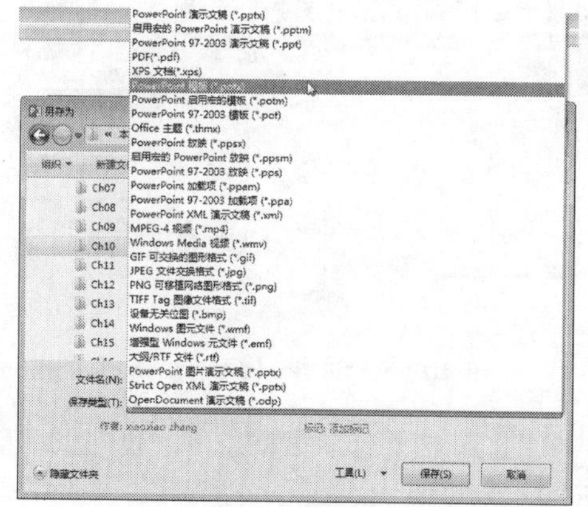

图 10-95　将自定义的母版保存为模板

10.5.2 职场技能 2——对演示文稿应用多个幻灯片母版

若要使演示文稿包含两个或更多不同的样式或主题（如背景、颜色、字体和效果），则需要为每个主题分别插入一个幻灯片母版。对演示文稿应用多个幻灯片母版的具体操作步骤如下。

步骤 1 打开随书光盘中的“素材 \ch10\ 项目启动会议 .pptx”文件，如图 10-96 所示。

步骤 2 在【视图】选项卡中，单击【母版视图】组中的【幻灯片母版】按钮，切换到幻灯片母版视图，如图 10-97 所示。

图 10-96　打开“项目启动会议 .pptx”文件

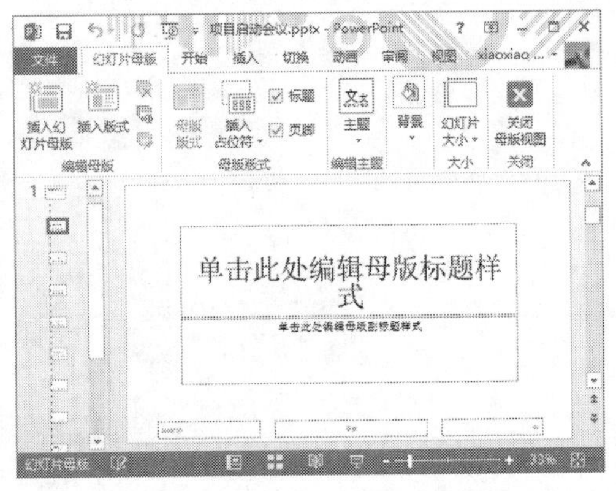

图 10-97　切换到幻灯片母版视图

步骤 3 在【幻灯片母版】选项卡中，单击【编辑主题】组中的【主题】按钮，在弹出的下拉列表中选择 Office 区域的【视差】选项，如图 10-98 所示。

步骤 4 为演示文稿应用第 1 个幻灯片母版，如图 10-99 所示。

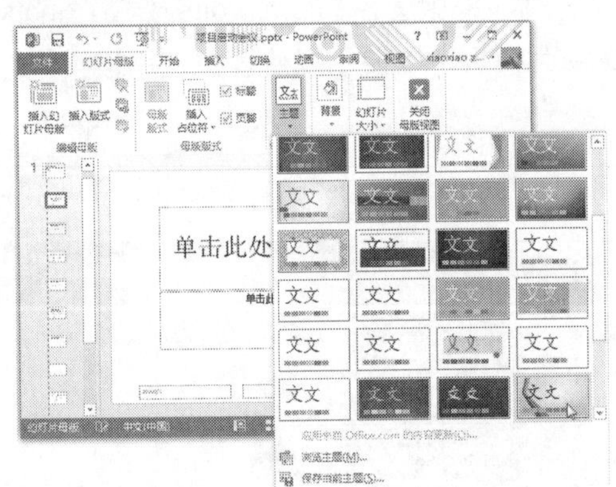

图 10-98　选择【视差】选项

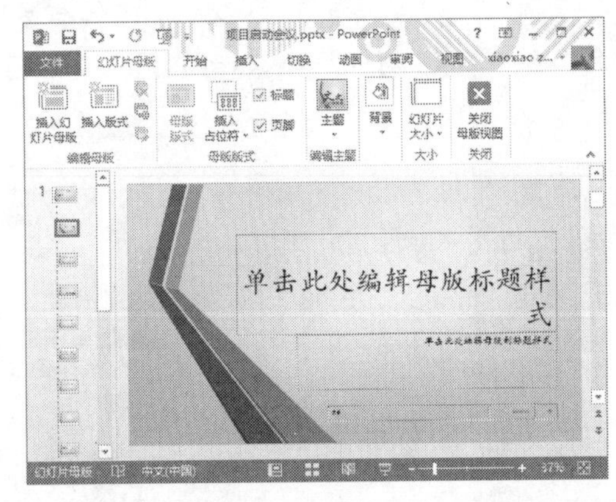

图 10-99　为演示文稿应用第 1 个幻灯片母版

步骤 5 在左侧拖动滚动条，一直向下滚动到最后一张幻灯片，并在其下方单击，如图 10-100 所示。

步骤 6 在【幻灯片母版】选项卡中，单击【编辑主题】组中的【主题】按钮，在弹出的下拉列表中选择 Office 区域的【肥皂】选项，如图 10-101 所示。

步骤 7 此时系统将自动创建第 2 组幻灯片母版，并应用所选的主题，如图 10-102 所示。

步骤 8 设置完成后，在【幻灯片母版】选项卡中，单击【关闭】组中的【关闭母版视图】按钮，退出母版视图，此时当前幻灯片使用了第 1 组幻灯片母版的版式，如图 10-103 所示。

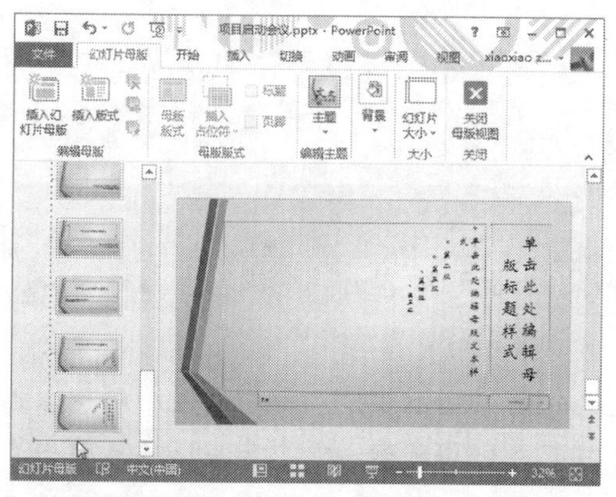

图 10-100　在最后一张幻灯片下方单击

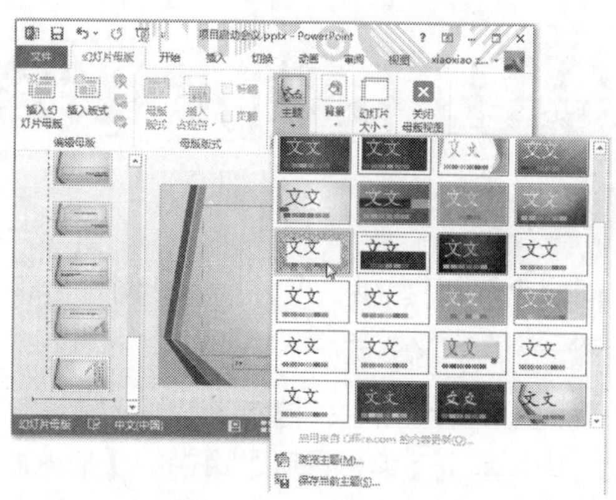

图 10-101　选择【肥皂】选项

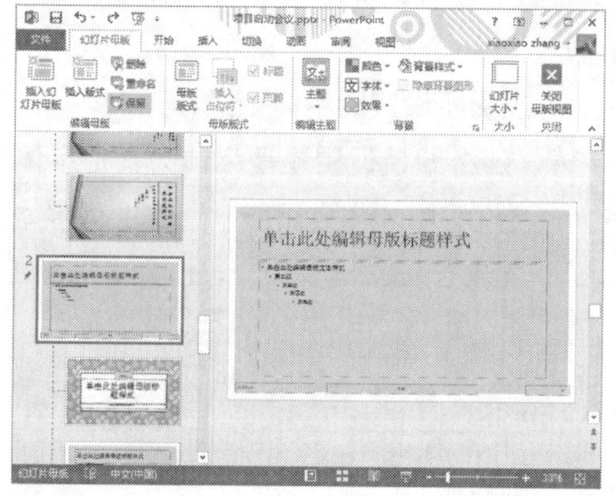

图 10-102　创建第 2 组幻灯片母版

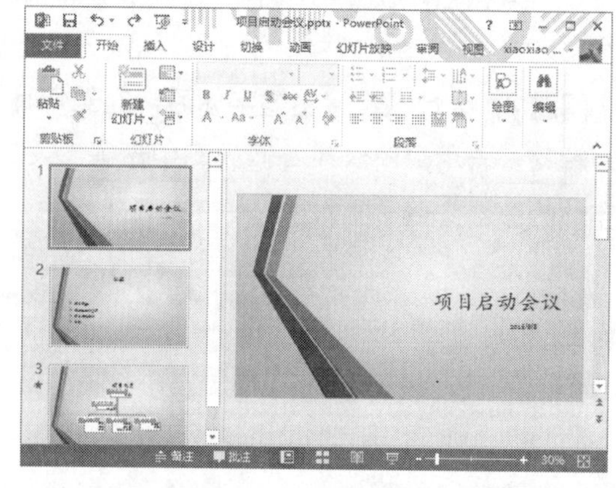

图 10-103　当前幻灯片使用了第 1 组幻灯片母版

步骤 9 在【开始】选项卡中，单击【幻灯片】组中【新建幻灯片】的下拉按钮，在弹出的下拉列表中可以看到，共有两种不同主题的幻灯片版式，即演示文稿中有 2 组幻灯片母版，如图 10-104 所示。

步骤 10 在【新建幻灯片】下拉列表中选择 Savon 区域的【标题幻灯片】选项，即可新建一个应用了不同母版格式的标题幻灯片，如图 10-105 所示。

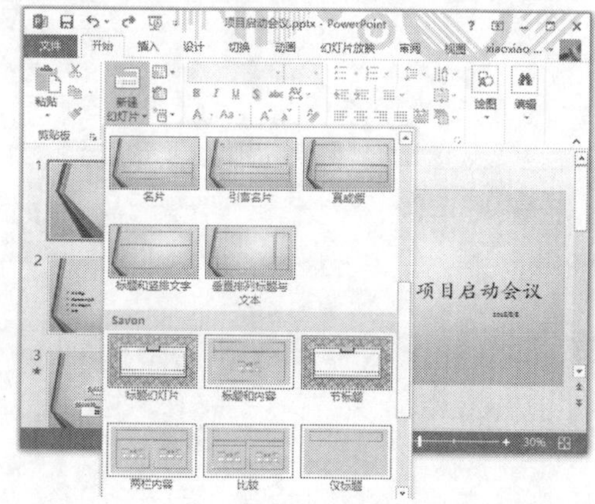

图 10-104　共有两种不同主题的幻灯片版式

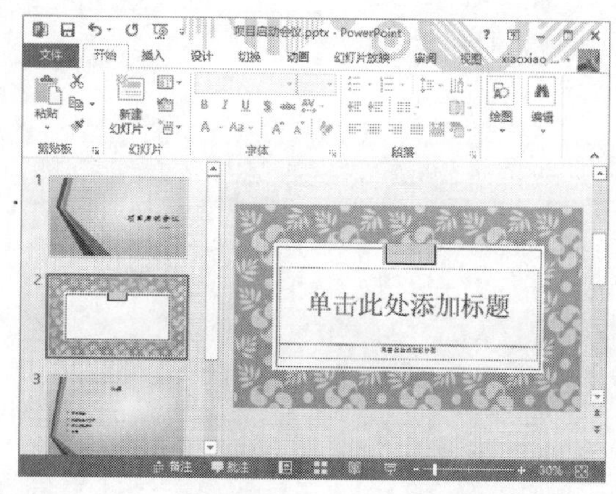

图 10-105　新建应用了不同母版格式的标题幻灯片

10.6 疑难问题解答

问题 1：PPT 提供了多种版式，例如标题幻灯片、标题和内容、两栏内容、节标题等，如何新建一个自定义版式？

解答：若要新建一个自定义版式，首先需要进入幻灯片母版视图，然后在【幻灯片母版】选项卡中，单击【编辑母版】组中的【插入版式】按钮，即可新建一个自定义版式，单击【编辑母版】组中的【重命名】按钮，还可对自定义版式重命名，然后单击【母版版式】组中的【插入占位符】按钮，在弹出的下拉列表中选择相应的占位符，即可在自定义版式中插入所需要的占位符。

问题 2：为什么设置主题字体后，在幻灯片中并没有应用所设置的字体格式？

解答：若用户已经在普通视图中设置了文本的字体，那么即使设置主题字体为其他字体，该字体也不会应用于文本中，只有在新建空白幻灯片时，占位符中才会应用所设置的主题字体。

第3篇

设计幻灯片的创意

在 PowerPoint 2013 中，使用动画可以使 PPT 产生绚丽的效果，同时添加多媒体元素、创建超链接和动作、可以使幻灯片产生各种动感效果。

让 PPT 炫起来——运用动画

● **本章导读**

在演示文稿中添加适当的动画，可以使演示文稿的播放效果更加形象，也可以使一些复杂内容逐步显示以便观众理解。本章将为读者介绍添加动画以及设置动画的方法。

● **学习目标**

◎ 了解可借用的动画元素
◎ 掌握创建各类动画元素的方法
◎ 掌握设置动画的方法
◎ 掌握制作触发动画的方法
◎ 掌握复制动画效果的方法
◎ 掌握移除动画的方法

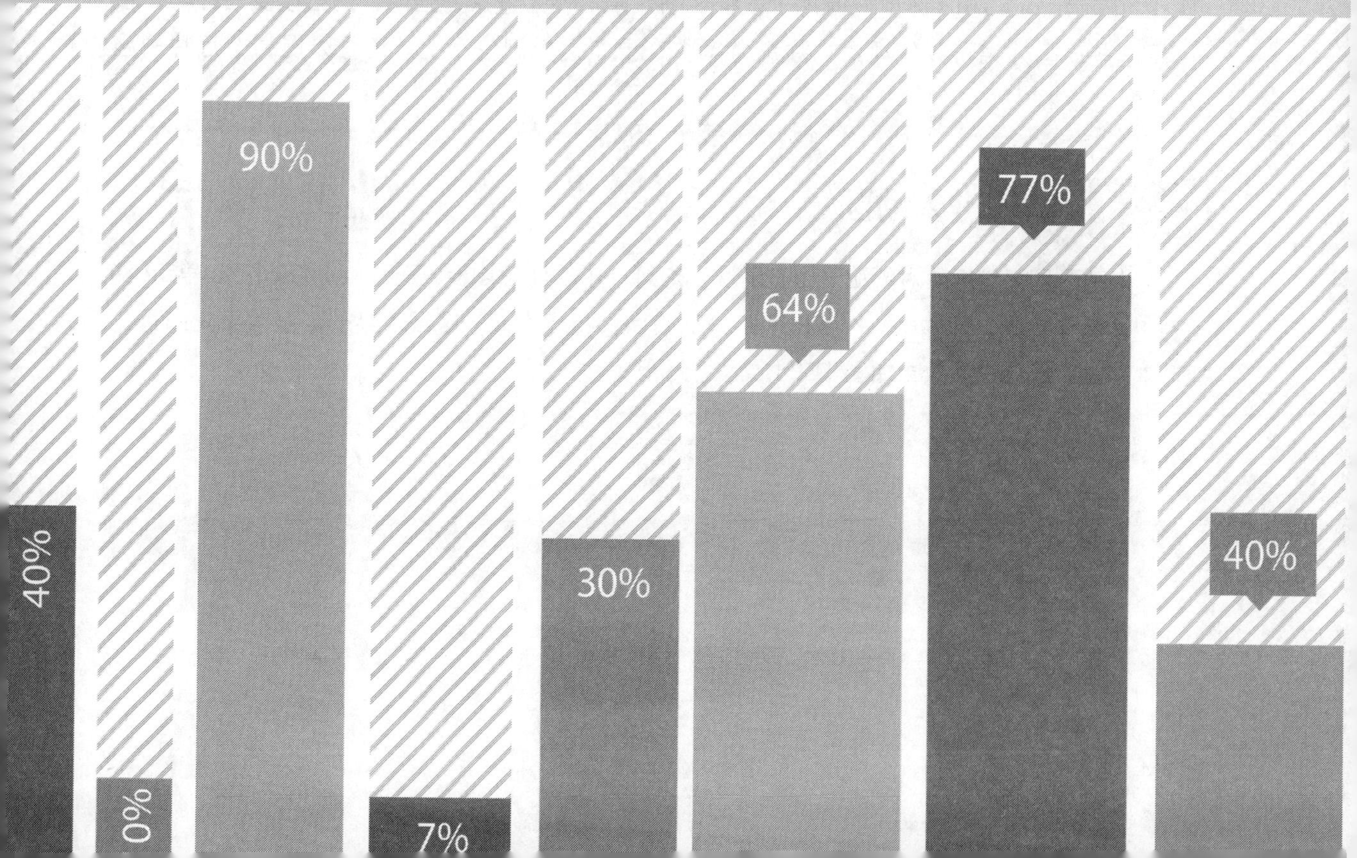

40% 0% 90% 7% 30% 64% 77% 40%

11.1 可借用的动画元素

在 PowerPoint 2013 中，可借用的动画元素有文本、图片、形状、表格以及 SmartArt 图形等对象，用户可以赋予它们进入、退出、路径、组合等动画效果。

给文本和图片分别添加动画后的显示效果如图 11-1 所示。

图 11-1　给文本和图片分别添加动画后的显示效果

11.2 创建各类动画元素

PowerPoint 2013 为用户提供了多种动画效果，例如进入、强调、退出以及路径等。使用这些动画效果可以使观众的注意力集中在要点或控制信息上，还可以提高幻灯片的趣味性。

11.2.1 创建进入动画

进入动画是指幻灯片对象从无到有出现在幻灯片中的动态过程。在【动画】选项卡中，单击【动画】组中的【其他】按钮，在弹出的下拉列表中选择【进入】区域的某个动画效果，即可创建进入动画。部分进入效果如图 11-2 所示。

图 11-2　部分进入效果

下面以一个具体实例来介绍创建进入动画的方法，具体的操作步骤如下。

步骤 1 打开随书光盘中的“素材\ch11\季度结果.pptx”文件，在幻灯片中选择要创建进入动画的文字，如图 11-3 所示。

图 11-3 选择要创建进入动画的文字

步骤 2 在【动画】选项卡中，单击【动画】组中的【其他】按钮，在弹出的下拉列表中选择【进入】区域需要的效果，如图 11-4 所示。

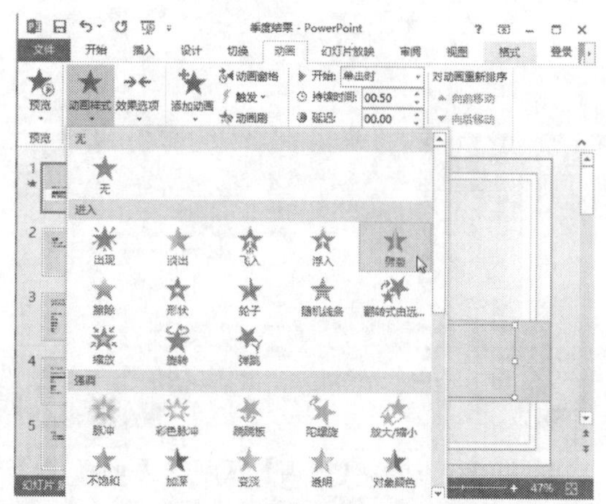

图 11-4 选择【进入】区域需要的效果

步骤 3 创建相应的进入动画，此时所选对象前将显示一个动画编号标记 1 ，如图 11-5 所示。

步骤 4 若【进入】区域的动画效果不满足需求，则可以在【动画】下拉列表中选择【更多进入效果】选项，如图 11-6 所示。

图 11-5 创建进入动画

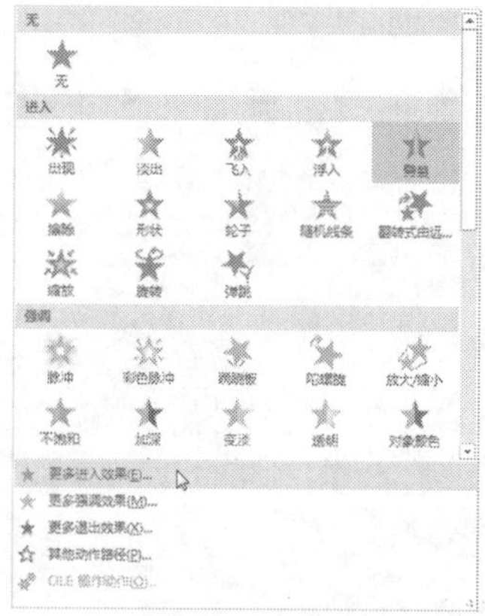

图 11-6 选择【更多进入效果】选项

步骤 5 弹出【更改进入效果】对话框，在其中可以选择更多的进入效果，单击选择每一个效果，在幻灯片中还可预览结果，选择完成后，单击【确定】按钮即可，如图 11-7 所示。

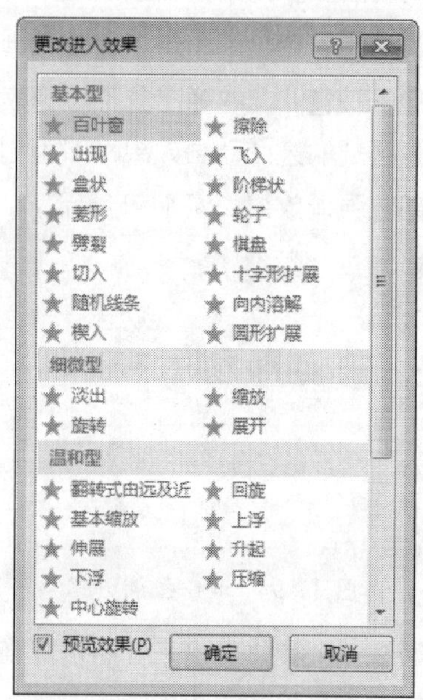

图 11-7 【更改进入效果】对话框

> **提示** 添加动画效果后，在【动画】选项卡中，单击【高级动画】组中的【添加动画】按钮，在弹出的下拉列表中还可以为对象添加多个动画效果，如图 11-8 所示。

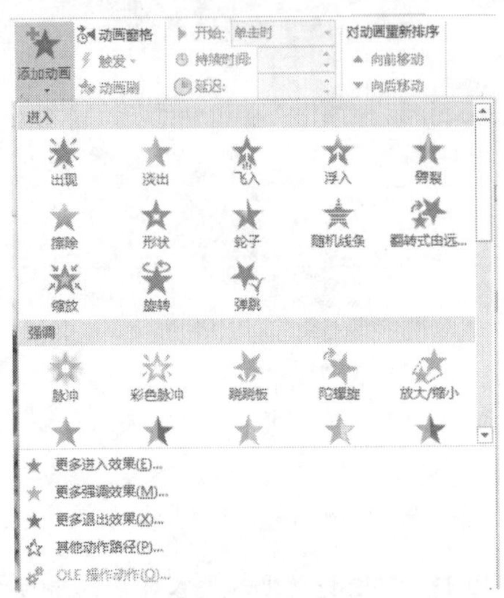

图 11-8　为对象添加多个动画效果

11.2.2 创建强调动画

强调动画主要用于突出强调某个幻灯片对象。在【动画】选项卡中，单击【动画】组中的【其他】按钮，在弹出的下拉列表中选择【强调】区域的某个动画效果，即可创建强调动画，部分强调效果如图 11-9 所示。

图 11-9　部分强调效果

下面以一个具体实例来介绍创建强调动画的方法，具体的操作步骤如下。

步骤 1 接 11.2.1 小节的操作步骤，在幻灯片中选择要创建强调动画的文字，如图 11-10 所示。

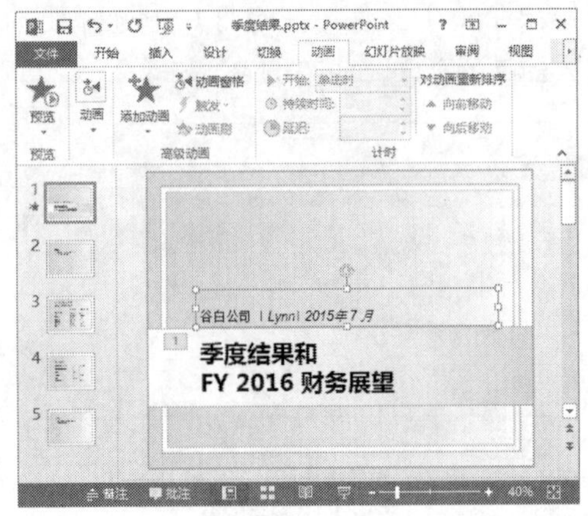

图 11-10　选择要创建强调动画的文字

步骤 2 在【动画】选项卡中，单击【动画】组中的【其他】按钮，在弹出的下拉列表中选择【强调】区域需要的效果，如图 11-11 所示。

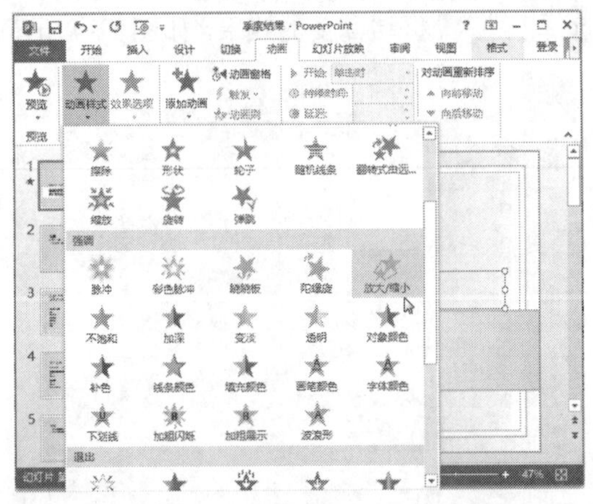

图 11-11　选择【强调】区域需要的效果

步骤 3 创建相应的强调动画，此时所选对象前将显示一个动画编号标记 2，表示这是当前幻灯片中的第 2 个动画元素，如图 11-12 所示。

步骤 4 若【强调】区域的动画效果不满足需求，则可以在【动画】下拉列表中选择【更多强调效果】选项，如图 11-13 所示。

图 11-12 创建强调动画

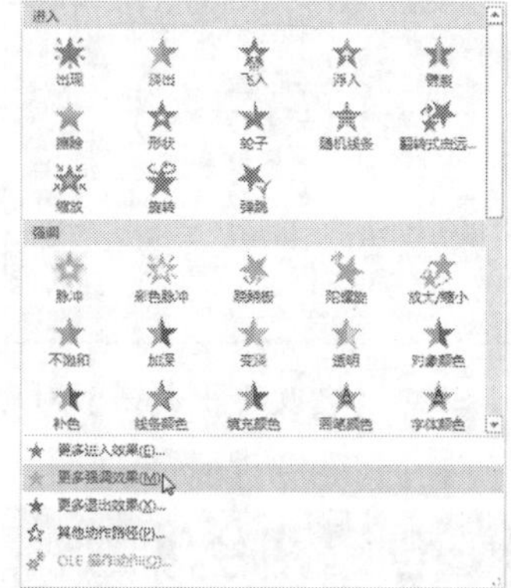

图 11-13 选择【更多强调效果】选项

步骤 5 弹出【更改强调效果】对话框，在其中可以选择更多的强调效果，单击选择每一个效果，在幻灯片中还可预览结果，选择完成后，单击【确定】按钮即可，如图 11-14 所示。

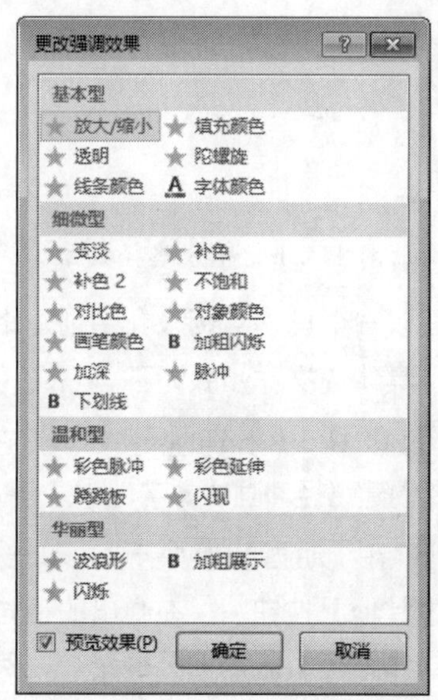

图 11-14 【更改强调效果】对话框

11.2.3 创建退出动画

退出动画与进入动画相对应，是指幻灯片对象从有到无逐渐消失的动态过程。在【动画】选项卡中，单击【动画】组中的【其他】按钮 ，在弹出的下拉列表中选择【退出】区域的某个动画效果，即可创建退出动画，部分退出效果如图 11-15 所示。

图 11-15 部分退出效果

下面以一个具体实例来介绍创建退出动画的方法，具体的操作步骤如下。

步骤 1 接 11.2.2 小节的操作步骤，在【幻灯片】窗格中选择第 2 个幻灯片，然后在幻灯片中选择要创建退出动画的文字，如图 11-16 所示。

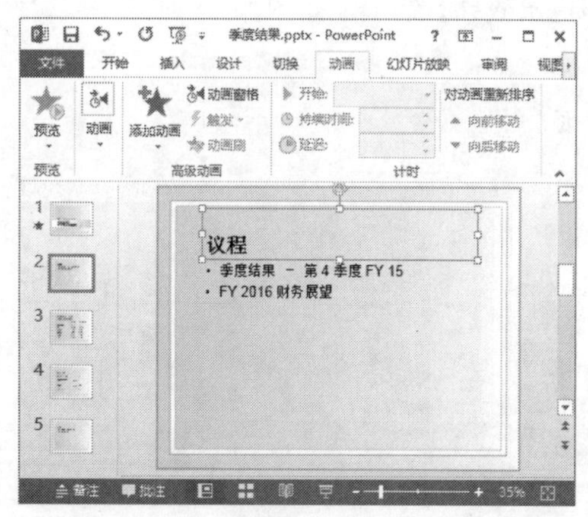

图 11-16 选择要创建退出动画效果的文字

步骤 2 在【动画】选项卡中，单击【动画】组中的【其他】按钮 ，在弹出的下拉列表中选择【退出】区域需要的效果，如图 11-17 所示。

步骤 3 创建相应的退出动画，如图 11-18 所示。

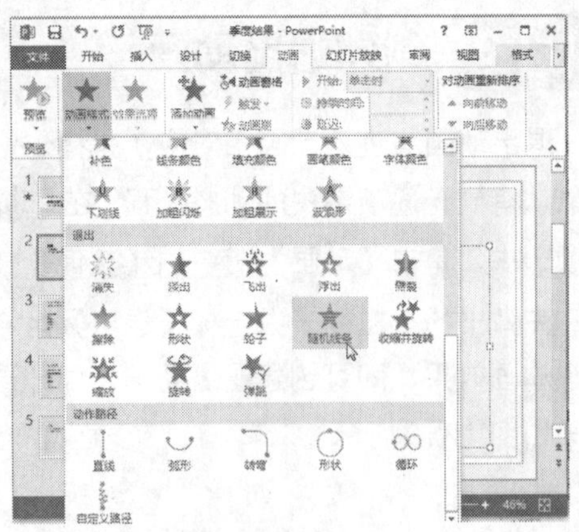

图 11-17 选择【退出】区域需要的效果

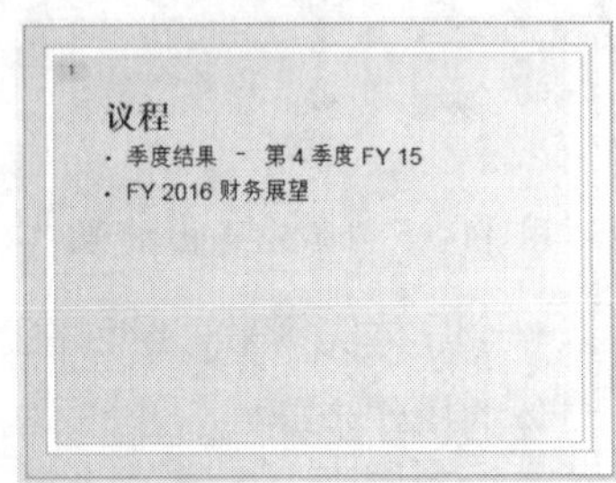

图 11-18 创建退出动画

步骤 4 若【退出】区域的动画效果不满足需求，则可以在【动画】下拉列表中选择【更多退出效果】选项，如图 11-19 所示。

图 11-19 选择【更多退出效果】选项

步骤 5 弹出【更改退出效果】对话框，在其中可以选择更多的退出动画效果，单击选择每一个效果，在幻灯片中还可预览结果，选择完成后，单击【确定】按钮即可，如图 11-20 所示。

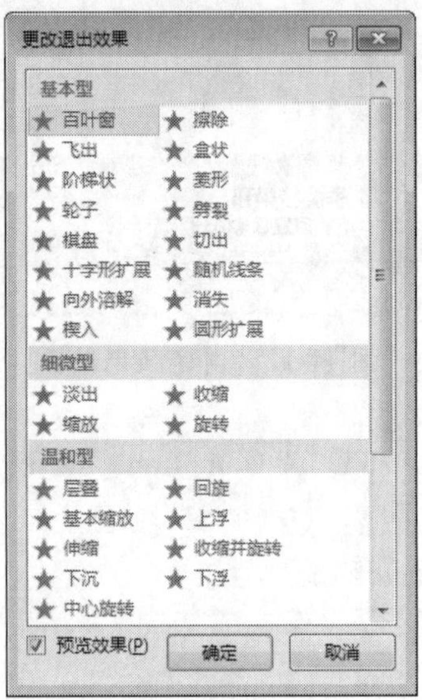

图 11-20 【更改退出效果】对话框

11.2.4 创建路径动画

路径动画用于为指定对象设置路径轨迹，从而控制对象根据指定的路径运动。在【动画】选项卡中，单击【动画】组中的【其他】按钮，在弹出的下拉列表中选择【动作路径】区域的某个路径，即可创建路径动画。部分路径效果如图 11-21 所示。

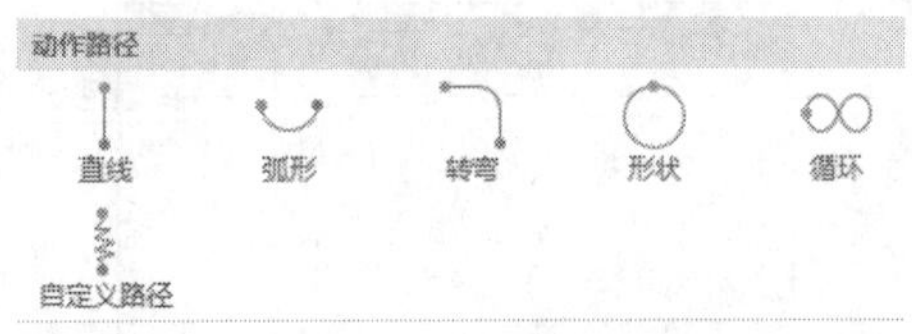

图 11-21 部分路径效果

下面以一个具体实例来介绍创建路径动画的方法，具体的操作步骤如下。

步骤 1 接 11.2.3 小节的操作步骤，在幻灯片中选择要创建路径动画的文字，如图 11-22 所示。

步骤 2 在【动画】选项卡中，单击【动画】组中的【其他】按钮，在弹出的下拉列表中选择【动作路径】区域需要的路径，例如这里选择【形状】选项，如图 11-23 所示。

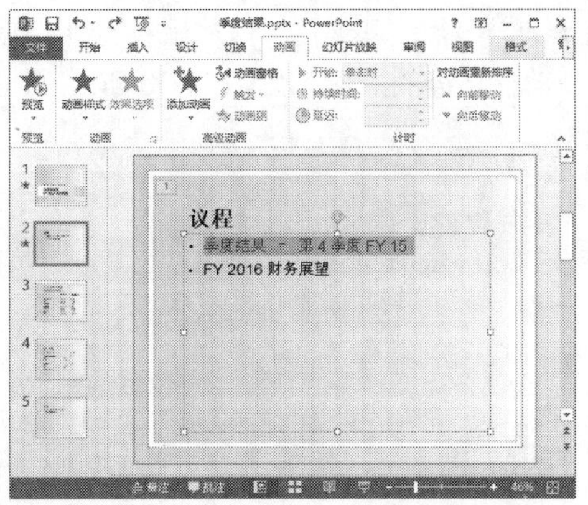

图 11-22　选择要创建路径动画的文字

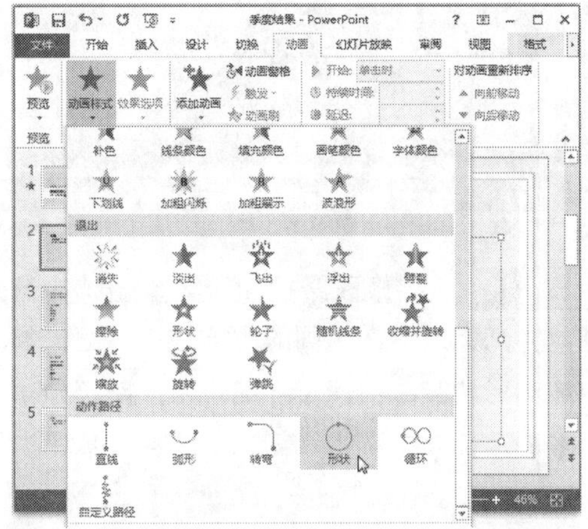

图 11-23　选择【动作路径】区域需要的路径

步骤 3 创建相应的路径动画，此时所选对象前不仅显示了一个动画编号标记，还显示了具体的路径轨迹，如图 11-24 所示。

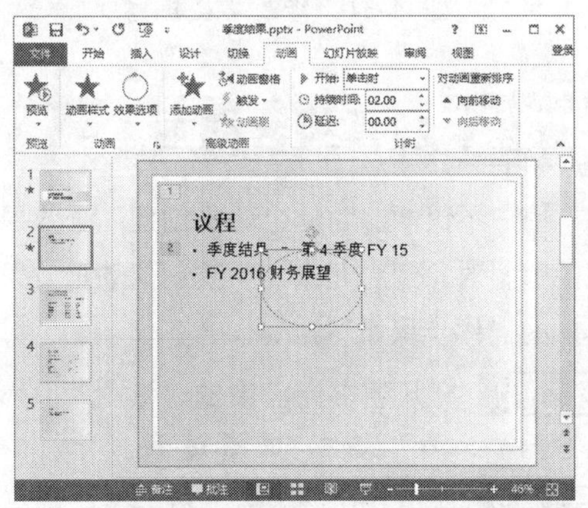

图 11-24　创建路径动画

步骤 4 若【动作路径】区域的动画效果不满足需求，则可以在【动画】下拉列表中选择【其他动作路径】选项，如图 11-25 所示。

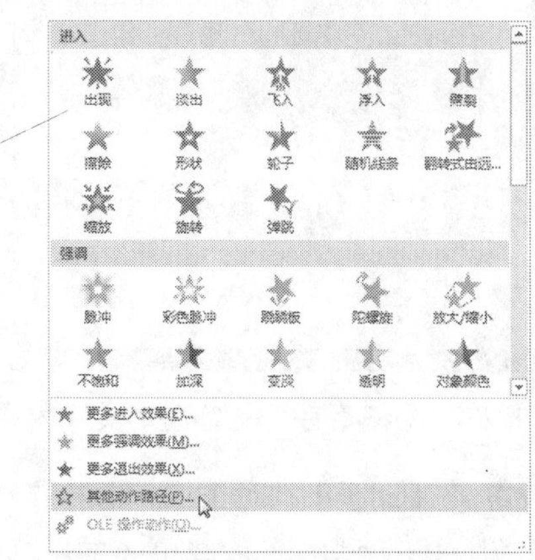

图 11-25　选择【其他动作路径】选项

步骤 5 弹出【更改动作路径】对话框，在其中可以选择更多的动作路径，单击选择每一个效果，在幻灯片中还可预览结果，选择完成后，单击【确定】按钮即可，如图 11-26 所示。

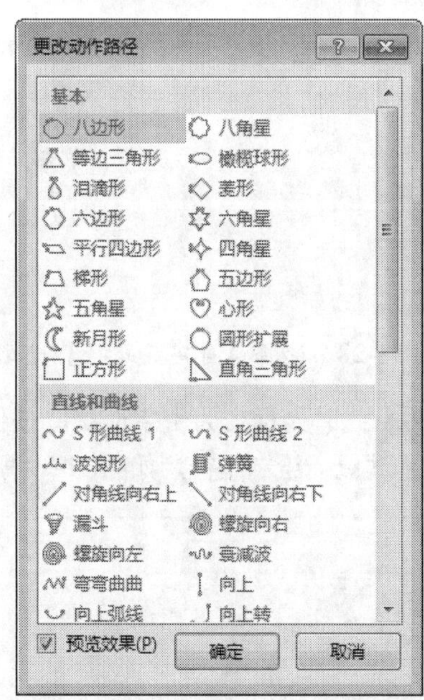

图 11-26　【更改动作路径】对话框

步骤 6 若要自定义动作路径，首先在幻灯片中选择要自定义路径的文字对象，如图 11-27 所示。

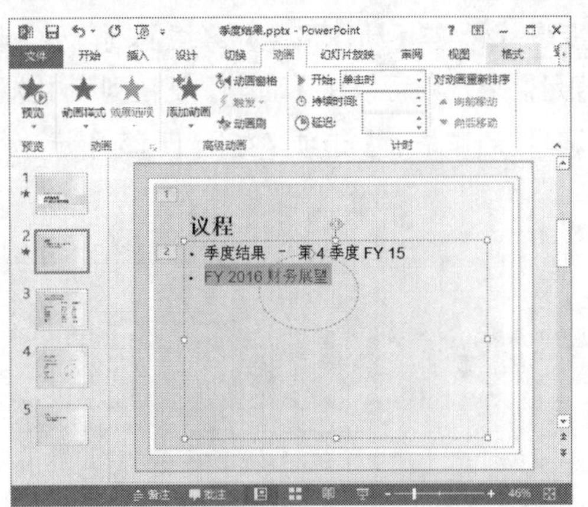

图 11-27　选择要自定义路径的文字对象

步骤 7 在【动画】选项卡中，单击【动画】组中的【其他】按钮，在弹出的下拉列表中选择【动作路径】区域的【自定义路径】选项，如图 11-28 所示。

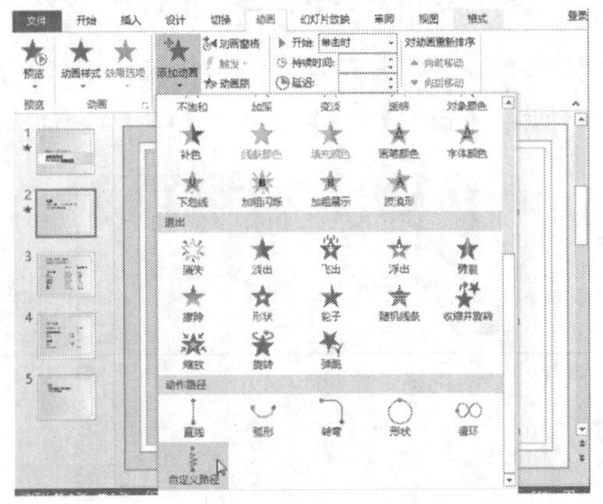

图 11-28　选择【自定义路径】选项

步骤 8 此时光标变为十字形状，按住左键不放，拖动鼠标绘制路径，如图 11-29 所示。

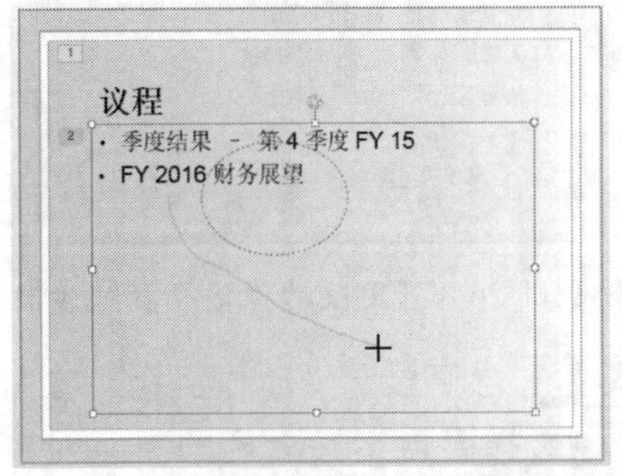

图 11-29　拖动鼠标绘制路径

步骤 9 绘制完成后，释放鼠标，即完成自定义动作路径的操作，如图 11-30 所示。

图 11-30　绘制自定义动作路径完成

提示 通常情况下，路径轨迹的两端有两个箭头形状的标记。其中，绿色箭头表示动作路径的起点，而红色箭头表示动作路径的终点。

步骤 10 若要修改路径轨迹，单击选中该路径，将光标定位在四周的小方块上，当光标变为箭头形状时，拖动鼠标即可修改路径轨迹，如图 11-31 所示。

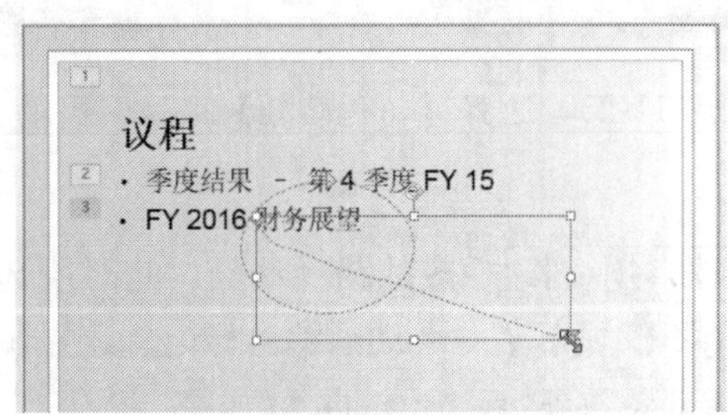

图 11-31　修改路径轨迹

11.2.5 创建组合动画

用户不仅能够为单个对象创建动画效果，还能够将对象组合起来，为其创建动画效果，具体的操作步骤如下。

步骤 1 打开随书光盘中的“素材 \ch11\ 烹饪营养学 .pptx”文件，如图 11-32 所示。

步骤 2 按住 Ctrl 键不放，单击选中两张图

片，然后单击鼠标右键，在弹出的快捷菜单中选择【组合】→【组合】菜单命令，如图 11-33 所示。

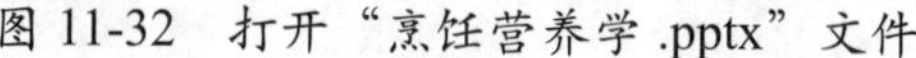
图 11-32　打开“烹饪营养学 .pptx”文件

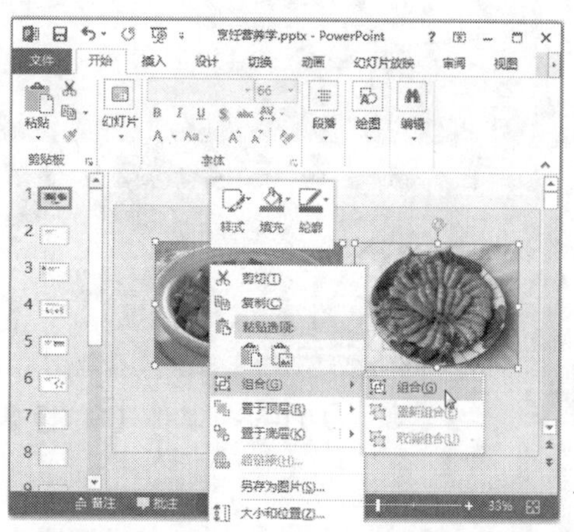

图 11-33　选择【组合】子菜单命令

步骤 3 将两张图片组合后，在【动画】选项卡中，单击【动画】组中的【其他】按钮，在弹出的下拉列表中选择需要的动画效果，如图 11-34 所示。

步骤 4 同时为两张图片创建动画效果，如图 11-35 所示。

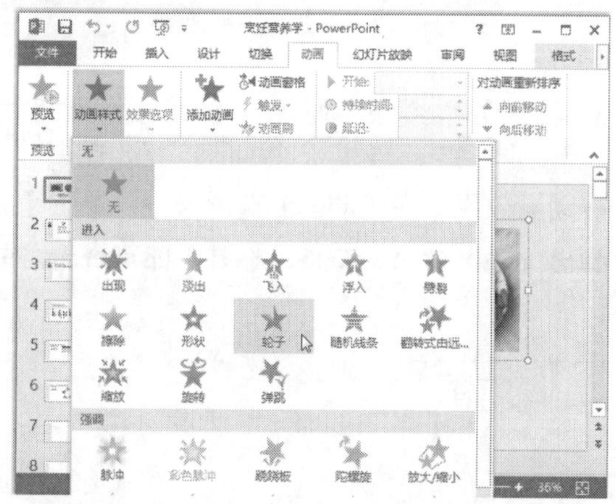

图 11-34　组合图片并创建动画效果

图 11-35　同时为两张图片创建动画效果

11.2.6 动画预览

在幻灯片中创建好动画效果后，用户可以预览创建的效果是否符合要求。首先打开含有动画效果的演示文稿，在【动画】选项卡中，单击【预览】组中的【预览】按钮，即可预览当前幻灯片中创建的所有动画效果，如图 11-36 所示。

另外，在【动画】选项卡中，单击【预览】组中【预览】的下拉按钮，选择【自动预览】选项，使其前面呈现勾选状态，这样在每次为对象创建动画后，可自动预览动画效果，如图 11-37 所示。

图 11-36　单击【预览】按钮

图 11-37　自动预览动画效果

11.3 设置动画

若想制作出更具特色的动画效果，还可以对动画进行设置，例如调整动画的顺序、设置动画的持续时间等，这样才能使制作出的演示文稿别具一格。

11.3.1 查看动画列表

在动画列表中可以查看当前幻灯片包含的所有动画效果。在【动画】选项卡中，单击【高级动画】组中的【动画窗格】按钮，在界面右侧弹出【动画窗格】窗格，在其中即可查看当前幻灯片的动画列表，如图 11-38 所示。

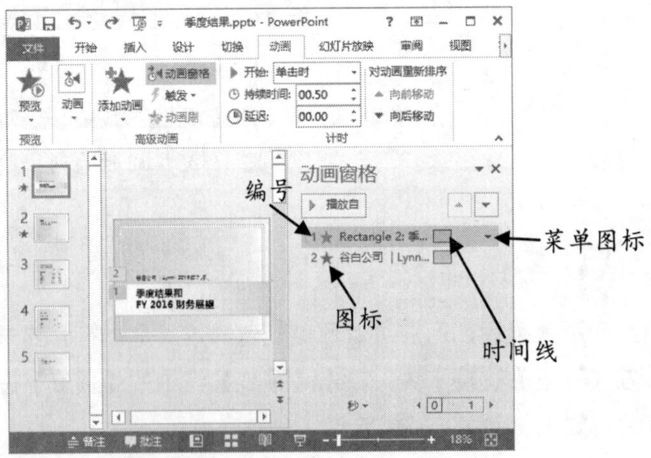

图 11-38　查看当前幻灯片的动画列表

下面介绍动画列表中各项的含义。

☆ 编号：表示动画效果的播放顺序，此编号与幻灯片上显示的不可打印的编号标记是相对应的。

☆ 图标：表示动画效果的类型。

☆ 时间线：表示动画效果的持续时间。

☆ 菜单图标：在列表中选择动画时，其右侧会显示一个下拉按钮，单击该下拉按钮，即可弹出如图 11-39 所示的下拉列表。

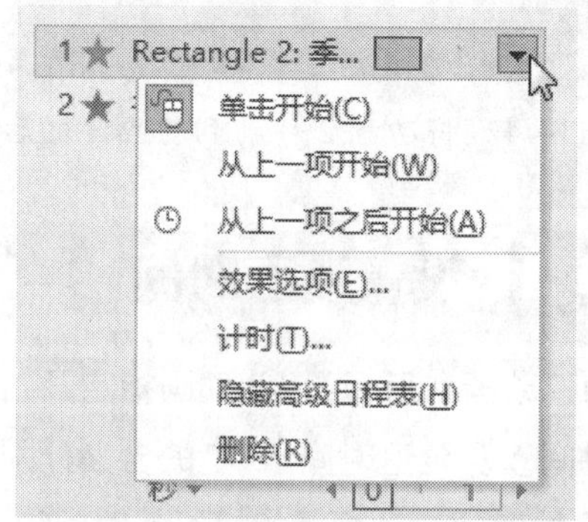

图 11-39 单击菜单图标

下拉列表中各个选项的含义如下。

☆ 【单击开始】：若选择该选项，表示需要单击才开始播放动画。

☆ 【从上一项开始】：若选择该选项，表示设置的动画效果会与前一个动画效果一起播放。

☆ 【从上一项之后开始】：若选择该选项，表示设置的动画效果会在前一个动画播放完成后自动播放。

☆ 【效果选项】和【计时】：若选择这 2 个选项，都会弹出【劈裂】对话框，该对话框包含 3 个选项卡，在其中可设置更为高级的自定义效果，如图 11-40 所示。注意，这里劈裂是指动画效果名称，该名称会根据动画名称的变化而变化。

☆ 【隐藏高级日程表】：若选择该选项，可隐藏窗格下方的日程表。

☆ 【删除】：若选择该选项，可删除动画。

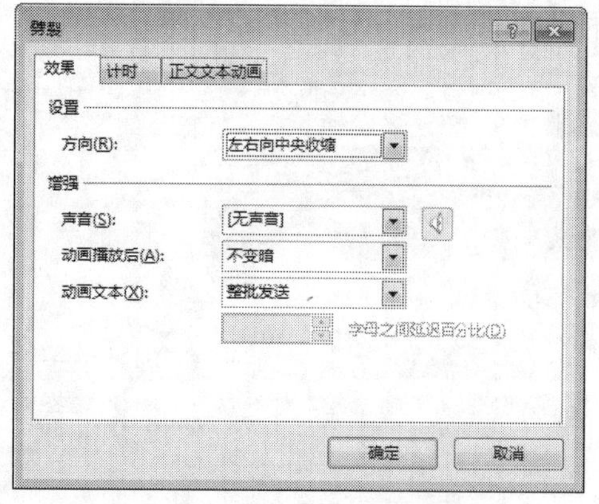

图 11-40 【劈裂】对话框

11.3.2 调整动画顺序

根据创建动画的时间不同，其放映时出现的顺序也不同。若要调整放映顺序，主要有两种方法。

1. 通过【动画窗格】调整

具体的操作步骤如下。

步骤 1 打开要调整顺序的幻灯片，在【动画】选项卡中，单击【高级动画】组中的【动画窗格】按钮，弹出【动画窗格】窗格，在列表中选择动画 1，单击上方的【向下】按钮，如图 11-41 所示。

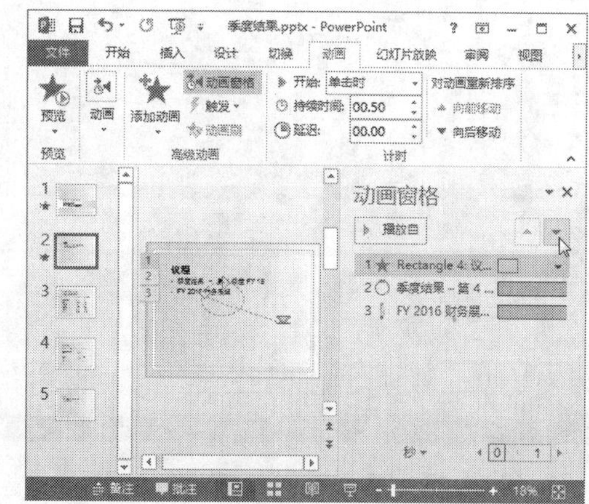

图 11-41 单击【向下】按钮

步骤 2 此时即可将动画 1 移动到动画 2 的

后面，如图 11-42 所示。

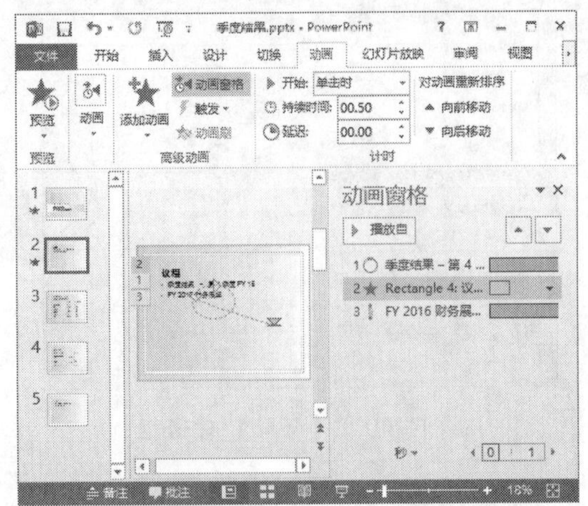

图 11-42　将动画 1 移动到动画 2 的后面

综上，在列表中选择要调整顺序的动画，单击上方的【向上】或【向下】按钮，即可调整顺序。另外，选择动画后，按住鼠标左键不放，拖动鼠标也可调整动画的顺序。

2. 通过【动画】选项卡调整

具体的操作步骤如下。

步骤 1 在幻灯片中单击第 2 个编号标记，选中该动画，然后在【动画】选项卡中，单击【计时】组中的【向后移动】按钮，如图 11-43 所示。

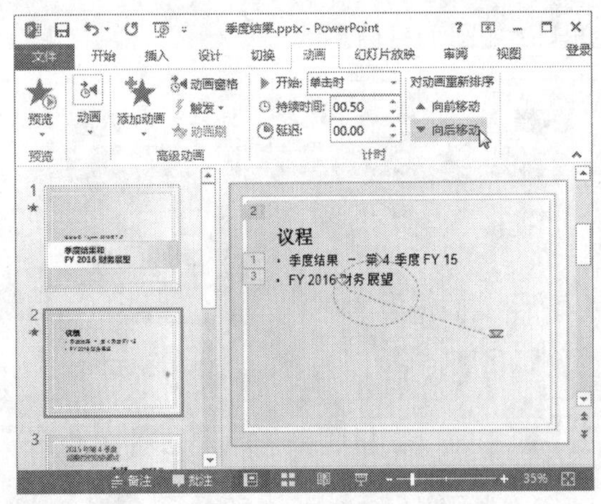

图 11-43　单击【向后移动】按钮

步骤 2 此时可将动画 2 移动到动画 3 的后面，如图 11-44 所示。

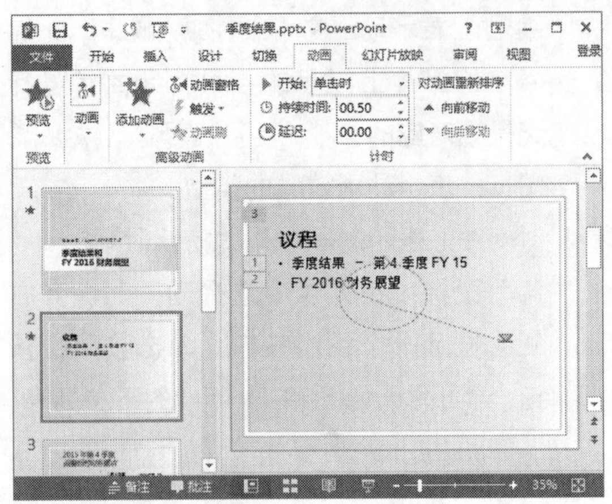

图 11-44　将动画 2 移动到动画 3 的后面

11.3.3 设置动画时间

创建动画之后，可以为动画指定开始时间、持续时间以及延迟时间。三者的含义分别如下。

☆　开始时间：动画开始执行的时间。

☆　持续时间：动画运行的时间。

☆　延迟时间：动画开始前的延迟时间。

主要有两种方法可以设置动画时间，分别如下。

1. 通过【动画】选项卡设置

在【动画】选项卡中，通过【计时】组中的各命令按钮即可设置相应的时间，如图 11-45 所示。

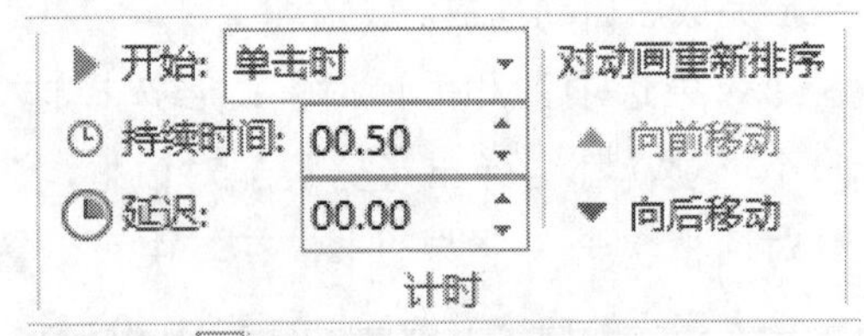

图 11-45　【计时】选项组

单击【开始】右侧的下拉按钮，在弹出的下拉列表中即可选择开始的时间，如图 11-46 所示。

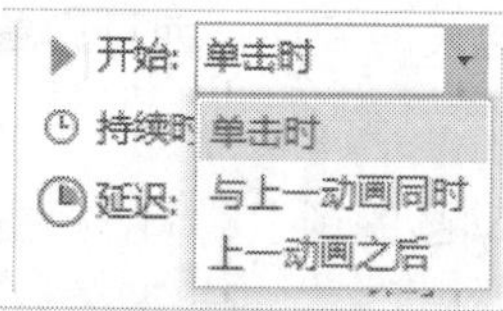

图 11-46　在【开始】下拉列表中选择开始的时间

提示 关于【开始】下拉列表中各选项的含义，请参考 11.3.1 小节，这里不再赘述。

单击【持续时间】或【延迟】右侧的微调按钮，或者直接在文本框中输入具体的秒数，即可设置动画运行的持续和延迟时间。

提示 通过【动画】选项卡设置的运行持续时间和延迟时间均不能大于 1 分钟。

2. 通过【动画窗格】设置

在【动画】选项卡中，单击【高级动画】组中的【动画窗格】按钮，即弹出【动画窗格】窗格，单击动画 1 右侧的下拉按钮，在弹出的下拉列表中选择【计时】选项，如图 11-47 所示。

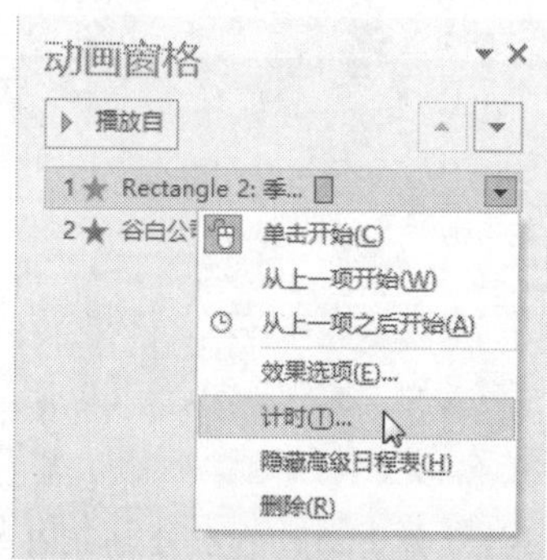

图 11-47　选择【计时】选项

此时弹出【劈裂】对话框，在【计时】选项卡中即可设置动画时间，如图 11-48 所示。

提示 单击【重复】右侧的下拉按钮，在弹出的下拉列表中选择相应的选项，可以设置动画的重复次数。

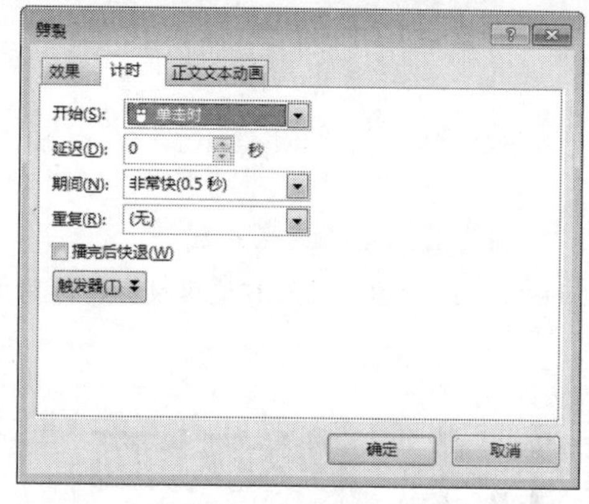

图 11-48　设置动画时间

注意，这里【期间】是指持续时间。单击【期间】右侧的下拉按钮，在弹出的下拉列表中即可设置持续时间，或者也可以直接在文本框输入具体的持续时间，如图 11-49 所示。

提示 与第 1 种方法不同的是，通过该方法设置的运行持续时间和延迟时间可为任意时间，不再局限于 1 分钟。

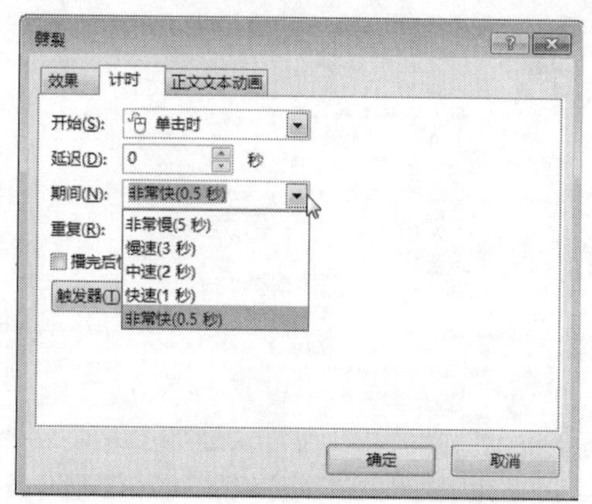

图 11-49　在【期间】下拉列表中设置持续时间

此外，用户也可直接在【动画窗格】中动画的时间线上设置动画时间。将光标定位在动画 1 时间线的右边缘，按住鼠标左键不放，拖动鼠标缩短或拉长时间线，即可设置动画的持续时间，如图 11-50 所示。

同理，将光标定位在时间线的左边缘，拖动鼠标即可设置动画的延迟时间，如图 11-51 所示。

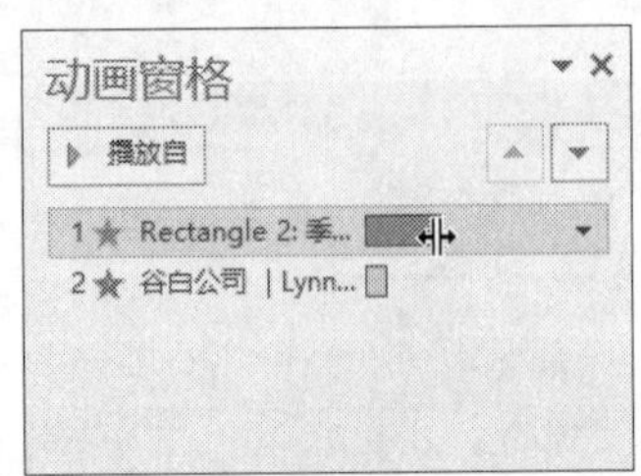

图 11-50　拖动时间线的右边缘设置持续时间

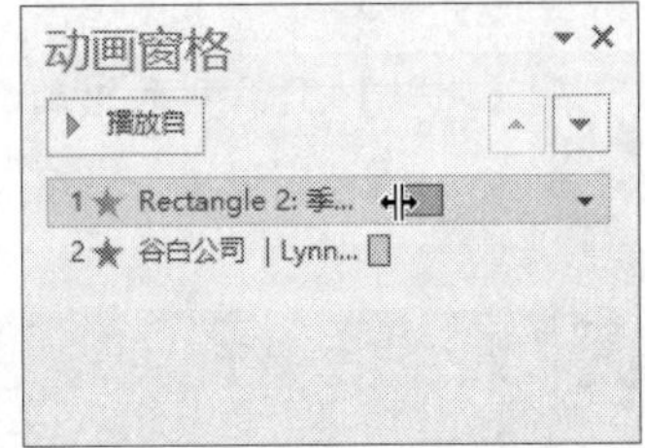

图 11-51　拖动时间线的左边缘设置延迟时间

11.4 触发动画

在 PowerPoint 2013 中，用户可为动画设置触发器，触发器可以是一个图片、文字、文本框等，相当于一个按钮。设置触发器后，只有触发了相应的操作，才会执行动画。简单来说，触发动画实质上就是设置动画的特殊开始条件，具体的操作步骤如下。

步骤 1 打开随书光盘中的“素材 \ch11\ 烹饪营养学 .pptx”文件，在【幻灯片】窗格中选择第 2 张幻灯片，然后在幻灯片中选择要创建动画的文字对象，如图 11-52 所示。

步骤 2 在【动画】选项卡中，单击【动画】组中的【其他】按钮，在弹出的下拉列表中选择【进入】区域的【旋转】选项，为其创建动画效果，如图 11-53 所示。

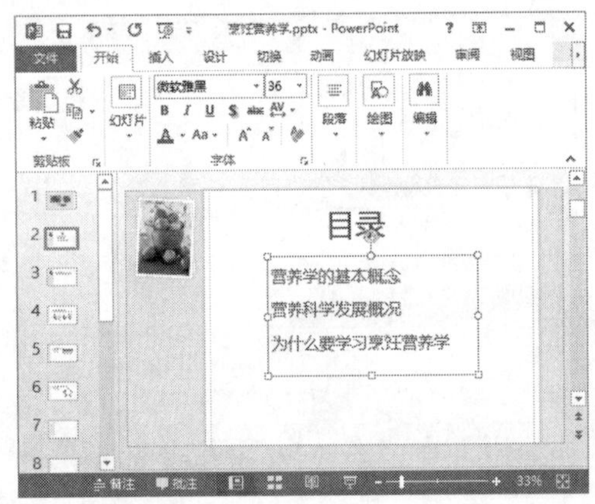

图 11-52　选择要创建动画的文字对象

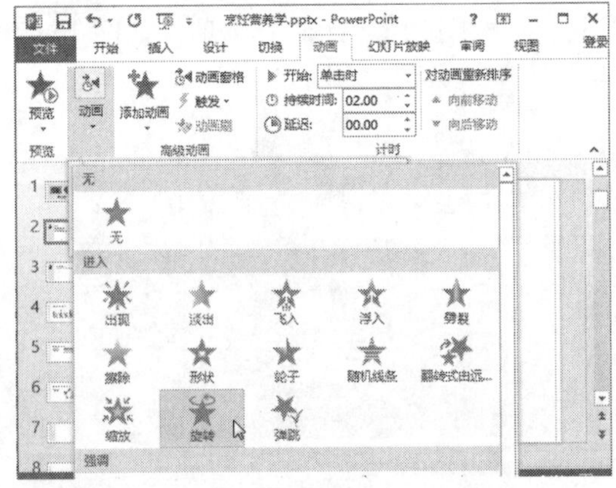

图 11-53　为文字对象创建动画效果

步骤 3 选中创建了动画的文本，在【动画】选项卡中，单击【高级动画】组中的【触发】按钮，在弹出的下拉列表中选择【单击】选项，然后在右侧弹出的子列表中选择触发的对象，例如这里选择【标题 1】选项，如图 11-54 所示。

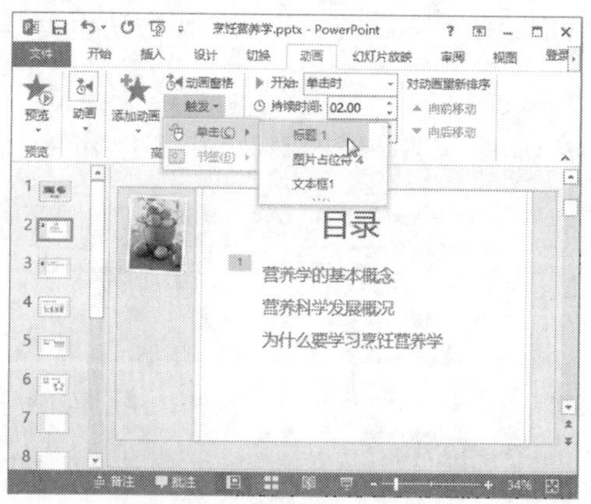

图 11-54　选择触发的对象

步骤 4 创建触发动画，此时动画编号变为图标，如图 11-55 所示。

> **提示** 创建触发动画后，在放映幻灯片时，将光标定位在【目录】标题文本框上，此时光标会变为形状，然后单击该标题文本框，即可触发动画。

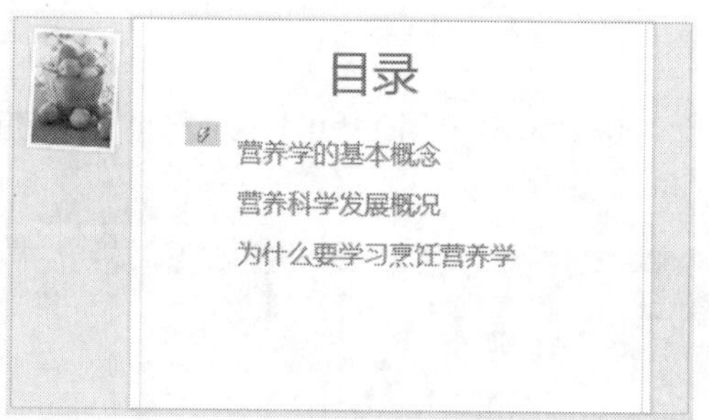

图 11-55　创建触发动画

步骤 5 在【动画】选项卡中，单击【高级动画】组中的【动画窗格】按钮，弹出【动画窗格】窗格，在动画列表中可以看到，动画 1 上方显示触发器名称，如图 11-56 所示。

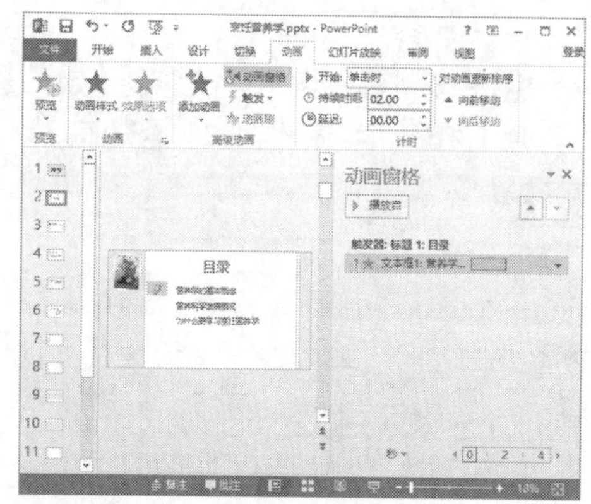

图 11-56　动画 1 上方显示触发器名称

除了【动画】选项卡外，同样可在【动画窗格】中创建触发动画，单击动画 1 右侧的下拉按钮，在弹出的下拉列表中选择【计时】选项，即弹出【旋转】对话框。单击【触发器】按钮，在下方选择【单击下列对象时启动效果】单选按钮，然后在右侧的下拉列表中选择触发对象，并单击【确定】按钮，即可创建触发动画，如图 11-57 所示。

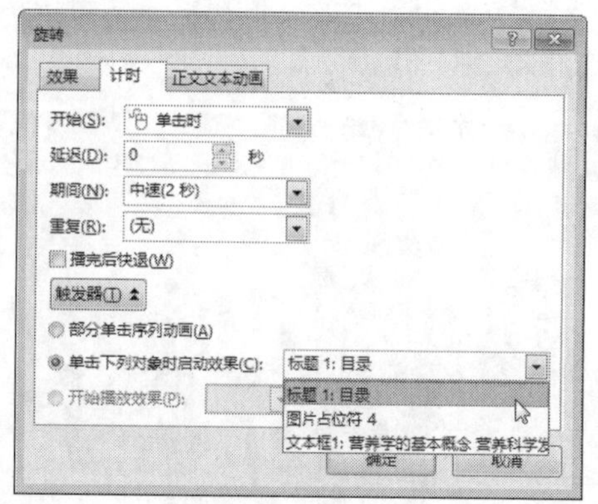

图 11-57　在【动画窗格】中创建触发动画

11.5 复制动画效果

PowerPoint 2013 提供了动画刷功能，可以复制一个对象的动画，并将其应用到另一个对象上。

该功能类似于 Office 系列软件的另一项功能，即格式刷功能。同理，它们的使用方法也类似，具体的操作步骤如下。

步骤 1 打开随书光盘中的“素材\ch11\烹饪营养学.pptx”文件，使用 11.2.5 小节介绍的方法，为幻灯片 1 中的两张图片创建组合动画，如图 11-58 所示。

步骤 2 选中图片，在【动画】选项卡中，单击【高级动画】组中的【动画刷】按钮，如图 11-59 所示。

图 11-58　为两张图片创建组合动画

图 11-59　单击【动画刷】按钮

步骤 3 此时光标变为动画刷的形状，单击选择其他的对象，即可将图片对象中的动画效果应用到该对象上，如图 11-60 所示。

步骤 4 例如单击文本框对象“烹饪营养学”，此时该对象已应用了和图片对象相同的动画效果，如图 11-61 所示。

图 11-60　光标变为动画刷的形状

图 11-61　选中的对象应用了和图片对象相同的动画效果

此外，若双击【高级动画】组中的【动画刷】按钮，可将动画效果多次应用于其他的对象。并且双击后，在【幻灯片】窗格中选择其他的幻灯片，还可将动画效果应用于其他幻灯片的多个对象，操作完成后，按 Esc 键，即可退出动画刷状态。

11.6 移除动画

移除动画，也就是删除对象的动画效果。移除动画的方法主要有以下三种。

⑴ 在【动画】选项卡中，单击【动画】组中的【其他】按钮，在弹出的下拉列表选择【无】选项，即可删除动画，如图 11-62 所示。

⑵ 在【动画】选项卡中，单击【高级动画】组中的【动画窗格】按钮，弹出【动画窗格】窗格，选择要移除的动画，单击右侧的下拉按钮，在弹出的下拉列表中选择【删除】选项，即可删除动画，如图 11-63 所示。

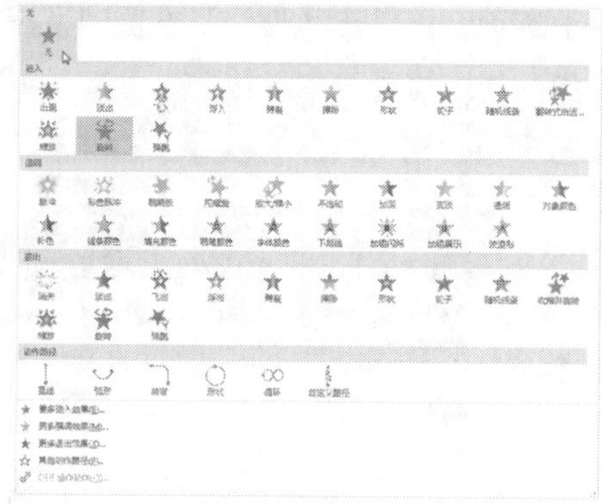

图 11-62　选择【无】选项删除动画

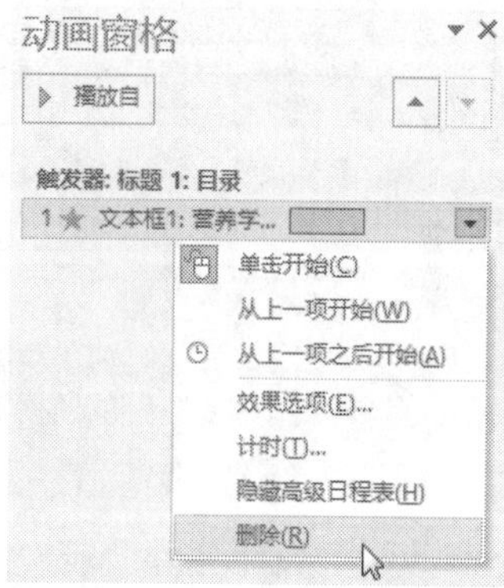

图 11-63　选择【删除】选项删除动画

⑶ 选中对象的动画编号标记，按下 Delete 键即可删除动画。

11.7 职场技能训练

前面主要学习了如何在 PPT 中创建动画，下面来学习 PPT 中的动画效果在实际工作中的应用。

11.7.1 职场技能 1——为 SmartArt 图形创建动画

本小节将介绍如何为 SmartArt 图形应用动画效果，具体的操作步骤如下。

步骤 1 打开随书光盘中的“素材 \ch11\ 学校组织结构图 .pptx”文件，选中幻灯片中的 SmartArt 图形，如图 11-64 所示。

步骤 2 在【动画】选项卡中，单击【动画】组中的【其他】按钮，在弹出的下拉列表中选择【进入】区域的【浮入】选项，如图 11-65 所示。

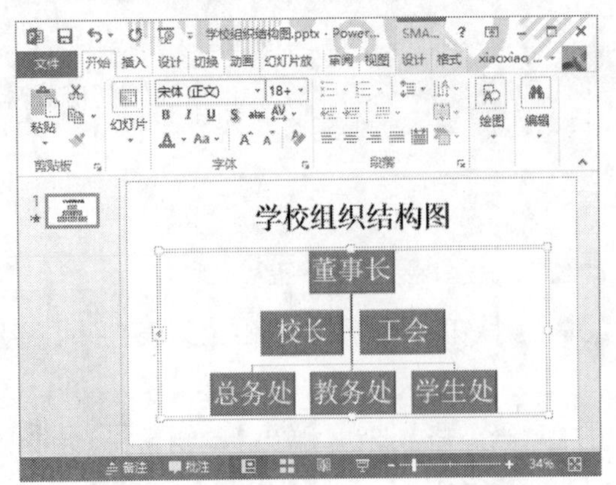

图 11-64　选中 SmartArt 图形

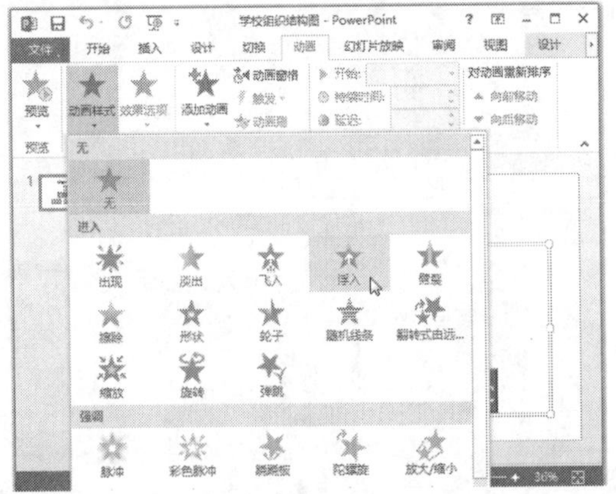

图 11-65　选择【浮入】选项

步骤 3 在【动画】选项卡中，单击【高级动画】组中的【动画窗格】按钮，在界面右侧弹出【动画窗格】窗格，如图 11-66 所示。

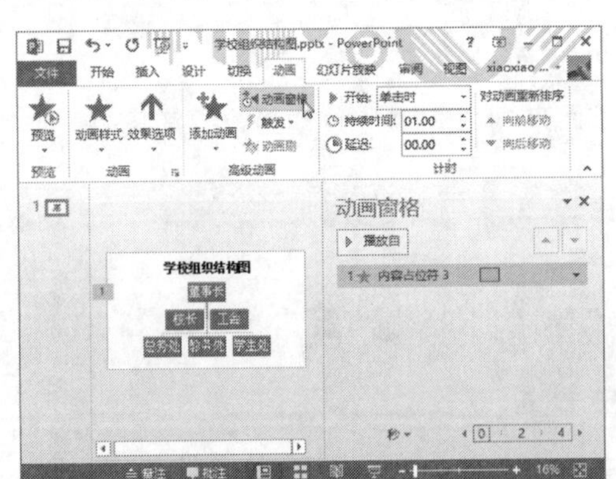

图 11-66　【动画窗格】窗格

步骤 4 在【动画窗格】窗格中，单击动画 1 后面的下拉按钮，在弹出的下拉列表中选择【效果选项】选项，如图 11-67 所示。

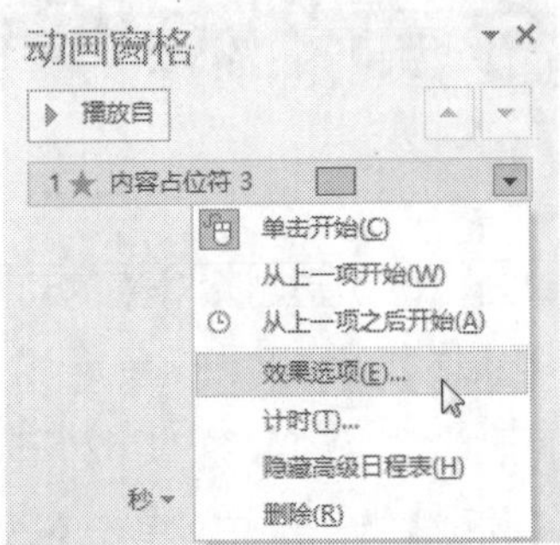

图 11-67　选择【效果选项】选项

步骤 5 弹出【上浮】对话框，在其中选择【计时】选项卡，单击【期间】右侧的下拉按钮，在弹出的下拉列表中选择【中速（2 秒）】选项，如图 11-68 所示。

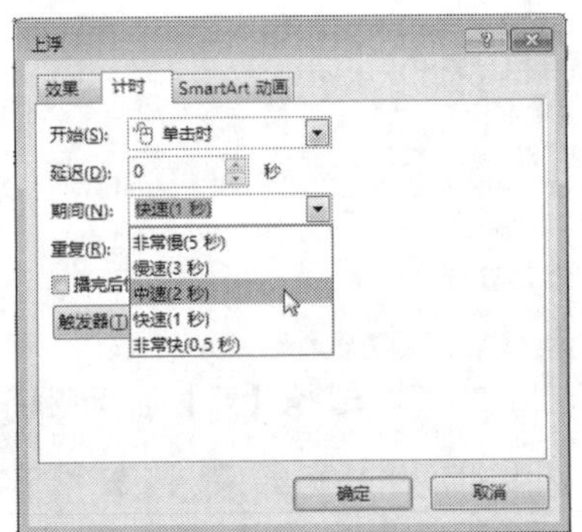

图 11-68　选择【中速（2 秒）】选项

步骤 6 选择【SmartArt 动画】选项卡，单击【组合图形】右侧的下拉按钮，在弹出的下拉列表中选择【逐个按级别】选项，如图 11-69 所示。

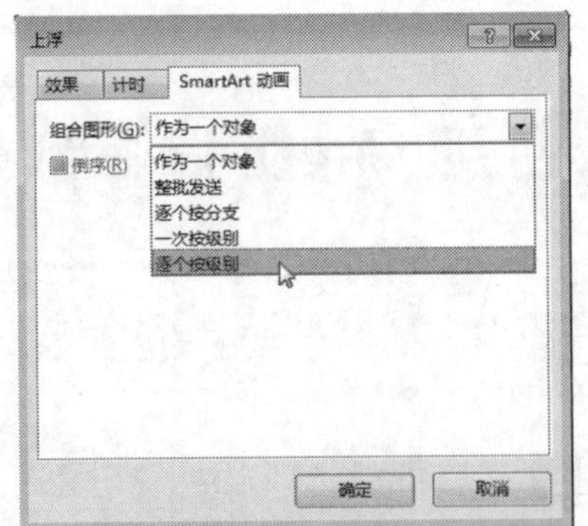

图 11-69　选择【逐个按级别】选项

步骤 7 设置完成后，单击【确定】按钮。然后在【动画】选项卡中，单击【预览】组中的【预览】按钮，可以预览制作的 SmartArt 图形动画效果。此时，SmartArt 图形中的形状将逐个以上浮的形式显示出来。动画效果的部分截图如图 11-70 所示。

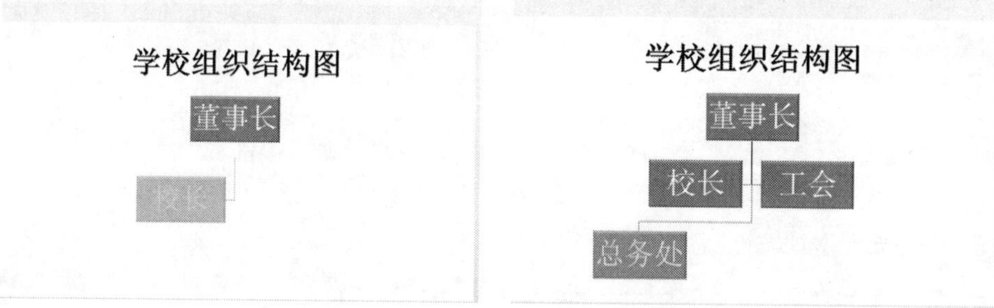

图 11-70　SmartArt 图形动画效果

11.7.2 职场技能 2——制作电影字幕效果

本小节将介绍如何制作电影的字幕效果，具体的操作步骤如下。

步骤 1 启动 PowerPoint 2013，新建一个空白演示文稿，将其中的占位符删除，然后在幻灯片中单击鼠标右键，在弹出的快捷菜单中选择【设置背景格式】菜单命令，如图 11-71 所示。

步骤 2 弹出【设置背景格式】窗格，在【填充】区域选择【图片或纹理填充】单选按钮，单击【文件】按钮，如图 11-72 所示。

图 11-71　选择【设置背景格式】菜单命令

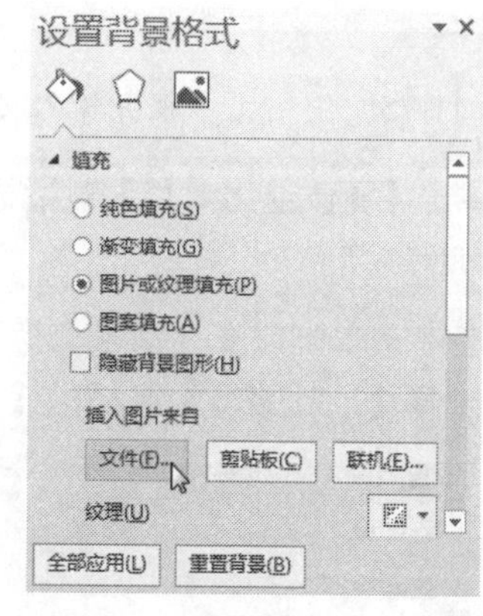

图 11-72　单击【文件】按钮

步骤 3 弹出【插入图片】对话框，在计算机中选择要插入的背景图片，单击【插入】按钮，如图 11-73 所示。

步骤 4 插入背景图片后，在【开始】选项卡中，单击【绘图】组中的【文本框】按钮，如图 11-74 所示。

步骤 5 在幻灯片中绘制一个横排文本框，在其中输入文字，并设置格式，如图 11-75 所示。

步骤 6 选中文本框，在【动画】选项卡中，单击【动画】组中的【其他】按钮，在弹出的下拉列表中选择【更多退出效果】选项，如图 11-76 所示。

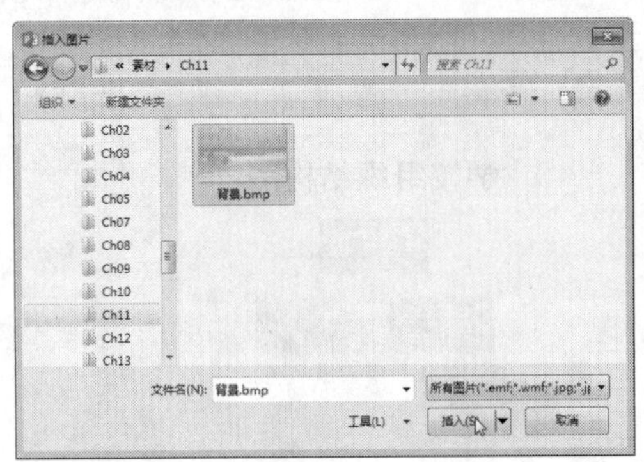

图 11-73 选择要插入的背景图片

图 11-74 单击【文本框】按钮

图 11-75 绘制文本框并输入文字

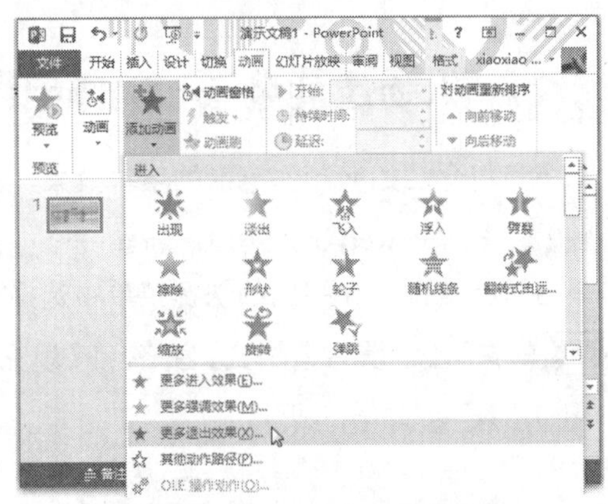

图 11-76 选择【更多退出效果】选项

步骤 7 弹出【更改退出效果】对话框，选择【华丽型】区域的【字幕式】选项，单击【确定】按钮，如图 11-77 所示。

步骤 8 选中文本框，在【动画】选项卡中，单击【动画】组中的【其他】按钮，在弹出的下拉列表中选择【动作路径】区域的【直线】选项，如图 11-78 所示。

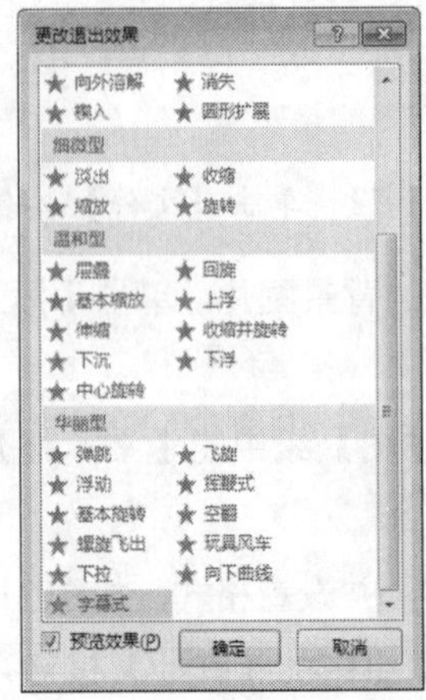

图 11-77 选择【字幕式】选项

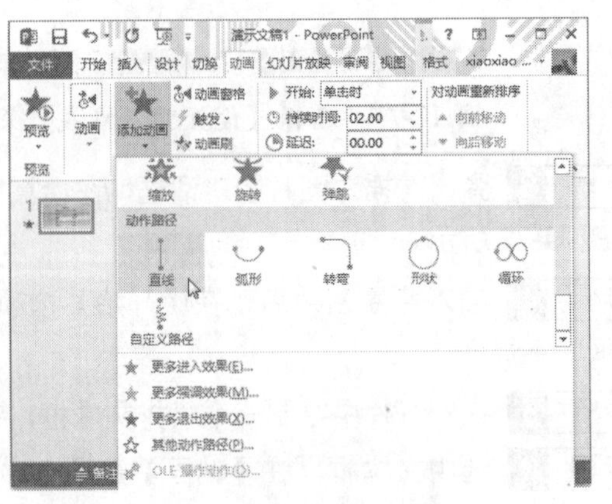

图 11-78 选择【直线】选项

步骤 9 选中创建的路径，将光标定位在绿色箭头上，拖动鼠标向下拉出幻灯片区域，使用同样的方法，拖动鼠标将红色标记向上拉出幻灯片区域，使文本框以从下往上的路径移动，如图 11-79 所示。

步骤 10 路径设置完成后，在【动画】选项卡的【计时】组中，将动画的持续时间设置为 10 秒，如图 11-80 所示。

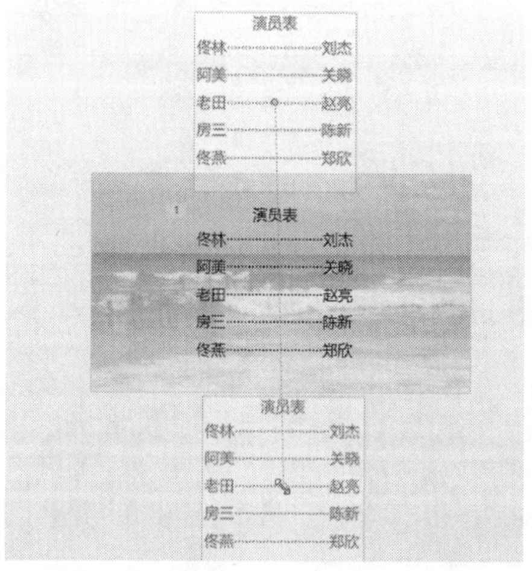

图 11-79　调整直线动作路径

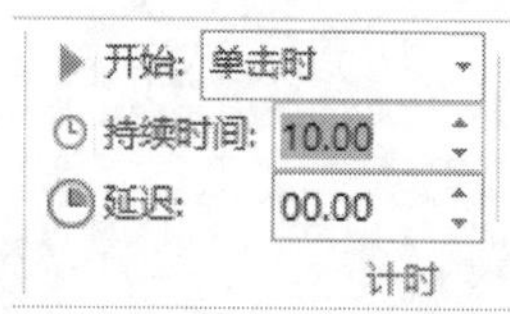

图 11-80　设置动画的持续时间

步骤 11 在【动画】选项卡中，单击【预览】组中的【预览】按钮，可以预览制作的字幕动画效果，动画效果的部分截图如图 11-81 所示。

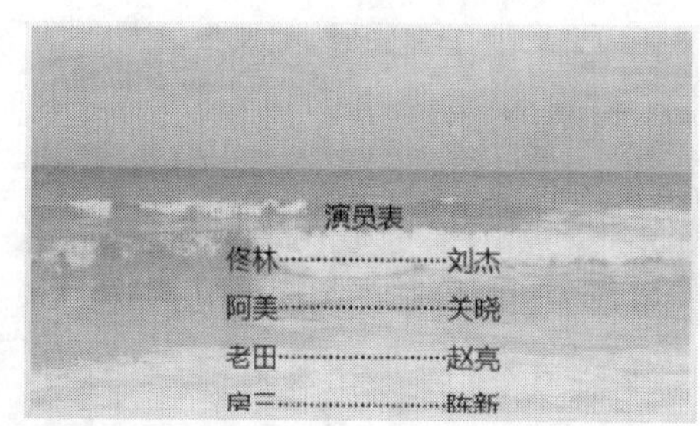

图 11-81　字幕动画效果

11.8 疑难问题解答

问题 1：在设置触发器时，为什么不同对象的名称可能是一致的？怎样为对象重命名？

解答：如果幻灯片中的对象是从其他幻灯片中复制粘贴而来，那么对象的名称可能是一致的，例如将其他幻灯片中的标题占位符复制到当前幻灯片中，那么当前幻灯片中将有 2 个标题占位符，它们的名称可能都是“标题 1”。若要更改对象名称，在【开始】选项卡中，单击【编辑】

组中的【选择】按钮，在弹出的下拉列表中选择【选择窗格】选项，即弹出【选择】窗格，在其中可查看当前幻灯片中所有的对象名称。双击某个对象名称，进入编辑状态，即可对其重命名。

问题 2：在【动画】选项卡中，【动画样式】和【添加动画】两个按钮的作用有何区别？

解答：通过【动画样式】按钮和【添加动画】按钮，都可以为对象添加动画效果。不同的是，使用【动画样式】按钮添加动画时，只能添加一个动画效果，而不能叠加新的动画样式。而使用【添加动画】按钮，可为对象添加多个动画效果。

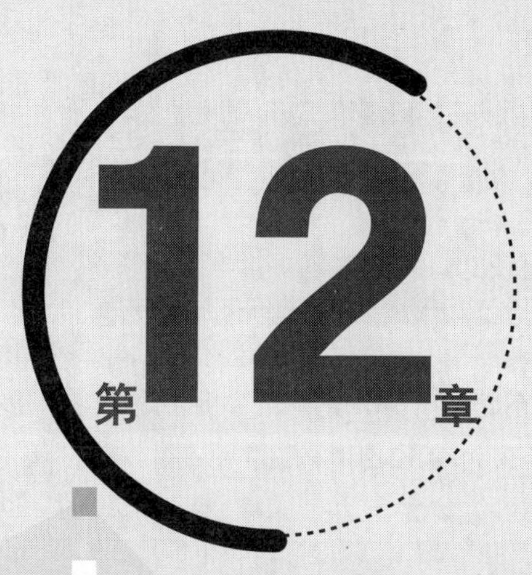

第12章 让 PPT 有声有色——添加多媒体

● **本章导读**

在制作的幻灯片中添加各种多媒体元素，会使幻灯片的内容更加富有感染力。本章即为读者介绍在 PowerPoint 2013 中添加音频、视频以及设置音频和视频的方法。

● **学习目标**

◎ 掌握音频在 PPT 中的运用

◎ 掌握视频在 PPT 中的运用

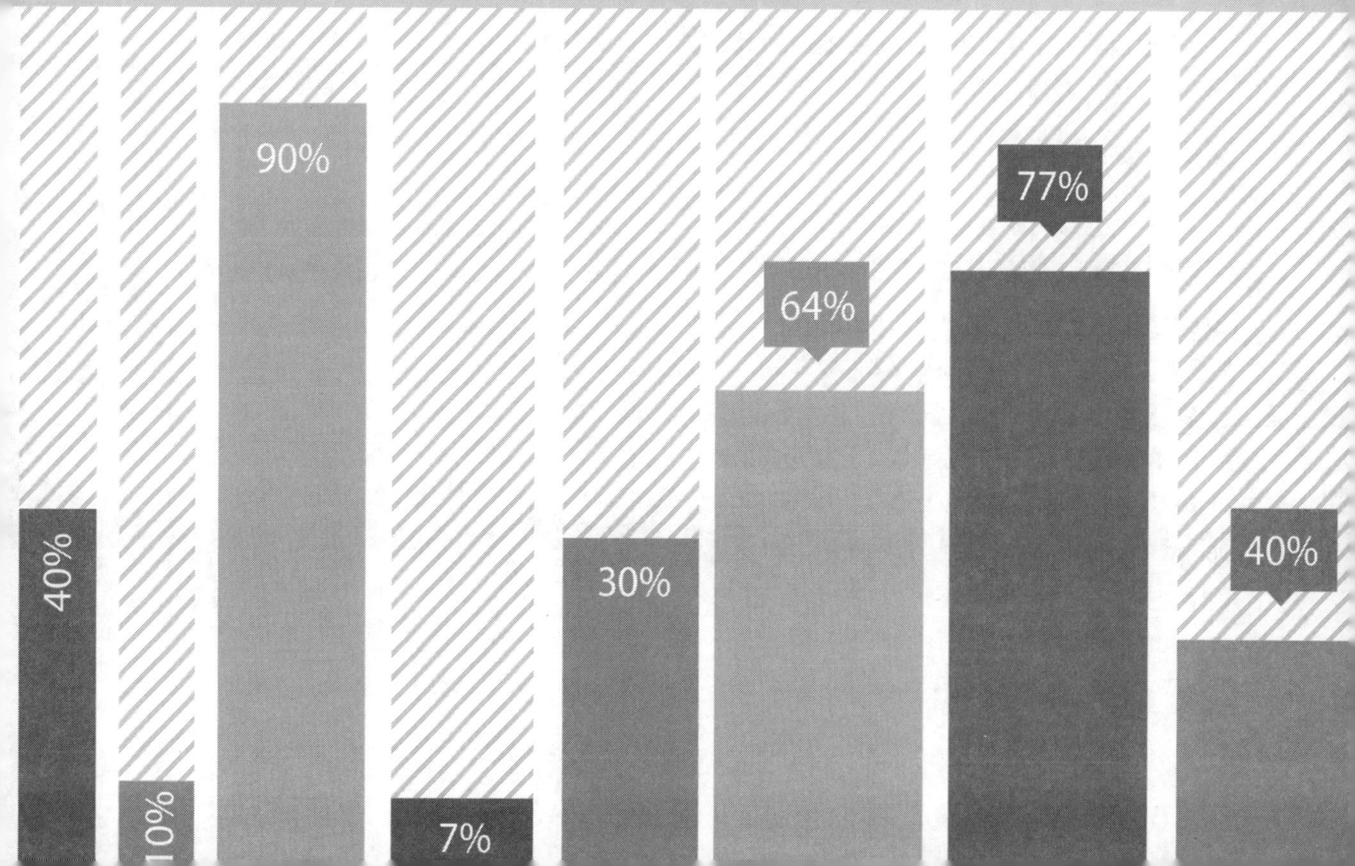

12.1 音频在PPT中的运用

在幻灯片中可以插入音频文件，通过音频的搭配使用，可使幻灯片的内容更加丰富多彩。

12.1.1 添加音频

PPT 中添加的音频来源有多种，可以是直接联机搜索出来的声音，或是本地计算机中的音频文件，还可以是用户自己录制的声音。在【插入】选项卡中，单击【媒体】组中的【音频】按钮，在弹出的下拉列表中即可选择音频来源，如图 12-1 所示。

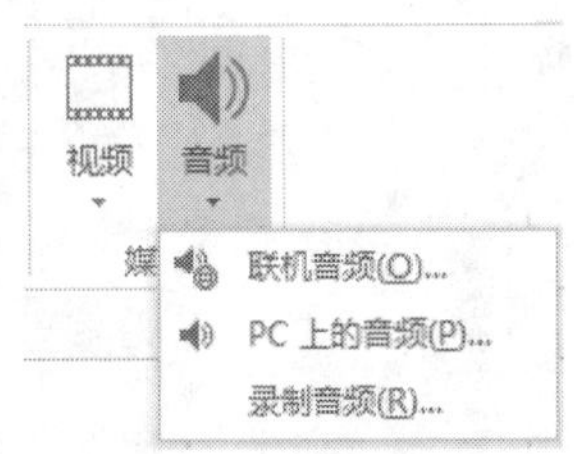

图 12-1 选择音频来源

下面以添加 PC 上的音频和录制音频为例，介绍如何添加音频文件。

 1. 添加 PC 上的音频

用户可直接将本地计算机中已有的声音文件添加到幻灯片中，具体的操作步骤如下。

步骤 1 打开随书光盘中的“素材 \ch12\ 添加声音 .pptx”文件，如图 12-2 所示。

步骤 2 在【插入】选项卡中，单击【媒体】组中的【音频】按钮，在弹出的下拉列表中选择【PC 上的音频】选项，如图 12-3 所示。

步骤 3 弹出【插入音频】对话框，在计算机中选择要添加的声音文件，单击【插入】按钮，如图 12-4 所示。

步骤 4 至此，即可将本地计算机中的声音文件添加到当前幻灯片中，幻灯片中会出现一个喇叭图标，如图 12-5 所示。

图 12-2 打开“添加声音 .pptx”文件

图 12-3 选择【PC 上的音频】选项

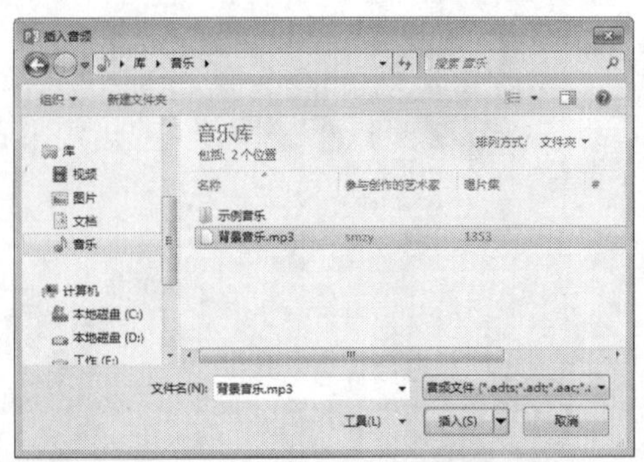

图 12-4 选择要添加的声音文件

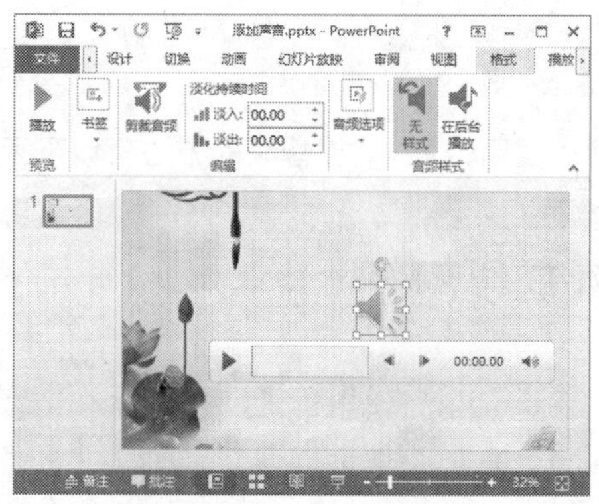

图 12-5　将声音文件添加到当前幻灯片中

2. 录制音频并添加

用户可以根据需要自己录制声音为幻灯片添加声音效果，具体的操作步骤如下。

步骤 1 打开随书光盘中的“素材 \ch12\ 添加声音 .pptx”文件，在【插入】选项卡中，单击【媒体】组中的【音频】按钮，在弹出的下拉列表中选择【录制音频】选项，如图 12-6 所示。

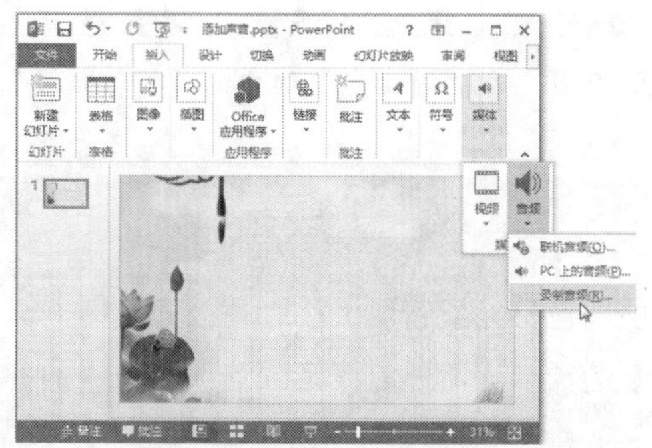

图 12-6　选择【录制音频】选项

步骤 2 弹出【录制声音】对话框，在【名称】文本框中输入声音文件的名称，然后单击下方的按钮，开始录制，如图 12-7 所示。

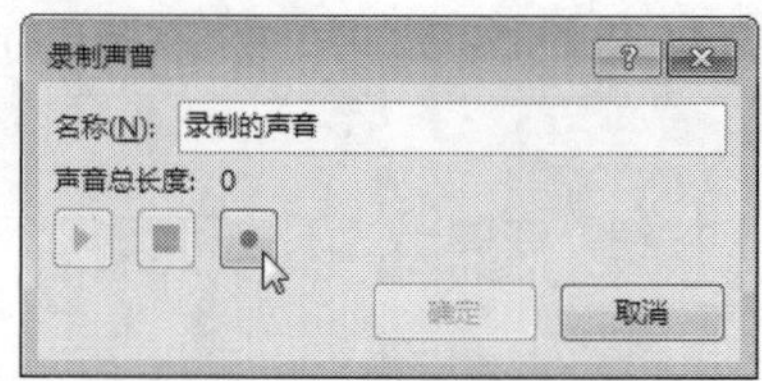

图 12-7　单击按钮开始录制

步骤 3 录制完成后，单击按钮，停止录制，如图 12-8 所示。

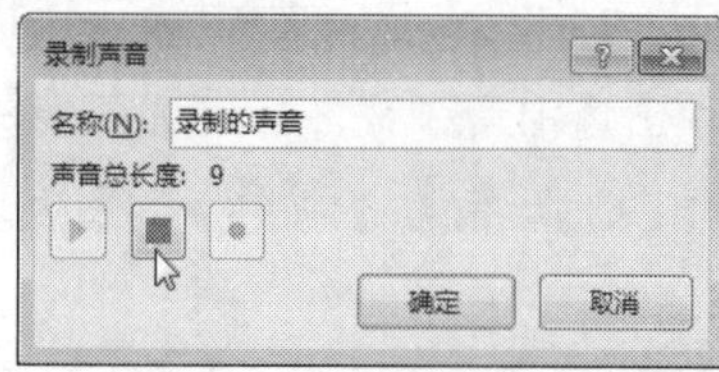

图 12-8　单击按钮停止录制

步骤 4 此时和两个按钮处于激活状态，若要试听录制的声音，单击按钮即可播放，若对录制的声音不满意，单击按钮，可重新录制，如图 12-9 所示。

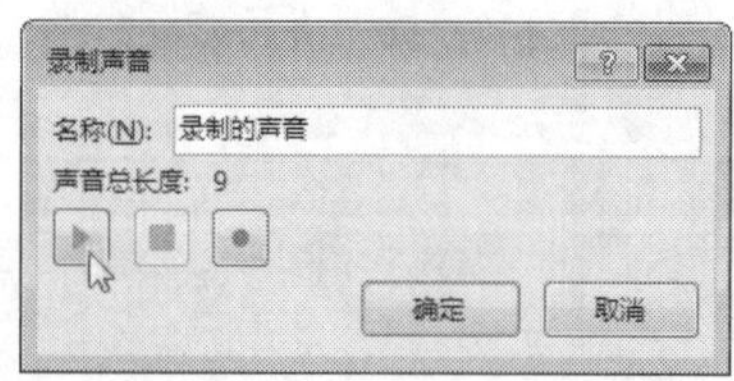

图 12-9　单击按钮播放声音

步骤 5 录制完成后，单击【确定】按钮，返回到幻灯片中，可以看到录制的音频已添加到幻灯片中，如图 12-10 所示。

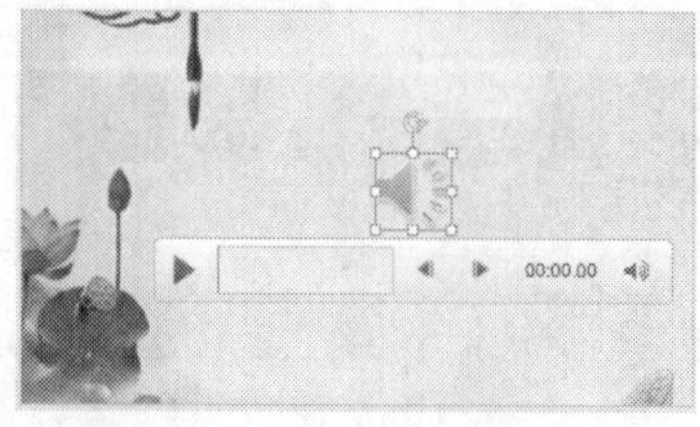

图 12-10　录制的音频已添加到幻灯片中

步骤 6 单击幻灯片中的空白位置，此时添加的声音文件只显示了一个喇叭图标，如图 12-11 所示。

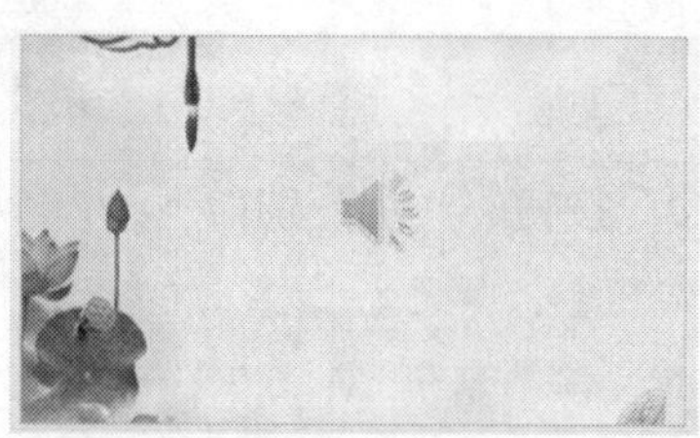

图 12-11　声音文件只显示了一个喇叭图标

12.1.2 播放音频

在幻灯片中插入音频文件后，可以播放该音频文件以试听效果。播放音频的方法有以下两种。

⑴ 单击选中音频文件，或者直接将光标定位在音频文件上，其下方会显示一个播放条，单击其中的【播放 / 暂停】按钮▶，即可播放文件，如图 12-12 所示。

提示　在播放条中，单击【向前 / 向后移动】按钮◀ ▶可以调整播放的速度，单击🔊按钮可以调整声音的大小。

⑵ 单击选中音频文件，此时功能区增加了【播放】选项卡，在其中单击【预览】组中的【播放】按钮，即可播放文件，如图 12-13 所示。

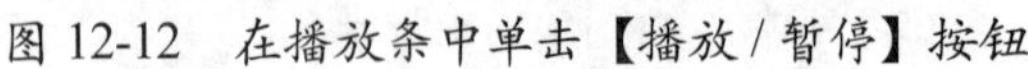

图 12-12　在播放条中单击【播放 / 暂停】按钮

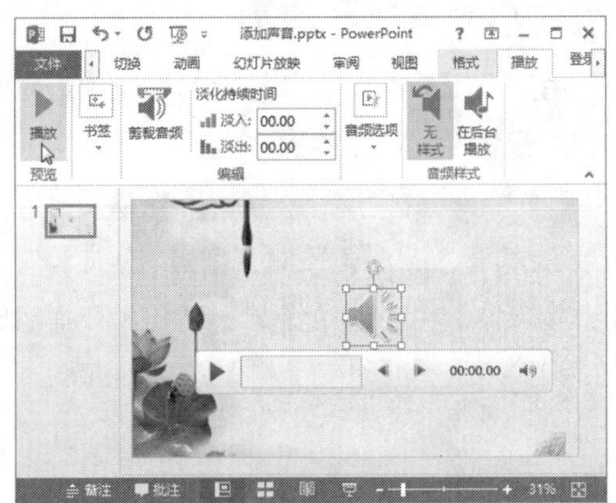

图 12-13　单击【预览】组中的【播放】按钮

12.1.3 设置播放选项

在幻灯片中插入音频文件后，可以设置播放选项，包括设置音量大小、播放开始时间、是否跨幻灯片播放等内容。选中音频文件，在【播放】选项卡中，通过【音频选项】组中的各命令按钮即可设置播放选项，如图 12-14 所示。

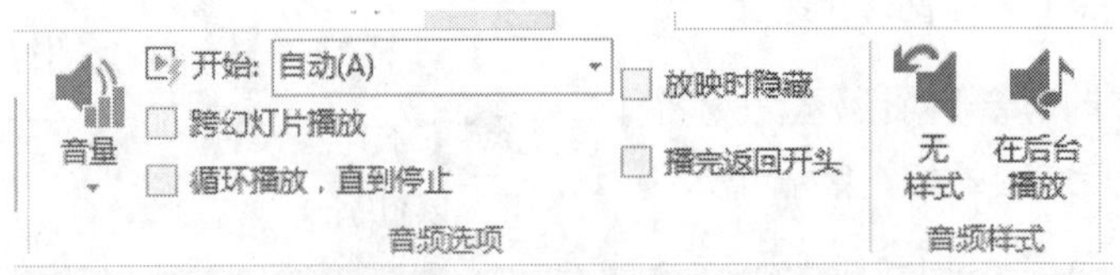

图 12-14　【音频选项】组

各命令按钮的作用分别如下。

☆ 【音量】：用于设置音频的音量大小。单击【音量】按钮，在弹出的下拉列表中即可根据需要选择音量大小，如图 12-15 所示。

☆ 【开始】：用于设置音频开始播放的时间。单击【开始】右侧的下拉按钮，在弹出的下拉列表中若选择【单击时】选项，表示只有在单击音频图标时开始播放声音，若选择【自动】选项，表示在放映幻灯片时会自动播放声音，如图 12-16 所示。

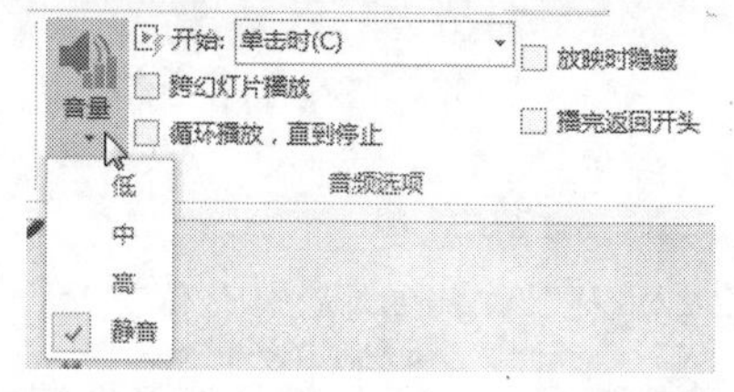

图 12-15 在【音量】下拉列表中设置音量的大小

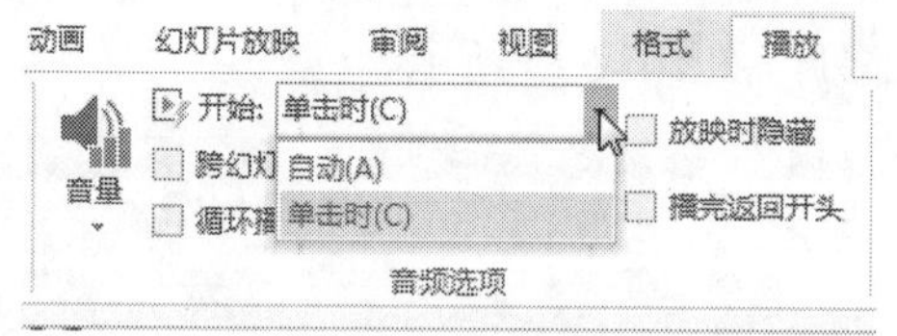

图 12-16 在【开始】下拉列表中设置音频开始播放的时间

☆ 【跨幻灯片播放】：若勾选该复选框，当演示文稿中包含多张幻灯片时，声音会一直播放，直到播放完成，不会因为切换幻灯片而中断。

☆ 【循环播放，直到停止】：若勾选该复选框，在放映幻灯片时声音将一直重复播放，直到退出当前幻灯片。

☆ 【放映时隐藏】：若勾选该复选框，放映幻灯片时将不会显示音频图标。

☆ 【播完返回开头】：若勾选该复选框，声音播放完成后将返回至音频的开头，而不是停在末尾。

12.1.4 设置音频样式

PowerPoint 2013 共提供了两种音频样式：【无样式】和【在后台播放】。在【播放】选项卡中，通过【音频样式】组即可设置相应的音频样式。

若选择【音频样式】组中的【无样式】选项，可将音频文件设置为无任何样式，此时在【音频选项】组中可以看到无样式状态下的各选项设置，如图 12-17 所示。

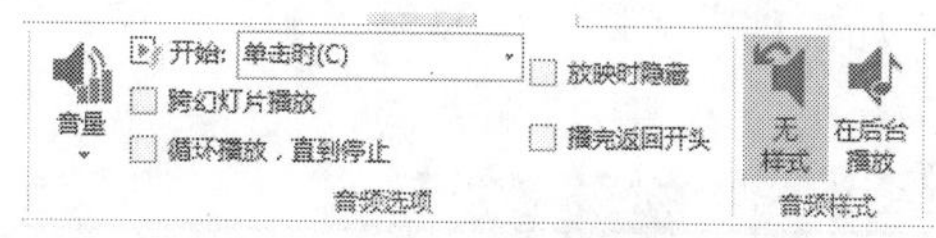

图 12-17 选择【无样式】选项

若选择【音频样式】组中的【在后台播放】选项，那么在放映幻灯片时，会隐藏音频图标，但音频文件会自动在后台开始播放，并且一直循环播放，直到退出幻灯片放映状态。用户可在【音频选项】组中查看在后台播放样式下的各选项设置，如图 12-18 所示。

图 12-18 选择【在后台播放】选项

12.1.5 添加淡入淡出效果

若一个演示文稿中有多个不同风格的音频文件，当连续播放不同的声音时，可能声音之间的转换非常突兀，此时就需要为其添加淡入淡出效果。

在【播放】选项卡中，通过【编辑】组中【淡化持续时间】区域的【淡入】和【淡出】两个选项即可添加淡入淡出效果，如图 12-19 所示。

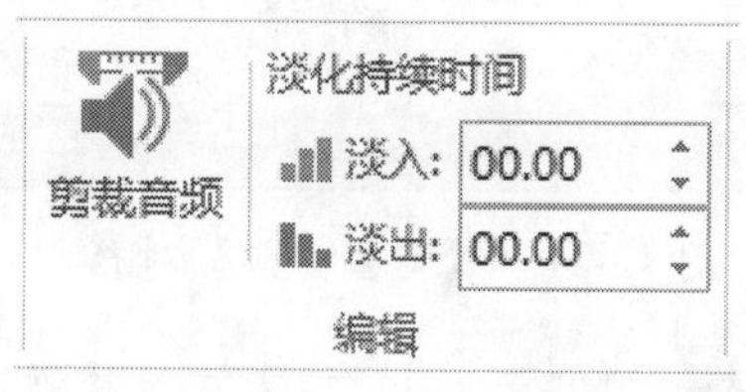

图 12-19 【编辑】组

在【淡入】文本框中输入具体的时间，或者单击右侧的微调按钮，即可在声音开始的几秒钟内使用淡入效果。

同理，在【淡出】文本框中输入具体的时间，或者单击右侧的微调按钮，即可在声音结束的几秒钟内使用淡出效果。

12.1.6 剪裁音频

用户可根据需要对音频文件进行修剪，只保留需要的部分，使其和幻灯片的播放环境更加匹配。具体的操作步骤如下。

步骤 1 在幻灯片中选择要进行剪裁的音频文件，在【播放】选项卡中，单击【编辑】组中的【剪裁音频】按钮，如图 12-20 所示。

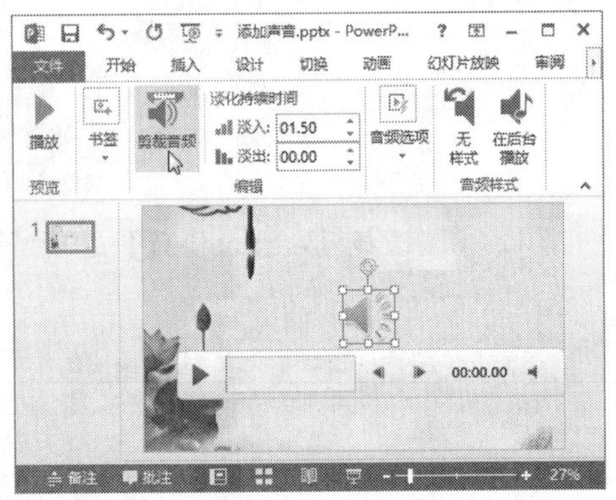

图 12-20　单击【剪裁音频】按钮

步骤 2 弹出【剪裁音频】对话框，在该对话框中可以看到音频文件的持续时间、开始时间及结束时间等信息，如图 12-21 所示。

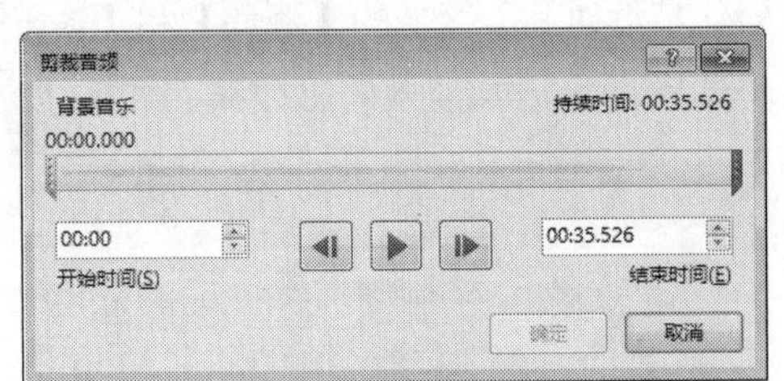

图 12-21　【剪裁音频】对话框

步骤 3 将光标定位在最左侧的绿色标记上，当变为双向箭头形状时，按住鼠标左键不放，拖动鼠标，即可修剪音频文件的开头部分，如图 12-22 所示。

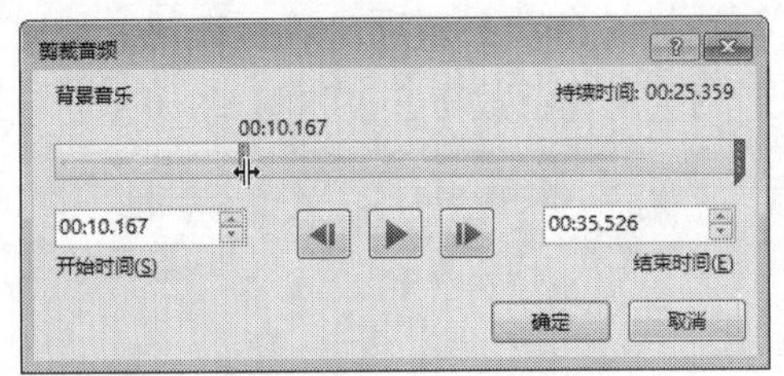

图 12-22　拖动左侧的绿色标记修剪开头部分

步骤 4 同理，将光标定位在最右侧的红色标记上，当变为双向箭头形状时，按住鼠标左键不放，拖动鼠标，即可修剪音频文件的末尾部分，如图 12-23 所示。

图 12-23　拖动右侧的红色标记修剪末尾部分

步骤 5 若要进行更精确的剪裁，单击选中开头或末尾标记，然后单击下方的【上一帧】按钮或【下一帧】按钮，或者直接在【开始时间】和【结束时间】微调框中输入具体的数值，即可剪裁出更为精确的声音文件，如图 12-24 所示。

图 12-24　剪裁出更为精确的声音文件

步骤 6 剪裁完成后，单击【播放】按钮，可以试听调整后的声音效果，如图 12-25 所示。

步骤 7 若试听结果符合需求，单击【确定】

按钮，即完成剪裁音频的操作。

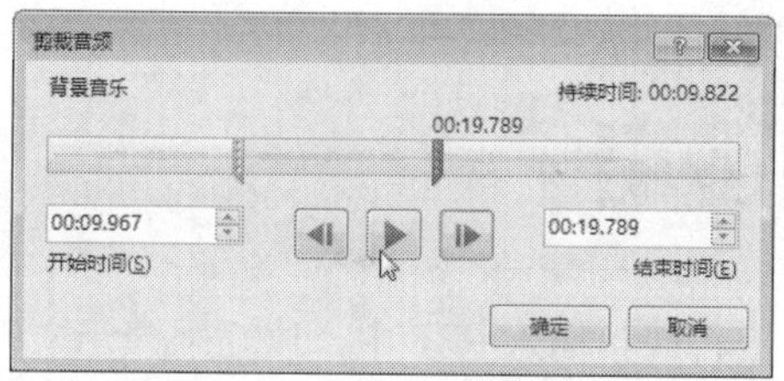

图 12-25　试听调整后的效果

12.1.7 在音频中插入书签

在音频文件中插入书签可以添加音频文件中的关注时间点，这样在放映幻灯片时，可以利用书签快速跳转到声音的特定位置处，具体的操作步骤如下。

步骤 1 在幻灯片中单击选中音频文件，下方将出现播放条，在其中单击【播放】按钮，播放音频文件，如图 12-26 所示。

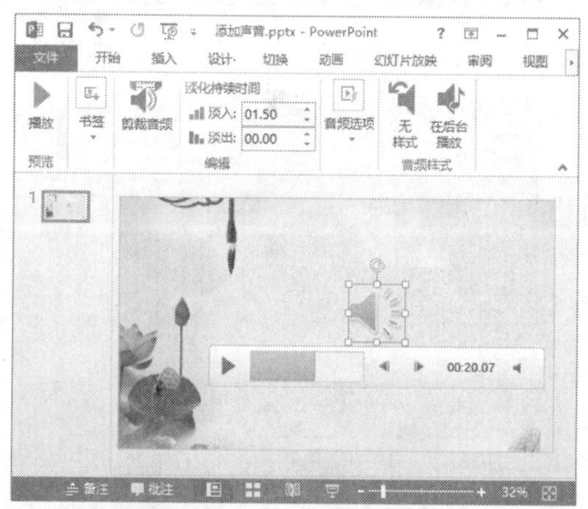

图 12-26　播放音频文件

步骤 2 当播放到要插入书签的位置时，在【播放】选项卡中，单击【书签】组中的【添加书签】按钮，如图 12-27 所示。

步骤 3 为当前时间点的音频添加书签，此时书签显示为黄色圆球状，如图 12-28 所示。

提示 一个音频文件只能添加一个书签。

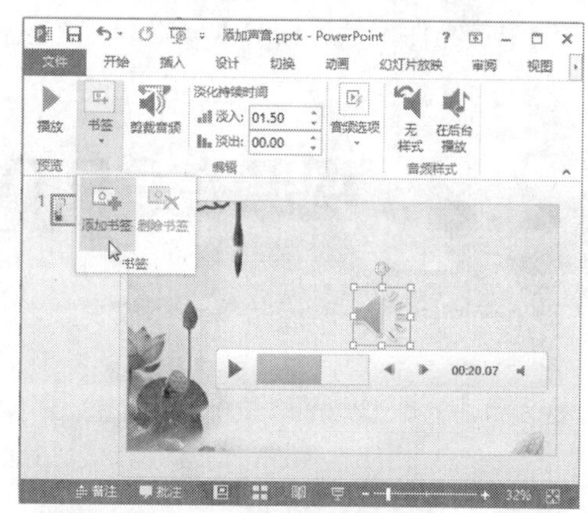

图 12-27　单击【添加书签】按钮

步骤 4 若要删除书签，选中黄色圆球状的书签，在【播放】选项卡中，单击【书签】组中的【删除书签】按钮，即可删除书签，如图 12-29 所示。

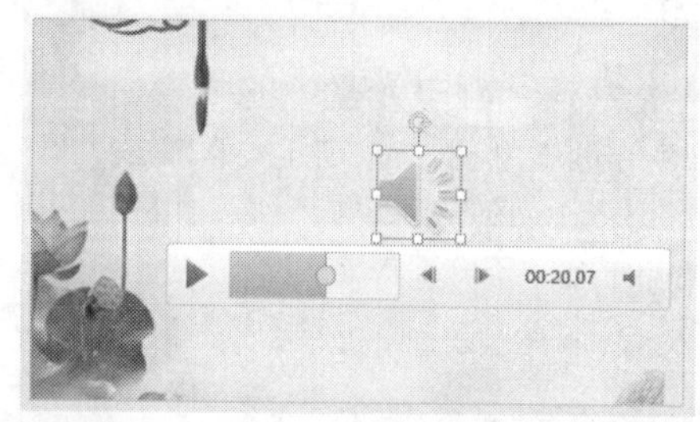

图 12-28　为当前时间点的音频添加书签

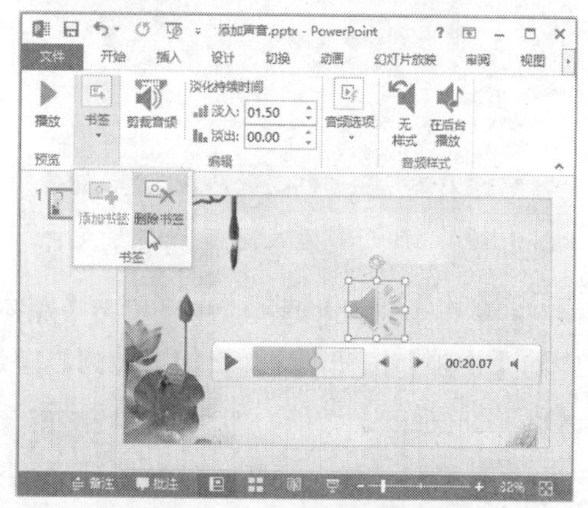

图 12-29　单击【删除书签】按钮删除书签

12.1.8 删除音频

若要删除幻灯片中添加的音频文件，首先

单击选中该文件，然后按 Delete 键即可将该音频文件删除。

12.2 视频在PPT中的运用

在使用 PPT 时经常需要播放视频，用户可直接将视频插入 PPT 中，以增强演示文稿的视觉效果，丰富幻灯片的内容。

12.2.1 添加视频

PPT 中添加的视频来源有多种，可以是直接联机搜索出来的视频，也可以是本地计算机中的视频文件。下面以添加本地视频为例，介绍如何在 PPT 中添加视频文件，具体的操作步骤如下。

步骤 1 打开随书光盘中的“素材 \ch12\ 插入视频 .pptx”文件，如图 12-30 所示。

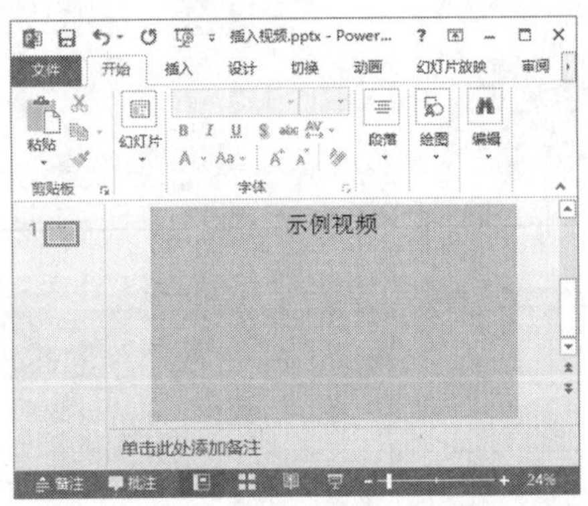

图 12-30 打开“插入视频 .pptx”文件

步骤 2 在【插入】选项卡中，单击【媒体】组中的【视频】按钮，在弹出的下拉列表中选择【PC 上的视频】选项，如图 12-31 所示。

图 12-31 选择【PC 上的视频】选项

步骤 3 弹出【插入视频文件】对话框，在计算机中选择要添加的视频文件，单击【插入】按钮，如图 12-32 所示。

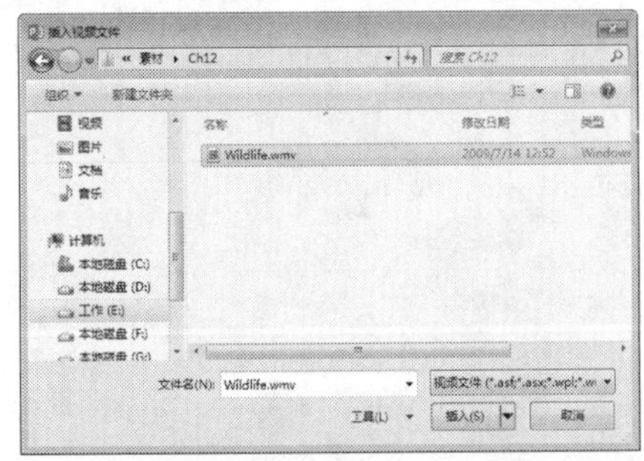

图 12-32 选择要添加的视频文件

步骤 4 在幻灯片中添加所选的视频，如图 12-33 所示。

图 12-33 在幻灯片中添加所选的视频

12.2.2 预览视频

在幻灯片中插入视频文件后，可以播放该视频文件以预览效果。主要有两种方法可播放视频，分别如下。

⑴ 选择视频文件后，此时功能区增加了【格式】和【播放】两个选项卡，在这两个选项卡中，单击【预览】组中的【播放】按钮，即可播放视频，如图 12-34 所示。

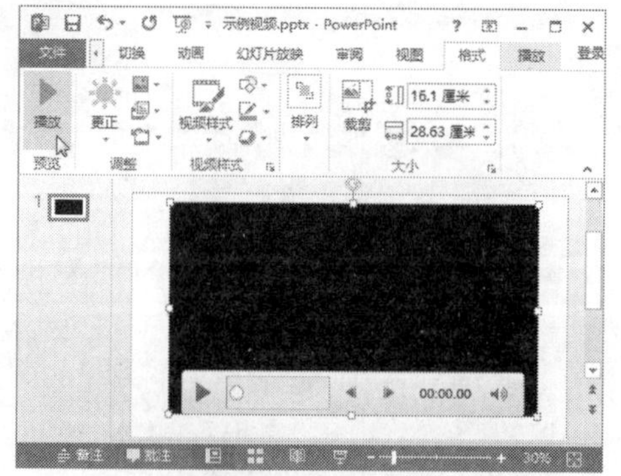

图 12-34　单击【预览】组中的【播放】按钮

⑵ 选择视频文件后，下方会出现播放条，在其中单击【播放 / 暂停】按钮▶，即可播放视频，如图 12-35 所示。

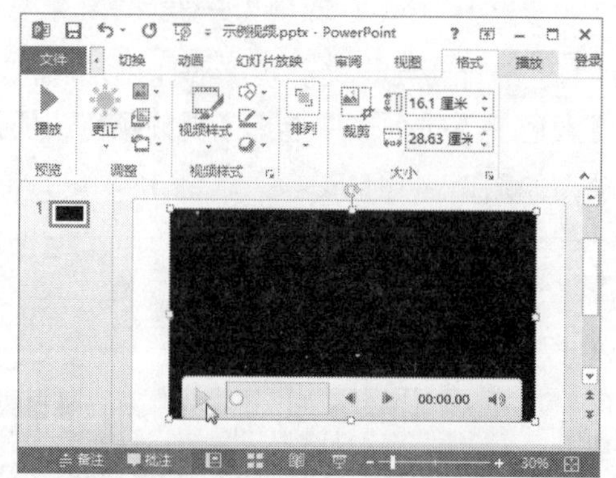

图 12-35　在播放条中单击【播放 / 暂停】按钮

12.2.3 设置视频的颜色效果

在 PPT 中添加视频后，可以重新设置视频的颜色，还可以调整视频的亮度和对比度。选择视频后，在【格式】选项卡中，通过【调整】组中的【更正】和【颜色】按钮即可完成操作，如图 12-36 所示。

图 12-36　【调整】组

具体的操作步骤如下。

步骤 1 打开随书光盘中的“素材 \ch12\ 示例视频 .pptx”文件，选择视频后，单击下方工具栏中的【播放 / 暂停】按钮，播放视频，如图 12-37 所示。

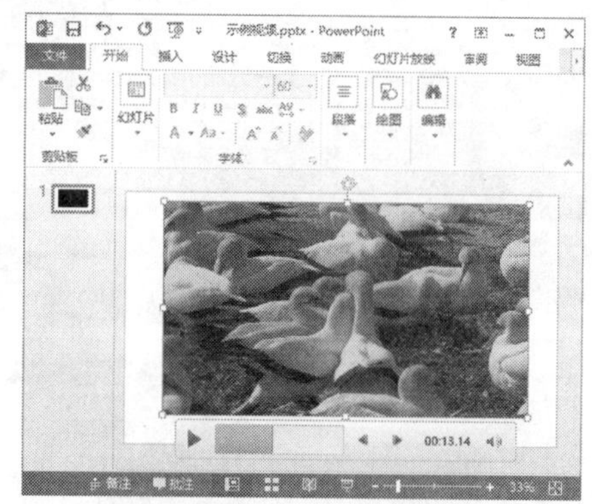

图 12-37　播放视频

步骤 2 在【格式】选项卡中，单击【调整】组中的【更正】按钮，在弹出的下拉列表中即可设置亮度和对比度，例如这里选择【亮度：0%（正常）对比度：+40%】选项，如图 12-38 所示。

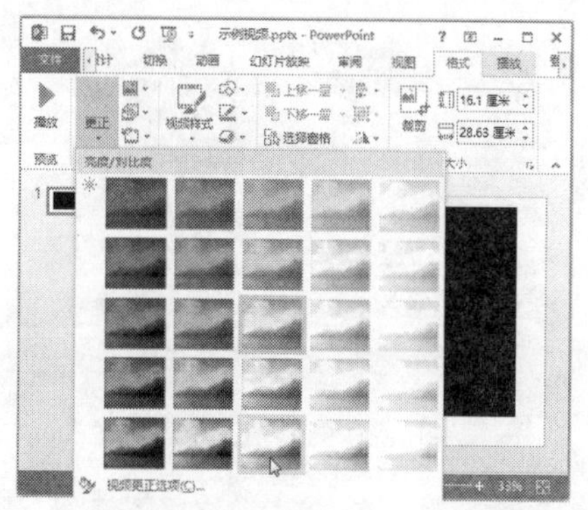

图 12-38　在【更正】下拉列表中选择亮度和对比度

步骤 3 调整亮度和对比度后的效果如图 12-39 所示。

图 12-39 调整亮度和对比度后的效果

步骤 4 在【格式】选项卡中，单击【调整】组中的【颜色】按钮，在弹出的下拉列表中即可为视频重新着色，例如这里选择【蓝色，着色 5 浅色】选项，如图 12-40 所示。

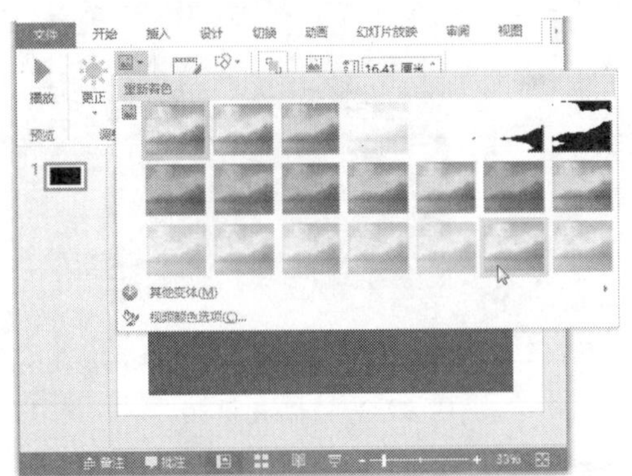

图 12-40 在【颜色】下拉列表选择颜色

步骤 5 为视频着色后的效果如图 12-41 所示。

图 12-41 为视频着色后的效果

步骤 6 若对当前的着色效果不满意，可在【颜色】下拉列表中选择【其他变体】选项，然后在右侧弹出的子列表中选择更多的颜色，例如这里选择【标准色】区域的【红色】选项，如图 12-42 所示。

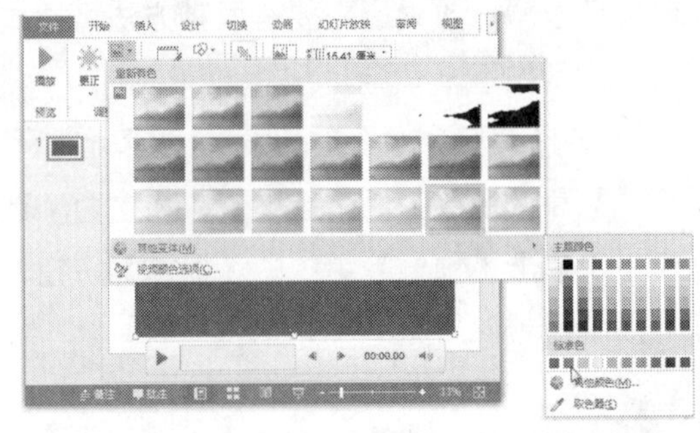

图 12-42 在【其他变体】子列表中选择更多的颜色

步骤 7 将视频着色为红色，如图 12-43 所示。

图 12-43 将视频着色为红色

步骤 8 若要自定义亮度、对比度及颜色，在【颜色】下拉列表中选择【视频颜色选项】选项，如图 12-44 所示。

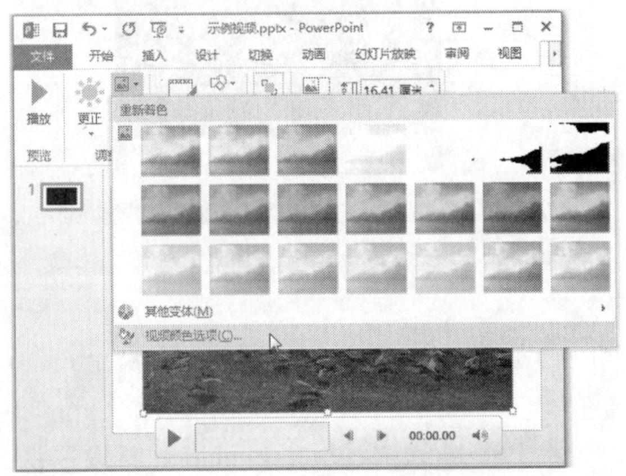

图 12-44 选择【视频颜色选项】选项

步骤 9 在界面右侧弹出【设置视频格式】窗格，在下方的【视频】选项中即可自定义视频颜色、亮度和对比度等，如图 12-45 所示。

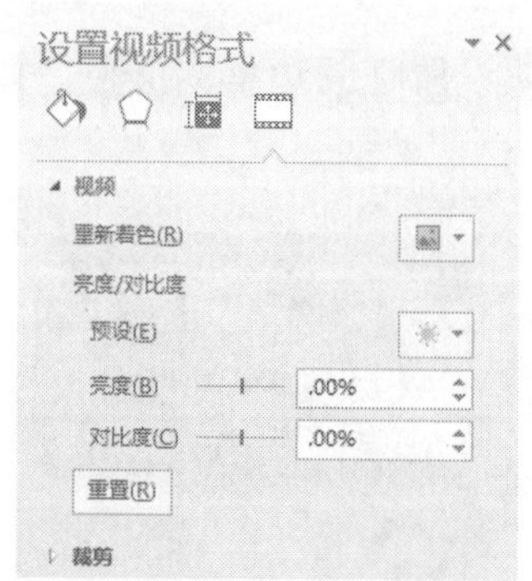

图 12-45　【设置视频格式】窗格

12.2.4 设置视频的样式

设置视频的样式包括设置视频的形状、边框、效果等内容。选择视频后，在【格式】选项卡中，通过【视频样式】组中的各命令按钮即可设置视频的样式，如图 12-46 所示。

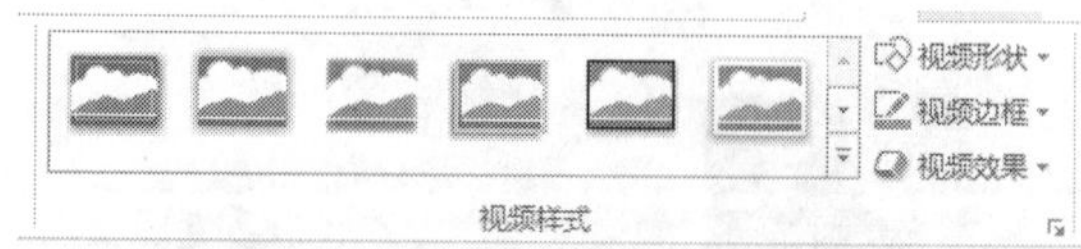

图 12-46　【视频样式】组

具体的操作步骤如下。

步骤 1 打开随书光盘中的"素材 \ch12\ 示例视频 .pptx"文件，选择视频后，单击下方工具栏中的【播放 / 暂停】按钮，播放视频，如图 12-47 所示。

步骤 2 在【格式】选项卡中，单击【视频样式】组中的【其他】按钮，在弹出的下拉列表中即可选择系统预设的样式，例如这里选择【中等】区域的【棱台形椭圆，黑色】选项，如图 12-48 所示。

步骤 3 设置视频样式后的效果如图 12-49 所示。

图 12-47　播放视频

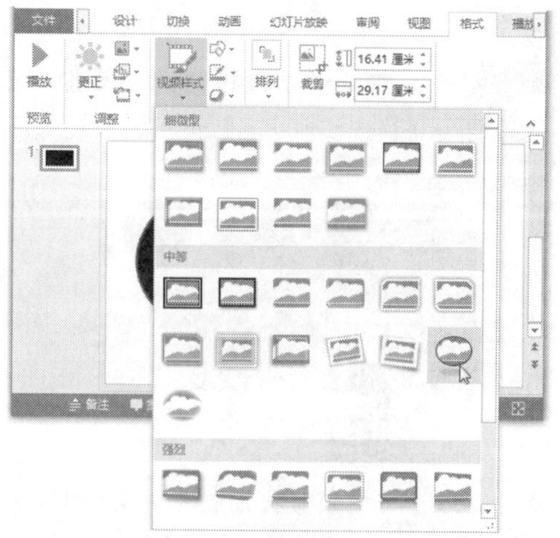

图 12-48　在【视频样式】下拉列表中选择系统预设的样式

图 12-49　设置视频样式后的效果

步骤 4 若要设置视频的形状，在【格式】选项卡中，单击【视频样式】组中的【视频形状】按钮，在弹出的下拉列表中即可设置视频的形状，例如这里选择【矩形】区域的【圆角矩形】选项，如图 12-50 所示。

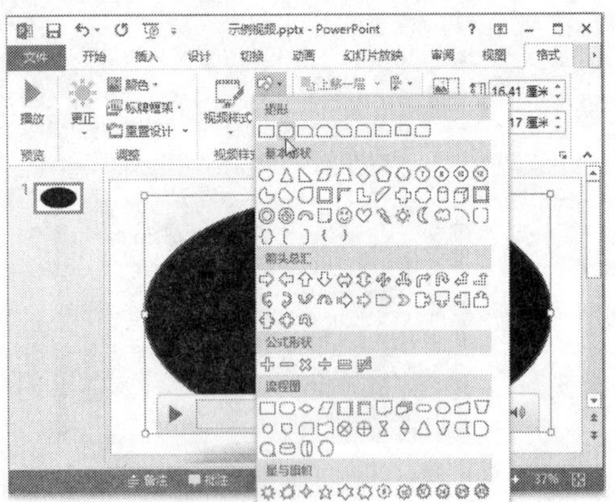

图 12-50　在【视频形状】下拉列表中选择形状

步骤 5 将视频的形状设置为圆角矩形，如图 12-51 所示。

图 12-51　将视频形状设置为圆角矩形

步骤 6 若要设置视频边框的颜色，在【格式】选项卡中，单击【视频样式】组中【视频边框】右侧的下拉按钮，在弹出的下拉列表中选择合适的颜色，如图 12-52 所示。

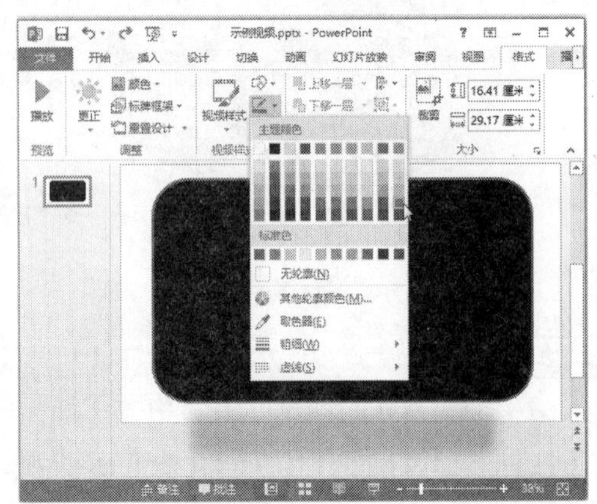

图 12-52　在【视频边框】下拉列表中选择颜色

> **提示** 在【视频边框】下拉列表中选择【粗细】和【虚线】选项，还可设置边框的粗细和线型。

步骤 7 设置视频边框的颜色，如图 12-53 所示。

图 12-53　设置视频边框的颜色

步骤 8 若要设置视频的效果，在【格式】选项卡中，单击【视频样式】组中的【视频效果】按钮，在弹出的下拉列表中即可设置效果，例如这里选择【预设】子列表中的【预设 9】选项，如图 12-54 所示。

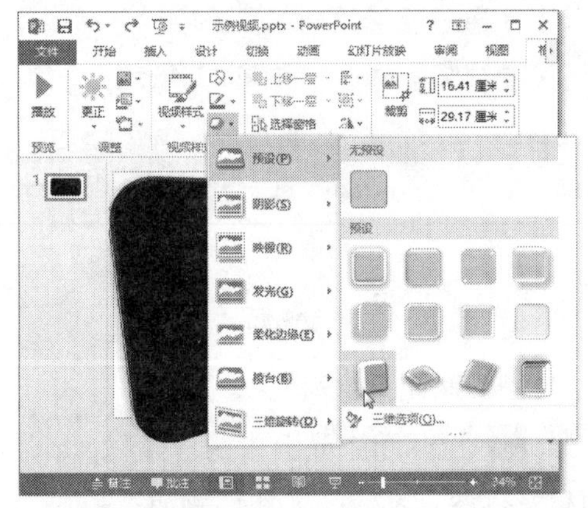

图 12-54　在【视频效果】下拉列表中选择效果

步骤 9 设置视频的效果，如图 12-55 所示。

图 12-55　设置视频的效果

12.2.5 设置播放选项

在幻灯片中插入视频文件后，可以设置播放选项，包括设置音量大小、播放开始时间、是否全屏播放、是否循环播放等内容。选择视频文件，在【播放】选项卡中，通过【视频选项】组中的各命令按钮即可设置播放选项，如图 12-56 所示。

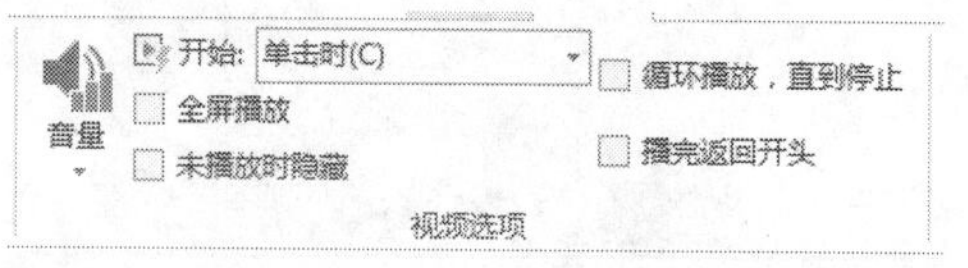

图 12-56　【视频选项】组

各命令按钮的作用分别如下。

☆　【音量】：用于设置视频的音量大小。单击【音量】按钮，在弹出的下拉列表中即可根据需要选择音量大小，如图 12-57 所示。

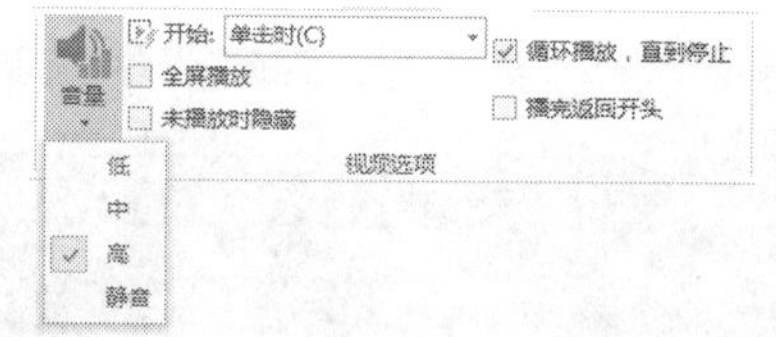

图 12-57　在【音量】下拉列表中设置音量的大小

☆　【开始】：用于设置视频开始播放的时间。单击【开始】右侧的下拉按钮，在弹出的下拉列表中若选择【单击时】选项，表示只有在单击【播放】按钮时才开始播放；若选择【自动】选项，表示在放映幻灯片时会自动播放视频，如图 12-58 所示。

图 12-58　在【开始】下拉列表中设置视频开始播放的时间

☆　【全屏播放】：若勾选该复选框，在放映时若播放视频文件，将自动全屏播放。

☆　【未播放时隐藏】：勾选该复选框后，在放映时若没有播放视频文件，系统将隐藏该文件。

☆　【循环播放，直到停止】：若勾选该复选框，在放映幻灯片时视频将一直重复播放，直到退出当前幻灯片。

☆　【播完返回开头】：若勾选该复选框，视频播放完成后将返回至视频的开头，而不是停在末尾。

12.2.6 添加淡入淡出效果

为视频添加淡入淡出效果，可以使视频的播放不显得生硬和突兀。选择视频后，在【播放】选项卡中，通过【编辑】组中【淡化持续时间】区域的【淡入】和【淡出】两个选项即可添加淡入淡出效果，如图 12-59 所示。

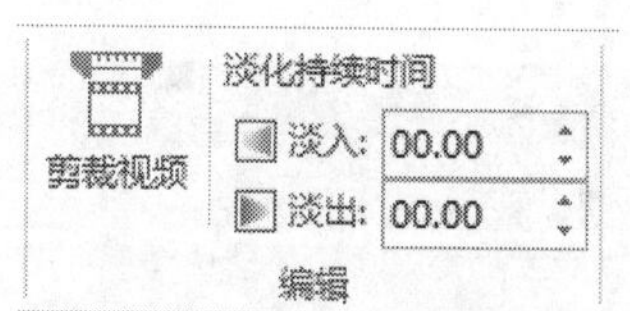

图 12-59　【编辑】组

在【淡入】文本框中输入具体的时间，或者单击右侧的微调按钮，即可在视频开始的几秒钟内使用淡入效果。

同理，在【淡出】文本框中输入具体的时间，或者单击右侧的微调按钮，即可在视频结束的几秒钟内使用淡出效果。

12.2.7 剪裁视频

用户可根据需要对视频文件进行修剪，只保留需要的部分，具体的操作步骤如下。

步骤 1 打开随书光盘中的“素材 \ch12\ 示

例视频.pptx”文件，选择视频后，单击下方工具栏中的【播放/暂停】按钮，播放视频，如图 12-60 所示。

步骤 2 在【播放】选项卡中，单击【编辑】组中的【剪裁视频】按钮，如图 12-61 所示。

图 12-60 播放视频

图 12-61 单击【剪裁视频】按钮

步骤 3 弹出【剪裁音频】对话框，将光标定位在最左侧的绿色标记上，当变为双向箭头形状⟛时，按住鼠标左键不放，拖动鼠标，即可修剪视频文件的开头部分，如图 12-62 所示。

步骤 4 同理，将光标定位在最右侧的红色标记上，当变为双向箭头形状⟛时，按住鼠标左键不放，拖动鼠标，即可修剪视频文件的末尾部分，如图 12-63 所示。

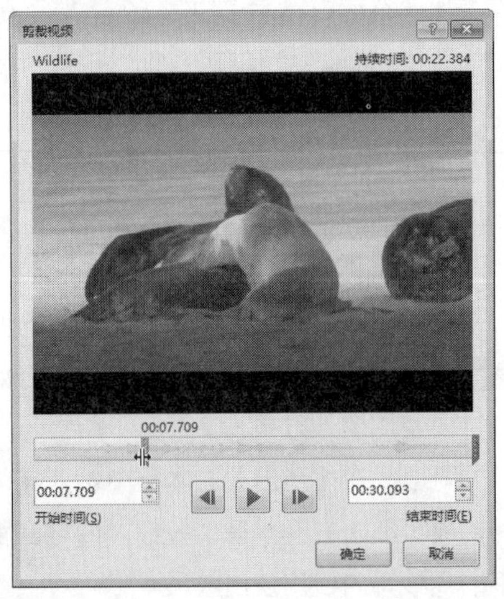

图 12-62 拖动左侧的绿色标记修剪开头部分

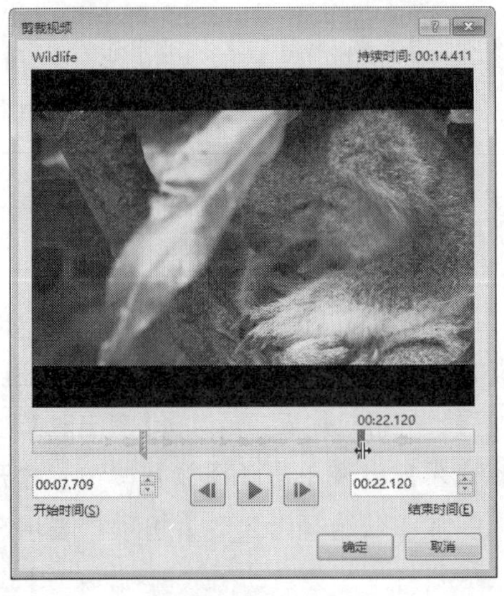

图 12-63 拖动右侧的红色标记修剪末尾部分

步骤 5 若要进行更精确的剪裁，单击选中开头或末尾标记，然后单击下方的【上一帧】按钮◀或【下一帧】按钮▶，或者直接在【开始时间】和【结束时间】微调框中输入具体的数值，即可剪裁出更为精确的视频文件，如图 12-64 所示。

步骤 6 剪裁完成后，单击【播放】按钮▶，可以查看调整后的视频效果，如图 12-65 所示。

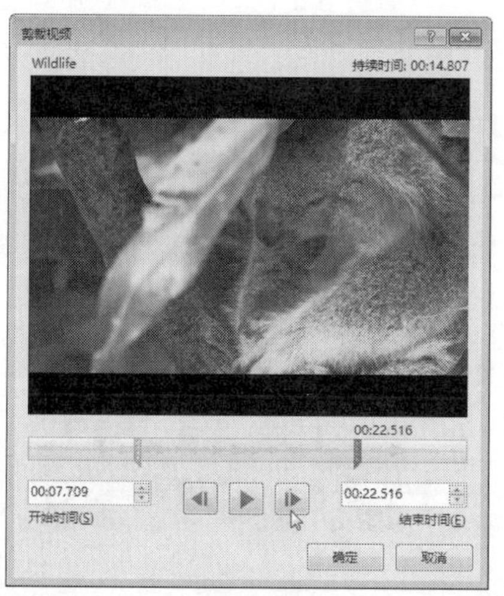

图 12-64　剪裁出更为精确的视频文件

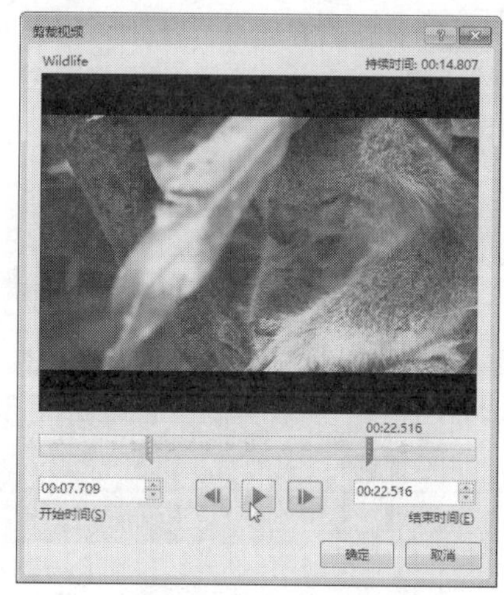

图 12-65　查看调整后的效果

步骤 7 若结果符合需求，单击【确定】按钮，即完成剪裁视频的操作。

12.2.8 在视频中插入书签

在视频文件中插入书签可以添加视频文件中的关注时间点，这样在放映幻灯片时，可以利用书签快速跳转到视频的特定位置处，具体的操作步骤如下。

步骤 1 打开随书光盘中的“素材\ch12\示例视频.pptx”文件，选择视频后，单击下方工具栏中的【播放/暂停】按钮，播放视频，如图 12-66 所示。

步骤 2 当播放到要添加书签处时，再次单击【播放/暂停】按钮，将视频暂停，然后在【播放】选项卡中，单击【书签】组中的【添加书签】按钮，如图 12-67 所示。

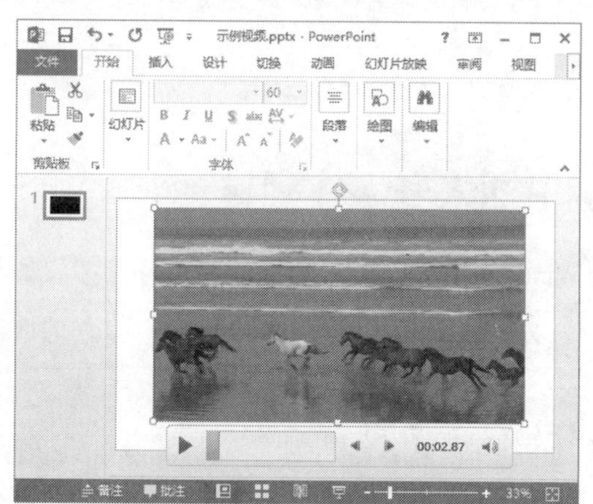

图 12-66　播放视频

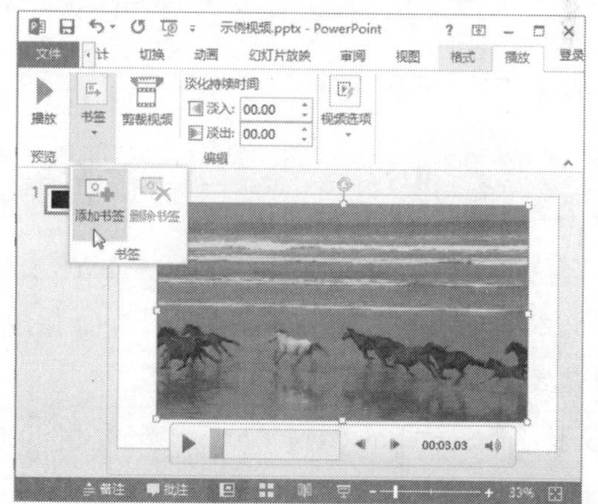

图 12-67　单击【添加书签】按钮

步骤 3 为当前时间点的视频添加书签，此时书签显示为黄色圆球状，如图 12-68 所示。

注意

一个视频文件可以添加多个书签。

步骤 4 若要删除书签，单击选中黄色圆球状的书签，在【播放】选项卡中，单击【书签】组中的【删除书签】按钮，即可删除书签，如图 12-69 所示。

图 12-68　为当前时间点的视频添加书签

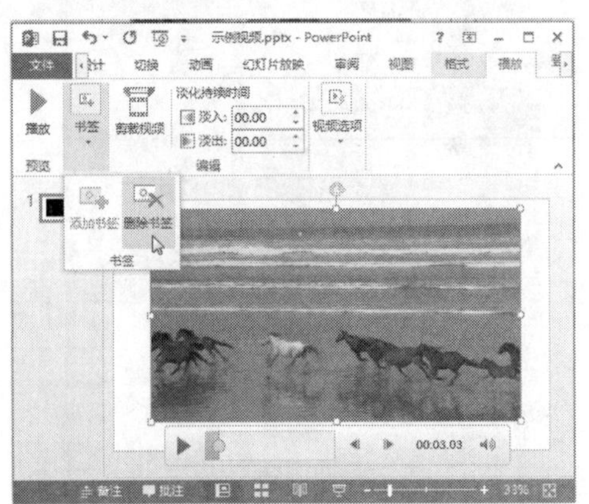

图 12-69　单击【删除书签】按钮删除书签

12.2.9 删除视频

若要删除幻灯片中添加的视频文件，首先单击选中该文件，然后按 Delete 键即可将该视频文件删除。

12.3 职场技能训练

前面主要学习了如何在 PPT 中添加多媒体文件，下面来学习添加多媒体文件在实际工作中的应用。

12.3.1 职场技能 1——在演示文稿中插入多媒体素材

在 PowerPoint 文件中还可以插入 SWF 文件或 Windows Media Player 播放器控件等多媒体素材。本小节以插入 Windows Media Player 播放器控件为例，介绍如何在演示文稿中插入其他多媒体素材，具体的操作步骤如下。

步骤 1 启动 PowerPoint 2013，新建一个空白演示文稿，如图 12-70 所示。

步骤 2 将光标定位在功能区，单击鼠标右键，在弹出的快捷菜单中选择【自定义功能区】菜单命令，如图 12-71 所示。

步骤 3 弹出【PowerPoint 选项】对话框，在右侧【自定义功能区】列表框中勾选【开发工具】复选框，然后单击【确定】按钮，如图 12-72 所示。

步骤 4 此时在功能区会出现【开发工具】选项卡，在该选项卡中，单击【控件】组中的【其

他控件】按钮 ，如图 12-73 所示。

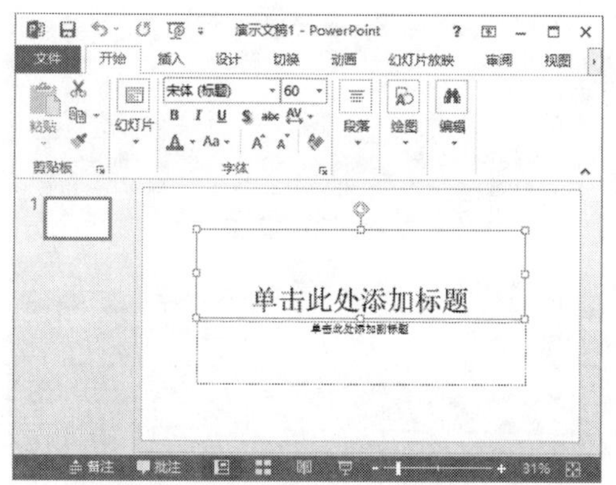

图 12-70　新建一个空白演示文稿

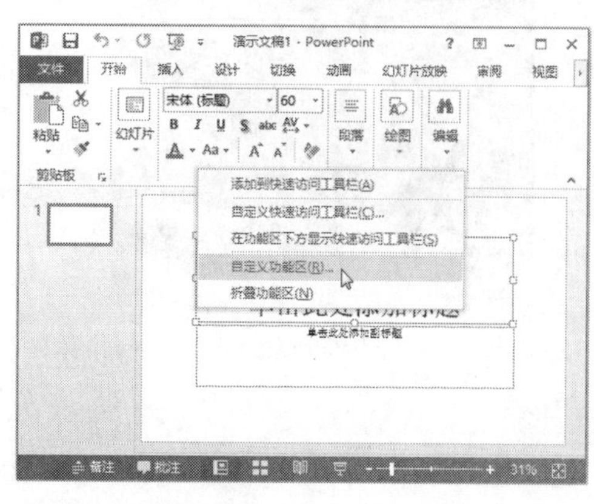

图 12-71　选择【自定义功能区】菜单命令

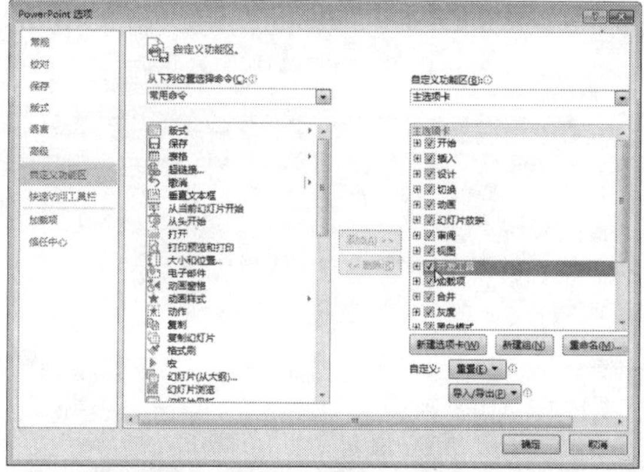

图 12-72　勾选【开发工具】复选框

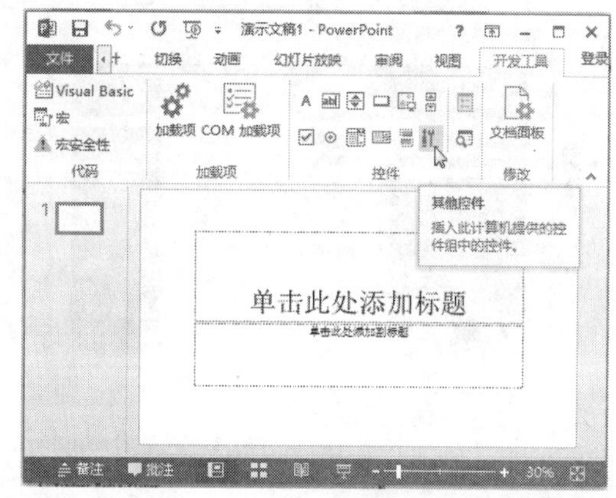

图 12-73　单击【其他控件】按钮

步骤 5 弹出【其他控件】对话框，在其中选择 Windows Media Player 选项，然后单击【确定】按钮，如图 12-74 所示。

步骤 6 此时光标变为十字形状，按住鼠标左键不放，拖动鼠标绘制控制区域，如图 12-75 所示。

图 12-74　选择 Windows Media Player 选项

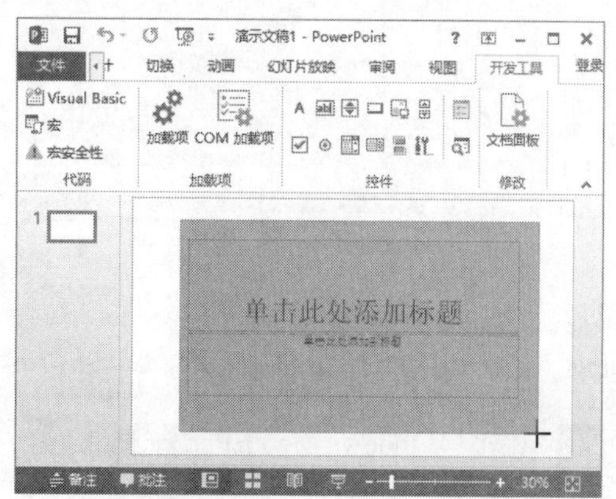

图 12-75　拖动鼠标绘制控制区域

步骤 7 释放鼠标，即可插入一个 Windows Media Player 控件，如图 12-76 所示。

图 12-76　插入一个 Windows Media Player 控件

步骤 8 在插入的控件上单击鼠标右键，在弹出的快捷菜单中选择【属性】菜单命令，如图 12-77 所示。

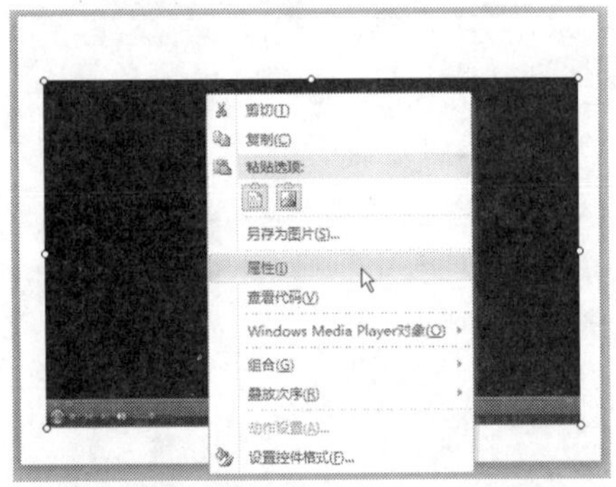

图 12-77　选择【属性】菜单命令

步骤 9 弹出【属性】窗格，单击【自定义】栏右侧的省略号按钮 ...，如图 12-78 所示。

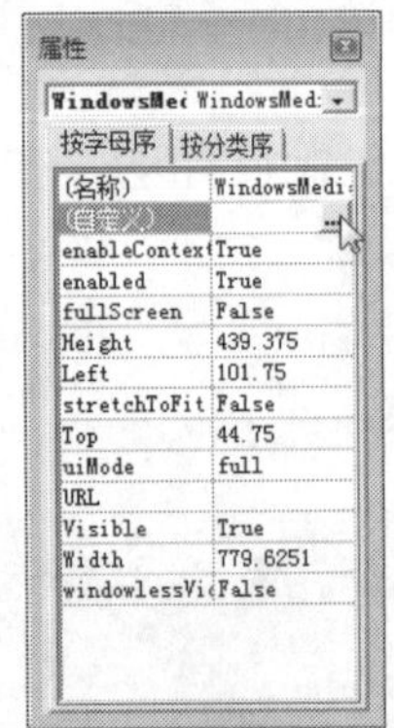

图 12-78　单击【自定义】栏右侧的省略号按钮

步骤 10 弹出【Windows Media Player 属性】对话框，单击【浏览】按钮，如图 12-79 所示。

步骤 11 弹出【打开】对话框，在计算机中选择要插入的视频文件，然后单击【打开】按钮，如图 12-80 所示。

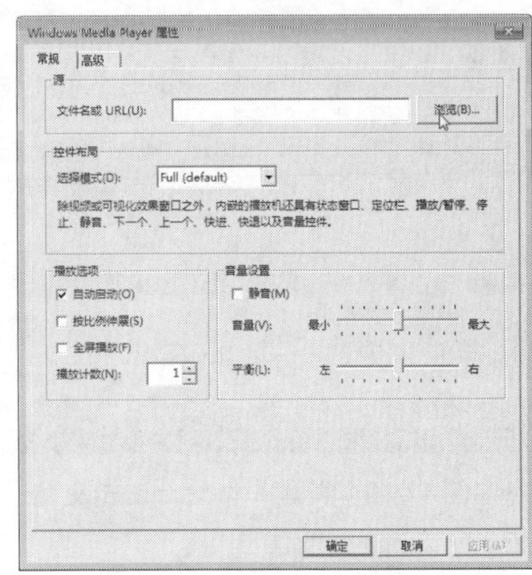

图 12-79　单击【浏览】按钮

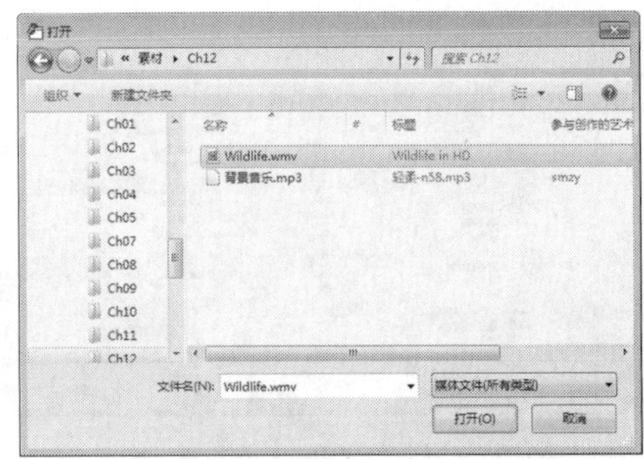

图 12-80　选择要插入的视频文件

步骤 12 返回到【Windows Media Player 属性】对话框，在【文件名或 URL】右侧文本框中可查看要插入的视频路径及名称，在【播放选项】区域勾选【自动启动】复选框，如图 12-81 所示。

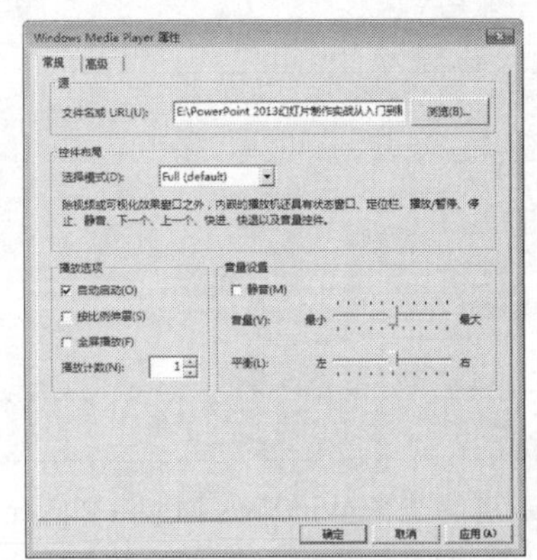

图 12-81　勾选【自动启动】复选框

步骤 13 设置完成后，单击【确定】按钮，返回到工作界面，然后按 F5 键放映演示文稿，即可在 Windows Media Player 控件中自动播放插入的多媒体文件，如图 12-82 所示。

图 12-82　在控件中播放插入的多媒体文件

12.3.2 职场技能 2——在幻灯片中设置视频的标牌框架

在幻灯片中插入视频后，在视频没有播放时，整个视频都是黑色的。通过设置视频的标牌框架，可以为视频添加播放前的显示图片，使其更加美观，该图片既可以是来源于外部的图片，也可以是视频中某一帧的画面。具体的操作步骤如下。

步骤 1 打开随书光盘中的“素材 \ch12\ 设置标牌框架 .pptx”文件，可以看到，当没有播放视频时，视频显示为黑色，如图 12-83 所示。

步骤 2 选择视频后，在工具栏的播放进度条中单击，选择要设置为标牌框架的画面，如图 12-84 所示。

图 12-83　视频显示为黑色

图 12-84　选择要设置为标牌框架的画面

步骤 3 选择完成后，在【格式】选项卡中，单击【调整】组中的【标牌框架】按钮，在弹出的下拉列表中选择【当前框架】选项，如图 12-85 所示。

步骤 4 停止播放视频，可以看到，此时选中的画面已被设置为未播放视频时显示的图片，

如图 12-86 所示。

图 12-85　选择【当前框架】选项

图 12-86　选中的画面被设置为标牌框架

提示 在【标牌框架】下拉列表中选择【文件中的图像】选项，即可将外部的图片设置为视频的标牌框架。

12.4 疑难问题解答

问题 1： 在添加视频文件时，为什么有时系统会弹出提示框，提示“PowerPoint 无法从所选的文件中插入视频，验证此媒体格式所必需的编码解码器是否已安装，然后重试”？

解答： 在插入视频文件时，如果用户未安装正确的编解码器文件，就会弹出提示框。用户可以自行安装运行多媒体所需的编解码器，也可以下载第三方媒体解码器和编码器。

问题 2： 对视频的样式、颜色等进行设置后，若不满意，如何取消这些设置？

解答： 如果对视频的设置不满意，选中视频文件后，在【格式】选项卡中，单击【调整】组中的【重置】按钮，即可取消对视频颜色和亮度的调整以及样式的设置等，视频将恢复到初始状态。注意，若对视频进行了剪裁、添加书签等操作，单击【重置】按钮将不会取消这些操作。

第13章 让 PPT 动起来——创建超链接和动作

● **本章导读**

在 PowerPoint 2013 中，使用超链接可以在放映幻灯片时链接到任意位置，从而实现幻灯片与其他文件之间自由地转换及交互。本章即为读者介绍在幻灯片中如何添加超链接以及动作，实现超链接功能。

● **学习目标**

◎ 掌握添加超链接的方法

◎ 掌握添加动作的方法

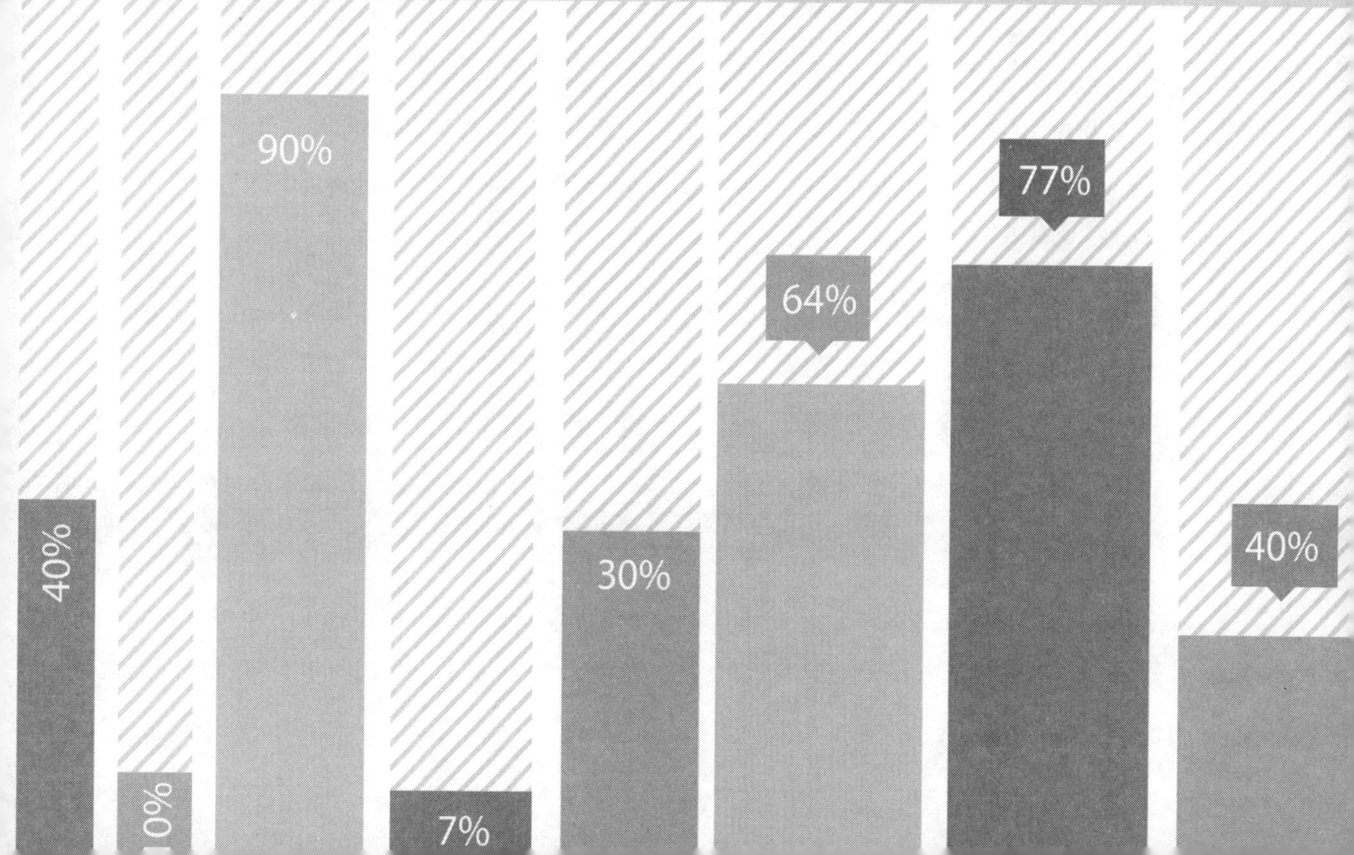

13.1 添加超链接

PowerPoint 2013 提供了强大的超链接功能，用户只需给文本、图片或者图形等对象添加超链接，就可以在幻灯片与幻灯片之间、幻灯片与其他外部文件或者网络之间自由地转换及交互。

13.1.1 链接到同一演示文稿中的幻灯片

下面介绍如何添加超链接，使其链接到同一演示文稿的其他幻灯片，具体的操作步骤如下。

步骤 1 打开随书光盘中的“素材\ch13\公司简介.pptx”文件，选择要添加链接的文本，例如这里选择文本“企业简介”，如图 13-1 所示。

步骤 2 在【插入】选项卡中，单击【链接】组中的【超链接】按钮，如图 13-2 所示。

图 13-1　选择要添加链接的文本

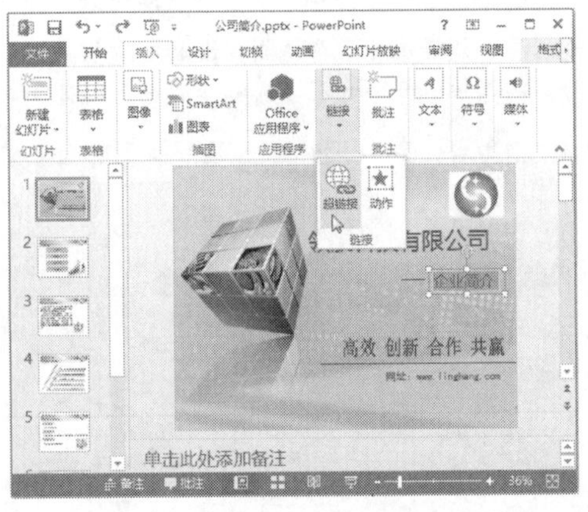

图 13-2　单击【超链接】按钮

步骤 3 弹出【插入超链接】对话框，在【链接到】列表框中选择相应的选项，即可设置要链接到的具体位置，如图 13-3 所示。

步骤 4 在【链接到】列表框中选择【本文档中的位置】选项，然后在【请选择文档中的位置】列表中选择要链接到的幻灯片，例如这里选择第 3 张幻灯片，并在【幻灯片预览】区域预览该幻灯片，如图 13-4 所示。

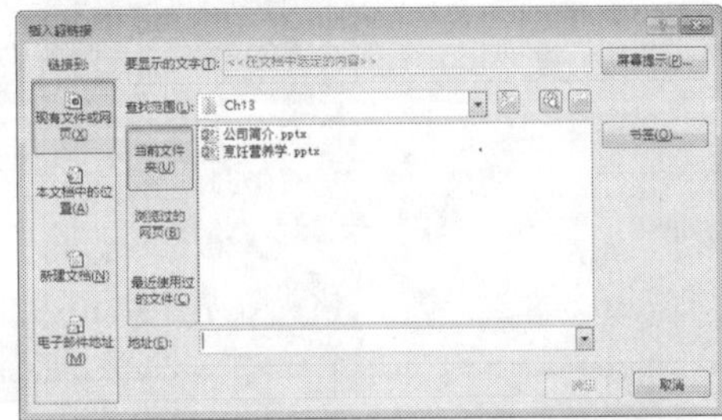

图 13-3　【插入超链接】对话框

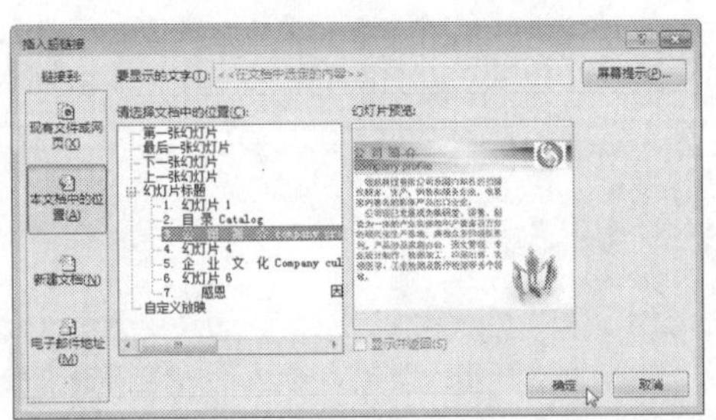

图 13-4　选择【本文档中的位置】选项

步骤 5 设置完成后，单击【确定】按钮，即可为所选文本内容添加超链接，此时添加超链接后的文本以蓝色加下划线显示，如图 13-5 所示。

步骤 6 按 F5 键放映幻灯片，然后将光标定位在“企业简介”文本上，此时光标变为 形状，单击该文本，即可链接到同一演示文稿中的第 3 张幻灯片，如图 13-6 所示。

图 13-5　为所选文本内容添加了超链接

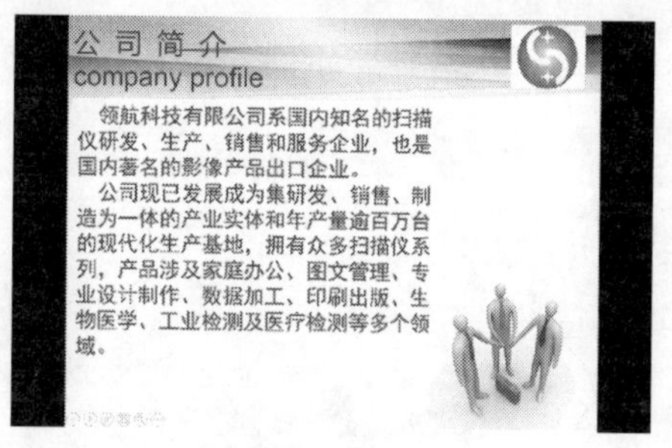

图 13-6　链接到同一演示文稿的其他幻灯片

13.1.2 链接到不同演示文稿中的幻灯片

除了可以将对象链接到当前演示文稿的其他幻灯片外，用户还可以添加超链接，使其链接到其他演示文稿，具体的操作步骤如下。

步骤 1 打开随书光盘中的“素材 \ch13\ 公司简介 .pptx”文件，选择要添加超链接的文本“产品展示”，然后在【插入】选项卡中，单击【链接】组中的【超链接】按钮，如图 13-7 所示。

步骤 2 弹出【插入超链接】对话框，在【链接到】列表框中选择【现有文件或网页】选项，然后单击右侧的【浏览文件】按钮，如图 13-8 所示。

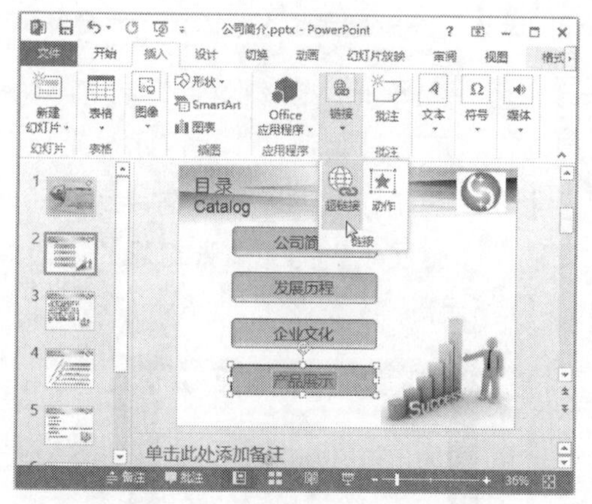

图 13-7　单击【超链接】按钮

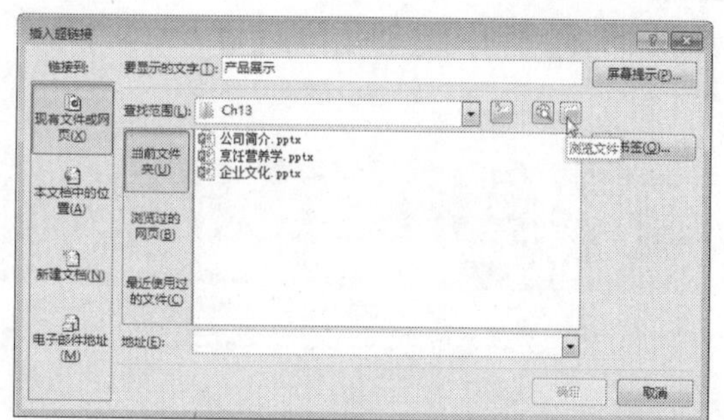

图 13-8　单击【浏览文件】按钮

步骤 3 弹出【链接到文件】对话框，在计算机中选择要链接到的演示文稿，并单击【确定】按钮，如图 13-9 所示。

步骤 4 返回到【插入超链接】对话框，在【地址】文本框中可查看要链接到的演示文稿，然后单击右侧的【书签】按钮，如图 13-10 所示。

提示 直接单击【查找范围】右侧的下拉按钮，在弹出的下拉列表中选择演示文稿存放的地址，然后在下方的列表框中选中演示文稿，也可添加要链接到的其他演示文稿。

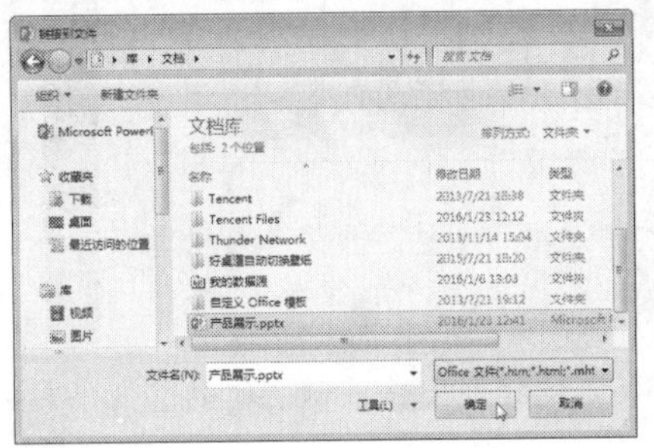

图 13-9　选择要链接到的演示文稿

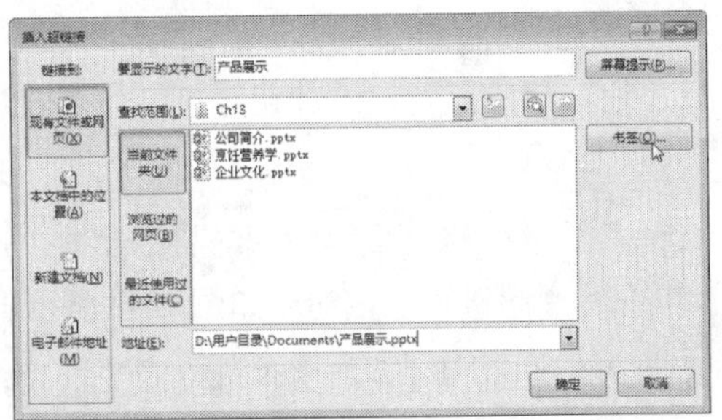

图 13-10　查看要链接到的演示文稿

步骤 5 弹出【在文档中选择位置】对话框，可选择要链接到演示文稿的幻灯片，例如这里选择第 2 张幻灯片，然后单击【确定】按钮，如图 13-11 所示。

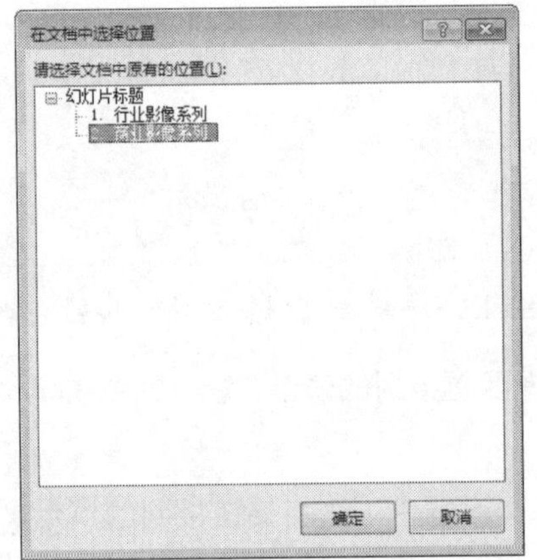

图 13-11　选择链接到演示文稿的幻灯片

步骤 6 返回【插入超链接】对话框，在【地址】文本框中可以看到，演示文稿后面已经添加了具体的幻灯片，如图 13-12 所示。

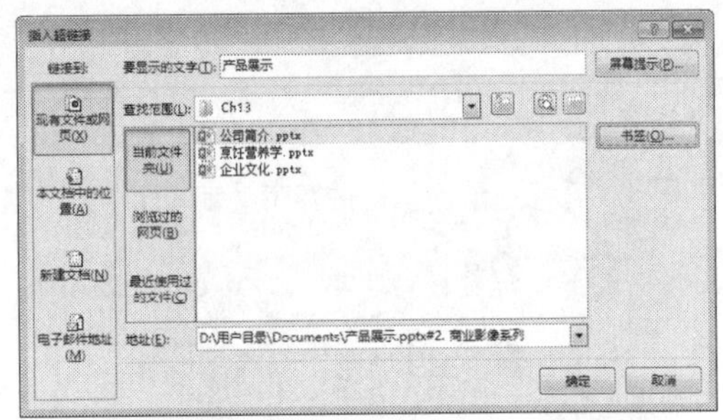

图 13-12　已添加了具体的幻灯片

步骤 7 设置完成后，单击【确定】按钮，即可为所选文本内容添加超链接，此时添加超链接后的文本以蓝色加下划线显示，如图 13-13 所示。

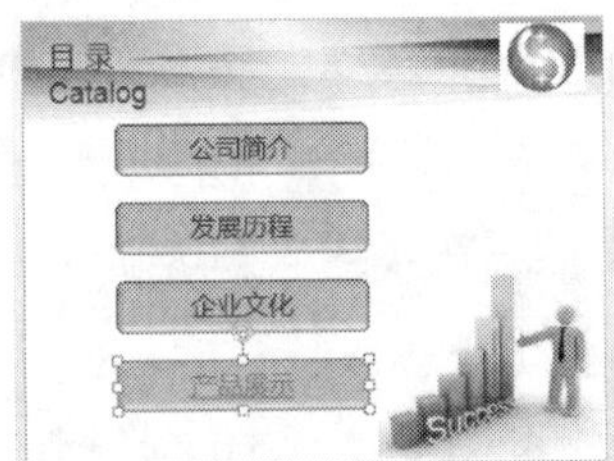

图 13-13　为所选文本内容添加了超链接

步骤 8 按 F5 键放映幻灯片，然后将光标定位在“产品展示”文本上，此时光标变为 形状，单击该文本，即可链接到另一演示文稿“产品展示”的第 2 张幻灯片上，如图 13-14 所示。

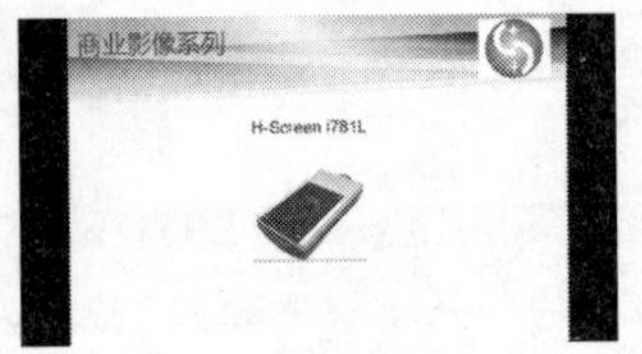

图 13-14　链接到演示文稿的幻灯片

提示 退出链接到的“产品展示”演示文稿，即可返回到“公司简介”演示文稿，从而实现两者之间自由的转换。

13.1.3 链接到 Web 上的页面或文件

下面介绍如何添加超链接，使其链接到 Web 上的页面或文件，具体的操作步骤如下。

步骤 1 打开随书光盘中的"素材\ch13\公司简介.pptx"文件，选择要添加超链接的文本"www.linghang.com"，然后在【插入】选项卡中，单击【链接】组中的【超链接】按钮，如图 13-15 所示。

步骤 2 弹出【插入超链接】对话框，在【链接到】列表框中选择【现有文件或网页】选项，然后单击右侧的【浏览 Web】按钮，如图 13-16 所示。

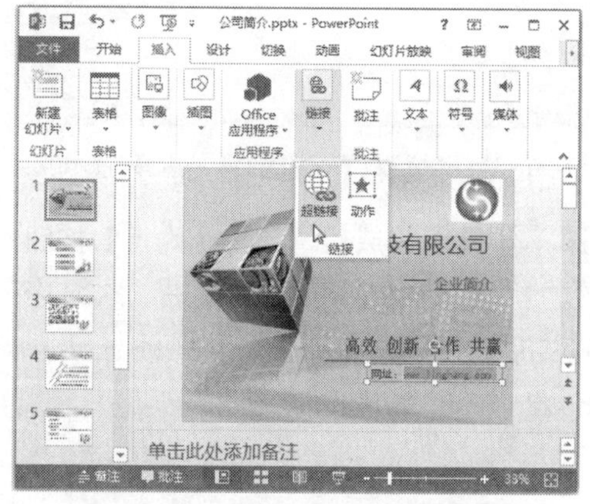

图 13-15　单击【超链接】按钮

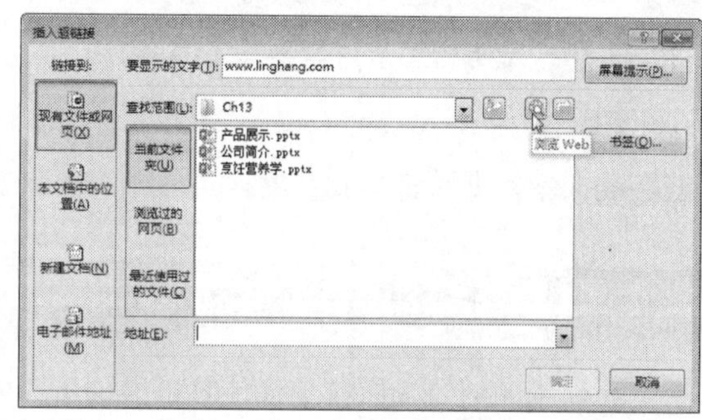

图 13-16　单击【浏览 Web】按钮

步骤 3 弹出网页浏览器，找到要链接到的页面或文件，例如这里打开百度首页，如图 13-17 所示。

步骤 4 此时【插入超链接】对话框的【地址】文本框中，会自动显示链接到的百度首页网址，如图 13-18 所示。

> **提示** 直接在【地址】文本框中输入要链接到的 Web 页面的网址，也可添加相应的超链接。

图 13-17　找到要链接到的页面或文件

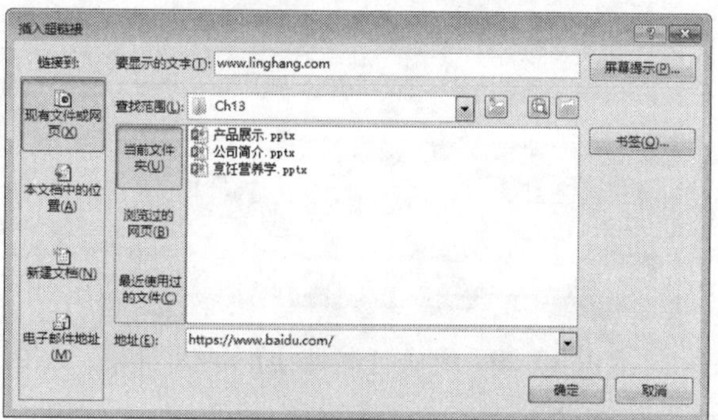

图 13-18　【地址】文本框中显示链接到的网址

步骤 5 设置完成后，单击【确定】按钮，即可为所选文本内容添加超链接，此时添加超链接后的文本以蓝色加下划线显示，如图 13-19 所示。

图 13-19 为所选文本内容添加了超链接

步骤 6 按 F5 键放映幻灯片，单击添加了超链接的文本，即可链接到百度首页。

13.1.4 链接到电子邮件地址

下面介绍如何添加超链接，使其链接到电子邮件地址，具体的操作步骤如下。

步骤 1 打开随书光盘中的“素材 \ch13\ 公司简介 .pptx”文件，选择要添加超链接的文本“公司简介”，然后在【插入】选项卡中，单击【链接】组中的【超链接】按钮，如图 13-20 所示。

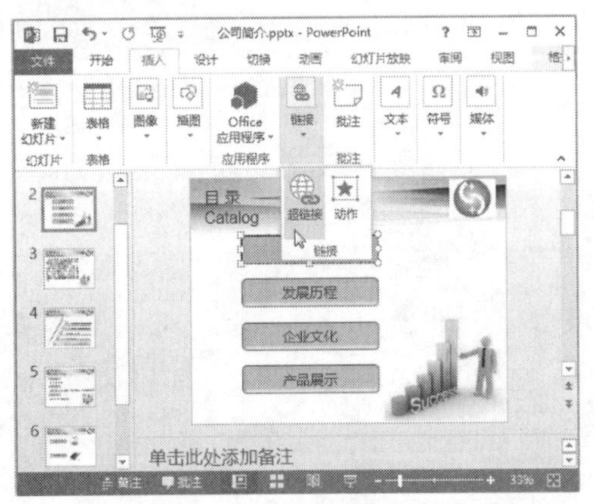

图 13-20 单击【超链接】按钮

步骤 2 弹出【插入超链接】对话框，在【链接到】列表框中选择【电子邮件地址】选项，在【电子邮件地址】文本框中输入要链接到的电子邮件地址“lynn@sina.com”，在【主题】文本框中输入电子邮件的主题“公司简介”，如图 13-21 所示。

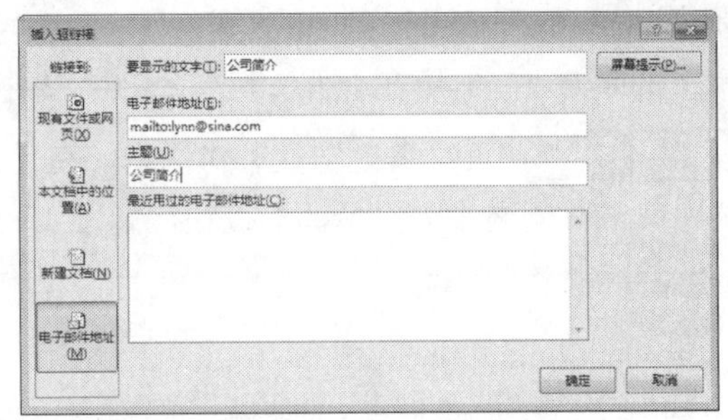

图 13-21 选择【电子邮件地址】选项

步骤 3 设置完成后，单击【确定】按钮，即可为所选文本内容添加超链接，此时添加超链接后的文本以蓝色加下划线显示，如图 13-22 所示。

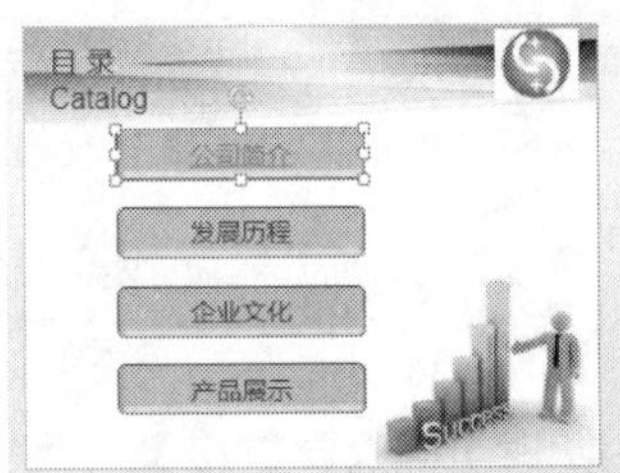

图 13-22 为所选文本内容添加了超链接

步骤 4 按 F5 键放映幻灯片，单击添加了超链接的文本“公司简介”，即可链接到邮件地址为“lynn@sina.com”、主题为“公司简介”的邮件。

13.1.5 链接到新文件

下面介绍如何添加超链接，使其链接到新文件，具体的操作步骤如下。

步骤 1 打开随书光盘中的“素材 \ch13\ 公司简介 .pptx”文件，选择要添加超链接的文本“企业文化”，然后在【插入】选项卡中，单击【链接】组中的【超链接】按钮，如图 13-23 所示。

步骤 2 弹出【插入超链接】对话框，在【链接到】列表框中选择【新建文档】选项，在右侧【新建文档名称】文本框中输入要创建并链接到的文件的名称“企业文化”，如图 13-24 所示。

提示　单击【更改】按钮，还可更改新文件在计算机中的存放位置。

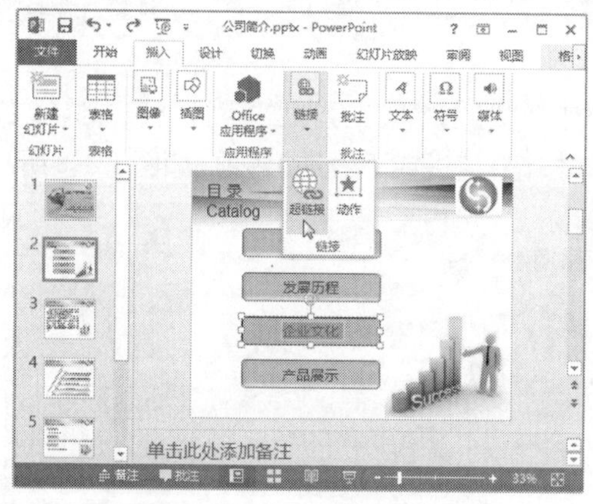

图 13-23　单击【超链接】按钮

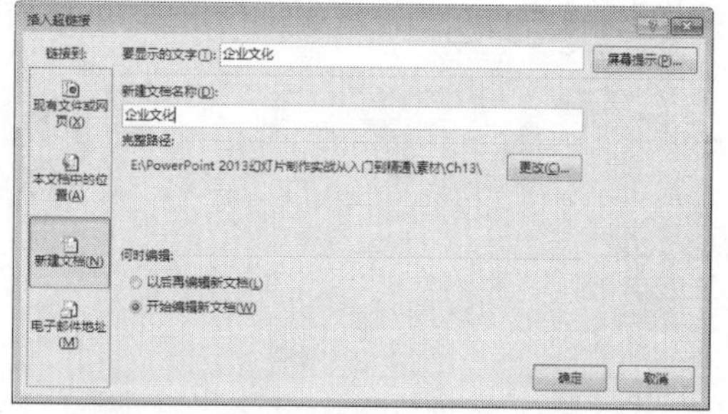

图 13-24　选择【新建文档】选项

步骤 3 设置完成后，单击【确定】按钮，即可自动创建一个名为“企业文化”的空白演示文稿，用户可对该演示文稿进行编辑，如图 13-25 所示。

步骤 4 返回到“公司简介”演示文稿中，此时添加超链接后的文本以蓝色加下划线显示，如图 13-26 所示。

图 13-25　自动创建一个空白演示文稿

图 13-26　为文本内容添加了超链接

13.2 添加动作

与超链接的功能类似，通过添加动作或动作按钮，也可以在幻灯片与幻灯片之间、幻灯片与其他外部文件或者网络之间自由地转换及交互。

13.2.1 绘制动作按钮

PowerPoint 2013 提供了不同类型的动作按钮，绘制动作按钮后，还需设置单击该按钮时发生的操作，才能实现交互功能，具体的操作步骤如下。

步骤 1 打开随书光盘中的“素材 \ch13\ 公司简介 .pptx”文件，在【幻灯片】窗格中选择要绘制动作按钮的幻灯片，如图 13-27 所示。

步骤 2 在【插入】选项卡中，单击【插图】组中的【形状】按钮，在弹出的下拉列表中选择【动作按钮】区域中合适的按钮类型，例如这里选择【动作按钮: 前进或下一项】选项，如图 13-28 所示。

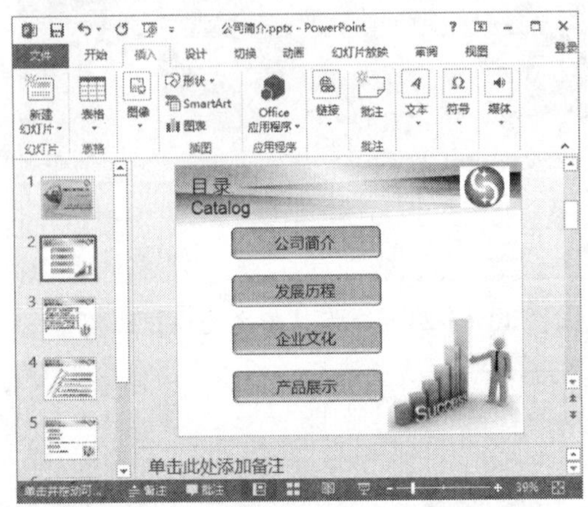

图 13-27　选择要绘制动作按钮的幻灯片

图 13-28　选择合适的动作按钮类型

步骤 3 此时光标变为十字形状，按住鼠标左键不放，拖动鼠标在幻灯片中绘制动作按钮，如图 13-29 所示。

步骤 4 释放鼠标，弹出【操作设置】对话框，在其中选择【超链接到】单选按钮，然后单击右侧的下拉按钮，在弹出的下拉列表中选择【下一张幻灯片】选项，如图 13-30 所示。

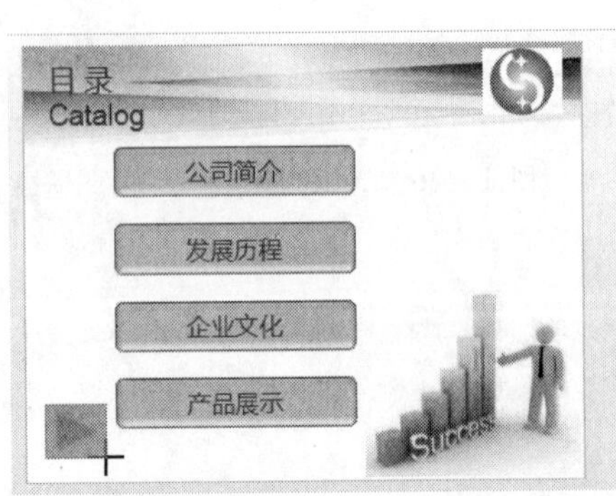

图 13-29　拖动鼠标绘制动作按钮

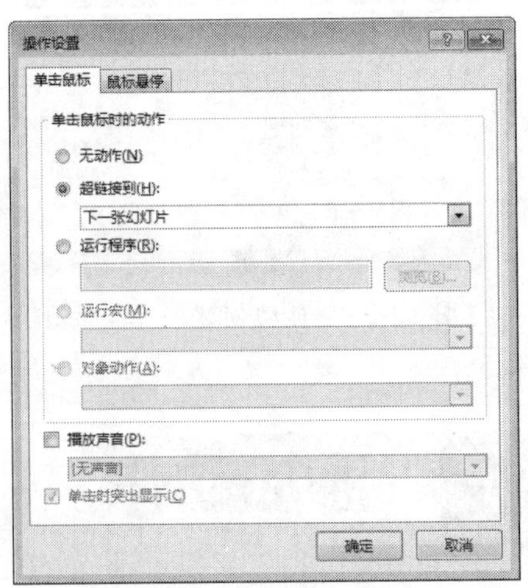

图 13-30　选择【下一张幻灯片】选项

步骤 5 设置完成后，单击【确定】按钮，即可完成绘制动作按钮的操作，如图 13-31 所示。

步骤 6 按 F5 键放映幻灯片，将光标定位在动作按钮上，此时光标变为形状，单击该按钮，即可跳至下一张幻灯片，如图 13-32 所示。

图 13-31　完成绘制动作按钮的操作

图 13-32　单击动作按钮可跳转至下一张幻灯片

13.2.2 为文本或图形添加动作

除了添加单独的动作按钮外，也可为文本、图片、文本框、形状等对象添加动作并设置相应的操作，这样凡是添加了动作的对象都可看作是一个动作按钮。具体的操作步骤如下。

步骤 1 打开随书光盘中的“素材 \ch13\ 公司简介 .pptx”文件，选择要添加动作的对象，例如这里选择幻灯片中的图片，如图 13-33 所示。

步骤 2 在【插入】选项卡中，单击【链接】组中的【动作】按钮，如图 13-34 所示。

图 13-33　选择要添加动作的对象

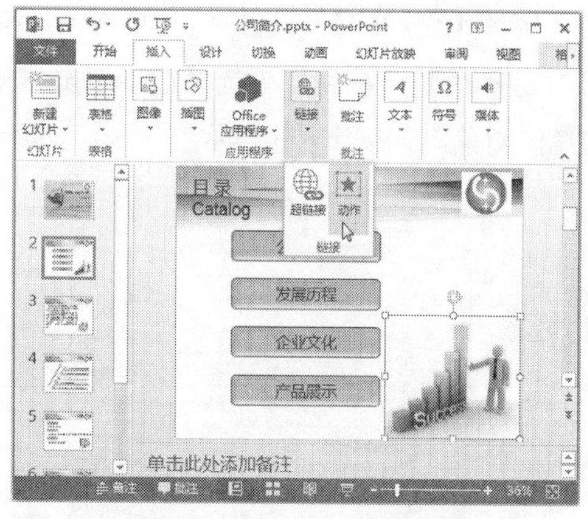

图 13-34　单击【动作】按钮

步骤 3 弹出【动作设置】对话框，在其中选择【单击鼠标】选项卡，然后选择【超链接到】单选按钮，单击其右侧的下拉按钮，在弹出的下拉列表中选择【结束放映】选项，如图 13-35 所示。

步骤 4 设置完成后，单击【确定】按钮，即可为图片添加动作。按 F5 键放映幻灯片，将光标定位在图片上，此时光标变为形状，单击该图片按钮，即可结束放映，如图 13-36 所示。

提示 若为文本添加动作，与添加超链接相同，文本同样会以蓝色加下划线显示。

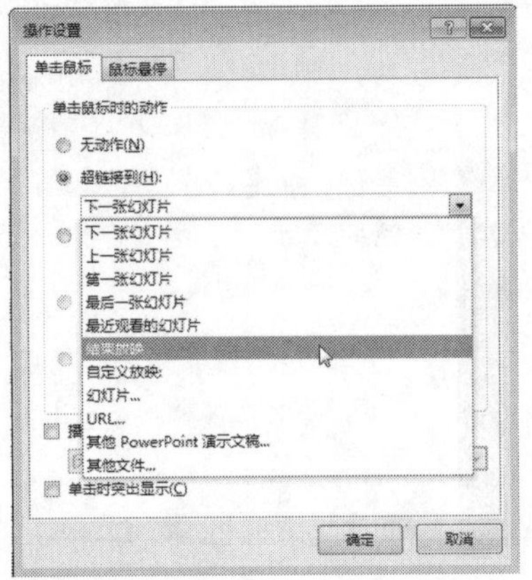

图 13-35 选择【结束放映】选项

图 13-36 单击图片结束放映

13.2.3 创建鼠标单击动作

在为动作或动作按钮设置相应的操作时，既可以设置单击该按钮时发生的操作，也可以设置鼠标悬停在按钮上时发生的操作。

在【操作设置】对话框中选择【单击鼠标】选项卡，在其中即可设置鼠标单击时发生的操作，如图 13-37 所示。

在【单击鼠标时的动作】区域选择不同的单选按钮，可设置链接到不同的对象，分别如下。

(1) 选择【无动作】单选按钮，将不添加任何动作。

(2) 选择【超链接到】单选按钮，单击右侧的下拉按钮，在弹出的下拉列表中可选择要链接到的具体对象，如图 13-38 所示。

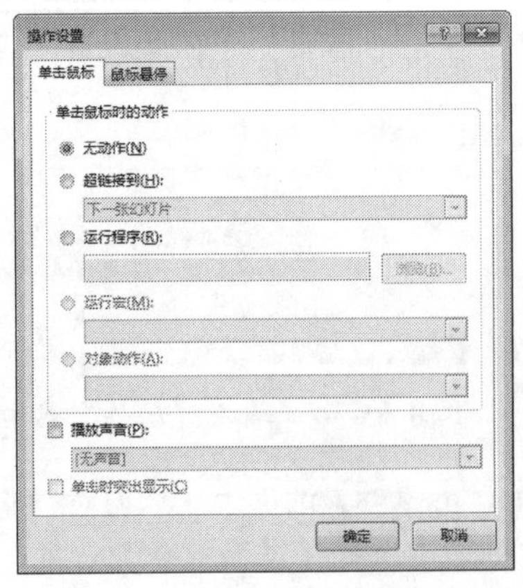

图 13-37 【单击鼠标】选项卡

图 13-38 选择要链接到的具体对象

在【超链接到】下拉列表中选择相应的选项，即可链接到不同的位置。下面介绍常用的几种链接。

☆ 【幻灯片】：若选择【幻灯片】选项，即弹出【超链接到幻灯片】对话框，在左侧列表中选择具体的幻灯片，即可将动作按钮设置为链接到同一演示文稿的其他幻灯片，如图 13-39 所示。

☆ URL：若选择 URL 选项，即弹出【超链接到 URL】对话框，在 URL 文本框中输入网址，即可设置为链接到 Web 页面，如图 13-40 所示。

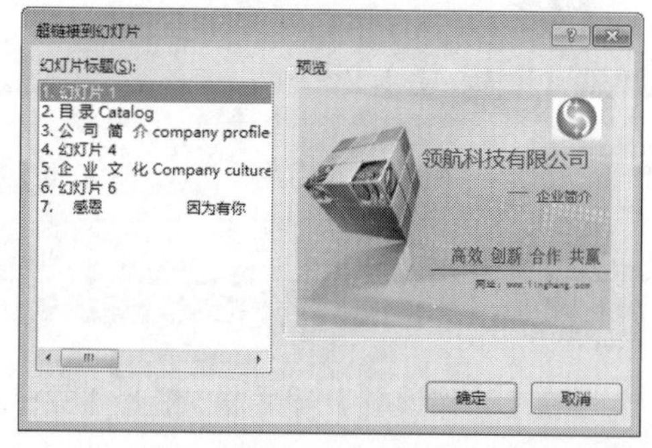

图 13-39　【超链接到幻灯片】对话框

图 13-40　【超链接到 URL】对话框

☆ 【其他 PowerPoint 演示文稿】：若选择该选项，即弹出【超链接到其他 PowerPoint 演示文稿】对话框，在其中选择要链接到的演示文稿，即可设置为链接到不同的演示文稿，如图 13-41 所示。

☆ 【其他文件】：若选择该选项，即弹出【超链接到其他文件】对话框，在其中选择要链接到的文件，例如视频、声音、Excel 表格等文件，即可设置为链接到其他文件，如图 13-42 所示。

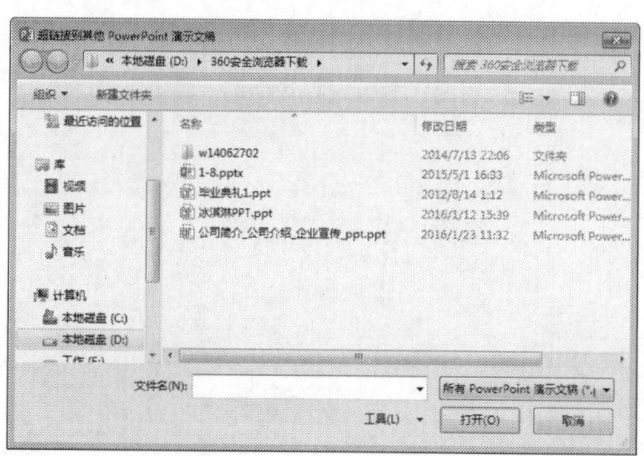

图 13-41　【超链接到其他 PowerPoint 演示文稿】对话框

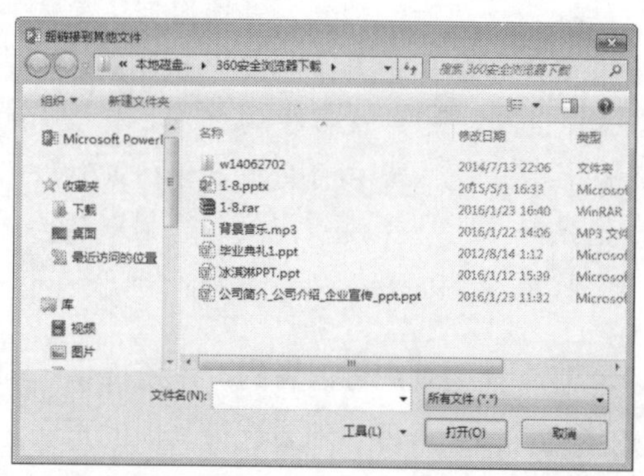

图 13-42　【超链接到其他文件】对话框

(3) 选择【运行程序】单选按钮，单击【浏览】按钮，在弹出的【选择一个要运行的程序】对话框中可以选择要链接到的程序。

(4) 选择【运行宏】单选按钮，可设置链接到宏。

(5) 选择【对象动作】单选按钮，可设置链接到 OLE 对象。

提示　只有当演示文稿中包含宏时，【运行宏】设置才可用。同理，只有当演示文稿中包含 OLE 对象时，【对象动作】设置才可用。

此外，在【操作设置】对话框中勾选【播放声音】复选框，单击其右侧的下拉按钮，在弹出的下拉列表中还可为鼠标单击动作添加声音，如图 13-43 所示。

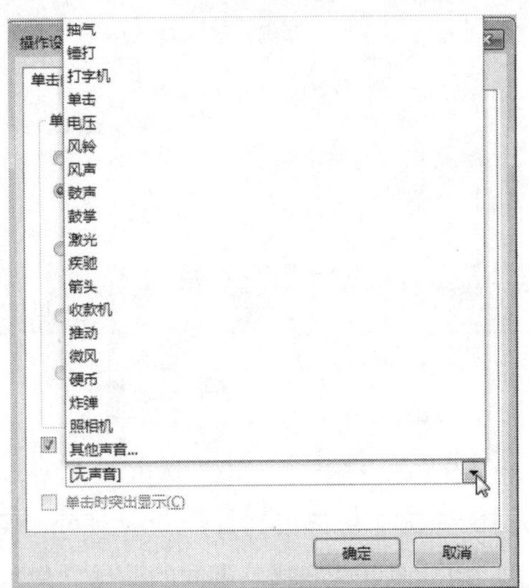

图 13-43　为鼠标单击动作添加声音

提示 【操作设置】对话框底部的【单击时突出显示】复选框为不可选状态，只有添加动作的对象为自选图形、文本框或非空占位符时，该选项才会被激活。若勾选此复选框，在放映幻灯片并发生单击动作时，这些对象将突出显示。此外，若选定对象为动作按钮，该复选框默认为选中状态，且不可激活。

在下拉列表中可以看到，系统提供了内置的十几种播放声音，若要选择其他的声音，则可以选择【其他声音】选项，即弹出【添加音频】对话框，在其中可选择其他的声音作为单击鼠标时播放的声音，如图 13-44 所示。

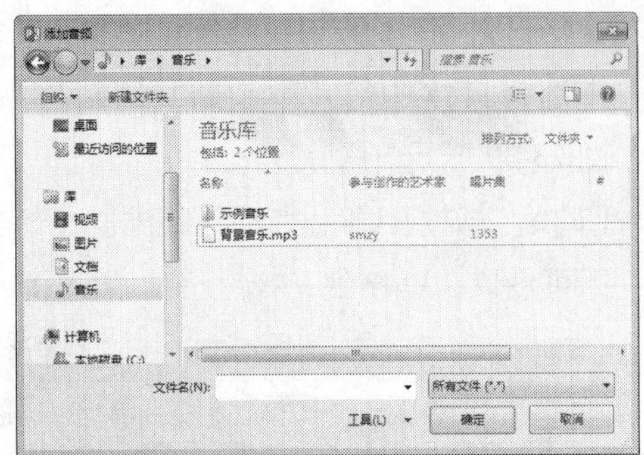

图 13-44　【添加音频】对话框

13.2.4 创建鼠标经过动作

在【动作设置】对话框中选择【鼠标悬停】选项卡，在其中即可设置鼠标经过对象时要发生的操作，如图 13-45 所示。

图 13-45　选择【鼠标悬停】选项卡

该选项卡下各选项的功能与【单击鼠标】选项卡下的功能几乎相同，读者可参考 13.2.3 小节的介绍，这里不再赘述。

13.3 职场技能训练

前面主要学习了如何在 PPT 中创建超链接与动作，下面来学习在演示文稿中创建超链接与动作在实际工作中的应用。

13.3.1　职场技能 1——创建自定义动作

在 PPT 中经常要用到链接功能，这一功能既可以通过添加超链接来实现，也可以通过添加动作来实现。下面介绍如何在 PPT 中创建自定义动作，具体的操作步骤如下。

步骤 1 打开随书光盘中的“素材 \ch13\ 烹饪营养学 .pptx”文件，选择要创建自定义动作按钮的幻灯片，如图 13-46 所示。

步骤 2 在【插入】选项卡中，单击【插图】组中的【形状】按钮，在弹出的下拉列表中选择【动作按钮】区域的【动作按钮：自定义】选项，如图 13-47 所示。

图 13-46　选择要创建自定义动作按钮的幻灯片

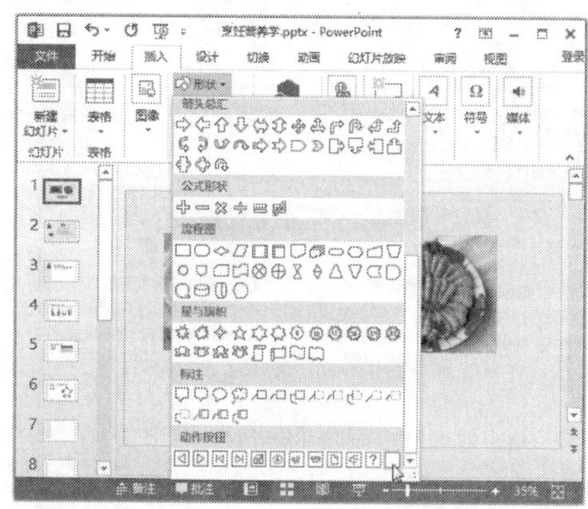

图 13-47　选择【动作按钮：自定义】选项

步骤 3 按住鼠标左键不放，拖动鼠标在幻灯片右下角绘制一个动作按钮，如图 13-48 所示。

步骤 4 释放鼠标，即弹出【操作设置】对话框，选择【单击鼠标】选项卡，然后选中【超链接到】单选按钮，在其下拉列表中选择【幻灯片】选项，如图 13-49 所示。

图 13-48　绘制一个动作按钮

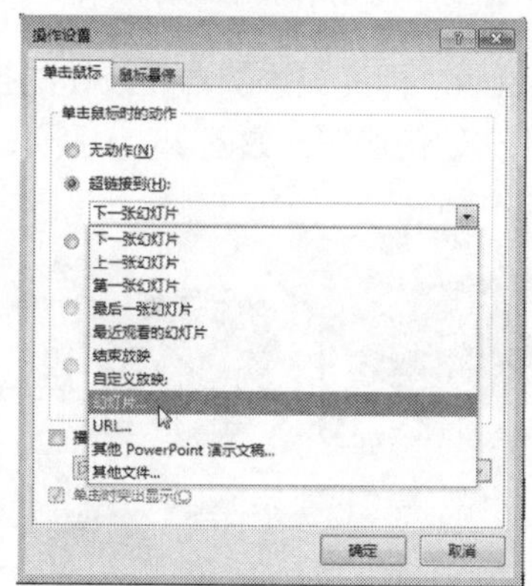

图 13-49　选择【幻灯片】选项

步骤 5 弹出【超链接到幻灯片】对话框，在【幻灯片标题】区域选择第 2 张幻灯片，单击【确定】按钮，如图 13-50 所示。

步骤 6 返回到【操作设置】对话框，在其中勾选【播放声音】复选框，在其下拉列表中选择【电压】选项，为动作按钮添加声音，如图 13-51 所示。

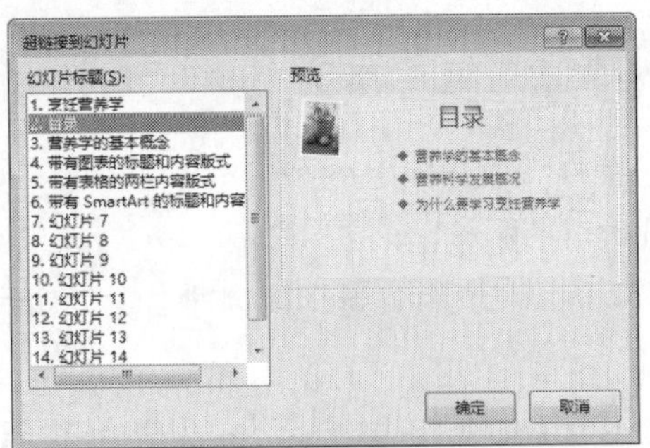

图 13-50　选择第 2 张幻灯片

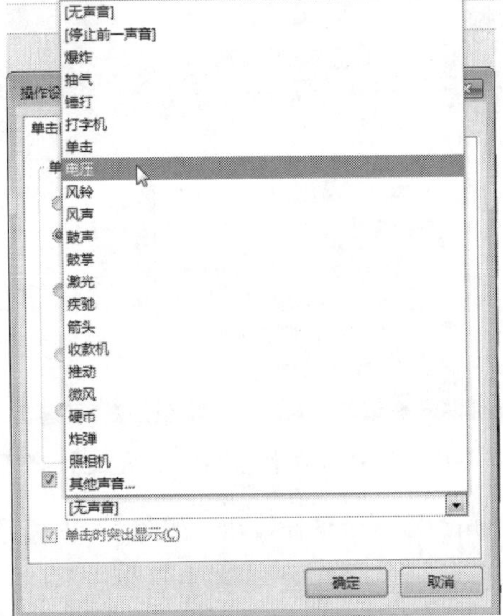

图 13-51　为动作按钮添加声音

步骤 7 至此，即完成添加动作按钮的操作，接下来美化该动作按钮，如图 13-52 所示。

图 13-52　完成添加动作按钮的操作

步骤 8 选中动作按钮，在【格式】选项卡中，单击【形状样式】组中的【其他】按钮，在弹出的下拉列表中选择【细微效果 - 金色，强调颜色 3】选项，如图 13-53 所示。

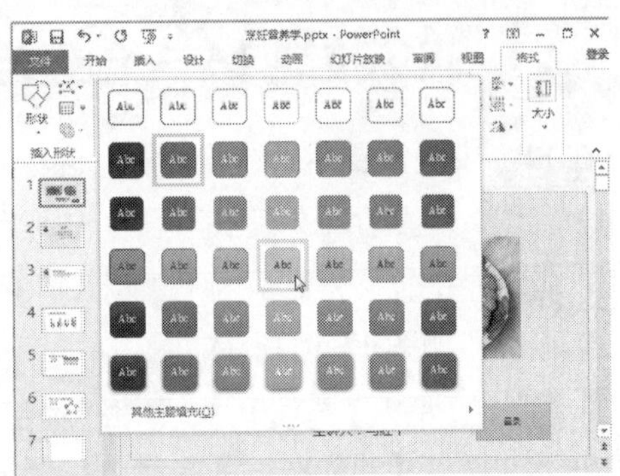

图 13-53　设置动作按钮的形状样式

步骤 9 选中动作按钮，在【开始】选项卡的【字体】组中，设置字体为“楷体”、字号为“60”，如图 13-54 所示。

图 13-54　设置按钮中文本的字体和字号

步骤 10 设置完成后，按 F5 键放映幻灯片，将光标定位在动作按钮上，此时光标变为 形状，如图 13-55 所示。

图 13-55　放映幻灯片

步骤 11 单击动作按钮，即可跳转到第 2 张幻灯片，并且还会播放“电压”声音，如

图 13-56 所示。

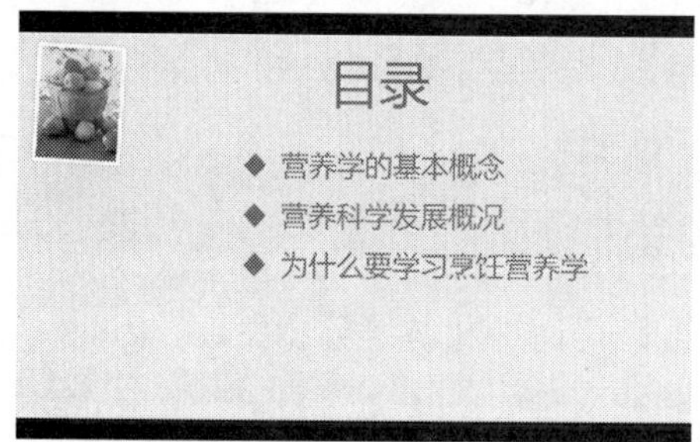

图 13-56　单击动作按钮跳转到第 2 张幻灯片

13.3.2　职场技能 2——对添加的超链接进行编辑

创建超链接后，用户可以根据需要重新设置超链接或取消超链接。

1. 更改超链接

选择要更改超链接的对象，单击鼠标右键，在弹出的快捷菜单中选择【编辑超链接】菜单命令，如图 13-57 所示。即弹出【编辑超链接】对话框，在其中可以重新设置超链接的内容，如图 13-58 所示。

图 13-57　选择【编辑超链接】菜单命令

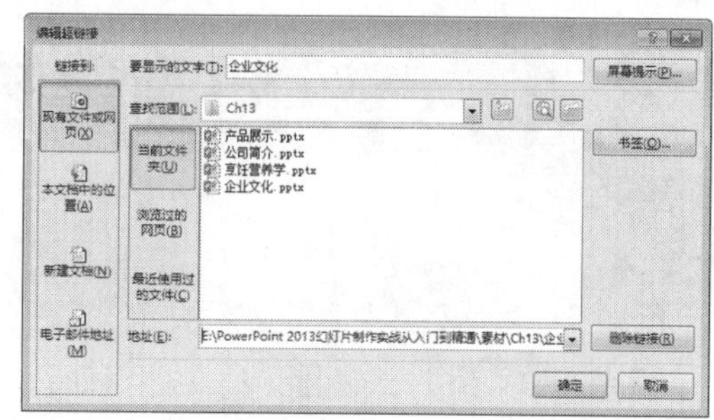

图 13-58　重新设置超链接的内容

2. 取消超链接

如果不需要再使用超链接，单击鼠标右键，在弹出的快捷菜单中选择【取消超链接】菜单命令，即可删除超链接，如图 13-59 所示。

图 13-59　选择【取消超链接】菜单命令

此外，在【编辑超链接】对话框中单击【删除链接】按钮，也可删除超链接，如图 13-60 所示。

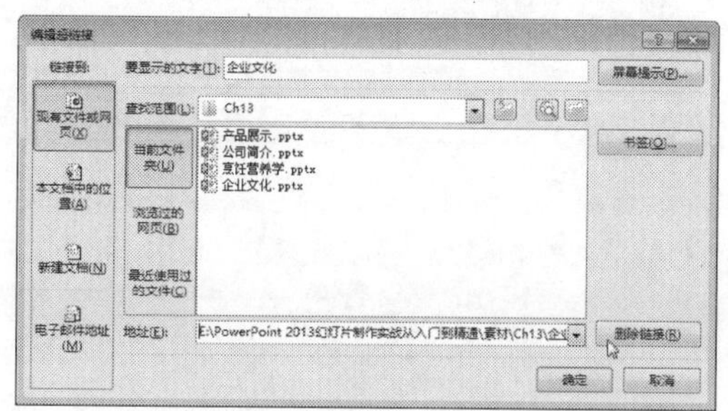

图 13-60　单击【删除链接】按钮

13.4 疑难问题解答

问题 1：为什么添加超链接后，有时超链接会失效呢？

解答：如果用户将链接到的文件移动到其他磁盘或路径时，超链接就会失效。因此，在添加超链接时，需要尽量将链接的文件与演示文稿放在同一文件夹或子文件夹下。此外，也可将链接的路径由绝对地址更改为相对地址，即将路径前面的盘符、路径全部删除，例如原本的绝对地址为“D:\PowerPoint\ch13\ 公司简介 .pptx”，可将其更改为相对地址为“..\..\..\ 公司简介 .pptx”。

问题 2：超链接与动作有什么区别？

解答：超链接与动作的功能大致相同，主要有以下两点区别。

(1) 超链接可以设置“屏幕提示”，就是当光标定位在添加了超链接的对象上时，手形光标的右下方会出现文字提示。

(2) 动作可以播放声音来强调超链接，也可以通过“单击时突出显示”这一功能来强调超链接。

让 PPT 变幻莫测——幻灯片切换效果

● **本章导读**

演示文稿放映过程中由一张幻灯片进入另一张幻灯片就是幻灯片之间的切换，为了使幻灯片放映更具有趣味性，更多地吸引观众的注意力，可以为演示文稿中的幻灯片添加切换效果。PowerPoint 2013 提供了多种切换效果，如淡化、擦除、揭开等。本章即为读者介绍添加以及设置幻灯片切换效果的方法。

● **学习目标**

◎ 掌握添加幻灯片切换效果的方法

◎ 掌握设置幻灯片切换效果的方法

◎ 掌握设置幻灯片换片方式的方法

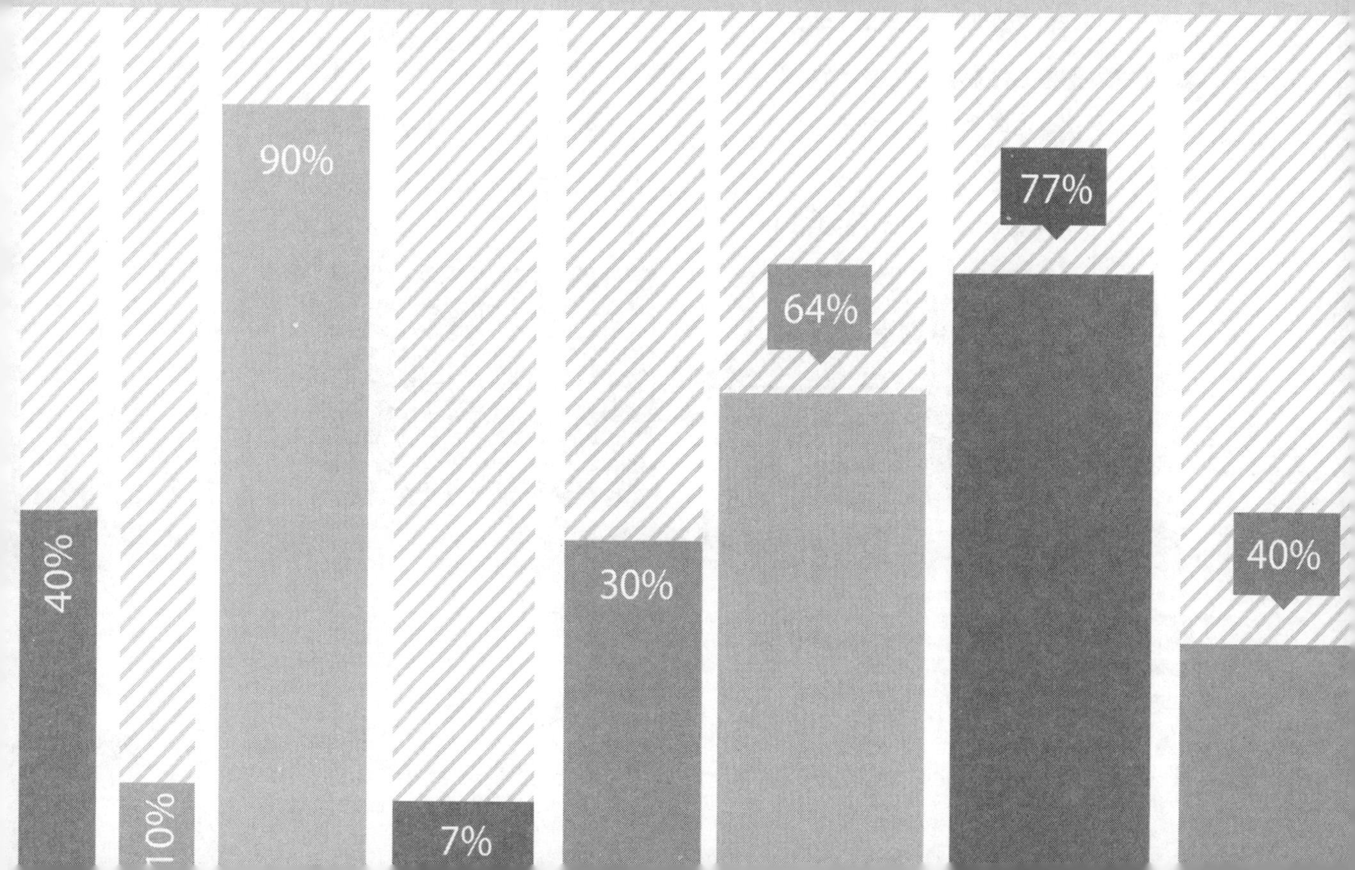

14.1 添加切换效果

演示文稿中的默认切换效果通常不太丰富和美观，用户可灵活地为其添加合适的切换效果，从而使幻灯片看起来更加美观。

14.1.1 添加细微型切换效果

下面介绍如何为幻灯片添加细微型切换效果，具体的操作步骤如下。

步骤 1 打开随书光盘中的“素材 \ch14\ 幸福的含义 .pptx”文件，选择第 1 张幻灯片，如图 14-1 所示。

步骤 2 在【切换】选项卡中，单击【切换到此幻灯片】组中的【其他】按钮，在弹出的下拉列表中选择【细微型】区域的效果，例如这里选择【随机线条】选项，如图 14-2 所示。

图 14-1 选择第 1 张幻灯片

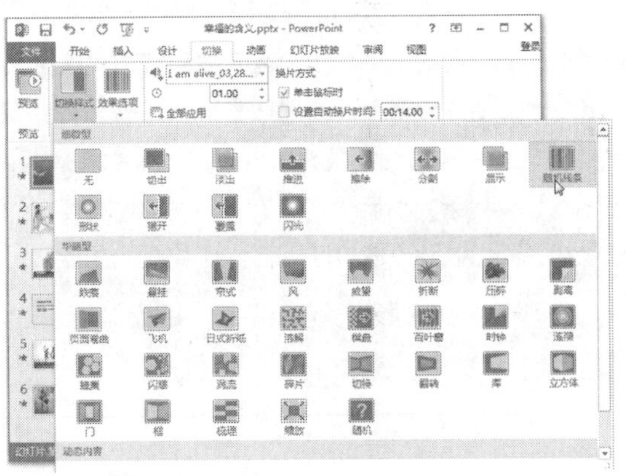

图 14-2 选择【随机线条】选项

步骤 3 为幻灯片添加“随机线条”切换效果，此时系统会自动播放该效果，以供用户预览。“随机线条”切换效果的部分截图如图 14-3 所示。

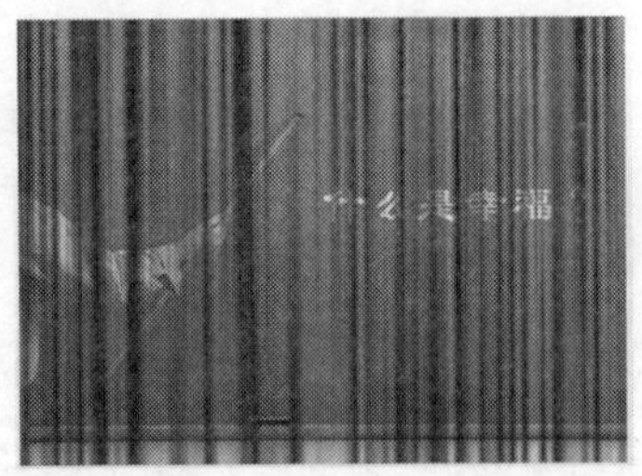

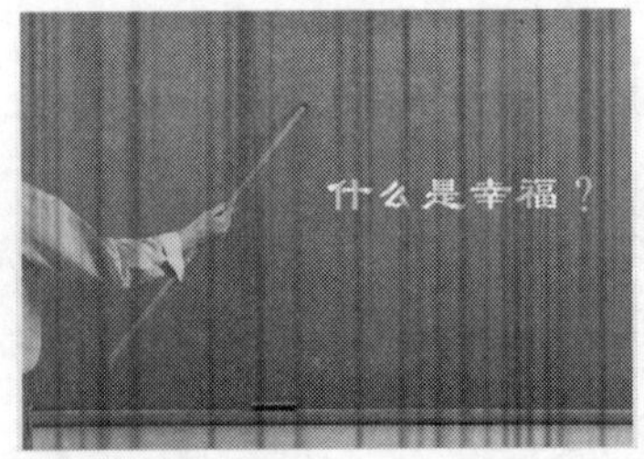

图 14-3 “随机线条”切换效果

14.1.2 添加华丽型切换效果

下面介绍如何为幻灯片添加华丽型切换效果，具体的操作步骤如下。

步骤 1 打开随书光盘中的“素材 \ch14\ 幸福的含义 .pptx”文件，在【幻灯片】窗格中选择第 2 张幻灯片，如图 14-4 所示。

步骤 2 在【切换】选项卡中，单击【切换到此幻灯片】组中的【其他】按钮，在弹出的下拉列表中选择【华丽型】区域的效果，例如这里选择【帘式】选项，如图 14-5 所示。

图 14-4　选择第 2 张幻灯片

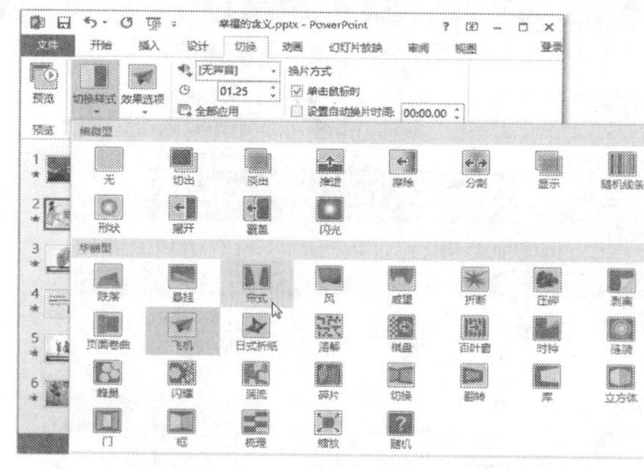

图 14-5　选择【帘式】选项

步骤 3 为幻灯片添加“帘式”切换效果，此时系统会自动播放该效果，以供用户预览。“帘式”切换效果的部分截图如图 14-6 所示。

> **提示** 当由第 1 张幻灯片切换到第 2 张幻灯片时，即应用“帘式”切换效果。

图 14-6　“帘式”切换效果

14.1.3 添加动态切换效果

下面介绍如何为幻灯片添加动态型切换效果，具体的操作步骤如下。

步骤 1 打开随书光盘中的“素材 \ch14\ 幸福的含义 .pptx”文件，在【幻灯片】窗格中选择第 3 张幻灯片，如图 14-7 所示。

步骤 2 在【切换】选项卡中，单击【切换到此幻灯片】组中的【其他】按钮，在弹出的下拉列表中选择【动态内容】区域的效果，例如这里选择【旋转】选项，如图 14-8 所示。

步骤 3 为幻灯片添加“旋转”切换效果，此时系统会自动播放该效果，以供用户预览。“旋转”切换效果的部分截图如图 14-9 所示。

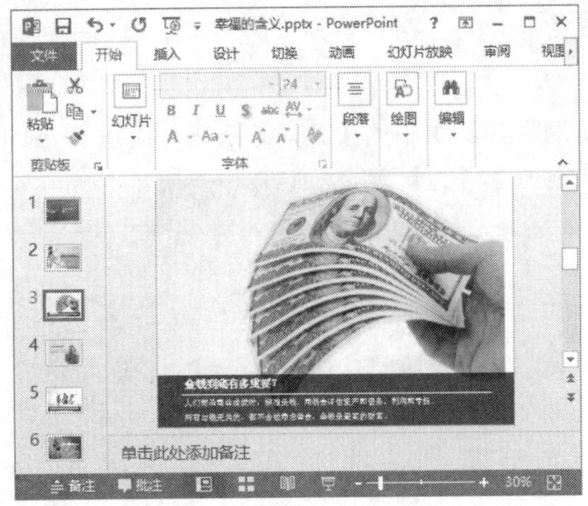

图 14-7　选择第 3 张幻灯片

图 14-8　选择【旋转】选项

图 14-9　“旋转”切换效果

14.1.4 全部应用切换效果

前 3 小节中所添加的切换效果仅是应用于当前所选择的幻灯片，下面介绍如何将切换效果应用于演示文稿中的所有幻灯片，具体的操作步骤如下。

步骤 1 打开随书光盘中的“素材\ch14\幸福的含义.pptx”文件，在【幻灯片】窗格中选择任意幻灯片，如图 14-10 所示。

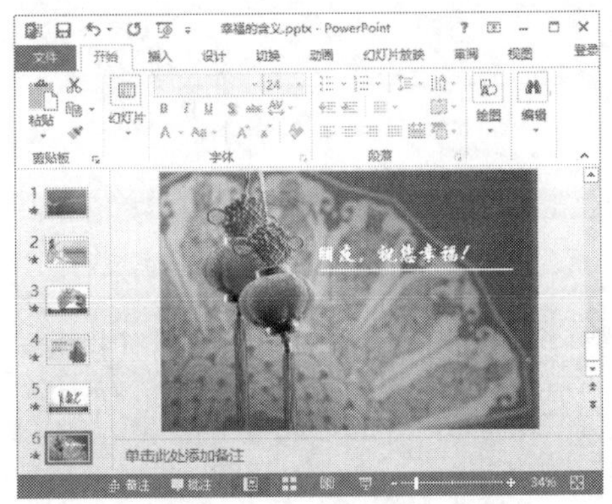

图 14-10　选择任意幻灯片

步骤 2 在【切换】选项卡中，单击【切换到此幻灯片】组中的【其他】按钮，在弹出的下拉列表中选择【细微型】区域的【切出】选项，即可为当前幻灯片添加“切出”切换效果，如图 14-11 所示。

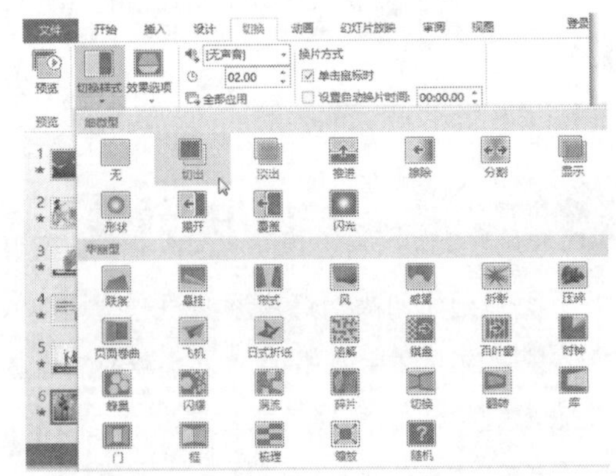

图 14-11　选择【切出】选项

步骤 3 在【切换】选项卡中，单击【计时】组中的【全部应用】按钮，即可将“切出”

切换效果应用于所有的幻灯片，如图 14-12 所示。

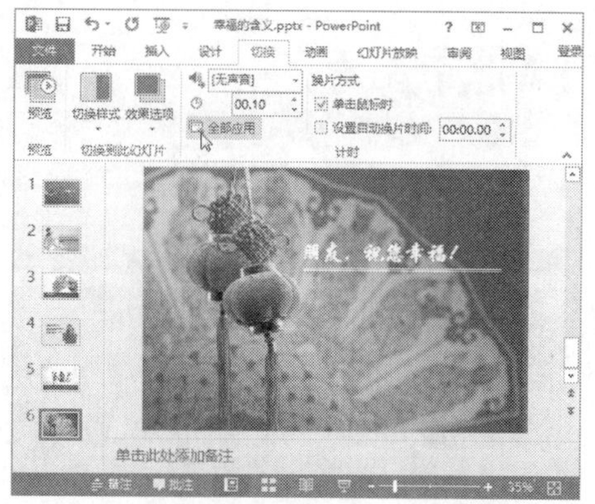

图 14-12 单击【全部应用】按钮

提示 单击【全部应用】按钮后，不仅切换效果将应用于所有的幻灯片，设置的切换声音、持续时间、换片方式等也都将应用于所有的幻灯片。

14.1.5 预览切换效果

添加切换效果后，系统会自动播放该效果，以供用户预览所选的效果是否符合需求。

此外，在【切换】选项卡中，单击【预览】组中的【预览】按钮，也可预览切换效果，如图 14-13 所示。注意，在预览效果时，【预览】按钮会变为★形状，如图 14-14 所示。

图 14-13 单击【预览】按钮

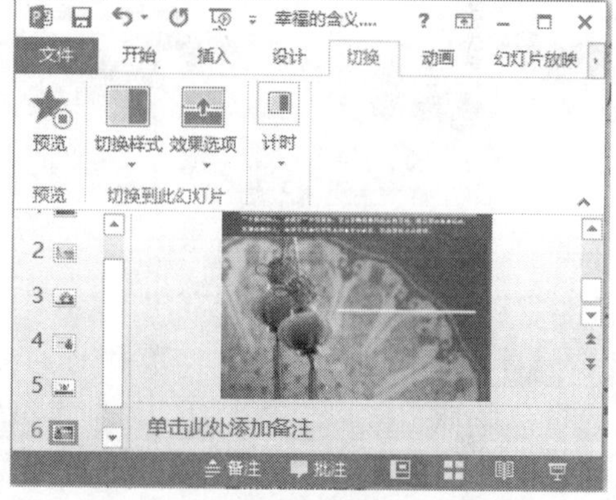

图 14-14 【预览】按钮变为★形状

14.2 设置切换效果

为幻灯片添加切换效果后，用户还可以为切换效果添加声音、设置切换效果的持续时间等，甚至还可以对切换效果的属性进行自定义。

14.2.1 更改切换效果

若用户对所选的切换效果不满意，可以将其更改为其他类型的切换效果。更改切换效果的步骤与添加切换效果的步骤完全一致，首先选择要更改效果的幻灯片，在【切换】选项卡中，单击【切

换到此幻灯片】组中的【其他】按钮，在弹出的下拉列表中即可选择其他的切换效果，如图 14-15 所示。

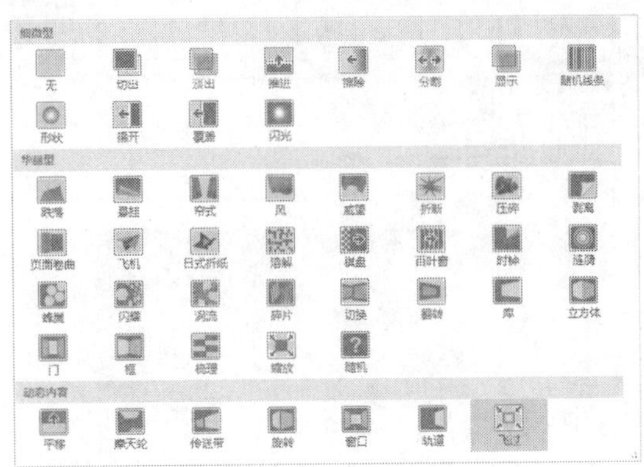

图 14-15　在【切换到此幻灯片】下拉列表中选择其他的切换效果

14.2.2 设置切换效果的属性

PowerPoint 2013 中的部分切换效果具有可自定义的属性，在添加切换效果后，还可对其属性进行设置，具体的操作步骤如下。

步骤 1 打开随书光盘中的“素材\ch14\幸福的含义.pptx”文件，在【幻灯片】窗格中选择第 4 张幻灯片，如图 14-16 所示。

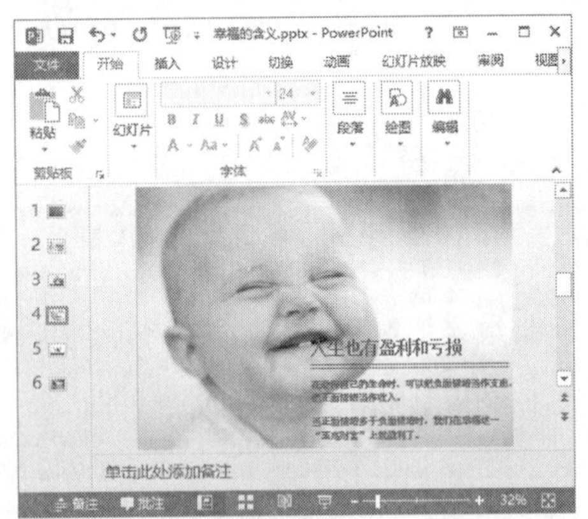

图 14-16　选择第 4 张幻灯片

步骤 2 在【切换】选项卡中，单击【切换到此幻灯片】组中的【其他】按钮，在弹出的下拉列表中选择【细微型】区域的【揭开】选项，即可为幻灯片添加“揭开”切换效果，如图 14-17 所示。

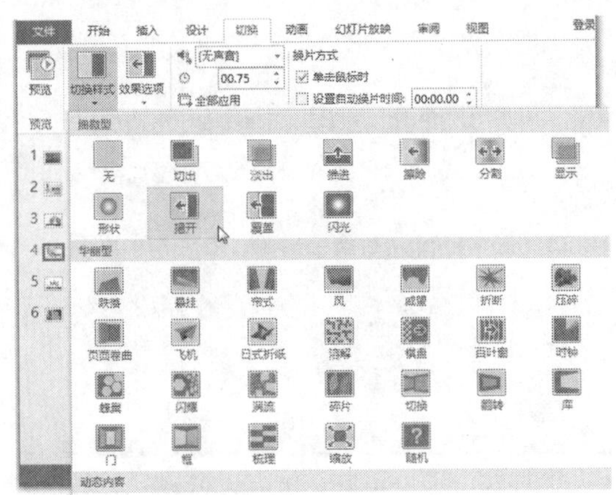

图 14-17　选择【揭开】选项

步骤 3 在【切换】选项卡中，单击【切换到此幻灯片】组中的【效果选项】按钮，在弹出的下拉列表中即可设置“揭开”切换效果的起始方向，例如自顶部、自左侧、从右上部等，如图 14-18 所示。

> **提示** 不同的切换效果，可设置的属性也不相同，即【效果选项】下拉列表中的内容是不同的。例如，选择“飞过”切换效果，其【效果选项】下拉列表中包括【放大】、【切出】、【弹跳切入】等选项，如图 14-19 所示。

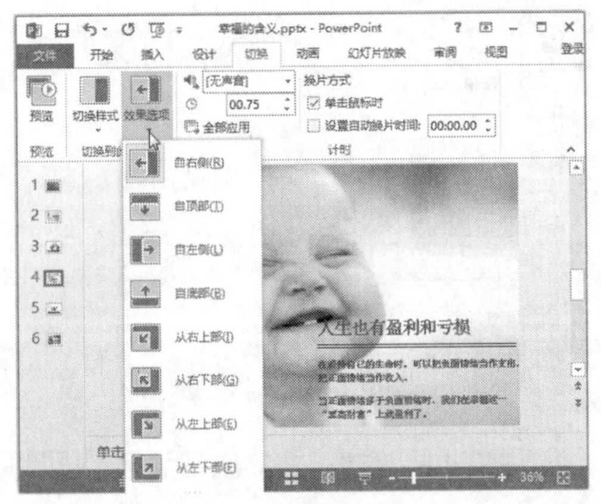

图 14-18　在【效果选项】下拉列表中设置起始方向

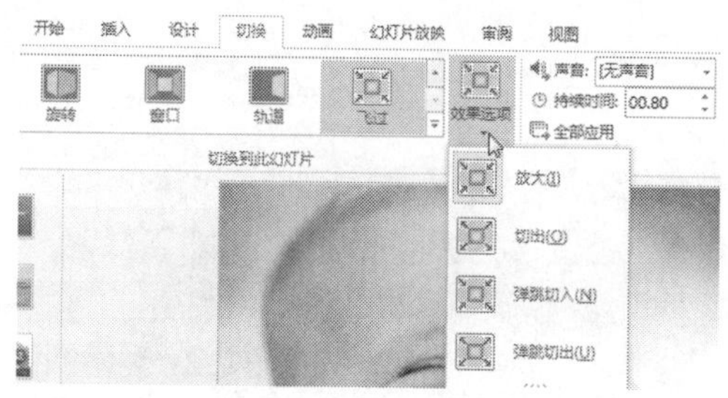

图 14-19　“飞过”切换效果可设置的属性

14.2.3 为切换效果添加声音

下面介绍如何为幻灯片添加声音，具体的操作步骤如下。

步骤 1 打开随书光盘中的“素材\ch14\幸福的含义.pptx”文件，选择第 1 张幻灯片，使用前面小节介绍的方法，为其添加切换效果，如图 14-20 所示。

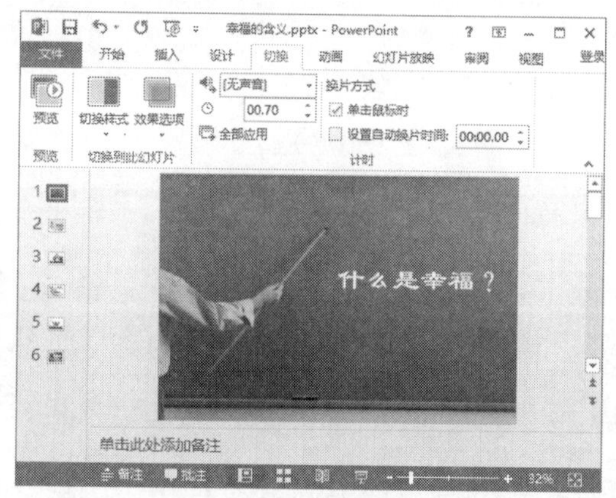

图 14-20　为第 1 张幻灯片添加切换效果

步骤 2 在【切换】选项卡中，单击【计时】组中【声音】右侧的下拉按钮，在弹出的下拉列表中选择需要的声音，例如这里选择【鼓掌】选项，即可为切换效果添加“鼓掌”声音效果，如图 14-21 所示。

步骤 3 若下拉列表中没有需要的声音，选择【其他声音】选项，即弹出【添加音频】对话框，在计算机中找到要添加的声音文件，单击【确定】按钮，即可为切换效果添加自定义的声音文件，如图 14-22 所示。

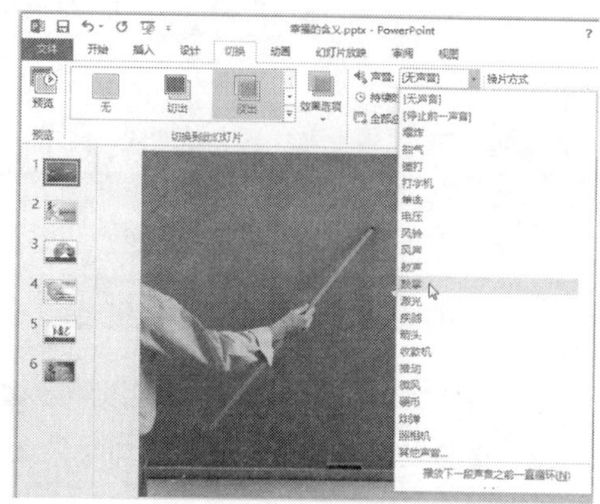

图 14-21　在【声音】下拉列表中选择声音

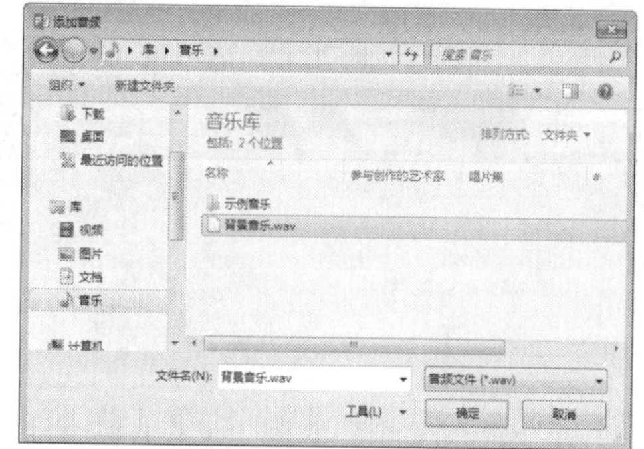

图 14-22　【添加音频】对话框

14.2.4 设置效果的持续时间

效果的持续时间是指切换效果从开始到结束的播放时间，通过设置该时间，可以控制切换的速度，具体的操作步骤如下。

步骤 1 打开随书光盘中的“素材\ch14\幸福的含义.pptx”文件，选择第 1 张幻灯片，使用前面小节介绍的方法，为其添加切换效果，如图 14-23 所示。

步骤 2 此时在【切换】选项卡中，【计时】组的【持续时间】文本框中默认持续时间为 0.7 秒，如图 14-24 所示。

> **提示** 不同的切换效果，其默认的持续时间是不同的。

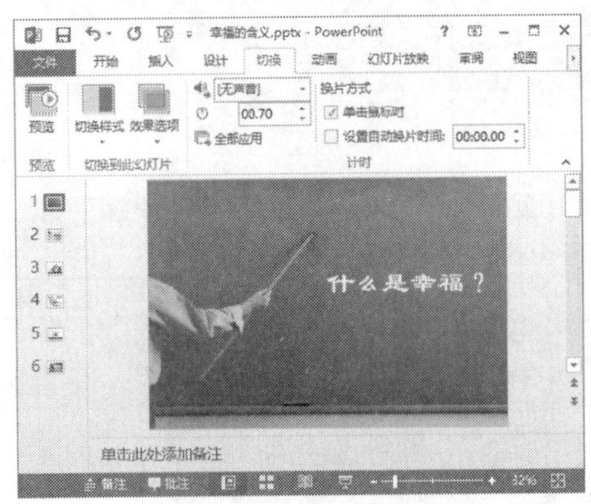

图 14-23　为第 1 张幻灯片添加切换效果

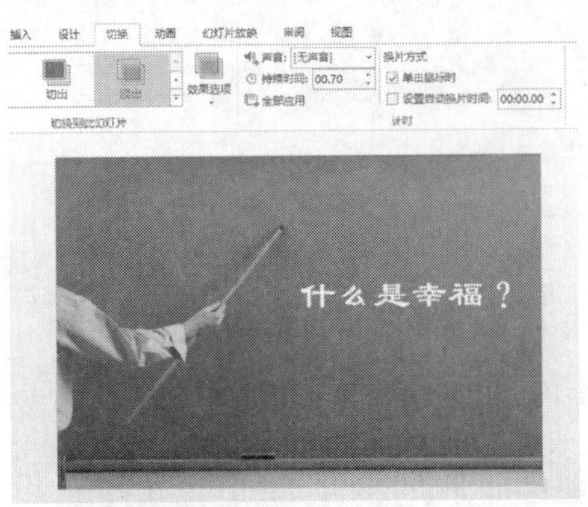

图 14-24　默认持续时间为 0.7 秒

步骤 3 在【持续时间】文本框中输入具体的值，或者单击右侧的微调框，即可设置效果的持续时间。例如这里在文本框中输入“3”，按 Enter 键，系统自动将其更改为“03.00”，如图 14-25 所示。

提示 切换效果的持续时间最长不能超过 1 分钟。

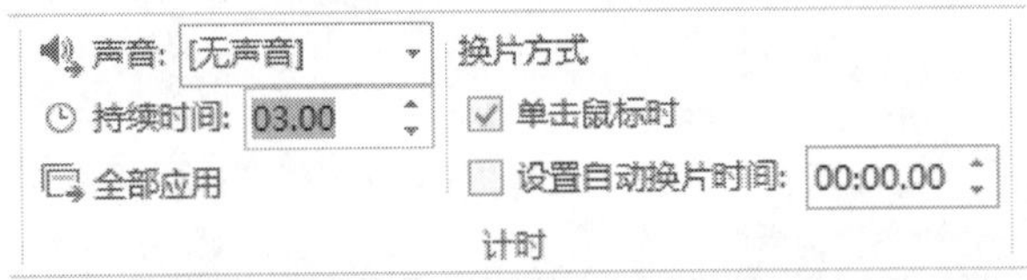

图 14-25　重新设置效果的持续时间

14.3 设置换片方式

换片方式用于指定如何从一张幻灯片切换到另一张换灯片，PowerPoint 2013 主要提供两种方式：单击鼠标时切换和自动切换。下面分别介绍具体的操作步骤。

14.3.1 单击鼠标时切换

单击鼠标时切换是指只有在发生单击鼠标的操作时，当前幻灯片才会切换到另一张幻灯片。该方式是系统的默认方式。

若要手动进行设置，在【切换】选项卡的【计时】组中，勾选【换片方式】区域的【单击鼠标时】复选框，即可将换片方式设置为单击鼠标时切换，如图 14-26 所示。

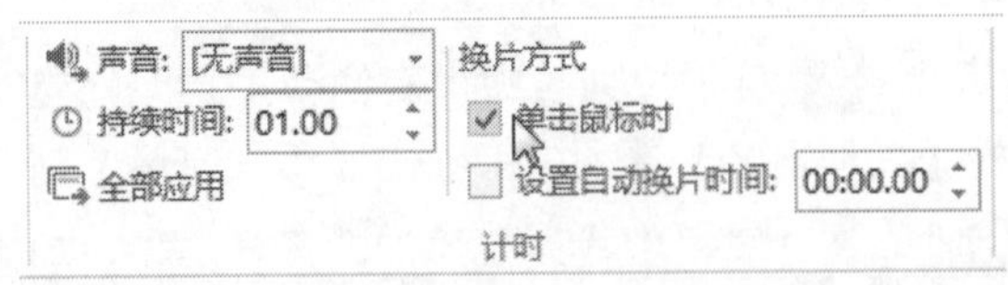

图 14-26　勾选【单击鼠标时】复选框

14.3.2 设置自动切换时间

自动切换是指在放映过程中，无须任何操作，当前幻灯片会自动切换到下一张幻灯片。在设置为自动切换方式时，用户还需设置自动切换的间隔时间，具体的操作步骤如下。

步骤 1 打开随书光盘中的“素材 \ch14\ 幸福的含义 .pptx”文件，选择第 4 张幻灯片，使用前面小节介绍的方法，为其添加切换效果，此时换片方式默认为单击鼠标时切换，如图 14-27 所示。

步骤 2 在【切换】选项卡的【计时】组中，取消选中【单击鼠标时】复选框，勾选【设置自动换片时间】复选框，并在右侧文本框中输入“5”，那么在放映当前幻灯片时，5 秒后会自动切换到下一张幻灯片，如图 14-28 所示。

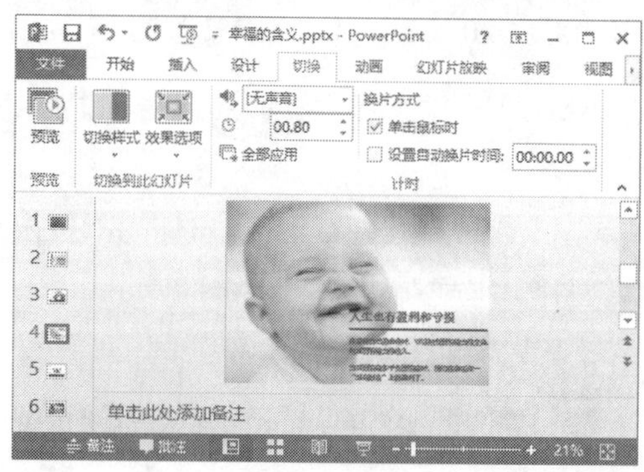

图 14-27　换片方式默认为单击鼠标时切换

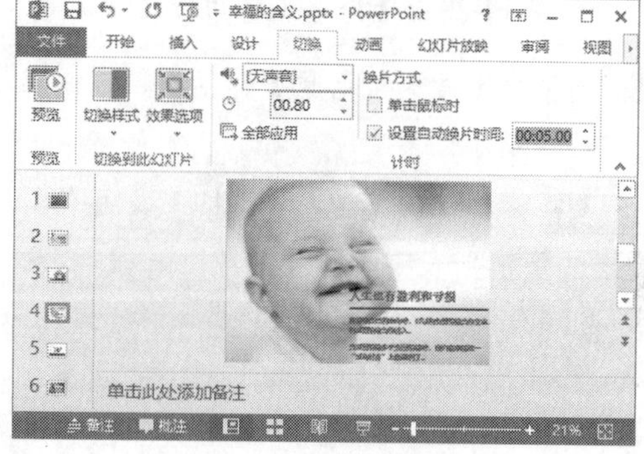

图 14-28　勾选【设置自动换片时间】复选框

此外，如果同时选中【单击鼠标时】复选框和【设置自动换片时间】复选框，这样切换时既可以单击鼠标切换，也可以自动切换。

14.4 职场技能训练

前面主要学习了切换效果的添加和设置方法，下面来学习添加和设置幻灯片切换效果在实际工作中的应用。

14.4.1 职场技能 1——设置换片声音持续循环播放

在幻灯片中除了可以为切换效果添加声音外，还可以使切换的声音持续循环播放至幻灯片放映结束，相当于为演示文稿添加了背景音乐，具体的操作步骤如下。

步骤 1 打开随书光盘中的“素材 \ch14\ 幸福的含义 .pptx”文件，选择第 1 张幻灯片，如图 14-29 所示。

步骤 2 在【切换】选项卡中，单击【计时】组中【声音】右侧的下拉按钮，在弹出的下拉列表中选择【其他声音】选项，如图 14-30 所示。

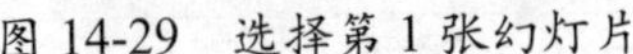
图 14-29　选择第 1 张幻灯片

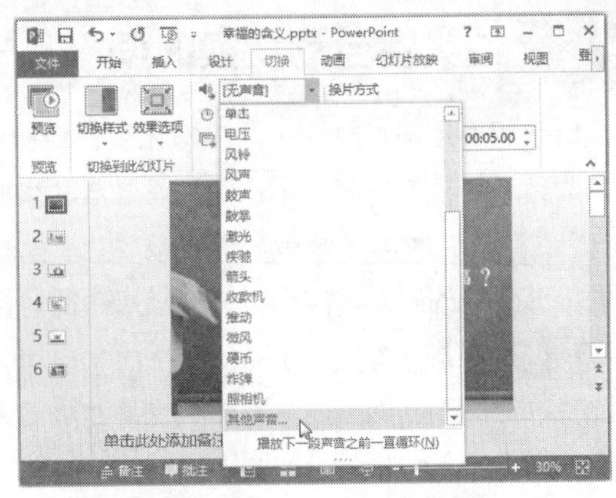

图 14-30　选择【其他声音】选项

步骤 3 弹出【添加音频】对话框，在计算机中选择要添加的声音文件，单击【确定】按钮，如图 14-31 所示。

步骤 4 添加声音后，在【切换】选项卡中，再次单击【计时】组中【声音】右侧的下拉按钮，在弹出的下拉列表中选择【播放下一段声音之前一直循环】选项，如图 14-32 所示。

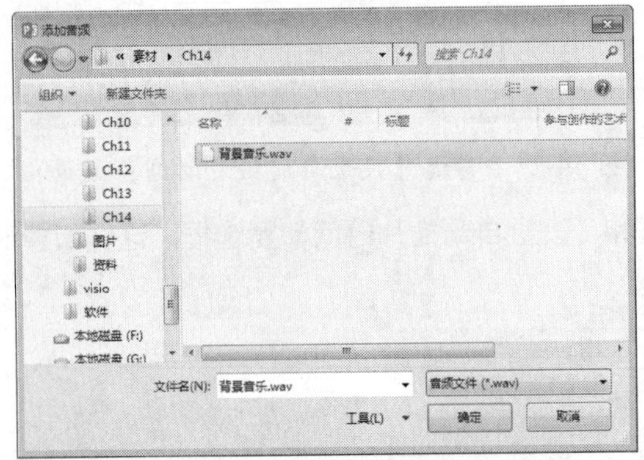

图 14-31　选择要添加的声音文件

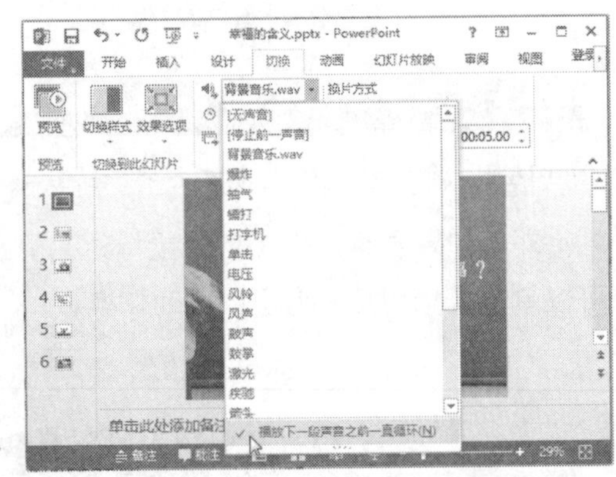

图 14-32　选择【播放下一段声音之前一直循环】选项

完成上述步骤后，在播放幻灯片时，该声音会一直循环播放，直至下一段声音出现。

14.4.2 职场技能 2——将幻灯片保存为放映类型

将幻灯片保存为放映类型，这样在打开演示文稿时，会直接进入放映界面，具体的操作步骤如下。

步骤 1 打开随书光盘中的“素材\ch14\幸福的含义.pptx”文件，选择【文件】选项卡，进入文件操作界面，单击左侧列表中的【另存为】命令，然后选择【计算机】选项，单击右侧的【浏览】按钮，如图 14-33 所示。

步骤 2 弹出【另存为】对话框，选择在计算机中的保存位置，然后单击【保存类型】右侧的下拉按钮，在弹出的下拉列表中选择【PowerPoint 放映（*.ppsx）】选项，如图 14-34 所示。

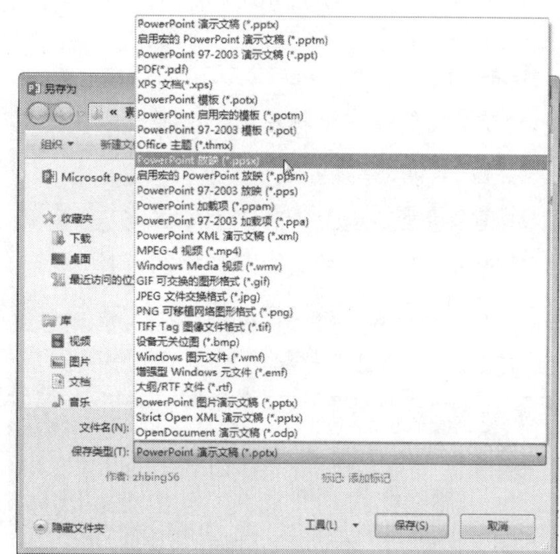

图 14-33　单击【浏览】按钮　　　图 14-34　选择【PowerPoint 放映（*.ppsx）】选项

步骤 3 设置完成后，即可将 PowerPoint 文件保存为放映模式，此时文件后缀名为“.ppsx”，如图 14-35 所示。

步骤 4 双击保存后的“幸福的含义 .ppsx”文件，即可直接进入放映界面，如图 14-36 所示。

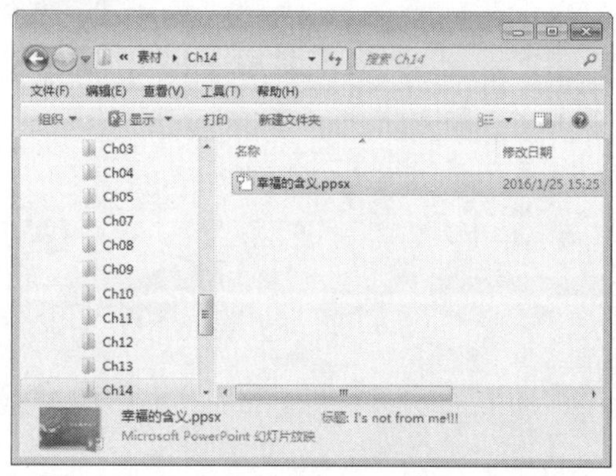

图 14-35　PowerPoint 文件保存为放映模式

图 14-36　直接进入放映界面

14.5 疑难问题解答

问题 1：为切换效果添加自定义声音时，有什么限制条件？

解答：在为切换效果添加自定义声音时，自定义声音文件的格式必须是 WAV 格式，即它的后缀名必须是“.wav”。

问题 2：在放映演示文稿时，除了单击鼠标和自动切换方式可以切换幻灯片外，还有什么方法？

解答：还有以下方法可以切换幻灯片。

⑴ 在空白处单击鼠标右键，在弹出的快捷菜单中选择【下一张】、【上一张】等菜单命令，即可切换至其他的幻灯片。

⑵ 在键盘上按向上↑、向下↓、向左←、向右→键可切换幻灯片。

⑶ 通过滑动鼠标的滚轮可切换幻灯片。

⑷ 在放映界面，系统自动提供向左或向右按钮，单击这些按钮，也可切换幻灯片。

⑸ 按 Enter 键或空格键可切换至下一张幻灯片。

张扬自我——PPT 演示

● **本章导读**

制作好的幻灯片通过检查之后就可以直接播放使用了，掌握幻灯片播放的方法与技巧并灵活使用，可以达到意想不到的效果。本章主要介绍 PPT 演示的一些设置方法，包括演示方式、放映方式的设置及添加演讲者备注等内容。

● **学习目标**

◎ 掌握演示方式的设置方法

◎ 掌握放映方式的设置方法

◎ 掌握添加演讲者备注的方法

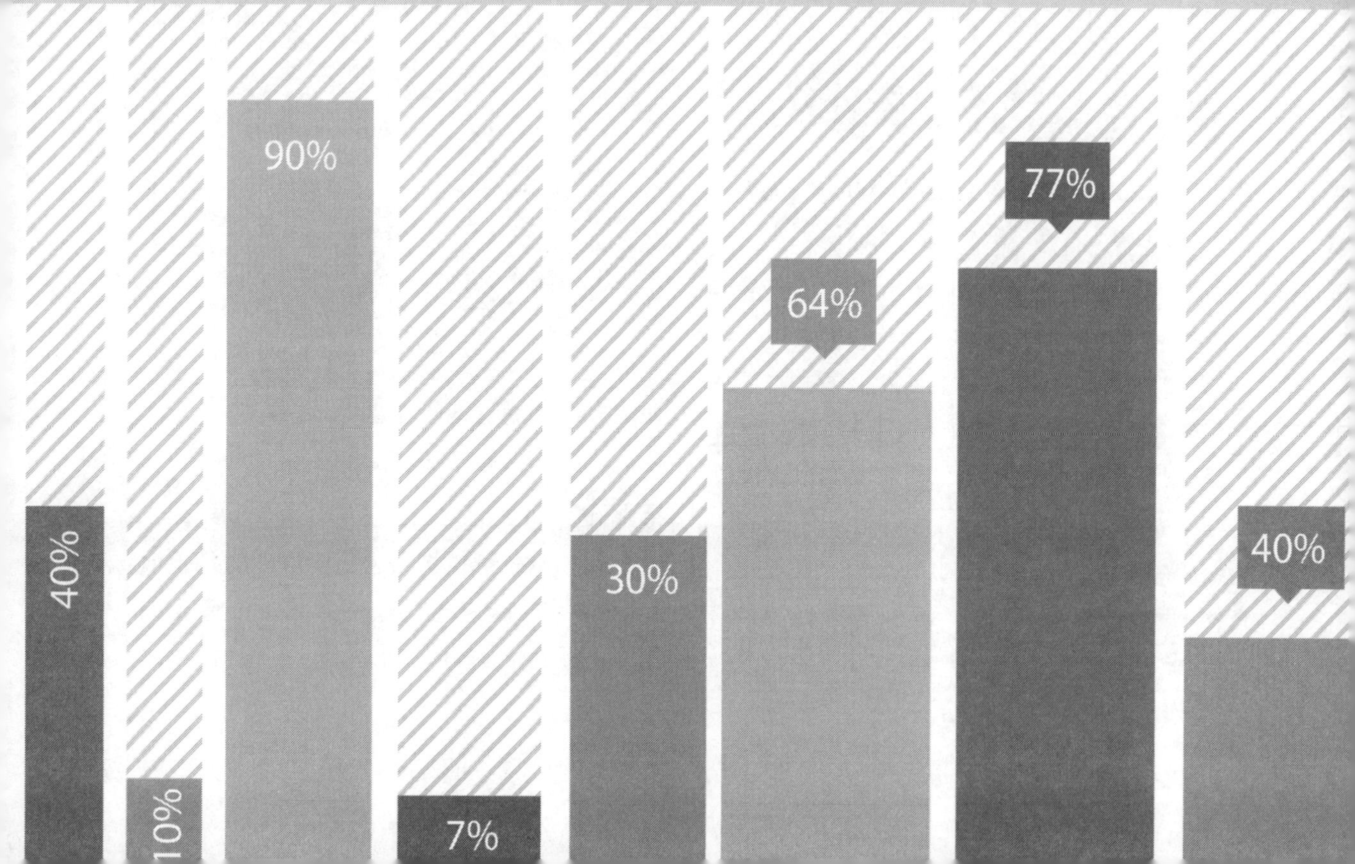

40%

10%

90%

7%

30%

64%

77%

40%

15.1 演示方式

演示方式即演示文稿的放映类型，在 PowerPoint 2013 中，演示文稿的放映类型包括演讲者放映、观众自行浏览和在展台浏览三种。下面分别介绍具体的操作步骤。

15.1.1 演讲者放映

演讲者放映方式是指由演讲者一边演讲一边放映，这是最常用的一种放映方式，也是系统默认的放映方式，通常用于比较正式的场合，例如专题讲座、学术报告等。在演讲者放映方式下，幻灯片将铺满全屏幕，具体的操作步骤如下。

步骤 1 打开随书光盘中的“素材\ch15\低碳生活.pptx”文件，如图 15-1 所示。

图 15-1 打开“低碳生活.pptx”文件

步骤 2 在【幻灯片放映】选项卡中，单击【设置】组中的【设置幻灯片放映】按钮，如图 15-2 所示。

图 15-2 单击【设置幻灯片放映】按钮

步骤 3 弹出【设置放映方式】对话框，在【放映类型】区域，将放映方式设置为演讲者放映方式，如图 15-3 所示。

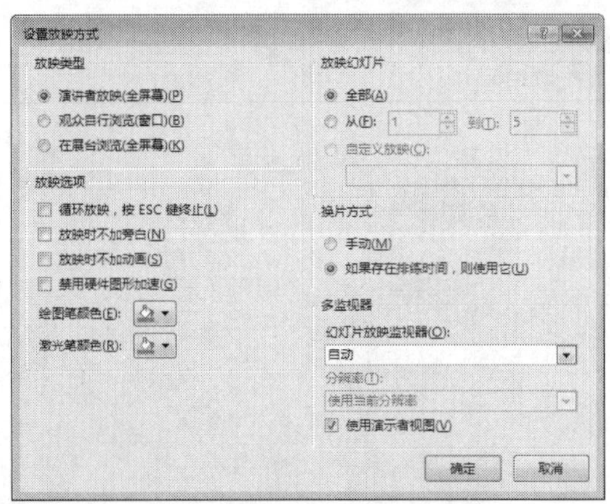

图 15-3 勾选【演讲者放映（全屏幕）】单选按钮

> **提示** 在【设置放映方式】对话框中还可设置其他的放映选项，具体内容将在 15.2.6 小节介绍，这里不再赘述。

步骤 4 设置完成后，单击【确定】按钮，完成操作。按 F5 键即可进行全屏幕的 PPT 演示，演讲者放映方式下第 1 张幻灯片的演示如图 15-4 所示。

图 15-4 演讲者放映方式

15.1.2 观众自行浏览

如果希望让观众自己浏览演示文稿，可以将放映方式设置为观众自行浏览方式，在该方式下，演示文稿将在标准窗口中显示，观众可以拖动窗口上的滚动条或按下方向键自行浏览，与此同时还可以打开其他窗口。具体的操作步骤如下。

步骤 1 打开随书光盘中的“素材 \ch15\ 低碳生活 .pptx”文件，在【幻灯片放映】选项卡中，单击【设置】组中的【设置幻灯片放映】按钮，如图 15-5 所示。

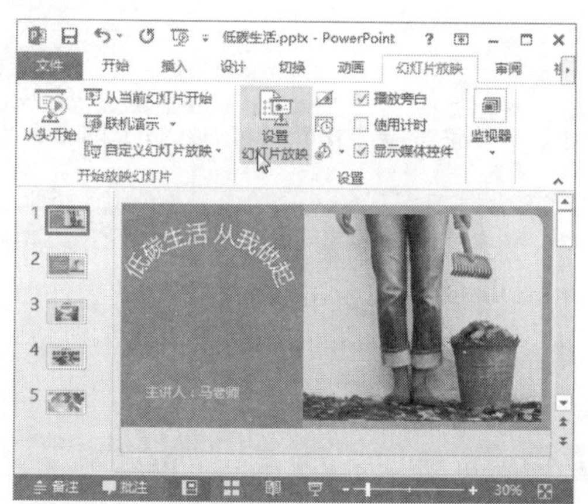

图 15-5 单击【设置幻灯片放映】按钮

步骤 2 弹出【设置放映方式】对话框，在【放映类型】区域勾选【观众自行浏览（窗口）】单选按钮，如图 15-6 所示。

步骤 3 在【放映幻灯片】区域选择【从】单选按钮，在后面 2 个文本框中分别输入“2”和“3”，表示只放映第 2 张到第 3 张幻灯片，如图 15-7 所示。

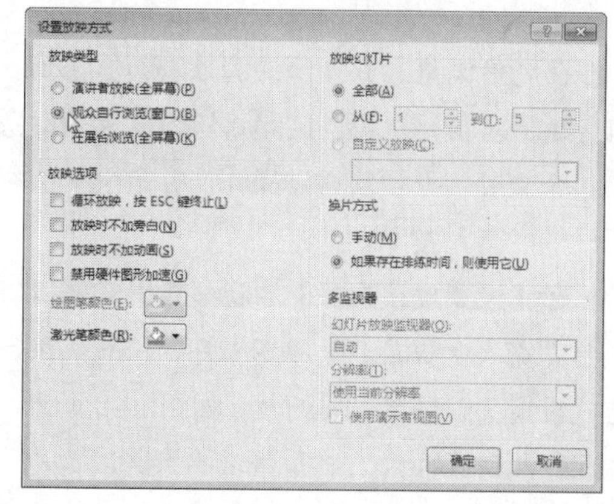

图 15-6 勾选【观众自行浏览（窗口）】单选按钮

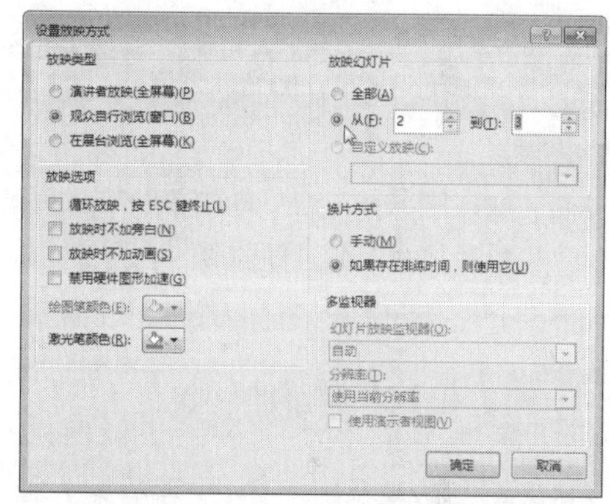

图 15-7 设置放映哪些幻灯片

步骤 4 设置完成后，单击【确定】按钮，完成操作。按 F5 键即可进入观众自行浏览放映方式，此时幻灯片以窗口的形式出现，并且上方显示了标题栏，底部则显示了状态栏，如图 15-8 所示。

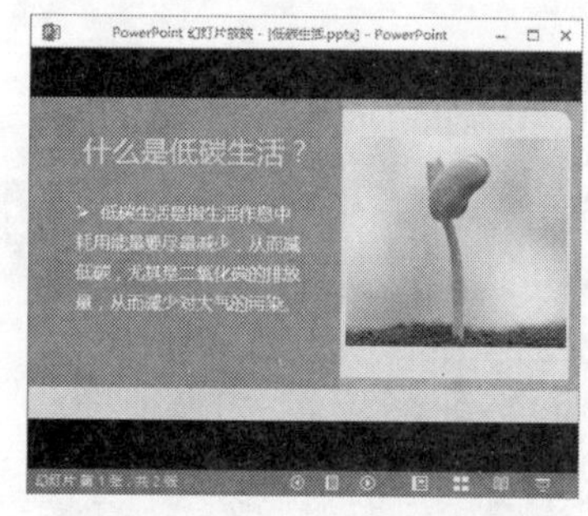

图 15-8 观众自行浏览放映方式

15.1.3 在展台浏览

在展台浏览方式同演讲者放映方式类似，也会铺满全屏幕。不同的是，该方式会自动放映演示文稿，无须演讲者操作，并且会一直循环放映，直到按 Esc 键退出。

在【设置放映方式】对话框中，勾选【在展台浏览（全屏幕）】单选按钮，即可将演示方式设置为在展台浏览方式，如图 15-9 所示。注意，此时【换片方式】区域的各选项为不可选状态，默认选择【如果存在排练时间，则使用它】单选按钮，即默认为自动放映。

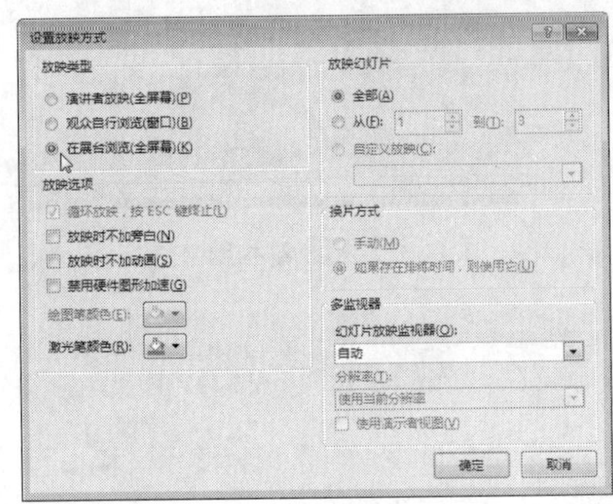

图 15-9　在展台浏览方式

15.2 开始演示幻灯片

默认情况下，幻灯片的放映方式为普通手动放映。读者可以根据实际需要，设置幻灯片的放映方式，如自动放映、自定义放映、排列计时放映等。

15.2.1 从头开始放映

从头开始放映是指从演示文稿的第 1 张幻灯片开始放映。通常情况下，放映 PPT 时都是从头开始放映的，具体的操作步骤如下。

步骤 1 打开随书光盘中的“素材\ch15\低碳生活.pptx”文件，选择任意幻灯片，如图 15-10 所示。

步骤 2 在【幻灯片放映】选项卡中，单击【开始放映幻灯片】组中的【从头开始】按钮，如图 15-11 所示。

图 15-10　选择任意幻灯片

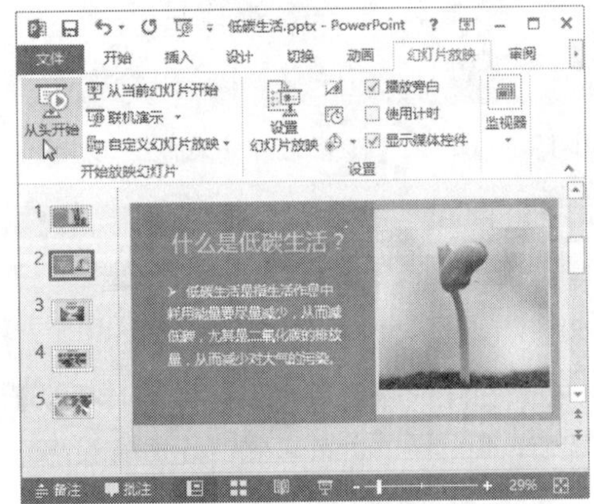

图 15-11　单击【从头开始】按钮

步骤 3 此时不管当前选择第几张幻灯片，系统都将从第 1 张幻灯片开始播放，如图 15-12 所示。

提示 按 F5 键播放时，系统也会从第 1 张幻灯片开始播放。

图 15-12　从第 1 张幻灯片开始播放

15.2.2 从当前幻灯片开始放映

在放映幻灯片时，可以选择从当前的幻灯片开始播放，具体的操作步骤如下。

步骤 1 打开随书光盘中的“素材 \ch15\ 低碳生活 .pptx”文件，选择第 4 张幻灯片，如图 15-13 所示。

图 15-13　选择第 4 张幻灯片

步骤 2 在【幻灯片放映】选项卡中，单击【开始放映幻灯片】组中的【从当前幻灯片开始】按钮，如图 15-14 所示。即可从当前幻灯片开始播放，如图 15-15 所示。

图 15-14　单击【从当前幻灯片开始】按钮

提示 单击底部状态栏中的【幻灯片放映】按钮，系统也会从当前幻灯片开始放映。

图 15-15　从当前幻灯片开始播放

15.2.3 自定义多种放映方式

利用 PowerPoint 的【自定义幻灯片放映】功能，用户可以选择从第几张幻灯片开始放映，以及放映哪些幻灯片，并且可以随意调整这些幻灯片的放映顺序，具体的操作步骤如下。

步骤 1 打开随书光盘中的“素材 \ch15\ 低碳生活 .pptx”文件，在【幻灯片放映】选项卡中，单击【开始放映幻灯片】组中的【自定义幻灯片放映】按钮，在弹出的下拉列表中选择【自定义放映】选项，如图 15-16 所示。

步骤 2 弹出【自定义放映】对话框，在其中单击【新建】按钮，如图 15-17 所示。

图 15-16　选择【自定义放映】选项

图 15-17　单击【新建】按钮

步骤 3 弹出【定义自定义放映】对话框，在【幻灯片放映名称】文本框中输入自定义的名称，然后在【在演示文稿中的幻灯片】列表框中选择需要放映的幻灯片，例如这里勾选第 1 张幻灯片前面的复选框，单击【添加】按钮，如图 15-18 所示。

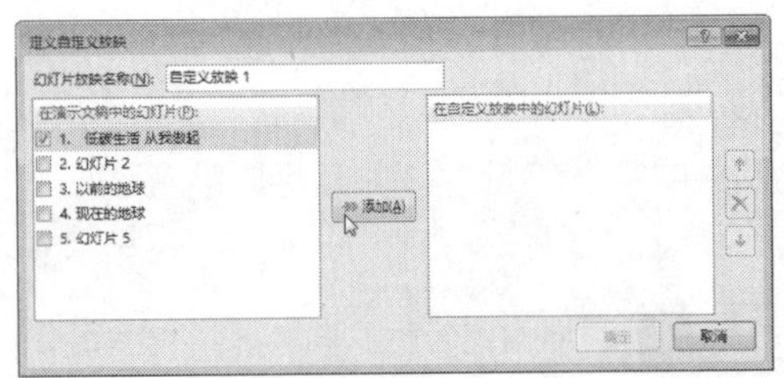

图 15-18　选择需要放映的幻灯片

步骤 4 将第 1 张幻灯片添加到右侧【在自定义放映中的幻灯片】列表框中，重复步骤还可添加其他幻灯片，然后单击【确定】按钮，如图 15-19 所示。

> 提示　添加完成后，单击右侧的【上移】按钮、【删除】按钮及【下移】按钮，可调整幻灯片的顺序或删除选择的幻灯片。

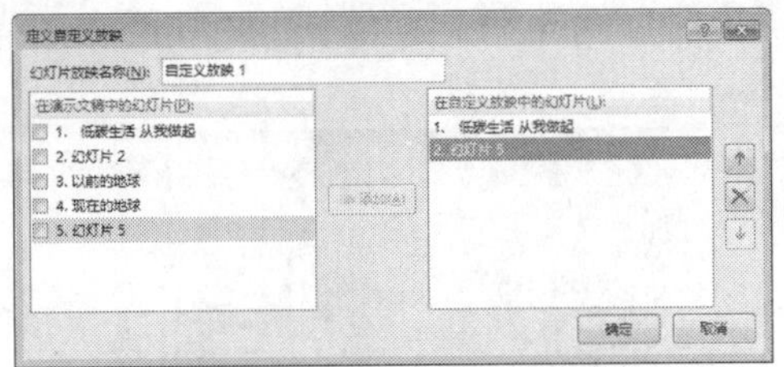

图 15-19　添加其他幻灯片

步骤 6 返回到【自定义放映】对话框，在其中可以看到自定义的放映方式，单击【放映】按钮，如图 15-20 所示。

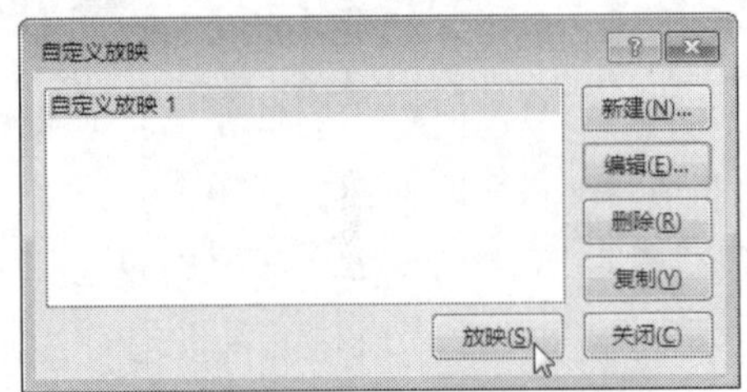

图 15-20　单击【放映】按钮

步骤 7 预览放映效果，如图 15-21 所示。

图 15-21　预览放映效果

> 提示　再次单击【开始放映幻灯片】组中的【自定义幻灯片放映】按钮，在弹出的下拉列表中可以看到，自定义的放映方式已添加到该列表中。用户只需选择该选项，即可以自定义的方式开始放映幻灯片，如图 15-22 所示。

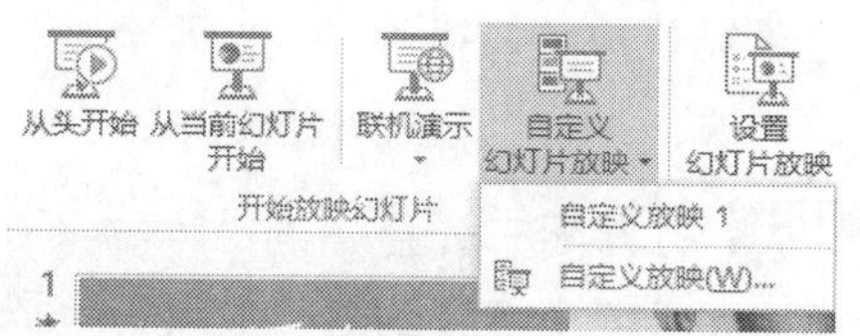

图 15-22　自定义的放映方式已添加到列表中

15.2.4 放映时隐藏指定幻灯片

在演示文稿中可以将一张或多张幻灯片隐藏起来，这样在放映幻灯片时就可以不显示这些幻灯片，具体的操作步骤如下。

步骤 1 打开随书光盘中的“素材 \ch15\ 低碳生活 .pptx”文件，选择第 2 张幻灯片，如图 15-23 所示。

图 15-23　选择第 2 张幻灯片

步骤 2 在【幻灯片放映】选项卡中，单击【设置】组中的【隐藏幻灯片】按钮，如图 15-24 所示。

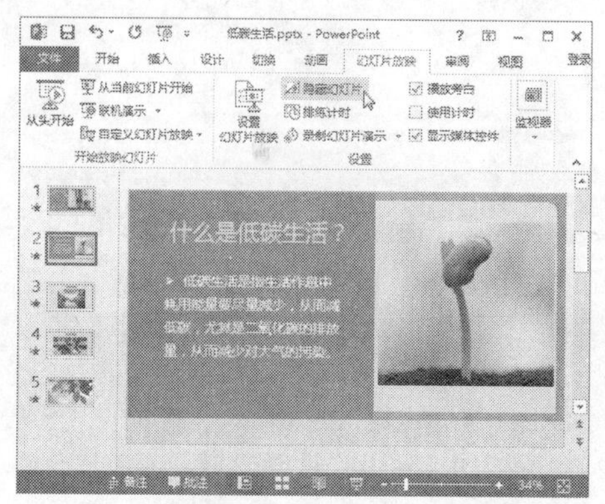

图 15-24　单击【隐藏幻灯片】按钮

步骤 3 在放映幻灯片时即可隐藏第 2 张幻灯片，此时在【幻灯片】窗格中可以看到，第 2 张幻灯片缩略图上显示为隐藏状态，如图 15-25 所示。

图 15-25　隐藏第 2 张幻灯片

15.2.5 设置演示分辨率

在放映演示文稿时，常用的分辨率有 640 × 480、800 × 600 和 1024 × 768 等。在某些情况下，用户端所设置的分辨率并不一定与 PPT 所设定的相吻合，这样在放映时幻灯片的内容可能会出现不在屏幕中央或不清晰的现象。为了避免出现此类现象，用户可以手动设置 PPT 的演示分辨率，使其与用户端的分辨率相吻合，具体的操作步骤如下。

步骤 1 打开随书光盘中的“素材 \ch15\ 低碳生活 .pptx”文件，在【幻灯片放映】选项卡中，单击【设置】组中的【设置幻灯片放映】按钮，如图 15-26 所示。

步骤 2 弹出【设置放映方式】对话框，在【多监视器】区域单击【幻灯片放映监视器】右侧的下拉按钮，在弹出的下拉列表中选择【主要监视器】选项，如图 15-27 所示。

图 15-26 单击【设置幻灯片放映】按钮

图 15-27 选择【主要监视器】选项

步骤 3 在【多监视器】区域单击【分辨率】右侧的下拉按钮，在弹出的下拉列表中即可选择新的演示分辨率，如图 15-28 所示。

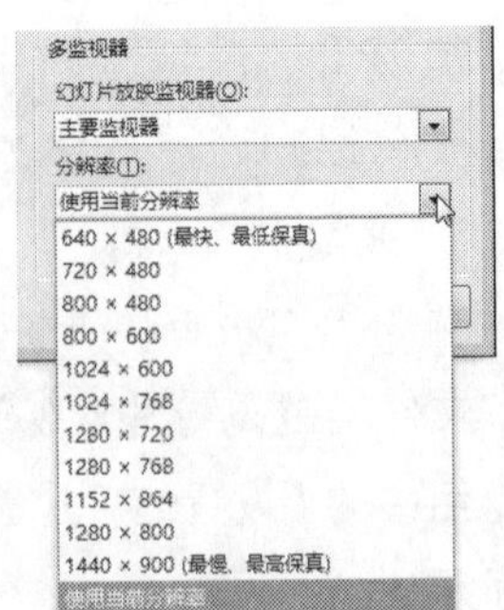

图 15-28 选择新的演示分辨率

15.2.6 其他放映选项

在【设置放映方式】对话框中，用户可以设置是否循环放映、换片方式以及放映哪些幻灯片等内容，具体的操作步骤如下。

步骤 1 打开随书光盘中的“素材 \ch15\ 低碳生活 .pptx”文件，在【幻灯片放映】选项卡中，单击【设置】组中的【设置幻灯片放映】按钮，将弹出【设置放映方式】对话框，如图 15-29 所示。

图 15-29 单击【设置幻灯片放映】按钮

步骤 2 设置放映选项。在【放映选项】区域即可设置放映时是否循环放映、是否添加旁白及动画、是否禁用硬件图形加速等。例如这里勾选【循环放映，按 ESC 键终止】复选框，如图 15-30 所示。

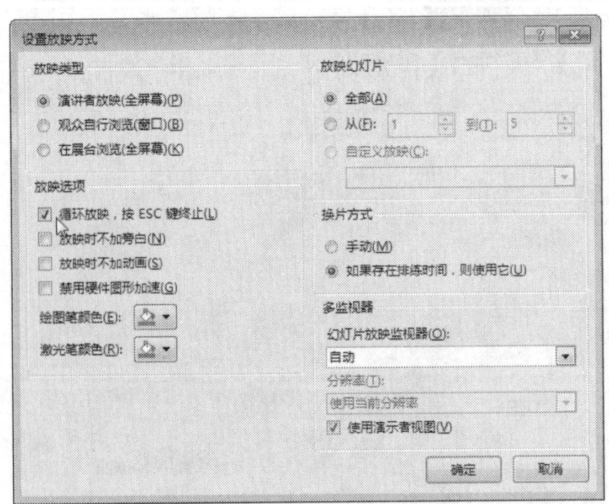

图 15-30 设置放映选项

提示 【放映选项】区域各选项的作用如下。

☆ 【循环放映，按 ESC 键终止】：设置在最后一张幻灯片放映结束后，自动返回到第一张幻灯片继续放映，直到按 Esc 键结束放映。

☆ 【放映时不加旁白】：设置在放映时不播放在幻灯片中添加的声音。

☆ 【放映时不加动画】：设置在放映时屏蔽动画效果。

☆ 【禁用硬件图形加速】：设置停用硬件图形加速功能。

☆ 【绘图笔颜色】：设置在添加墨迹注释时绘图笔的颜色。

☆ 【激光笔颜色】：设置激光笔的颜色。

步骤 3 设置放映哪些幻灯片。在【放映幻灯片】区域可设置是放映全部幻灯片，还是指定幻灯片。例如这里选择【从一到】单选按钮，在后面两个文本框分别输入“1”和“2”，即表示只放映第 1 张到第 2 张幻灯片，如图 15-31 所示。

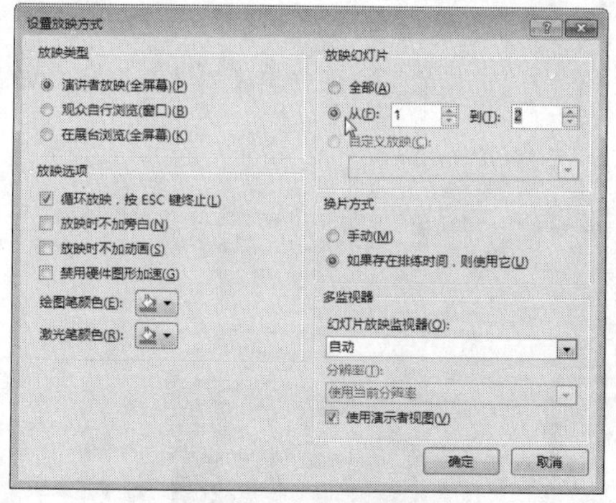

图 15-31　设置放映哪些幻灯片

步骤 4 设置换片方式。在【换片方式】区域可设置是采用手动切换幻灯片，还是根据排练时间进行换片。例如这里选择【手动】单选按钮，如图 15-32 所示。

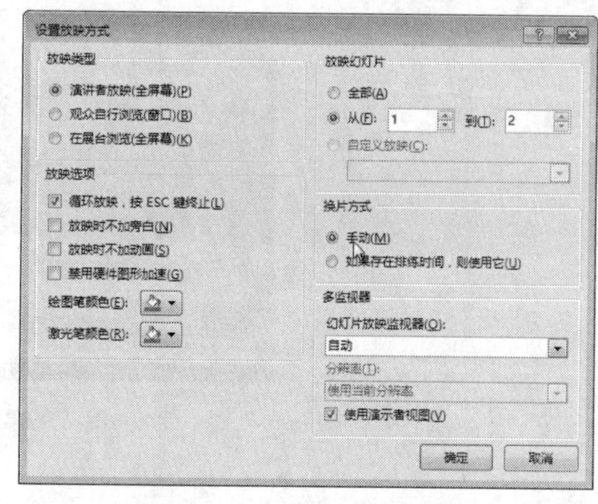

图 15-32　设置换片方式

提示 【换片方式】区域各选项的作用如下。

☆ 【手动】：设置必须手动切换幻灯片。

☆ 【如果存在排练时间，则使用它】：设置按照设定的“排练计时”自动切换。

步骤 5 设置是否使用演示者视图。在【多监视器】区域可设置是否使用演示者视图。例如这里取消选中【使用演示者视图】复选框，表示不使用演示者视图，如图 15-33 所示。

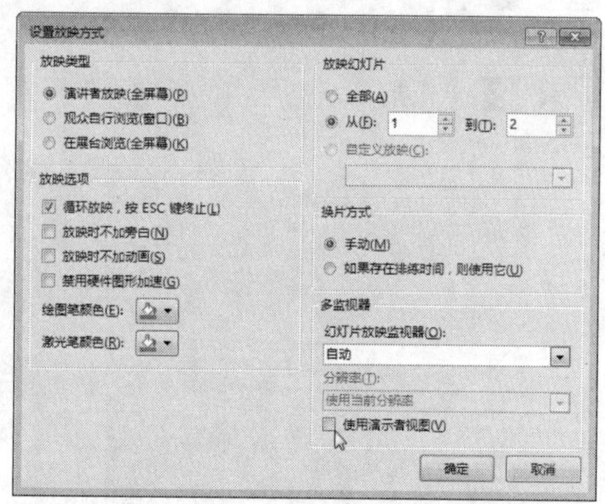

图 15-33　设置是否使用演示者视图

步骤 6 设置完成后，单击【确定】按钮，完成操作。按 F5 键放映 PPT，此时只放映第 1 张到第 2 张幻灯片，并且将一直循环放映，如图 15-34 所示。

图 15-34　预览效果

15.3 添加演讲者备注

通过添加备注，可以添加提醒、讨论点和有关部分以及全部幻灯片的其他信息，以帮助演讲者在观众面前游刃有余地演讲。

15.3.1 添加备注

可以分别给演示文稿中的多张幻灯片添加备注，从而有效地帮助演讲者标记要重点讲述的内容。具体的操作步骤如下。

步骤 1 打开随书光盘中的“素材 \ch15\ 低碳生活 .pptx”文件，在【幻灯片】窗格中选择第 3 张幻灯片，如图 15-35 所示。

步骤 2 单击底部状态栏中的【备注】按钮，在当前幻灯片的下方即弹出【备注】窗格，如图 15-36 所示。

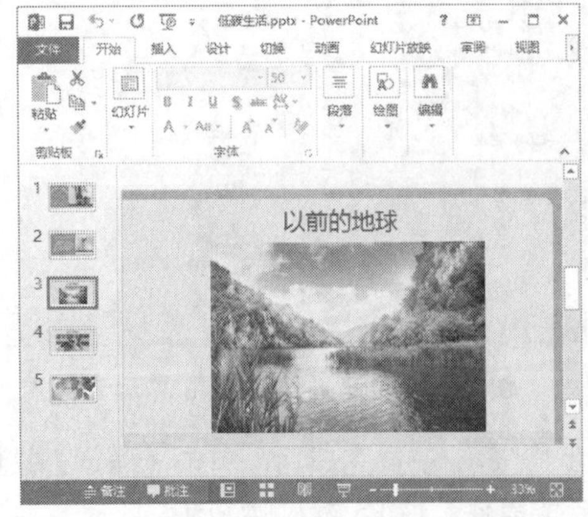

图 15-35　选择第 3 张幻灯片

图 15-36　弹出【备注】窗格

步骤 3 在【备注】窗格中单击“单击此处添加备注”处，进入编辑状态，在其中即可输入

相应的备注信息，如图 15-37 所示。

步骤 4 若备注内容较多，将光标定位在【备注】窗格的上边缘，当变为上下箭头形状时，按住鼠标左键不放，向上拖动鼠标，即可增大【备注】窗格的高度，如图 15-38 所示。

图 15-37　在【备注】窗格中输入备注信息

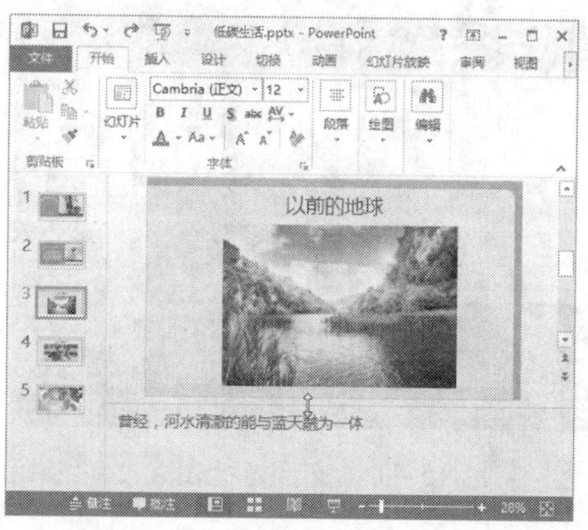

图 15-38　增大【备注】窗格的高度

15.3.2 使用演示者视图

在 PPT 中添加备注后，若演讲者只想让自己的电脑屏幕显示添加了备注的幻灯片，而观众在投影屏幕上看到的是没有任何备注的幻灯片，就可以使用演示者视图功能。

在 PowerPoint 2013 中，只要连接投影仪或第 2 台监视器，系统将自动进行设置，用户只需手动设置哪台计算机显示备注，哪台计算机面向观众即可。

通常情况下，主要有两种方法可以设置使用演示者视图，分别如下。

(1) 在【幻灯片放映】选项卡的【监视器】组中，单击【监视器】右侧的下拉按钮，选择要使用演示者视图的监视器，然后勾选【使用演示者视图】复选框即可，如图 15-39 所示。

(2) 在【幻灯片放映】选项卡中，单击【设置】组中的【设置幻灯片放映】按钮，弹出【设置放映方式】对话框，在【多监视器】区域单击【幻灯片放映监视器】右侧的下拉按钮，在弹出的下拉列表中选择相应的监视器，然后勾选【使用演示者视图】复选框即可，如图 15-40 所示。

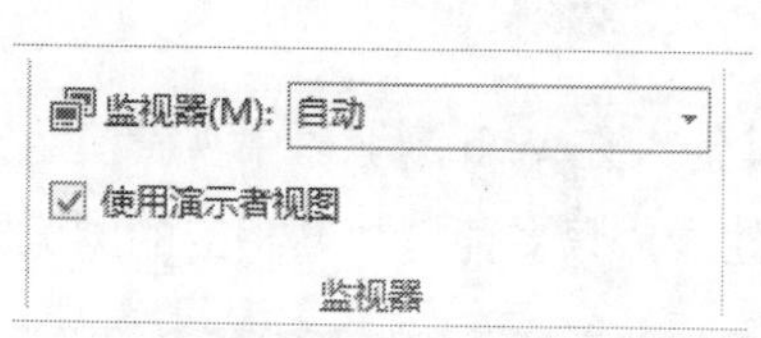

图 15-39　在功能区设置使用演示者视图

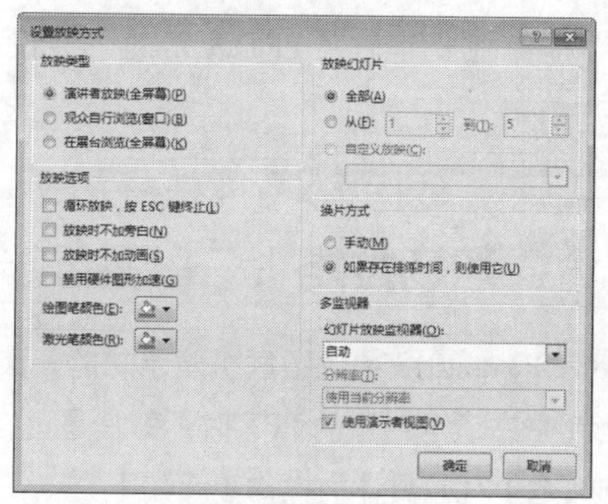

图 15-40　在【设置放映方式】对话框中设置使用演示者视图

在演示者视图中，不仅在屏幕右侧可以看到当前幻灯片的备注内容，还可预览下一张幻灯片，如图 15-41 所示。

图 15-41 演示者视图

> **提示** 若用户当前的计算机没有连接投影仪或第 2 台监视器，要想进入演示者视图，直接按 Alt+F5 组合键即可进入该视图。此外，按 F5 键进入放映模式后，单击鼠标右键，在弹出的快捷菜单中选择【显示演示者视图】菜单命令，也可进入演示者视图，如图 15-42 所示。或者单击左下角的⋯按钮，在弹出的列表中选择【显示演示者视图】选项，同样可进入演示者视图，如图 15-43 所示。

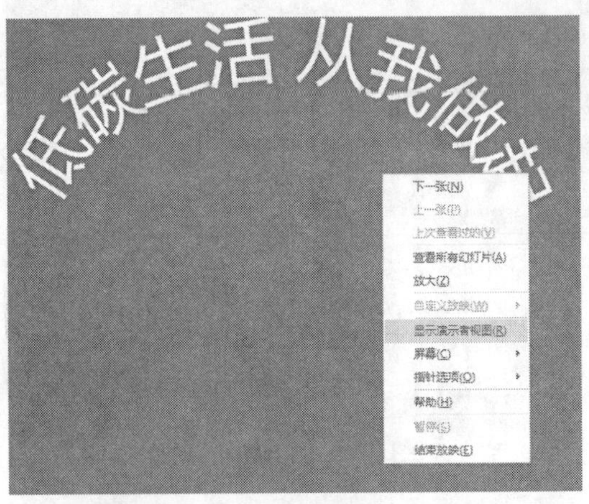

图 15-42 选择【显示演示者视图】菜单命令

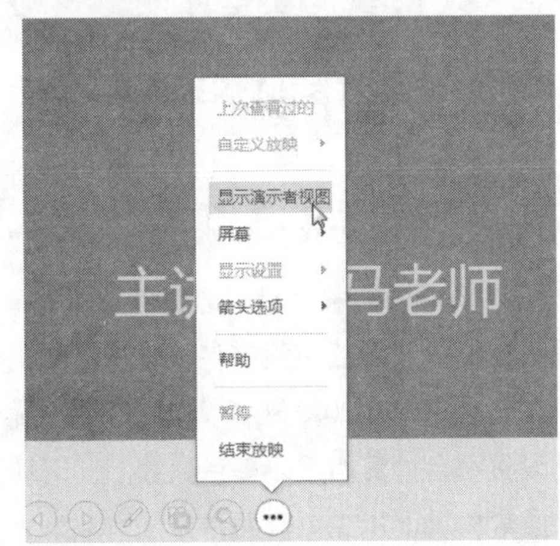

图 15-43 选择【显示演示者视图】选项

15.4 职场技能训练

前面主要学习了 PPT 演示的一些设置方法，下面来学习 PPT 演示在实际工作中的应用。

15.4.1 职场技能 1——联机演示 PPT

PowerPoint 2013 提供了联机演示功能，该功能允许其他人在 Web 浏览器中观看演示文稿。这样当用户在演示自己的 PPT 时，即使是远在海外的其他人，只要能够打开相应的浏览器，即可同步观看 PPT。具体的操作步骤如下。

步骤 1 打开随书光盘中的“素材 \ch15\ 低碳生活 .pptx”文件，如图 15-44 所示。

步骤 2 在【幻灯片放映】选项卡中，单击【开始放映幻灯片】组中的【联机演示】按钮，如图 15-45 所示。

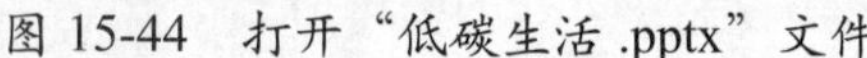

图 15-44　打开“低碳生活 .pptx”文件

图 15-45　单击【联机演示】按钮

提示　选择【文件】选项卡，进入文件操作界面，单击左侧列表中的【共享】命令，然后选择【联机演示】选项，单击右侧的【联机演示】按钮，同样可实现联机演示功能，如图 15-46 所示。

步骤 3 弹出【联机演示】对话框，在其中勾选【启用远程查看器下载演示文稿】复选框，单击【连接】按钮，如图 15-47 所示。

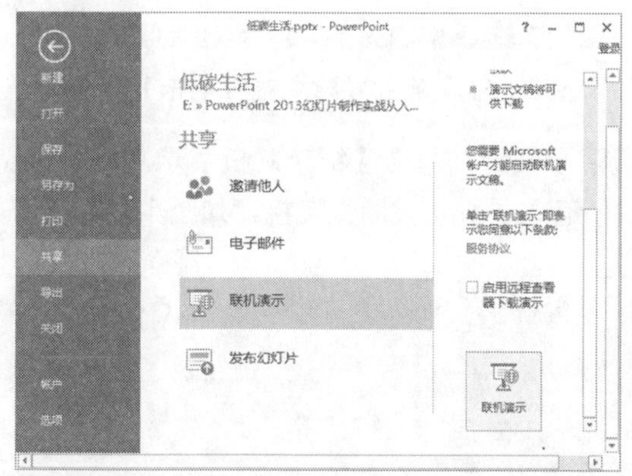

图 15-46　通过文件操作界面实现联机演示功能

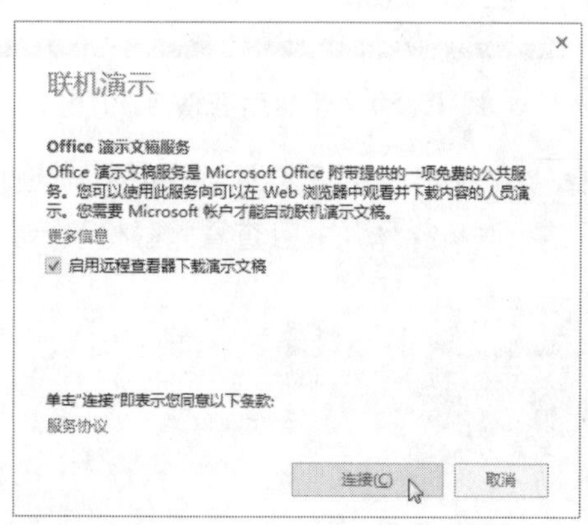

图 15-47　单击【连接】按钮

步骤 4 系统提示正在准备联机演示并显示具体进度，如图 15-48 所示。

步骤 5 稍候几分钟，将弹出提示框，在其中提供了链接地址，单击下方的【复制链接】或【通过电子邮件发送】按钮，将该链接地址共享给需要联机观看的其他人，然后单击【启动演示文稿】按钮，如图 15-49 所示。

步骤 6 此时将进入全屏放映模式，用户可开始远程演示 PPT，如图 15-50 所示。

步骤 7 按 Esc 键退出全屏放映模式后，此时功能区增加【联机演示】选项卡，单击【联机演示】

组中的【结束联机演示】按钮，如图 15-51 所示。

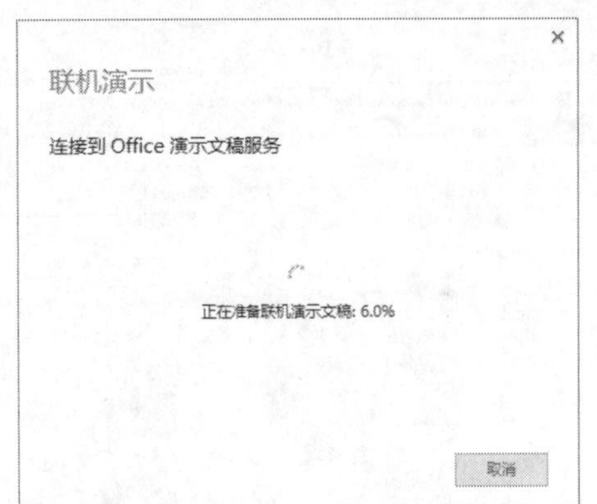

图 15-48　系统显示具体进度

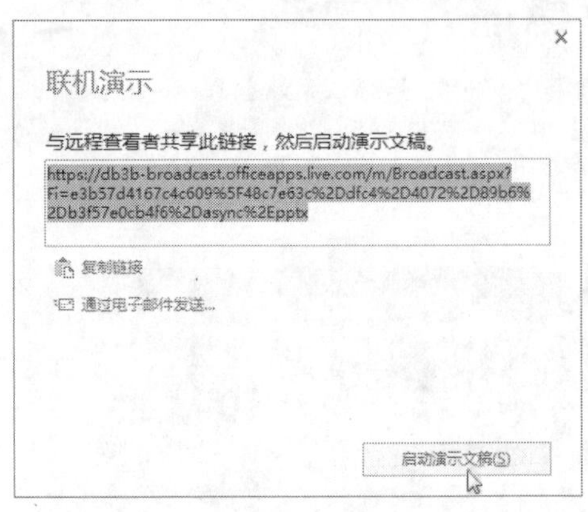

图 15-49　单击【启动演示文稿】按钮

图 15-50　开始远程演示 PPT

图 15-51　单击【结束联机演示】按钮

步骤 8 弹出对话框，提示是否要结束此联机演示文稿，单击【结束联机演示文稿】按钮，即可结束联机操作，并且查看此联机演示文稿的所有人员都将被断开连接，如图 15-52 所示。

> **提示** 将链接共享给其他人后，对方打开该链接，即可在网页中打开演示文稿，如图 15-53 所示。

图 15-52　提示是否要结束联机演示文稿

图 15-53　在网页中打开演示文稿

注意，使用联机演示功能时，用户必须先登录 PowerPoint 2013，否则将无法使用该功能。

15.4.2 职场技能 2——放映公司内部服务器上的幻灯片

作为公司的员工不仅可以打开存放在自己计算机上的幻灯片，同时还可以直接打开公司内部服务器上的幻灯片，具体的操作步骤如下。

步骤 1 打开一个制作好的演示文稿，选择【文件】选项卡，进入文件操作界面，单击左侧列表中的【打开】命令，选择【计算机】选项，然后单击右侧的【浏览】按钮，如图 15-54 所示。

步骤 2 弹出【打开】对话框，在左侧列表中单击【网络】按钮，在右侧可以查看局域网中其他的计算机，如图 15-55 所示。

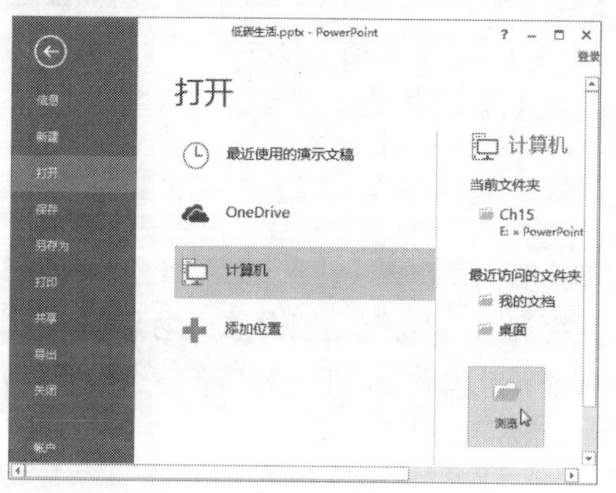

图 15-54　单击【浏览】按钮

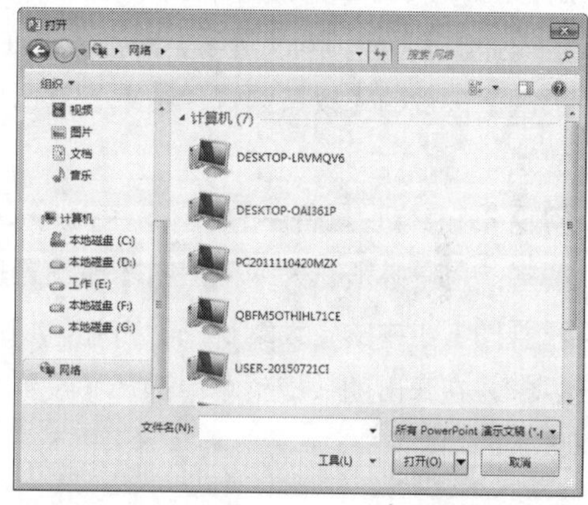

图 15-55　查看局域网中其他的计算机

步骤 3 双击打开含有共享文件的计算机，在其中可以看到共享文件夹，双击打开该文件夹，即可查看共享的文件。选择需要打开的幻灯片，单击【打开】按钮，如图 15-56 所示，即可打开公司内部服务器上的幻灯片，如图 15-57 所示。

提示 打开公司内部服务器上幻灯片的前提是，必须将该幻灯片设置为共享。

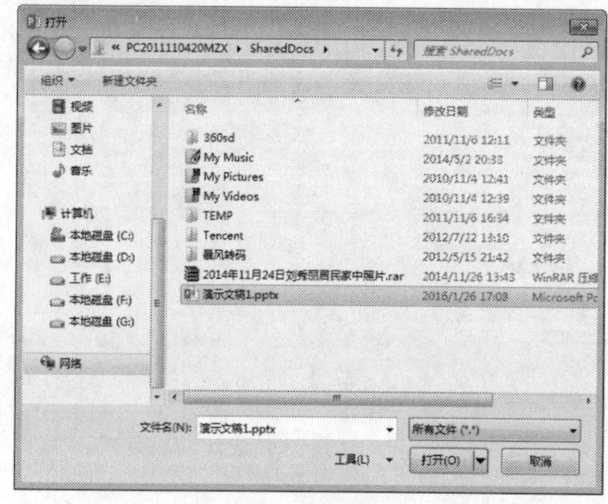

图 15-56　选择需要打开的幻灯片

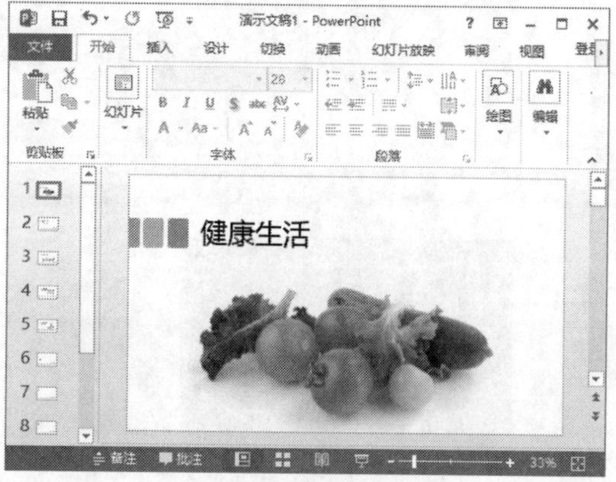

图 15-57　打开公司内部服务器上的幻灯片

提示 用户只能以只读的形式打开公司内部服务器上的幻灯片，不允许在原始幻灯片上进行修改。

15.5 疑难问题解答

问题 1：当幻灯片放映结束后，屏幕总会显示为黑屏，怎样取消以黑屏结束幻灯片的放映？

解答：在幻灯片工作界面，选择【文件】选项卡，进入文件操作界面，单击左侧列表中的【选项】命令，即弹出【PowerPoint 选项】对话框，在左侧选择【高级】选项，然后在右侧取消选中【幻灯片放映】区域的【以黑幻灯片结束】复选框，单击【确定】按钮，即可取消以黑屏结束幻灯片的放映。

问题 2：怎样设置备注的字体、字号等格式？

解答：用户必须在大纲视图中才能设置备注的格式。首先在【视图】选项卡中，单击【演示文稿视图】组中的【大纲视图】按钮，切换到大纲视图，然后在左侧的【大纲】窗格中单击鼠标右键，在弹出的快捷菜单中选择【设置文本格式】菜单命令，即可设置备注的字体、字号等格式。

第4篇

实战综合案例

掌握了PPT的基本制作方法后，还需要继续学习各种类型PPT的制作方法和技巧。本篇内容包括PPT演示的技巧、实用型PPT和与众不同型PPT的制作方法和技巧。

第16章 PPT 智能化演示——排练计时和录制幻灯片

- **本章导读**

从本质上讲，PowerPoint 是一个专门用于创建和放映幻灯片的软件。当完成演示文稿的创建并开始进行放映时，为了达到最佳的放映效果，我们还要做一些准备工作。例如添加排练计时，从而实现幻灯片的自动切换等。本章即为读者介绍设置排练计时的方法以及录制幻灯片演示的方法。

- **学习目标**

◎ 掌握添加以及删除排练计时的方法

◎ 掌握录制幻灯片演示的方法

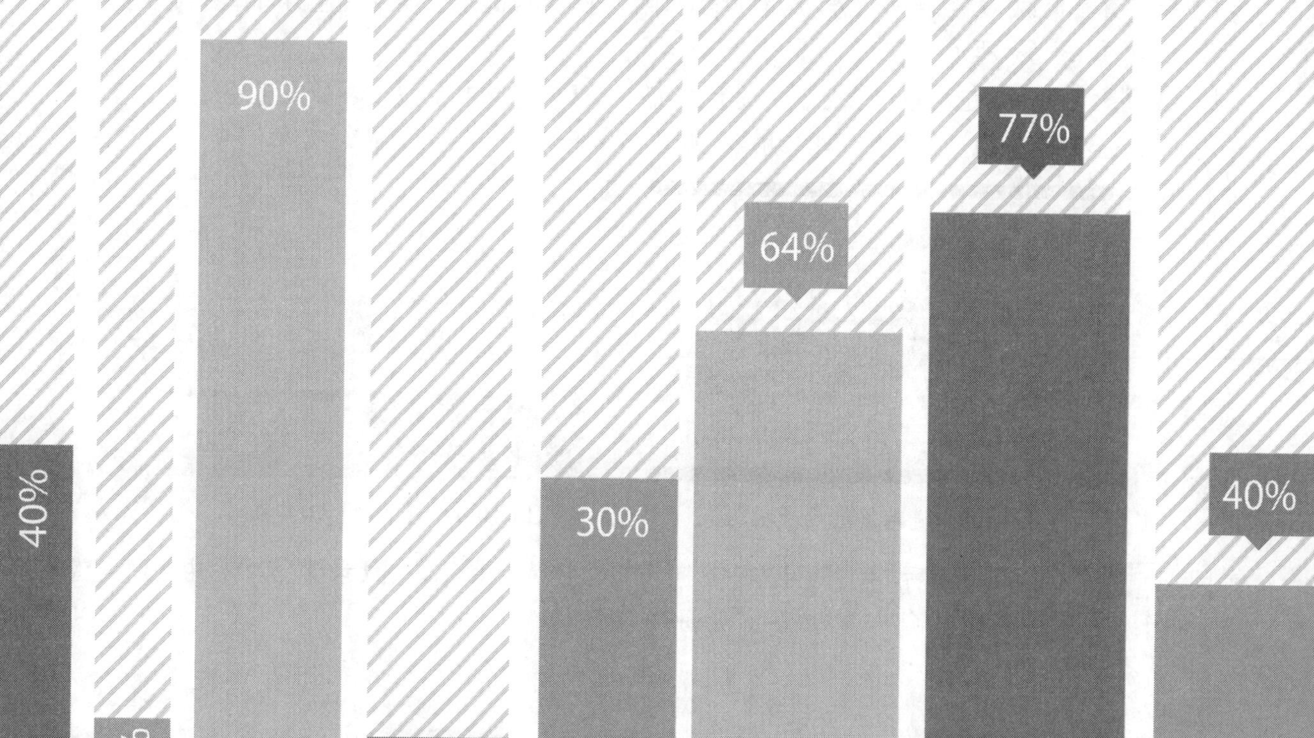

16.1 排练计时

排练计时用于录制每张幻灯片放映的持续时间，通过该时间可以设定幻灯片自动切换的时间，还可以帮助用户有效地控制演讲的时间。

16.1.1 为演示文稿添加排练计时

下面介绍如何为演示文稿添加排练计时，具体的操作步骤如下。

步骤 1 打开随书光盘中的“素材\ch16\如何成为优秀的销售人员.pptx”文件，如图 16-1 所示。

步骤 2 在【幻灯片放映】选项卡中，单击【设置】组中的【排练计时】按钮，如图 16-2 所示。

图 16-1 打开素材文件

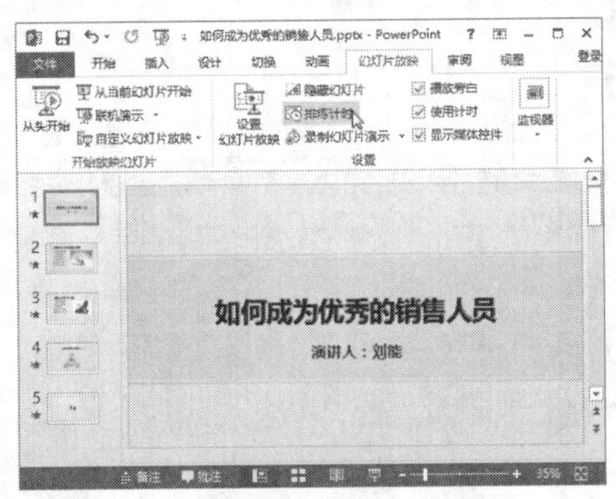

图 16-2 单击【排练计时】按钮

步骤 3 此时进入排练计时状态，从第 1 张幻灯片开始全屏放映，并且在左上方将弹出【录制】工具栏，如图 16-3 所示。

步骤 4 【录制】工具栏包含【下一项】按钮、【暂停录制】按钮以及【重复】按钮，通过这 3 个按钮，可实现不同的功能，如图 16-4 所示。

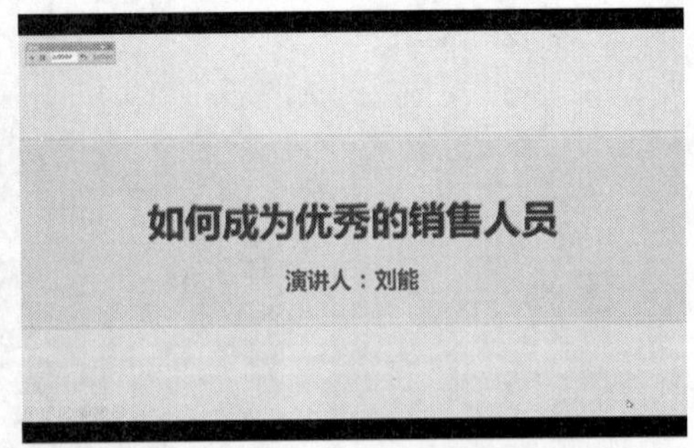

图 16-3 进入排练计时状态

图 16-4 【录制】工具栏

步骤 5 进入录制状态后，用户即可排练当前幻灯片，排练结束后，单击【录制】工具栏中的【下一项】按钮，随即进入下一张幻灯片，如图 16-5 所示。

步骤 6 若要暂停录制，单击【录制】工具栏中的【暂停录制】按钮，将弹出一个信息对话框，提示录制已暂停，若要继续录制，单击【继续录制】按钮，即可继续录制，如图 16-6 所示。

> 提示 若对录制的效果不满意，单击【录制】工具栏中的【重复】按钮，同样会弹出该对话框，在其中单击【继续录制】按钮，即可重新开始录制。

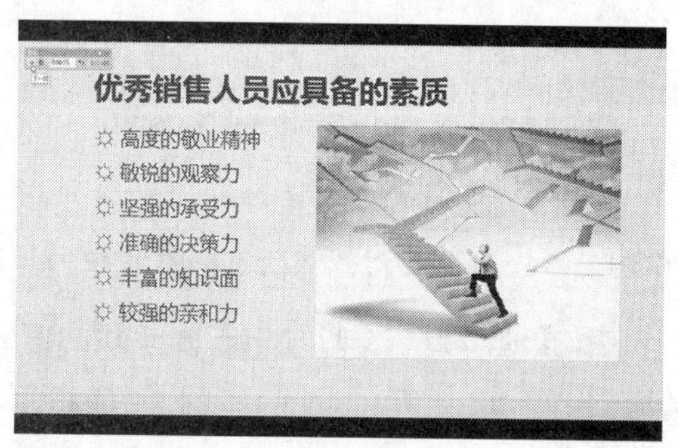

图 16-5 单击【下一项】按钮进入下一张幻灯片

图 16-6 提示录制已暂停

步骤 7 排练计时结束后，单击【工具】工具栏中的【关闭】按钮，将弹出一个信息提示框，询问是否保留新的幻灯片计时，单击【是】按钮，即可保留本次的排练计时，如图 16-7 所示。

步骤 8 若要查看每张幻灯片的排练时间，在【视图】选项卡中，单击【演示文稿视图】组中的【幻灯片浏览】按钮，进入幻灯片浏览视图，在其中即可查看排练时间，如图 16-8 所示。

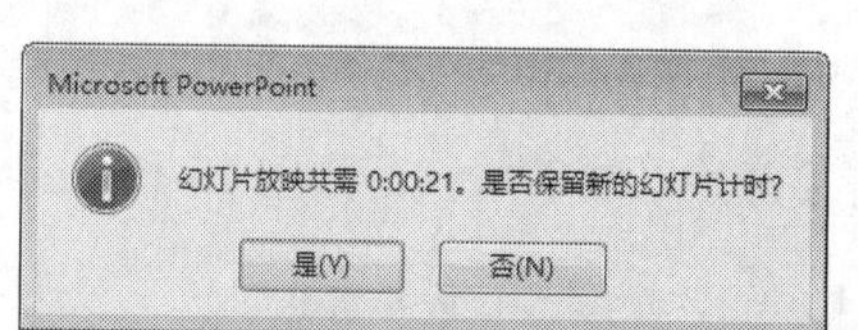

图 16-7 询问是否保留新的幻灯片计时

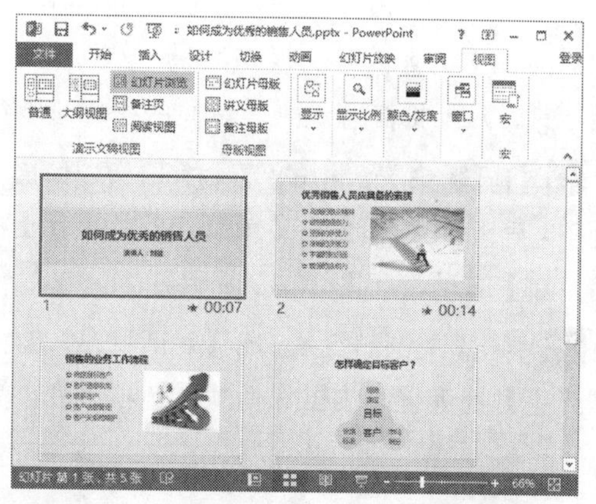

图 16-8 查看每张幻灯片的排练时间

16.1.2 删除幻灯片中的排练计时

在幻灯片中添加排练计时后，可以根据需要删除幻灯片中的排练计时，具体的操作步骤如下。

步骤 1 接 16.1.1 小节的操作步骤，在【幻灯片放映】选项卡中，单击【设置】组中【录制幻灯片演示】右侧的下拉按钮，在弹出的下拉列表中选择【清除】选项，如图 16-9 所示。

步骤 2 弹出子列表，在其中选择【清除当前幻灯片中的计时】选项或【清除所有幻灯片中的计时】选项，即可删除当前幻灯片或所有幻灯片中的计时，如图 16-10 所示。

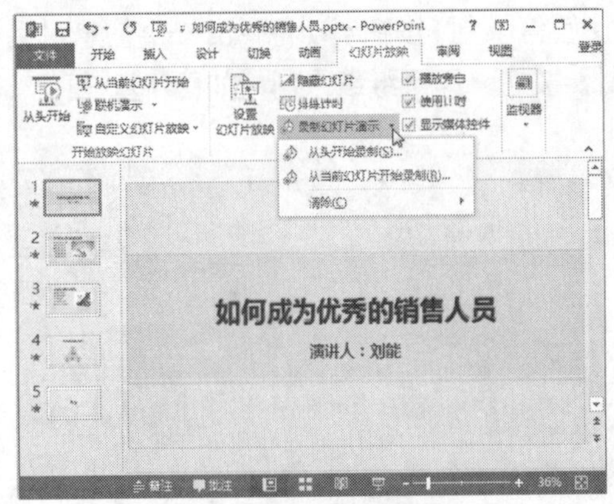

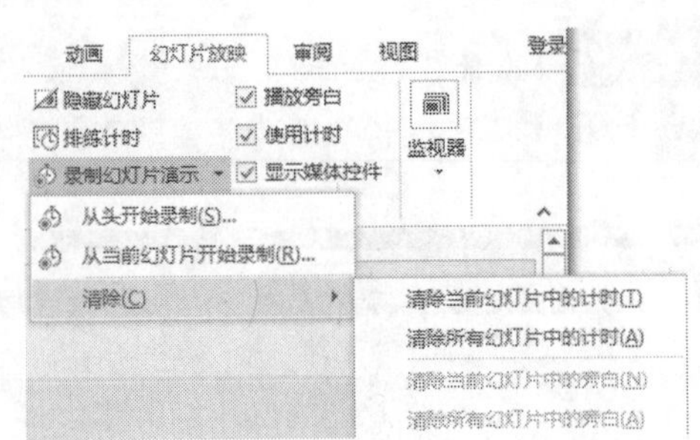

图 16-9　选择【清除】选项　　　　图 16-10　删除当前幻灯片或所有幻灯片中的计时

此外，当幻灯片中存在旁白时，选择【清除】子列表中的【清除当前幻灯片中的旁白】选项或【清除所有幻灯片中的旁白】选项即可删除幻灯片中的旁白。

16.2 录制幻灯片演示

通过录制幻灯片演示功能，不仅能够录制每张幻灯片的放映时间，还可以录制旁白、墨迹注释和激光笔手势等内容。换句话说，幻灯片中所有相关的注释都可以使用录制幻灯片演示功能记录下来，从而提高互动性，具体的操作步骤如下。

步骤 1 打开随书光盘中的“素材\ch16\如何成为优秀的销售人员.pptx”文件，在【幻灯片放映】选项卡中，单击【设置】组中【录制幻灯片演示】右侧的下拉按钮，在弹出的下拉列表中选择【从头开始录制】选项，如图 16-11 所示。

步骤 2 弹出【录制幻灯片演示】对话框，在其中默认勾选了【幻灯片和动画计时】复选框和【旁白和激光笔】复选框，这里保持默认选项不变，单击【开始录制】按钮，如图 16-12 所示。

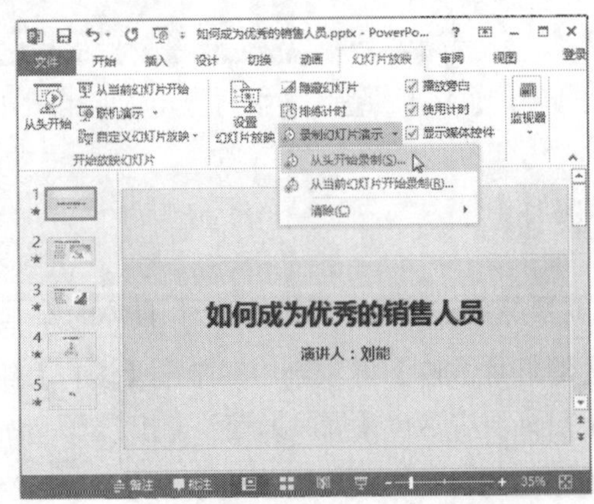

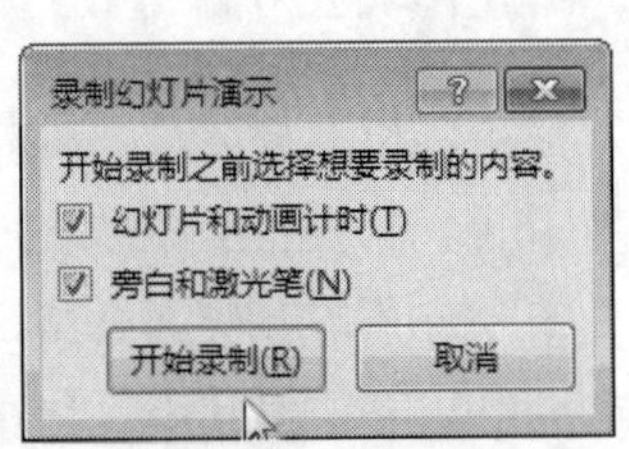

图 16-11　选择【从头开始录制】选项　　　　图 16-12　单击【开始录制】按钮

提示 在【录制幻灯片演示】对话框中，若取消相应的复选框，即不会录制相应的内容。

步骤 3 此时进入放映状态，从第 1 张幻灯片开始全屏放映，并且在左上方将弹出【录制】工具栏，如图 16-13 所示。

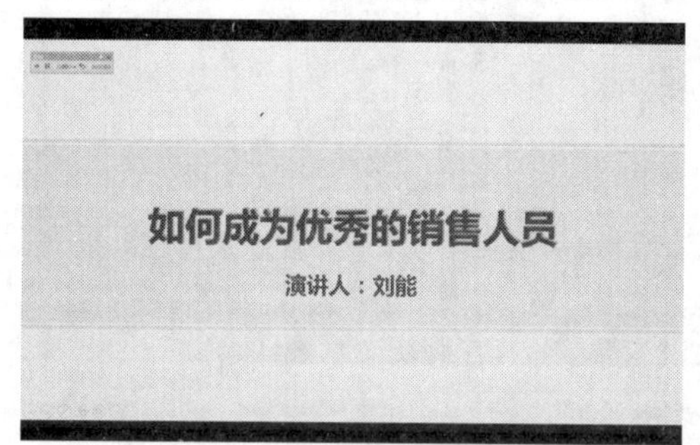

图 16-13　进入放映状态

步骤 4 【录制】工具栏中包含【下一项】按钮、【暂停录制】按钮以及【重复】按钮，具体用法可参考 16.1.1 小节的介绍，如图 16-14 所示。

图 16-14　【录制】工具栏

步骤 5 在录制时，若需要使用激光指针或笔时，单击鼠标右键，在弹出的快捷菜单中选择【指针选项】菜单命令，然后在弹出的子菜单中即可选择相应的命令，例如这里选择【荧光笔】子菜单命令，如图 16-15 所示。

步骤 6 此时光标变为笔的形状，在幻灯片中拖动鼠标即可添加注释或重点标记，如图 16-16 所示。

步骤 7 幻灯片录制结束后，单击【工具】工具栏中的【关闭】按钮，弹出信息提示框，若要保留，则单击【保留】按钮，如图 16-17 所示。

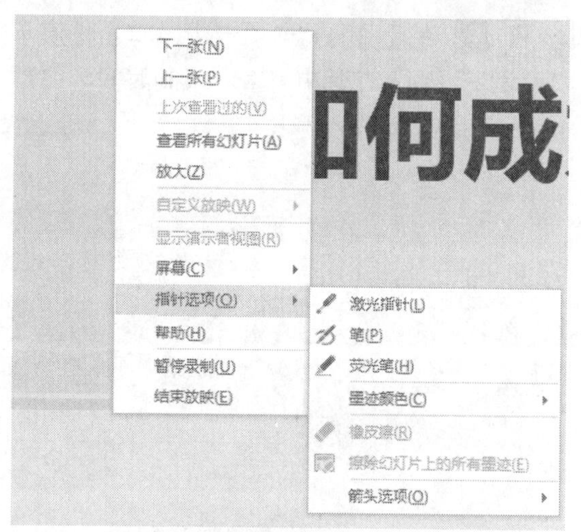

图 16-15　在【指针选项】子菜单中选择命令

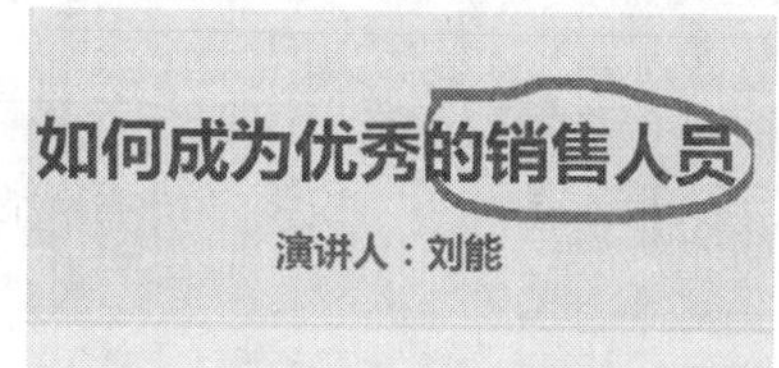

图 16-16　添加注释或重点标记

图 16-17　询问是否保留墨迹注释

步骤 8 退出录制后，此时幻灯片右下角会出现一个声音图标，即为录制的旁白，如图 16-18 所示。

图 16-18　幻灯片右下角出现一个声音图标

步骤 9 在【视图】选项卡中，单击【演示文稿视图】组中的【幻灯片浏览】按钮，进入幻灯片浏览视图，在其中可查看录制时间，如图 16-19 所示。

图 16-19　查看录制时间

综上，在录制幻灯片演示时，会录制演讲者的旁白、墨迹注释等内容。这样只要使用录制好的演示文稿，甚至可以脱离演讲者，直接进行播放。

16.3 职场技能训练

前面主要学习了如何智能化放映 PPT，下面来学习智能化放映 PPT 在实际工作中的应用。

16.3.1 职场技能 1——将录制好的幻灯片演示制作为视频

录制幻灯片演示后，可以将其制作为视频文件，以便于共享和分发，具体的操作步骤如下。

步骤 1 打开已录制了幻灯片演示的文件，如图 16-20 所示。

步骤 2 选择【文件】选项卡，单击左侧列表中的【导出】命令，并选择【创建视频】选项，然后在右侧单击【计算机和 HD 显示】按钮，在弹出的下拉列表中可选择要创建何种质量的视频，这里保持默认选项不变，即选择【计算机和 HD 显示】选项，如图 16-21 所示。

提示 下拉列表中各选项的含义如下。

☆ 【计算机和 HD 显示】：将创建质量和清晰度很高的视频，相应地文件会较大。

☆ 【Internet 和 DVD】：将创建具有中等文件大小和中等质量的视频。

☆ 【便携式设备】：将创建文件最小的视频（质量低）。

图 16-20　打开录制了幻灯片演示的文件

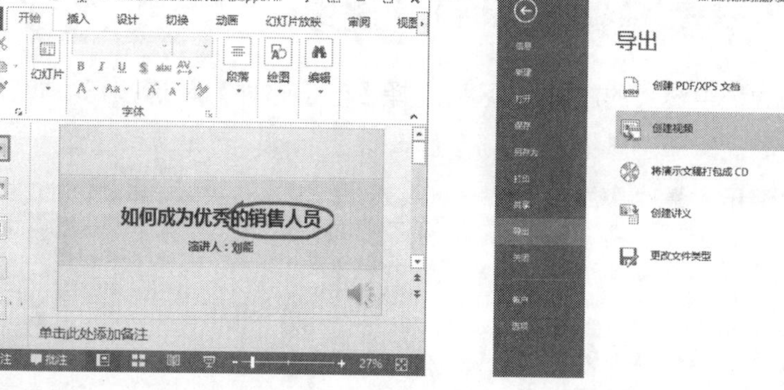

图 16-21　选择要创建何种质量的视频

步骤 3 在【计算机和 HD 显示】下方系统默认选择【使用录制的计时和旁白】选项，这里保持默认选项不变，单击【创建视频】按钮，如图 16-22 所示。

步骤 4 弹出【另存为】对话框，选择文件在计算机中的存放位置，单击【保存】按钮，如图 16-23 所示。

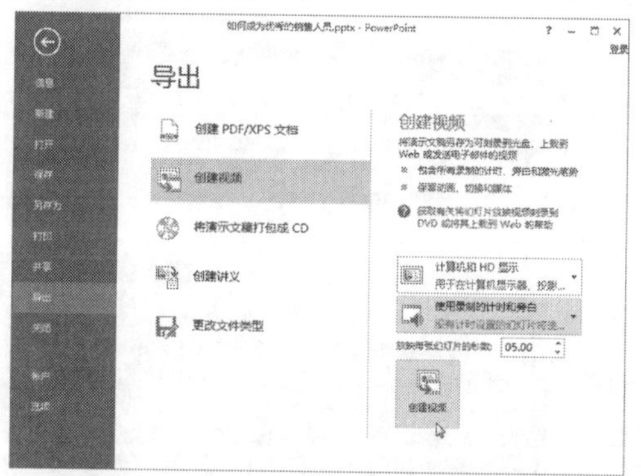

图 16-22　单击【创建视频】按钮

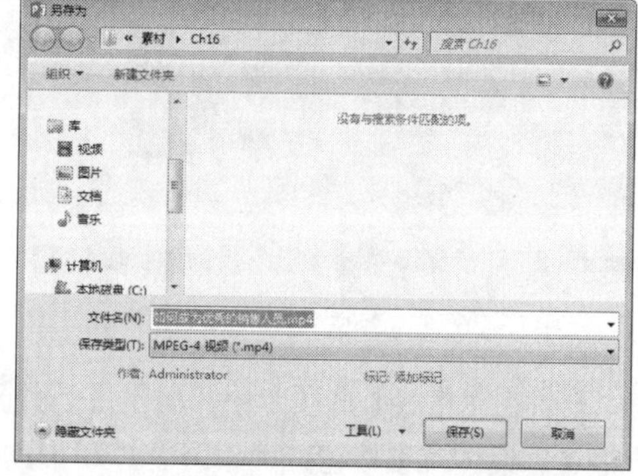

图 16-23　选择文件在计算机中的存放位置

步骤 5 此时幻灯片底部状态栏显示视频制作进度条，如图 16-24 所示。

步骤 6 制作完成后，双击打开视频文件，在其中即可查看含有空白、墨迹注释等内容的演示文稿，如图 16-25 所示。

图 16-24　状态栏显示视频制作进度条

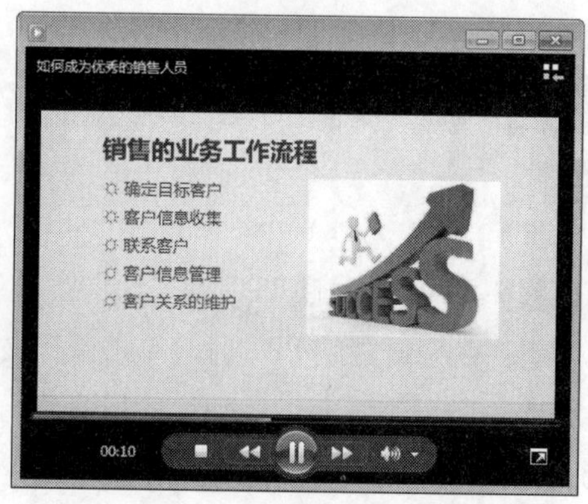

图 16-25　将演示文稿制作为视频

16.3.2 职场技能 2——为制作的 PPT“瘦身”

通常情况下，如果演示文稿中添加的图片较多，相应地文件就会较大。此时通过压缩幻灯片中的图片，即可达到为演示文稿“瘦身”的效果，同时又不影响幻灯片的整体效果。具体的操作步骤如下。

步骤 1 打开随书光盘中的“素材\ch16\如何成为优秀的销售人员.pptx”文件，然后选择需要压缩的图片，如图 16-26 所示。

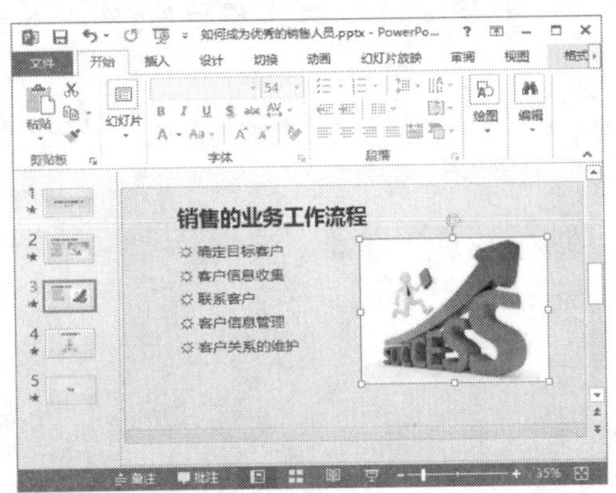

图 16-26　选择需要压缩的图片

步骤 2 在【格式】选项卡中，单击【调整】组中的【压缩图片】按钮，如图 16-27 所示。

步骤 3 弹出【压缩图片】对话框，在【压缩选项】区域勾选【仅应用于此图片】和【删除图片的剪裁区域】复选框，在【目标输出】区域选择【电子邮件】单选按钮，如图 16-28 所示。

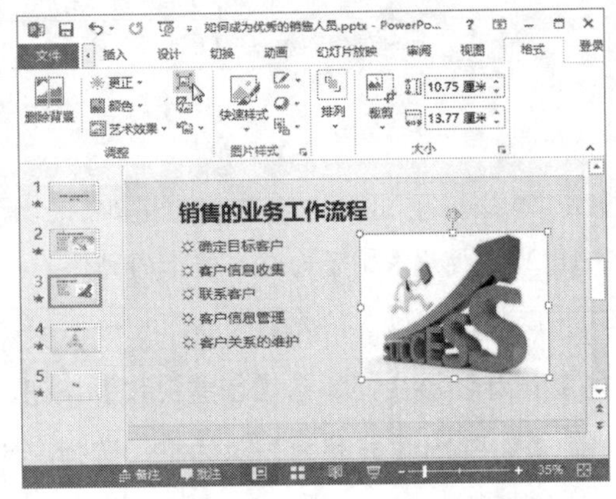

图 16-27　单击【压缩图片】按钮

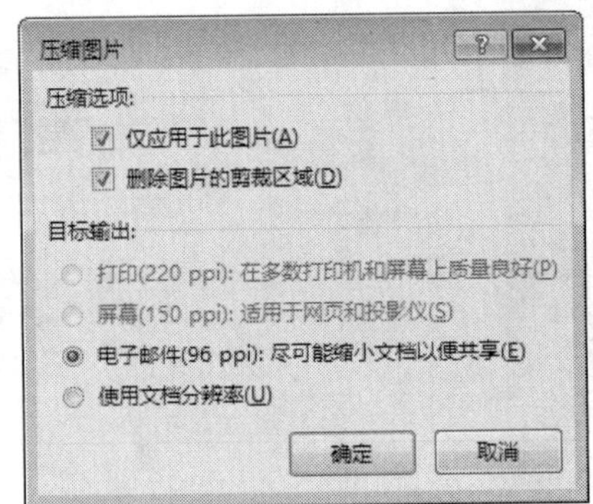

图 16-28　【压缩图片】对话框

步骤 4 设置完成后，单击【确定】按钮，即完成压缩图片的操作。

16.4 疑难问题解答

问题 1：在全屏放映 PPT 时，如何跳转到指定的幻灯片？

解答：在全屏放映 PPT 时，单击鼠标右键，在弹出的快捷菜单中选择【查看所有幻灯片】菜单命令，即可查看 PPT 中包含的所有幻灯片的缩略图，单击选中要跳转到的幻灯片，即可跳至指定的幻灯片。

问题 2：在演示 PPT 时，演示者应注意什么事项？

解答： 演示者应注意以下几点。

⑴ PPT 背景要统一，尽量切合演讲主题，不要过于花哨。

⑵ 演示的内容要简洁扼要，不要出现大规模的论述。

⑶ 每页幻灯片最好不要超过 7 行字，文字尽量不要过小或过多。

⑷ 不同的内容可以选择不同的动画效果，以起到强调或突出的作用。

⑸ 在演讲时不要照念幻灯片上的每一个字，要与观众互动，并且尽量避免出现背对观众的情况。

⑹ 尽量利用图片或图形说明主要观点，但单张幻灯片上不能放太多图片。

⑺ 每放映一张幻灯片，都要留给观众一定的反应时间，让其有足够的时间阅读幻灯片。

将内容表现在 PPT 上——简单实用型 PPT 实战

● **本章导读**

PPT 的灵魂是“内容”，在使用 PPT 给观众传达信息时，首先要考虑内容的实用性和易读性，力求做到简单（观众一看就明白要表达的意思）和实用（观众能从中获得有用的信息），特别是用于讲演、课件、员工培训、公司会议等情况的 PPT 更要如此。本章即为读者介绍如何制作简单实用型 PPT。

● **学习目标**

◎ 掌握设计员工入职培训首页的方法

◎ 掌握制作员工入职培训相关内容的方法

◎ 掌握制作公司会议 PPT 的方法

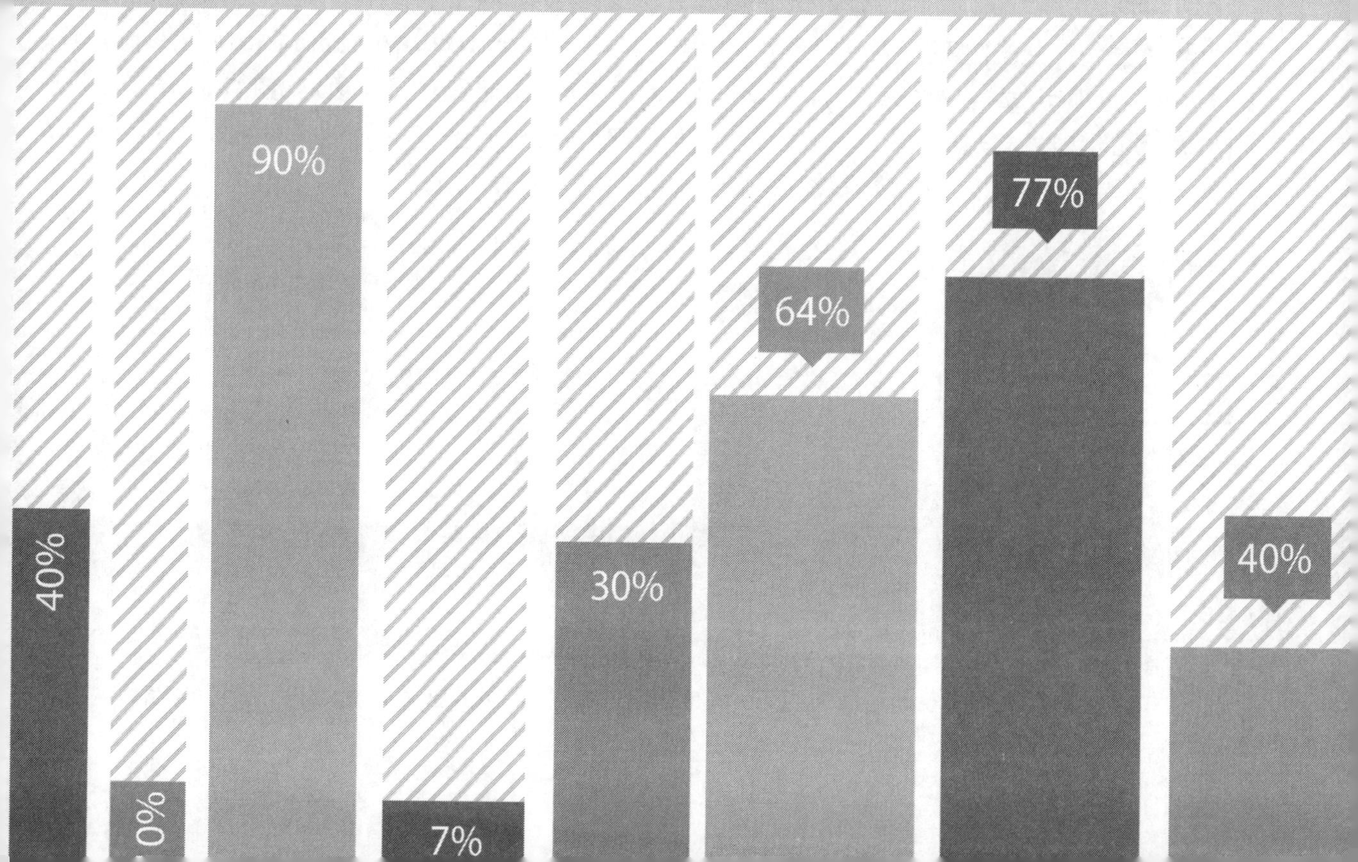

40%　0%　90%　7%　30%　64%　77%　40%

17.1 设计员工入职培训PPT首页

员工入职培训是组织或公司为了开展业务及培育人才的需要，采用各种方式对新员工进行有目的、有计划的培养和训练的管理活动。本节介绍如何设计员工入职培训 PPT 首页，具体的操作步骤如下。

步骤 1 启动 PowerPoint 2013，新建一个空白演示文稿，如图 17-1 所示。

步骤 2 应用主题效果。在【设计】选项卡中，单击【主题】组中的【其他】按钮，在弹出的下拉列表中选择 Office 区域的【平面】选项，如图 17-2 所示。

图 17-1　新建一个空白演示文稿

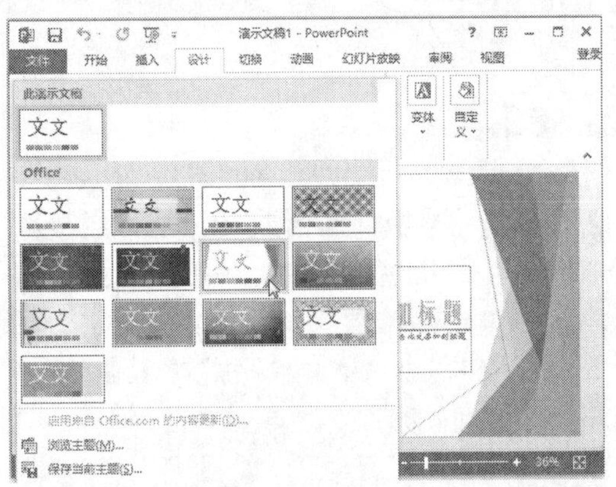

图 17-2　选择【平面】选项

步骤 3 设置主题的颜色。在【设计】选项卡中，单击【变体】组中的【其他】按钮，在弹出的下拉列表中选择【颜色】选项，然后在弹出的子列表中选择【蓝色】选项，如图 17-3 所示。

步骤 4 添加艺术字作为标题。删除【单击此处添加标题】文本框，在【插入】选项卡中，单击【文本】组中的【艺术字】按钮，在弹出的下拉列表中选择【填充 - 蓝色，着色 1，阴影】选项，如图 17-4 所示。

图 17-3　设置主题的颜色

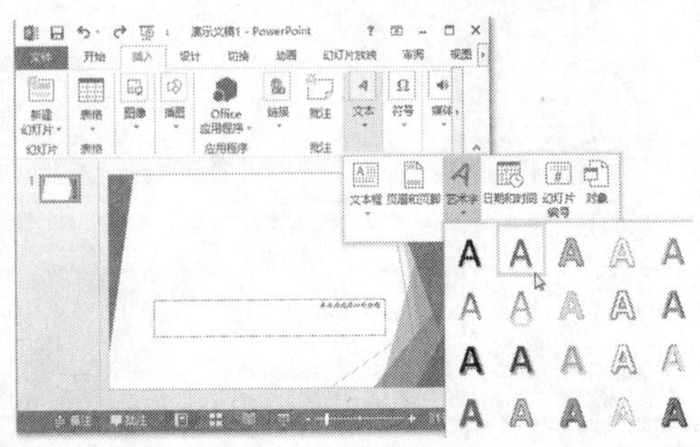

图 17-4　选择【填充 - 蓝色，着色 1，阴影】选项

步骤 5 在插入的艺术字文本框中输入文本“新员工入职培训”，然后在【开始】选项卡的【字体】组中，设置其字体为“隶书”，字号为“80”，如图 17-5 所示。

步骤 6 设置艺术字的文本效果。选中艺术字，在【格式】选项卡中，单击【艺术字样式】组中的【文本效果】按钮，在弹出的下拉列表中选择【棱台】选项，然后在弹出的子列表中选择【棱台】区域的【柔圆】选项，如图 17-6 所示。

图 17-5　在艺术字文本框中输入文本并设置格式

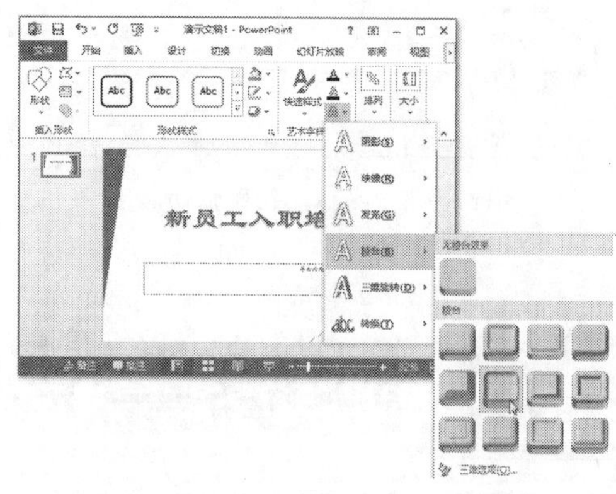

图 17-6　设置艺术字的文本效果

步骤 7 添加副标题。在“单击此处添加副标题”文本框中输入文本“主讲人：孔经理”，然后在【开始】选项卡的【字体】组中，设置其字体为“微软雅黑”，字号为“40”，单击【加粗】按钮，将其加粗。设置完成后，拖动该文本框至合适的位置，如图 17-7 所示。

步骤 8 为副标题添加动画效果。选中副标题文本框，在【动画】选项卡中，单击【动画】组中的【其他】按钮，在弹出的下拉列表中选择【进入】区域的【轮子】选项，如图 17-8 所示。

图 17-7　添加副标题

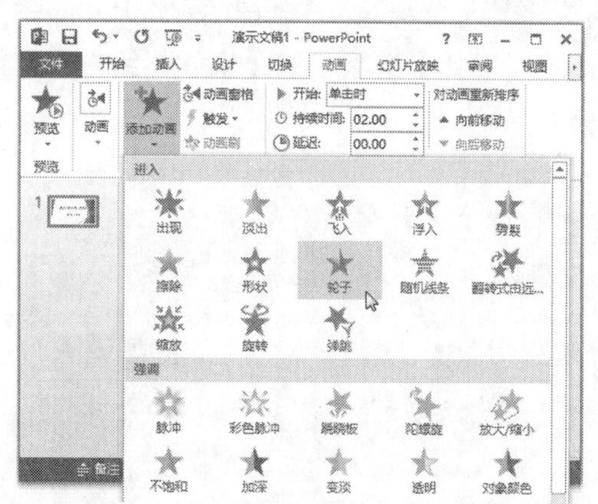

图 17-8　为副标题添加动画效果

步骤 9 为幻灯片添加切换效果。在【切换】选项卡中，单击【切换到此幻灯片】组中的【其他】按钮，在弹出的下拉列表中选择【华丽型】区域的【帘式】选项，如图 17-9 所示。

步骤 10 至此，即完成设计新员工入职培训 PPT 首页的操作，如图 17-10 所示。

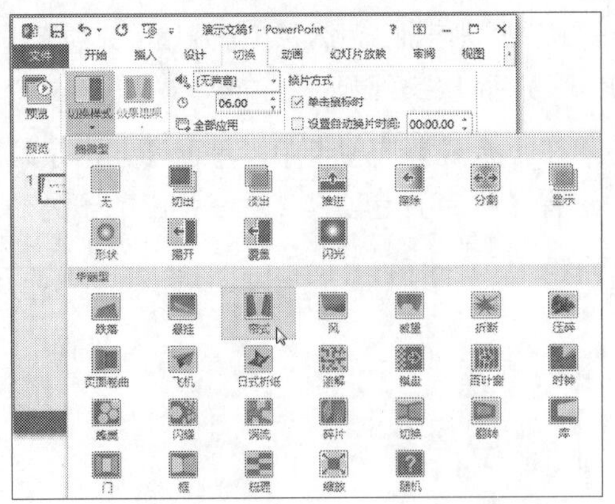
图 17-9　为幻灯片添加切换效果

图 17-10　新员工入职培训 PPT 首页

17.2 制作员工入职培训相关内容

在演示文稿的首页制作完成后，下面开始制作员工入职培训的相关内容。

17.2.1 创建员工培训目录幻灯片页面

创建员工培训目录幻灯片页面的具体操作步骤如下。

步骤 1 新建一张幻灯片。在【开始】选项卡中，单击【幻灯片】组中的【新建幻灯片】按钮，在弹出的下拉列表中选择【标题和内容】选项，如图 17-11 所示。

步骤 2 添加标题。在新建的幻灯片中单击【单击此处添加标题】文本框，输入文本“目录”，然后在【开始】选项卡的【字体】组中，设置其字体为“黑体”，字号为“55”，如图 17-12 所示。

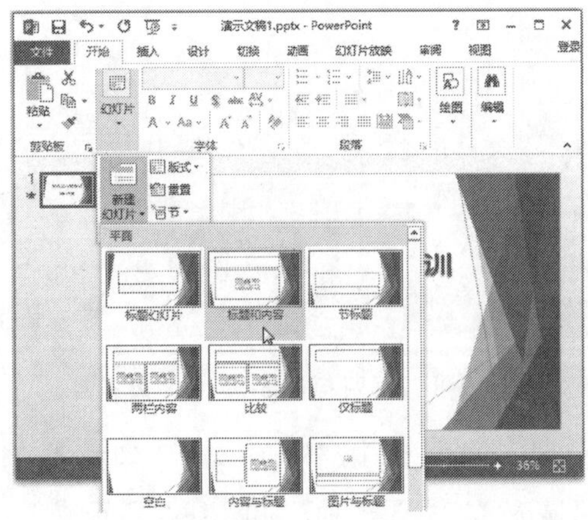
图 17-11　新建一张幻灯片

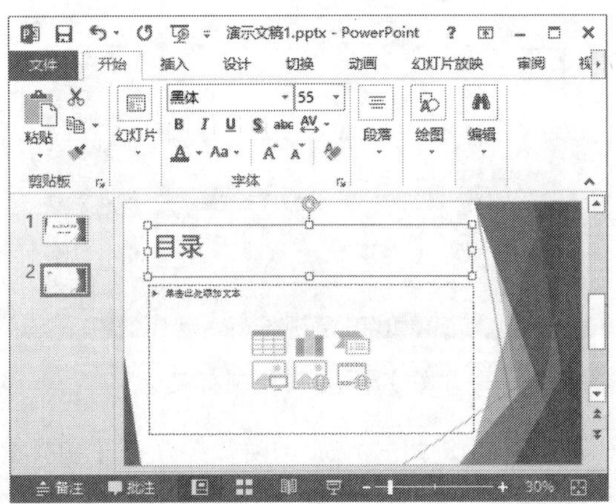

图 17-12　添加标题

步骤 3 添加文本。在【单击此处添加文本】文本框中输入相应的目录内容，然后设置其字体为“宋体”，字号为“40”，如图 17-13 所示。

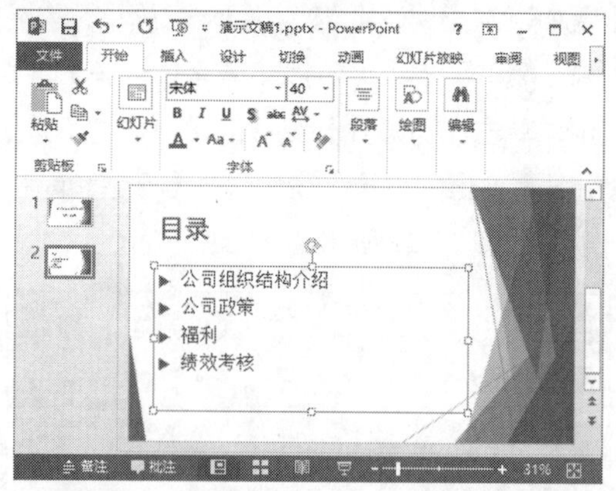

图 17-13　添加文本

步骤 4 为文本添加动画效果。单击选中文本框，在【动画】选项卡中，单击【动画】组中的【其他】按钮，在弹出的下拉列表中选择【进入】区域的【弹跳】选项，如图 17-14 所示。

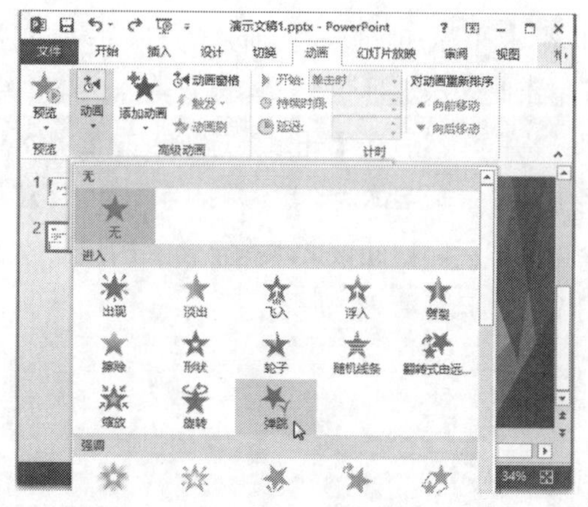

图 17-14　为文本添加动画效果

步骤 5 设置动画的开始时间。为文本添加动画效果后，在【动画】选项卡中，单击【高级动画】组中的【动画窗格】按钮，如图 17-15 所示。

步骤 6 弹出【动画窗格】窗格，在其中单击动画选项右侧的下拉按钮，在弹出的下拉列表中选择【计时】选项，如图 17-16 所示。

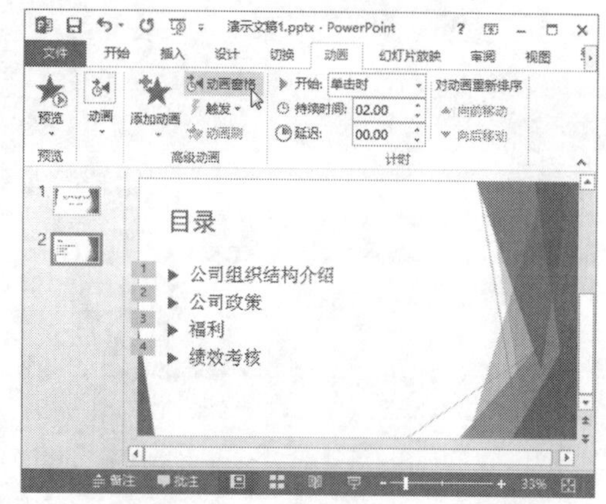

图 17-15　单击【动画窗格】按钮

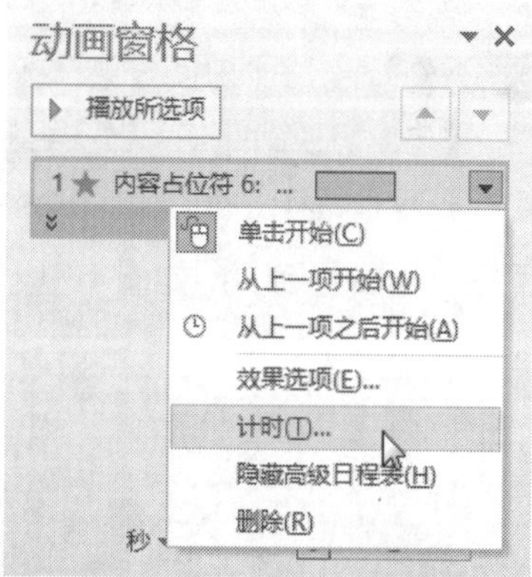

图 17-16　选择【计时】选项

步骤 7 弹出【弹跳】对话框，单击【开始】右侧的下拉按钮，在弹出的下拉列表中选择【上一动画之后】选项，设置完成后，单击【确定】按钮，如图 17-17 所示。

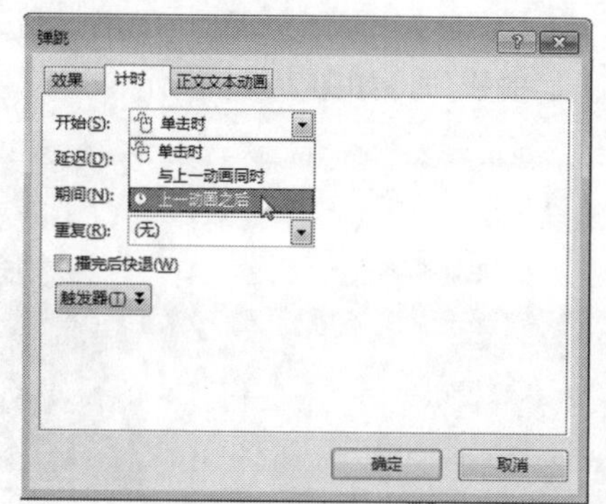

图 17-17　选择【上一动画之后】选项

步骤 8 在【动画窗格】窗格中单击【展开】按钮，展开动画列表，在其中可查看设置后的结果，如图 17-18 所示。

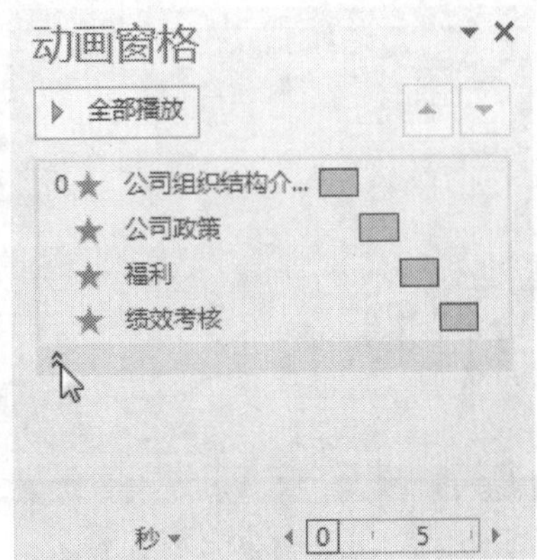

图 17-18 展开动画列表

步骤 9 为幻灯片添加切换效果。在【切换】选项卡中，单击【切换到此幻灯片】组中的【其他】按钮，在弹出的下拉列表中选择【华丽型】区域的【页面卷曲】选项，如图 17-19 所示。

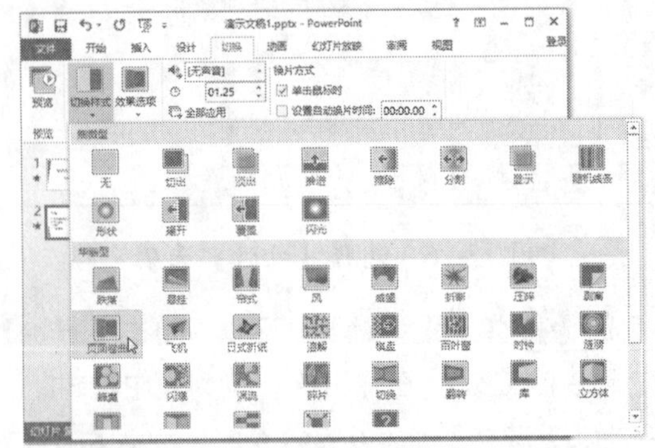

图 17-19 为幻灯片添加切换效果

步骤 10 至此，即完成创建员工培训目录幻灯片页面的操作，如图 17-20 所示。

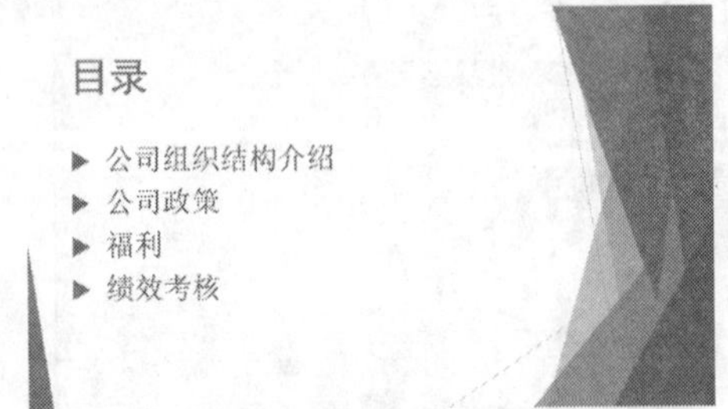

图 17-20 员工培训目录幻灯片页面

17.2.2 创建公司组织结构幻灯片页面

创建公司组织结构幻灯片页面的具体操作步骤如下。

步骤 1 新建一张幻灯片。在【开始】选项卡中，单击【幻灯片】组中的【新建幻灯片】按钮，在弹出的下拉列表中选择【标题和内容】选项，如图 17-21 所示。

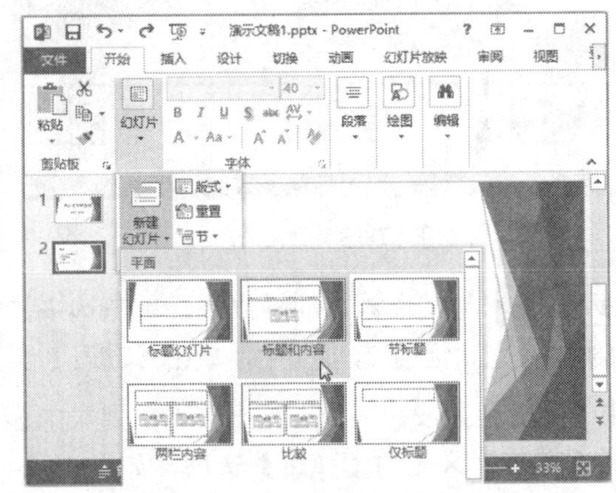

图 17-21 新建一张幻灯片

步骤 2 添加标题。在新建的幻灯片中单击【单击此处添加标题】文本框，输入文本“组织结构”，然后在【开始】选项卡的【字体】组中，设置其字体为“黑体”，字号为“55”。设置完成后，拖动该文本框至合适的位置，如图 17-22 所示。

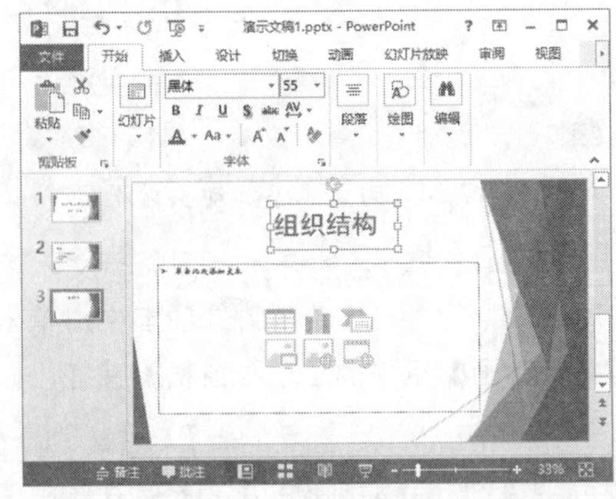

图 17-22 添加标题

步骤 3 插入 SmartArt 图形。在【单击此处添加文本】文本框中单击【插入 SmartArt 图形】按钮，如图 17-23 所示。

图 17-23　单击【插入 SmartArt 图形】按钮

步骤 4 弹出【选择 SmartArt 图形】对话框，在左侧选择【层次结构】选项，然后单击【确定】按钮，如图 17-24 所示。

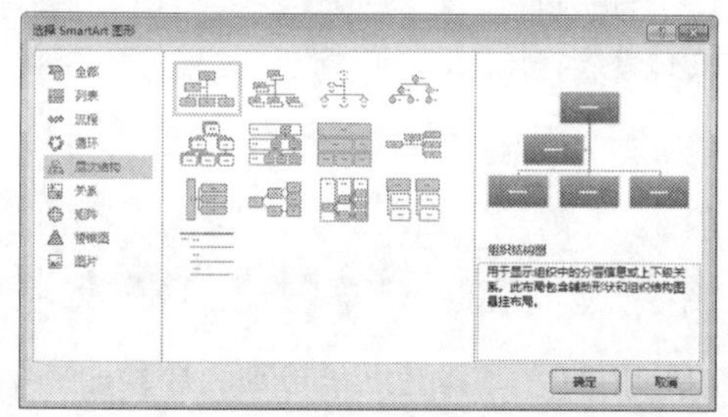

图 17-24　选择【层次结构】选项

步骤 5 插入所选的组织结构图，单击选中各形状，并在其中输入相应的内容，如图 17-25 所示。

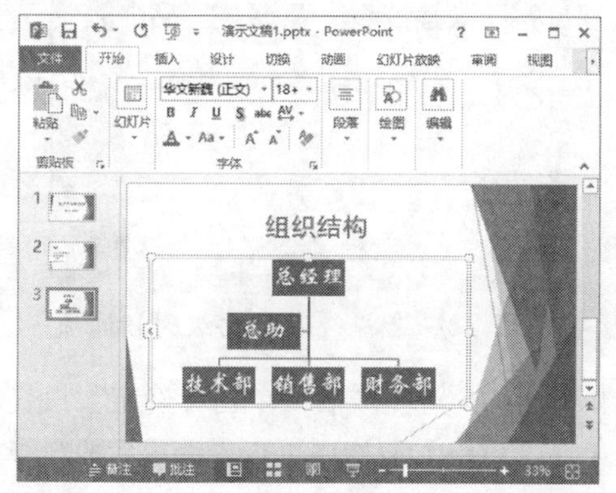

图 17-25　在组织结构图中输入内容

步骤 6 添加一个形状。选中“财务部”形状，单击鼠标右键，在弹出的快捷菜单中依次选择【添加形状】→【在后面添加形状】菜单命令，如图 17-26 所示。

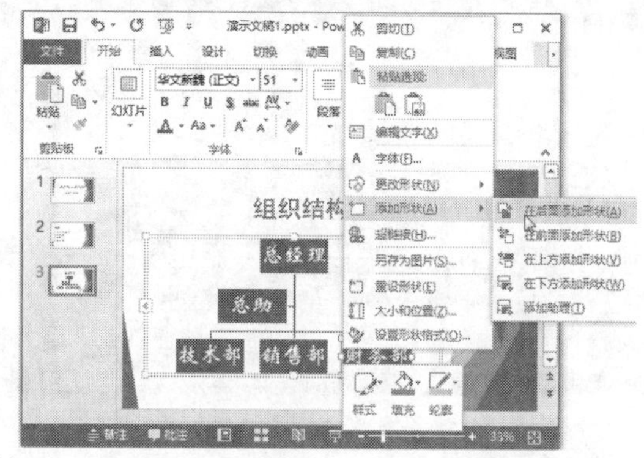

图 17-26　选择【在后面添加形状】子菜单命令

步骤 7 此时添加了一个形状，在其中输入文本“行政部”，如图 17-27 所示。

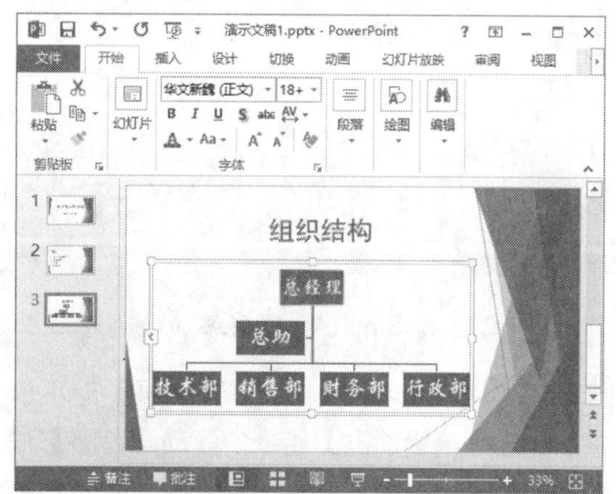

图 17-27　添加一个形状

步骤 8 设置 SmartArt 图形的样式。单击图形的边框以选中图形，然后在【设计】选项卡中，单击【SmartArt 样式】中的【其他】按钮，在弹出的下拉列表中选择【三维】区域的【嵌入】选项，如图 17-28 所示。

步骤 9 为 SmartArt 图形添加动画效果。单击选中 SmartArt 图形，在【动画】选项卡中，单击【动画】组中的【其他】按钮，在弹出的下拉列表中选择【进入】区域的【旋转】选项，如图 17-29 所示。

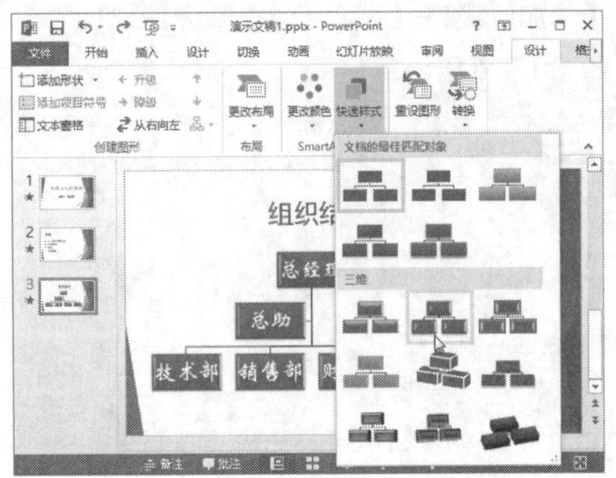

图 17-28　设置 SmartArt 图形的样式

图 17-29　为 SmartArt 图形添加动画效果

步骤 10 设置动画效果。在【动画】选项卡中，单击【高级动画】组中的【动画窗格】按钮，弹出【动画窗格】窗格，在其中单击动画选项右侧的下拉按钮，在弹出的下拉列表中选择【计时】选项，如图 17-30 所示。

步骤 11 弹出【旋转】对话框，单击【开始】右侧的下拉按钮，在弹出的下拉列表中选择【上一动画之后】选项，如图 17-31 所示。

步骤 12 在【旋转】对话框中选择【SmartArt 动画】选项卡，单击【组合图形】右侧的下拉按钮，在弹出的下拉列表中选择【逐个按级别】选项，如图 17-32 所示。

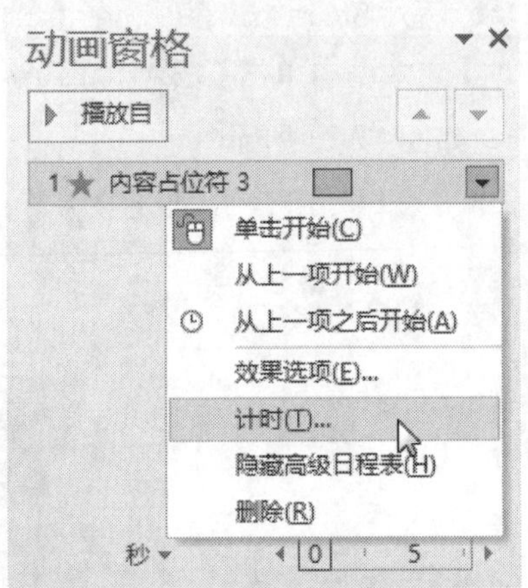

图 17-30　选择【计时】选项

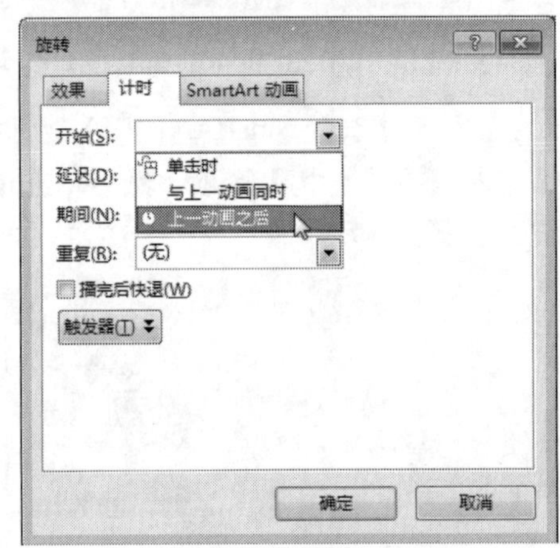

图 17-31　选择【上一动画之后】选项

图 17-32　选择【逐个按级别】选项

步骤 13 设置完成后，单击【确定】按钮，在【动画窗格】窗格中可查看设置后的结果，如图 17-33 所示。

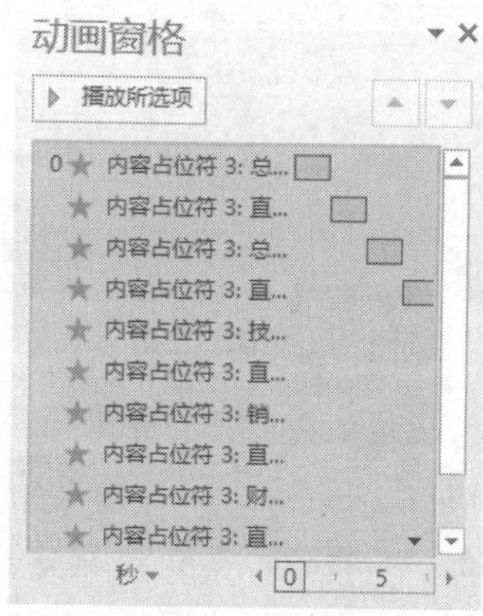

图 17-33　查看设置后的结果

步骤 14 为幻灯片添加切换效果。在【切换】选项卡中，单击【切换到此幻灯片】组中的【其他】按钮，在弹出的下拉列表中选择【华丽型】区域的【页面卷曲】选项，如图 17-34 所示。

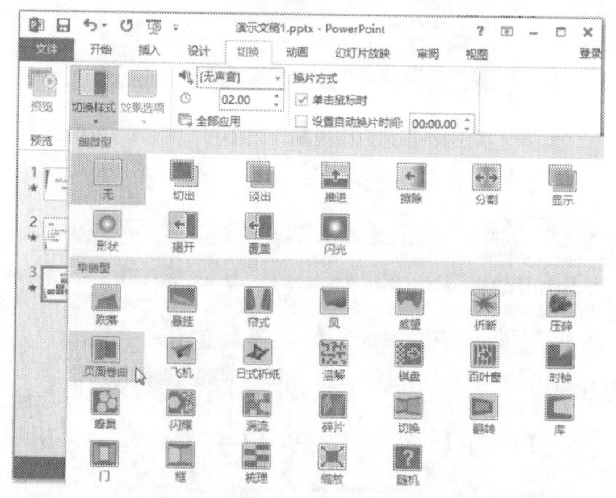

图 17-34　为幻灯片添加切换效果

步骤 15 至此，即完成创建公司组织结构幻灯片页面的操作，如图 17-35 所示。

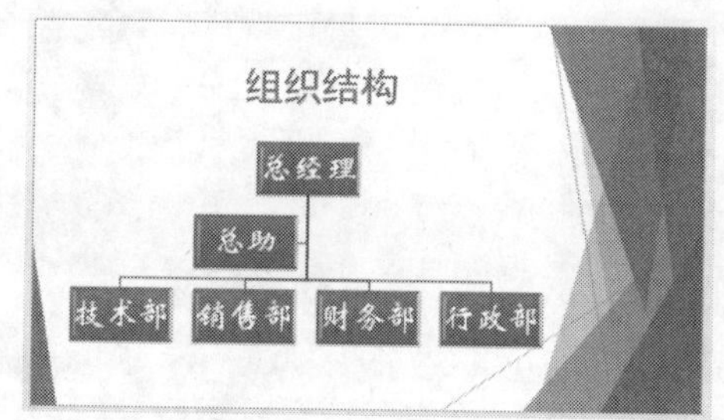

图 17-35　公司组织结构幻灯片页面

17.2.3 创建公司政策幻灯片页面

创建公司政策幻灯片页面的具体操作步骤如下。

步骤 1 新建一张幻灯片。在【开始】选项卡中，单击【幻灯片】组中【新建幻灯片】的按钮，在弹出的下拉列表中选择【标题和内容】选项，如图 17-36 所示。

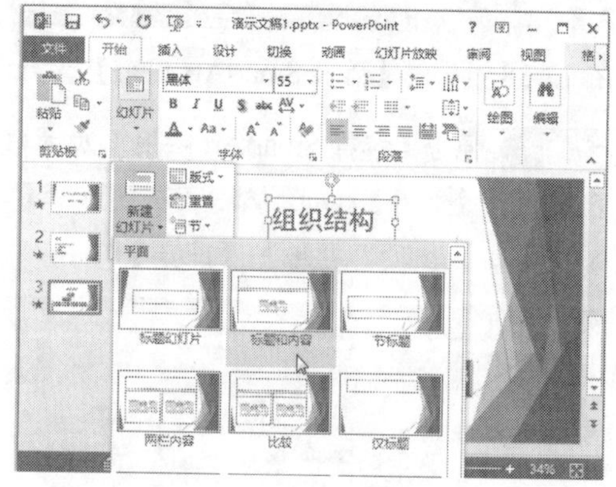

图 17-36　新建一张幻灯片

步骤 2 添加标题。在新建的幻灯片中单击【单击此处添加标题】文本框，输入文本“公司政策”，然后在【开始】选项卡的【字体】组中，设置其字体为“黑体”，字号为“55”，如图 17-37 所示。

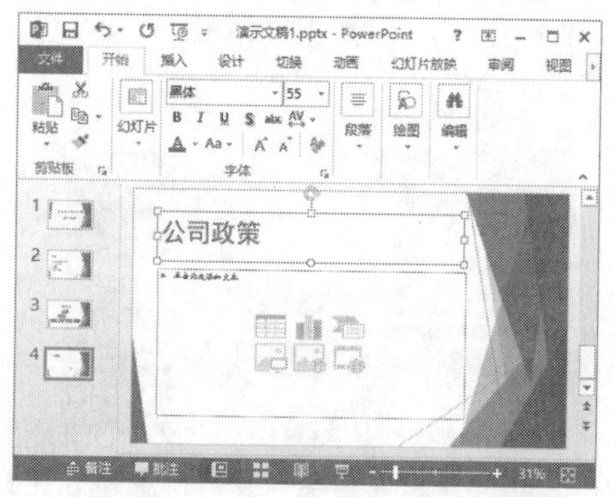

图 17-37　添加标题

步骤 3 插入 SmartArt 图形。在【单击此处添加文本】文本框中单击【插入 SmartArt 图形】按钮，如图 17-38 所示。

图 17-38 单击【插入 SmartArt 图形】按钮

步骤 4 弹出【选择 SmartArt 图形】对话框，在左侧选择【列表】选项，然后在右侧选择【垂直箭头列表】选项，并单击【确定】按钮，如图 17-39 所示。

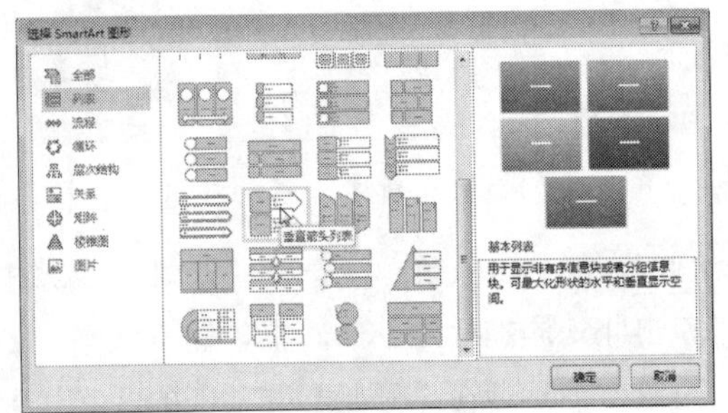

图 17-39 选择【垂直箭头列表】选项

步骤 5 插入所选的垂直箭头列表图形，单击选中各形状，在其中输入相应的内容，如图 17-40 所示。

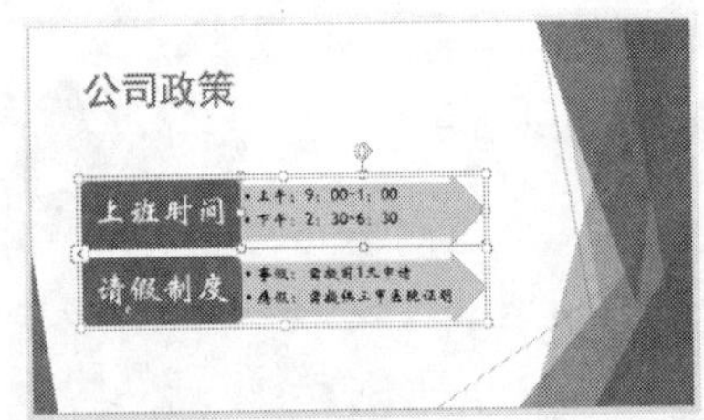

图 17-40 在垂直箭头列表图形中输入内容

步骤 6 设置形状中文本的对齐方式。单击选中箭头形状，在【开始】选项卡中，单击【段落】组中的【对齐文本】按钮，在弹出的下拉列表中选择【中部对齐】选项，如图 17-41 所示。

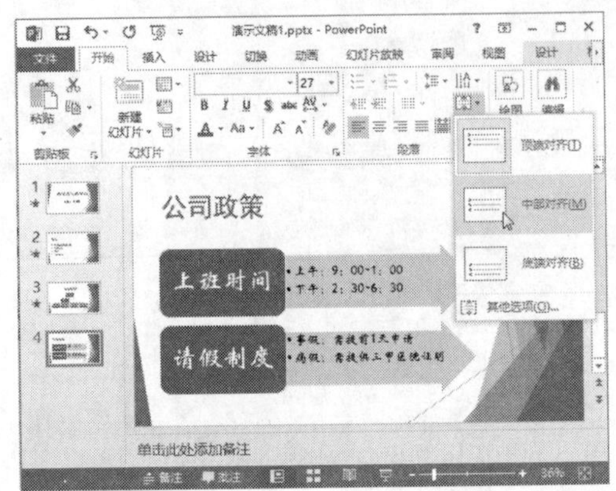

图 17-41 选择【中部对齐】选项

步骤 7 将形状中的文本中部对齐，重复步骤 6，使另一个箭头形状的文本中部对齐，如图 17-42 所示。

图 17-42 设置形状中文本的对齐方式

步骤 8 为 SmartArt 图形添加动画效果。单击 SmartArt 图形的边框以选中整个图形，在【动画】选项卡中，单击【动画】组中的【其他】按钮，在弹出的下拉列表中选择【强调】区域的【脉冲】选项，如图 17-43 所示。

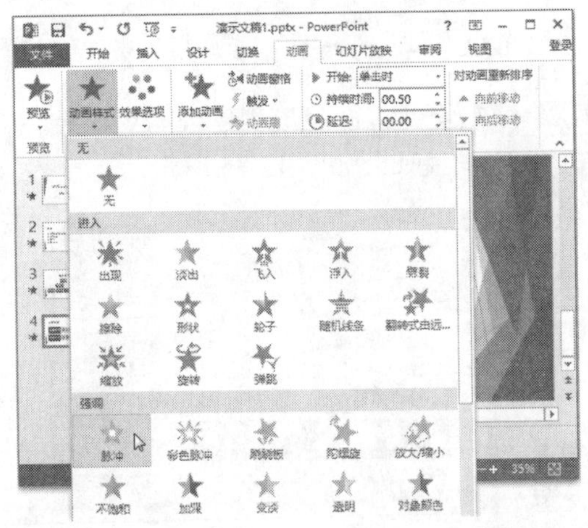

图 17-43 为 SmartArt 图形添加动画效果

步骤 9 设置动画效果。在【动画】选项卡的【计时】组中，在【持续时间】文本框中输入“3”，按 Enter 键，变更为“03.00”，表示将动画的持续时间设置为 3 秒，如图 17-44 所示。

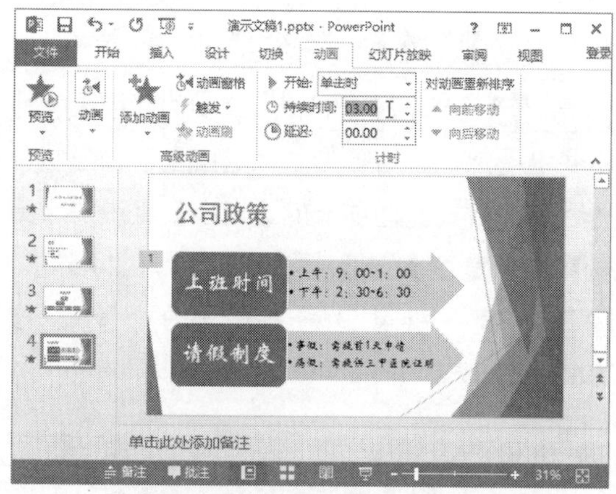

图 17-44　设置动画效果

步骤 10 为幻灯片添加切换效果。在【切换】选项卡中，单击【切换到此幻灯片】组中的【其他】按钮，在弹出的下拉列表中选择【华丽型】区域的【页面卷曲】选项，如图 17-45 所示。

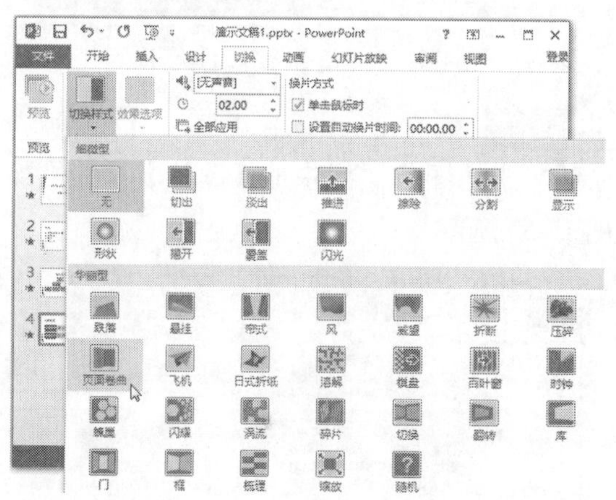

图 17-45　为幻灯片添加切换效果

步骤 11 至此，即完成创建公司政策幻灯片页面的操作，如图 17-46 所示。

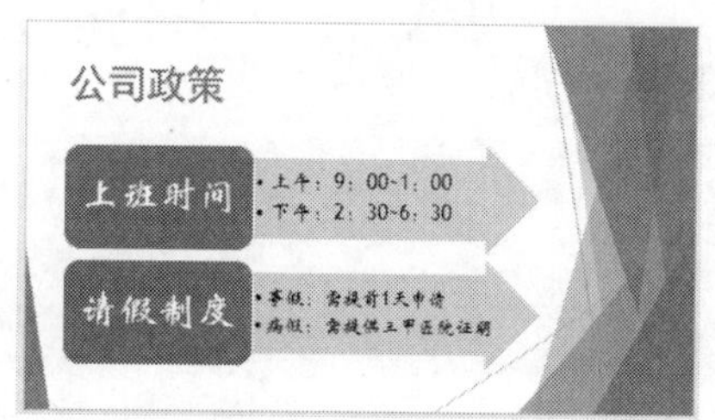

图 17-46　公司政策幻灯片页面

17.2.4 创建公司福利幻灯片页面

创建公司福利幻灯片页面的具体操作步骤如下。

步骤 1 新建一张幻灯片。在【开始】选项卡中，单击【幻灯片】组中的【新建幻灯片】按钮，即可添加一张“标题和内容”幻灯片，如图 17-47 所示。

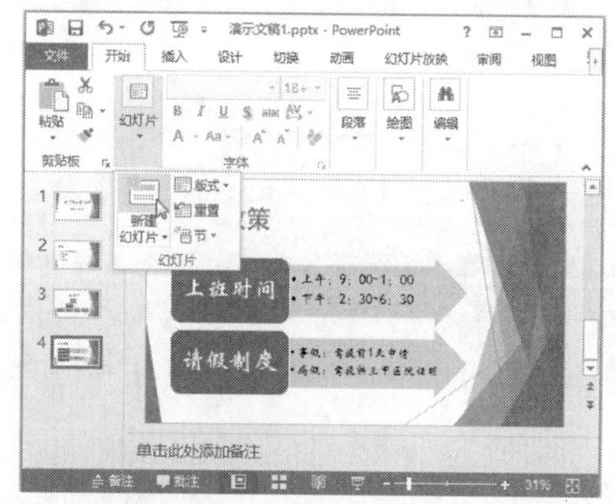

图 17-47　新建一张幻灯片

步骤 2 添加标题。在新建的幻灯片中单击【单击此处添加标题】文本框，输入文本“福利”，然后在【开始】选项卡的【字体】组中，设置其字体为“黑体”，字号为“55”，如图 17-48 所示。

步骤 3 插入 SmartArt 图形。在【单击此处添加文本】文本框中单击【插入 SmartArt 图形】按钮，如图 17-49 所示。

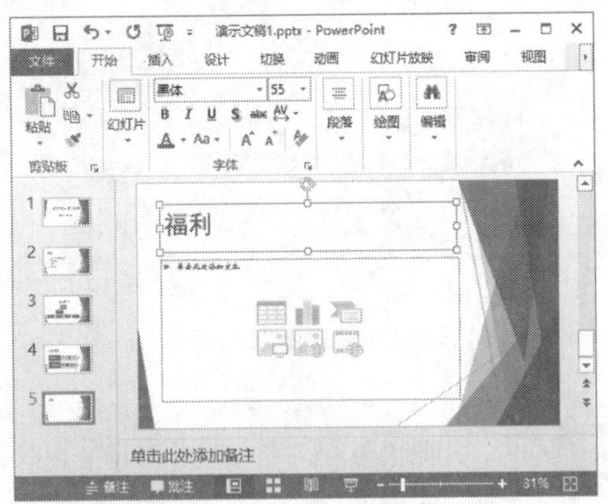
图 17-48　添加标题

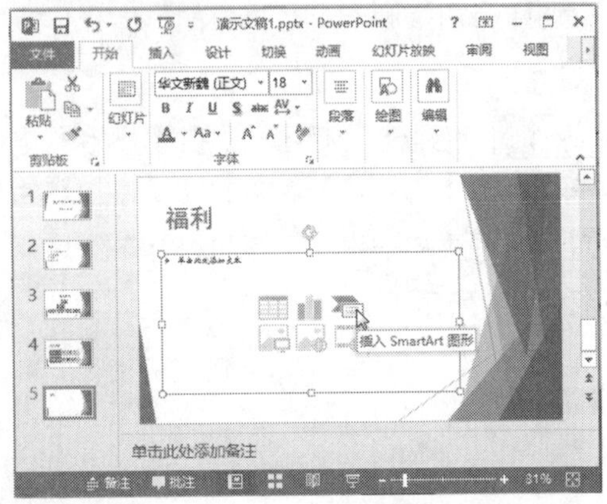
图 17-49　单击【插入 SmartArt 图形】按钮

步骤 4 弹出【选择 SmartArt 图形】对话框，在左侧选择【循环】选项，然后在右侧选择【基本循环】选项，并单击【确定】按钮，如图 17-50 所示。

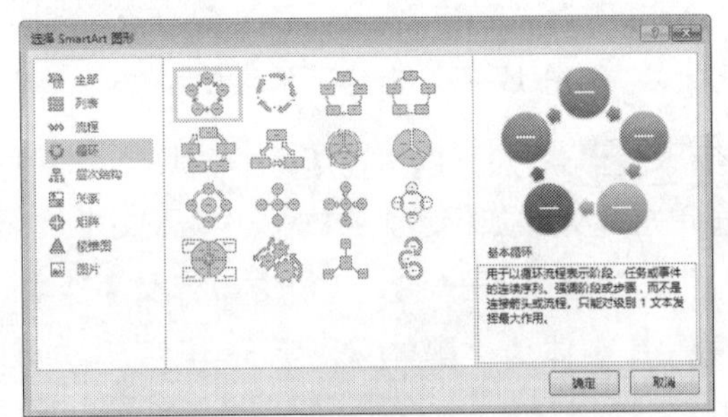
图 17-50　选择【基本循环】选项

步骤 5 插入所选的循环图形，单击选中各形状，并在其中输入相应的内容，如图 17-51 所示。

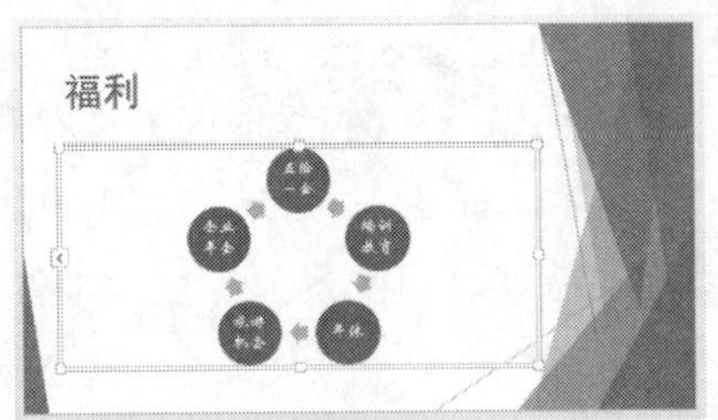

图 17-51　在基本循环图形中输入内容

步骤 6 设置形状的大小。按住 Ctrl 键或 Shift 键不放，单击各形状以选中全部的形状，然后在【格式】选项卡的【大小】组中的【高度】和【宽度】文本框中分别输入“4.5”，按 Enter 键，即可设置各形状的大小，如图 17-52 所示。

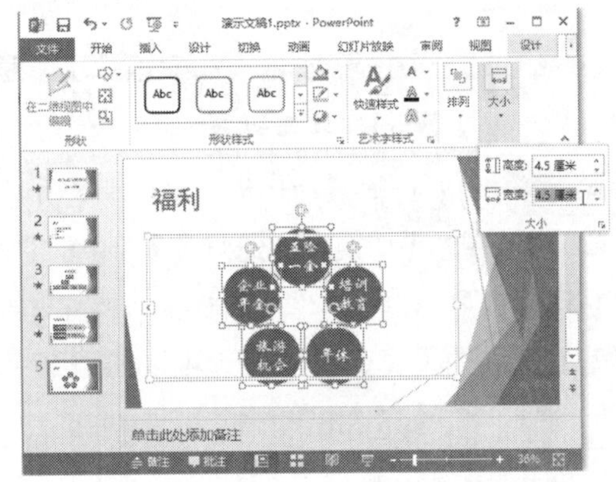
图 17-52　设置形状的大小

步骤 7 插入图片。在【插入】选项卡中，单击【图像】组中的【图片】按钮，如图 17-53 所示。

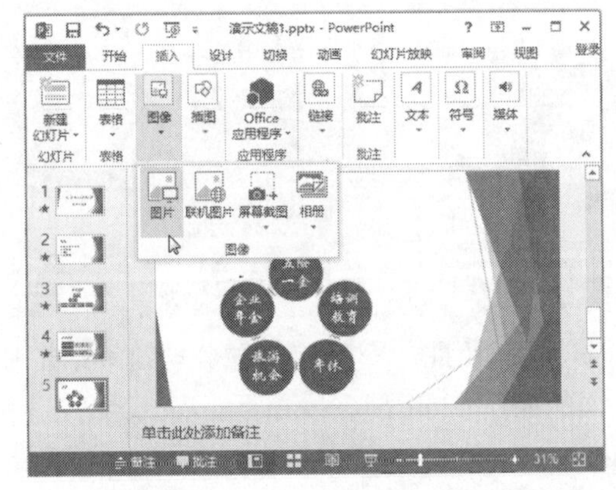
图 17-53　单击【图片】按钮

步骤 8 弹出【插入图片】对话框，在计算机中选择要插入的图片，单击【插入】按钮，如图 17-54 所示。

步骤 9 插入所选的图片后，调整图片的位置和大小，效果如图 17-55 所示。

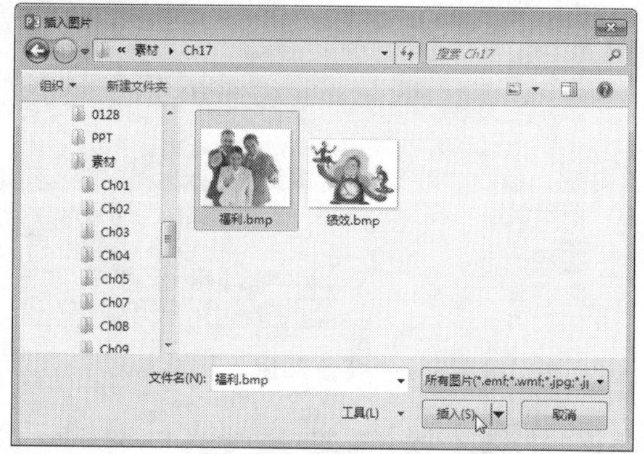

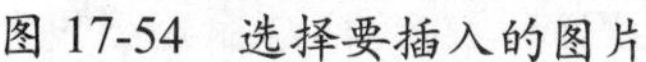
图 17-54　选择要插入的图片

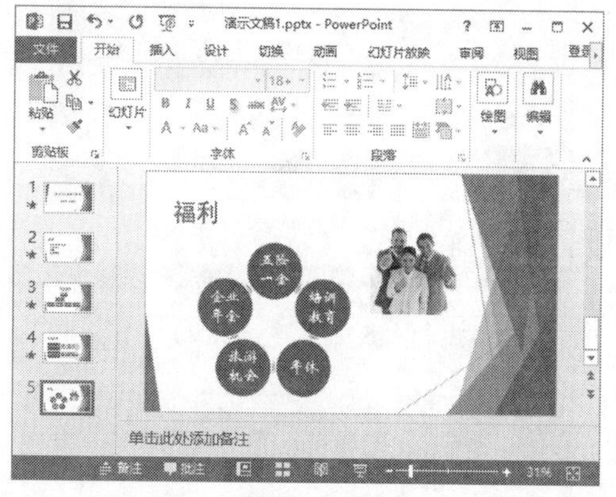

图 17-55　调整图片的位置和大小

步骤 10 为幻灯片添加切换效果。在【切换】选项卡中，单击【切换到此幻灯片】组中的【其他】按钮，在弹出的下拉列表中选择【华丽型】区域的【页面卷曲】选项，如图 17-56 所示。

步骤 11 至此，即完成创建公司福利幻灯片页面的操作，如图 17-57 所示。

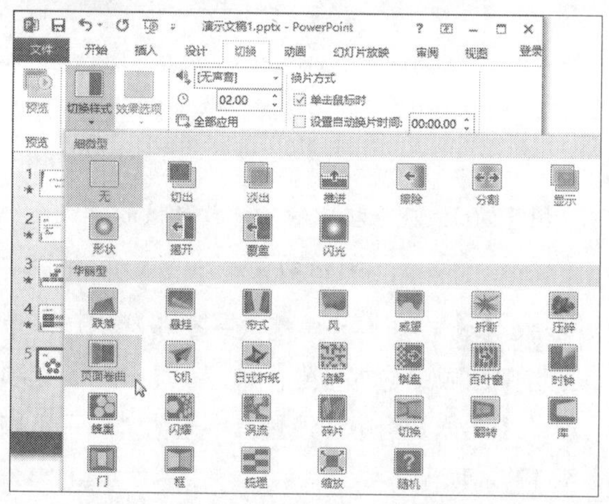

图 17-56　为幻灯片添加切换效果

图 17-57　公司福利幻灯片页面

17.2.5 创建绩效考核幻灯片页面

创建绩效考核幻灯片页面的具体操作步骤如下。

步骤 1 新建一张幻灯片。在【开始】选项卡中，单击【幻灯片】组中的【新建幻灯片】按钮，即可添加一张“标题和内容”幻灯片，如图 17-58 所示。

步骤 2 添加标题。在新建的幻灯片中单击【单击此处添加标题】文本框，输入文本“绩效考核”，然后在【开始】选项卡的【字体】组中，设置其字体为“黑体”，字号为“55”，如图 17-59 所示。

图 17-58　新建一张幻灯片

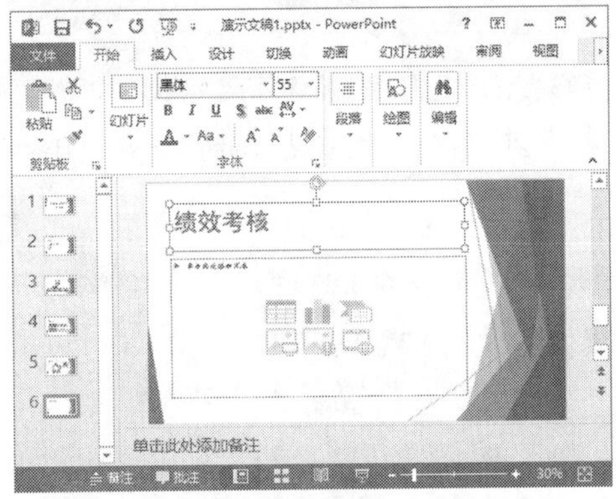

图 17-59　添加标题

步骤 3 插入图表。在【单击此处添加文本】文本框中单击【插入图表】按钮，如图 17-60 所示。

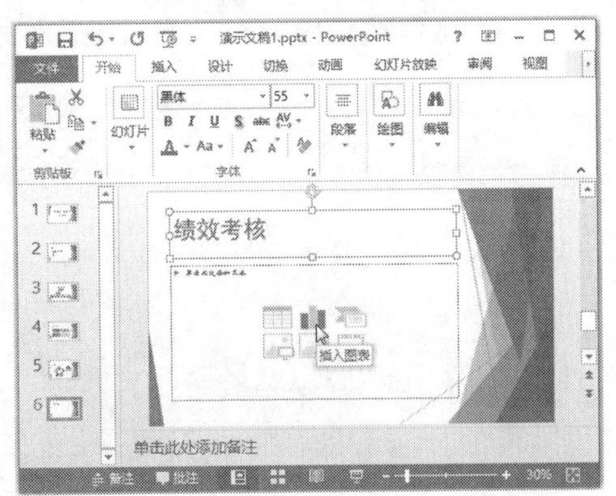

图 17-60　单击【插入图表】按钮

步骤 4 弹出【插入图表】对话框，在左侧列表中选择【折线图】选项，然后在右侧上方区域选择带数据标记的折线图，单击【确定】按钮，如图 17-61 所示。

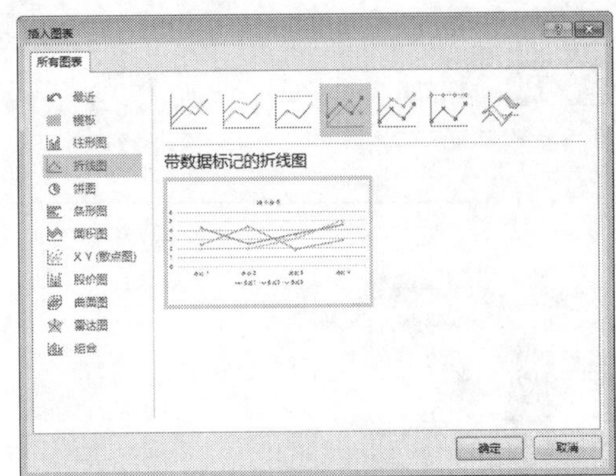

图 17-61　【插入图表】对话框

步骤 5 此时系统会自动弹出 Excel 2013 软件的工作界面，在表格中输入绩效考核的等级及对应的奖金，然后单击右上角的【关闭】按钮，关闭 Excel 电子表格，如图 17-62 所示。

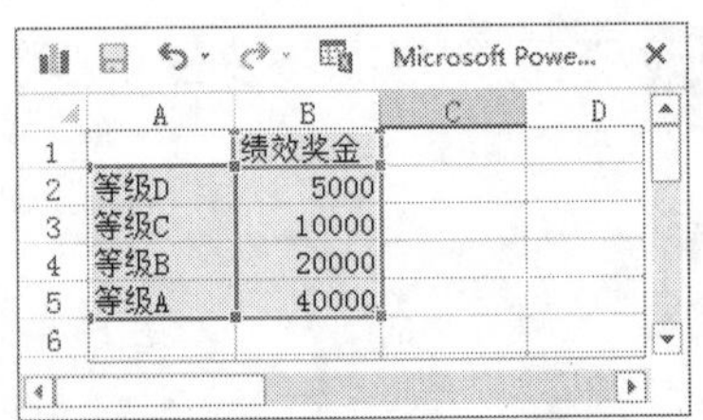

	A	B	C	D
1		绩效奖金		
2	等级D	5000		
3	等级C	10000		
4	等级B	20000		
5	等级A	40000		
6				

图 17-62　在表格中输入绩效考核的等级及对应的奖金

步骤 6 在幻灯片中插入一个折线图后，单击选中图表中的水平坐标轴，在【开始】选项卡的【字体】组中，设置其字号为“24”，如图 17-63 所示。

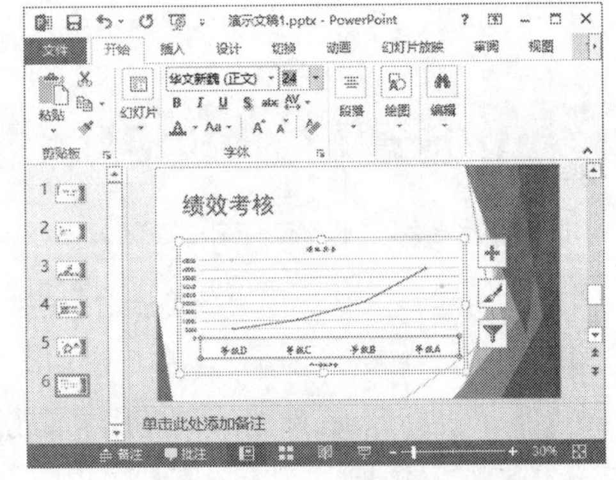

图 17-63　设置折线图的水平坐标轴

步骤 7 使用同样的方法，设置图表中的垂直坐标轴和图例的字号为“24”，然后单击选中图表的标题，按 Delete 键删除，如图 17-64 所示。

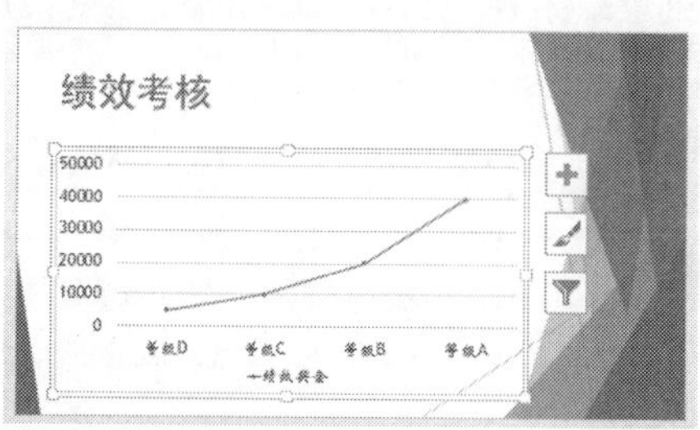

图 17-64　设置折线图的垂直坐标轴和图例

步骤 8 插入图片。在【插入】选项卡中，单击【图像】组中的【图片】按钮，如图 17-65 所示。

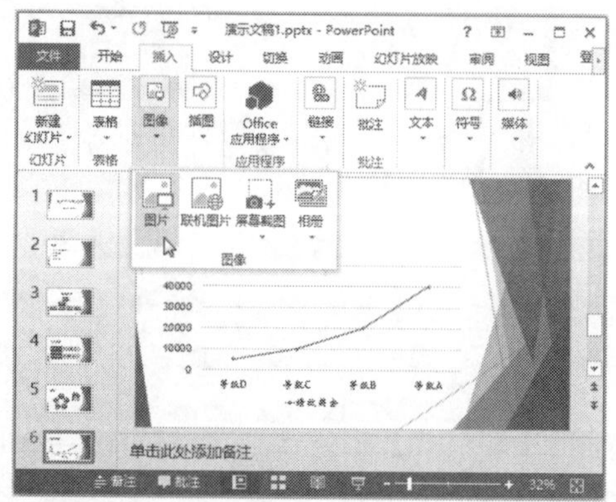

图 17-65　单击【图片】按钮

步骤 9 弹出【插入图片】对话框，在计算机中选择要插入的图片，单击【插入】按钮，如图 17-66 所示。

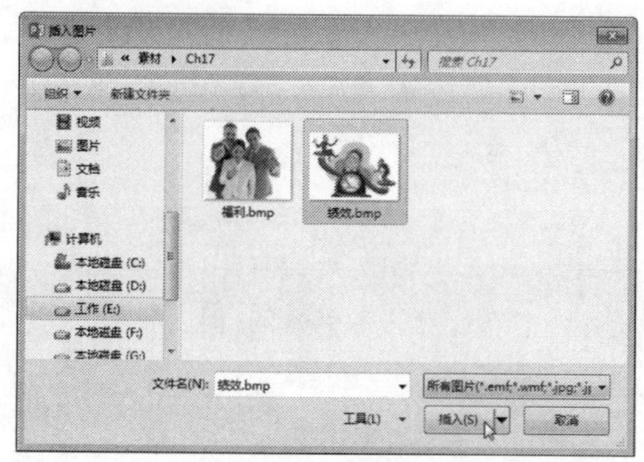

图 17-66　选择要插入的图片

步骤 10 插入所选的图片后，单击选中该图片，在【格式】选项卡中，单击【调整】组中的【删除背景】按钮，如图 17-67 所示。

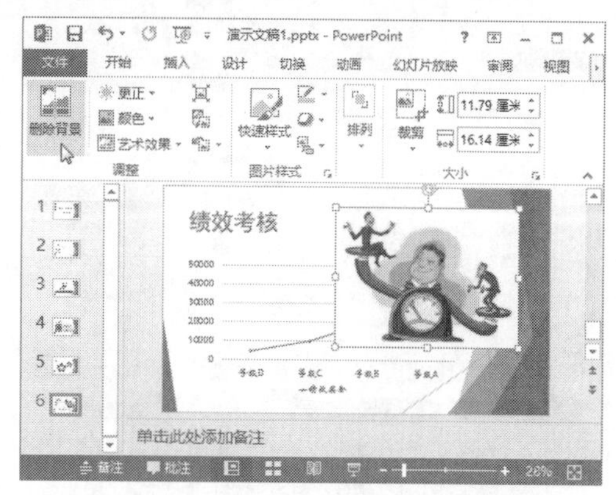

图 17-67　单击【删除背景】按钮

步骤 11 此时图片内部出现一个方框，四周有 8 个控制点，将光标定位在这些控制点上，当变为箭头形状时，拖动鼠标调整要删除的背景区域，如图 17-68 所示。

图 17-68　拖动鼠标调整要删除的背景区域

步骤 12 设置完成后，在幻灯片的空白位置处单击鼠标，即可删除图片的背景，如图 17-69 所示。

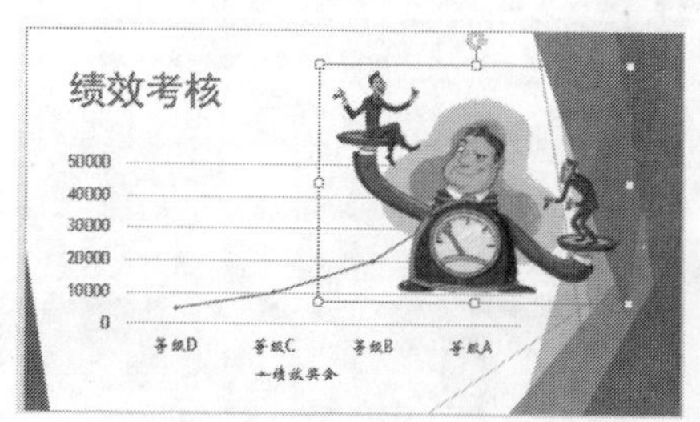

图 17-69　删除图片的背景

步骤 13 选中图片，单击鼠标右键，在弹出的快捷菜单中依次选择【置于底层】→【置于底层】菜单命令，将其置于最底层，然后调整其大小和位置，如图 17-70 所示。

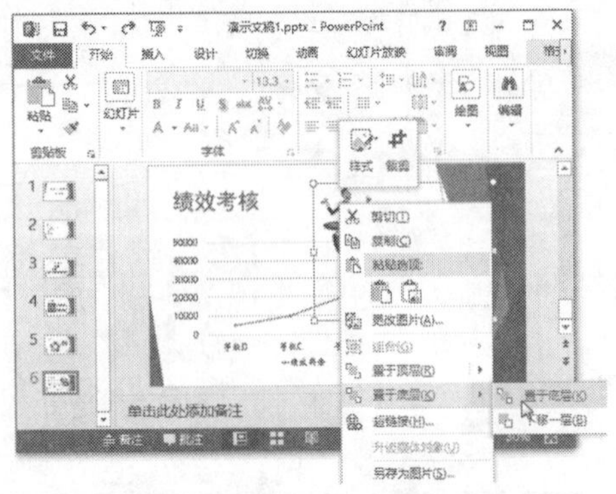

图 17-70　设置图片

步骤 14 为幻灯片添加切换效果。在【切换】选项卡中，单击【切换到此幻灯片】组中的【其他】按钮，在弹出的下拉列表中选择【华丽型】区域的【页面卷曲】选项，如图 17-71 所示。

步骤 15 至此，即完成创建绩效考核幻灯片页面的操作，如图 17-72 所示。

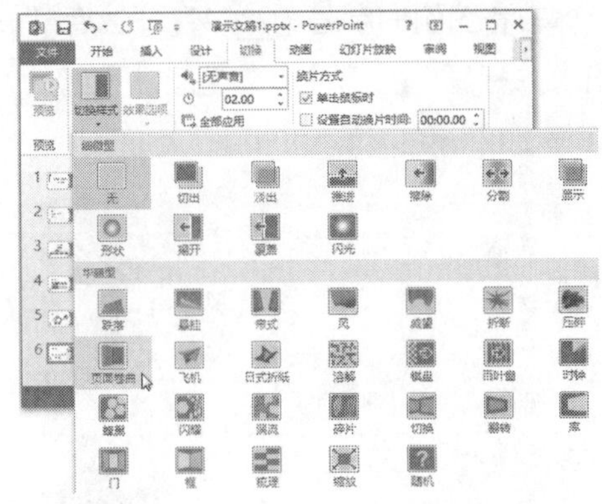

图 17-71　为幻灯片添加切换效果

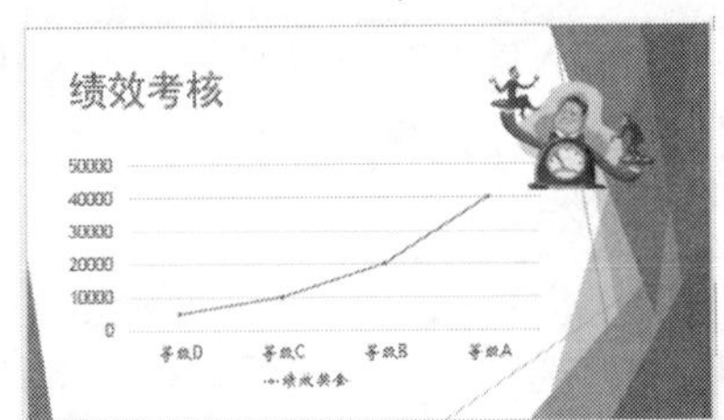

图 17-72　绩效考核幻灯片页面

17.2.6 创建结束幻灯片页面

创建员工培训结束幻灯片页面的具体操作步骤如下。

步骤 1 新建一张幻灯片。在【开始】选项卡中，单击【幻灯片】组中【新建幻灯片】按钮，在弹出的下拉列表中选择【标题幻灯片】选项，如图 17-73 所示。

步骤 2 添加艺术字作为标题。删除【单击此处添加标题】文本框，在【插入】选项卡中，单击【文本】组中的【艺术字】按钮，在弹出的下拉列表中选择【填充 - 黑色，文本 1，阴影】选项，如图 17-74 所示。

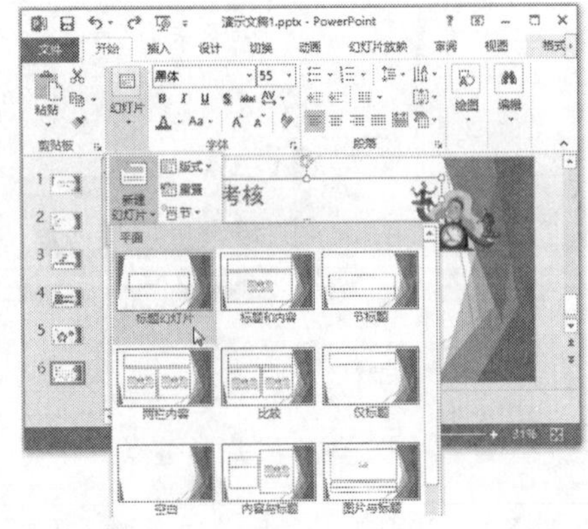

图 17-73　新建一张幻灯片

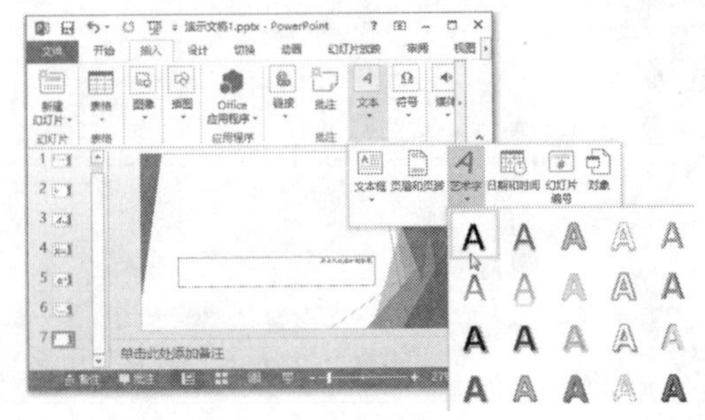

图 17-74　选择【填充 - 黑色，文本 1，阴影】选项

步骤 3 在插入的艺术字文本框中输入文本“结束”，然后在【开始】选项卡的【字体】组中，设置其字号为“100”，如图 17-75 所示。

步骤 4 添加副标题。在【单击此处添加副标题】文本框中输入文本“愿大家工作开心，共创辉煌！”，然后设置其字体为“黑体”，字号为“40”，单击【加粗】按钮，将其加粗。设置完成后，拖动该文本框至合适的位置，如图 17-76 所示。

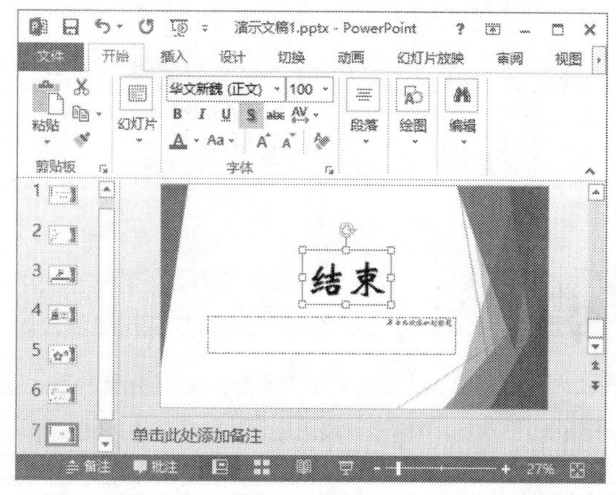

图 17-75　在艺术字文本框中输入文本并设置格式

图 17-76　添加副标题

步骤 5 为幻灯片添加切换效果。在【切换】选项卡中，单击【切换到此幻灯片】组中的【其他】按钮，在弹出的下拉列表中选择【华丽型】区域的【页面卷曲】选项，如图 17-77 所示。

步骤 6 保存演示文稿。单击快速访问工具栏中的【保存】按钮，进入【另存为】界面，选择【计算机】选项，单击右侧的【浏览】按钮，如图 17-78 所示。

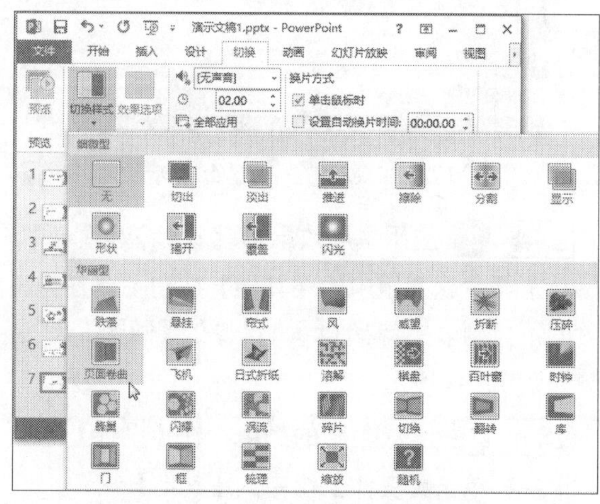

图 17-77　为幻灯片添加切换效果

图 17-78　单击【浏览】按钮

步骤 7 弹出【另存为】对话框，选择在计算机中的存储位置，然后在【文件名】文本框中输入 PPT 的名称“新员工入职培训”，单击【保存】按钮，如图 17-79 所示。

步骤 8 至此，即完成创建结束幻灯片页面的操作，如图 17-80 所示。

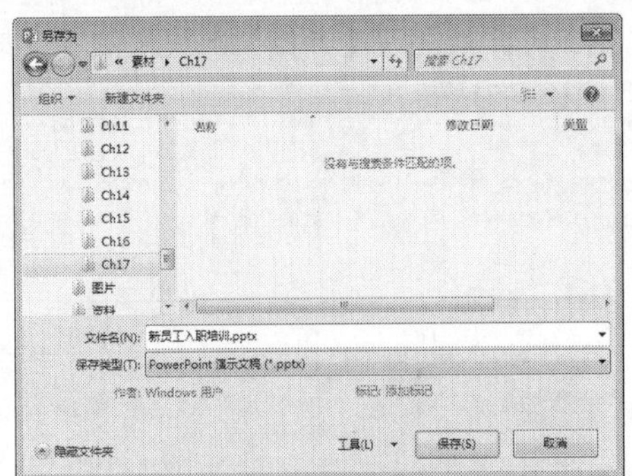

图 17-79　【另存为】对话框

图 17-80　结束幻灯片页面

17.3 制作公司会议PPT

会议是人们为了解决某个共同的问题或出于不同的目的聚集在一起进行讨论、交流的活动。本节介绍如何制作一个项目启动会议PPT，其最终效果如图 17-81 所示。

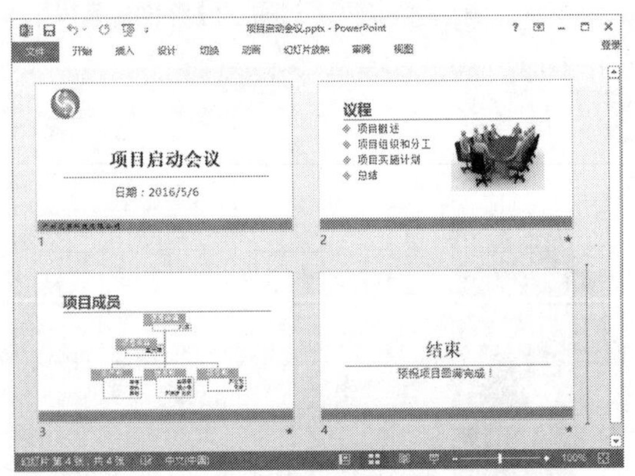

图 17-81　项目启动会议 PPT

17.3.1 设计会议首页幻灯片页面

设计会议首页幻灯片页面的具体操作步骤如下。

步骤 1 启动 PowerPoint 2013，新建一个空白演示文稿，如图 17-82 所示。

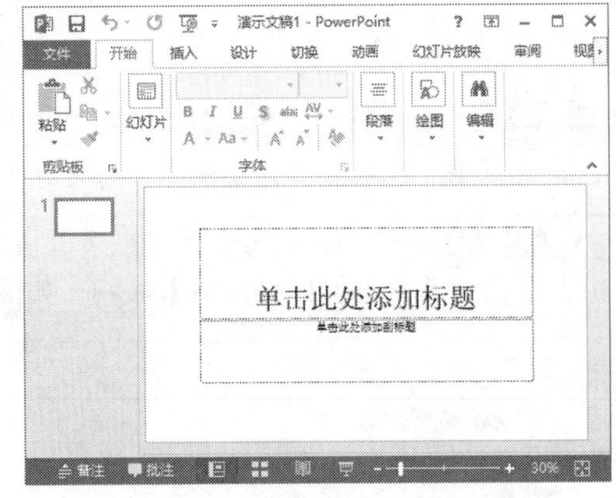

图 17-82　新建一个空白演示文稿

步骤 2 应用主题效果。在【设计】选项卡中，单击【主题】组中的【其他】按钮，在弹出的下拉列表中选择 Office 区域的【回顾】选项，如图 17-83 所示。

步骤 3 设置主题的颜色。在【设计】选项卡中，单击【变体】组中的【其他】按钮，在弹出的下拉列表中选择【颜色】选项，然后在弹出的子列表中选择【黄绿色】选项，如图 17-84 所示。

步骤 4 添加艺术字作为标题。删除【单击此处添加标题】文本框，在【插入】选项卡中，

单击【文本】组中的【艺术字】按钮，在弹出的下拉列表中选择【填充 - 黑色，文本 1，阴影】选项，如图 17-85 所示。

图 17-83　应用主题效果

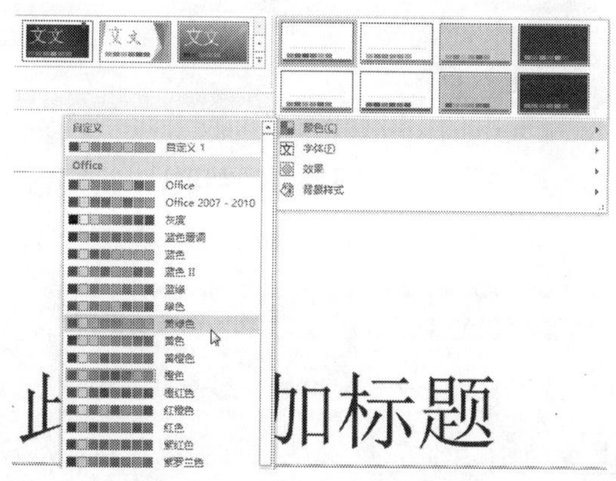

图 17-84　设置主题的颜色

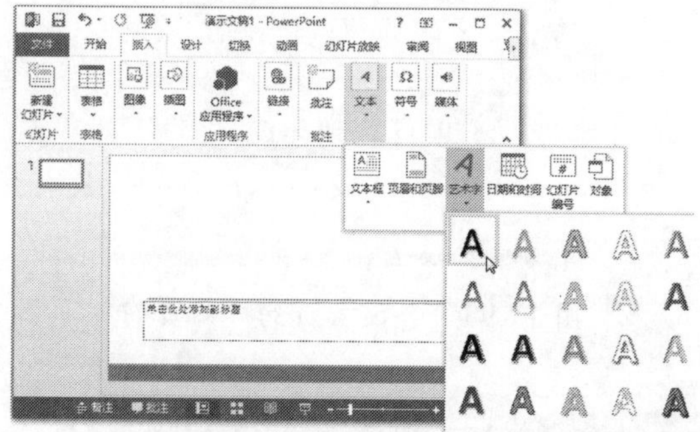

图 17-85　选择【填充 - 黑色，文本 1，阴影】选项

步骤 5 在插入的艺术字文本框中输入文本“项目启动会议”，然后在【开始】选项卡的【字体】组中，设置其字体为“宋体”，字号为“70”，如图 17-86 所示。

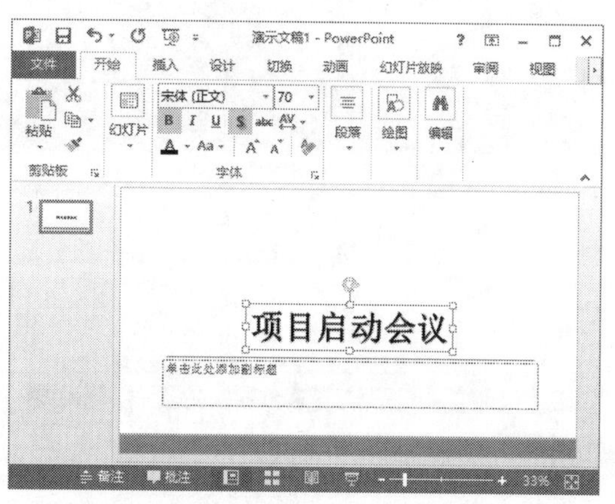

图 17-86　在艺术字文本框中输入文本并设置格式

步骤 6 添加副标题。在【单击此处添加副标题】文本框中输入文本“日期：2016/5/6”，然后设置其字体为“微软雅黑”，字号为“40”。设置完成后，拖动该文本框至合适的位置，如图 17-87 所示。

图 17-87　添加副标题

步骤 7 插入图片。在【插入】选项卡中，单击【图像】组中的【图片】按钮，如图 17-88 所示。

步骤 8 弹出【插入图片】对话框，在计算机中找到要插入的图片，单击【插入】按钮，如图 17-89 所示。

步骤 9 插入所选的图片，调整图片的位置和大小，效果如图 17-90 所示。

图 17-88　单击【图片】按钮

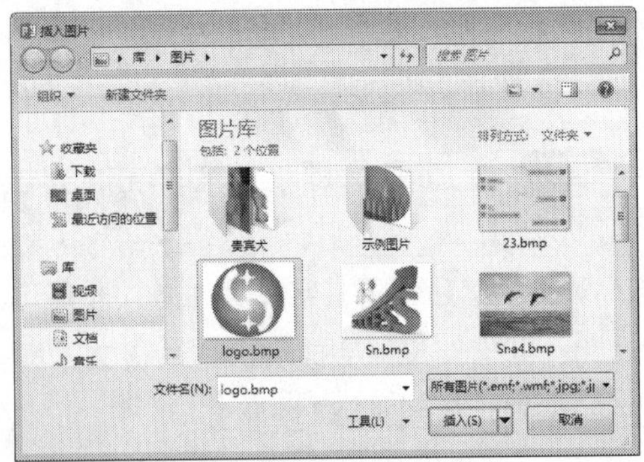

图 17-89　选择要插入的图片

图 17-90　调整图片的位置和大小

步骤 10 插入一个文本框。在【开始】选项卡中，单击【绘图】组中的【文本框】按钮，如图 17-91 所示。

步骤 11 在幻灯片左下角绘制一个文本框，在其中输入文本“广州花果科技有限公司”，然后设置其字体为“华文新魏”，字号为“30”，如图 17-92 所示。

图 17-91　单击【文本框】按钮

图 17-92　在文本框中输入内容并设置格式

步骤 12 至此，即完成设计会议首页幻灯片页面的操作，如图 17-93 所示。

图 17-93　会议首页幻灯片页面

17.3.2 设计会议议程幻灯片页面

设计会议议程幻灯片页面的具体操作步骤如下。

步骤 1 新建一张幻灯片。在【开始】选项卡中，单击【幻灯片】组中的【新建幻灯片】按钮，即可添加一张“标题和内容”幻灯片，如图 17-94 所示。

图 17-94　新建一张幻灯片

步骤 2 添加标题。在新建的幻灯片中单击【单击此处添加标题】文本框，输入文本“议程”，然后在【开始】选项卡的【字体】组中，设置其字体为“微软雅黑”，字号为“55”，如图 17-95 所示。

图 17-95　添加标题

步骤 3 添加文本。在【单击此处添加文本】文本框中输入相应的议程内容，然后设置其字体为“新宋体”，字号为“40”，如图 17-96 所示。

步骤 4 为文本添加项目符号。选中议程内容文本框，在【开始】选项卡中，单击【段落】组中【项目符号】右侧的下拉按钮，在弹出的下拉列表中选择【带填充效果的钻石型项目符号】选项，如图 17-97 所示。

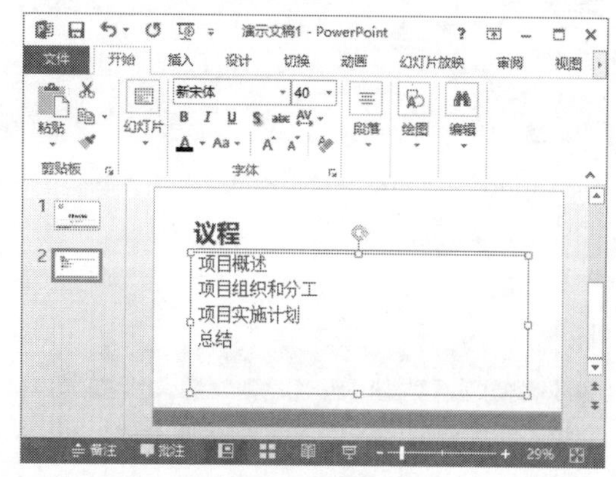

图 17-96　添加文本

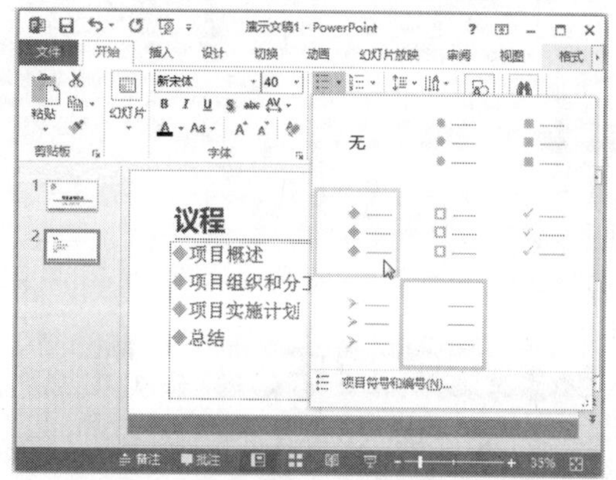

图 17-97　选择【带填充效果的钻石型项目符号】选项

步骤 5 为文本添加项目符号，将光标定位在项目符号和第一栏文本内容中间，按下空格键，为其添加一个空格。使用同样的方法，为其他项目符号和文本内容中间添加空格，如图 17-98 所示。

步骤 6 插入图片。在【插入】选项卡中，单击【图像】组中的【图片】按钮，如图 17-99 所示。

步骤 7 弹出【插入图片】对话框，在计算机中找到要插入的图片，单击【插入】按钮，如图 17-100 所示。

步骤 8 插入所选的图片，调整图片的大小和位置，效果如图 17-101 所示。

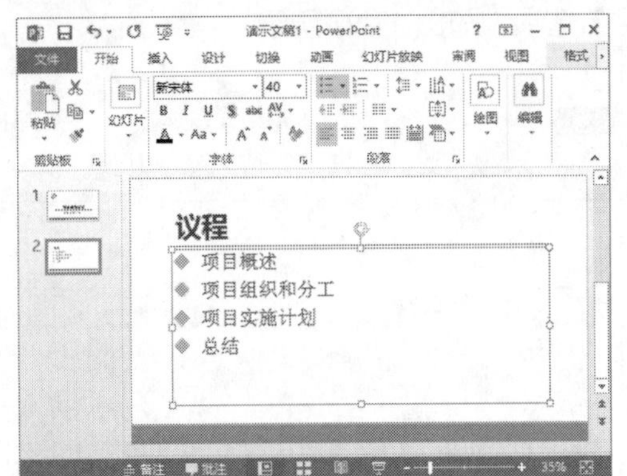

图 17-98　为文本添加项目符号

图 17-99　单击【图片】按钮

图 17-100　选择要插入的图片

步骤 9 为文本添加动画效果。单击选中文本框，在【动画】选项卡中，单击【动画】组中的【其他】按钮，在弹出的下拉列表中选择【进入】区域的【缩放】选项，如图 17-102 所示。

图 17-101　调整图片的大小和位置

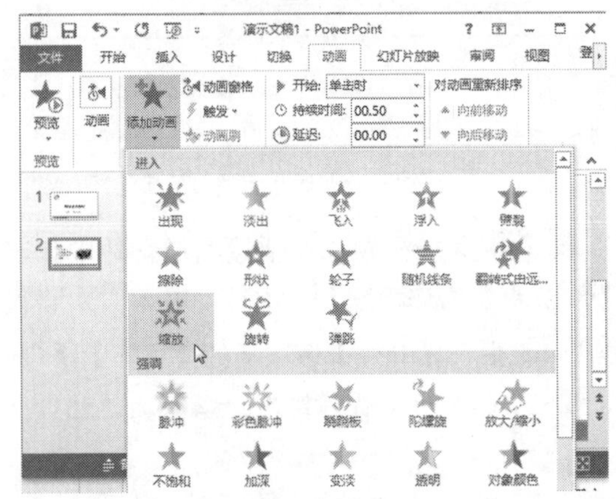

图 17-102　为文本添加动画效果

步骤 10 在【动画】选项卡中，单击【高级动画】组中的【动画窗格】按钮，在界面右侧弹出【动画窗格】窗格，在其中单击【单击展开内容】按钮，展开动画列表，如图 17-103 所示。

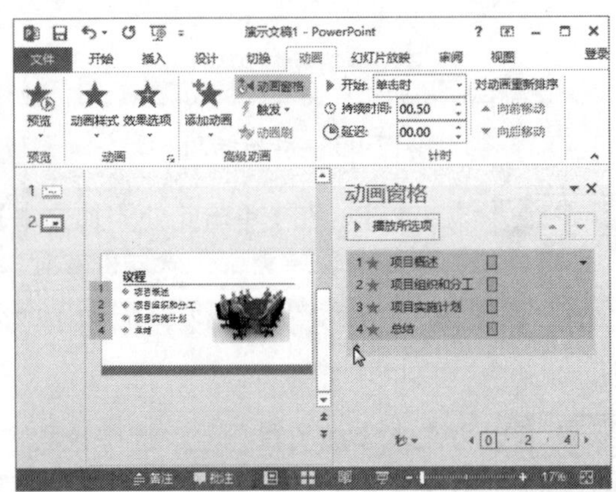

图 17-103　展开动画列表

步骤 11 设置动画的开始时间。在【动画】选项卡中，单击【计时】组中【开始】右侧的下拉按钮，在弹出的下拉列表中选择【上一动画之后】选项，如图 17-104 所示。

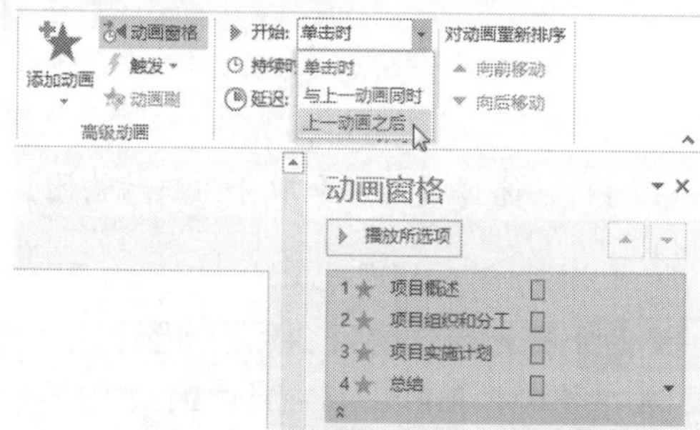

图 17-104　设置动画的开始时间

步骤 12 设置动画的持续时间和延迟时间。在【动画】选项卡的【计时】组中，在【持续时间】和【延迟】文本框中分别输入“2”和“1”，按 Enter 键，即可设置动画持续时间为 2 秒，延迟时间为 1 秒，如图 17-105 所示。

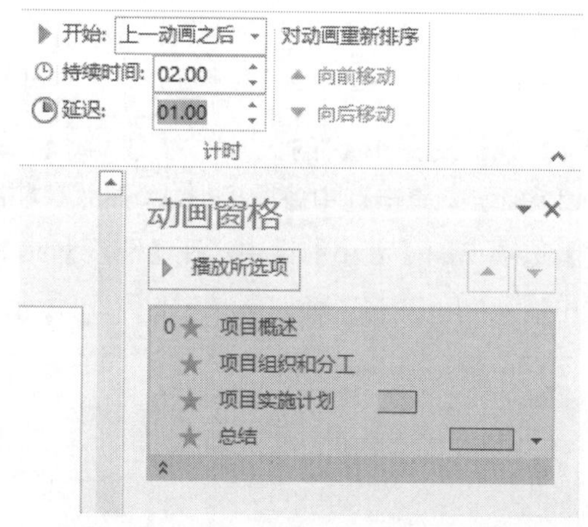

图 17-105　设置动画的持续时间和延迟时间

步骤 13 为幻灯片添加切换效果。在【切换】选项卡中，单击【切换到此幻灯片】组中的【其他】按钮，在弹出的下拉列表中选择【华丽型】区域的【框】选项，如图 17-106 所示。

步骤 14 至此，即完成创建会议议程幻灯片页面的操作，如图 17-107 所示。

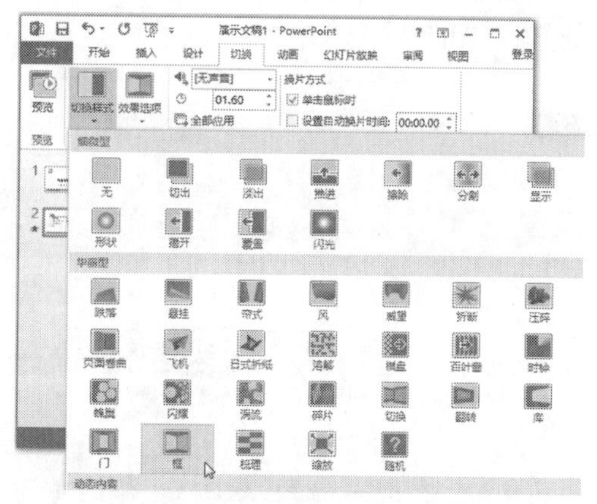

图 17-106　为幻灯片添加切换效果

图 17-107　会议议程幻灯片页面

17.3.3 设计项目成员幻灯片页面

设计项目成员幻灯片页面的具体操作步骤如下。

步骤 1 新建一张幻灯片。在【开始】选项卡中，单击【幻灯片】组中的【新建幻灯片】按钮，即可添加一张“标题和内容”幻灯片，如图 17-108 所示。

步骤 2 添加标题。在新建的幻灯片中单击【单击此处添加标题】文本框，输入文本“项目成员”，然后在【开始】选项卡的【字体】组中，设置其字体为“微软雅黑”，字号为“55”，如图 17-109 所示。

步骤 3 插入 SmartArt 图形。在【单击此处添加文本】文本框中单击【插入 SmartArt 图形】

按钮，如图 17-110 所示。

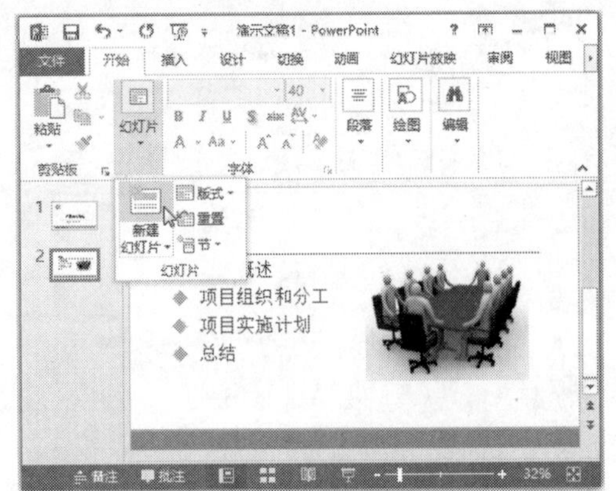

图 17-108　新建一张幻灯片

图 17-109　添加标题

图 17-110　单击【插入 SmartArt 图形】按钮

步骤 4 弹出【选择 SmartArt 图形】对话框，在左侧选择【层次结构】选项，然后在右侧选择【姓名和职务组织结构图】选项，单击【确定】按钮，如图 17-111 所示。

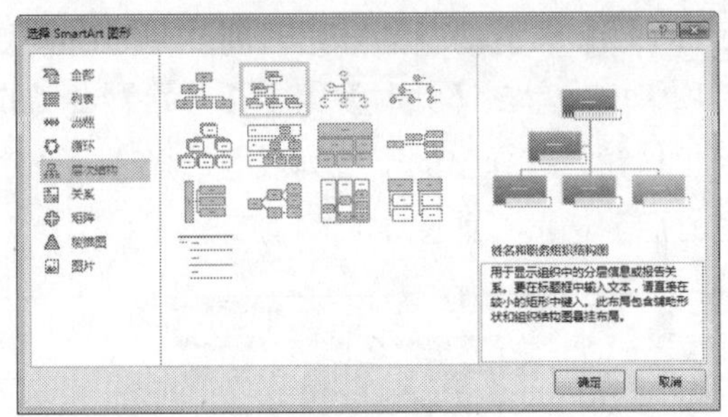

图 17-111　选择【姓名和职务组织结构图】选项

步骤 5 插入所选的姓名和职务组织结构图形，单击选中各形状，并在其中输入相应的内容，如图 17-112 所示。

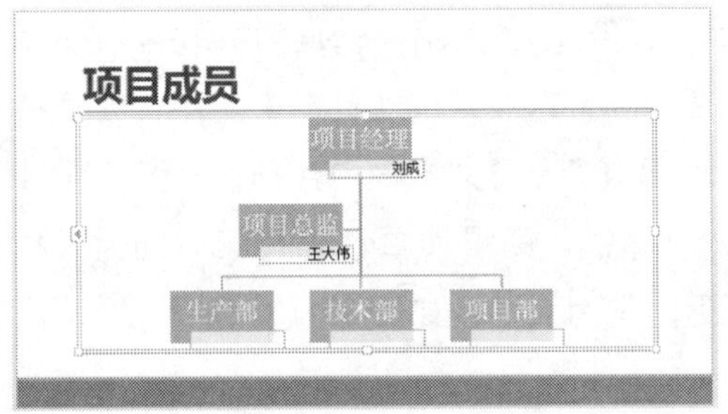

图 17-112　插入所选的姓名和职务组织结构图形

步骤 6 设置形状的大小。按住 Ctrl 键或 Shift 键不放，单击选中各职务形状，然后在【格式】选项卡的【大小】组中，在【高度】文本框中输入“1.6”，按 Enter 键，如图 17-113 所示。

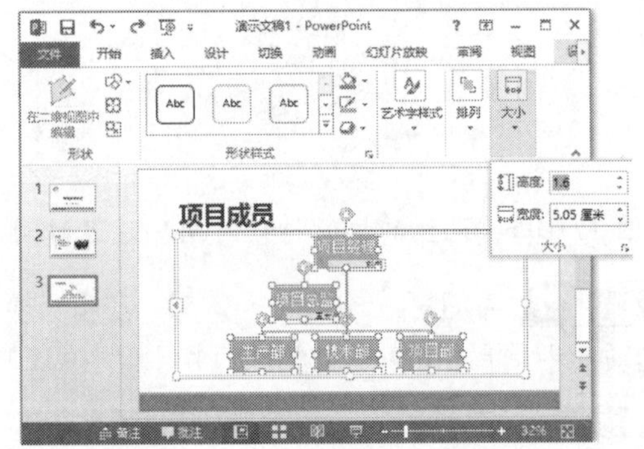

图 17-113　在【高度】文本框中输入高度

步骤 7 调整职务形状的高度，如图 17-114 所示。

步骤 8 单击 SmartArt 图形的边框以选中整个图形，然后单击鼠标右键，在弹出的快捷菜

单中依次选择【组合】→【取消组合】菜单命令，如图 17-115 所示。

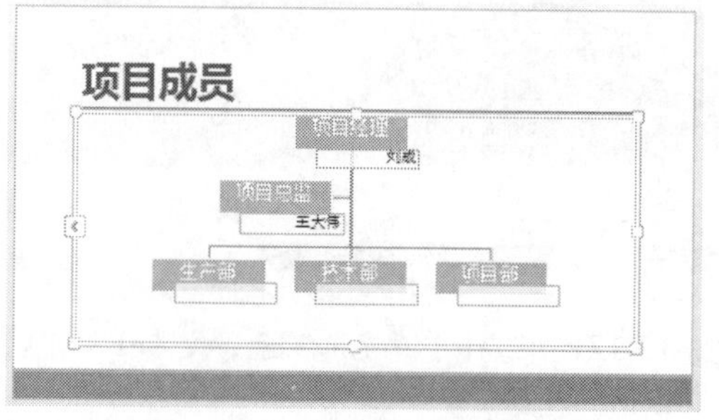

图 17-114　调整职务形状的高度

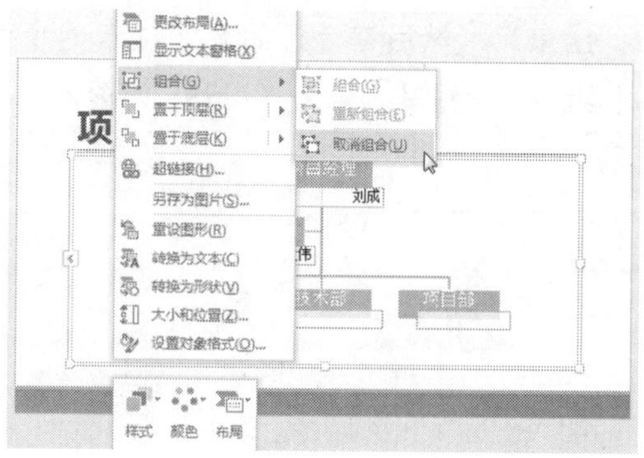

图 17-115　选择【取消组合】子菜单命令

步骤 9 取消 SmartArt 图形的组合，单击图形底部的形状，按 Delete 键删除，然后在【开始】选项卡中，单击【绘图】组中的【文本框】按钮，如图 17-116 所示。

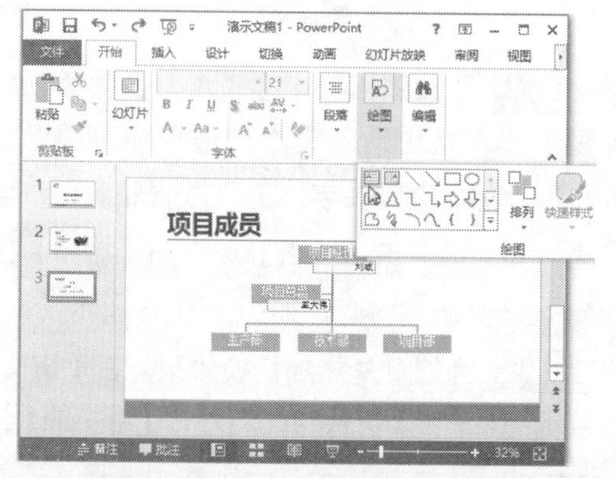

图 17-116　单击【文本框】按钮

步骤 10 在幻灯片中拖动鼠标，重新绘制一个文本框，然后在【格式】选项卡中，单击【形状样式】组中的【彩色轮廓-酸橙色，强调颜色 1】选项，设置该文本框的样式，如图 17-117 所示。

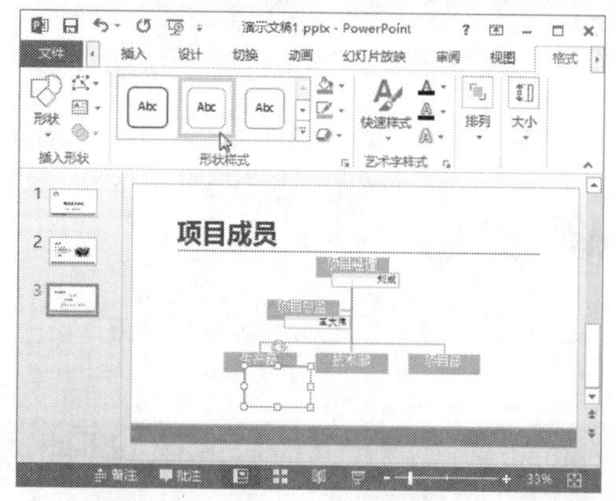

图 17-117　绘制文本框并设置样式

步骤 11 选中绘制的文本框，按 Ctrl+C 组合键，再按 Ctrl+V 组合键，复制出两个相同的文本框，将它们分别移动到底部职务形状下方，并在其中输入每个部门项目成员的姓名，如图 17-118 所示。

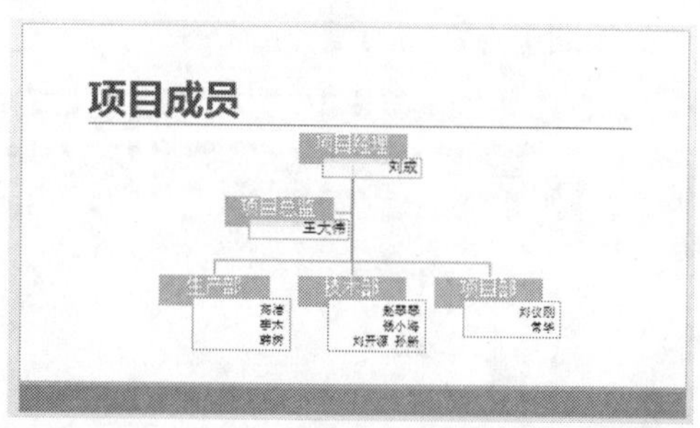

图 17-118　在文本框中输入项目成员的姓名

步骤 12 为幻灯片添加切换效果。在【切换】选项卡中，单击【切换到此幻灯片】组中的【其他】按钮，在弹出的下拉列表中选择【华丽型】区域的【棋盘】选项，如图 17-119 所示。

步骤 13 至此，即完成创建项目成员幻灯片页面的操作。

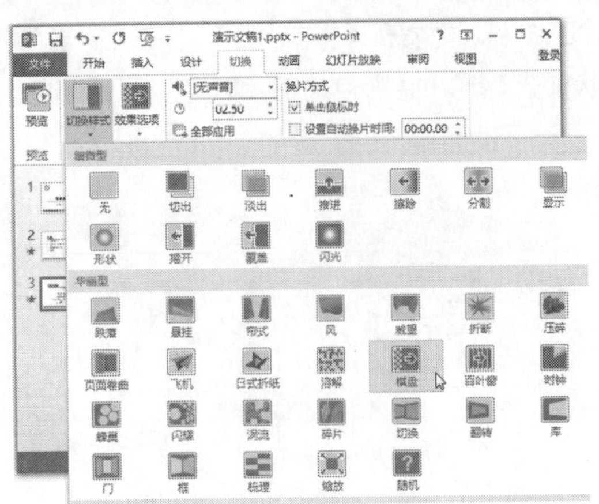

图 17-119　为幻灯片添加切换效果

17.3.4 设计会议结束幻灯片页面

设计会议结束幻灯片页面的具体操作步骤如下。

步骤 1 新建一张幻灯片。在【开始】选项卡中，单击【幻灯片】组中【新建幻灯片】的下拉按钮，在弹出的下拉列表中选择【节标题】选项，如图 17-120 所示。

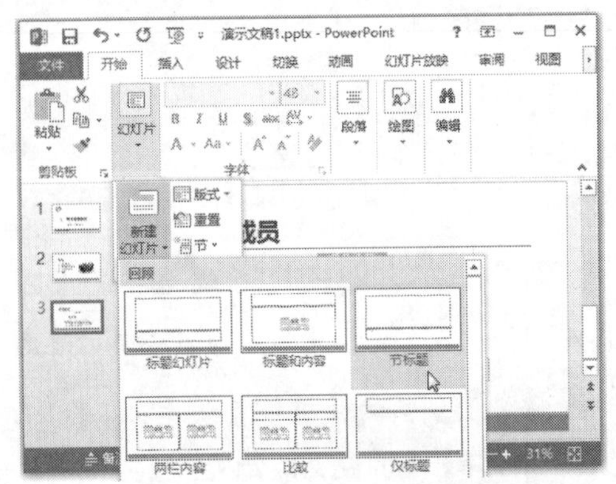

图 17-120　新建一张幻灯片

步骤 2 添加艺术字作为标题。删除【单击此处添加标题】文本框，在【插入】选项卡中，单击【文本】组中的【艺术字】按钮，在弹出的下拉列表中选择【填充 - 黑色，文本 1，阴影】选项，如图 17-121 所示。

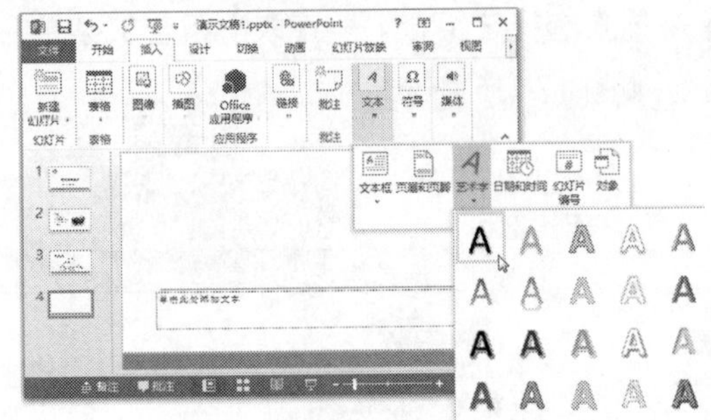

图 17-121　选择【填充 - 黑色，文本 1，阴影】选项

步骤 3 在插入的艺术字文本框中输入文本“结束”，然后在【开始】选项卡的【字体】组中，设置其字号为“70”，如图 17-122 所示。

图 17-122　在艺术字文本框中输入文本并设置格式

步骤 4 添加副标题。在【单击此处添加副标题】文本框中输入文本“预祝项目圆满完成！”，然后设置其字体为“微软雅黑”，字号为“40”，单击【段落】组中的【居中】按钮，将其居中对齐，如图 17-123 所示。

步骤 5 为幻灯片添加切换效果。在【切换】选项卡中，单击【切换到此幻灯片】组中的【其他】按钮，在弹出的下拉列表中选择【动态内容】区域的【旋转】选项，如图 17-124 所示。

步骤 6 保存演示文稿。单击快速访问工具栏中的【保存】按钮，进入【另存为】界面，

选择【计算机】选项，并单击右侧的【浏览】按钮，如图 17-125 所示。

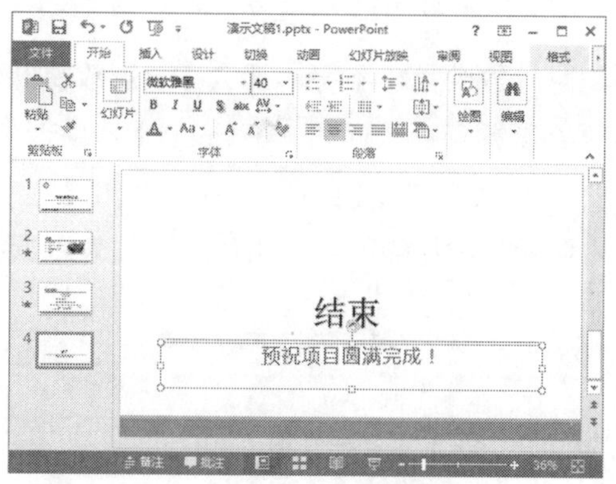

图 17-123　添加副标题

图 17-124　为幻灯片添加切换效果

步骤 7 弹出【另存为】对话框，选择在计算机中的存储位置，然后在【文件名】文本框中输入 PPT 的名称“项目启动会议”，单击【保存】按钮，如图 17-126 所示。

步骤 8 至此，即完成创建会议结束幻灯片页面的操作，如图 17-127 所示。

图 17-125　单击【浏览】按钮

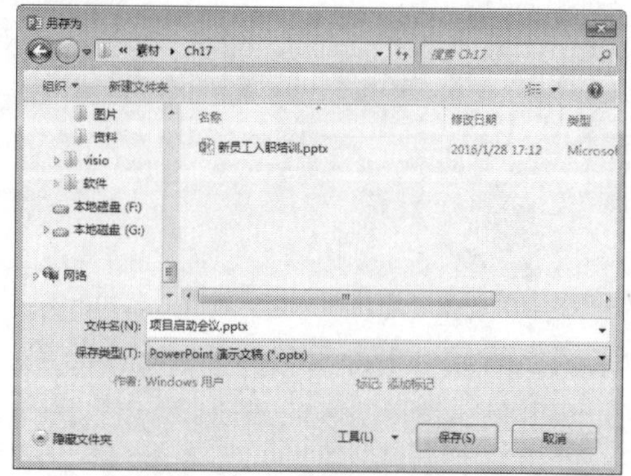

图 17-126　【另存为】对话框

图 17-127　会议结束幻灯片页面

17.4 疑难问题解答

问题 1：在全屏放映 PPT 时，有几种方法可退出放映状态？

解答：主要有两种方法可退出放映状态：一种是直接按 Esc 键退出；另一种是单击鼠标右键，

在弹出的快捷菜单中选择【结束放映】菜单命令，也可退出放映状态。

问题2：在全屏放映PPT时，为什么有时出现的并不是全屏，而在屏幕两侧出现两条黑色区域？

解答：若计算机设置的分辨率与 PPT 中设置的幻灯片放映大小不符，那么在全屏放映 PPT 时，屏幕两侧会出现黑色区域，幻灯片并不会铺满全屏。要想解决该问题，在【设计】选项卡中，单击【自定义】组中的【幻灯片大小】按钮，在弹出的下拉列表中选择【自定义幻灯片大小】选项，弹出【幻灯片大小】对话框，单击【幻灯片大小】右侧的下拉按钮，在弹出的下拉列表中选择合适的幻灯片大小即可解决该问题。

吸引别人的眼球——与众不同型 PPT 实战

- **本章导读**

PPT 是传达信息的载体，同时也是展示个性的平台。在 PPT 中，你的创意可以通过内容或图示来展示，你的心情可以通过配色来表达。尽情发挥你的创意，你也可以做出令人惊叹的与众不同的 PPT。本章即通过一个实例介绍如何制作与众不同型 PPT。

- **学习目标**

◎ 掌握设计楼盘介绍 PPT 母版的方法

◎ 掌握制作楼盘介绍相关内容的方法

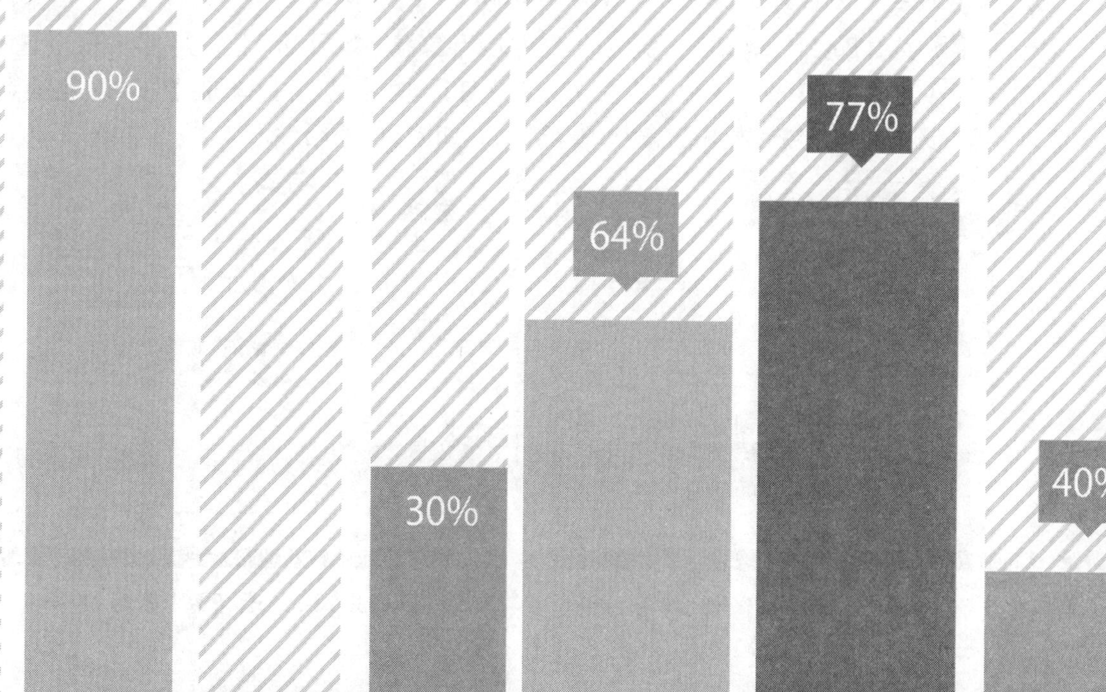

18.1 设计楼盘介绍PPT母版

楼盘介绍 PPT 是指开盘前，开发商为将楼盘正式推向市场所制作的关于楼盘信息的演示文稿。本章将通过一个具体实例，介绍如何制作滨海公寓项目介绍的 PPT，最终效果如图 18-1 所示。

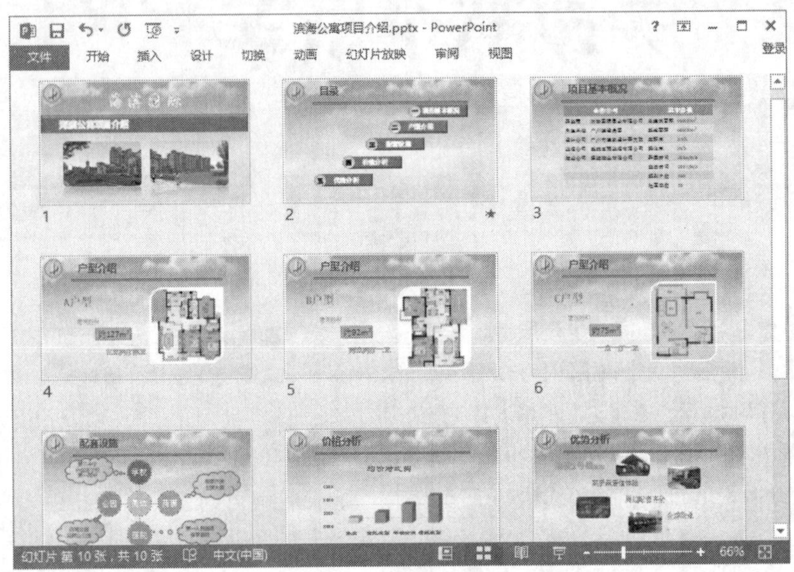

图 18-1 滨海公寓项目介绍 PPT

演示文稿中的所有幻灯片都将使用相同的背景，并且每张幻灯片中都需要插入公司 Logo 图片，这些内容可以在母版中进行统一设计，具体的操作步骤如下。

步骤 1 启动 PowerPoint 2013，新建一个空白演示文稿，如图 18-2 所示。

步骤 2 在【视图】选项卡中，单击【母版视图】组中的【幻灯片母版】按钮，切换到幻灯片母版视图，并在左侧列表中选择第 1 张幻灯片，如图 18-3 所示。

图 18-2 新建一个空白演示文稿

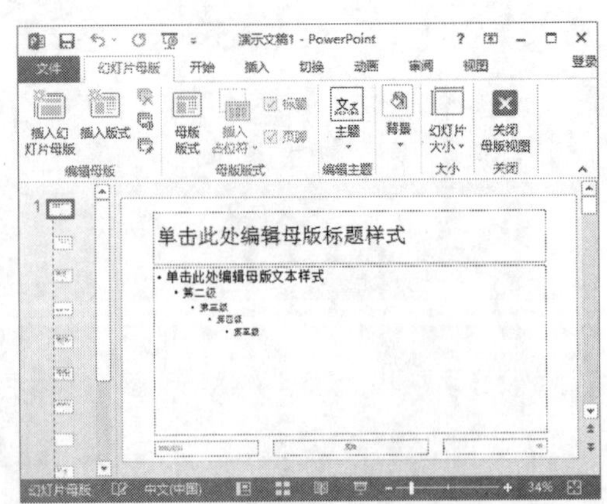

图 18-3 选择第 1 张幻灯片

步骤 3 在【插入】选项卡中，单击【图像】组中的【图片】按钮，如图 18-4 所示。

步骤 4 弹出【插入图片】对话框，在计算机中选择要插入的图片，单击【插入】按钮，如图 18-5 所示。

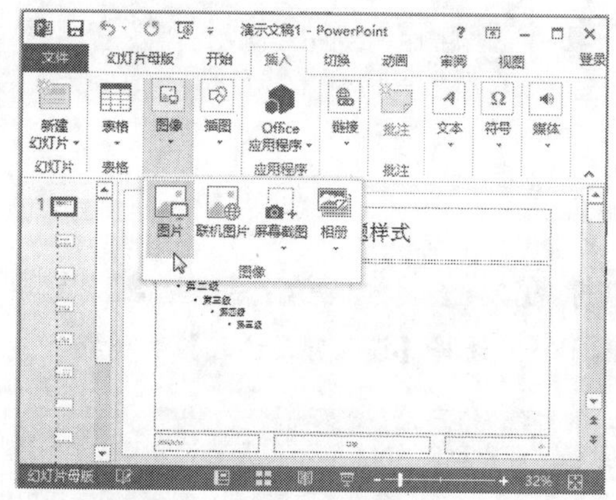

图 18-4　单击【图片】按钮

图 18-5　选择要插入的图片

步骤 5 插入所选的图片后，选中该图片，在【格式】选项卡中，单击【调整】组中的【删除背景】按钮，如图 18-6 所示。

步骤 6 此时图片内部将出现一个方框，四周有 8 个控制点，将光标定位在这些控制点上，当变为箭头形状时，拖动鼠标调整要删除的背景区域，如图 18-7 所示。

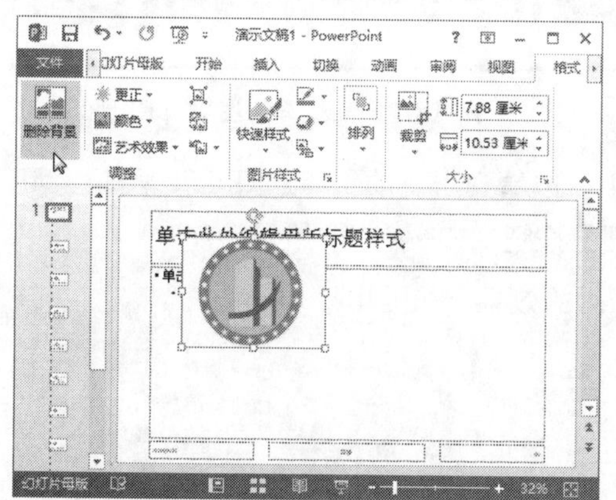

图 18-6　单击【删除背景】按钮

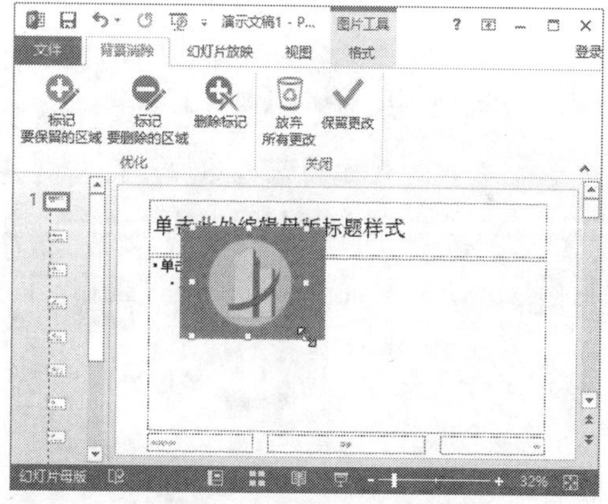

图 18-7　拖动鼠标调整要删除的背景区域

步骤 7 设置完成后，在幻灯片的空白位置单击鼠标，即可删除图片的背景，然后调整图片的大小和位置，如图 18-8 所示。

步骤 8 在幻灯片中单击鼠标右键，在弹出的快捷菜单中选择【设置背景格式】菜单命令，如图 18-9 所示。

步骤 9 弹出【设置背景格式】窗格，在【填充】区域选择【图片或纹理填充】单选按钮，并单击【文件】按钮，如图 18-10 所示。

步骤 10 弹出【插入图片】对话框，在其中选择图片 11，单击【插入】按钮，如图 18-11 所示。

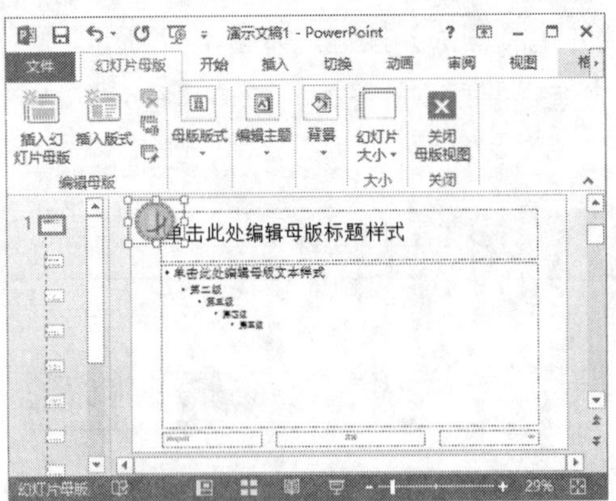

图 18-8 删除图片的背景并调整图片的大小和位置

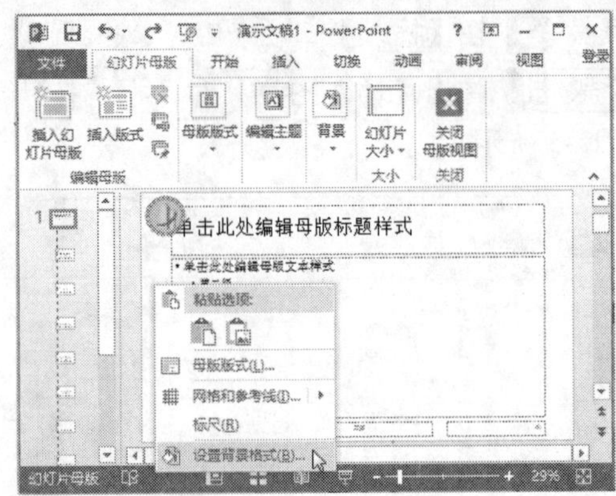

图 18-9 选择【设置背景格式】菜单命令

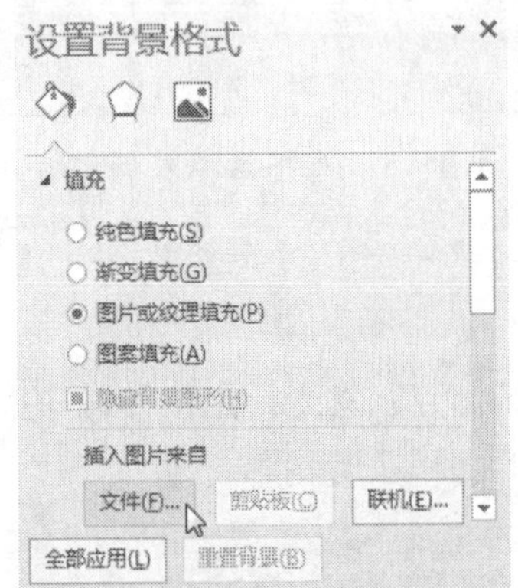

图 18-10 单击【文件】按钮

图 18-11 选择"图片 11.bmp"

步骤 11 插入图片作为背景图片，在左侧列表中可以看到所有的母版幻灯片背景样式都已发生改变，然后单击【关闭】组中的【关闭母版视图】按钮，如图 18-12 所示。

步骤 12 返回到普通视图，用户可查看设计母版后的效果，如图 18-13 所示。

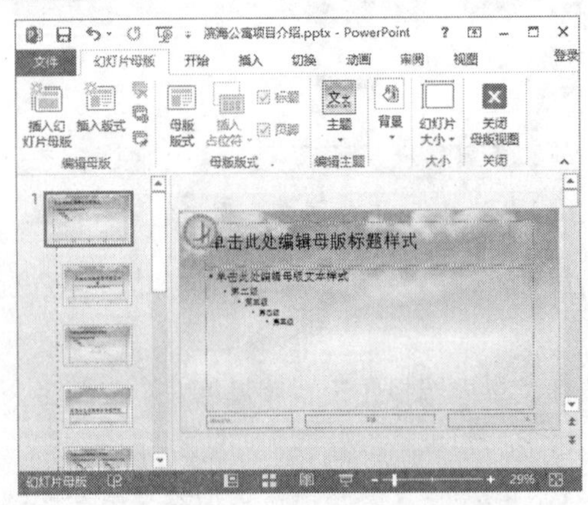

图 18-12 插入图片作为背景图片

图 18-13 查看设计母版后的效果

步骤 13 单击快速访问工具栏中的【保存】按钮，进入【另存为】界面，选择【计算机】选项，并单击右侧的【浏览】按钮，如图 18-14 所示。

步骤 14 弹出【另存为】对话框，选择在计算机中的存储位置，然后在【文件名】文本框中输入 PPT 的名称“滨海公寓项目介绍”，单击【保存】按钮，如图 18-15 所示。

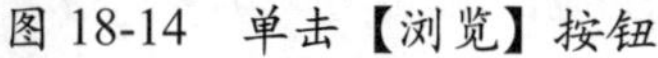
图 18-14　单击【浏览】按钮

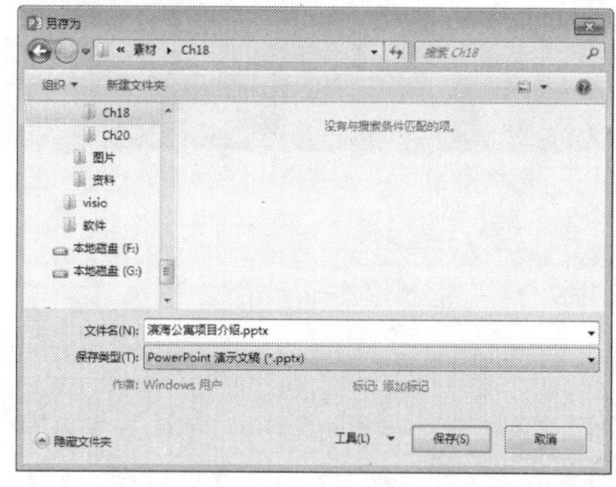

图 18-15　【另存为】对话框

步骤 15 至此，即完成设计 PPT 母版的操作。

18.2 制作楼盘介绍相关内容

在完成 PPT 母版的设计后，下面开始制作楼盘的相关内容。

18.2.1 设计楼盘介绍首页幻灯片

具体的操作步骤如下。

步骤 1 在【单击此处添加标题】文本框中输入文本“滨海国际”，并设置文本的大小、位置及格式，如图 18-16 所示。

步骤 2 在【插入】选项卡中，单击【插图】组中的【形状】按钮，在弹出的下拉列表中选择【矩形】选项，如图 18-17 所示。

图 18-16　设置标题

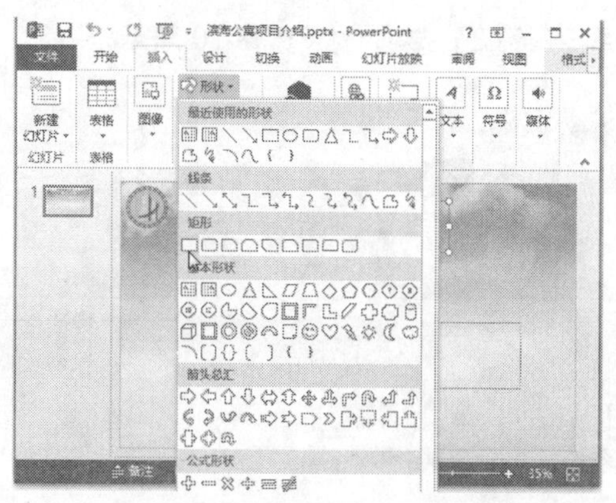

图 18-17　选择【矩形】选项

步骤 3 在幻灯片中绘制一个矩形，如图 18-18 所示。

图 18-18　绘制一个矩形

步骤 4 选中绘制的矩形，在【格式】选项卡中，单击【形状样式】组中【形状填充】右侧的下拉按钮，在弹出的下拉列表中选择绿色，如图 18-19 所示。

图 18-19　设置矩形的填充颜色

步骤 5 在【格式】选项卡中，单击【形状样式】组中的【形状效果】按钮，在弹出的下拉列表中选择【预设】选项，然后在子列表中选择【预设 2】选项，如图 18-20 所示。

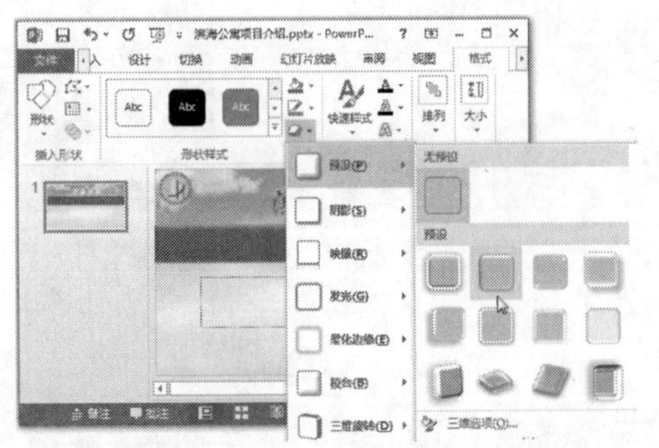

图 18-20　设置矩形的预设效果

步骤 6 在【形状效果】下拉列表中选择【发光】选项，然后在子列表中选择【绿色，8pt 发光，着色 6】选项，如图 18-21 所示。

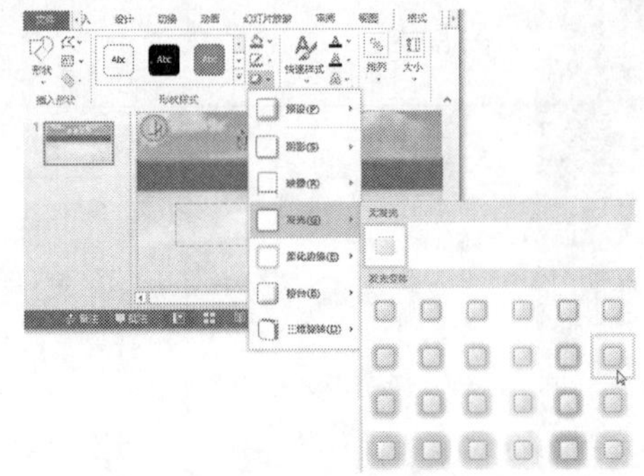

图 18-21　设置矩形的发光效果

步骤 7 在【单击此处添加副标题】文本框中输入文本“滨海公寓项目介绍”，如图 18-22 所示。

图 18-22　添加副标题

步骤 8 选中绘制的矩形，单击鼠标右键，在弹出的快捷菜单中选择【置于底层】→【置于底层】菜单命令，如图 18-23 所示。

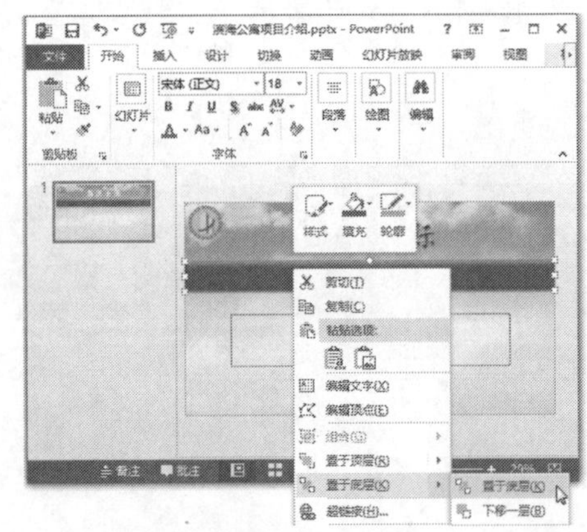

图 18-23　选择【置于底层】子菜单命令

步骤 9 将副标题文本框移动到矩形内部，设置文本的大小和格式，如图 18-24 所示。

图 18-24　将副标题移动到矩形内部并设置文本的大小和格式

步骤 10 在【插入】选项卡中，单击【图像】组中的【图片】按钮，弹出【插入图片】对话框，在其中选择图片 1 和图片 2，如图 18-25 所示。

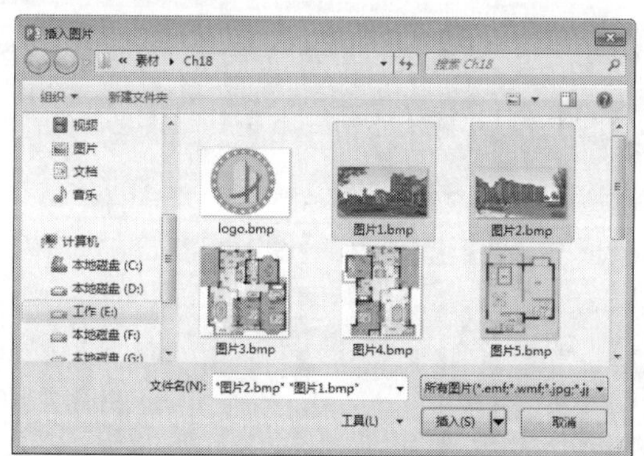

图 18-25　选择图片 1 和图片 2

步骤 11 单击【插入】按钮，即可将选中的图片插入幻灯片中，然后调整图片的位置和大小，如图 18-26 所示。

图 18-26　插入图片并调整位置和大小

步骤 12 选中插入的 2 张图片，在【格式】选项卡中，单击【图片样式】组中的【其他】按钮，在弹出的下拉列表中选择【映像圆角矩形】选项，如图 18-27 所示。

图 18-27　设置图片的样式

步骤 13 至此，即完成设计楼盘介绍首页幻灯片的操作，如图 18-28 所示。

图 18-28　楼盘介绍首页幻灯片

18.2.2 设计楼盘介绍目录幻灯片

具体的操作步骤如下。

步骤 1 新建一张无标题的幻灯片，如图 18-29 所示。

步骤 2 在其中插入一个文本框，输入文本"目录"，并设置文本的大小、位置及格式，如图 18-30 所示。

步骤 3 在【插入】选项卡中，单击【插图】组中的【形状】按钮，在弹出的下拉列表中选择【矩形】选项，在幻灯片中绘制一个矩形，如图 18-31 所示。

图 18-29　新建一张无标题的幻灯片

图 18-30　设置标题

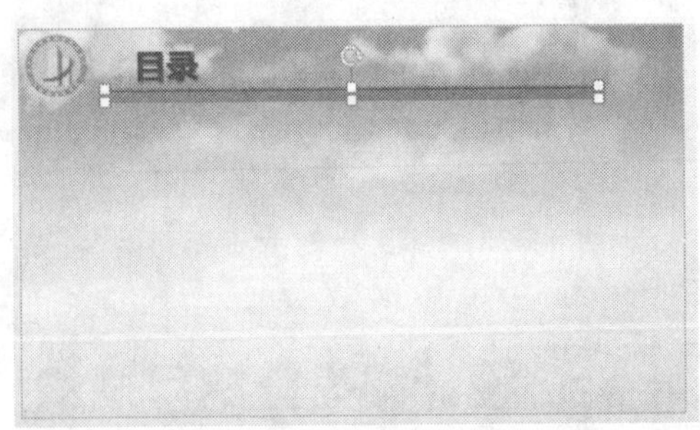

图 18-31　绘制一个矩形

步骤 4 选中绘制的矩形，在【格式】选项卡的【形状样式】组中，设置填充颜色和轮廓颜色为橙色，如图 18-32 所示。

步骤 5 参考步骤 3 和步骤 4 的方法，再次绘制一个矩形，并设置填充填色和轮廓颜色为绿色，如图 18-33 所示。

步骤 6 在【格式】选项卡中，单击【形状样式】组中的【形状效果】按钮，在弹出的下拉列表中选择【棱台】选项，然后在子列表中选择【角度】选项，如图 18-34 所示。

图 18-32　设置矩形的填充颜色和轮廓颜色

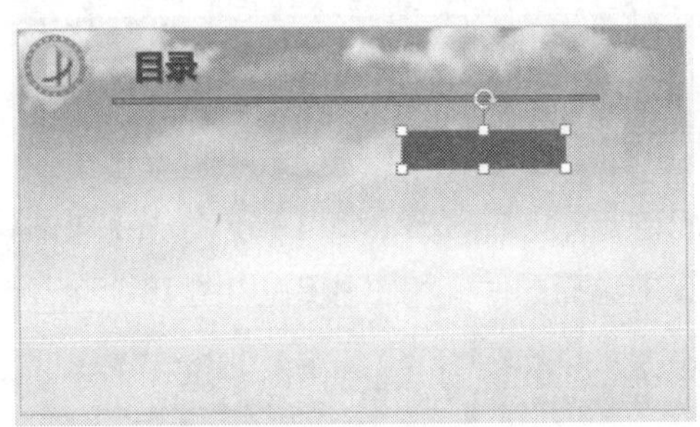

图 18-33　再次绘制一个矩形并设置颜色

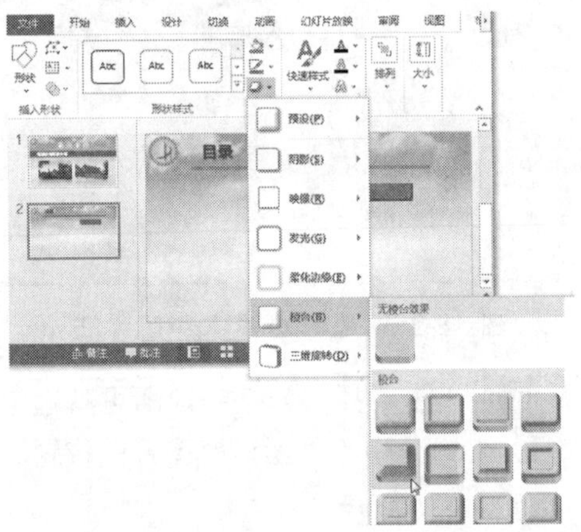

图 18-34　设置矩形的形状效果

步骤 7 在【插入】选项卡中，单击【插图】组中的【形状】按钮，在弹出的下拉列表中选择【椭圆】选项，在幻灯片中绘制一个圆形，设置填充填色和轮廓颜色为绿色，如图 18-35 所示。

步骤 8 在【格式】选项卡中，单击【形状样式】组中的【形状效果】按钮，在弹出的下拉列表中选择【棱台】选项，然后在子列表中

选择【柔圆】选项，如图 18-36 所示。

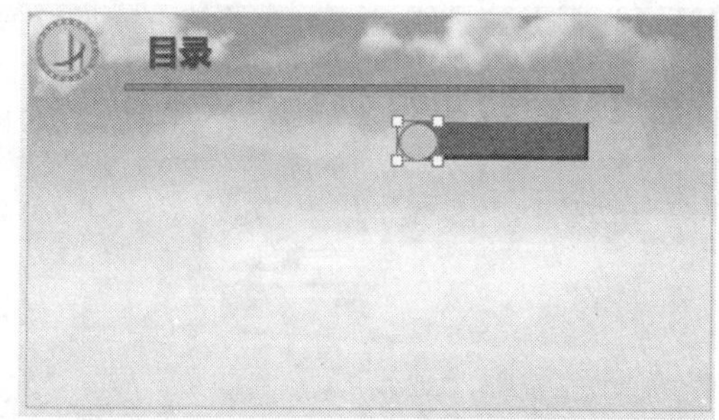

图 18-35 绘制一个圆形并设置颜色

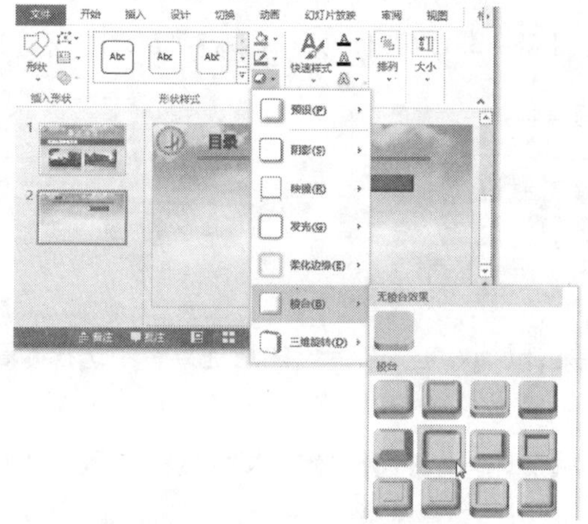

图 18-36 设置圆形的形状效果

步骤 9 选中绘制的矩形和圆形，按 Ctrl+C 组合键复制，然后按 Ctrl+V 组合键粘贴复制的内容，并调整至合适的位置，如图 18-37 所示。

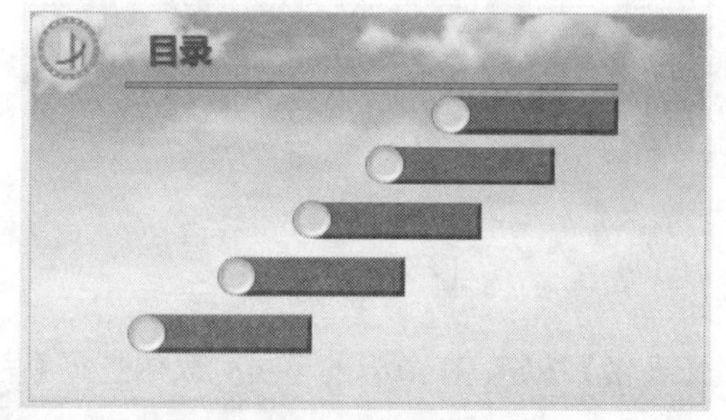

图 18-37 复制矩形和圆形

步骤 10 在矩形和圆形中分别输入相应的文本并设置格式，如图 18-38 所示。

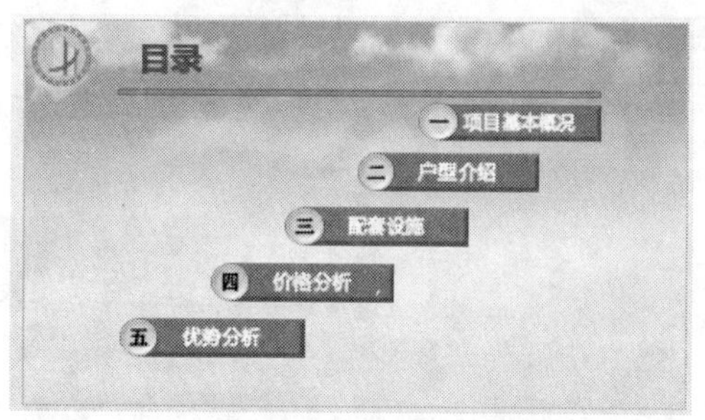

图 18-38 在矩形和圆形中输入文本并设置格式

步骤 11 选中绘制的矩形和圆形，单击鼠标右键，在弹出的快捷菜单中依次选择【组合】→【组合】菜单命令，如图 18-39 所示。

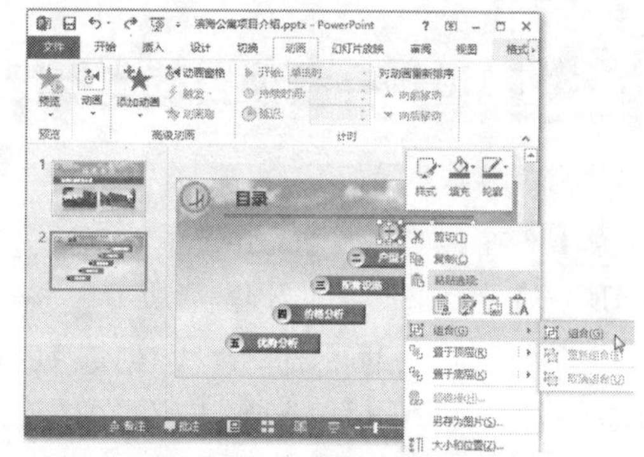

图 18-39 选择【组合】子菜单命令

步骤 12 将矩形和圆形组合为一个整体后，在【动画】选项卡中，单击【动画】组中的【其他】按钮，在弹出的下拉列表中选择【进入】区域的【弹跳】选项，如图 18-40 所示。

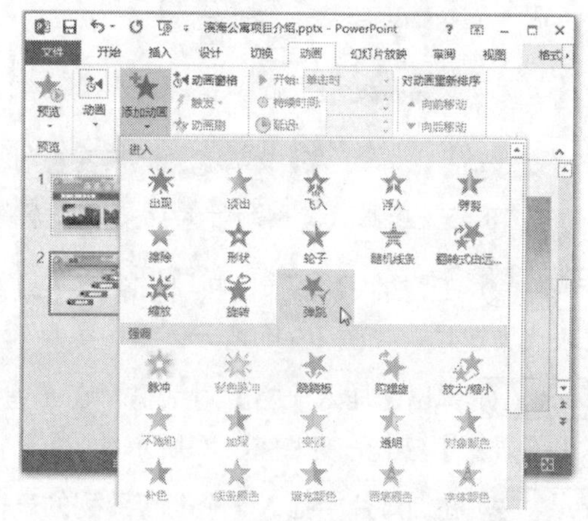

图 18-40 选择【弹跳】选项

步骤 13 此时即可为其添加动画效果，如图 18-41 所示。

步骤 14 参考步骤 11 和步骤 12 的方法，将其他的矩形和圆形分别组合为一个整体，添加“弹跳”动画效果，如图 18-42 所示。

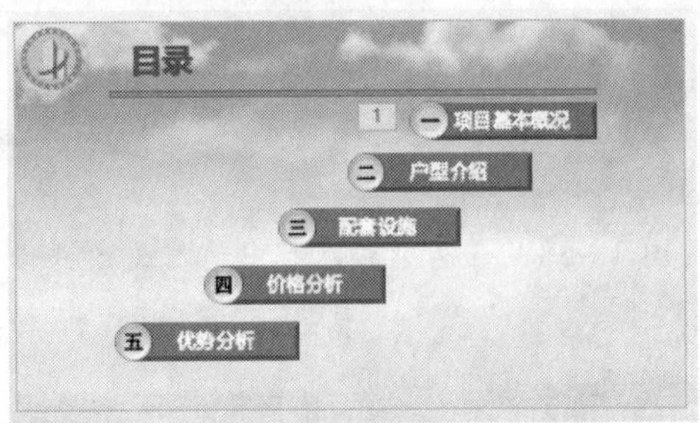

图 18-41　为矩形和圆形添加动画效果

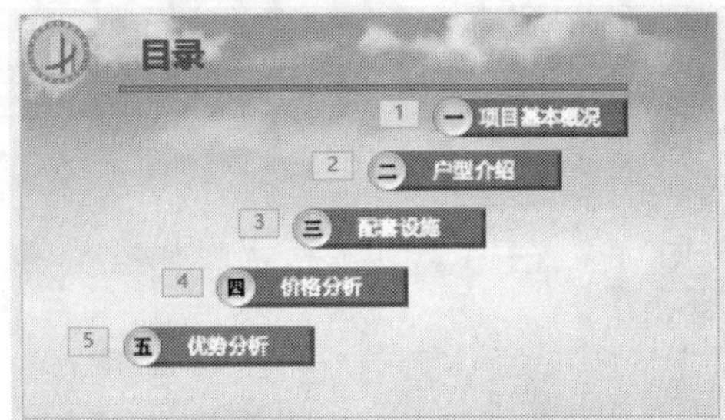

图 18-42　为其他的形状添加动画效果

步骤 15 至此，即完成设计楼盘介绍目录幻灯片的操作。

18.2.3 设计楼盘项目基本概况幻灯片

具体的操作步骤如下。

步骤 1 在【幻灯片】窗格中选中第 2 张幻灯片，单击鼠标右键，在弹出的快捷菜单中选择【复制幻灯片】菜单命令，如图 18-43 所示。

步骤 2 复制出相同的幻灯片，将幻灯片的矩形和圆形删除，并将标题文本“目录”修改为“项目基本概况”，如图 18-44 所示。

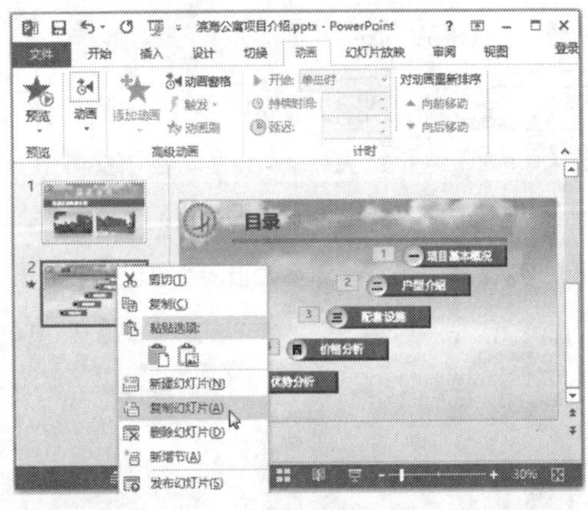

图 18-43　选择【复制幻灯片】菜单命令

图 18-44　设置标题

步骤 3 在【插入】选项卡中，单击【表格】组中的【表格】按钮，在弹出的下拉列表中选择【插入表格】选项，如图 18-45 所示。

步骤 4 弹出【插入表格】对话框，在【列数】和【行数】文本框中分别输入“4”和“9”，单击【确定】按钮，如图 18-46 所示。

步骤 5 在幻灯片中插入一个 9 行 4 列的表格，在表格中分别输入如图 18-47 所示的数据。

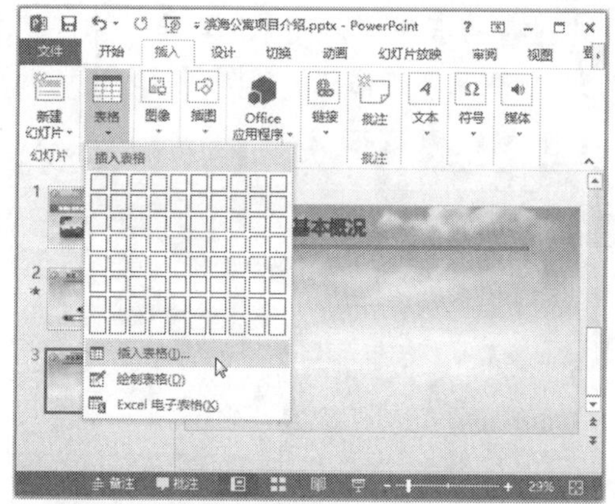

图 18-45 选择【插入表格】选项

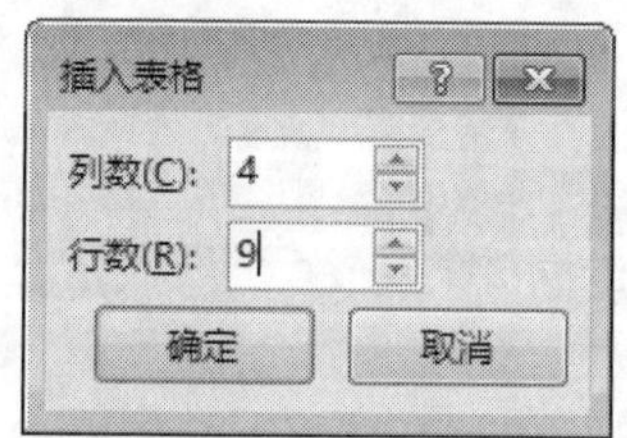

图 18-46 【插入表格】对话框

图 18-47 插入一个 9 行 4 列的表格并输入数据

步骤 6 将光标定位在表格线上，当鼠标指针变为箭头形状时，调整表格的行高和列高，如图 18-48 所示。

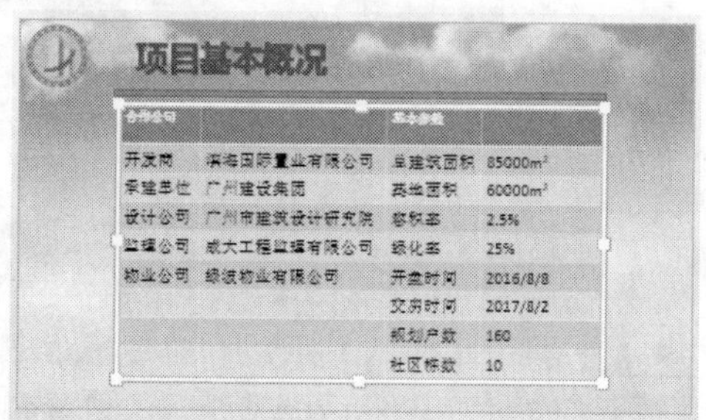

图 18-48 调整表格的行高和列高

步骤 7 选中表格第一行中前 2 个单元格，在【布局】选项中，单击【合并】组中的【合并单元格】按钮，如图 18-49 所示。

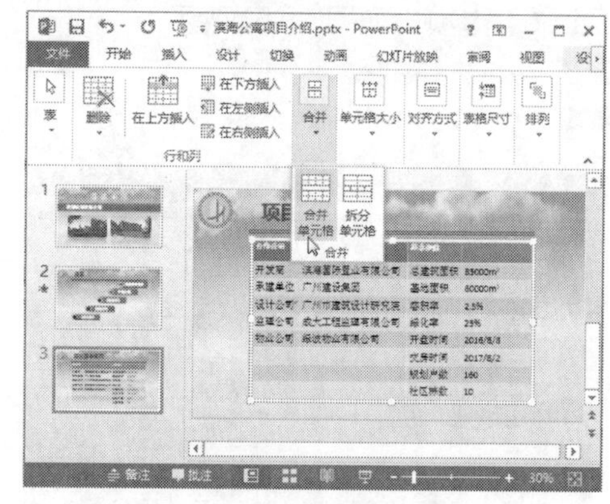

图 18-49 单击【合并单元格】按钮

步骤 8 将第一行中前 2 个单元格合并为 1 个单元格，在其中设置文本的大小和位置，如图 18-50 所示。

图 18-50 合并第一行中前 2 个单元格并设置格式

步骤 9 参考步骤 7 和步骤 8 的方法，将第一行中后面 2 个单元格合并，并设置文本的格式，如图 18-51 所示。

图 18-51 合并第一行中后 2 个单元格并设置格式

步骤 10 选中表格，在【设计】选项卡中，单击【表格样式】组中的【其他】按钮，在弹出的下拉列表中选择【中】区域的【中度样式 2- 强调 6】选项，如图 18-52 所示。

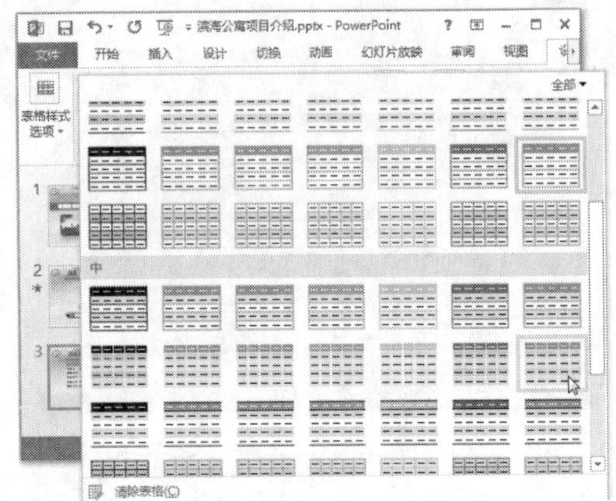

图 18-52　为表格设置样式

步骤 11 至此，即完成设计楼盘项目基本概况幻灯片的操作，如图 18-53 所示。

项目基本概况

合作公司		基本参数	
开发商	滨海国际置业有限公司	总建筑面积	85000m²
承建单位	广州建设集团	基地面积	60000m²
设计公司	广州市建筑设计研究院	容积率	2.5%
监理公司	成大工程监理有限公司	绿化率	25%
物业公司	绿波物业有限公司	开盘时间	2016/8/8
		交房时间	2017/8/2
		规划户数	160
		社区栋数	10

图 18-53　楼盘项目基本概况幻灯片

18.2.4 设计楼盘户型介绍幻灯片

具体的操作步骤如下。

步骤 1 在【幻灯片】窗格中选中第 3 张幻灯片，单击鼠标右键，在弹出的快捷菜单中选择【复制幻灯片】菜单命令，即可复制出相同的幻灯片，将其中的表格删除，并将标题文本修改为“户型介绍”，如图 18-54 所示。

步骤 2 在其中插入 4 个文本框，输入文本内容，设置文本的格式，如图 18-55 所示。

图 18-54　设置标题

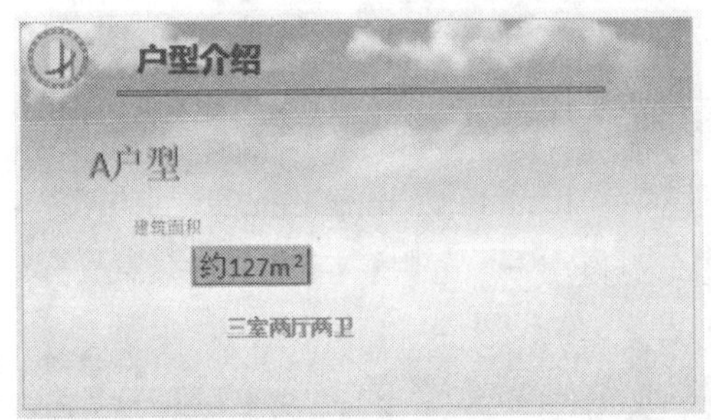

图 18-55　插入 4 个文本框并输入内容

步骤 3 在【插入】选项卡中，单击【图像】组中的【图片】按钮，弹出【插入图片】对话框，在其中选择图片 3，如图 18-56 所示。

图 18-56　选择“图片 3.bmp”

步骤 4 单击【插入】按钮，即可将选中的图片插入幻灯片中，然后调整图片的位置和大小，如图 18-57 所示。

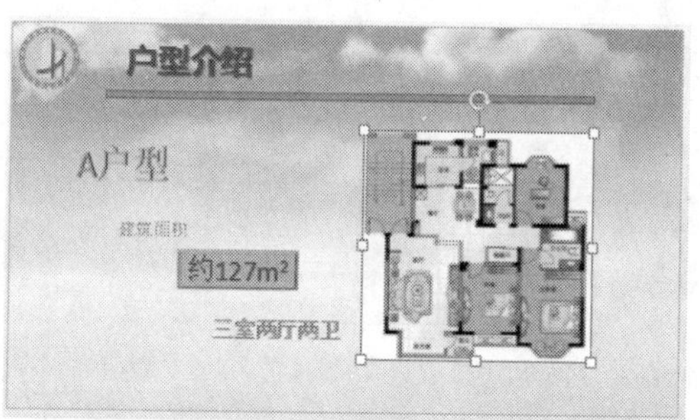

图 18-57　插入图片并调整位置和大小

步骤 5　选中插入的图片，在【格式】选项卡中，单击【图片样式】组中的【其他】按钮 ，在弹出的下拉列表中选择【圆形对角，白色】选项，如图 18-58 所示。

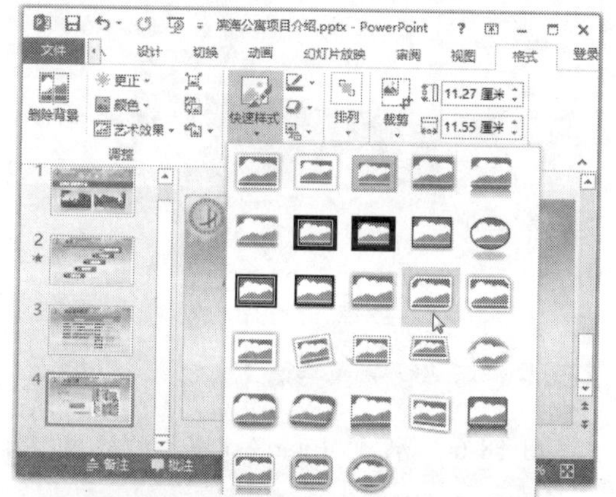

图 18-58　选择【圆形对角，白色】选项

步骤 6　设置后的效果如图 18-59 所示。

图 18-59　设置图片样式后的效果

步骤 7　参考上面的方法，复制第 4 张幻灯片，更改其中的文本内容和图片，设计出 B 户型和 C 户型的介绍幻灯片，如图 18-60 和图 18-61 所示。

步骤 8　至此，即完成设计楼盘户型介绍幻灯片的操作。

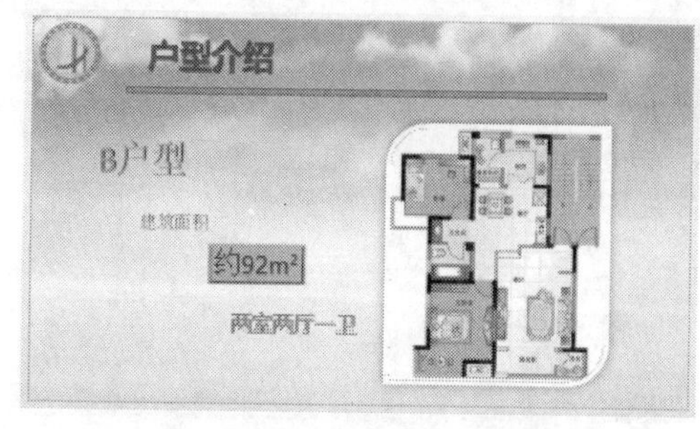

图 18-60　B 户型介绍幻灯片

图 18-61　C 户型介绍幻灯片

18.2.5　设计楼盘配套设施介绍幻灯片

具体的操作步骤如下。

步骤 1　在【幻灯片】窗格中选中第 6 张幻灯片，单击鼠标右键，在弹出的快捷菜单中选择【复制幻灯片】菜单命令，即可复制出相同的幻灯片，将其中的文本框和图片删除，将标题文本修改为“配套设施”，如图 18-62 所示。

步骤 2　在【插入】选项卡中，单击【插图】组中的 SmartArt 按钮，如图 18-63 所示。

步骤 3　弹出【选择 SmartArt 图形】对话框，在左侧选择【关系】选项，然后在右侧选择【基本射线图】选项，单击【确定】按钮，如图 17-64 所示。

图 18-62　设置标题

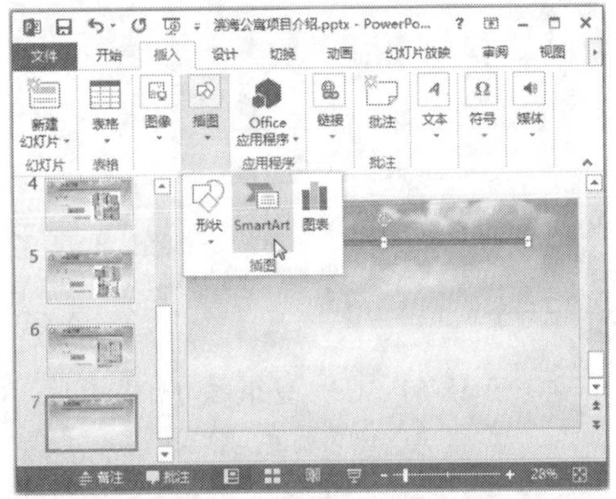

图 18-63　单击 SmartArt 按钮

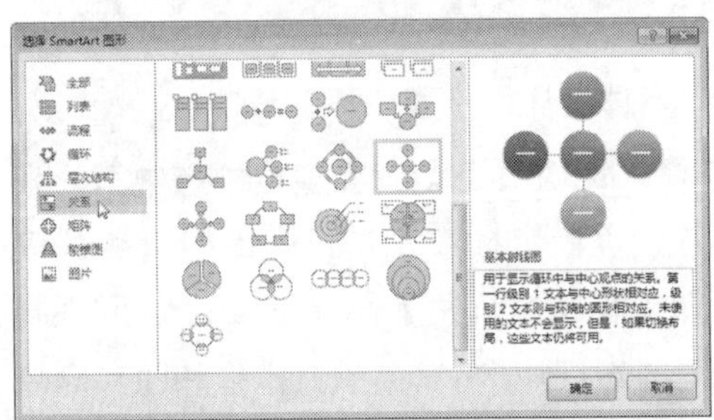

图 18-64　选择【基本射线图】选项

步骤 4 选中插入的 SmartArt 图形，在【设计】选项卡中，单击【SmartArt 样式】组中的【更改颜色】按钮，在弹出的下拉列表中选择【彩色】区域的【彩色范围 - 着色 5 至 6】选项，如图 18-65 所示。

步骤 5 单击【SmartArt 样式】组中的【其他】按钮，在弹出的下拉列表中选择【卡通】选项，如图 18-66 所示。

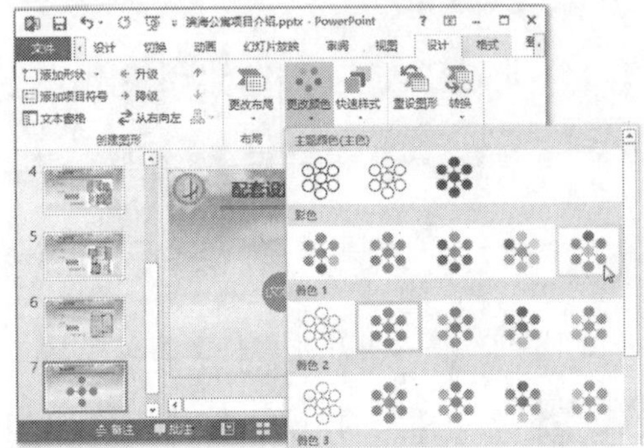

图 18-65　更改 SmartArt 图形的颜色

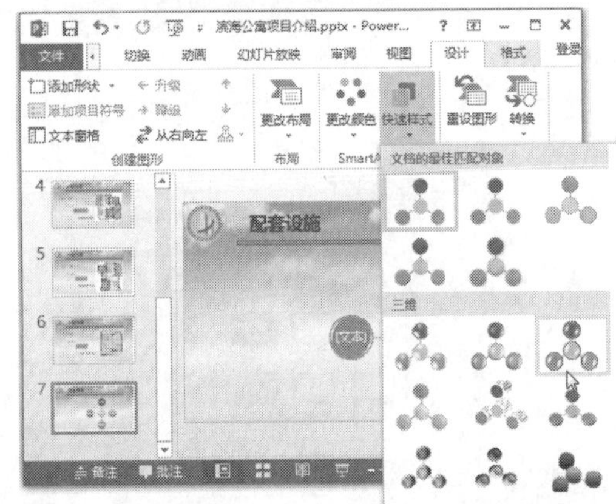

图 18-66　设置 SmartArt 图形的样式

步骤 6 设置完成后，在 SmartArt 图形的各形状中输入相应的文本内容，如图 18-67 所示。

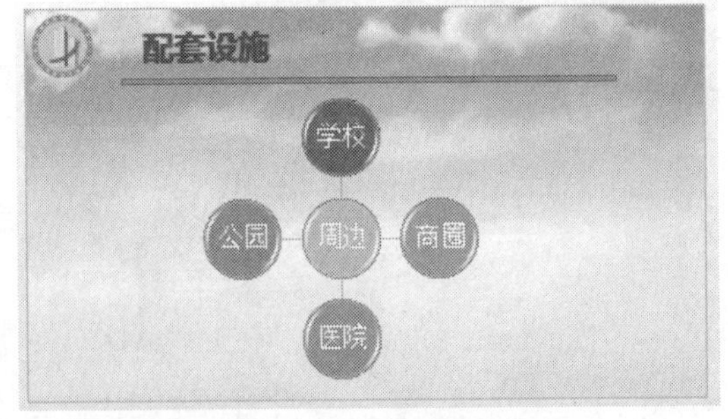

图 18-67　在 SmartArt 图形中输入文本

步骤 7 在【插入】选项卡中，单击【插图】组中的【形状】按钮，在弹出的下拉列表中选择【标注】区域的【云形标注】选项，插入一个云形标注，如图 18-68 所示。

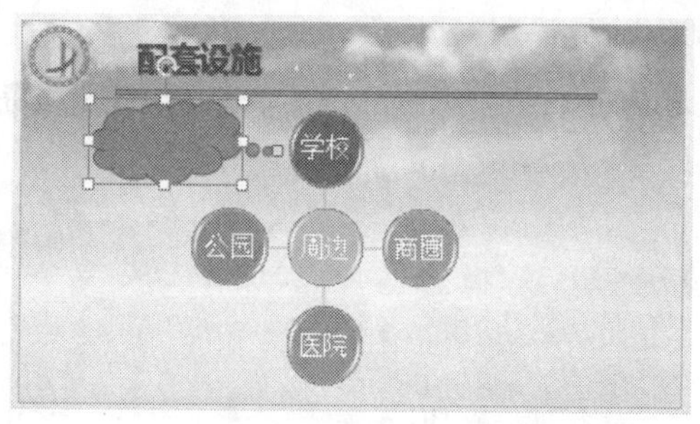

图 18-68　插入一个云形标注

步骤 8 选中云形标注，在【格式】选项卡中，单击【形状样式】组中【形状填充】右侧的下拉按钮，在弹出的下拉列表中选择【渐变】选项，然后在子列表中选择【线性向左】选项，如图 18-69 所示。

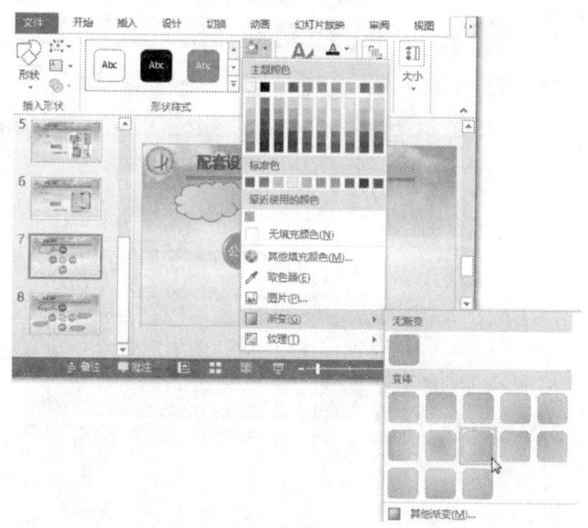

图 18-69　设置云形标注的填充样式

步骤 9 复制插入的云形标注，并移动它们的位置，如图 18-70 所示。

图 18-70　复制云形标注

步骤 10 在云形标注中输入相应的文本内容并设置文本的格式，如图 18-71 所示。

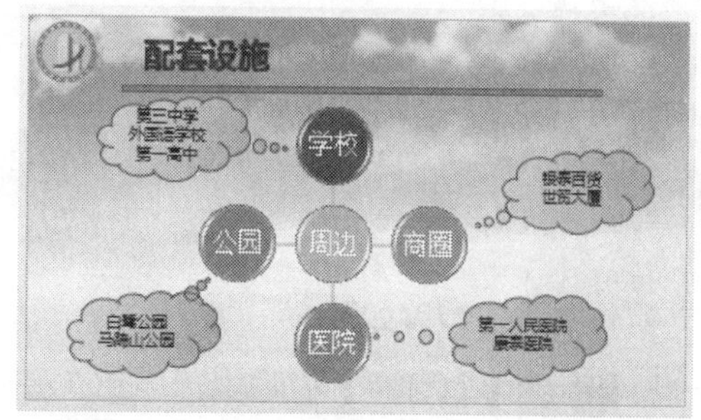

图 18-71　在云形标注中输入文本并设置格式

步骤 11 选中标注"学校"的云形标注，在【动画】选项卡中，单击【动画】组中的【其他】按钮，在弹出的下拉列表中选择【强调】区域的【放大 / 缩小】选项，如图 18-72 所示。

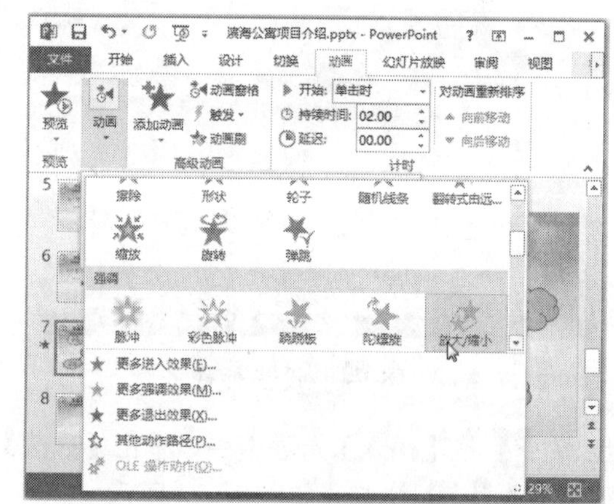

图 18-72　为云形标注添加动画效果

步骤 12 参考步骤 11 的方法，为其余 3 个云形标注添加"放大 / 缩小"动画效果，如图 18-73 所示。

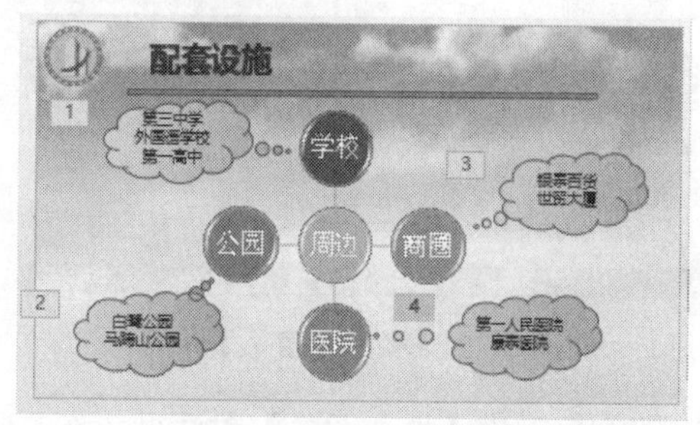

图 18-73　为其余 3 个云形标注添加动画效果

步骤 13 至此，即完成设计楼盘配套设施幻灯片的操作。

18.2.6 设计楼盘价格分析幻灯片

具体的操作步骤如下。

步骤 1 在【幻灯片】窗格中选中第 7 张幻灯片，单击鼠标右键，在弹出的快捷菜单中选择【复制幻灯片】菜单命令，即可复制出相同的幻灯片，将其中的图形删除，并将标题文本修改为“价格分析”，如图 18-74 所示。

图 18-74　设置标题

步骤 2 在【插入】选项卡中，单击【插图】组中的【图表】按钮，如图 18-75 所示。

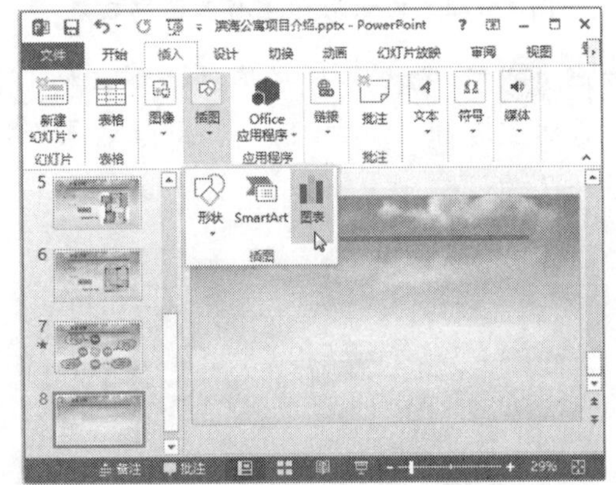

图 18-75　单击【图表】按钮

步骤 3 弹出【插入图表】对话框，在左侧列表中选择【柱形图】选项，然后在右侧上方区域选择三维簇状柱形图，单击【确定】按钮，如图 18-76 所示。

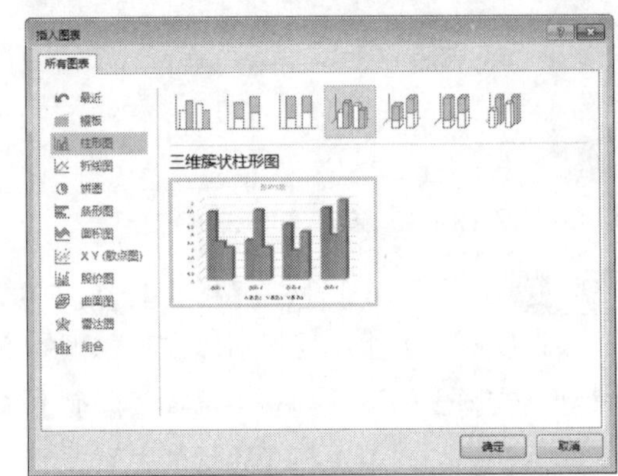

图 18-76　【插入图表】对话框

步骤 4 此时系统会自动弹出 Excel 2013 软件的工作界面，在表格中输入各楼盘的均价，然后单击右上角的【关闭】按钮，关闭 Excel 电子表格，如图 18-77 所示。

Microsoft PowerPoint 中...

	A	B	C	D	E
1		均价			
2	本案	3000			
3	世纪花园	3400			
4	华都公寓	3500			
5	绿城家园	3820			
6					
7					
8					

图 18-77　在表格中输入各楼盘的均价

步骤 5 在幻灯片中插入一个柱形图，选中该柱形图，在【设计】选项卡中，单击【图表样式】组中的【更改颜色】按钮，在弹出的下拉列表中选择【彩色】区域的【颜色 4】选项，如图 18-78 所示。

步骤 6 选中图表中的水平坐标轴，设置字体和字号，然后再设置垂直坐标轴的字体和字号，如图 18-79 所示。

步骤 7 单击选中图表的标题，设置字体和字号并将其更改为“均价对比图”，然后删除图表底部的图例，如图 18-80 所示。

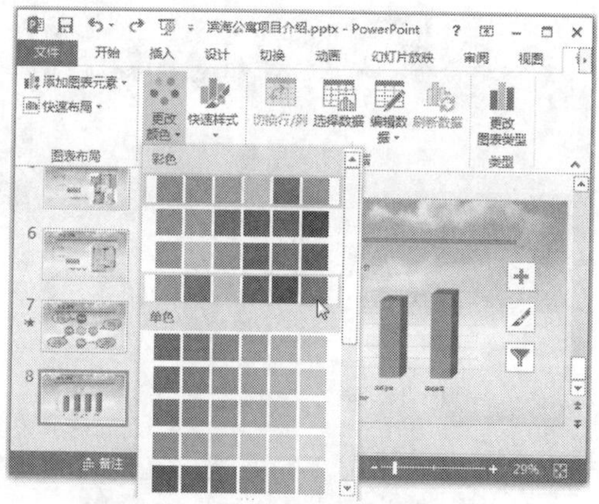

图 18-78　更改柱形图的颜色

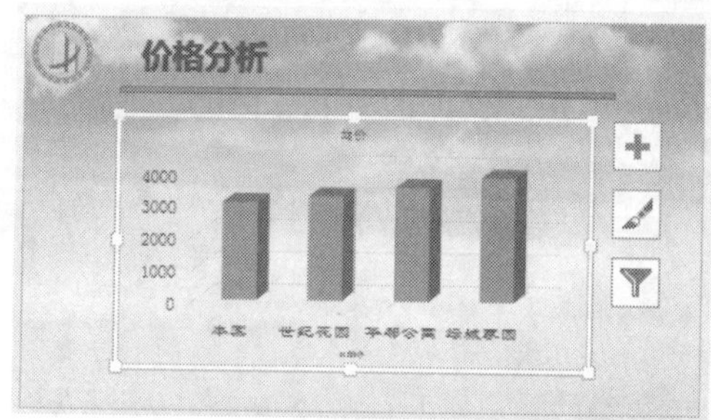

图 18-79　设置水平和垂直坐标轴的格式

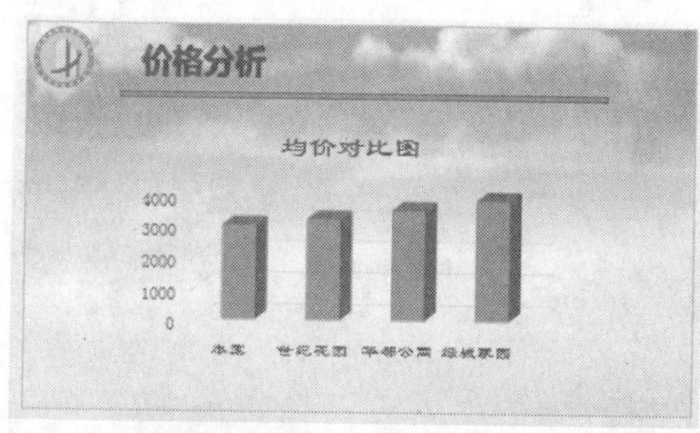

图 18-80　设置图表的标题

步骤 8 选中图表中的“本案”数据系列，在【格式】选项卡中，单击【形状样式】组中【形状填充】右侧的下拉按钮，在弹出的下拉列表中选择金色，如图 18-81 所示。

步骤 9 选中垂直坐标轴，单击鼠标右键，在弹出的快捷菜单中选择【设置坐标轴格式】菜单命令，如图 18-82 所示。

步骤 10 弹出【设置坐标轴格式】窗格，在【坐标轴选项】的【边界】区域，分别设置【最小值】和【最大值】为“2800”和“4300”，如图 18-83 所示。

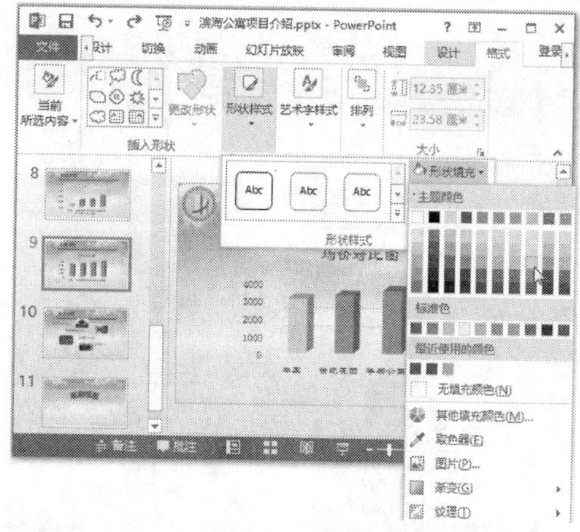

图 18-81　为“本案”数据系列设置填充样式

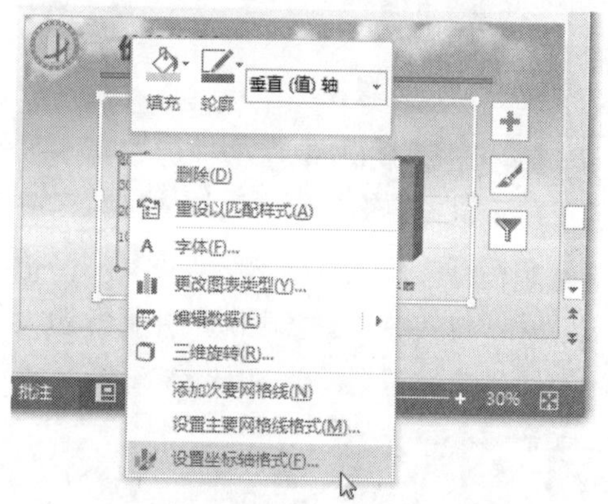

图 18-82　选择【设置坐标轴格式】菜单命令

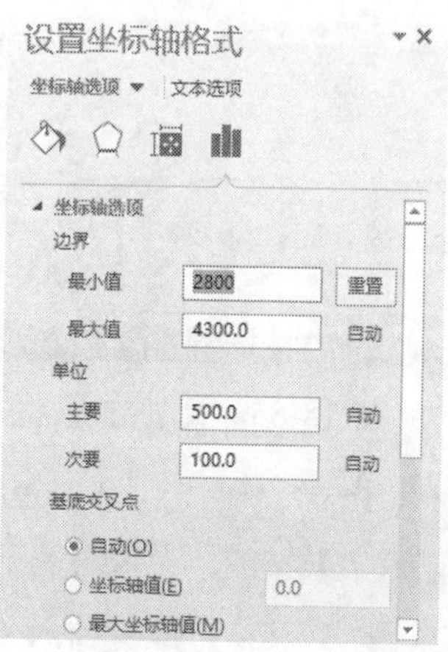

图 18-83　设置垂直坐标轴的最大值和最小值

步骤 11 设置完成后，单击【关闭】按钮，关闭【设置坐标轴格式】窗格。至此，即完成设计楼盘价格分析幻灯片的操作，如图 18-84 所示。

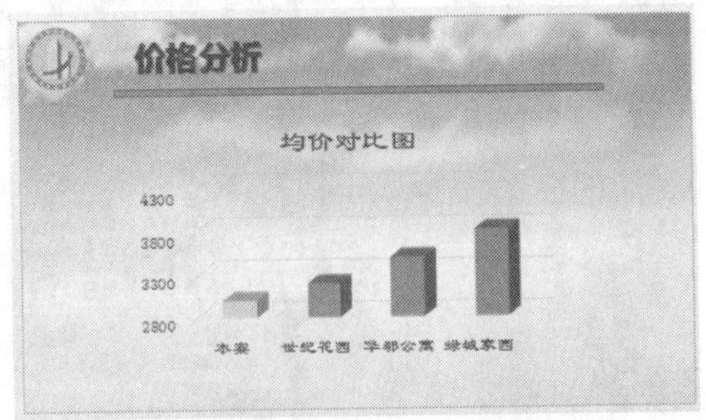

图 18-84　楼盘价格分析幻灯片

18.2.7 设计楼盘优势分析幻灯片

具体的操作步骤如下。

步骤 1 在【幻灯片】窗格中选中第 8 张幻灯片，单击鼠标右键，在弹出的快捷菜单中选择【复制幻灯片】菜单命令，即可复制出相同的幻灯片，将其中的图表删除，并将标题文本修改为“优势分析”，如图 18-85 所示。

图 18-85　设置标题

步骤 2 在【插入】选项卡中，单击【文本】组中的【艺术字】按钮，在弹出的下拉列表中选择合适的艺术式样式，即可插入艺术字占位符，在其中输入文本“地铁 8 号线直达”并设置字号，如图 18-86 所示。

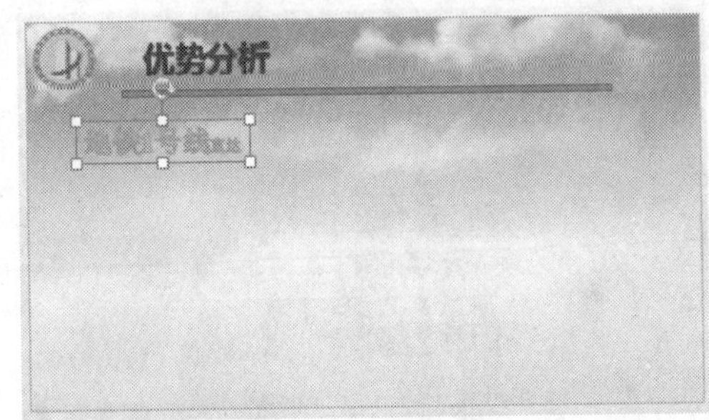

图 18-86　插入艺术字

步骤 3 参照步骤 2 的方法，在幻灯片中插入其他的艺术字，输入相应的文本内容，如图 18-87 所示。

图 18-87　插入其他的艺术字

步骤 4 在【插入】选项卡中，单击【图像】组中的【图片】按钮，弹出【插入图片】对话框，在其中选择图片 7、8、9 和 10，如图 18-88 所示。

图 18-88　选择图片 7、8、9 和 10

步骤 5 单击【插入】按钮，即可将选中的图片插入幻灯片中，调整图片的位置和大小，如图 18-89 所示。

步骤 6 选中插入的 4 张图片，在【格式】

选项卡中，单击【图片样式】组中的【其他】按钮，在弹出的下拉列表中选择【棱台矩形】选项，如图 18-90 所示。

图 18-89　插入图片并调整位置和大小

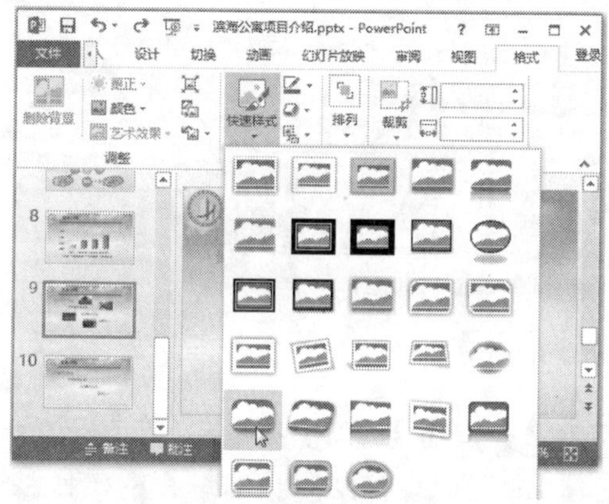

图 18-90　设置图片的样式

步骤 7 至此，即完成设计楼盘优势分析幻灯片的操作，如图 18-91 所示。

图 18-91　楼盘优势分析幻灯片

18.2.8 设计结束页幻灯片

具体的操作步骤如下。

步骤 1 新建 1 张无标题的幻灯片，如图 18-92 所示。

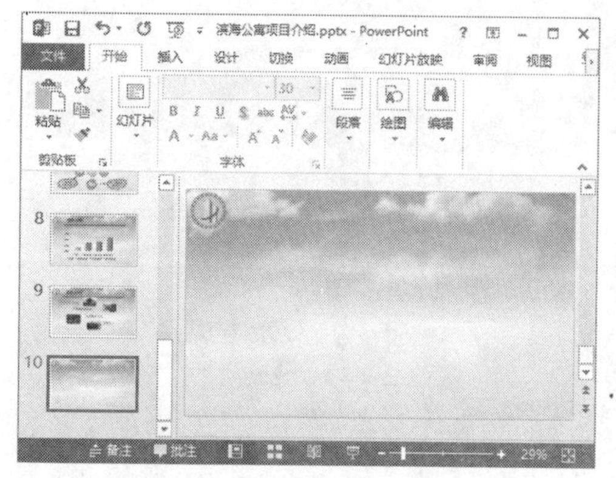

图 18-92　新建 1 张无标题的幻灯片

步骤 2 在其中插入 1 个矩形，选中该矩形，单击鼠标右键，在弹出的快捷菜单中选择【设置形状格式】菜单命令，如图 18-93 所示。

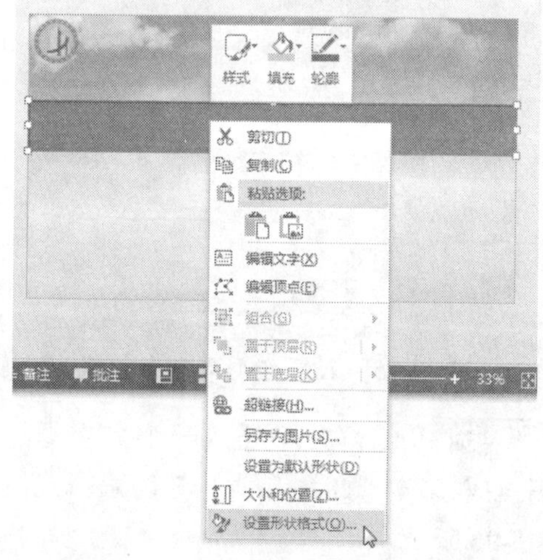

图 18-93　选择【设置形状格式】菜单命令

步骤 3 弹出【设置形状格式】窗格，在【填充】区域选择【纯色填充】选项，然后单击【颜色】右侧的下拉按钮，在弹出的调色板中选择绿色，在【透明度】右侧的文本框中输入“50%”，如图 18-94 所示。

步骤 4 展开【填充】下方的【线条】选项，在其中选择【无线条】选项，然后关闭【设置形状格式】窗格，如图 18-95 所示。

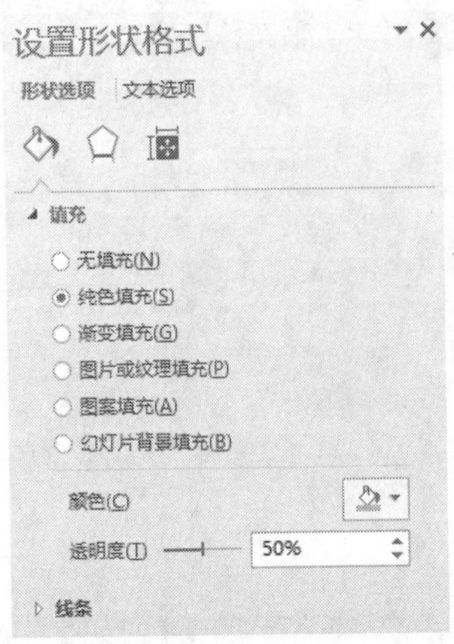

图 18-94 设置矩形的填充样式

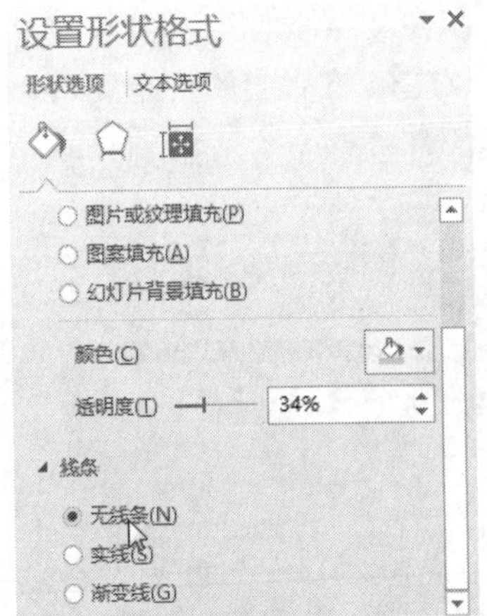

图 18-95 设置矩形的线条样式

步骤 5 在幻灯片中插入一个文本框，在其中输入文本“谢谢观看”并设置格式，如图 18-96 所示。

步骤 6 选中插入的文本框，在【格式】选项卡中，单击【艺术字样式】组中的【文本效果】按钮，在弹出的下拉列表中选择【转换】选项，然后在子列表中选择【跟随路径】区域的【上弯弧】选项，如图 18-97 所示。

图 18-96 插入文本框并输入文本

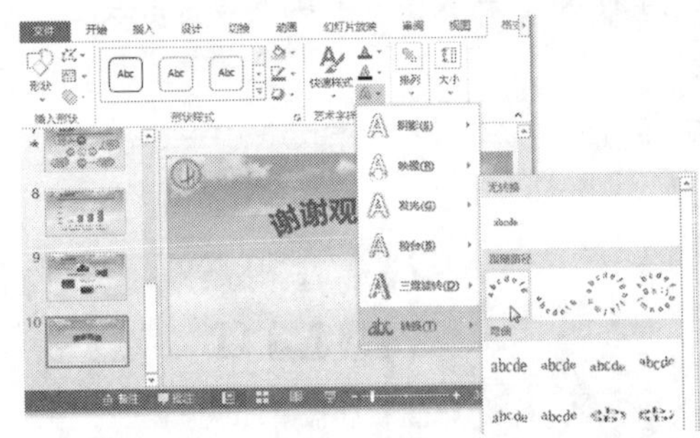

图 18-97 设置文本框中文本的效果

步骤 7 单击【保存】按钮，保存演示文稿。至此，即完成设计结束页幻灯片的操作，如图 18-98 所示。

图 18-98 结束页幻灯片

18.3 疑难问题解答

问题 1：在 PPT 中怎么输入平方米（即 m^2）？

解答：首先在文本框中输入文本“m2”，然后选中其中的数字“2”，单击鼠标右键，在弹出的快捷菜单中选择【字体】菜单命令，弹出【字体】对话框，在其中勾选【效果】区域的【上标】复选框，单击【确定】按钮，此时数字“2”被设置为上标，即成功输入了平方米符号（m^2）。

问题 2：在 PPT 中为文本添加超链接时，系统会自动为其添加下划线，如何设置使文本保留超链接功能，但是又能取消下划线呢？

解答：首先插入一个文本框，在其中输入要添加超链接的文本内容，然后选中该文本框，而不是文本内容，单击鼠标右键，在弹出的快捷菜单中选择【超链接】菜单命令，弹出【插入超链接】对话框，在其中设置添加超链接，即为文本框添加了超链接，而文本下面并没有下划线。当单击文本时，仍然有超链接的效果。

第 5 篇

高手秘籍

高效办公既是各个公司所追逐的目标，也是对电脑办公人员最基本的技能要求。本篇将进一步学习和探讨 PPT 的设计技巧，以及 PowerPoint 2013 与 Office 其他组件的协同办公等。

第19章 玩转PPT设计——成为PPT设计“达人”

● **本章导读**

PPT除了内容之外，能够给人最直观印象的就是模板，合适的模板能够有效地烘托出内容，而模板是由背景以及一些其他元素所组成的。因此，要想成为PPT设计达人，就必须掌握一些设计PPT元素的工具以及PPT的“帮手”。

● **学习目标**

◎ 熟悉快速设计PPT元素的方法

◎ 熟悉PPT帮手的使用方法

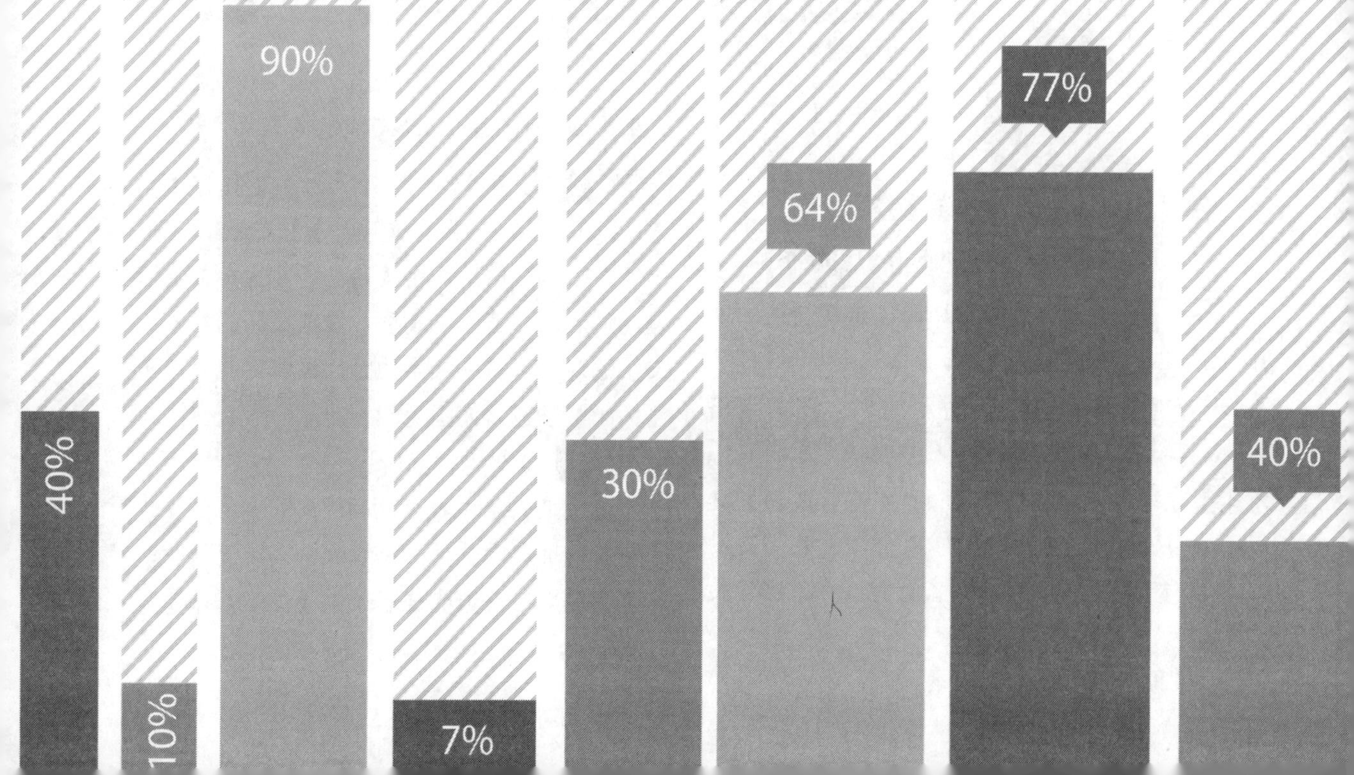

19.1 快速设计PPT中的元素

在 PPT 中，幻灯片的一些背景或者按钮都需要经过设计者的精心设计，才能使幻灯片更加精彩。本节介绍如何快速设计 PPT 中的元素。

19.1.1 制作水晶按钮或形状

利用 PowerPoint 2013 的形状工具可以制作各式各样的按钮或形状，但是，对于初学者来说，利用该工具制作按钮或形状的操作比较复杂。这里推荐一款制作水晶按钮的专用工具——Crystal Button，利用该软件可以快速制作水晶按钮。具体的操作步骤如下。

步骤 1 安装并启动 Crystal Button，其工作界面如图 19-1 所示，左侧是工具栏，右侧是软件提供的模板，中间是水晶按钮的效果预览区域。

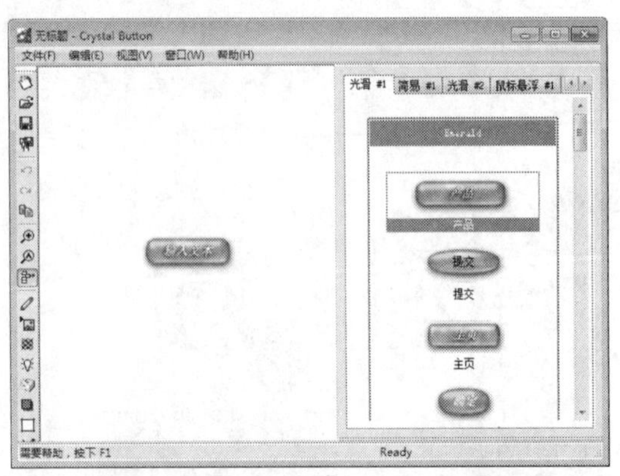

图 19-1 Crystal Button 软件的工作界面

步骤 2 在右侧的窗格中单击选择合适的模板按钮，如图 19-2 所示。

步骤 3 设置按钮上显示的文字及文字格式。单击工具栏中的【Text Options（文字选项）】按钮，在弹出的对话框的【当前按钮】文本框中输入按钮上显示的文字，然后在下方设置字体、字号及颜色等，设置完成后单击【关闭】按钮，如图 19-3 所示。

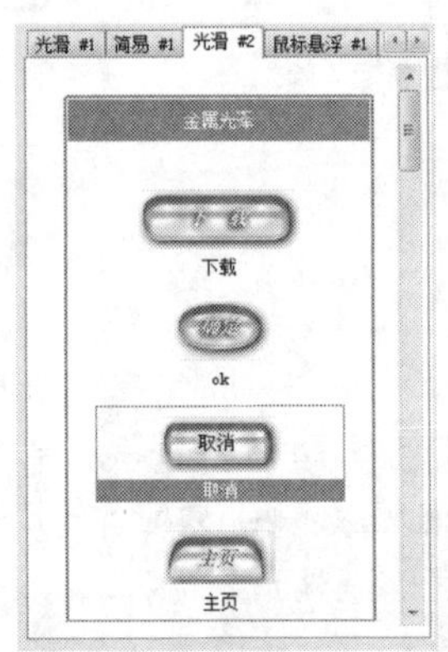

图 19-2 选择合适的模板按钮

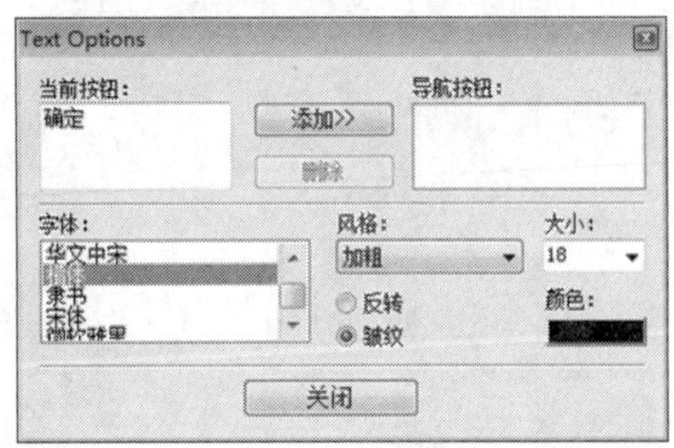

图 19-3 设置按钮上显示的文字及文字格式

步骤 4 设置按钮的大小。单击工具栏中的【Image Options（图像选项）】按钮，在弹出的对话框中取消勾选【自动调节大小】复选框，然后输入宽度和高度，设置按钮的背景、文字的对齐类型和文字边距，设置完成后单击【关闭】按钮，如图 19-4 所示。

步骤 5 设置按钮的纹理。单击工具栏中的【纹理选项】按钮，在弹出的对话框的【艺术化】选项卡中选择一种纹理，设置混合类型和不透明度，设置完成后单击【关闭】按钮，

如图 19-5 所示。

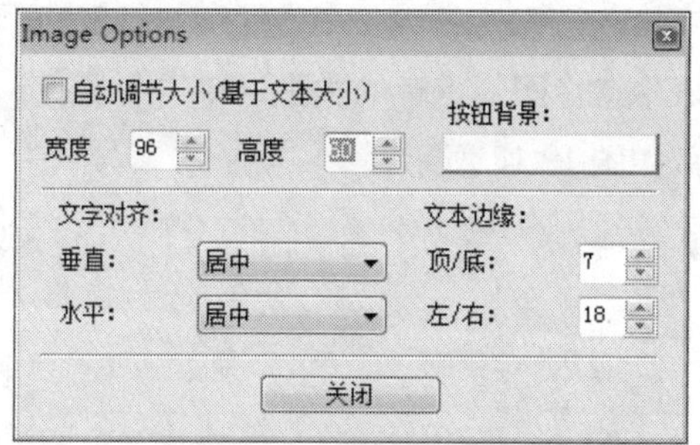

图 19-4 设置按钮的大小

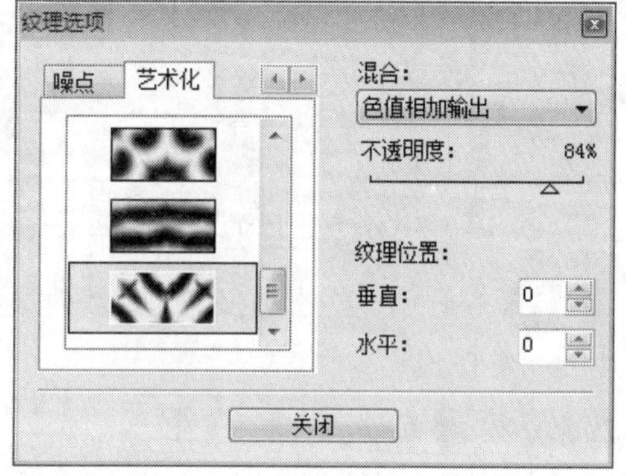

图 19-5 设置按钮的纹理

步骤 6 设置按钮的光照效果。单击工具栏中的【Lighting Options（光线选项）】按钮 ，在弹出的对话框中设置灯光的颜色、位置及内部灯光的颜色等，设置完成后单击【关闭】按钮，如图 19-6 所示。

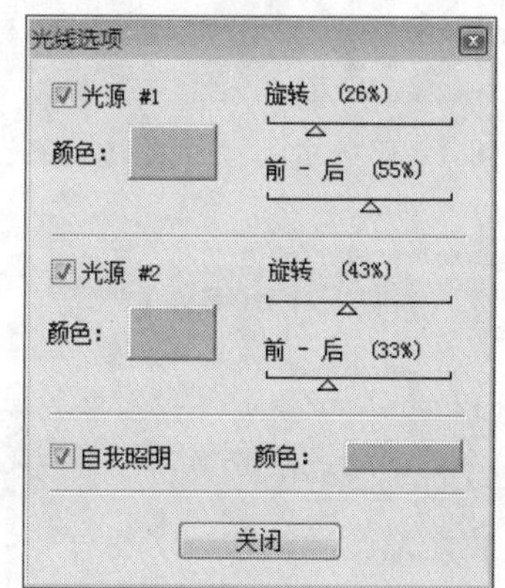

图 19-6 设置按钮的光照效果

步骤 7 设置按钮的材质效果。单击工具栏中的【Material Options（材质选项）】按钮 ，在弹出的对话框中设置材质的类型，设置完成后单击【关闭】按钮，如图 19-7 所示。

图 19-7 设置按钮的材质效果

步骤 8 设置按钮的阴影效果。单击工具栏中的【阴影选项】按钮 ，在弹出的对话框中设置是否启用阴影、阴影的位置以及模糊度等，设置完成后单击【关闭】按钮，如图 19-8 所示。

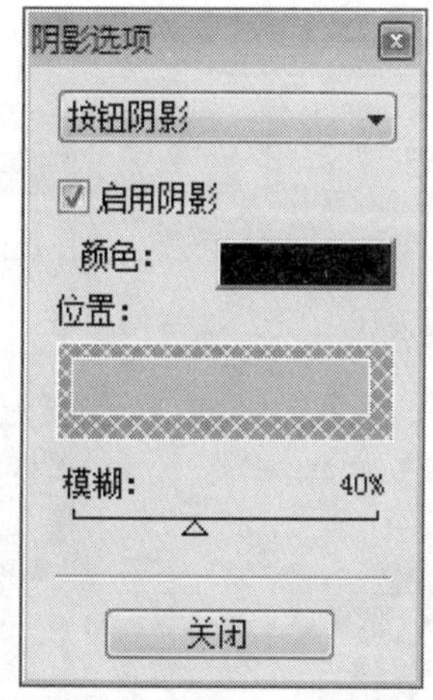

图 19-8 设置按钮的阴影效果

步骤 9 设置按钮的边框效果。单击工具栏中的【Borders Options（边框选项）】按钮 ，在弹出的对话框中设置边框、形状及宽度等，设置完成后单击【关闭】按钮，如图 19-9 所示。

步骤 10 设置按钮的形状效果。单击工具栏中的【Shape Options（形状选项）】按钮，在弹出的对话框中选择一种形状，设置是否水平翻转、垂直翻转以及锐化度等，设置完成后单击【关闭】按钮，如图 19-10 所示。

图 19-9　设置按钮的边框效果

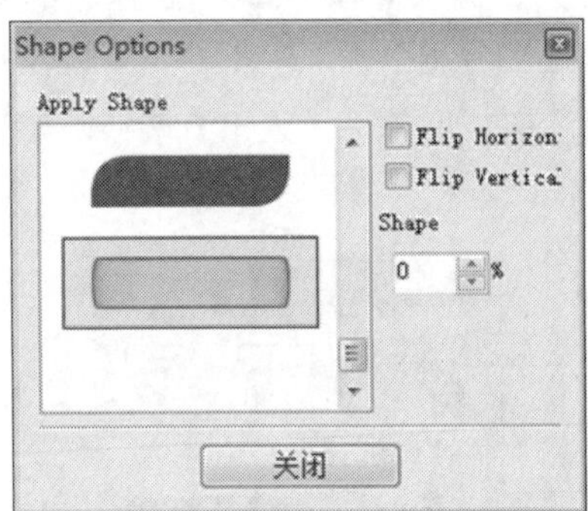

图 19-10　设置按钮的形状效果

步骤 11 设置完成后，依次选择【文件】→【导出按钮图像】菜单命令，如图 19-11 所示。

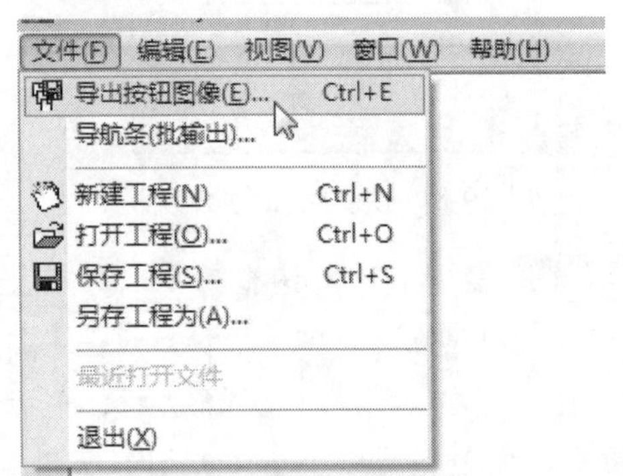

图 19-11　选择【导出按钮图像】菜单命令

步骤 12 弹出 Export Image 对话框，选择按钮在计算机中的存放位置，在【文件名】文本框中输入按钮的名称，在【保存类型】的下拉列表中选择图片保存的类型，单击【保存】按钮，如图 19-12 所示。

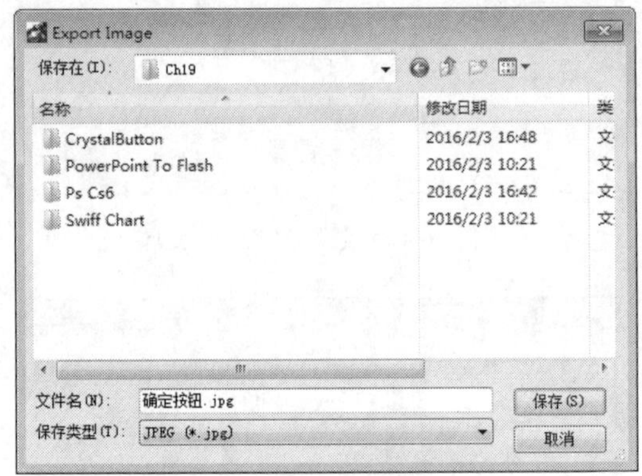

图 19-12　保存创建的水晶按钮

步骤 13 打开创建的水晶按钮，最终效果如图 19-13 所示。

图 19-13　水晶按钮最终效果

19.1.2 制作 Flash 图表

使用 PowerPoint 2013 的图表工具能够根据数据生成各式各样的图表，并应用样式来美化图标，但是对图表的动画功能有些局限性。这里介绍使用图表制作工具 Swiff Chart Pro，制作出华丽的图表和动画，然后导出为 SWF 格式的文件并插入 PPT 中。具体的操作步骤

如下。

步骤 1 安装并启动 Swiff Chart Pro 软件，其工作界面如图 19-14 所示。

图 19-14　Swiff Chart Pro 软件的工作界面

步骤 2 单击【新建图表向导】按钮，弹出【新建图表向导】对话框，在【图表类型】列表中选择图表的类型，例如这里选择【柱形图】选项，在右侧选择一种子类型，如图 19-15 所示。

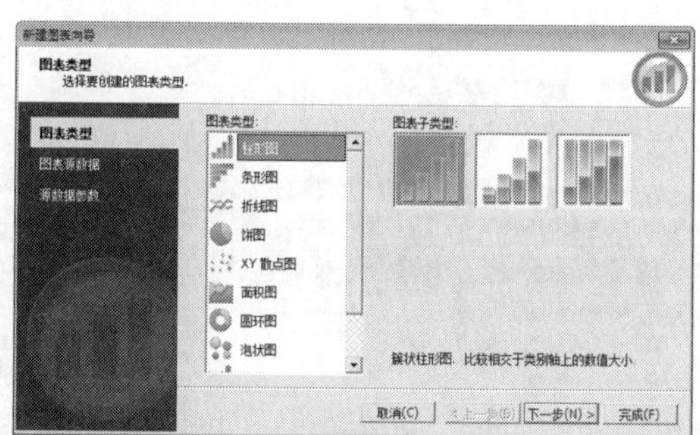

图 19-15　选择图表的类型

步骤 3 选择左侧的【图表源数据】选项，在其中可指定创建图表时所用数据的来源，例如这里选择【手动输入数据】单选按钮，如图 19-16 所示。

步骤 4 选择左侧的【手动输入数据】选项，在其中可以看到软件提供的示例数据，如图 19-17 所示。

步骤 5 在其中输入图表中所需的数据，输入完成后，单击【完成】按钮，如图 19-18 所示。

步骤 6 返回到 Swiff Chart Pro 软件主界面，在其中可查看输入的数据，在右侧还可预览图表，如图 19-19 所示。

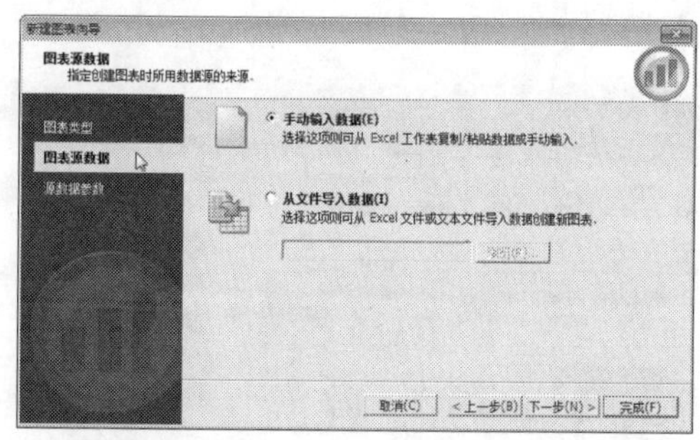

图 19-16　指定创建图表时所用数据的来源

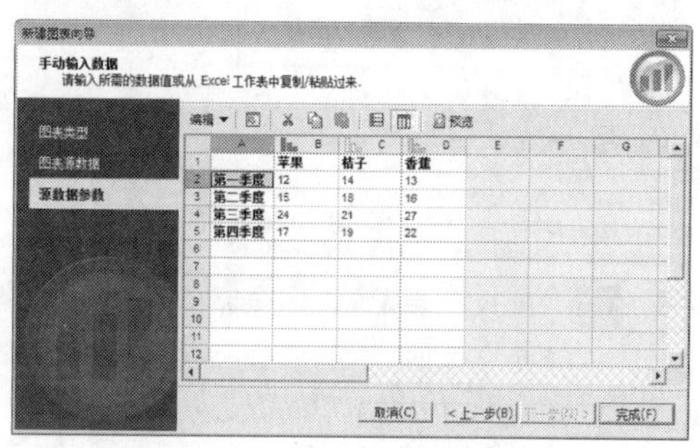

图 19-17　软件提供的示例数据

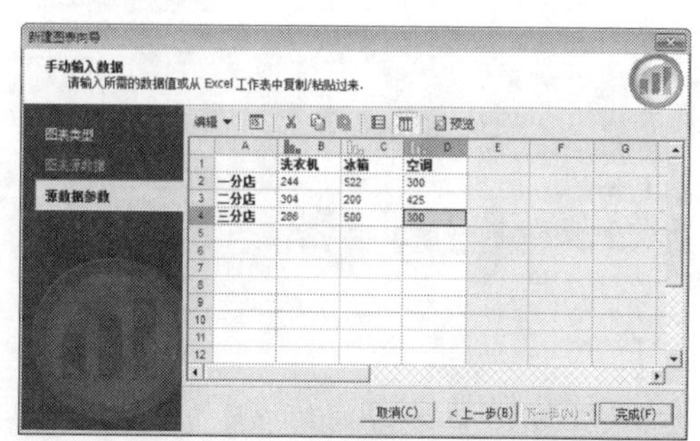

图 19-18　输入图表中所需的数据

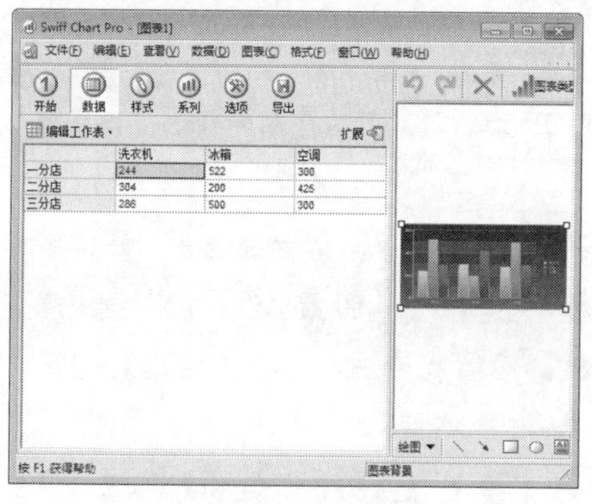

图 19-19　预览图表

步骤 7 单击上方工具栏中的【样式】按钮，在【图表样式】列表中选择合适的样式，如图 19-20 所示。

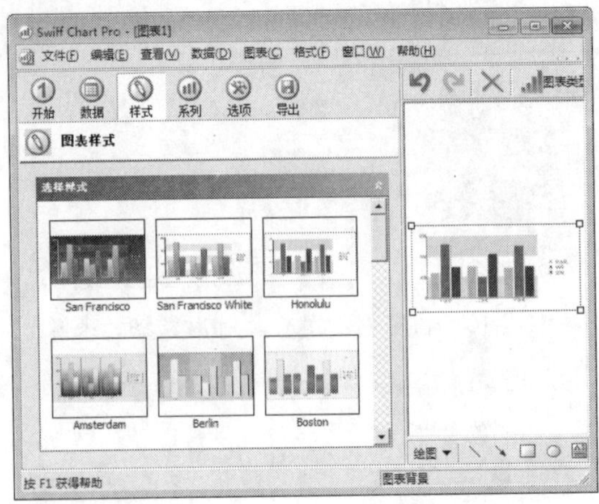

图 19-20 选择合适的样式

步骤 8 单击工具栏中的【系列】按钮，在【数据系列选项】区域可设置所选数据序列的颜色、格式以及类型等，例如这里选择【更改颜色与效果】选项，如图 19-21 所示。

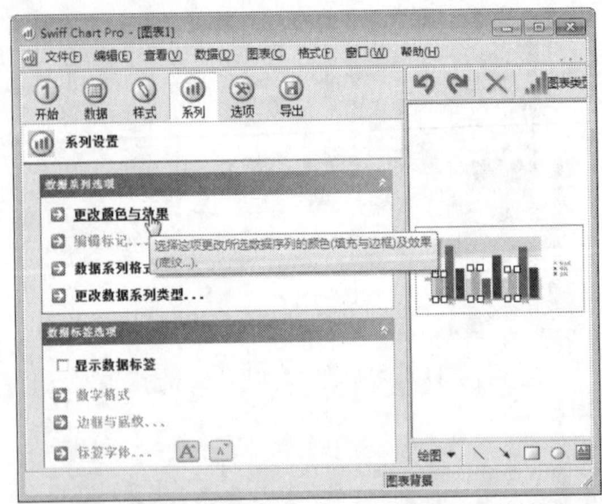

图 19-21 设置数据序列的颜色、格式以及类型

步骤 9 弹出【数据系列格式：洗衣机】对话框，在其中即可设置“洗衣机”数据序列的格式，设置完成后，单击【确定】按钮，如图 19-22 所示。

步骤 10 在【数据标签选项】区域可设置是否显示数据标签以及标签的格式，例如这里勾选【显示数据标签】复选框，即可在图表中显示数据标签，如图 19-23 所示。

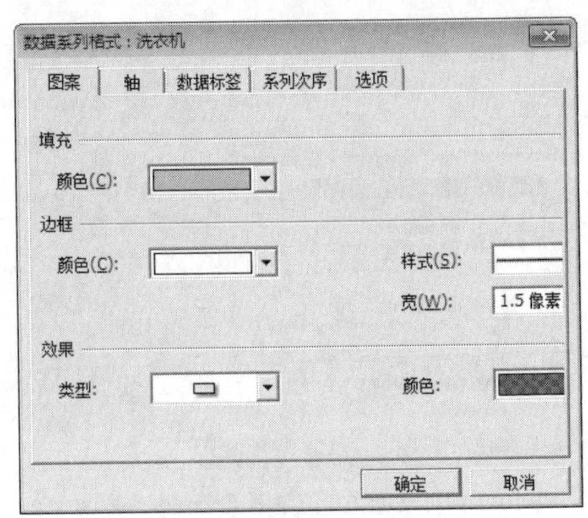

图 19-22 【数据系列格式：洗衣机】对话框

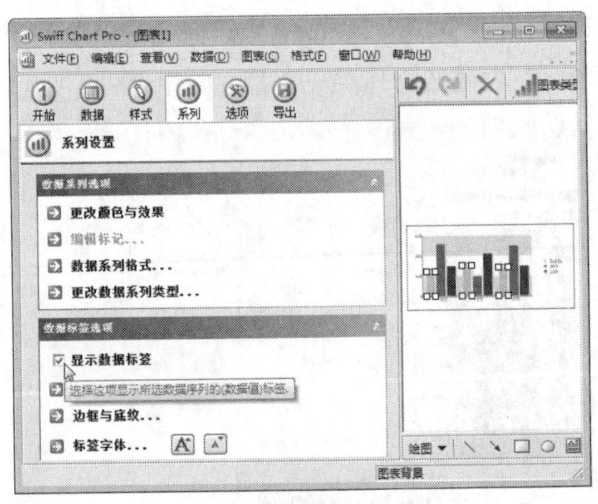

图 19-23 设置是否显示数据标签以及标签的格式

步骤 11 单击工具栏中的【选项】按钮，在【常规选项】区域可更改图表的类型、动画效果以及大小等，例如这里选择【动画】选项，如图 19-24 所示。

步骤 12 弹出【动画设置】对话框，在其中即可设置图表中各元素的动画效果，设置完成后，单击【确定】按钮，如图 19-25 所示。

步骤 13 在【版面选项】区域可设置图例、

标题、坐标轴、网格线、背景等，例如这里选择【编辑图表标题】选项，即进入【标题选项】界面，在其中选择【添加图表标题】选项，如图 19-26 所示。

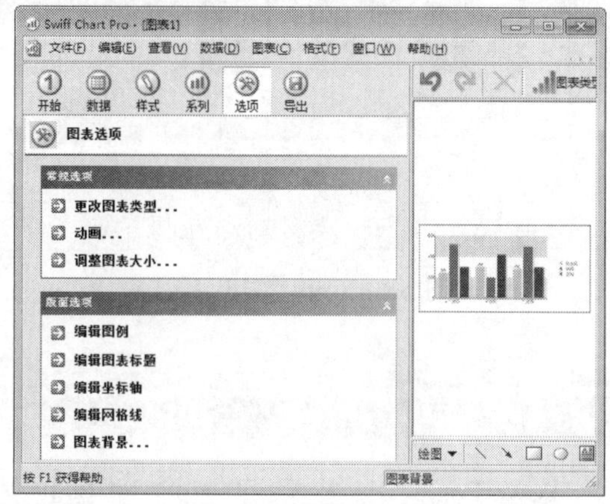

图 19-24　更改图表的类型、动画效果以及大小

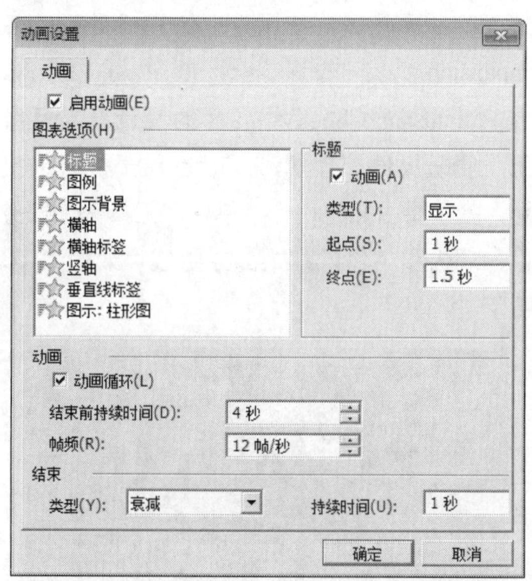

图 19-25　设置图表中各元素的动画效果

步骤 14 弹出【图表选项】对话框，在【图表标题】文本框中输入“各分店销量对比”，即可为图表添加标题，如图 19-27 所示。

步骤 15 设置完成后，单击【确定】按钮，返回到 Swiff Chart Pro 软件主界面，此时在【标题选项】区域还可设置标题的字体、颜色、布局、底纹等，如图 19-28 所示。

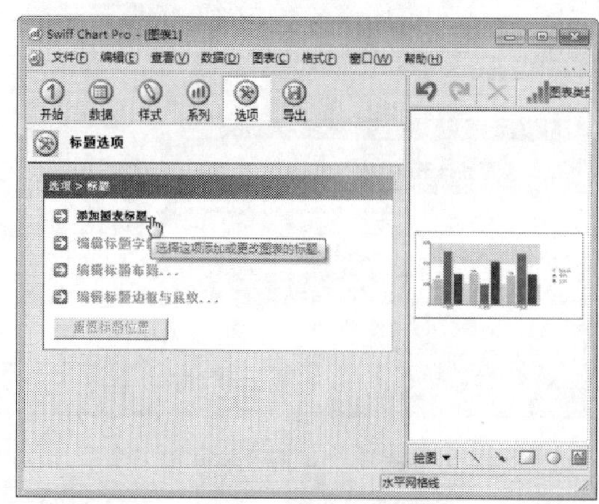

图 19-26　选择【添加图表标题】选项

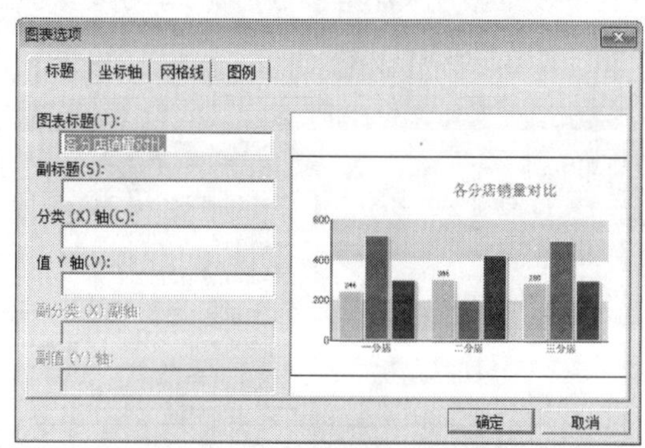

图 19-27　为图表添加标题

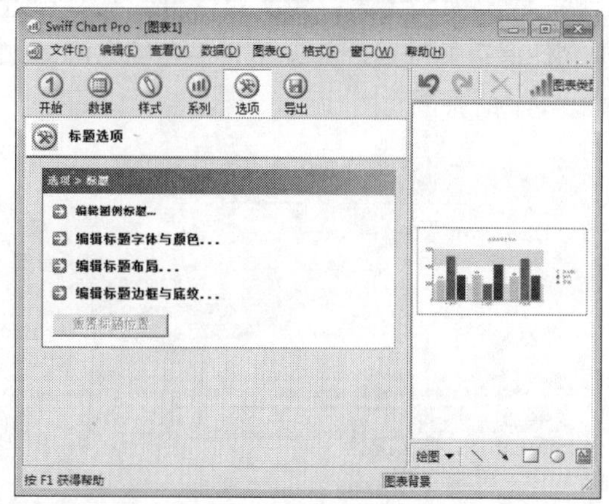

图 19-28　设置标题的字体、颜色、布局和底纹

步骤 16 单击工具栏中的【导出】按钮，在其中选择【导出为 Flash 影片】选项，如图 19-29 所示。

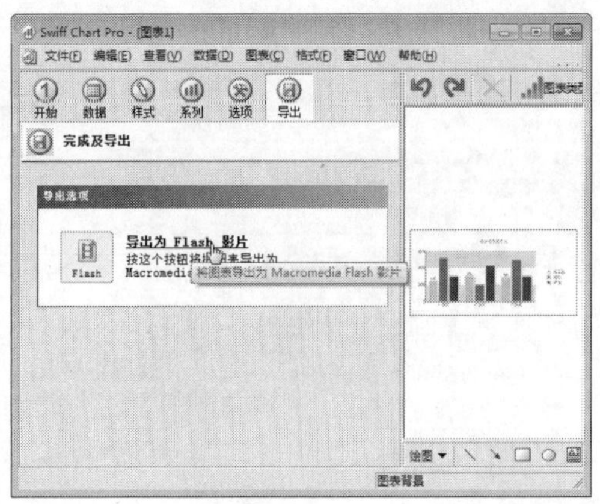

图 19-29 选择【导出为 Flash 影片】选项

步骤 17 弹出【另存为 Flash 动画】对话框，在其中设置影片大小等参数，然后单击【保存】按钮，如图 19-30 所示。

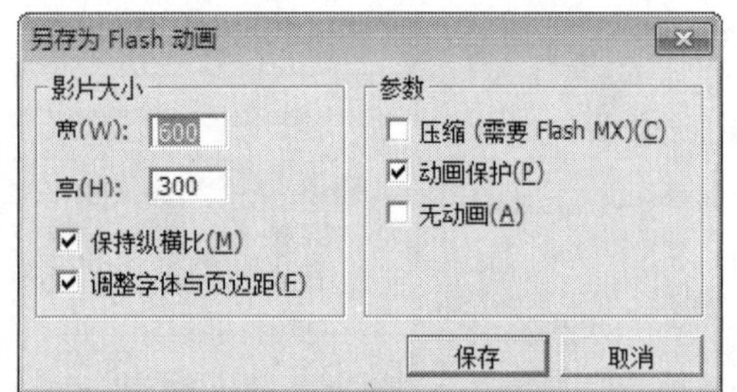

图 19-30 【另存为 Flash 动画】对话框

步骤 18 弹出【另存为】对话框，在其中选择文件保存的位置，并设置文件名的名称，如图 19-31 所示。

图 19-31 【另存为】对话框

步骤 19 设置完成后，单击【保存】按钮，即可保存制作的 Flash 图表。然后打开 PowerPoint 2013 软件，在其中插入制作的 Flash 图表，最终效果如图 19-32 所示。

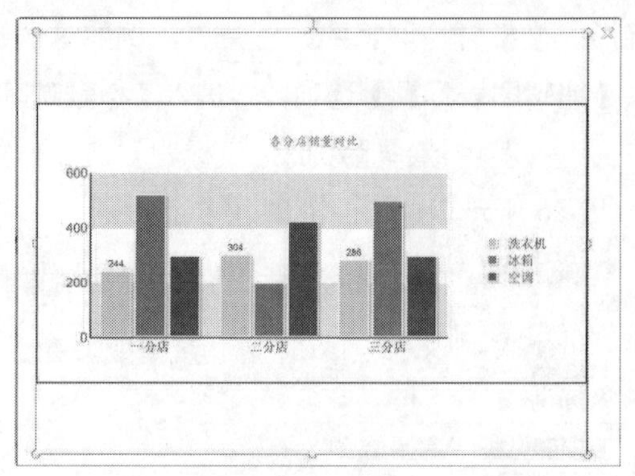

图 19-32 将制作的 Flash 图表插入 PowerPoint 2013 中

19.1.3 使用 Photoshop 抠图

PowerPoint 2013 提供了删除背景的功能，可以将比较单一的背景删除。但是对于一些背景颜色比较多的图片，此功能就无能为力了，这就需要使用专业的图像处理软件 Photoshop。

Photoshop CS6 工作界面的设计非常系统化，便于操作和理解，同时也易于被人们接受。其主要由标题栏、菜单栏、工具箱、任务栏、调板和工作区几个部分组成，如图 19-33 所示。

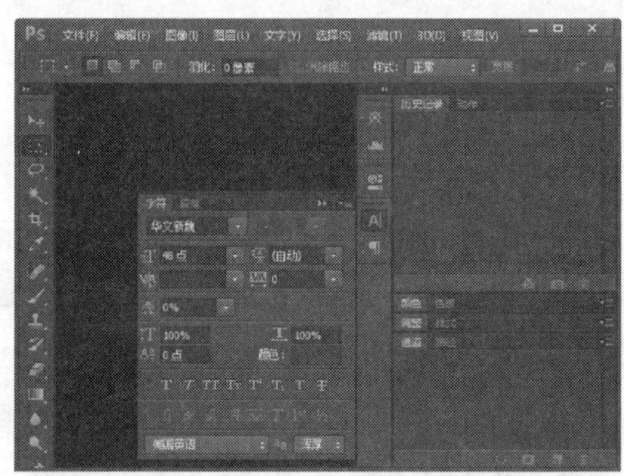

图 19-33 Photoshop CS6 的工作界面

使用 Photoshop 抠取图片的具体操作步骤如下。

步骤 1 安装并启动 Photoshop CS6 中文版，

依次选择【文件】→【打开】菜单命令，如图 19-34 所示。

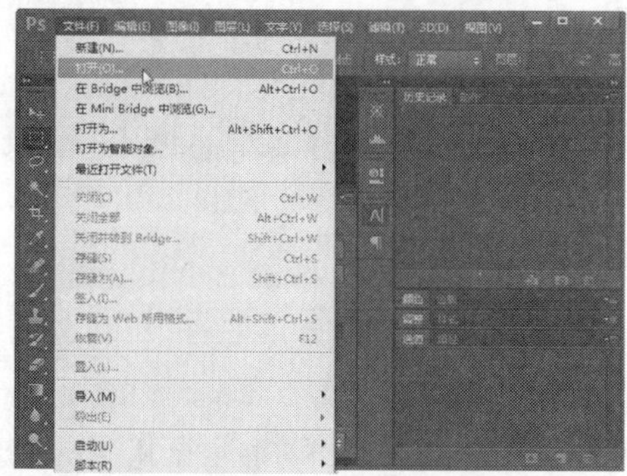

图 19-34　选择【打开】菜单命令

步骤 2　弹出【打开】对话框，在计算机中选择要抠取图像的图片，单击【打开】按钮，如图 19-35 所示。

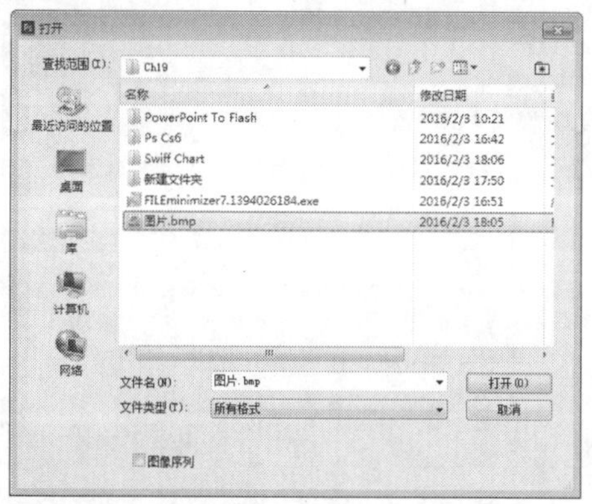

图 19-35　选择要抠取图像的图片

步骤 3　在 Photoshop 中打开图片，如图 19-36 所示。

图 19-36　在 Photoshop 中打开图片

步骤 4　裁剪图片。右击左侧工具箱中的【裁剪工具】按钮，在弹出的列表中选择【裁剪工具】选项，如图 19-37 所示。

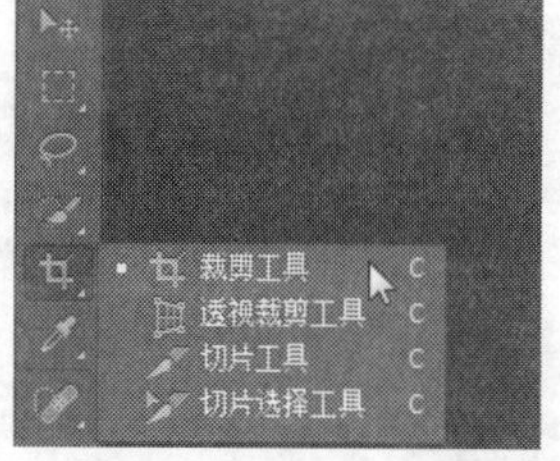

图 19-37　选择【裁剪工具】选项

步骤 5　按住鼠标左键不放，在图片上拖动鼠标选择裁剪区域，按 Enter 键确认即可，如图 19-38 所示。

图 19-38　拖动鼠标选择裁剪区域

步骤 6　单击工具箱中的任意按钮，弹出提示框，提示是否要裁剪图像，单击【裁剪】按钮，即可裁剪图像，如图 19-39 所示。

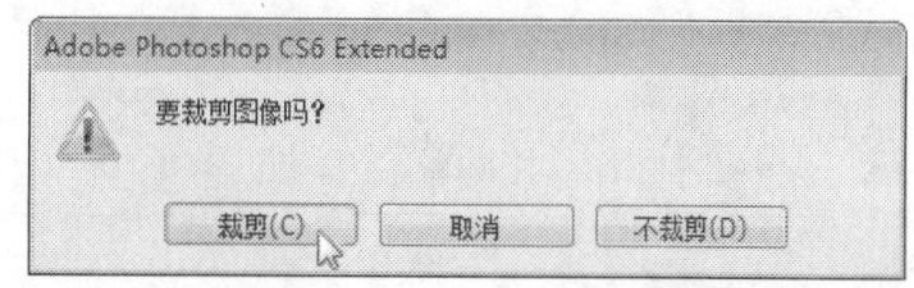

图 19-39　单击【裁剪】按钮

步骤 7　右击工具箱中的【套索工具】按钮，在弹出的列表中选择【磁性套索工具】选项，如图 19-40 所示。

步骤 8　此时光标变为形状，在小男孩的边缘处单击，沿着轮廓线不断单击，直到与开始点相交，即可选取整个小男孩的图像，此时选取的部分以虚线闪烁显示，如图 19-41 所示。

步骤 9　依次选择【文件】→【新建】菜单

命令，弹出【新建】对话框，在其中单击【背景内容】右侧的下拉按钮，在弹出的下拉列表中选择【透明】选项，然后单击【确定】按钮，新建一个空白文件，如图 19-42 所示。

图 19-40　选择【磁性套索工具】选项

图 19-41　选取的部分以虚线闪烁显示

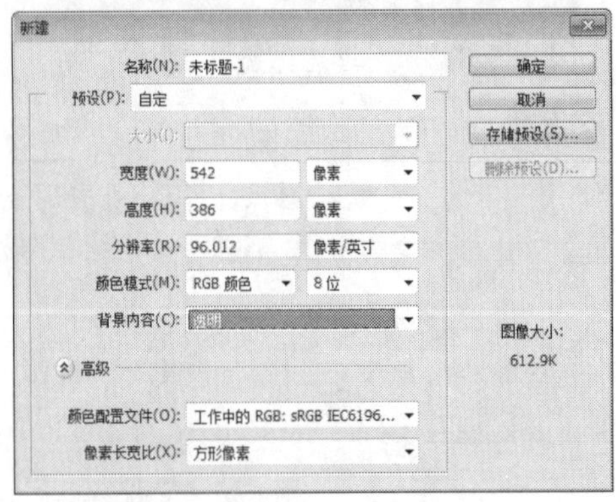

图 19-42　新建一个空白文件

步骤 10　单击工具箱中的【选择工具】按钮，然后按住 Alt 键不放，将选取的小男孩图像拖动到新建的文件中，如图 19-43 所示。

步骤 11　操作完成后，依次选择【文件】→【存储为】菜单命令，弹出【存储为】对话框，选择图像在计算机中的保存位置，在【文件名】文本框中输入名称，在【格式】下拉列表中选择 CompuServe GIF 选项，然后单击【保存】按钮，如图 19-44 所示。

图 19-43　将选取的小男孩图像拖动到新建的文件

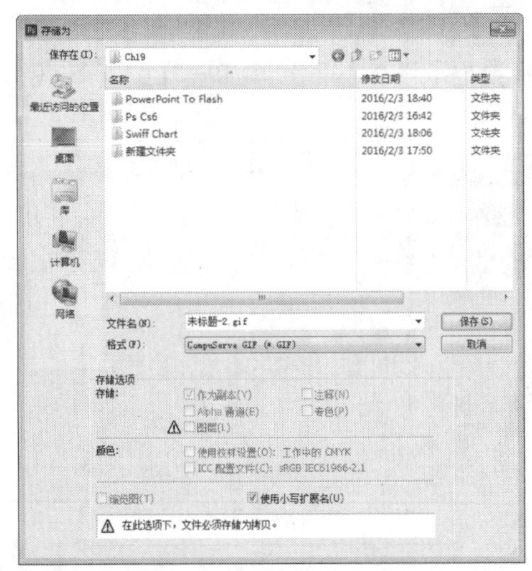

图 19-44　【存储为】对话框

步骤 12　弹出【索引颜色】对话框，单击【确定】按钮，如图 19-45 所示。

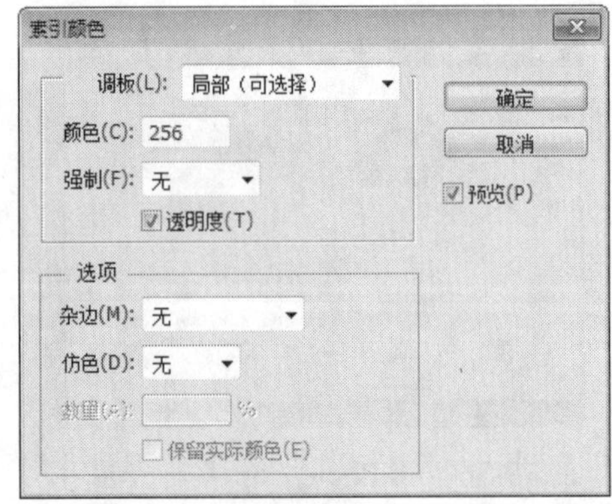

图 19-45　【索引颜色】对话框

步骤 13 弹出【GIF 选项】对话框，单击【确定】按钮，即可保存文件，如图 19-46 所示。

步骤 14 打开 PowerPoint 2013 软件，在其中插入抠图后的图像，效果如图 19-47 所示。

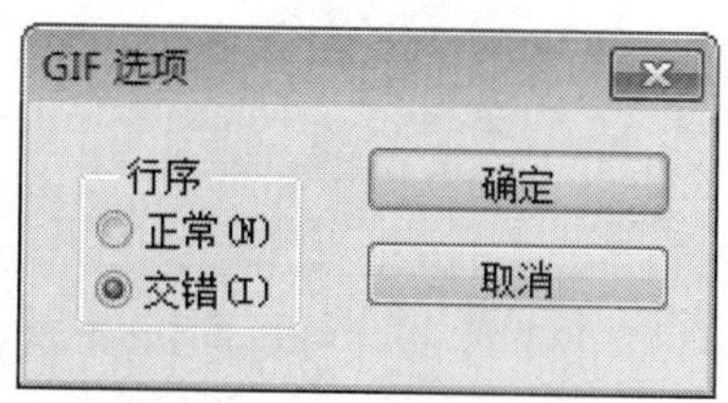

图 19-46 【GIF 选项】对话框

图 19-47 在 PowerPoint 2013 中插入抠图后的图像

19.2 玩转PPT的帮手

PowerPoint 2013 除了自身的强大功能外，它还有众多的帮手，利用这些帮手可以使用户使用 PPT 更加顺手、便捷。

19.2.1 转换 PPT 为 Flash 动画

使用工具除了可以将 PPT 的内容提取到 Word 文档中，还可以将 PPT 转换为 Flash 文件，从而可以在没有安装 PowerPoint 的电脑上播放。使用 PowerPoint to Flash 软件就可以将 PPT 转换为 Flash 视频文件，具体的操作步骤如下。

步骤 1 安装并启动 PowerPoint to Flash 软件，其工作界面如图 19-48 所示。

步骤 2 单击【添加】按钮，弹出添加对话框，在计算机中选择要转换的 PPT 文件，单击【打开】按钮，如图 19-49 所示。

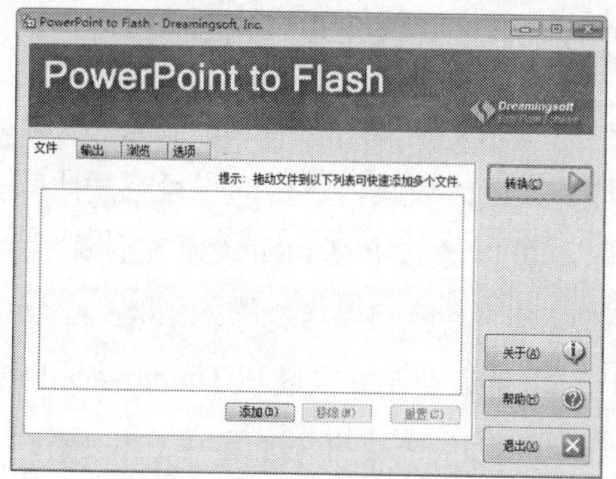

图 19-48 PowerPoint to Flash 软件的工作界面

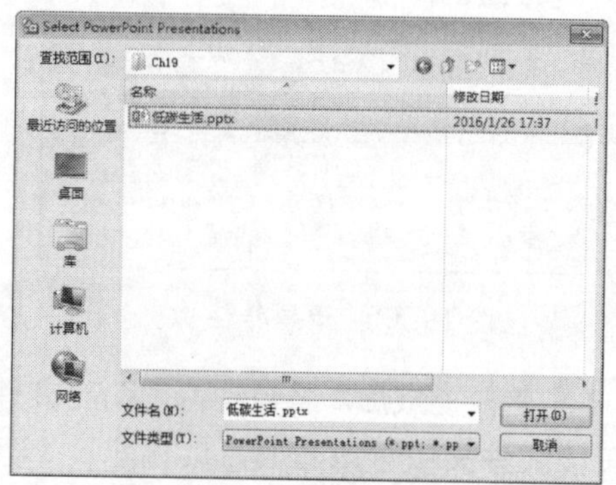

图 19-49 选择要转换的 PPT 文件

步骤 3 将 PPT 文件添加到软件中后，选择【输出】选项卡，在其中设置文件的输出路径，如图 19-50 所示。

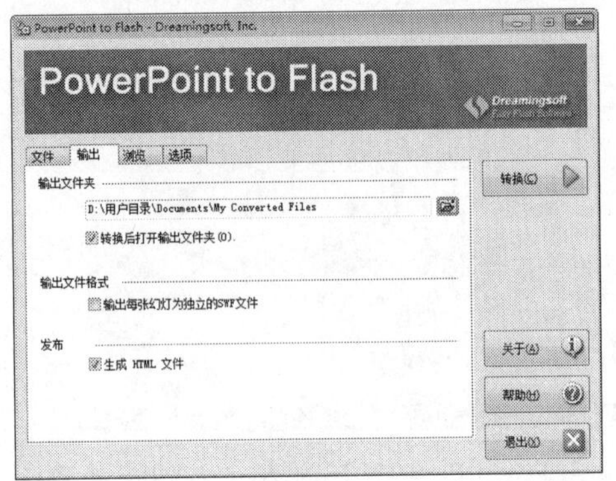

图 19-50 设置文件的输出路径

步骤 4 选择【选项】选项卡，在其中设置生成 Flash 文件的大小和背景颜色，如图 19-51 所示。

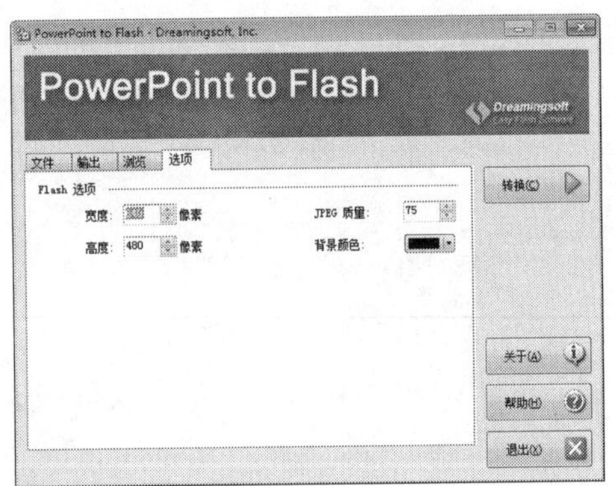

图 19-51 设置生成文件的大小和背景颜色

步骤 5 设置完成后，单击右侧的【转换】按钮，开始转换，如图 19-52 所示。

图 19-52 开始转换

步骤 6 转换完成后，将自动打开输出文件夹，在该文件夹中可以看到，软件已将 PPT 文件转换为一个 Flash 文件和一个已嵌入 Flash 文件的 HTM 网页文件，如图 19-53 所示。

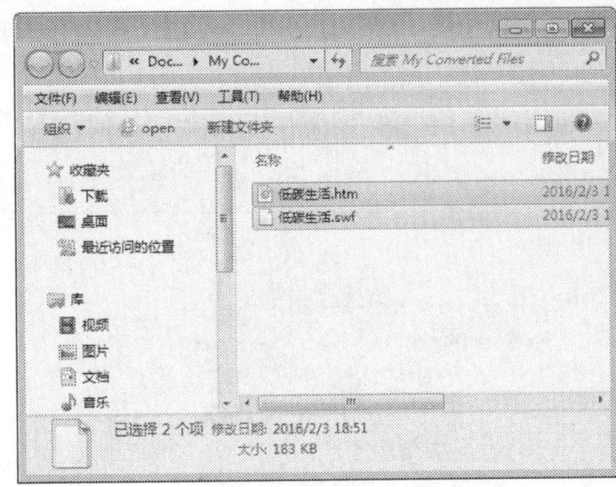

图 19-53 将 PPT 文件转换为 Flash 文件和 HTM 网页文件

步骤 7 双击打开网页文件，即可在网页上使用鼠标或键盘控制 PPT 的放映，如图 19-54 所示。

图 19-54 在网页上使用鼠标或键盘控制 PPT 的放映

19.2.2 为 PPT 瘦身

如果 PPT 使用了大量的图片，将会导致 PPT 文件比较大，占用的磁盘空间比较多。这时，可以通过 PPTminimizer 软件来为 PPT 优化瘦身。具体的操作步骤如下。

步骤 1 安装并启动 PPTminimizer 4.0 软件，其工作界面如图 19-55 所示。

步骤 2 单击【打开文件】按钮，弹出【打开】

对话框，在计算机中选择需要优化的 PPT 文件，单击【打开】按钮，如图 19-56 所示。

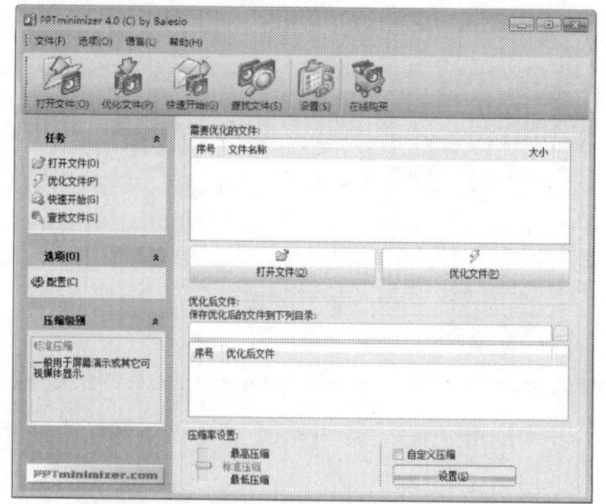

图 19-55 PPTminimizer 4.0 软件的工作界面

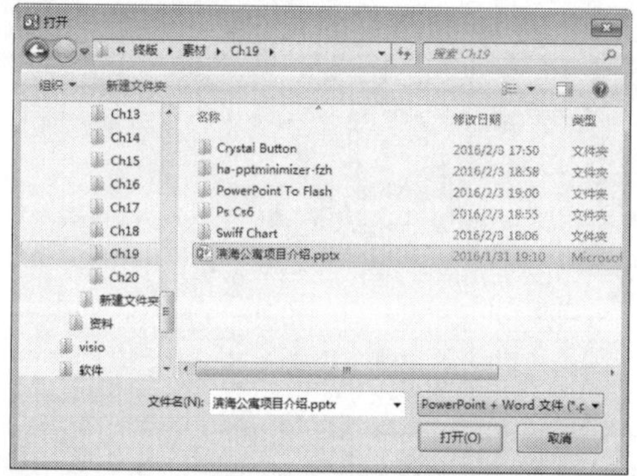

图 19-56 选择需要优化的 PPT 文件

步骤 3 将要优化的 PPT 文件添加到软件中，单击【优化后文件】右侧的省略号按钮，如图 19-57 所示。

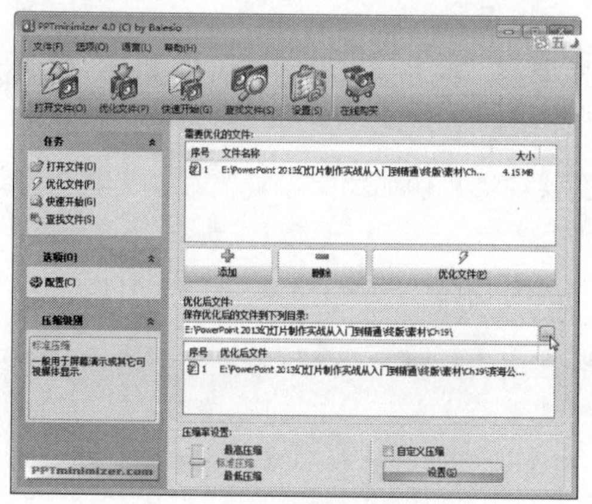

图 19-57 单击省略号按钮

步骤 4 弹出【指定目标目录】对话框，在其中选择文件优化之后的保存位置，如图 19-58 所示。

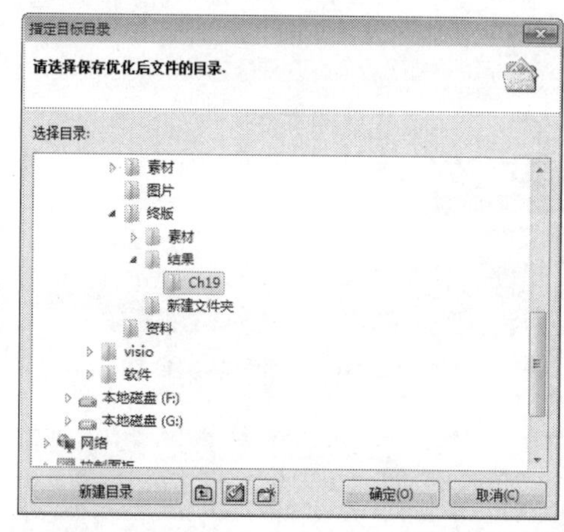

图 19-58 选择文件优化之后的保存位置

步骤 5 单击【确定】按钮，返回到 PPTminimizer 主界面，在其中可以看到优化后文件的保存路径已发生变化，然后在下方【压缩率设置】区域选择【标准压缩】，单击【优化文件】按钮，如图 19-59 所示。

提示 PPTminimizer 软件共提供了三种压缩形式，分别如下。

(1) 最高压缩：压缩比例较大，可用于网络发布和电子邮件传输，压缩后的图像质量较差。

(2) 标准压缩：可用于屏幕演示。

(3) 最低压缩：压缩比例较小，可用于文件的打印，压缩后的文件较大。

步骤 6 系统显示优化的当前进度和总计进度，如图 19-60 所示。

步骤 7 稍候几分钟，优化完成后，会显示原始文件的大小、压缩后文件的大小和压缩的比例等，如图 19-61 所示。

步骤 8 将原始文件与优化后的文件进行对比可以看到，通过 PPTminimizer 软件优化后的文件所占空间将大幅减小，如图 19-62 所示。

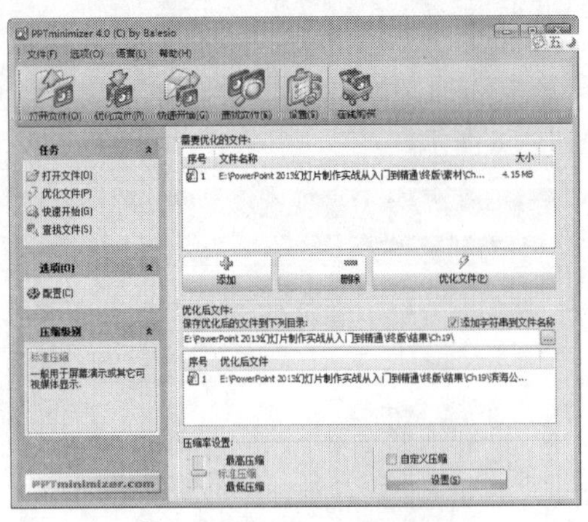

图 19-59　设置压缩率

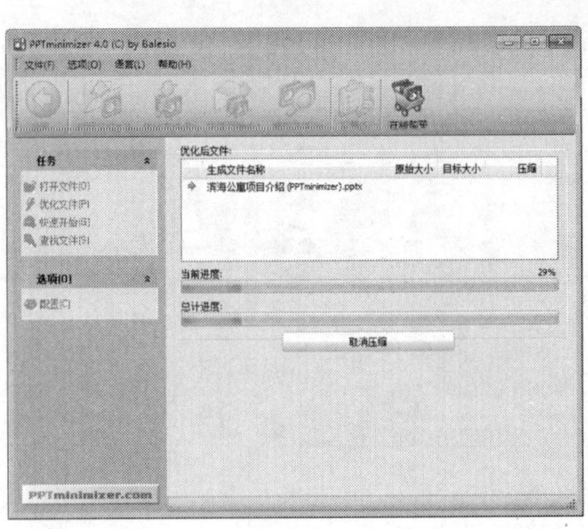

图 19-60　优化的当前进度和总计进度

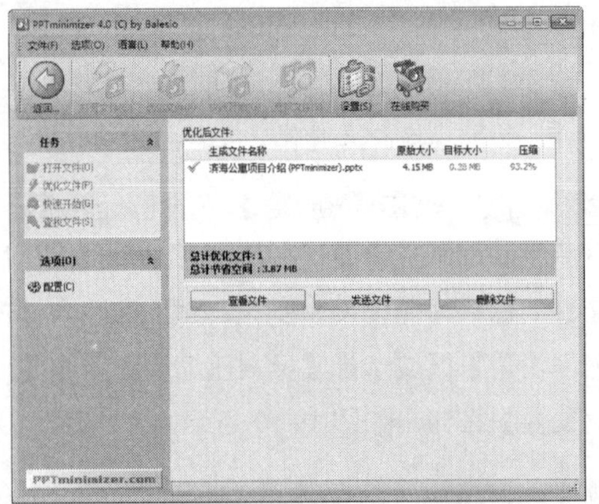

图 19-61　完成优化

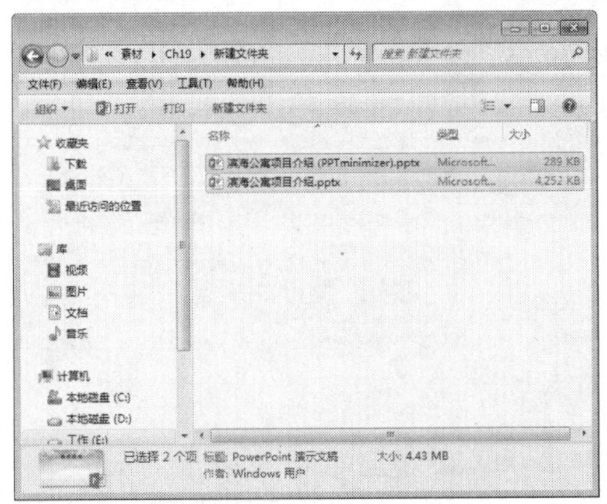

图 19-62　优化后的文件所占空间大幅减小

19.2.3 PPT 演示的好帮手

在 PPT 放映时，可以通过 ZoomIt 软件来放大显示局部，此软件还可以实现画笔在 PPT 上写字或画图的功能以及课件计时的功能，具体的操作步骤如下。

步骤 1 安装并启动 ZoomIt 软件，选择【缩放】选项卡，在其中设置缩放的快捷键，例如这里设置为 Ctrl+1 组合键，如图 19-63 所示。

步骤 2 选择【绘图】选项卡，在其中设置绘图的快捷键，例如这里设置为 Ctrl+2 组合键，如图 19-64 所示。

步骤 3 选择【字体】选项卡，单击【设置字体】按钮，如图 19-65 所示。

步骤 4 弹出【ZoomIt 字体】对话框，在其中可设置绘图时所用的字体格式，设置完成后，单击【确定】按钮即可，如图 19-66 所示。

步骤 5 选择【定时】选项卡，在其中可设置放映 PPT 时的课间休息计时，例如这里设置【定时器快捷键】为 Ctrl+3 组合键，【定时时间】为 10 分钟，如图 19-67 所示。

步骤 6 设置完成后，单击【确定】按钮。按 F5 键放映 PPT，然后按 Ctrl+1 快捷键，移动鼠标，即可局部放大幻灯片，然后再滚动鼠标滚轮，可实现幻灯片整体的放大或缩小，如图 19-68 所示。

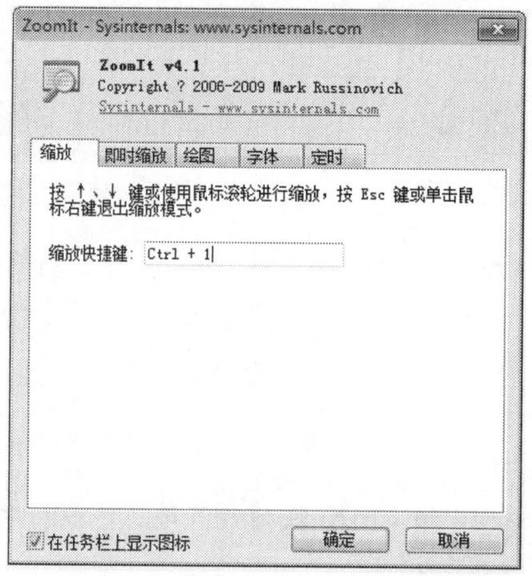

图 19-63 设置缩放的快捷键

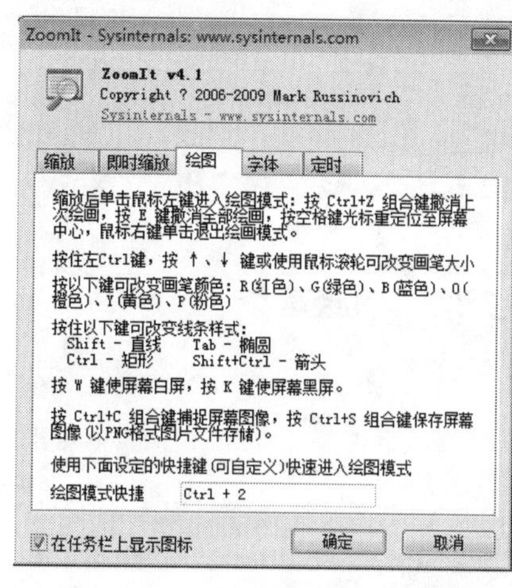

图 19-64 设置绘图的快捷键

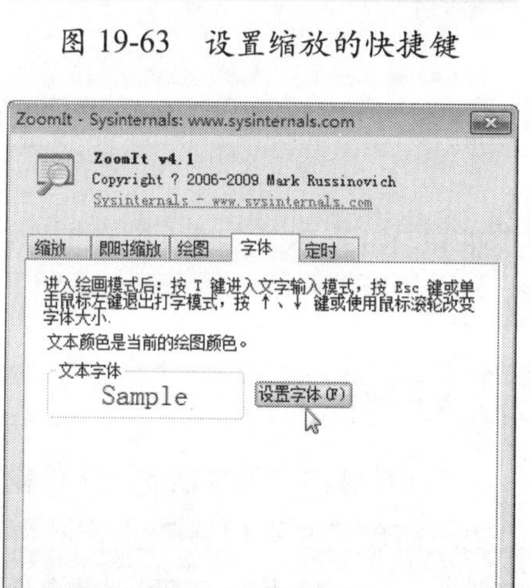

图 19-65 单击【设置字体】按钮

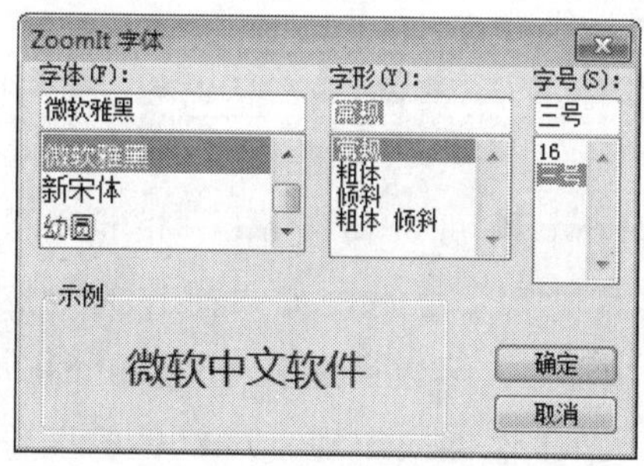

图 19-66 设置绘图时所用的字体格式

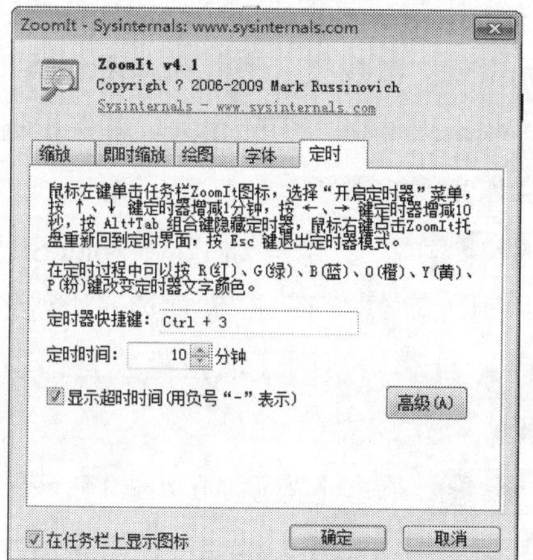

图 19-67 设置放映 PPT 时的课间休息计时

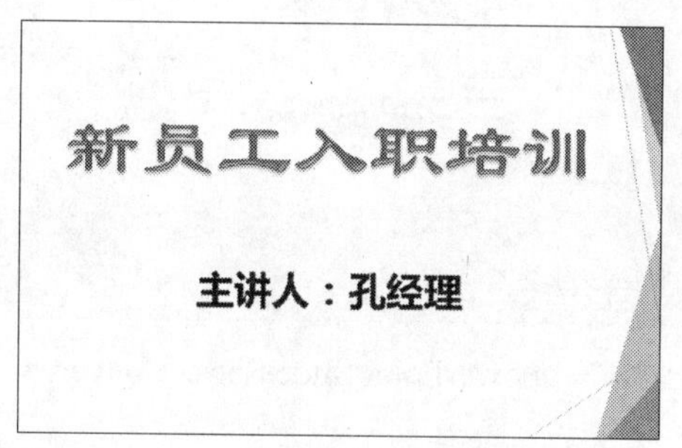

图 19-68 按 Ctrl+1 快捷键可放大或缩小幻灯片

步骤 7 按 Ctrl+2 快捷键，光标变为红色的十字指针形状，按住鼠标左键不放，拖动鼠标即可在幻灯片中绘图或书写，然后按 T 键，还可输入英文字母，如图 19-69 所示。

步骤 8 按 Ctrl+3 快捷键，即可进入课间休息计时状态，在屏幕上显示倒计时，如图 19-70 所示。

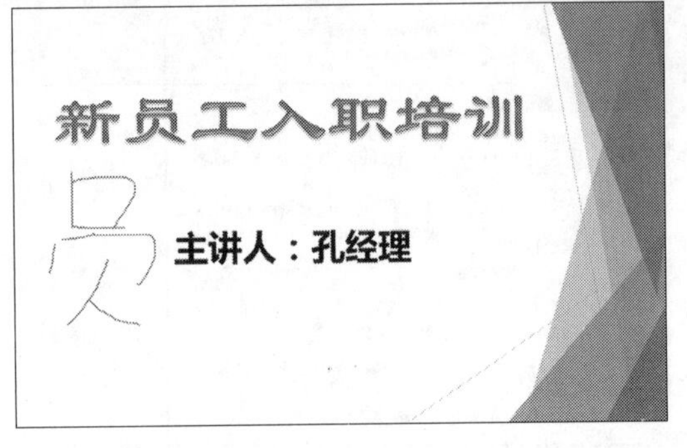

图 19-69 按 Ctrl+2 快捷键可绘图或书写　　图 19-70 按 Ctrl+3 快捷键可进入休息计时状态

19.3 职场技能训练

前面主要学习了 PPT 设计的相关技巧，下面来学习设计 PPT 元素在实际工作中的应用。

19.3.1 职场技能 1——将 PPT 应用为屏保

使用 PowerPoint 2013 制作了相册 PPT 或其他炫目的 PPT 之后，如果想作为电脑的屏幕保护程序，可以通过 PowerPoint Slide Show Converter 软件来实现。该软件的工作界面如图 19-71 所示。

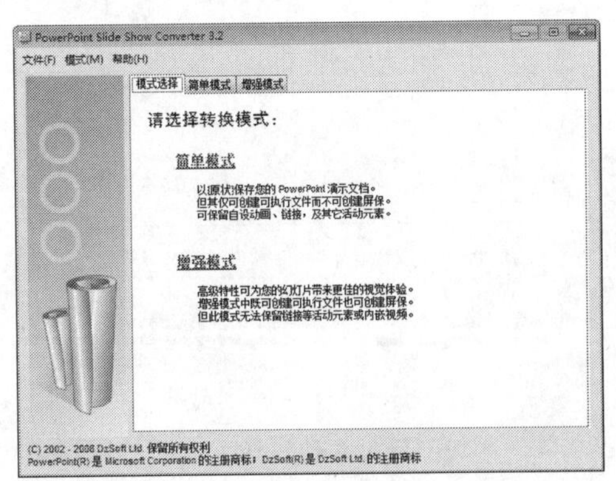

图 19-71 PowerPoint Slide Show Converter 软件的工作界面

该软件有两种转换模式：简单模式和增强模式。简单模式可以将 PPT 转换为可执行程序文件（EXE 格式），还可保留自设的动画、链接等。而增强模式不仅可以将 PPT 转换为可执行程序文件，还可以转换为屏幕保护程序（SCR 格式），但该模式无法保留链接等活动元素或内嵌视频。使用 PowerPoint Slide Show Converter 软件将 PPT 转换为屏幕保护程序的具体操作步骤如下。

步骤 1 安装并启动 PowerPoint Slide Show Converter 软件，在主界面选择增强模式，程序将自动切换到【增强模式】选项卡，如图 19-72 所示。

步骤 2 单击【来源 Microsoft PowerPoint 文件】后面的【选择】按钮，弹出【打开】对话

框，在计算机中选择要设置为屏保的 PPT 文件，单击【打开】按钮，如图 19-73 所示。

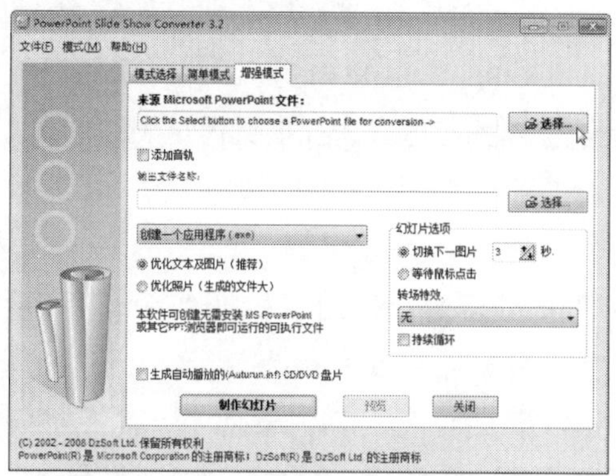

图 19-72　【增强模式】选项卡

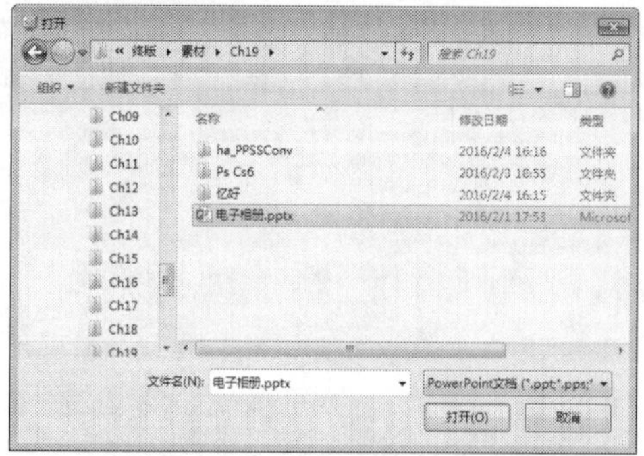

图 19-73　选择要设置为屏保的 PPT 文件

步骤 3　添加文件后，在下方单击【创建一个应用程序】按钮，在弹出的下拉列表中选择【创建一个屏保程序 (.scr)】选项，如图 19-74 所示。

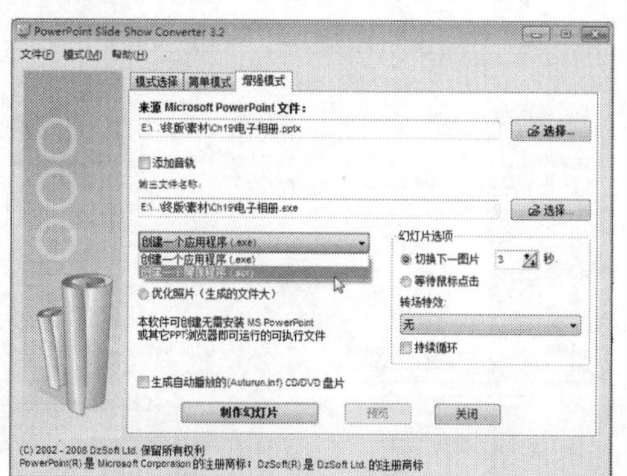

图 19-74　选择【创建一个屏保程序 (.scr)】选项

步骤 4　在右侧【幻灯片选项】区域设置切换时间和转换特效，然后勾选【持续循环】复选框。设置完成后，单击【制作幻灯片】按钮，如图 19-75 所示。

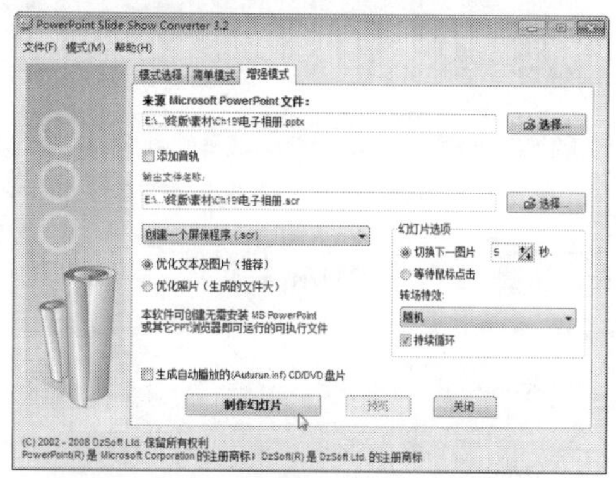

图 19-75　单击【制作幻灯片】按钮

步骤 5　弹出对话框，显示转换进度，如图 19-76 所示。

图 19-76　显示转换进度

步骤 6　转换完成后，弹出转换成功的信息框，单击【确定】按钮，即可将 PPT 文件生成一个扩展名为“.scr”的文件，如图 19-77 所示。

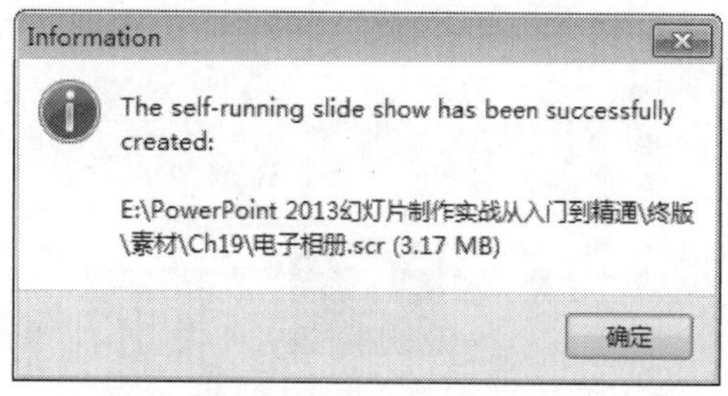

图 19-77　提示转换成功

步骤 7　将生成的 SCR 文件复制到“C:\Windows\System32”文件夹中，然后在桌面单击鼠标右键，在弹出的快捷菜单中选择【个性化】菜单命令，如图 19-78 所示。

图 19-78　选择【个性化】菜单命令

步骤 8　进入【个性化】窗口，单击右下角的【屏幕保护程序】按钮，如图 19-79 所示。

图 19-79　单击【屏幕保护程序】按钮

步骤 9　弹出【屏幕保护程序设置】对话框，单击【屏幕保护程序】右侧的下拉按钮，在弹出的下拉列表中即可找到生成的“电子相册 .scr”文件，选中该选项，即可将 PPT 设置为屏保，如图 19-80 所示。

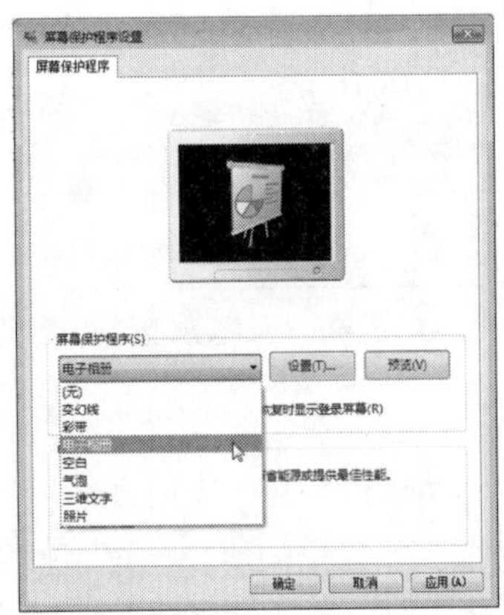

图 19-80　【屏幕保护程序设置】对话框

19.3.2 职场技能 2——快速提取 PPT 中的内容

使用 ppt Convert to doc 工具可以将 PPT 中所有的文字内容快速提取到 Word 文档中，这就省去了一张一张复制的烦琐工作。不过，此工具只能转换扩展名为“.ppt”的 PowerPoint 97-2003 演示文稿，所以转换“.pptx”演示文稿前，需要先将其另存为“.ppt”格式。具体的操作步骤如下。

步骤 1　打开一个需要提取内容的 PPT 文件，如图 19-81 所示。

图 19-81　打开需要提取内容的 PPT 文件

步骤 2　选择【文件】选项卡，进入文件操作界面，单击左侧列表中的【另存为】命令，然后选择【计算机】选项，单击右侧的【浏览】按钮，如图 19-82 所示。

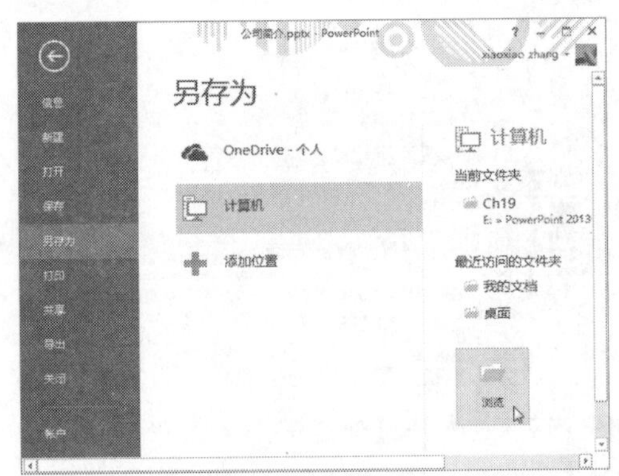

图 19-82　单击【浏览】按钮

步骤 3 弹出【另存为】对话框，在【保存类型】下拉列表中选择【PowerPoint 97-2003 演示文稿（*.ppt）】选项，单击【保存】按钮，即可将其保存为扩展名为".ppt"的文件，如图 19-83 所示。

步骤 4 安装并启动 ppt Convert to doc 软件，其工作界面如图 19-84 所示。

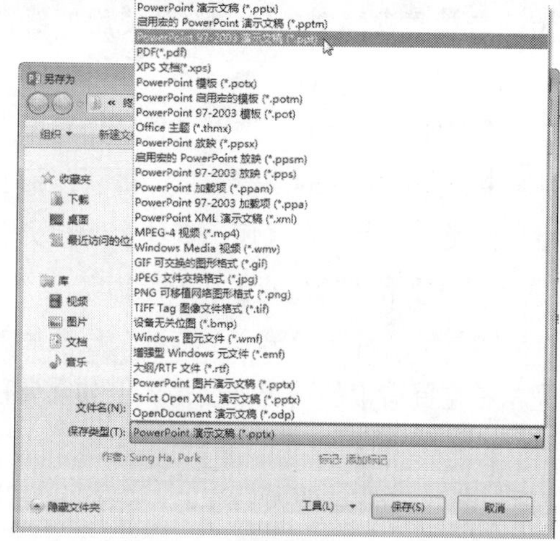

图 19-83 将文件保存为扩展名为".ppt"的文件

图 19-84 ppt Convert to doc 软件的工作界面

步骤 5 将扩展名为".ppt"的文件拖动到该软件的长方形框内，如图 19-85 所示。

步骤 6 单击【开始】按钮，软件开始提取 PPT 中的文字，如图 19-86 所示。

图 19-85 将文件拖动到软件的长方形框内

图 19-86 开始提取 PPT 中的文字

步骤 7 提取完成后，弹出提示框，单击【确定】按钮，如图 19-87 所示。

步骤 8 此时在原始 PPT 文件所在的文件夹中自动生成一个 Word 文档，该文档的内容来自 PPT 中的文字，如图 19-88 所示。

图 19-87 单击【确定】按钮

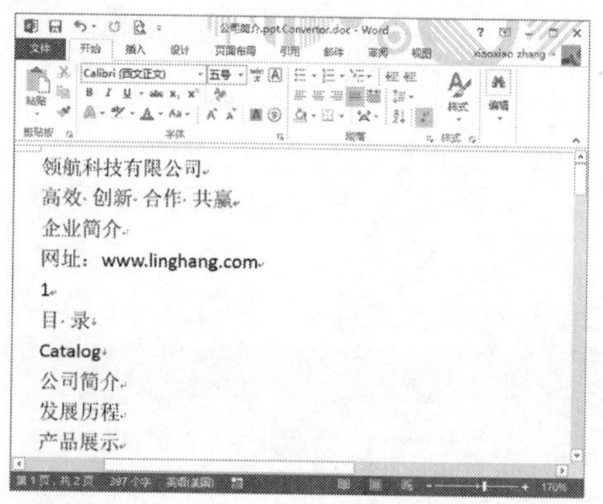

图 19-88 Word 文档的内容来自 PPT 中的文字

19.4 疑难问题解答

问题 1：在 PPT 中添加了占用存储空间较大的音频或视频文件时，除了使用外部软件为 PPT 瘦身外，如何使用 PPT 自身的功能压缩多媒体文件？

解答：若要压缩多媒体文件，在工作界面选择【文件】选项卡，进入文件操作界面，在右侧单击【压缩媒体】按钮，然后在弹出的下拉列表中选择压缩后的质量选项，即可压缩多媒体文件，以达到为 PPT 瘦身的目的，还可以提高播放性能。注意，在【压缩媒体】下拉列表中提供有三个选项，分别是【演示文稿质量】、【互联网质量】和【低质量】。若选择第 1 个选项，既可节省磁盘空间，同时能够保持音频和视频的整体质量；若选择第 2 个选项，压缩后的质量可媲美通过 Internet 传输的媒体；而第 3 个选项通常在空间有限的情况下使用，例如需要用电子邮件发送演示文稿时。

问题 2：在演示文稿中插入视频或音频文件后，将该文件与他人共享时，怎样避免出现的播放问题？

解答：若要在 PowerPoint 中避免音频或视频的播放问题，可以优化插入演示文稿中的媒体文件以实现兼容性。在工作界面选择【文件】选项卡，进入文件操作界面，在右侧单击【优化兼容性】按钮，系统即自动改进需要优化的任何多媒体文件。

今晚不加班——PowerPoint 与 Office 其他组件间的协同办公

- **本章导读**

Office 办公软件包含多个组件，各组件在不同的领域均具有强大的功能，掌握各组件之间的协作功能，可以减少不必要的重复输入，保证数据的完整性、准确性，实现数据共享，提高工作效率。本章即为读者介绍 PowerPoint 与 Word 以及 Excel 之间的协作功能。

- **学习目标**

◎ 掌握 Word 与 PowerPoint 之间的协作功能
◎ 掌握 Excel 与 PowerPoint 之间的协作功能

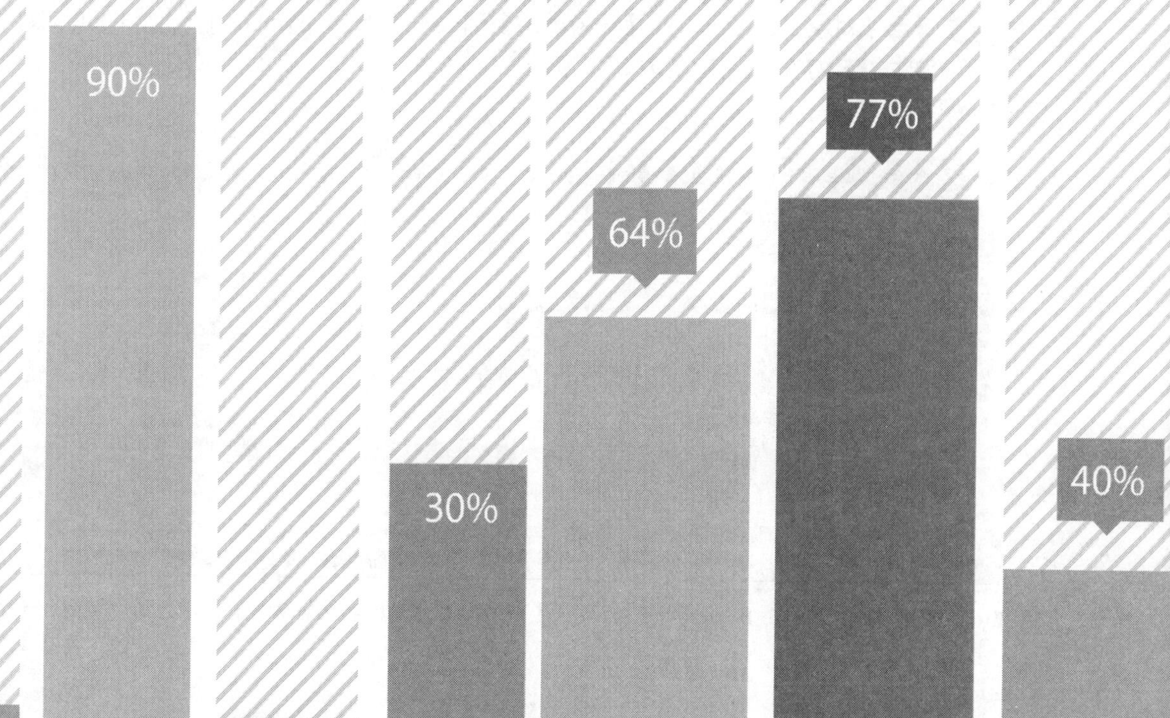

20.1 Word与PowerPoint之间的协作

Word 与 PowerPoint 之间可以协同办公，用户既可以直接在 Word 文档中新建 PowerPoint 演示文稿，还可以将已存在的 PowerPoint 演示文稿发送到 Word 文档中。

20.1.1 在 Word 文档中创建 PowerPoint 演示文稿

本小节主要介绍如何在 Word 文档中创建 PowerPoint 演示文稿，对其进行编辑，从而进一步了解 Office 组件之间的协同关系。具体的操作步骤如下。

步骤 1 启动 Word 2013，创建一个空白文档，如图 20-1 所示。

步骤 2 在【插入】选项卡中，单击【文本】组中的【对象】按钮，如图 20-2 所示。

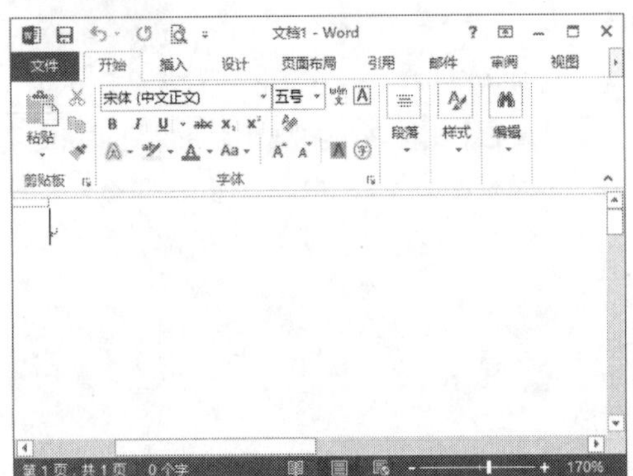

图 20-1　创建一个空白文档　　　图 20-2　单击【对象】按钮

步骤 3 弹出【对象】对话框，在【对象类型】列表框中选择【Microsoft PowerPoint 幻灯片】选项，然后单击【确定】按钮，如图 20-3 所示。

步骤 4 至此，即可在 Word 文档中新建一张幻灯片，如图 20-4 所示。

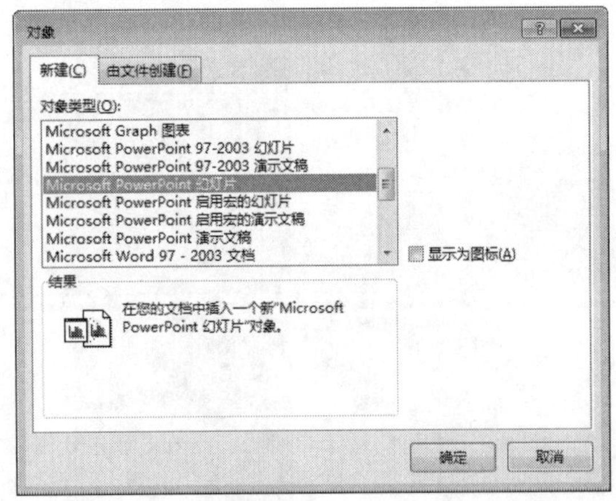

图 20-3　选择【Microsoft PowerPoint 幻灯片】选项

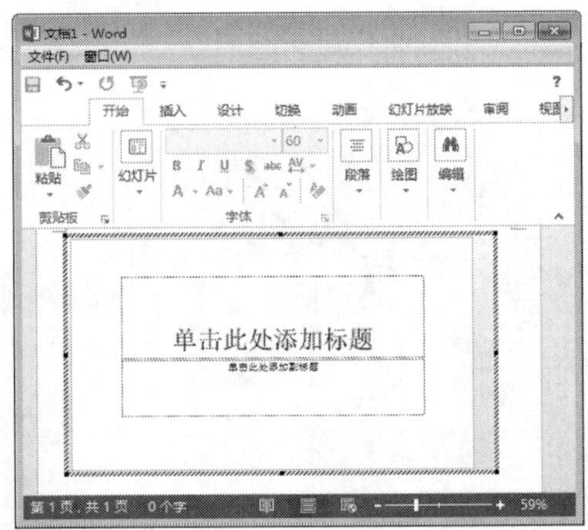

图 20-4　在 Word 文档中新建一张幻灯片

步骤 5 在【单击此处添加标题】占位符中输入标题，例如这里输入“建筑学概论”，如图 20-5 所示。

步骤 6 在【单击此处添加副标题】占位符中输入幻灯片的副标题，例如这里输入“主讲人：王老师”，如图 20-6 所示。

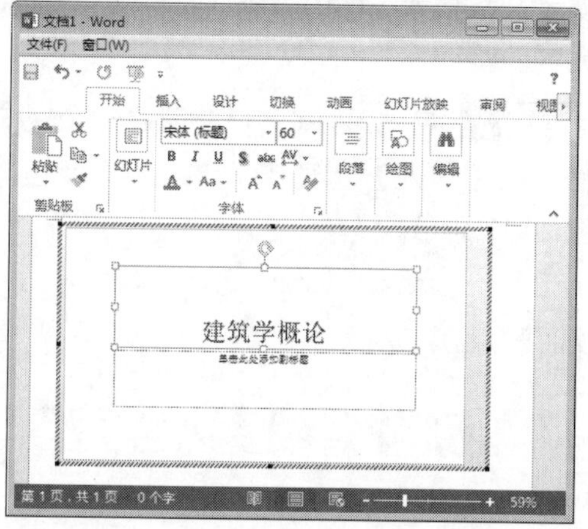

图 20-5　在占位符中输入标题

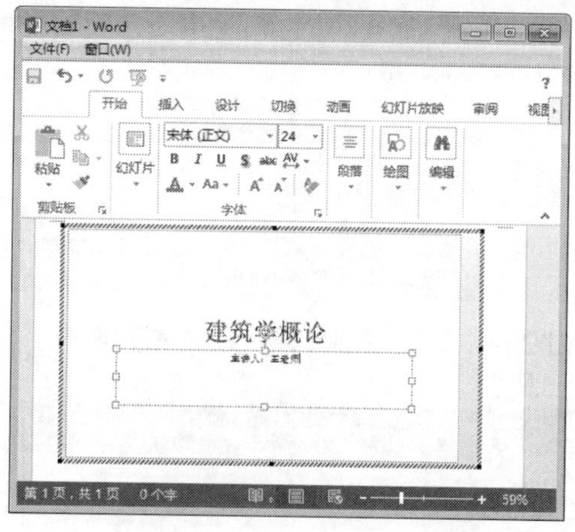

图 20-6　在占位符中输入副标题

步骤 7 选中副标题占位符，在【开始】选项卡的【字体】组中，设置其字号为“30”，然后拖动鼠标移动占位符的位置，如图 20-7 所示。

步骤 8 单击幻灯片的边框以选中幻灯片，然后单击鼠标右键，在弹出的快捷菜单中选择【设置背景格式】菜单命令，如图 20-8 所示。

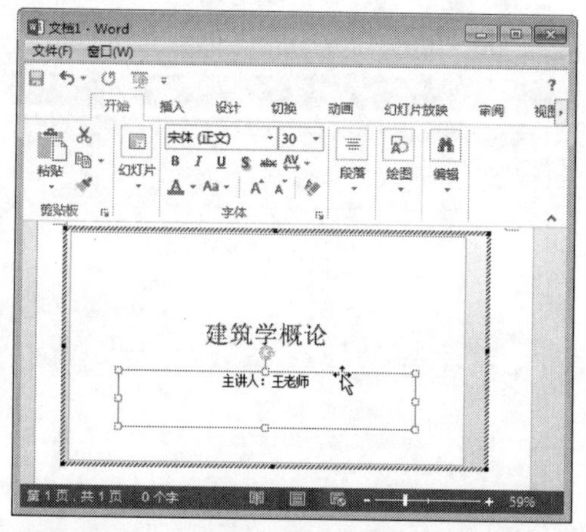

图 20-7　设置副标题的大小和位置

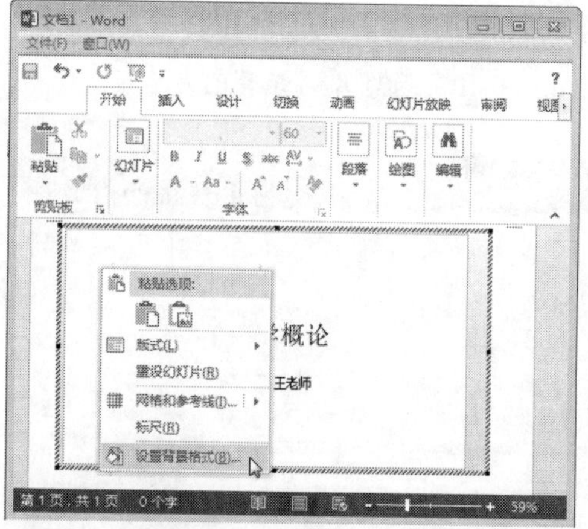

图 20-8　选择【设置背景格式】菜单命令

步骤 9 在界面右侧弹出【设置背景格式】窗格，在【填充】区域选择【图片或纹理填充】选项，然后单击【关闭】按钮关闭窗格，如图 20-9 所示。

步骤 10 返回到 Word 文档中，此时幻灯片的背景已发生改变，如图 20-10 所示。

步骤 11 在文档的空白处单击，即可退出编辑状态，在其中可以查看新建的幻灯片，如图 20-11 所示。

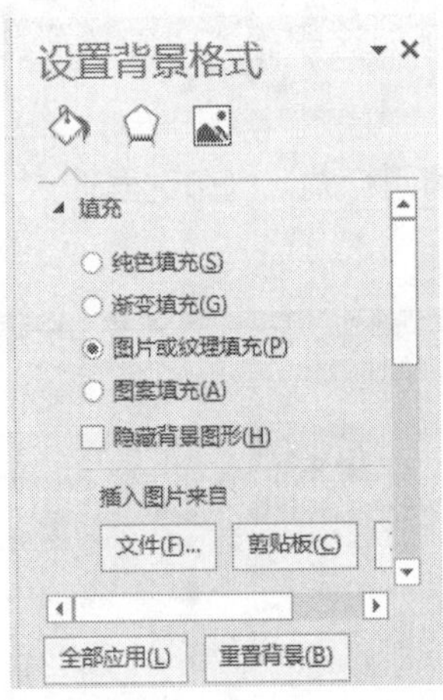

图 20-9 选择【图片或纹理填充】选项

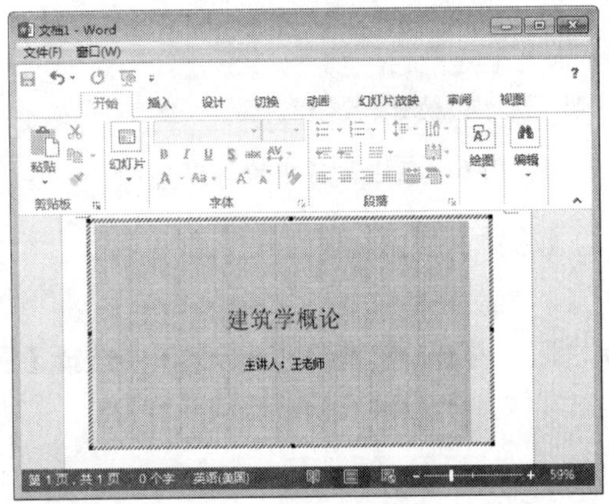

图 20-10 幻灯片的背景已发生改变

提示 在 Word 文档中双击幻灯片，即可重新进入编辑状态，在其中可以编辑幻灯片。

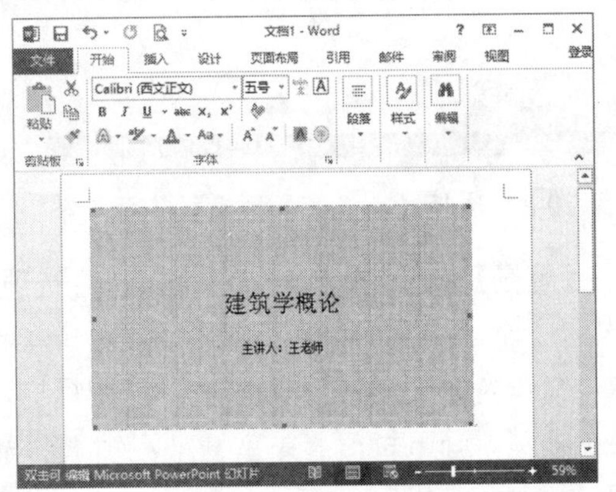

图 20-11 退出编辑状态

20.1.2 在 Word 文档中添加 PowerPoint 演示文稿

本小节主要介绍如何将已存在的 PowerPoint 演示文稿插入 Word 文档中，具体的操作步骤如下。

步骤 1 启动 Word 2013，创建一个空白文档，在【插入】选项卡中单击 按钮，如图 20-12 所示。

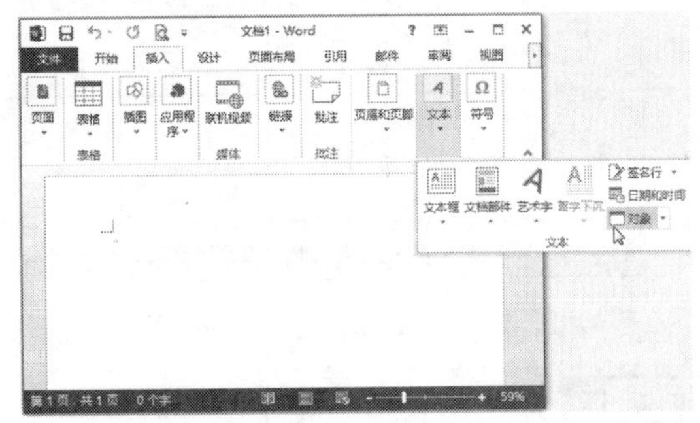

图 20-12 单击【对象】按钮

步骤 2 弹出【对象】对话框，在其中选择【由文件创建】选项卡，单击【浏览】按钮，如图 20-13 所示。

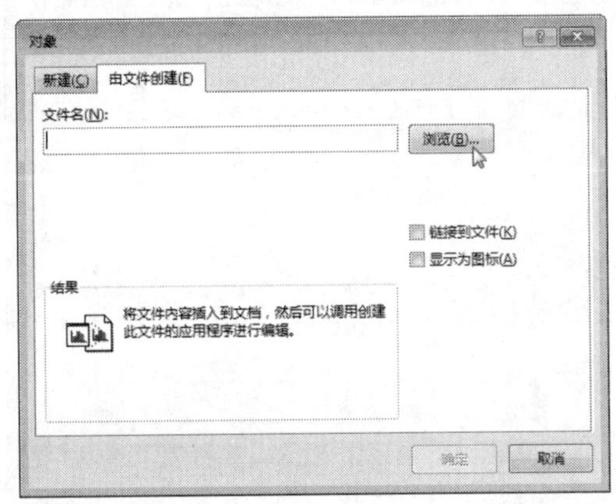

图 20-13 单击【浏览】按钮

步骤 3 弹出【浏览】对话框，在计算机中选择需要插入的 PowerPoint 演示文稿，单击【插入】按钮，如图 20-14 所示。

步骤 4 返回到【对象】对话框，单击【确定】按钮，如图 20-15 所示。

提示　若勾选【显示为图标】复选框，那么插入的演示文稿将以图标的形式显示在 Word 文档中，而不会显示具体的内容。

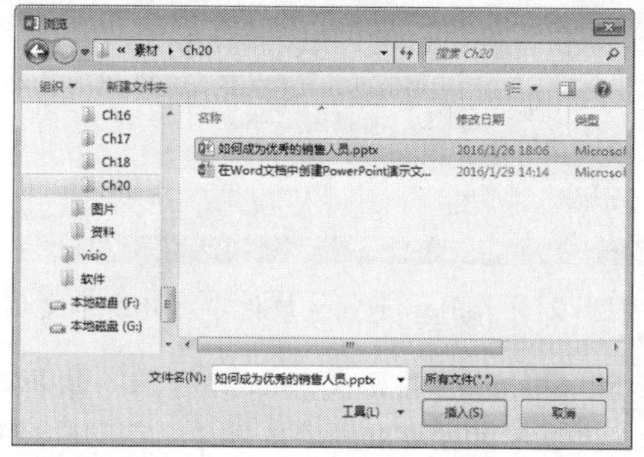

图 20-14　选择需要插入的 PowerPoint 演示文稿

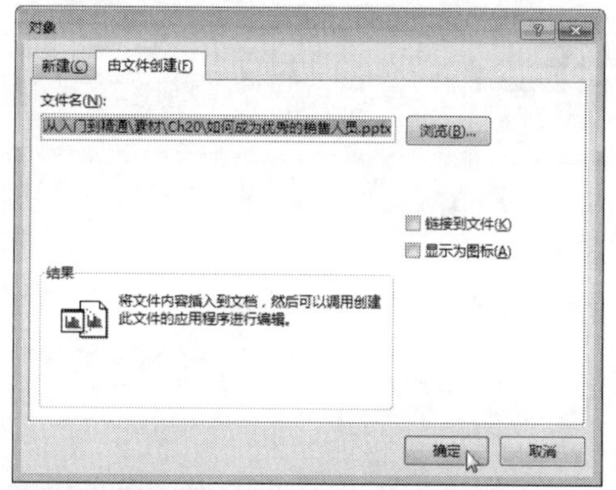

图 20-15　单击【确定】按钮

步骤 5　在 Word 文档中插入所选的演示文稿，通过其四周的控制点还可以调整演示文稿的位置及大小，如图 20-16 所示。

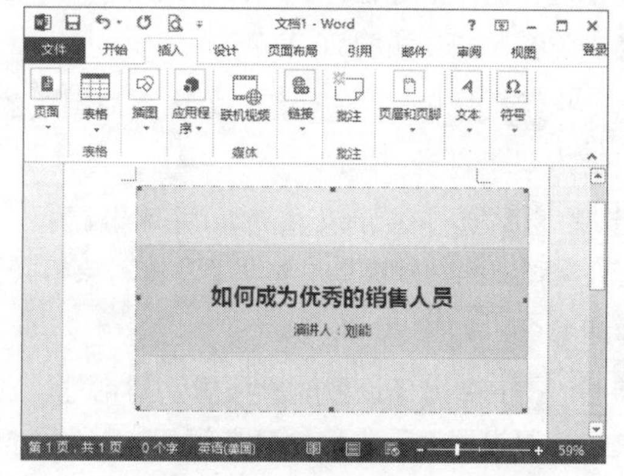

图 20-16　插入所选的演示文稿

20.1.3 在 Word 中编辑 PowerPoint 演示文稿

插入 Word 文档中的 PowerPoint 演示文稿作为一个对象，也可以像其他对象一样进行调整大小或者移动位置等操作。此外，作为 PowerPoint 演示文稿对象还具备一些特有的操作，具体的操作步骤如下。

步骤 1　打开随书光盘中的“素材 \ch20\ 在 Word 文档中添加 PowerPoint 演示文稿 .docx”文件，选中演示文稿对象，然后单击鼠标右键，在弹出的快捷菜单中依次选择【“演示文稿”对象】→【编辑】菜单命令，如图 20-17 所示。

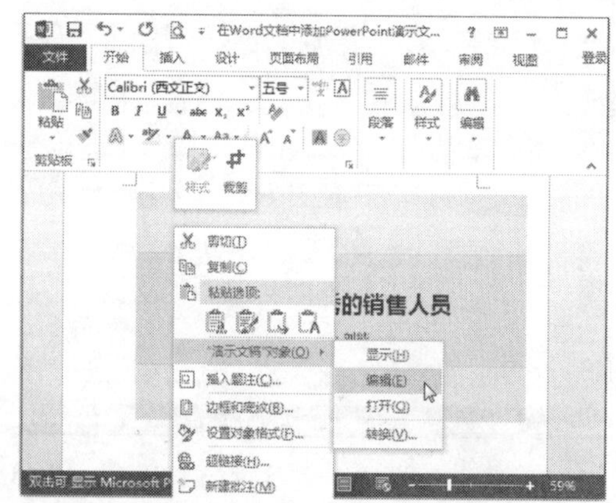

图 20-17　选择【编辑】子菜单命令

提示　双击演示文稿，或者在弹出的右键快捷菜单中依次选择【“演示文稿”对象】→【显示】菜单命令，即可进入幻灯片的放映视图，开始放映幻灯片。

步骤 2　此时进入演示文稿的编辑状态，如图 20-18 所示。

步骤 3　在编辑状态下，不仅可以编辑演示文稿，还可以查看演示文稿中的其他幻灯片，如图 20-19 所示。

步骤 4　选中演示文稿对象后单击鼠标右

键，在弹出的快捷菜单中依次选择【“演示文稿”对象】→【打开】菜单命令，如图 20-20 所示。

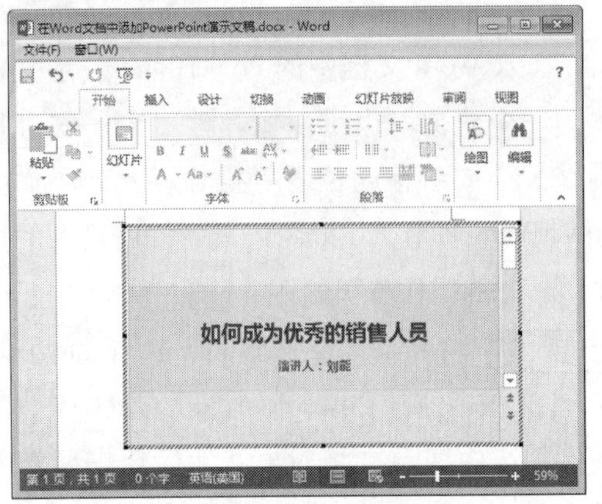

图 20-18　进入演示文稿的编辑状态

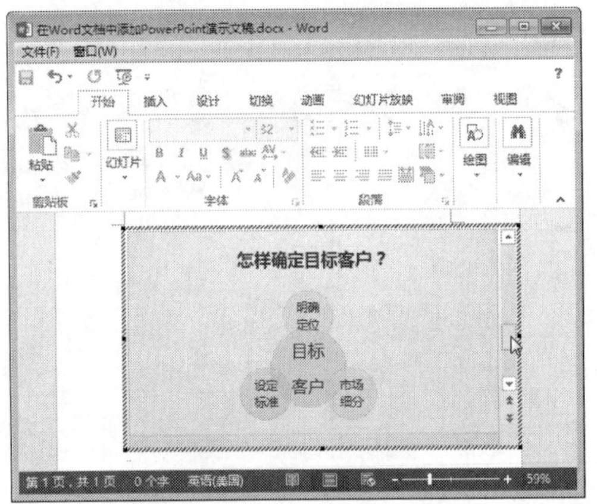

图 20-19　查看演示文稿中的其他幻灯片

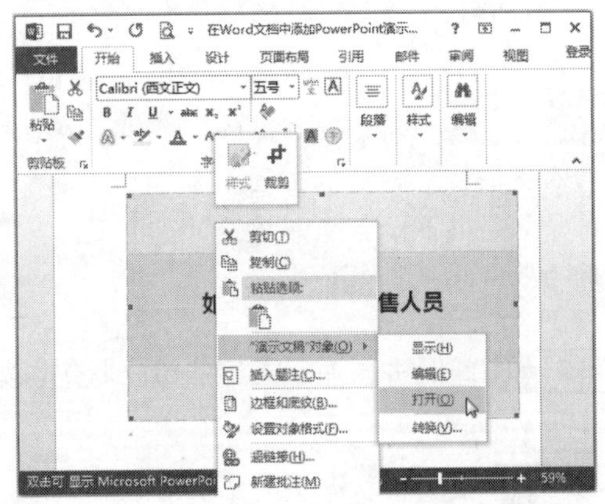

图 20-20　选择【打开】子菜单命令

步骤 5 在 PowerPoint 软件中打开演示文稿，如图 20-21 所示。

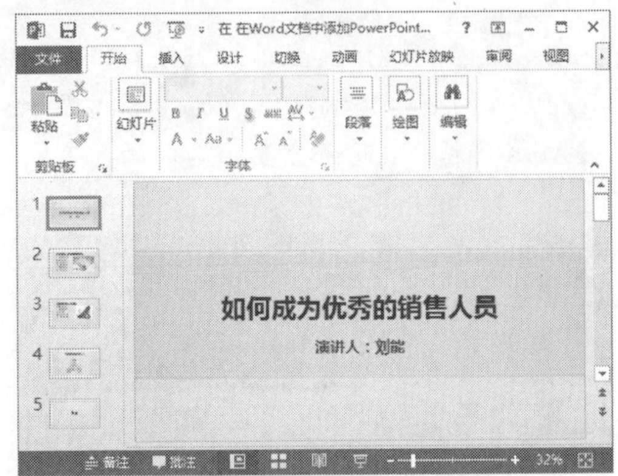

图 20-21　在 PowerPoint 软件中打开演示文稿

步骤 6 选中演示文稿对象后单击鼠标右键，在弹出的快捷菜单中选择【边框和底纹】菜单命令，如图 20-22 所示。

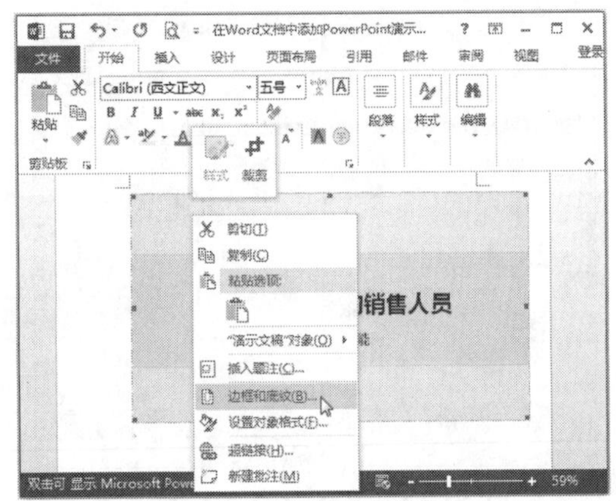

图 20-22　选择【边框和底纹】菜单命令

步骤 7 弹出【边框】对话框，在【设置】列表中选择【方框】选项，然后在【样式】列表中选择需要的边框样式。设置完成后，单击【确定】按钮，如图 20-23 所示。

步骤 8 在 Word 中为演示文稿添加相应的边框，如图 20-24 所示。

步骤 9 选中演示文稿对象后单击鼠标右键，在弹出的快捷菜单中选择【设置对象格式】菜单命令，如图 20-25 所示。

步骤 10 弹出【设置对象格式】对话框，在其中还可设置演示文稿的填充颜色、大小、位置以及文字的环绕方式等，如图 20-26 所示。

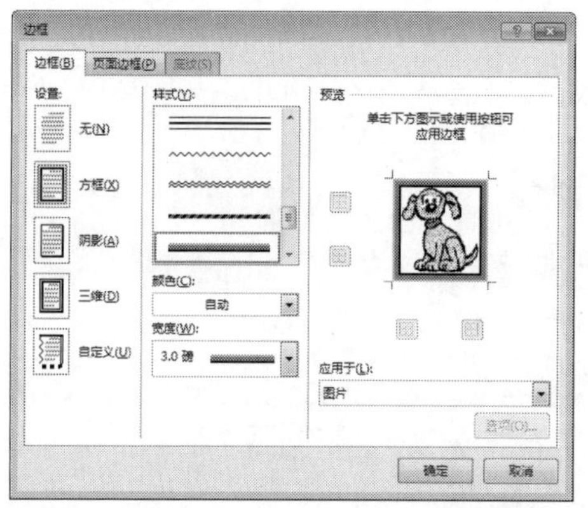

图 20-23　在【边框】对话框中设置边框样式

图 20-24　为演示文稿添加相应的边框

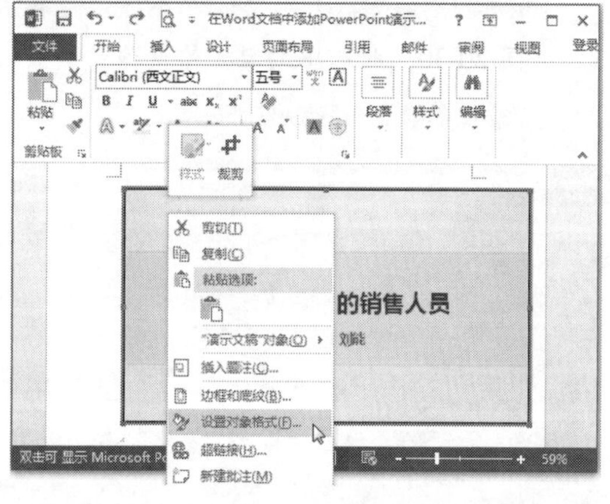

图 20-25　选择【设置对象格式】菜单命令

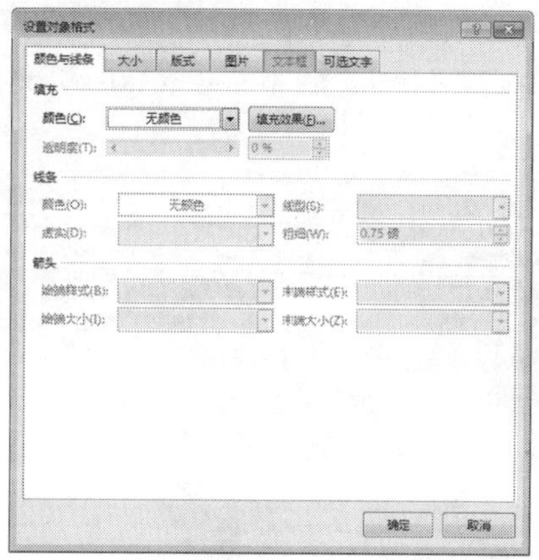

图 20-26　【设置对象格式】对话框

20.2 Excel和PowerPoint之间的协作

除了 Word 和 Excel、Word 与 PowerPoint 之间存在相互的协同办公关系外，Excel 与 PowerPoint 之间也存在信息的相互共享与调用关系。

20.2.1 在 PowerPoint 中调用 Excel 工作表

在使用 PowerPoint 进行放映讲解的过程中，用户可以直接将制作好的 Excel 电子表格调用到 PowerPoint 软件中进行放映，具体的操作步骤如下。

步骤 1 打开随书光盘中的“素材 \ch20\ 图书销售表 .xlsx”文件，如图 20-27 所示。

步骤 2 选择需要复制的单元格区域，单击鼠标右键，在弹出的快捷菜单中选择【复制】菜单命令，如图 20-28 所示。

步骤 3 切换到 PowerPoint 软件，在【开始】选项卡中，单击【剪贴板】组中【粘贴】的下拉按钮，在弹出的下拉列表中选择【使用目标样式】选项，如图 20-29 所示。

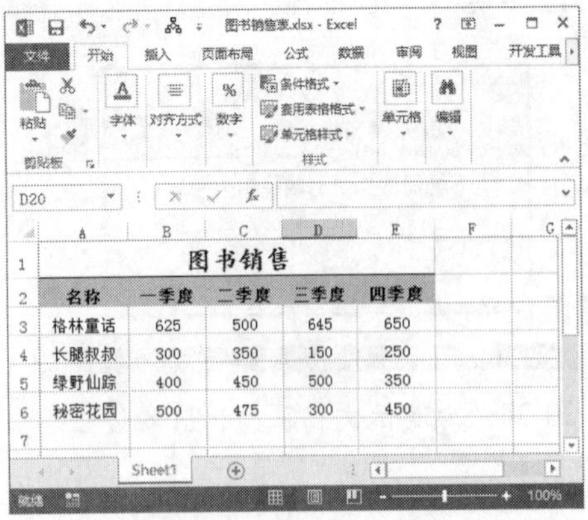

图 20-27　打开“图书销售表.xlsx”文件

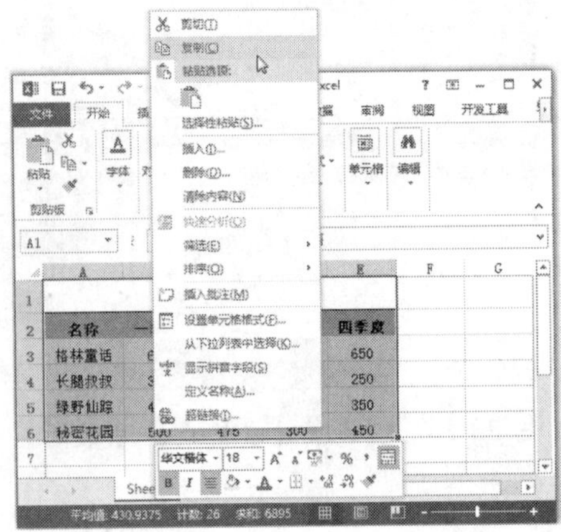

图 20-28　选择【复制】菜单命令

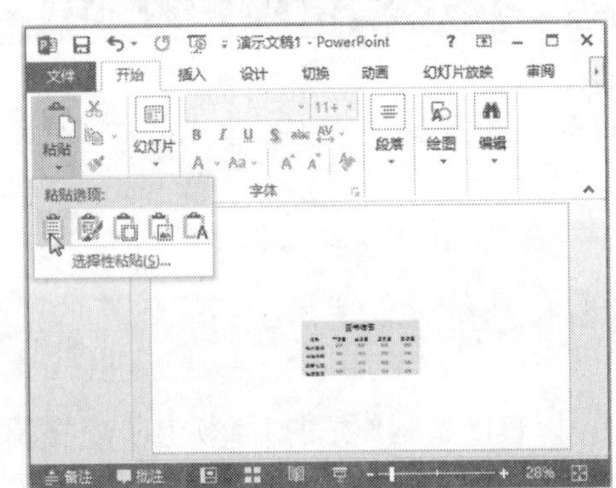

图 20-29　选择【使用目标样式】选项

步骤 4 将选中的单元格区域复制到幻灯片中，如图 20-30 所示。

步骤 5 将光标定位在表格的边框上，当指针变为箭头形状时，按住鼠标左键不放，拖动鼠标即可调整表格的大小，如图 20-31 所示。

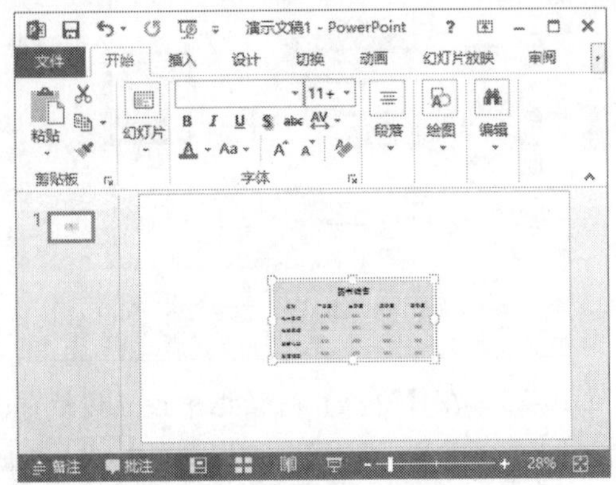

图 20-30　将选中的单元格区域复制到幻灯片中

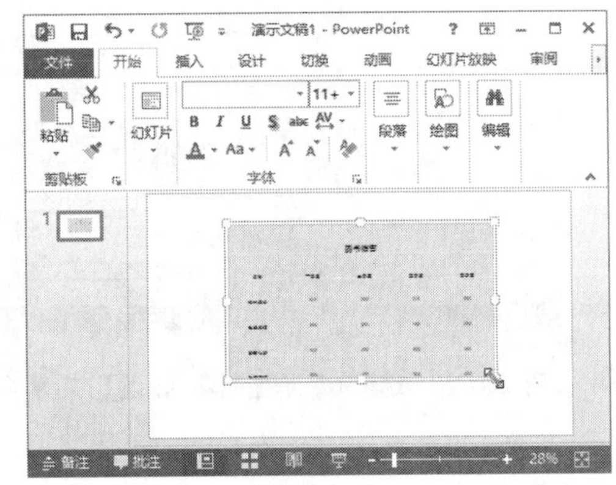

图 20-31　拖动鼠标调整表格的大小

步骤 6 单击表格的边框选中表格，在【开始】选项卡的【字体】组中，设置其字号为“30”，即可调整表格数据的字号，如图 20-32 所示。

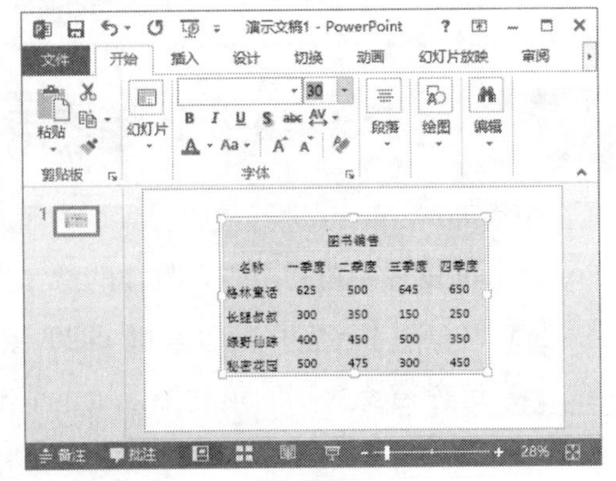

图 20-32　调整表格数据的字号

20.2.2 在 PowerPoint 中调用 Excel 图表

除了 Excel 电子表格外，用户还可以直接在 PowerPoint 中调用 Excel 图表，具体的操作步骤如下。

步骤 1 打开随书光盘中的“素材 \ch20\ 图书销售表 -- 图表 .xlsx”文件，如图 20-33 所示。

步骤 2 选择需要复制的图表，单击鼠标右键，在弹出的快捷菜单中选择【复制】菜单命令，如图 20-34 所示。

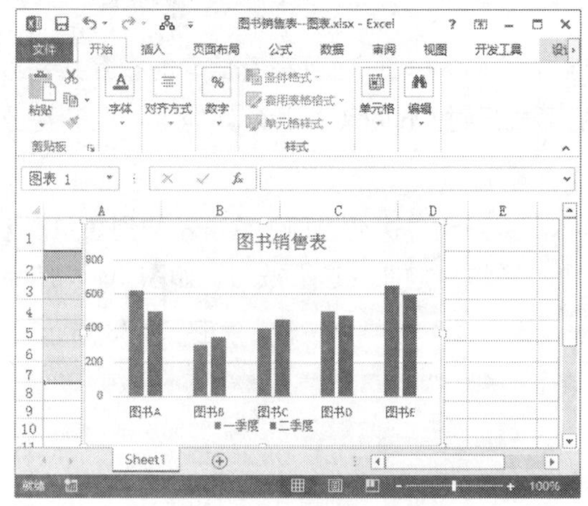

图 20-33　打开“图书销售表 -- 图表 .xlsx”文件

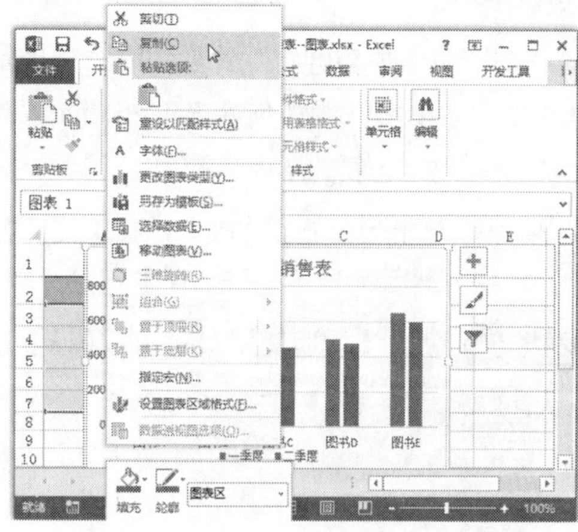

图 20-34　选择【复制】菜单命令

步骤 3 切换到 PowerPoint 软件，在【开始】选项卡中，单击【剪贴板】组中【粘贴】的下拉按钮，在弹出的下拉列表中选择【使用目标主题和嵌入工作簿】选项，如图 20-35 所示。

步骤 4 将选中的图表复制到幻灯片中，此时功能区增加了【设计】和【格式】选项卡，通过这 2 个选项卡，还可设置图表的布局、样式以及格式等内容，如图 20-36 所示。

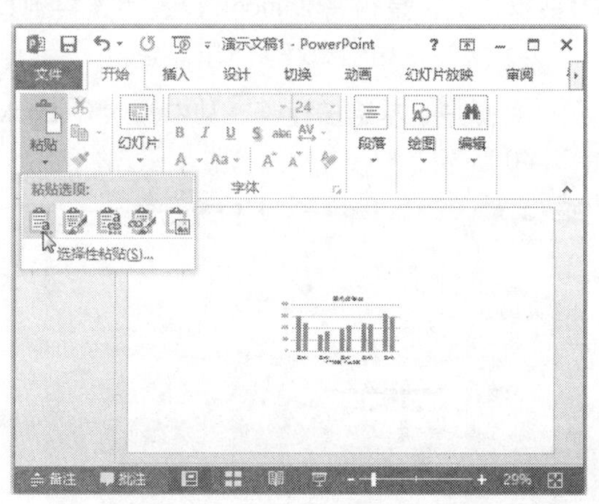

图 20-35　选择【使用目标主题和嵌入工作簿】选项

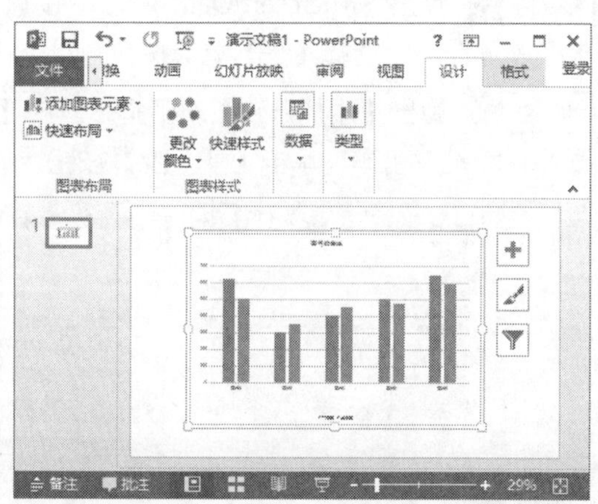

图 20-36　将选中的图表复制到幻灯片中

20.3 职场技能训练

前面主要学习了 PowerPoint 2013 与其他 Office 办公组件的协同办公，下面来学习协同办公在实际工作中的应用。

20.3.1 职场技能 1——Outlook 与 PowerPoint 之间的协作

Outlook 作为 Office 办公软件的另一成员，与 PowerPoint 之间也存在着信息的相互共享与调用关系。本小节介绍如何将 PowerPoint 以附件的形式通过 Outlook 发送给其他人，以实现数据共享，具体的操作步骤如下。

步骤 1 打开要发送的 PPT，选择【文件】选项卡，进入文件操作界面，单击左侧列表中的【共享】命令，然后选择【电子邮件】选项，单击右侧的【作为附件发送】按钮，如图 20-37 所示。

步骤 2 弹出【欢迎使用 Outlook 2013】对话框，单击【下一步】按钮，如图 20-38 所示。

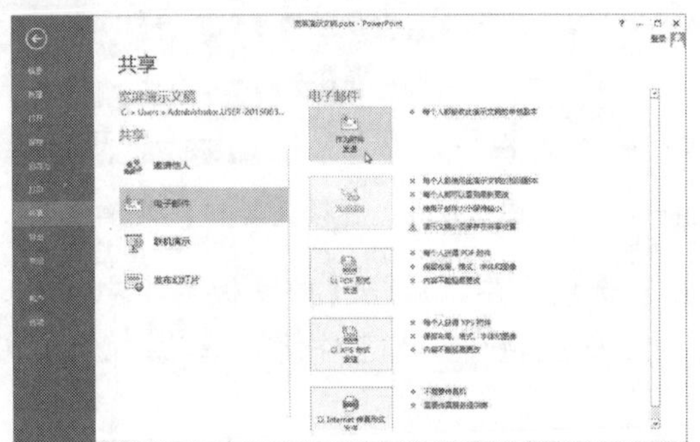

图 20-37　单击【作为附件发送】按钮

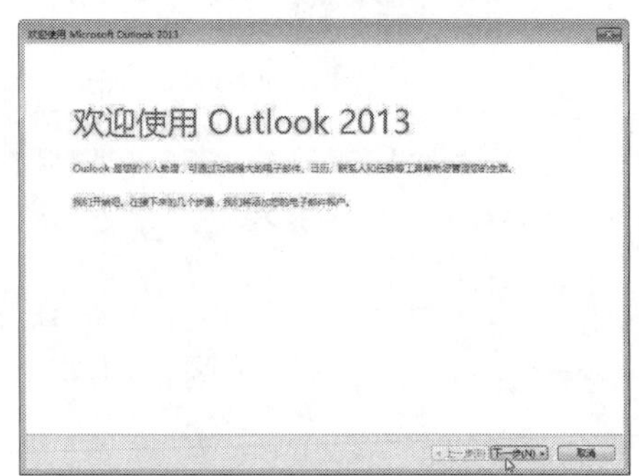

图 20-38　单击【下一步】按钮

步骤 3 弹出【Microsoft Outlook 账户设置】对话框，提示是否将 Outlook 设置为连接到某个电子邮件账户，选择【是】单选按钮，单击【下一步】按钮，如图 20-39 所示。

步骤 4 弹出【添加账户】对话框，选择【电子邮件账户】单选按钮，在其中输入 Outlook 电子邮件地址及密码，单击【下一步】按钮，如图 20-40 所示。

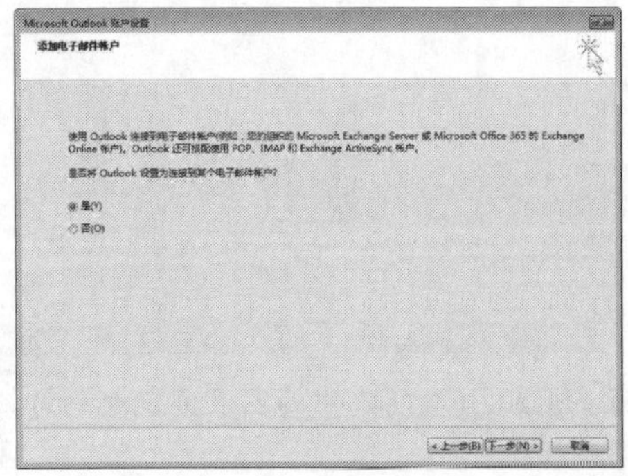

图 20-39　选择【是】单选按钮

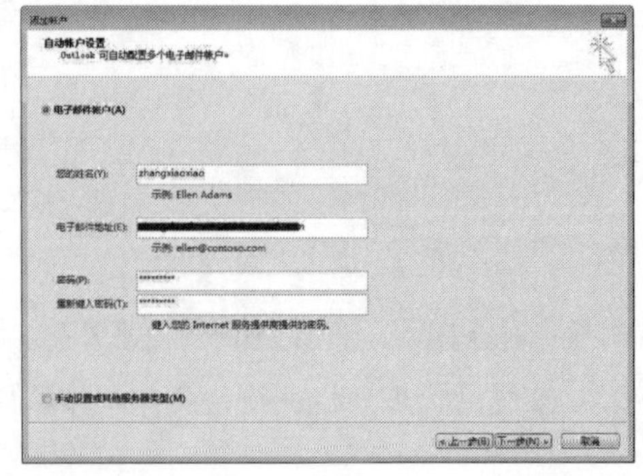

图 20-40　输入 Outlook 电子邮件地址及密码

步骤 5 系统提示 Outlook 正在设置账户并显示处理进度，如图 20-41 所示。

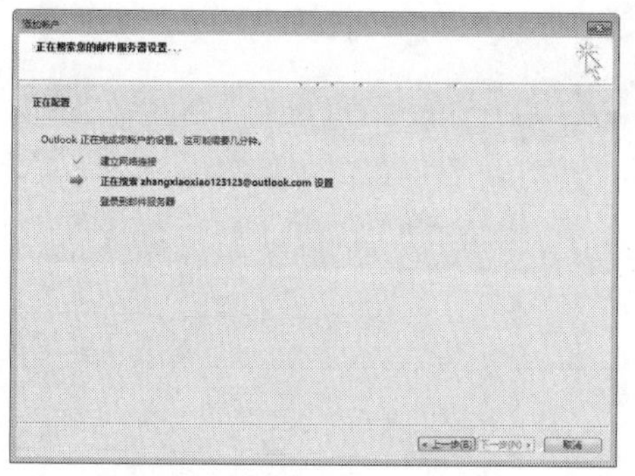

图 20-41 显示处理进度

步骤 6 账户配置完成后，单击【完成】按钮，如图 20-42 所示。

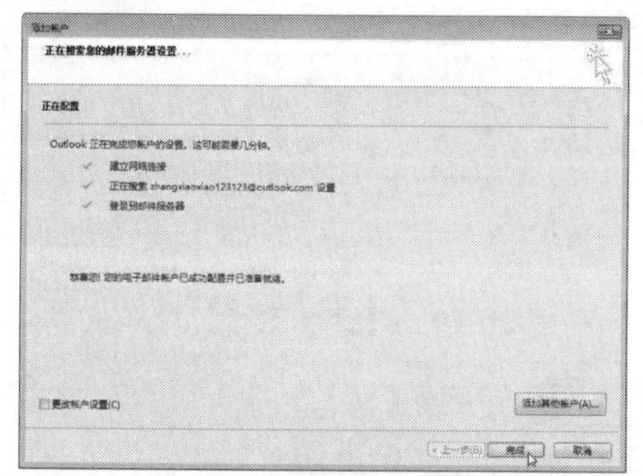

图 20-42 单击【完成】按钮

步骤 7 此时系统将自动打开 Outlook 软件，在【附件】栏可以看到，PPT 已经作为附件添加到邮件中，然后在【收件人】文本框中输入收件人的电子邮件地址，在正文中输入内容，单击【发送】按钮，即可在 Outlook 中将 PPT 作为附件发送出去，如图 20-43 所示。

> **提示** 若用户的计算机安装了 Outlook 2013 软件，并且已经过配置，那么在步骤 1 中单击【作为附件发送】按钮后，将直接打开 Outlook 2013 软件，而无须重新配置。

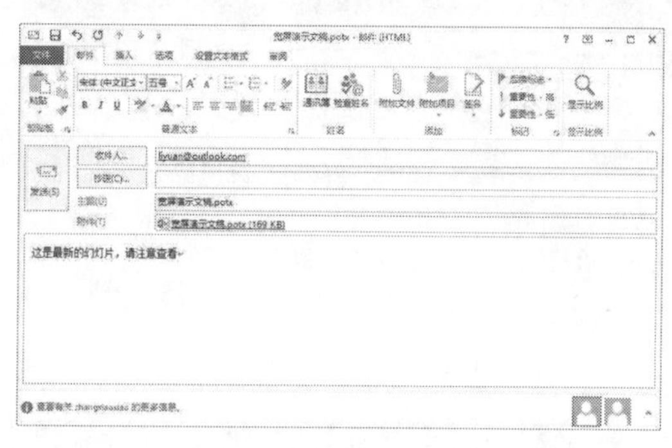

图 20-43 单击【发送】按钮即可在 Outlook 中发送 PPT

20.3.2 职场技能 2——在 PPT 中插入 Excel 的超链接

在 PPT 中插入 Excel 的超链接，这样在放映时，单击该链接，即可直接打开相应的 Excel 电子表格，而无须退出放映模式。具体的操作步骤如下。

步骤 1 打开随书光盘中的“素材 \ch20\ 插入 Excel 超链接 .pptx”文件，如图 20-44 所示。

步骤 2 在【插入】选项卡中，单击【文本】组中的【对象】按钮，如图 20-45 所示。

图 20-44 打开“插入 Excel 超链接 .pptx”文件

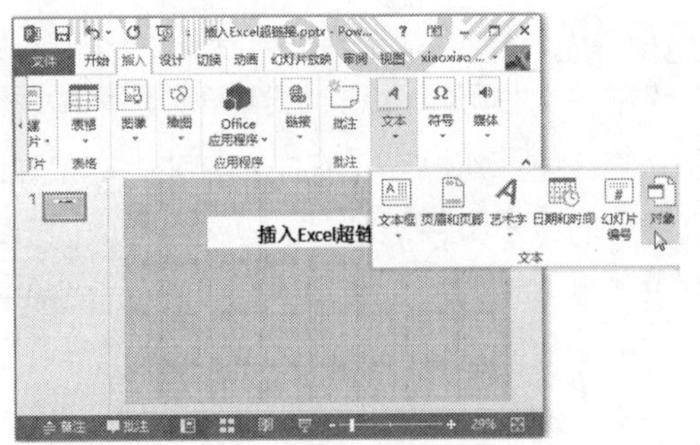

图 20-45　单击【对象】按钮

步骤 3　弹出【插入对象】对话框，在其中选择【由文件创建】单选按钮，单击【浏览】按钮，如图 20-46 所示。

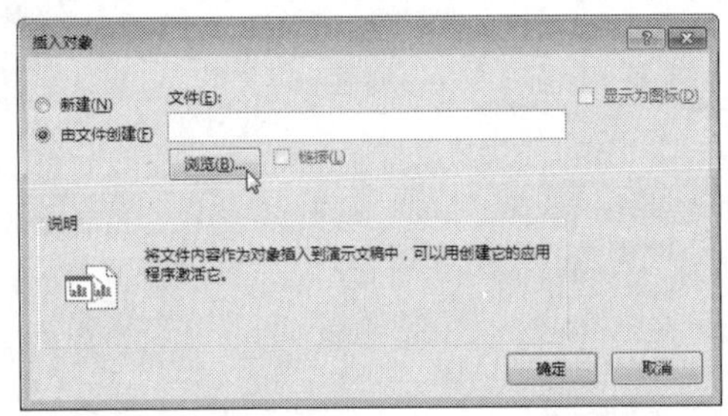

图 20-46　单击【浏览】按钮

步骤 4　弹出【浏览】对话框，在计算机中选择要插入的 Excel 表格，单击【确定】按钮，如图 20-47 所示。

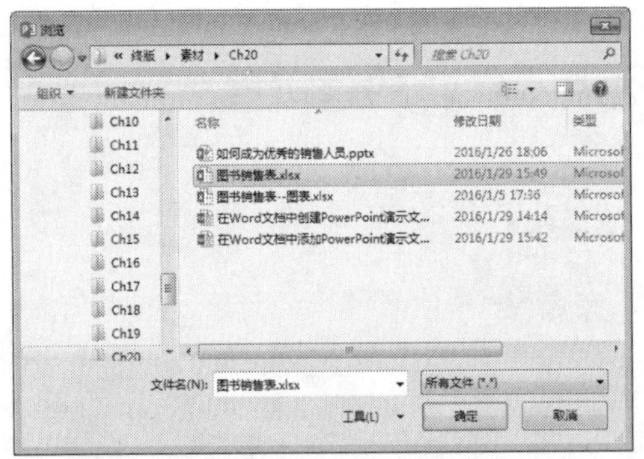

图 20-47　选择要插入的 Excel 表格

步骤 5　返回到【插入对象】对话框，勾选【显示为图标】复选框，单击下方的【更改图标】按钮，如图 20-48 所示。

步骤 6　弹出【更改图标】对话框，在【标题】文本框中输入超链接的标题“图书销售表”，单击【确定】按钮，如图 20-49 所示。

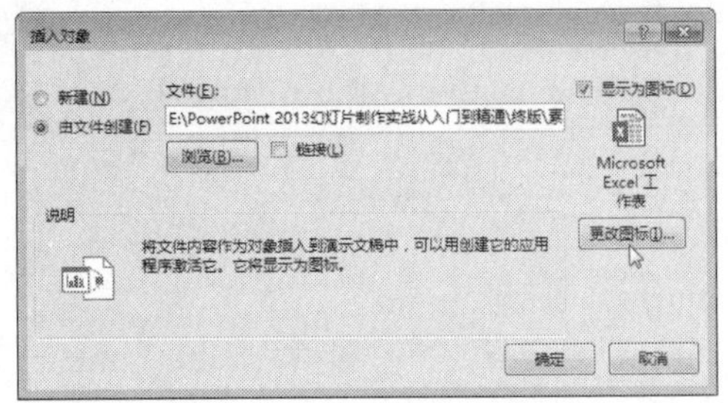

图 20-48　单击【更改图标】按钮

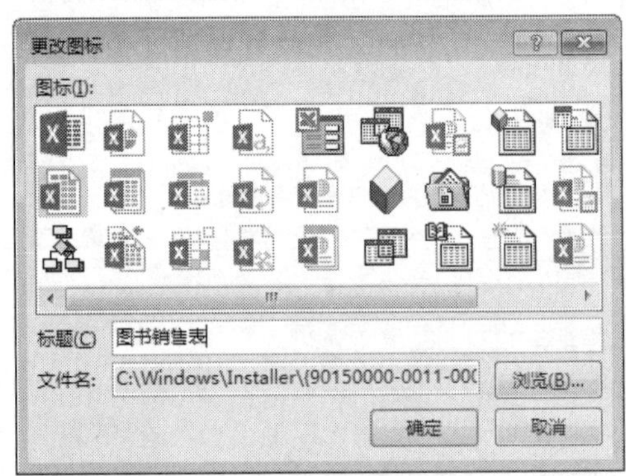

图 20-49　【更改图标】对话框

步骤 7　返回到【插入对象】对话框，单击【确定】按钮，如图 20-50 所示。

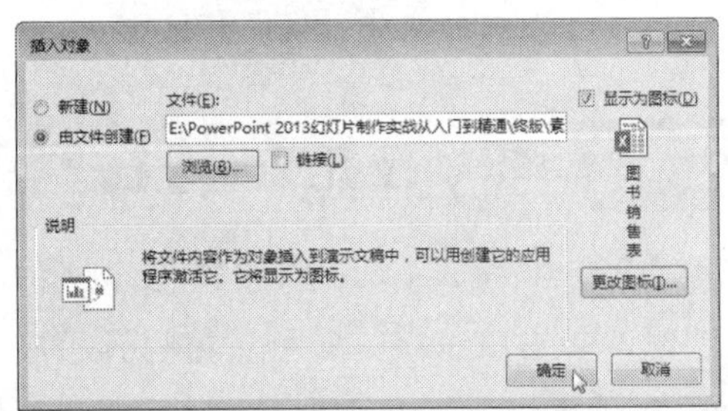

图 20-50　单击【确定】按钮

步骤 8　在 PPT 中插入一个 Excel 对象，如图 20-51 所示。

步骤 9　选中 Excel 对象，在【插入】选项卡中，单击【链接】组中的【动作】按钮，如图 20-52 所示。

步骤 10　弹出【操作设置】对话框，在其中选择【超链接到】单选按钮，然后在其下拉列

表中选择【其他文件】选项，如图 20-53 所示。

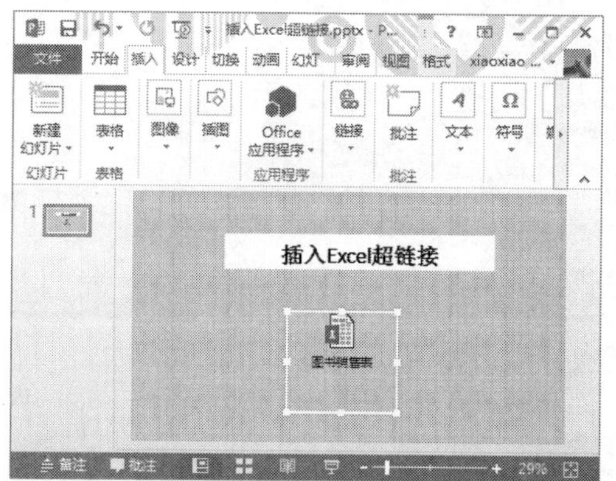

图 20-51　在 PPT 中插入一个 Excel 对象

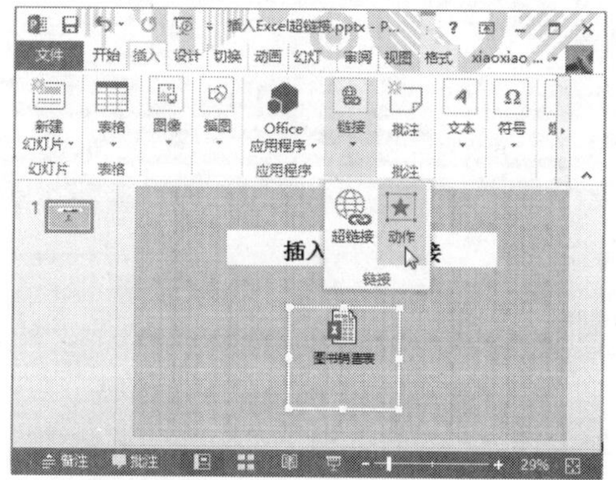

图 20-52　单击【动作】按钮

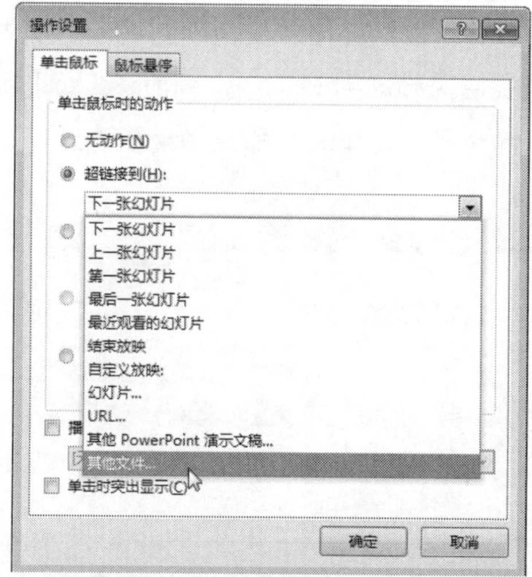

图 20-53　选择【其他文件】选项

步骤 11 弹出【超链接到其他文件】对话框，在计算机中选择要链接到的 Excel 表格，单击【确定】按钮，如图 20-54 所示。

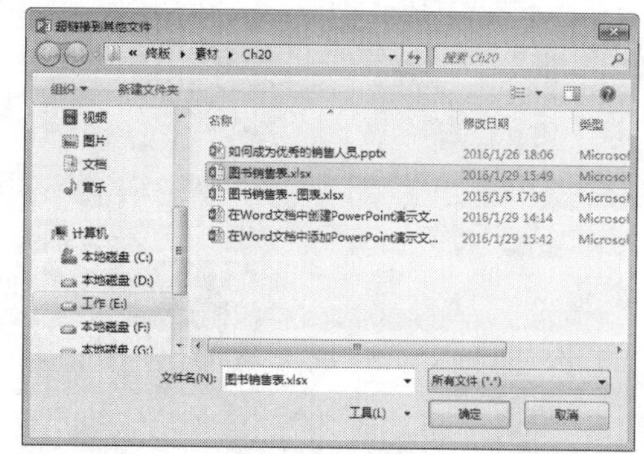

图 20-54　选择要链接到的 Excel 表格

步骤 12 返回到【操作设置】对话框，在下方勾选【单击时突出显示】复选框，单击【确定】按钮，如图 20-55 所示。

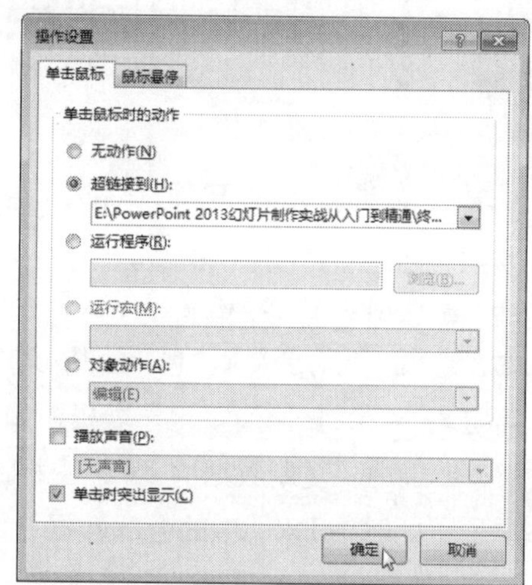

图 20-55　单击【确定】按钮

步骤 13 为 Excel 表格添加相应的超链接，按 F5 键放映 PPT，将光标定位在 Excel 图标上，此时光标变为小手的形状，如图 20-56 所示。

图 20-56　光标变为小手的形状

步骤 14 单击鼠标即可打开链接到的“图书销售表 .xlsx”，如图 20-57 所示。

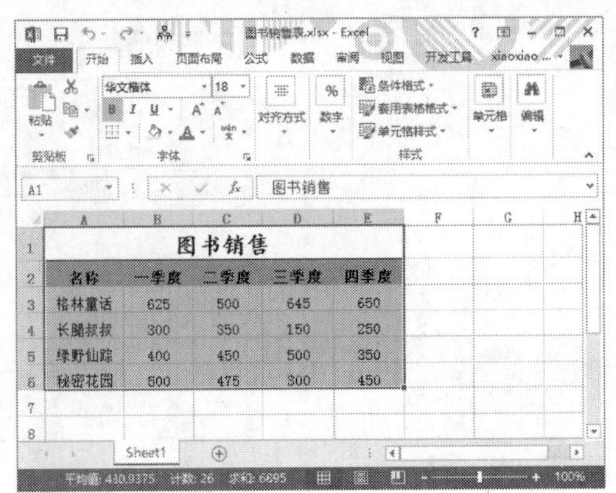

图 20-57　单击鼠标打开链接到的 Excel 表格

20.4 疑难问题解答

问题 1：如何将 Excel 中的数据以文本的形式复制粘贴到 PPT 中？

解答：在 Excel 表格中选择要复制的数据，按 Ctrl+C 组合键，然后切换到 PowerPoint 工作界面，在【开始】选项卡中，单击【剪贴板】组中的【粘贴】按钮，在弹出的下拉列表中选择【只保留文本】选项，此时要复制的数据即以文本的形式粘贴到 PPT 中。

问题 2：无须打开 Excel 电子表格，如何将其中的数据和图表快速移动到 PPT 中？

解答：选中要复制数据的 Excel 图标，按住鼠标左键不放，直接将其拖动到 PowerPoint 的工作界面，此时该 Excel 中的全部数据将以表格的形式快速移动到 PPT 中，同时该 Excel 中包含的所有图表也会移动到 PPT 中。注意，如果 Excel 包含多个工作表，那么将会移动当前工作表的数据和图表到 PPT 中。